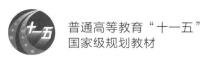
普通高等教育"十一五"
国家级规划教材

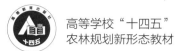
高等学校"十四五"
农林规划新形态教材

植物检疫学

（第4版）

主编　胡白石　许志刚

U0209489

中国教育出版传媒集团
高等教育出版社·北京

内容简介

本书第 3 版是普通高等教育"十一五"国家级规划教材。全书分 8 章，前 4 章是关于植物检疫的基础理论、植物检疫的体系与法规、有害生物风险分析、植物检疫程序和措施，后 4 章介绍典型的检疫性有害生物（病原生物、危险性害虫、有害植物及危险性杂草）的发生特点、检验检测技术和检疫防控处理技术。数字课程资源包括国内外植物检疫的法规和专业术语，检疫性有害生物的彩图和视频，延伸阅读材料等。本书由从事植物检疫教学和研究工作多年的教师和出入境检疫岗位专家共同编写而成，在本次修订中又新增了许多国际、国内的最新资料与案例。

本书可作为综合性大学和农林院校相关专业的教材，也可作为植物检疫工作者的学习参考用书。

图书在版编目（CIP）数据

植物检疫学 / 胡白石，许志刚主编 . --4 版 . -- 北京 : 高等教育出版社，2023.7
ISBN 978-7-04-059935-0

Ⅰ. ①植… Ⅱ. ①胡… ②许… Ⅲ. ①植物检疫
Ⅳ. ① S41

中国国家版本馆 CIP 数据核字（2023）第 024545 号

ZHIWU JIANYIXUE

策划编辑 赵晓玉	责任编辑 赵晓玉	封面设计 李小璐	责任印制 朱 琦

出版发行	高等教育出版社	网 址	http://www.hep.edu.cn
社 址	北京市西城区德外大街4号		http://www.hep.com.cn
邮政编码	100120	网上订购	http://www.hepmall.com.cn
印 刷	北京七色印务有限公司		http://www.hepmall.com
开 本	787mm×1094mm 1/16		http://www.hepmall.cn
印 张	23.5	版 次	1998 年 8 月第 1 版
字 数	580 千字		2023 年 7 月第 4 版
购书热线	010-58581118	印 次	2023 年 7 月第 1 次印刷
咨询电话	400-810-0598	定 价	49.80元

本书如有缺页、倒页、脱页等质量问题，请到所购图书销售部门联系调换
版权所有　侵权必究
物 料 号　59935-00

数字课程（基础版）

植物检疫学

（第4版）

主编　胡白石　许志刚

登录方法：

1. 电脑访问 http://abooks.hep.com.cn/59935，或手机微信扫描下方二维码以打开新形态教材小程序。
2. 注册并登录，进入"个人中心"。
3. 刮开封底数字课程账号涂层，手动输入20位密码或通过小程序扫描二维码，完成防伪码绑定。
4. 绑定成功后，即可开始本数字课程的学习。

绑定后一年为数字课程使用有效期。如有使用问题，请点击页面下方的"答疑"按钮。

新形态教材网 **Abooks**

关于我们 | 联系我们　　　登录/注册

植物检疫学（第4版）

胡白石　许志刚

开始学习　　收藏

植物检疫学（第4版）数字课程与纸质教材一体化设计，是纸质教材的扩展和补充。主要包括各章教学课件、自测题、参考文献、检疫性有害生物形态彩图、附录等参考资料，以供教师教学和学生自学时参考。

http://abooks.hep.com.cn/59935

扫描二维码，打开小程序

《植物检疫学（第4版）》编委会

植物检疫是为了保障农业林业生产安全、保护人类社会生态系统安全，促进贸易发展，防止隐藏在植物和植物产品中的危险性有害生物传播、扩散而采取强制性的管理措施。在联合国粮食及农业组织（FAO）制定的《国际植物保护公约》（International Plant Protection Convention，IPPC）指导下，世界各国都制定并颁布了各自的植物检疫法律法规，世界贸易组织（World Trade Organization，WTO）也制定了《实施卫生与植物卫生措施协定》（Agreement on the Application of Sanitary and Phytosanitary Measures，SPS 协定），WTO 更是授权 IPPC 植物检疫专家组制定统一的《国际植物检疫措施标准》（International Standards for Phytosanitary Measures，ISPM）来规范各国贸易中的植物检疫措施，以免利用植物检疫措施作为不正当的措施影响正常的贸易交流。植物检疫是植物保护学科中很特殊的一个分支，它因具有高度的前瞻性、法制性、涉外性、公益性和技术的先进性等特点而成为政府的职能部门。

随着联合国提出要保护生物多样性和保护生态安全的要求，防止境外危险性有害生物入境，近年来有人采用"生物入侵"的新名词，其实，有些入侵物种就是国家明令禁止入境的危险性有害生物。所以，只要认真做好出入境动植物的风险分析，认真检疫检查、把好国门，就能防止境外各种危险性生物的人为传播，确保国内农林生产和生态环境的安全。

我国加入世界贸易组织之后，国际国内的贸易量迅速上升。在促进进出口贸易和人员交往的同时，也要十分重视保护好农林业生产的安全和健康。植物检疫作为农林业产品贸易管理的一个重要组成部分，已受到人们越来越多的重视，从国家政治经济的决策层到技术监督与管理部门，甚至到个体种植业者或从事农林产品销售的营业人员，都可能会遇到或涉及植物检疫的问题。所有涉外的单位、人员都要学习掌握一些有关植物检疫的知识。

2018 年以来，我国的出入境检验检疫系统划入海关总署管理，许多新的检测技术和检疫程序很快应用到检验检疫业务中，从而大大提高了有害生物的检出率和截获率。国际上已经提供植物检疫的电子证书签证，加快了检验检疫的通关速度，在国内农林业植物检疫系统中将逐步应用推广，要求检验检疫的业务水平有很大提高，在植物调运检疫、产地检疫和产品预检方面发挥了重要作用。尤其是随着《中华人民共和国生物安全法》的颁布与实施，植物检疫的法律地位、全民有关植物检疫知识的普及、植物检疫水平都有了提高，我国的植物检疫事业将会在国民经济的发展中起更加重要的推动作用，在进出境贸易中做好把关服务，确保我国农林业植物生产事业的健康发展和生态系统的安全。

本教材第 3 版自 2008 年出版以来，得到许多高校的认同，成为植物保护专业的主要教材或教学参考用书。第 4 版采用"纸质教材 + 数字课程"的新形态出版形式，纸质教材在上一版基础上，新增了许多国际、国内的最新资料与案例，数字课程资源包括各章自测题、国内国外植物检疫的法规和专业术语、检疫性有害生物彩图和视频、参考文献等。本教材修订工作的分工如下：周国梁、印丽萍和田艳丽负责第一、二、三章和第七章的修订，洪晓月、张润志、徐志宏和王吉锐负责第六、八章的修订，洪霓、周而勋、高智谋、段玉玺、刘金亮和赵守歧等分别负责第一、五章和第八章的修订，楼兵干、安榆林、周明华负责第三、四章的修订，胡白石和许志刚负责全书的编辑，田艳丽还负责全书数字资源的收集与整理。冯晓东、赵守歧和李晶在有关国内农业林业植物检疫方面还提供了许多宝贵资料和经验，张润志提供了许多精美的照片，为本书增色，我们感谢参与本版教材编审和修订的各位教师和植物检疫界同事的奉献，是大家的共同努力促进了本书的出版。

值本书再版之际，我们要特别感谢农业农村部全国农技中心王福祥主任和海关总署国际检验检疫标准与技术法规研究中心的梁忆冰研究员，他们以极其严格和认真的专业精神对本书的审阅与修改提出了宝贵建议与意见，确保书稿的质量，使我们受益匪浅。

由于我们业务水平有限，错误之处在所难免，祈请广大读者发现后不吝指教。

胡白石　许志刚

2021 年 12 月

第 3 版前言

第 2 版前言

第 1 版前言

目 录 ◼

附录

参考文献

第一章
概论

为了控制植物危险性有害生物在不同地域间人为远距离传播所造成的严重危害，植物检疫的核心就是防止危险性有害生物随国际间或地区间往来的人流和物流传播扩散。植物检疫是一项特殊形式的植物保护措施，是旨在保护和促进国际国内贸易发展的同时，防止危险性有害生物传入、扩散，确保其官方防控的一切活动，即通过法律、行政和技术的手段，防止危险性植物有害生物随着人为活动而传播，以保障国家农林业生产安全的所有官方防控活动。它是人类同有害生物长期斗争总结出来的智慧结晶，也是当今世界各国普遍实行的一项防控制度。植物检疫对保护农林业生产和生态环境安全、保护生物多样性，服务国际贸易，促进经济社会健康可持续发展具有重要作用，因此，世界各国对植物检疫工作都高度重视。

第一节　植物检疫的基本概念

一、检疫的由来

检疫"quarantine"一词源自意大利语"*quarantina*"，为检查并免疫与检疫的意思，检疫的拉丁文是"*quarantum*"，原意为"40天"，最初是在意大利威尼斯港口对外来旅客执行卫生检查实施隔离的一种措施。在1347年，欧洲大陆流行"黑死病"（Black Death，即流行性淋巴腺鼠疫）、霍乱（Cholera）等传染病，威尼斯当局为防止这类可怕的疾病传染给本地国民，规定外来舰船到达港口前必须在海上停泊40日后船员和旅客方可登陆，通过观察和经验表明，大多数烈性传染病的潜伏期都在40日以内，因此只要安排可疑舰船在海上停泊40日，就可以判定船员、旅客是否带有烈性传染病。这种措施对当时在人群中流行的烈性疫病的传播起到了重要防控作用。所以，"quarantine"就成为隔离检查40日的专有名词，并演绎为今天的"检疫"，可见，把"风险"隔离开，避免传染就是检疫的最初目的。检疫所包含的主动预防思想和法规的形成是人类社会实践发展的结果，充分体现先进的宏观防疫战略思想。对植物实施检疫的最早事例，首推1660年法国鲁昂地区为防止小麦秆锈病而提出铲除中间寄主的小檗并禁止输入的法令，因为当时认为秆锈菌有多型现象，只要铲除小麦秆锈菌的中间寄主小檗，小麦秆锈病就不会再发生。人类在历史实践中付出无数代价后，深刻认识到运用法律法规来预防有害生物传入取得的成效，远比有害生物传入后进行防治更为有效和经济，因此，这种植物检疫法规性预防的理念逐渐被世界各国采用，先后通过立法来阻止危险性有害生物的传入。19世纪中期，人们发现许多猖獗流行的植物病虫害可随着种子、种苗的调运而传播。例如葡萄根瘤蚜原先在美国发生，1860年随种苗传入法国，我国在1892年从法国引进葡萄种苗时也将葡萄根瘤蚜带进山东烟台。马铃薯甲虫最早也在美国发生，后传入欧洲，为此，法国在1873年明令禁止从美国进口马铃薯，英国也随即颁布了禁止毁灭性昆虫入境的法令。此后，俄罗斯（1873年）、澳大利亚（1909年）、美国（1912年）、日本（1914年）、中国（1928年）相继颁布了一些法令，禁止携带这些病虫的农产品调运入境。比如德国1873年针对葡萄根瘤蚜公布了《禁止栽培葡萄苗进口令》；印尼1877年为防止咖啡锈病传入颁布了禁止从斯里兰卡进口咖啡的法令。1877年英国在利物浦码头发现活的马铃薯甲虫后，紧急公布了《危险性害虫法》（Destructive Insects Act），以后又两次修改补充；在此基础上于1967年颁布了综合性法规《植物健康法》（Plant Health Act）。美国国会在1912年通过了《植物检疫法》（Plant Quarantine Act），由于法规不完善及执行中出现的漏洞，小麦秆黑粉菌、榆树枯萎病等有害生物频频传入美国，1944年通过《组织法》（Organic Act）授权主管单位负责有害生物的治理及植物检疫工作，为弥补1912年法令的不足，1957年颁布了《联邦植物有害生物法》（Federal Plant Pest Act），在上述三个法令的基础上又制定了许多法规及补充、修正案，并首次提出了"植物有害生物"（plant pest）这个名词术语。

1881年，有关国家签订了防治葡萄根瘤蚜的国际公约，这些国家的防疫活动在第二次世界大战结束后成立FAO时，纷纷要求通过公约来管理国际引种和贸易中的植物检疫问题，这就导致FAO出台第一个IPPC（1951年）的诞生。IPPC实际上都是有关植物检疫的内容，因为植物检疫属于植物保护的一部分。

随着经济全球化，国际市场竞争日益激烈，为维护各国检疫的主权，减少因检疫措施对贸易构成变相限制的影响，WTO在1994年乌拉圭回合谈判中通过了SPS协定。

国际上从1860年到2020年这160年间各国有关植物检疫不断立法与修法的过程，展现的就是一部国际植物检疫的发展史，各国不断采用日益先进的检疫、隔离、防疫措施来保护本国植物生产安全过程的历史，目的就是在调运种苗入境时或开展农林植物产品国际贸易时防止外来的危险性有害生物伴随入境。特别是1990年以来，FAO修订了IPPC，WTO通过了SPS协定，这两个国际性协议的生效有力推动了国际贸易的发展，减少了技术性贸易措施对国际贸易的影响。为适应国际贸易需要由IPPC制定了一系列植物检疫国际标准（ISPMs），以此指导世界各国制定相对统一的检疫法规，推荐采用最先进的检测技术和防控措施，促进与提高了世界各国开展植物检疫的水平。

随着现代国际贸易、人员交往与交通运输业的发展，植物、植物产品在国际、国内流通的日益频繁，植物检疫工作越来越受到各国政府的高度重视，世界各国普遍建立了有关植物检疫的法律制度和执法组织。植物检疫已成为一个国家行使主权的重要内容，并成为当今世界各国植物保护合作的一个重要组成部分。在全球经济一体化程度不断提高的今天，涉及政治、经济、文化、技术各个方面的组织行为都应该遵循相应的国际规则，以共同建立和维护良好的公共秩序，已经成为世界各国的共识。

植物检疫既是一项专业性很强的技术工作，也是一项内容复杂的行政管理工作。

二、植物检疫是植物保护中最具特色的一部分

植物保护是综合利用多学科知识，以经济、科学的方法，保护人类目标植物免受有害生物危害，提高植物生产投入的回报，维护人类的物质利益和环境利益的实用科学。植物保护的对象是人类认定有价值的所有不同目标植物或人类的栽培作物，采取适宜的措施和策略，控制有害生物的危害，避免生物灾害，最终提高植物生产的回报，获得最大的经济效益、生态效益和社会效益。控制有害生物对植物的危害有防与治两种方式，所谓防，就是阻止有害生物与植物的接触和侵害；所谓治，就是当有害生物发生危害、流行时，采取措施阻止有害生物的危害或减轻危害造成的损失。

植物检疫是植物保护的措施之一，是植物保护措施中最具有前瞻性和强制性的一项措施。植物保护的原理包括预防、杜绝或铲除、免疫、保护和治疗等 5 个方面，植物检疫的内容涉及植物保护中最能体现预防、杜绝或铲除等方面的防控措施，是公认的最有效、最经济、最值得提倡的一项措施，有时甚至是某个有害生物综合治理（IPM）计划中唯一有效的措施。不同于植物保护通常采用的农业防治、化学防治、物理防治和生物防治等措施，植物检疫最大的特点是具有国际国内专门的法律法规支撑，具有强制性和国际性（表 1–1）。曾士迈院士指出，"植物检疫是植物保护系统工程中一个极其重要的子系统，是植物保护的边防线，必须严防密守。新的危险性有害生物一旦传入，往往后患无穷，没有检疫的防治永远是被动挨打的防治。中外历史上已多有教训"。

表 1–1 植物检疫与植物保护的差别

比较的项目	植物检疫	植物保护
防控对象	国家公布的检疫名单	所有危害重的病虫害
法律法规	按植物检疫法强制执行	政府指导，按植物保护法自主执行
经济重要性	很大	较大或很大
防控要求	尽量消灭、阻截，可不计成本，防患于未然	防患于已然，控制在经济阈值范围内
防控措施	检疫预防（预防杜绝扑灭）	预防、杜绝、免疫、保护、治疗
特点	预防性、法制性、涉外性	群众性、自发性、经济性

（一）植物检疫关注的是法规规定的有害生物

在大自然的生态环境中，无论在农田还是森林里都存在各种各样的生物，这些生物有些是对农林业生产有益的，有些是有害的，还有些益害各半。随着人类社会生活的多元化，尤其是国际活动的频繁开展，国际贸易量大幅度增加，农林业产品的交换十分快捷，农林植物上的一些有害生物也快速地随其传入或传出。各国专业人员在溯源调查中发现许多在当地从未发生过的有害生物都是随着国际贸易和人员交流传入的，例如葡萄根瘤蚜、马铃薯甲虫、马铃薯晚疫病等，都是随着种苗调运而进入我国的。为了防止国外危险性有害生物随着农林产品的贸易而传播蔓延，才逐渐产生了植物检疫。但是，植物检疫并不是禁止所有的外来物种入境，也不是任何国家可随意决定的，必须依据公认的国际规则来协商一致，各国同意遵守执行才行。所以，1945 年成立的 FAO 就是目前公认的国际组织，IPPC 就是目前公认的国际多边合作条约。

IPPC 将有害生物（pest）定义为危害或可能危害植物及其产品的任何有生命的有机体。"pest"一词最早出现在美国《联邦植物有害生物法》，其使用在国内外比较混乱，有的与 IPPC 的定义相近，有的侧重于病虫害，也有的专指有害的昆虫。在我国，有人将其译为害虫是不妥的，应该是泛指所有的病（病原生物）、虫（害虫）、草（害草）、鼠等各种（可能）危害植物的生物。

根据有害生物的发生分布情况、危害性和经济重要性、在植物检疫中的重要性以及其他特殊需要，按照《国际植物保护公约》的定义，有害生物可以区分为"限定的有害生物"和"非限定的有害生物"两类。限定的有害生物（regulated pest，RP）包括检疫性有害生物（quarantine pest，QP）和限定的非检疫性有害生物（regulated non-quarantine pest，RNQP），只有检疫性有害生物和限定的非检疫性有害生物才是植物检疫所关注的有害生物。检疫性有害生物，是指在一个国家或地区内未发生，或虽然有发生但分布未广，且官方正在积极控制的有潜在经济重要性的有害生物，是植物检疫（尤其是进境检疫）最关注的有害生物。植物检疫针对的都是国内没有发生、危险性特别大、可以随着种子苗木调运而传播的一些害虫、病原生物或害草等有害生物，一旦传入可能引起重大经济损失的有害生物，或虽有发生但分布未广，而且正处于官方防治（Official Control）中的有害生物，例如梨火疫病菌、松材线虫、马铃薯甲虫等，这决定了植物检疫所针对的是可能携带并传播这些危险性有害生物的植物、植物产品及其他应检物（包括集装箱、木质包装、运载工具等）。因此，对于法定的应检物在某一特定区域（国家、地区）流通时都需接受植物检疫，只有经植物检疫合格，或经检验发现疫情但经有效的检疫处理合格后，这些物品方可进入。由于种子和苗木等用于种植的植物中可能携带限定的非检疫性有害生物，目前国际上认为也必须采取相应的检疫措施加以管制，达到进口方规定的允许量方能放行。

在我国的法律法规、教科书和科技杂志上，使用得较多的术语是"危险性有害生物"（Dangerous Pest，DP），它包括已经被列入检疫性有害生物名单和可能将被列入检疫性有害生物名单的危害性大且可人为传播的许多种有害生物，尤其是通过风险分析确认风险等级高的物种，更能引起人们的重视，更有警示性。一些不在检疫性有害生物名单上，但可通过人为传播的有害生物仍然是植物检疫人员应该关注的，在本书中除了特指"限定性"或"检疫性"有害生物之外，仍沿用"危险性有害生物"这个通俗名称。

在农林业生产中虽然也有一些危害很大的病虫草害，例如通过气流等大跨度自然传播的蝗虫、黏虫、稻飞虱、稻瘟病、麦类锈病等，仍需要官方组织、发动群众实行群防群治，但是检疫措施难以奏效，虽然不属于限定的有害生物，但仍然是农业上的危险性有害生物。有些是地方流行病或土传病害，如白菜软腐病、茄青枯病、小麦全蚀病等，虽然防治难度很大，但因病原种分布已比较普遍，所以这些有害生物也不属于检疫的范围，而是属于一般植物保护防治的范畴。非限定的有害生物（Non-Regulated Pest，NRP）不属于检疫控制的范围，是已经广泛发生或普遍分布的有害生物，有些是日常生活中常见的有害生物，如蚜虫、青霉菌等都不属于检疫控制的范围。

（二）植物检疫的处理要求是彻底消除隐患

经检验发现有"检疫性有害生物"时，除要求退货或销毁等极端处理外，也可采取化学的或物理的方法来处理受感染或受害的应检物。从这点来说植物检疫和植物保护有一定的共性，但两者的最终要求不同。植物检疫所要求的是经检疫处理后应检物基本不再带有活的有害生物，即检疫处理的效果是尽量彻底杀灭目标有害生物，辐射处理后达不到灭活但可达到不育状态也符合检疫要求。检疫处理有时可以不计成本，为的是以零允许量为目标，不留后患。而植物保护中所用的化学防治、物理防治或农业防治等，往往只要求将有害生物的危害程度控制在经济允许的阈值或防治指标以下，并不一定要求彻底杀灭。

（三）植物检疫的研究内容与工作方法

植物检疫所针对的国家限定的有害生物，一般都是本国、本地区尚未发生或未广泛发生的特别危险的有害生物。因此，植物检疫的重点是及时掌握国内外危险性有害生物的分布范围、发生特点、危害情况等资料，对这些危险性有害生物进行风险评估，并在此基础上做出检疫决策，确定并公布应该实施检疫的有害生物名单；同时有针对性地研究这些有害生物的生物学特性、检测技术与处理方法等。在工作中，植物检疫是以植物检疫法律法规为依据，依靠农业、林业、海关、经贸、邮电、交通运输等行业有关部门的紧密合作来实施检疫措施，防止目标有害生物传入或扩散。

植物保护通常所关注的是本地区所有植物上比较重要的有害生物的发生和防治，尤其是本地区主要作物有害生物的发生和防治，在此基础上制订本地区在特定季节对主要作物有害生物的全面综合的防治计划或"防治月历"，指导群众进行防控。

三、植物检疫与植物检疫学

（一）植物检疫的定义

随着人类对植物检疫性有害生物认识的提高、植物保护科学的发展和植物检疫工作的广泛开展，植物检疫的概念也不断发展，日趋完善。1977 年，坎恩（Kahn）指出："植物检疫的目的是保护农业和农业环境不受人为引进的危险生物的危害，其主要措施是由一个国家或同一地域内若干国家的政府颁布强制性的法令，通过限制植物、植物产品、土壤、活生物培养物、包装材料、填充物、容器和运载工具的进境，防止有害生物侵入和传播到未发生区。"1980 年，澳大利亚学者 Morschel 认为"动植物检疫是为了保护农业和生态环境，由政府颁布法令限制动植物、动植物产品、土壤、生物有机体培养物进口，阻止可能由人为因素引进植物危险性有害生物，避免可能造成的损伤"。1983 年，英联邦真菌研究所（CMI）将植物检疫定义为"将植物阻留在隔离状态下，直到确认健康为止"。但习惯上往往将含义扩大到植物、植物产品在不同地区之间调运的法规管理的一切方面。尽管各国学者对植物检疫的诠释不一定相同，但基本观点十分一致。按照 WTO 的 SPS 协定和 FAO 的 IPPC 的定义，植物检疫是为保护各成员境内植物的健康并免受检疫性有害生物的危害，由政府为预防或阻止其传入、定殖扩散和危害所进行的一切官方活动，是旨在防止检疫性有害生物传入或扩散或确保其官方防治的一切活动，涉及法律法规、行政管理、技术保障、经济贸易和信息交流等许多方面，是一项综合的管理体系，所以，植物检疫是一项特殊形式的植物保护措施。

简言之，狭义的植物检疫定义为：为防止官方公布的检疫性有害生物的进入和扩散，由官方进行的检查与处理；广义的解释为：为防止所有危险性有害生物随植物及植物产品的调运传播，由政府植物检疫部门依法采取的所有治理措施。由此可见，植物检疫是一项特殊形式的植物保护措施。

随着乌拉圭回合贸易谈判的结束及 SPS 协定文本的最终签署，人们对植物检疫都非常重视，将一个拉丁化名词"phytosanitary"，作为更广义的植物检疫专有术语来使用。该词的原义是植物卫生或植物健康，相当于人们的健康证明。在 WTO 和 FAO 一系列官方文件中，涉及植物检疫的名词中已经逐步使用这个名词，国外有些学者认为可用"phytosanitary"来代替"plant quarantine"，含义更广，如"植物健康证书"（Phytosanitary Certificate）与植物检疫证书的意义基本相同。"phytosanitary"一词的内涵得到了延伸，作为证明进出境植物及其产品不带有被关注的检疫性有害生物的官方有效文件在国际贸易中广泛应用，在 IPPC 修订的 ISPM 5《植物检疫术语》文本中也已被采用，并在术语标准中给出了明确解释。按照 IPPC 的术语解释，"plant quarantine"约定的中文译名是狭义的"植物检疫"，是特定的专有名词，常指经检疫检验和检疫处理后颁发的检疫证书。"Phytosanitary Certificate"直译为"植物健康证书"，相当于广义的"植物检疫证书"，即持有该证书的植物样品经检验确认不带有检疫性有害生物。两个名词的区别在于，"plant quarantine"是针对特定检疫性有害生物，强调检验、隔离、检疫处理的作用；而"Phytosanitary"更强调经检验检查表明该植物符合健康无疫害的要求，内涵比较广泛，除针对检疫性有害生物外，还涉及对限定的非检疫性有害生物的管制。在北美洲，人们通常用"plant protection"；在欧洲，"plant quarantine"和"plant health"的概念几乎相同。一般认为涉及植物检疫法律法规时，如封锁、隔离、处理时就用"plant quarantine"，而在一般广义的检查要求下，尤其是在欧盟内部交流时大多用"phytosanitary"（Ebbels，2003）。

（二）植物检疫的发展

植物检疫是伴随着农产品国际贸易与调运诞生的，其主要目的是防范危险性有害生物从国外或外地传入本国或本地，这是最早划分检疫性有害生物的根据。

生态学研究认为，生物的分布是有地域局限的，通过采取管理措施可以防止生物从一个地理区域传播到另一个地理区域。对植物有害生物而言，这些措施就是植物检疫措施。后来，随着农产品国际贸易的发展和生态学研究的深入，人们认识到有害生物的地理分布还有生态学极限问题，即有害生物的地理分布受寄主、气候和其他各种环境条件的制约，如果在一个所有条件都适合某种有害生物发生的地理区域内都已经有该有害生物的分布，那么该有害生物的地理分布就达到了生态学极限，否则就没有达到生态学极限。因此，后来的植物检疫不仅针对本国或本地没有发生的有害生物，还针对本国或本地虽有发生但远远没有达到生态学极限的有害生物——这是检疫性有害生物的新含义。

从生态学研究发展到有害生物风险分析（Pest Risk Analysis，PRA），是科学进步的结果，检疫名单从最早的葡萄根瘤蚜、马铃薯甲虫、麦类锈病等几个到今天的几百个，就是经过风险评估和分析做出的，不仅保护面广，风险管理的措施也同步到位。

进入 20 世纪 90 年代，农产品国际贸易等更加活跃，各国对有害生物的关注程度越来越高。除了检疫性有害生物，还要针对限定的非检疫性有害生物采取控制措施，原来的植物检疫的概念已经不能适应新的形势，"phytosanitary"这一新的术语解释应运而生。随着人们对保护生物多样性的日益关注，外来生物入侵和转基因生物及其产品的潜在风险近年来不断地成为新的热点问题。随着交通运输条件的不断改善，国际贸易、物流快递和旅游业的迅速发展，外来有害生物的风险越来越大。人们有意或无意地将一些生物携带到新环境，这些物种在新环境里可能由于缺乏制约因素而大量繁殖、迅速扩散，例如，前几年在我国发现的福寿螺、空心莲子草（水花生）、互花米草等外来物种，对当地物种、生态环境产生了很大的影响，被视为当代世界最重要的环境问题之一，引起了公众、科学家、国际组织和各国政府的普遍关注和重视。

1992 年，175 个国家签署了《生物多样性公约》（Convention on Biological Diversity，CBD），决定采取一致行动保护全世界的生物多样性，同时要求缔约方要防止外来生物对生态环境的威胁。据英国学者 Pimentel 介绍，各国现有的生物物种中，包括有益和有害的生物，有 30%～40% 的物种来自国外。国内新近发现许多外来生物物种，从国外进来的有 660 种，例如，湖南省植保人员对省内有害生物的调查结果表明，在 24 种外来农业病原微生物中，来自美洲的有 12 种，6 种起源于欧洲，4 种来源于亚洲，1 种来自大洋洲。这 24 种外来农业病原微生物均属无意引进，隐藏在接穗、苗木、土壤等寄主或货物中被夹带入境。

在人为引种方面，一是海关、农业、林业等政府部门在引种审批时要严格把关，进行科学的风险分析，做到科学引种；二是加强对引种后的物种管理，防止外来物种从栽培地、驯养地逃逸至自然环境中而演化成有害物种。运用重组 DNA 技术产生了具有全新特性的生物，对这类生物，IPPC 的术语用的是改性活生物体（Living Modified Organism，LMO），我国学术界习惯上将其称作"转基因生物"（Genetically Modified Organism，GMO），转基因实质上是指通过重组 DNA 技术导入外源基因到目标生物体内。自 1983 年第一株转基因植物问世以来，全球已经有 10 多种商业化生产的转基因作物问世，并且已经进入国际贸易。转基因大豆种植面积在全球范围内迅速扩大，已成为全球种植规模最大的转基因生物，现在已知的转基因植物还有玉米、油菜、马铃薯、棉花、水稻、小麦、甜菜、亚麻、番木瓜等，这些转基因植物大多数是获得了抗除草剂、抗病虫的基因。为防止转基因生物及其产品可能存在的危害，世界各国自 20 世纪 80 年代就开始立法予以限制。2000 年，生物多样性公约缔约方关于转基因生物及其产品贸易安全问题的谈判达成一致，通过了《卡塔赫纳生物安全议定书》，规范全世界对活体转基因生物的管理。

目前，有关转基因植物对环境影响的研究相对薄弱。比如：转基因作物是否会破坏生物多样性？是否会导致杂草和害虫进化升级，甚至出现"超级杂草""超级害虫"或"超级病菌"等酿成未知风险？这些顾虑需要得到应有的重视。其实，今天我们耳熟能详的谷物在亿万年前可能只是自然界里的普通杂草。人类的种植行为，包括良种选育，施用除草剂、杀虫剂，本质上就是从自己的需要出发，改造大自然原有的秩序。目前，世界各国媒体对转基因植物及其产品的评价不一，关键问题是人们对这种新型生物体是否安全的担忧，如果长期食用将会发生哪些变化等。总之，转基因植物的研究要继续，成果的审批要严格，产品的推广使用应由消费者选择。

随着植物检疫在保护植物生态体系中作用的扩展与延伸，植物检疫的范围将有所扩大，植物检疫的定义也会适当调整。转基因植物的监管与食品安全问题也必然为人们所重视。

物种资源保护也是植物检疫的重要内容，2004 年，国务院办公厅印发的《关于加强生物物种资源保护和管理的通知》中，明确要求建立生物物种资源出入境查验制度。出入境物种资源查验工作作为海关的重要职责，已成为植物检疫工作的重要组成内容，在保护濒危植物物种、打击野生植物走私方面发挥重要作用。

（三）植物检疫学

植物检疫学（Plant Quarantine 或 Phytosanitation）是植物保护学科的一个分支学科，主要研究各种有害生物的生物学特性和可能的风险类型，充分运用风险分析机制来确定应检疫的有害生物名单，制定完善的国家检疫政策法规，在服务国际、国内贸易过程中，防止植物危险性有害生物随着人员和贸易货物流动而传播扩散，以确保本国农林业生产和生态安全。主要内容有：掌握国际国内有关植物检疫的法律法规精神，跟踪国际植物检疫动态，综合应用生态地理学、植物保护学、有害生物学、分子生物学、贸易经济学等多学科理论，按照国际植物检疫标准开展风险分析，科学地确定检疫性有害生物名单；掌握农林业植物重要有害生物的生物学特征、特性，不断提高检测检验技术、疫情监测技术和鉴定方法，依据检疫法规做好疫情的区域化管理，在突发植物危险性疫情时了解如何调动技术力量进行防控，扑灭疫情。由于检疫法规和国际标准都在不断更新与完善，生物技术发展和人类对植物检疫本质认识水平不断提高，植物检疫学科也需要不断更新。植物检疫已不是一个单项措施，一方面要加强对广大人民群众有关植物检疫基本知识的遵纪守法教育；另一方面要加强法制、技术和行政管理相结合的综合体系的建设；深入全面开展对有害生物的风险分析，采用先进的检验和检测技术及检疫处理技术，提出科学的检疫决策。由于植物检疫措施的贯彻执行不仅涉及农林业领域，还涉及交通、物流运输、邮政、贸易、旅游、公安、司法等许多部门，所以检疫立法是基础，行政管理是手段，检疫技术是保证。总之，植物检疫学既是涉及生物、社会、经济、法律等多个领域的一项系统工程，又是与法律法规、贸易、政治经济学密切相关的一门综合性学科，还是与植物学、动物学、昆虫学、生态学、微生物学、植物病理学、分子生物学、地理学、气象学、信息学等密切相关的一门专业性很强的综合性学科。国内大多数农林院校在植物保护专业开设了"植物检疫学"或"动植物检疫"课程，有的还设置了"植物检疫"或"生物安全"本科专业，培养从事植物检疫的专门人才。

第二节　植物检疫的重要性

保护植物的健康生长，争取获得优质产品、取得丰收，以满足人们吃饭、穿衣的需要，改善人们生活，保护人类赖以生存的生态环境，已成为当今世界的首要问题。植物检疫作为预防性植物保护措施已被世界各国政府重视和采用，并将植物检疫作为对外贸易中必不可少的手段。

近年来，随着农产品贸易和旅游业的迅速发展，许多重大植物疫情传入、蔓延并造成严重危害，国外重大危险性有害生物传入的数量剧增、频率加快。20 世纪 70 年代，我国仅发现 1 种外来检疫性有害生物，20 世纪 80 年代发现 2 种，20 世纪 90 年代迅速增加到 10 种，2000—2006 年发现稻水象甲、红火蚁、马铃薯甲虫和薇甘菊等近 20 种，每年造成超过 574 亿元的直接经济损失，对我国农业生产和生态安全构成极大威胁。因此，在新的历史时期，加强植物检疫工作显得更加重要。

一、植物检疫是一个国家行使主权的象征

植物检疫作为国家的一项主权，反映了一个国家的国际地位、经济实力和科技水平。口岸动植物检疫部门在保护我国农林牧业安全生产、保障人民身体健康等方面责任重大。1949 年以前，我国的植物检疫机构形同虚设，致使许多危险性有害生物传入。例如，棉花枯萎病、棉花红铃虫、甘薯黑斑病、蚕豆象等就是在 20 世纪 20 年代传入我国。目前，这些有害生物仍然是我国农林生产中的重大障碍。甘薯黑斑病于 1937 年先从日本九州传入我国辽宁，1963 年国内调查发现全国 20 个省市估计损失鲜薯在 500 万 t 以上，由于病薯中含有真菌毒素，在一些地区因用病薯喂耕牛引起耕牛死亡。蚕豆象是随日军携带的饲料传入我国的，成为我国蚕豆产区最重要的害虫，不仅蚕豆影响产量、降低品质，而且还严重影响蚕豆的出口贸易，至今仍难以根除。

植物检疫的特殊功绩在于它每年给国家挡住了大量有害生物的传入。以 2017 年公布的检疫性有害生物名录为例，全国检验检疫机构从美国、澳大利亚等 176 个国家和地区的货物中共截获小麦矮腥黑粉菌、小麦印度腥黑粉菌、地中海实蝇、烟草霜霉病菌、非洲大蜗牛、松材线虫、烟草环斑病毒、香蕉穿孔线虫等植物有害生物 2 611 种、17 万批次，其中检疫性有害生物 151 种、1.1 万批次。这些有害生物一旦传入，后果很严重，以地中海实蝇为例，1980 年美国加利福尼亚州传入地中海实蝇，随后的两年内美国政府耗资 1 亿美元进行扑灭，至今仍未根除。许多国家纷纷公布法令禁止从美国地中海实蝇疫区进口水果和蔬菜，美国由此造成的经济损失及防治费用与日俱增。再如 1996 年美国局部地区发现小麦印度腥黑粉菌后，政府紧急宣布销毁种植于疫区的受侵染的小麦，并且这些田块在 5 年内不得种植小麦，政府对受害的农户进行财政补助；禁止疫区内的小麦外运，从疫区调出的农产品及其运输工具等均必须接受严格的检疫；政府还成立印度腥黑粉菌紧急行动小组，负责疫区的监测、病害的防治与根除。据不完全统计，从发现小麦印度腥黑粉病菌起至 1996 年 5 月，美国政府仅在得克萨斯州、新墨西哥州补偿农户的费用就已超过 100 万美元。

中国是世界贸易组织成员，同时也是国际植物保护公约组织成员、生物多样性公约的缔约方。在这些组织制定的相关协定、公约中明确指出，各国在采取植物检疫措施、保护国内植物健康、制定检疫性有害生物名单时享有主权，即为了防止检疫性有害生物的传入或扩散，各国有权运用本国的法律和行政手段，对进境（或过境）植物、植物产品和其他相关应检物，包括外国元首或政要赠送的珍稀动植物，都采取必要的植物检疫措施，各国驻华的外交人员来华时

携带的行李包裹中的植物及其产品，也必须接受海关动植物检疫人员的检疫检查。因此，在海关实施植物检疫就是行使国家主权的具体体现。

随着《中华人民共和国生物安全法》于 2021 年 4 月 15 日开始实施，植物检疫已拓展为保护国门生物安全的工作，生物安全作为一种非传统安全，已经成为我国总体国家安全观的有机组成部分。植物检疫的职能范围不断拓展，先后增加了转基因项目的符合性检测、生物物种资源口岸查验以及外来有害生物口岸防控等职能。植物检疫涉及政治安全、经济安全、社会安全、军事安全、粮食安全、生态安全等多种安全。作为一种国际惯例，口岸植物检疫工作体现国家主权，维护国家生物安全，促进对外贸易和经济社会持续发展。

二、植物检疫为引种与调运种苗提供安全保障

从古到今，植物引种是增加一个国家或地区内植物种质资源多样性的重要措施，对于提高栽培植物的抗病虫、抗逆境的能力及提高产量和改善品质是一种必不可少的手段。由于地理隔绝，地球上的植物种类即便是在同纬度地区也不一致。例如，中美洲的玉米及欧洲的甜菜、麦类植物引入中国，中国的大豆、水稻等相继引入北美大陆，使其成为当今世界上重要的粮食生产及出口地区。由此可见，农林业生产对于植物种子、种苗有特殊的依赖性。

植物在生长过程中不可避免地受到许多有害生物的侵染和干扰。这些有害生物同地球上的植物一样有明显的地理分布区，它们中的许多种类可以随着人为调运植物或其产品而传播。这些危险性有害生物传入新区域后能生存、繁衍和为害，有时由于新区域的条件特别适宜或缺乏天敌，危险性有害生物迅速扩散并造成严重危害，造成巨大的经济损失。历史上，危险性有害生物由新大陆扩散到旧大陆或由旧大陆带到新大陆的实例很多，由此造成严重损失甚至导致人类饥荒的悲惨局面的教训也不少。它们大多是通过引种导致危险性有害生物的传播引起的。例如，马铃薯晚疫病就是从新大陆（美洲）传入旧大陆（欧洲）的病害。马铃薯晚疫病最早发生在马铃薯的原产地南美洲，病菌在病薯上越冬，待来年适宜条件下产生大量菌丝体侵染，造成马铃薯腐烂并产生孢子囊引起再侵染。由于马铃薯深受人们喜爱，在 19 世纪 30 年代被大量引种到北美和西欧并成为当地人民主食。在爱尔兰，马铃薯几乎成为唯一的粮食作物。1845年，马铃薯晚疫病在爱尔兰暴发，使当地的马铃薯几乎绝产，造成了历史上著名的"爱尔兰饥馑"，使当时爱尔兰 800 多万人口锐减至 400 多万，其中 100 多万人饿死，200 多万人移居海外。又如葡萄根瘤蚜原产于美国，1860 年随葡萄苗木传入法国，1880—1885 年间，造成100 万 hm^2 葡萄园毁灭，约占法国葡萄种植面积的 1/3，由于葡萄供应不足，许多葡萄酒厂倒闭。1880 年该虫传到俄罗斯，并在短期内传遍了欧洲、亚洲和大洋洲，成为许多国家葡萄生产的重大病害。栗疫病原产东亚，美国从亚洲引种时将栗疫病引入。1904 年，美国首次发现该病；1907 年，损失即达 1 900 万美元；纽约长岛地区在病害发生 25 年后栗树几乎绝迹，据估计损失在 10 亿美元以上。

我国幅员辽阔，地处温带、亚热带，有极丰富的植物资源，为发展农、林、牧业提供了宽广的生物多样性基础。近年来，我国通过植物检疫安全引进了各类农林业新品种，如油橄榄、甜叶菊、西洋参、甜啤酒花、香石竹、郁金香等，为发展现代农业林业、促进国际贸易、丰富人们物质文化生活做出贡献。但是在一些国际、国内交往活动中，植物检疫工作常被忽视，致

使一些危险性有害生物进入新区域而酿成灾害。20 世纪 80 年代初，我国一些育种单位从叙利亚国际旱地作物中心引进一批蚕豆种质资源，由于忽视了种传病毒的检疫，在欧洲严重危害蚕豆的蚕豆染色病毒在一些省市农科院的引种圃中发生，经农业部组织紧急检疫处理，虽已扑灭，但已造成较大的经济损失。国内省市间的调种和引种因忽视检疫而导致有害生物的扩散，造成严重减产的事例也很多。1982 年安徽宣城从山东聊城调进"鲁棉 1 号"种子 1 350 t，不少种子是从棉花枯萎病发生区收集的，种子带菌率高达 0.1%，在 1983 年的疫情调查中，发病面积已达 0.19 万 hm^2，重病田达 517 hm^2，绝产面积达 25 hm^2，教训十分深刻。

20 世纪，由原产于北美的松材线虫（*Bursaphelenchus xylophilus*）引起的松材线虫病在日本猖獗，每年发病面积超过 60 万 hm^2，损失木材约 200 万 m^3，每年用于防治松材线虫的费用达 74 亿日元。据考证，19 世纪初因造船业的兴起，日本从美国进口了大量松材原木，携带有松材从而导致松材线虫病在日本的严重发生。1982 年，在我国南京也发现有松材线虫的危害，枯死的松树 265 株，到 1987 年，江苏省的受害松树数量已猛增到 24 万株，追查病原线虫的来源，发现最初发病地附近单位曾从日本进口过用木质包装箱装运的仪器和设备。1992 年，原南京动植物检疫局直接从由日本来的木质包装箱上又发现了松材线虫。近年来，上海、宁波、天津、江苏等出入境检验检疫局先后从来自日本、美国等松材线虫疫区的木质包装材料中截获松材线虫数百批次。由此可见，国内发生的松材线虫病与从疫区输入木质包装材料密切相关。长期以来人们认为进境机器、仪器不必接受植物检疫，这样就使连同装载它们的木质包装也一直享受着免检的待遇，惨痛的教训便是这样产生的，美国白蛾在华北的发生也是一例。

以前，从境外引种时缺乏对生态环境影响的科学评估，或者受到经济效益的驱使和检疫意识的淡漠，已经有一些外来的有害生物在国内蔓延，对我国的生态环境带来了严重影响。例如过去各地竞相引进的水生植物——喜旱莲子草和水葫芦，原以为是很好的猪饲料，现发现其既堵塞航道和威胁水产养殖业，进入农田又会成为难以根除的恶性杂草。曾经作为美食材料从非洲引进我国南方的非洲大蜗牛，由于不受欢迎，废弃后逸散成灾。又例如，国家为了保护沿海滩涂而从欧洲引进的大米草（1963 年）和互花米草（1979 年），在沿海滩涂试种，曾经起到一定的保护作用，但是很快大量繁殖蔓延而失控，严重破坏了湿地的生态环境和滩涂养殖业。这些都是盲目引种造成的恶果，值得深思。

三、植物检疫为促进国内外贸易发展提供保障

没有植物检疫的参与，国际农林产品的贸易就不可能健康地进行，在国际国内贸易和发展创汇农业方面，植物检疫起着不可或缺的作用。1949 年以来，尤其是加入 WTO 以来，我国的国际、国内贸易有了迅猛的发展，植物检疫机关为促进国际贸易特别是农产品贸易健康发展，认真履行了职责。据进出境植物检疫部门统计，我国每年从外贸入境的货物、木质包装、运输工具、旅客携带物、邮件、快件中截获大量的危险性有害生物。"十三五"期间，全国口岸截获植物有害生物 8 858 种、360 万种次，其中检疫性有害生物 520 种、40 万种次。在这些危险性有害生物中，许多昆虫和杂草都是中国未有分布的外来物种，每年都有一些新的种类被首次截获，有力保障了国内农业林业生产安全、生态环境安全和人民群众的健康安全。2019 年，全国口岸共检疫截获植物有害生物 4 262 种、60 万种次，其中检疫性有害生物 303 种、6 万种

次，马铃薯纺锤块茎类病毒、小外齿异胫长小蠹、欧洲枝溃疡病菌等 11 种检疫性有害生物是全国首次截获。2020 年，全国口岸检疫截获各类植物有害生物 4 492 种，其中检疫性有害生物 384 种、7 万种次。

1989 年以来，我国植物检疫部门与日本检疫部门开展合作研究，先后解决了包括哈密瓜、鲜荔枝、稻草秸秆等农产品出口到日本的检疫问题。通过合作与双边会谈，1994 年以来，新西兰、加拿大、美国等国家先后解除从中国进口鸭梨、香梨的禁令，为国家换回了大量外汇。我国是一个农业大国，农产品出口在农业和经济发展中起到了至关重要的作用。创汇的农产品仍有极大的潜力有待开发，外贸部门与植物检疫机关加强合作，共同努力不断开拓新产品，冲破国际上的检疫壁垒，让更多的农产品走向国际市场。我国还履行和承担国际植物检疫协议、条约的义务，通过执行双边检疫协议等植物检疫条款，既保护了经济的发展，又提高了我国外贸的信誉。

在国际贸易便利化呼声下，国际植物检疫措施的指标要求也从单一防止有害生物传入的"零风险"调整为"零风险"和"可接受风险水平"两个维度。围绕这一转变，在国际植物检疫措施标准指导下，针对不同的植物和植物产品、不同的有害生物种类、不同的有害生物风险分析（Pest Risk Analysis，PRA）地区，各国建立了许多不同的指标，采用综合性的植物检疫管理措施，并以双边协议、备忘录等方式确定下来，这些工作极大地促进了贸易流通，保证了国际农林产品贸易的健康发展。

四、植物检疫的效益明显

植物检疫是一项综合性、多学科、涉及面广的事业。检疫工作具有预防性、预见性、彻底性，检疫措施需借助立法来实施。植物检疫工作的这些特点，决定了它的效益具有全局性、长远性、间接性、潜在性。概括起来讲，植物检疫的效益可分为经济效益、社会效益和生态效益三个方面。

（一）植物检疫的经济效益

植物检疫的经济效益可分为直接经济效益和间接经济效益。

1. 直接经济效益

直接经济效益是指通过植物检疫工作，能直接为国家创造的财富。可以从进口和出口两个方面看。

（1）进口方面　一是植物检疫可保障资源性农产品安全进口。中国每年都进口大量农产品，是世界第一大农产品进口国。我国已实现 178 个国家（地区）1 507 种农产品检疫准入。例如，2019 年我国共进口农产品 1 509.7 亿美元，同比增长 10.1%。进口粮食总量 1.15 亿 t，其中大豆 8 851 万 t、谷物 1 791.8 万 t；进口木材 9 694 万 m³，有效地保障了国内需求和产业结构优化调整；通过扩大俄罗斯大豆、欧美地区水果等来源市场，极大地丰富了国内市场供应种类。2020 年，我国进口大豆 1 亿 t、玉米 1 130 万 t、小麦 838 万 t、大麦 808 万 t、高粱 481 万 t，在我国粮食自给率超过 95% 的前提下，有效地缓解了我国粮食的结构性矛盾。

直接经济效益是指通过检疫的实施能直接为国家创造财富，一般可用数字来表示。2012年，中国贸易总额达 38 677 亿美元，成为世界第一贸易大国；农产品贸易总额 1 757.7 亿美元，其中进口 1 124.8 亿美元，出口 632.9 亿美元，贸易逆差 491.9 亿美元，其中，植物检疫为促进国际贸易特别是农产品贸易健康发展发挥了重要的作用。如植物检疫为出口服务方面，通过植物检疫科技攻关，使进口方解除禁令或修改规定，进入国际市场。日本曾因怀疑中国有瓜实蝇分布而禁止进口中国瓜类，20 世纪 80 年代开始通过中日植物检疫专家的技术合作，证实中国新疆地区没有瓜实蝇分布，从而使日本政府解除了对中国新疆哈密瓜的检疫禁令，1988 年至 1992 年我国新疆地区对日本出口哈密瓜达 2 000 多 t，创汇几百万美元。又如在进口检疫中，因发现植物危险性有害生物，对外出证索赔。1991 年 11 月，原南京动植物检疫局从进口沙特的小麦中发现小麦印度腥黑粉菌和毒麦（含量超标），由于及时对外出证，我国获得了 14 万美元的赔偿。

二是植物检疫可保障引种与种苗调运安全。植物引种是增加植物种质资源的多样性，提高栽培植物抗病虫、抗逆境的能力及提高产量和改善品质的一种必不可少的手段。它们大多是通过引种导致有害生物的传播引起的。例如，棉红铃虫原产印度，通过棉花贸易于 1903 年和 1913 年先后传入埃及和墨西哥，1917 年又从墨西哥传入美国。1911—1935 年，由于许多国家从埃及引进长绒棉种子，棉红铃虫迅速扩散蔓延，到 1904 年当时全世界 79 个种植棉花的国家中 71 个都受其为害，使得这些国家棉花减产 1/5 ~ 1/4，中美洲一些国家甚至减产 1/3 ~ 1/2。此外，棉红铃虫为害也会导致棉花品质下降，造成的损失更大。棉红铃虫至今仍为我国大部分棉区的主要害虫之一，每年因此蒙受巨大损失。

（2）出口方面　植物检疫可促进农产品安全出口。通过实施出口农产品质量提升工程，推动出口农产品质量安全示范区建设，截至 2018 年 4 月，已建成国家级出口食品农产品质量安全示范区 289 个，带动出口农产品质量安全水平的提升，助推我国农产品出口总量持续增长。特别是通过支持我国中西部及民族地区建设出口农产品示范区，推动新疆葡萄、陕西苹果、青海枸杞、甘肃苹果、河北梨等农产品出口到欧美发达国家市场，实现了提质增效。另外，将农产品出口需求作为检疫准入和对外谈判的重点，通过技术磋商成功解决优质农产品出口问题，帮助农业"走出去"。例如，2019 年，中国与巴西、智利等国家检疫部门合作，鲜梨获得巴西的检疫准入，猕猴桃打开智利市场；推动印尼恢复中国柑橘进口，促使欧盟将我国榕树、苏铁等种苗从 39 种禁止进口的植物名单中剔除。

2. 间接经济效益

间接经济效益是指虽然不能直接创造财富，但是通过植物检疫工作而避免的经济损失。可以通过有害生物造成的直接损失以及投入防治成本等间接成本进行计算。如在进口检疫中发现了谷斑皮蠹，并用熏蒸处理的方法将其彻底杀灭，防止其传入，进而避免了它的为害和由此造成的经济损失。植物检疫的经济效益还可用负效益（即造成的经济损失）来反映。如由于忽视检疫工作，某种植物危险性有害生物传入，给当地的农业、林业生产带来了危害而造成的经济损失。

一是通过口岸检疫把关，大大减少农业和生态损失。据不完全统计，全球每年因外来物种入侵所造成的直接经济损失超过 4 000 亿美元。有鉴于此，世界各国均不同程度地重视和开展进出境植物检疫工作，最大限度地保护农业生产和生态安全。

二是加强技术性壁垒措施应用，减少农产品出口损失。在当前世界经济形势下，植物检疫作为重要的技术性贸易措施，已经成为一些国家隐性限制进口的工具。我国 WTO/《技术性贸易壁垒协定》（Agreement on Technical Barriers to Trade，TBT）-SPS 通报咨询中心的调查数据显示，2017 年我国有 30.1% 的出口企业遭受国外技术贸易措施不同程度的影响。在受国外技术性贸易措施影响较大的产品类别中，农产品排在第五位，直接损失约 131.5 亿元。其中，最有效的减损措施一是让企业获得海关发布的国外措施预警信息，及时做出调整，避免退运或整改等一系列后续问题；二是得到国际通行的出口检测认证证书，避免了国外检测的不便；三是经过植物检疫的产品得到国外官方认可，顺利进入目标市场。

（二）植物检疫的社会效益

植物检疫的社会效益与经济效益密切相关，特别是当经济效益发生重大变化（这种变化包括获得重大的经济效益或使涉及国计民生的产业蒙受巨大损失）的时候，就会产生重大的社会效益（含正效益或负效益）。

植物检疫保护的对象是农业、林业生产，是涉及国计民生的支柱产业，是国民经济的基础。植物检疫工作做得好，可以避免外来危险性有害生物的侵入，保护农业、林业生产的安全，能为国家建设创造良好的外部环境和物质基础，具有重大的社会效益。相反，如忽视植物检疫工作而导致某种危险性有害生物传入，必将给农业、林业生产和生态安全带来毁灭性灾害，严重影响国民经济的发展，甚至造成饥馑。1934 年我国由于从美国引进棉种而同时传入棉花枯萎病，这种病害传播蔓延快，往往造成棉花大幅度减产，甚至造成大面积死苗而绝收，至今仍严重威胁着我国的棉花生产，给国家造成重大经济损失。病区棉田面积减少，总产量下降，也间接影响到纺织工业。这些事例足以说明植物检疫工作不仅具有显著的经济效益，而且具有重大的社会效益。

（三）植物检疫的生态效益

植物检疫的生态效益不像经济效益那样直观，因而往往被人忽视。生态效益具有潜在性、长远性、难逆转性等特点，是一种非常重要的效益。保持生态系统动态平衡是人类赖以生存、经济社会能够可持续发展的基础。

植物检疫把危险性有害生物拒之于国门之外或消灭在扩散之前，起到了防患于未然的作用；同时也起到了保护环境，保护生态平衡的作用。一种检疫性有害生物传入容易消灭难，根治更难。当一种病虫传入后给农业、林业生产造成了危害，人们往往要动用大量的人力、物力、财力来防治它，以减少危害，不仅经济上受到重大损失，而且更重要的是连年大量使用农药污染了环境，杀伤了有害生物的天敌和其他有益的生物，例如水葫芦、水花生和大米草的泛滥所造成的生态系统的破坏便是典型事例。长期大量使用一种农药，土壤中农药积累越来越多，收获的农产品中农药残留量也越来越高，如此恶性循环，环境污染日趋严重，使生态失去平衡，生态效益受到严重破坏。

植物检疫也是保护生物多样性的重要手段。生物多样性是保障生态资源供给安全的前提和基础。外来有害生物是导致全球生物多样性丧失的主要因素之一。1998 年《生物科学》杂志报道，美国本土物种中，已有 1 880 种濒临灭绝，其中 49% 是因为异国物种入境而绝迹的。我国是遭受外来有害生物危害最严重的国家之一。据统计，截至 2014 年，中国有外来有害生物 533 种，其中昆虫 101 种、非昆虫外来动物 71 种，外来植物 291 种，植物病原微生物 45 种、动物病原微生物 18 种、人体病原微生物 7 种，全国 34 个省、市、区均有发生和危害。截至 2019 年，我国已发现 660 多种外来有害物种，其中，71 种对自然生态系统已造成或具有潜在威胁并被列入《中国外来有害物种名单》。67 个国家级自然保护区外来物种调查结果表明，215 种外来物种进入国家级自然保护区，其中 48 种外来物种被列入《中国外来物种名单》，真正列入检疫性有害生物名单的只有几十种。

生态效益还有一个特点是短时期内难以逆转。当生态严重失去平衡时，要让它恢复平衡不是一件容易的事，需要较长时间的精心保护。例如，在南京、镇江、杭州、福州、深圳一些山区发生的松林线虫病害使大片松林枯死，严重破坏了绿化风景，造成很大损失。对其修复不仅需要几十年的时间，还要投入许多人力和物力。农业生产的周期长，受大自然影响大，加上生物本身有各自的发生发展规律，有时人为的控制往往显得无能为力。所以，应充分发挥植物检疫的作用，尽量保持生态的自然平衡，使农业、林业生产和生物多样性获得更大的生态效益。松材线虫、湿地松粉蚧、松突圆蚧、美国白蛾、松干蚧等森林害虫入侵，且严重发生，在我国每年危害的面积已达约 150 万 hm^2。稻水象甲、美洲斑潜蝇、马铃薯甲虫、非洲大蜗牛等农业害虫每年严重发生的面积达到 140 万～160 万 hm^2。1999 年，随木材贸易从美国传入我国的红脂大小蠹在山西省大面积暴发，使山西省 1/3 的油松林在数月间毁灭。东南沿海滩涂疯长的大米草破坏了原有的生态系统，短期内是无法恢复的。

随着我国与世界各国贸易交往和文化交流的日益频繁，来中国举办的展览、展示园日益增多，尤其是近年来大批量引进带土景观植物存在极大的风险，不可避免地将一些危害性有害生物带进来，如何把关检验及有效检疫处理，就成了植物检疫的一大难关。需要进行认真的风险评估，切实做好风险分析和检疫处理工作以确保安全。

第三节 植物检疫的特点

植物检疫是植物保护学科中很特殊的一个分支，它具有高度的预防前瞻性、执行措施的法制性、业务范围的涉外性、检疫效果的公益性和技术措施的先进性等特点。有关植物检疫的特点，国内外许多专家学者均有论述。曹骥用"预见性、法制性、技术性、地区性"高度概括了植物检疫的基本属性，林火亮（1992 年）提出"实施手段的法制性、涉及范围的社会性、机构职能的行政性、所起作用的防御性及技术要求的特殊性"五个方面。植物检疫固有的特点是预防性、法制性、技术性、涉外性、先进性、公益性、应急性。其中，预防性、法制性与技术性、涉外性是植物检疫的三个最基本的特征。

（一）预防性

植物检疫坚持预防为主，防御与铲除相结合，预防性是检疫与生俱来的属性。植物检疫产生于预防和控制植物有害生物在不同地域间人为传播所造成的巨大灾害的斗争，它的基本思想是运用强制的预防性保护措施来阻止域外植物有害生物的传入，远比其进入后再进行治理更为经济、安全和有效。植物检疫是根据全局与长远的利益来规划的，是对一个国家或较大生态地理区域内所有植物所采取的长远性的安全措施，采取检疫措施需要在较大的行政区域或生态地理区域内，甚至在几个国家的范围内实施。

植物检疫工作需要有预见性，在检疫立法时，应认真分析诸多有害生物信息，根据有害生物风险分析结果，制定检疫性有害生物名单，研发、引进相应的新技术，将国内尚未发生的疫情"御之于国门之外"。对于国内局部发生的检疫性有害生物，采取相应的检疫措施。由于法规往往是"固定"的和"滞后"的，疫情是"灵活"的，预见性还体现在植物检疫执法过程中，要不断地分析疫情、改进措施。20 世纪 80 年代初，原北京、上海动植物检疫局在从墨西哥进口的小麦种子上发现小麦印度腥黑粉菌，当时这一国际检疫性有害生物尚未列入我国检疫性病虫草名单，但考虑到其危险性，最后仍然做销毁处理，确保了农业生产的安全。

　　一旦某地传入危险性有害生物，为阻止其进一步扩散与蔓延，植物检疫部门将尽全力采取一切措施予以铲除。1985 年，漳州市先后从菲律宾引进香蕉种苗各 500 株，检疫机构在入境检疫时发现种苗带有香蕉穿孔线虫，在经过温热处理和药剂处理的基础上，要求将种苗在指定地点隔离试种。到 1987 年检疫机构在田间检查观察时，发现香蕉根部仍带有香蕉穿孔线虫，严重受害腐烂，植株出现一推就倒的症状。由于在隔离试种期间，部分香蕉苗已被私自分散出去，检疫机构立即组织开展了全面调查，查明疫情涉及 6 个县区 318 个田块。检疫机构依靠各级政府采取"热"（用火烧，彻底销毁病株，消灭病原线虫）、"毒"（施杀虫剂对土壤进行消毒，毒杀残留线虫）、"饿"（喷除草剂，休耕除草，断绝食料）的措施，对疫情进行封锁铲除。通过三年的努力和两年的连续监测，证明疫情已经扑灭。这是我国植物检疫历史上检疫机构扑灭疫情的成功案例之一。类似的例子还有，农业部植物检疫处与浙江省植物检疫站联合销毁了带有蚕豆染色病毒的蚕豆苗，阻止了蚕豆染色病毒在国内的传播与扩散；1996 年在美国局部地区发现小麦印度腥黑粉菌后，政府立即颁布法令，规定病田五年内不得种植小麦，铲除小麦印度腥黑粉菌。由此可见，全面预防和彻底铲除是植物检疫固有特点。

　　（二）法制性与技术性

　　法制性也可称为法律强制性或法律权威性，是指运用法制手段管理或行政措施控制各种植物及其产品、包装物、运输工具的流动，以控制植物有害生物的传入和传播。植物检疫是以法规为依据，科学技术为手段，实施强制性的检疫措施。法律的强制性表现在三个方面：第一，国家以专门的法律法规的形式对检疫行为和检疫管理加以规范，并依法强制执行；第二，国家设立专门的检疫行政机构，具体执行检疫管理职责；第三，对蓄意违反国家检疫法规的行为和活动，依法给予行政处罚，后果严重的还要承担刑事责任。植物检疫的立足点在于通过对人类活动的限制达到控制危险性有害生物传播，针对人的行为，就必须有一个能为各方面可接受的法规，因此有人把植物检疫称为"法规防治"。当今，世界各国对植物检疫越来越重视，普遍建立了法律制度。当然各国制定的植物检疫法规必须建立在科学基础之上，必须既符合国际规则又符合本国利益。中国公民、法人及其他组织，以及在中国境内的外国人、无国籍人、外国组织都必须遵守我国的植物检疫法规。同样，植物检疫又是一项技术性十分强的工作。仅有法律法规，无配套技术来执行，也不能充分发挥法规的作用。

　　植物检疫技术不同于一般的植物保护技术。由于植物检疫技术本身的特点，决定了其必须是"快速、准确、有效"的技术。如前所述，植物检疫针对商业活动中一切可能传带限定的有害生物的植物、植物产品及其他应检物。若不能做到快速，则势必导致"压港"，影响正常的商品流通，从而带来经济损失。在检疫查验时，若使用的取样方法不妥，就不能检出有害生物；或虽然检出有害生物，但鉴定有误。凡此种种失误或不足，往往导致经济损失。这就要求所用的技术必须合理合法、准确无误。植物检疫技术的有效性不仅体现在快速、准确，而且还包括其他方面。如发现危险性有害生物后所采取的检疫处理措施必须能干净彻底杀灭有害生物，而且必须对商品无"害"。当今生物学技术发展极快，植物检疫技术必须紧跟当代科技的发展，引进或研发先进的技术，提高检疫处理水平及鉴定能力，使检疫结果更具权威性。

法规性与技术性是植物检疫的基本属性，两者相辅相成。植物检疫是通过官方机构，用先进的植物检疫技术，对流通中的植物、植物产品及其他应检物进行检验而实现的。这种检验检查是根据有关法规进行的，对检疫中发现的危险性有害生物，必须进行有效的检疫处理；对造成有害生物扩散等后果的，将依法追究责任。因此，这种检查必然是强制性的检查。同样，如果所采用的技术不是先进、科学的，那么所得的结论就没有权威性。

（三）涉外性

植物检疫首先要立足于国际贸易，要遵守国际规则。有害生物具有明显的区域分布特性，各国制定的植物检疫法规首先是为本国发展农林生产的最高利益服务的。在制定本国的植物检疫法规及检疫措施时，都要结合各国的实际情况做科学的系统分析，各国国情不同，粮食和工业原料作物自给程度不同，植物检疫的做法各有特点，各国植物检疫法规的制定与实施属各国主权的范围，任何国家不能以任何借口加以干涉，即使国家间发生检疫争端，也只能依靠国际准则通过平等协商途径加以解决，不能动辄以"制裁"相威胁。植物检疫的目的是既要保护本国的植物免受危险性有害生物的危害，又要防止本国原有的有害生物随着货物扩散到别的国家或地区，这就是爱国主义与国际主义的统一。各国制定植物检疫法规的原则是在符合国际规则的前提下，采取有效措施，在促进贸易发展的同时保护本国的农林业安全生产，体现出"为贸易服务，为生产站岗"的特点。

FAO 制定的 IPPC 和 ISPM，也只是供各国检疫工作以及处理国家间检疫问题提供指导。各国制定的植物检疫法规主要是为保护本国农林生产的最高利益服务的。这是其共性，但在具体的条款上则大不相同。究其原因，是由植物检疫的地区性决定的，因为有害生物与植物一样有明显的区域分布特性，此外，植物检疫的实施只能依靠行政法令才能实现。在制定本国的植物检疫法规时，要结合本国的实际情况，对各国发生的疫情做科学的系统分析。首先考虑有害生物能否随植物、植物产品进入，能否在本国或本地定殖（establishment），是否扩散蔓延，在本国或本地适生；其次是有无准确的检测手段和可靠的检疫处理技术。只有对国内外的资料做充分分析后，才能制定正确的检疫措施。1996 年，新西兰在发现有地中海实蝇发生后，按照 SPS 协定，主动向贸易伙伴国通报了疫情，并且立即采取疫情扑灭措施；我国政府在接到通报后，决定自 1996 年 5 月 8 日起立即暂停从新西兰北岛进口水果，直到他们完全扑灭疫情后才在 1998 年恢复北岛水果进口。日本政府长期坚持抵制美国的苹果、梨进入日本，理由是防止美国的梨火疫病传入日本，美国政府在试验证明无症的果实不会传病以后，于 2002 年通过向 WTO 申请磋商，要求允许美国苹果进入日本，WTO 于 2003 年 7 月裁定美国苹果可以进入日本。

植物检疫的国际性主要表现在以下几方面：首先，各国制定的植物检疫法规必须符合植物检疫的国际法规及国际惯例。当国内法规与国际规则不一致时，根据"国际法优于国内法"的原则，适用国际法。《中华人民共和国进出境动植物检疫法》第四十七条规定："中华人民共和国缔结或者参加的有关动植物检疫国际条约同本法有不同规定的，适用该国际条约的规定。但是，中华人民共和国声明保留的条款除外。"其次，各国所采取的检疫措施应以现行的国际标准、指南或建议为基础，当一国的植物检疫措施严于国际标准、指南或建议时，应有详尽的科学依据说明。最后，植物检疫需要各国政府、技术人员的紧密合作。防止有害生物的人为传播是全人类的共同使命，防止本国有害生物外传，不但是植物检疫的一项主要任务，而且还是国际道德规范在植物检疫中的具体体现。在对外贸易中，出境物的植物检疫必须按照进口国的植物检疫要求进行检疫检查，在确认符合要求后方可颁发植物检疫证书，使其安全出口，这些都是我国与贸易伙伴国签订双边协定时做出的承诺，也是国际主义的具体体现。

（四）先进性

植物检疫以风险分析和风险管理为核心，以先进的技术为依托，是一项技术性十分强的工作。如果仅有法律法规，无配套技术来执行，植物检疫就形同虚设，不能发挥法规的作用。植物检疫的技术属性源于检疫工作本身对技术手段的需要。植物检疫工作离不开检测技术和检疫处理技术的支持。制定任何检疫政策、采取任何检疫措施都必须有相应的科学证据和技术支持作为依托，需要专业人员运用相关专业知识，如植物有害生物的检疫鉴定、生物学特性、侵染循环、流行病学等进行风险分析和评估，同时也需要运用检疫和相关处理技术发现并防止植物有害生物传入传出，为采取强制性的行政行为提供技术支撑。

（五）公益性

植物检疫工作是一项公益性管理工作，为保护国内农林业安全生产服务，为保护生态多样性服务。检疫的效果不是谋取私利，而是为保护人们的公共利益服务。植物检疫人员要经常深入生产第一线调查研究，不断探索快速准确的鉴定检测技术，试验快速高效的防控技术，真正守好国门，为国家和社会的利益服务。

（六）应急性

植物疫情的发生往往具有紧急性、突发性和多变性，一旦发生，会立刻影响进出口贸易。这就要求植物检疫工作必须强化应急管理，提前制订完善的应急处置预案，并做好应急物资与技术储备，这样才能做到突发植物疫情或公共卫生事件时的快速应急响应。此外，植物检疫工作者还必须具有临危不乱的心理素质和过硬的应急处置能力。

第四节　中国植物检疫简史

一、萌芽期（1949年以前）

我国植物检疫工作始于1914年。北洋政府（1912—1928年）和国民政府（1928—1949年）先后开始向西方国家学习有关商品检验的知识，1914年，当时的北洋政府农商总长张謇发布农商部179号训令《农商部关于附送征集植物病害及虫害等规则令》，这是中国政府第一个有关植物有害生物的训令；北洋政府农商部请求在口岸设立农产物检查所，但未获准。面对国门洞开有害生物传入造成严重的经济损失及对外贸易的影响，许多爱国人士希望以自己的努力能够为国家做些贡献，最早向国内介绍国外有关植物检疫知识、呼吁国家建立植物检疫制度的是农科学者邹秉文、邹树文、蔡邦华和朱凤美四位先生。邹秉文 1915 年在美国康奈尔大学毕业后回国，1917 年，他在《植物病理学概要》一文中列举了植物病害造成的损失和防治原理，特别强调植物检疫的重要性，呼吁尽快建立海关检疫机构。1926 年张延年发表文章介绍各国植物检查所大纲。1923 年 7 月，北洋政府公布《出口肉类检验条例》。1929 年国民政府工商部在上海、天津、青岛、汉口和广州设立农产物检查所，邹秉文是中国第一个商品检验局"上海商品检验局"的首任局长；1929 年，中国植物病理学会在南京召开成立大会，选举邹秉文为第一任会长。植物病理学家朱凤美先生，1921 年从日本鹿儿岛高等农业学校毕业回国，1927—1929 年在《中华农学会丛刊》分三次介绍植物防疫的必要性。张景欧是我国植物检疫事业的先驱者。1922 年，张景欧从美国加利福尼亚大学毕业回国后在中央大学教昆虫学；1929 年任农矿部技正，筹建广州农产物检查所，主持植物病虫害检验工作；1932 年任上海商品检验局技正，筹备并实施植物病虫害检验；1945 年任上海商品检验局植物病虫害检验处主任，他与张若蓍先后主持植物病虫害检验工作。他们的呼吁和努力，不仅是给国人以植物保护方面的启蒙教育，同时也大大提高了国民政府对出入境贸易中植物检疫的重视。他们是中国植物检疫学科的启蒙者、先行者，值得尊敬（图 1-1）。

邹秉文　　　　　　朱凤美　　　　　　张景欧　　　　　　张若蓍
（1893—1985，吴县人）　（1895—1970，宜兴人）　（1897—1952，金坛人）　（1913—1993，浙江人）

图 1-1　中国早期从事植物检疫的专家学者

　　1930 年，国民政府的工商部与农矿部合并为实业部，商品检验局负责统一管理农产品、畜产品和化工产品的检验任务，包括病虫害的检验工作。农矿部公布《农产物检查所检验病虫害暂行办法》，这是中国政府部门最早公布的有关植物检疫管理办法。1932 年，国民政府颁布《商品检验法》，蔡无忌接任上海商品检验局局长，筹备植物检疫工作。聘请昆虫学家张景欧筹备植物检疫工作，张景欧在上海《国际贸易导报》上刊登《各国对于中国植物进口之检查手续及禁止种类》等文章。

　　1935 年 4 月 20 日，上海商品检验局下设植物病虫害检验处，初步开始植物病虫害检验；1936 年 1 月开始对进口邮包执行检疫，同时在检验处下设植物病理、粮谷害虫、园艺害虫和熏蒸消毒四个实验室，开展研究工作，其间，浙江省昆虫局推荐张若蓍到上海商品检验局协助张景欧筹建植物病虫害检验处的工作。在收集国外资料的基础上，检验处起草了《国内尚未发现或分布未广的害虫病菌种类表》《国外重要果虫》，编制了《各国禁止中国植物进口种类表》

《植物病虫害检验施行细则》，这是中国历史上最早涉及植物检疫的法规。

1935 年 5 月，上海商品检验局在江苏省昆虫局的协助下，在上海福新面粉厂仓库用二硫化碳对从美国进口的 100 吨美棉种子进行熏蒸处理，这是中国植物检疫历史上的第一次熏蒸处理工作。1936 年在江湾建成第一个熏蒸室。

1937—1945 年，抗日战争期间，我国口岸检疫工作和国内病虫害防治工作处于瘫痪状态。

1945 年 10 月，联合国粮农组织筹备委员会在加拿大魁北克举行会议，正式成立 FAO，邹秉文代表国民政府出席并任中国驻联合国粮农组织首任代表。

二、基础建设期（1949—1979 年）

1949 年，中华人民共和国成立后，中央政府贸易部外贸司设立商品检验处，负责口岸检疫工作，但进口繁殖材料审批及隔离检疫工作归农业部管理。

国内农业和林业的植物保护和植物检疫工作先是由农业部负责。1950 年，农业部成立植物病虫害防治司，开始探索国内植物检疫工作，张景欧在农业部负责全国病虫害防治工作和植物检疫的筹备工作。

1951 年，政务院公布《商品检验暂行条例》和《商品检验施行细则》。《输出输入植物病虫害检验暂行办法》规定了检疫范围和处理原则。1951 年，中央贸易部委托北京农业大学举办了植物检疫专业训练班，这是 1949 年以后培训的第一批植物检疫专业工作人员，学员毕业后被分配到各地商品检验局，开展对外植物检疫工作。其间，苏联派出了农畜产品的检疫检验专家，来华执行检验工作和指导、培训检疫专业技术人员。

1953 年，林业部成立了综合性的林业科研机构——林业科学研究所，开展林业科学研究。同年，外贸部颁发《植物检疫操作过程》及《外销鲜果产地检验补充办法》。商品检验总局编印《国内尚未分布或分布未广的重要病虫杂草名录》。

1954 年，农业部植物病虫害防治司更名为植物保护局，下设植物检疫处。政务院公布《输出输入商品检验暂行条例》，这是中华人民共和国成立后最早的一部有关进出境动植物检疫条例。在条例的指导下，外贸部发布了《输出输入植物检疫暂行办法》和《输出输入植物应施检疫种类与检疫对象名单》，政府文件中第一次使用了"植物检疫"的概念，并提出了 30 种检疫对象。

1955 年，林业部林业科学研究院下设森林保护研究室，专门从事森林保护研究工作。

1956 年，农业部、林业部与水产部合并，设立植物检疫实验室。农业部和外贸部联合发出《关于积极筹备由农业部门统一办理对外植物检疫工作的联合通知》。外贸部印发《关于试办旅客携带植物检疫问题的通知》，标志着我国开展对入境旅客携带物品的植物检疫工作。

1957 年，农业部颁发《国内植物检疫试行办法》和《国内植物检疫对象和应施检疫的植物、植物产品名单》。1959 年 12 月农业部发布《加强种子苗木检疫工作的通知》。

1960 年，中国开始对进口大麦、小麦等原粮开展植物检疫工作。此后，农产品大量进口，植物检疫工作重点转向进口检疫，检疫人员多次从进口货物中截获国内尚未发现的病虫草，如谷斑皮蠹、小麦矮腥黑穗病菌和毒麦等。

1963 年，农业部设立植物保护局，负责全国进出境植物检疫和农林业的植物检疫工作，国务院根据进出口农产品检疫工作发现的疫情，下发《国务院关于加强粮食、农产品、种子、苗木检疫工作的通知》。针对小麦矮腥黑穗病的问题，商品检验局下发了《关于认真检验进口粮小麦矮腥黑穗病的通知》。

1964 年 2 月，国务院批转农业部、外贸部《关于由农业部接管对外植物检疫工作的请示报告》。原商品检验局承担的动植物检疫工作移交农业部负责管理，至此，对内、对外植物检疫工作进入由农业部统一管理的体制。

1964 年，国务院批准成立农业部植物检疫实验所。农业部在 18 个国境口岸设立动植物检疫所，以中华人民共和国动植物检疫所的名义开展检疫。

1966—1975 年，农业部负责动植物检疫的主管部门之一的植物保护局被撤销，出入境检疫和国内植物检疫基本处于停顿状态。

1972 年，农业部在农业局内设植物保护处，负责农作物病虫害防治和对内、对外植物检疫工作。上海、大连、广州等动植物检疫所先后从"劳拉麦克斯"等四艘货轮载小麦（均为巴黎达孚公司转口的美国白小麦）中检出小麦矮腥黑穗病菌，中国动植物检疫机关就此事对外出证，供对外贸易部门索赔。

1977 年 9 月，农林部、外贸部、外交部联合发出《中华人民共和国关于外国驻华外交代表机构、外交官进口的植物及其产品应受检疫的通知》，通知规定自 1977 年 10 月 1 日起，对外国驻华外交代表机构、外交官进口的植物及其产品都应该进行检疫，并废止了之前有关外国领事馆、外交官、外宾的物品暂不检疫的规定。

1978 年，农林部设植物保护局，内设植物检疫处，专门负责对内、对外植物检疫工作；国家设立林业局。

1979 年，农业部和林业部分开。1980 年，国家农业委员会批准口岸动植物检疫恢复归口农业部统一管理。全国 36 个口岸动植物检疫所改为农业部直属单位，实行农业部与地方双重领导、以部为主的管理体制。1981 年，出入境植物检疫工作由植物保护局分出，成立了中华人民共和国动植物检疫总所，负责对外检疫。植物检疫处分为内检处（负责农业植物检疫工作）、外检处（负责口岸植物检疫工作）。

三、改革发展期（1982 年至今）

1982 年 6 月 4 日，国务院发布《中华人民共和国进出口动植物检疫条例》。

1982 年，国务院改组，农业部、林业部和水产部再度合并成立农牧渔业部，农业部的植物保护局改称全国植物保护总站，明确其负责国内植物检疫等工作。

1983 年，国务院首次颁布《植物检疫条例》，是国内植物检疫的法规，农牧渔业部也分别制定了《植物检疫条例实施细则》（农业部分和林业部分）。1985 年，林业部南方森林检疫所和林业部北方森林检疫所合并为林业部森林植物检疫防治所；1990 年改建为森林病虫害防治总站后，国内林业植物检疫工作就由林业部主管。

从 1984 年起，农业部委托浙江农业大学每年举办"植物检疫专业培训班"，培训了大批植物检疫专业人才。

1985 年 9 月，南京农业大学专家从四川、湖北、浙江等农科院国际蚕豆引种试验田的植株上发现有蚕豆染色病毒病发生，经过进一步的鉴定，确认这是国内从未发生的种传病毒病，疫情上报给农牧渔业部后，农牧渔业部发出《关于引进叙利亚蚕豆发现新病害——蚕豆染色病毒的通报》，及时销毁处理了这些发病的蚕豆植株，有效地杜绝了该病害的传播与扩散。

1986 年 10 月，国家科学技术委员会（简称"国家科委"）批准《植物检疫》杂志在国内公开发行，由农业部植物检疫实验所和中国植物保护学会植物检疫协会共同主办。该杂志是面向我国农业植物检疫、林业植物检疫和出入境植物检疫工作和研究人员的专业性杂志。

1988 年 4 月，国务院改组，撤销农牧渔业部，恢复农业部和国家林业局。

1990 年 4 月，联合国粮农组织第 20 届亚洲及太平洋区域大会在北京召开。会议批准中国为协定正式成员国。1991 年 10 月，第 17 届亚洲及太平洋区域植物保护委员会在马来西亚吉隆坡召开，中国第一次以成员国身份参加亚太地区植保大会。

1991 年 10 月，第七届全国人大常委员会通过了《中华人民共和国进出境动植物检疫法》，自 1992 年起施行，标志着中国进出境植物检疫事业进入法治化轨道。

1994 年 3 月 5 日，由农业部主管、动植物检疫总所主办的《中国进出境动植检》（原《中国动植检》）杂志经国家科委批准正式创刊，向国内外公开发行。

1995 年 8 月，农业部在原全国植物保护总站、全国农业技术推广总站、全国种子总站和全国土壤肥料总站的基础上，新组建"全国农业技术推广服务中心"，内设植物检疫处，具体负责国内农业植物检疫工作。1996 年中国植物病理学会植物检疫专业委员会成立，章正为第一任主任委员。

1996 年 4 月 16 日，应台湾中华农业发展基金会邀请，姚文国率大陆植物检疫考察团首次赴台访问考察。1997 年 6 月 11 日，WTO 在中国的 SPS 通报咨询点设立在国家动植物检疫局。

1997 年 3 月，国务院办公厅对农林两部门关于水果、花卉、中药材等植物检疫的工作分工做出规定。农业部发布新修订的《中华人民共和国进境植物检疫禁止进境物名录》。

1998 年 3 月，原国家进出口商品检验局、原农业部动植物检疫局和原卫生部卫生检疫局合并组建国家出入境检验检疫局（简称"三检合一"），隶属于海关总署，农业部把出入境口岸动植物检疫的职能交由国家出入境检验检疫局负责。1998 年 7 月，农业部种植业管理司内设种子与植物检疫处，负责植物检疫方面的行政管理工作，内检、外检从此进入分属不同部门管理的体制。

2000—2010 年，农业部组织全国各省市植物检疫机构和部分农业院校开展了全国性植物检疫疫情普查工作，基本查清了农业有害生物的分布危害情况，新发现 17 种疫情。

2001 年 4 月，国务院将原国家质量技术监督局和原国家出入境检验检疫局合并，成立国家质量监督检验检疫总局（以下简称"国家质检总局"）。2001 年 12 月 11 日，中国正式成为 WTO 成员。SPS 协定成为出入境植物检验检疫工作的重要工作依据之一。2002 年，中国进出境动植物检疫风险分析委员会成立，葛志荣任主任委员。2004 年，国家质检总局成立进出境转基因产品检测技术研究中心。2004 年，原动植物检疫研究所和中国进出口商品检验技术研究所合并，成立中国检验检疫科学研究院（以下简称"中国检科院"）。

2005 年，农业部种植业司内设立植保植检处，负责全国植保植检工作。

2006 年，农业部种植业司设立 IPPC 履约办公室，成为 IPPC 设在我国的官方联络点，植保植检处负责 IPPC 履约相关工作。

2007 年农业部公布《中华人民共和国进境植物检疫性有害生物名录》，共计 435 种（属）。2017 年增加为 441 种，2021 年增加为 446 种。

2017 年 10 月，国务院发布新修订的《植物检疫条例》。

2018 年 4 月 16 日，国务院机构改组，农业部扩大，改名为农业农村部，国家林业局改名为林业草原局，归自然资源部管理。出入境检验检疫部分管理机构和队伍划入海关总署，有关进出境动植物检疫事务由海关总署的动植物检疫司管理。WTO/TBT-SPS 国家通报咨询中心和国际检验检疫标准与技术法规研究中心也都附设在中国海关总署。

2007 年 6 月 29 日，由国家质检总局动植物检疫监管司主持，中国检科院承担的《香港特区有害生物风险分析工作及修订植物检疫性有害生物名录》的工作完成。这是香港地区第一个植物检疫有害生物名录，确定了 23 种检疫性有害生物名单。2011 年澳门特区政府邀请国家质检总局协助澳门特区民政总署开展制定澳门植物检疫有害生物名录研究项目，2014 年《澳门特别行政区公报》公布了第 245/2014 号行政长官批示，核准《澳门特别行政区植物检疫性有害生物列表》。

我国台湾地区植物检疫任务现在仍然是由台湾地区的动植物防疫局负责。

四、对外交流活动

在健全植物检疫机构、完善法规建设、提高人员素质、提高检疫水平的同时，国家植物检疫部门与许多国家签订了双边协议，开展并加强了与国外的合作。1971 年 10 月联合国大会第 2758 号决议，恢复中华人民共和国在联合国的合法席位。1990 年，中国加入了亚洲及太平洋区域植物保护委员会（Asia and Pacific Plant Protection Commission，APPPC），我国在 2001 年 12 月正式加入世界贸易组织，2005 年加入 IPPC 组织。为更好地执行国际植物检疫措施标准，我国农业部决定从 2000 年起对全国植物危险性病虫草害实行全面的普查。在 6 年全国疫情普查的基础上，2007 年全面修订了应检疫的植物有害生物名单。按照 IPPC 和 WTO 的规则，我国按照要求及时向相关国际组织报告新发重发植物疫情信息。农业部根据国际惯例，每年公开发布全国疫情分布的公告。

1985 年 4 月 22 日，《濒危野生动植物种国际贸易公约》第五届缔约方大会在阿根廷布宜诺斯艾利斯召开，动植物检疫总所陈仲梅参加。1985 年中澳两国政府决定合作建立和装备北京双桥植物检疫苗圃。

1989 年 11 月，动植物检疫总所姚文国率中国专家组赴美谈判，由此开始了为期三年的中美小麦矮腥黑穗病鉴定及检测方法的合作研究。1992 年 10 月 10 日，中国与美国经过近两年九轮中美市场准入谈判，在华盛顿最终达成中美市场准入谅解备忘录，其中若干内容涉及动植物检疫措施。

1990 年 4 月，联合国粮农组织第二十届 APPPC 会议在北京召开。会议通过亚太植保协定修订案，批准中国为协定正式成员国。1992 年以来，黄可训、竺万里、狄原勃和朴永范等先后担任 APPPC 秘书职务。1993 年 8 月 23 日，FAO 第十八届 APPPC 会议在北京召开。会议决定在该组织内增设植物检疫委员会，姚文国被推选为副主席兼边界检疫工作组主席。

王福祥、印丽萍等从 2002 年起先后以国际植物检疫标准委员会委员、检疫诊断专家组成员、植物检疫措施委员会（The Commission on Phytosanitary Measures，CPM）主席团成员等身份参与 IPPC 履约及标准制定方面的工作。从 2015 年起，夏敬源担任 IPPC 秘书长；从 2019 年 8 月起屈冬玉担任 FAO 总干事，他们在有关植物保护和植物检疫的国际交流活动中都发挥了重要的作用。

思考题

    1. 植物检疫与植物保护是什么关系？各有哪些特点？

    2. 举例说明植物检疫与 WTO 和 FAO 的关系。

    3. 植物检疫如何体现国家的主权？

    4. 1949 年以前我国有无植物检疫机构？

数字课程学习

⬇ 教学课件　　　✎ 自测题

第二章
植物检疫的体系与法规

　　植物检疫是为了保障农业林业生产安全，保护人类社会生态系统安全，促进贸易发展，防止一些隐藏在植物和植物产品中的危险性有害生物传播、扩散而采取强制性的管理措施。在 FAO 框架下制定了 IPPC，世界各国都制定颁布了各自的植物检疫法律法规，WTO 也制定了 SPS 协定，世界贸易组织更是要求缔约方直接采用 IPPC 植物检疫专家组制定统一的 ISPM 来规范各国贸易中的植物检疫措施，以免个别国家利用植物检疫措施作为不正当的技术壁垒影响正常的贸易交流。

　　植物检疫是借鉴预防医学防疫发展起来的一门学科。对于防控植物危险性有害生物的传入扩散、发生流行，单靠个体农民是很难，甚至是无法完成的，必须依据国家颁布有关的法律法规，通过完整的专业组织系统去执行，才能有效地控制一些危险性有害生物的传播与危害。

　　商品贸易与人际交往常常涉及植物和植物产品，这些植物和植物产品是否健康安全，就成为人们关注的重点。世界贸易在扩大植物类产品贸易的同时，常常伴随着一些有害生物的传播，因此这些贸易有时会遭到有关国家的禁止。IPPC/FAO 要求各国都建立一个规范的植物检疫组织来执行检疫任务，建立一些专门的规则来规范协调贸易货物的植物检疫工作，也要求建立一个专门的国际组织开展对贸易货物做植物检疫的管理协调工作。在 FAO 中有负责国际植物检疫的官员以及各国共同遵守的 IPPC；在各大洲还有区域性的植物保护组织〔如欧洲及地中海植物保护组织（European and Mediterranean Plant Protection Organization，EPPO）、APPPC 等〕协调区域内各国植物检疫工作，制定了相应的多边合作制度。后来，在关税及贸易总协定（General Agreement on Tariffs and Trade，GATT）基础上发展成立的 WTO 中，就有了专门的 SPS 协定。

　　法规又称法律规范，是由国家政府或权威组织制定、被基本民众认可，由国家强制实施的行为规则，法律法规是一个国家依法行使职能的基础和依据。植物检疫从诞生之日起就带有强制性，依法律法规来控制有害生物是植物检疫的固有特性。SPS 协定包括所有相关法律、法令、法规、要求和程序（SPS 协定附件 A），"各 SPS 成员有权采取为保护人类、动物或植物的生命或健康所必需的卫生与植物卫生措施，只要此类措施与本协定的规定不相抵触"。《国际植物保护公约》明确要求每个缔约方都应颁布植物检疫法规。

植物检疫法律法规定义了有效的植物保护所必要的体制框架，并改善国家植保组织（National Plant Protection Organization，NPPO）对这一目标的效率和效益，同时协助各国履行其国际义务，以便促进植物和植物产品的国际贸易以及植物保护领域的合作与研究。FAO/IPPC将"植物检疫法律"（phytosanitary law）定义为"授权NPPO起草植物检疫法规的基本法"，而"植物检疫法规"（phytosanitary regulation）是"为防止检疫性有害生物的传入、扩散，或者减少限定的非检疫性有害生物的经济影响而做出的官方规定，包括制定植物检疫出证程序"。从定义可以看出，法律是基础性的，法规更偏重操作性。目前国际上对一个国家如何构建法律法规的结构以及层次尚无具体规定。各国应根据自己的国情建立相应的法律法规体系。

植物检疫法律法规的种类很多，按照制定它的权力机构和法律法规所起作用的地理范围，可将这些法规分为国际公约、国家级法规和地方性法规，按照其内容从形式上可分为综合性法规和单项法规，以及为贯彻这些法律法规所制定的实施细则和管理办法等。

植物检疫法规是唯一一个以防止植物有害生物传播为目标而设立的专业法规。不仅各国都要建立各自国内检疫的法规，世界各国还要共同协商建立国际通用的植物检疫法规。

我国在国际贸易中负责进出境动植物检疫工作的是国家海关总署的动植物监管司及各地的派出机构，执法的依据是《中华人民共和国生物安全法》和《中华人民共和国进出境动植物检疫法》；负责管理国内农业、林业植物检疫工作的执法机构是农业农村部和国家林业草原局以及省市级农林局植物检疫机构，国内植物检疫执法的依据是国家颁布的《中华人民共和国生物安全法》《植物检疫条例》，其他相关法律还有《中华人民共和国种子法》《中华人民共和国农业法》《中华人民共和国森林法》等。

第一节　植物检疫的国际组织与法规

国际组织一般指由两个或两个以上的国家为实现共同的政治、经济、文化、技术或军事安全等目的，依据其缔结的条约或其他正式法律文件而建立的常设性机构。国际公约是指许多相关国家共同签订的有关政治、经济、文化、技术或军事等方面的多边条约。国际组织在为成员展开各种层次的对话与合作提供场所、管理全球化所带来的国际社会公共问题、调节和分配经济发展的成果和收益、调停和解决国际政治和经济争端、继续维持国际和平等方面发挥着重要作用。国际公约（包括条约、协定）是国际组织行动规则的重要依据，国际组织则是管理和组织执行法规的基本保证。

一、植物检疫法律法规的起源与发展

（一）检疫法律法规的起源

一般认为，检疫法律法规最早起源于14世纪人类为防止传染病传播与自然斗争的实践，是由检疫的预防思想逐渐发展成为人类控制植物有害生物的斗争策略。最早的植物检疫法规是法国 1660 年颁布的为防除卢昂地区的小麦杆锈病而要求铲除其中间寄主小檗的命令。在我国，早在公元前 200 多年，为防止寄生虫病传播，秦国对诸侯来访客人的车辆就有了火焰消毒防疫的规定。

　　在 19 世纪中叶至 20 世纪初，对植物有害生物危害的认识的缺乏，导致了有害生物的跨境传播，并发生了多起因有害生物猖獗危害引起巨大损失的著名事例。例如，1860 年法国因进口美国葡萄种苗传入葡萄根瘤蚜，在以后的 25 年中被毁葡萄园达 101 万 hm^2，占当时法国葡萄栽培总面积的 1/3，损失 200 多万法郎，致使大批酿酒厂倒闭；1907 年，棉红铃虫从印度传入埃及，致使当地棉花产量损失 80%。历史的教训促使人们认识到这些有害生物是外来的或人为传入的，要控制有害生物所带来的损失，必须有针对性地制定措施禁止从疫区进口有关植物及其产品。比如德国 1873 年针对葡萄根瘤蚜公布了《禁止栽培葡萄苗进口令》；印尼 1877 年为防止咖啡锈病传入颁布了禁止从斯里兰卡进口咖啡种苗的法令。这些早期的植物检疫法规对遏制有害生物的跨境传播起到了一定的效果。1877 年英国在利物浦码头发现活的马铃薯甲虫后，紧急公布了《危险性害虫法》（Destructive Insects Act）；以后又两次修改补充；在此基础上，1967 年颁布了综合性法规《植物健康法》（Plant Health Act）。美国国会在 1912 年通过了《植物检疫法》（Plant Quarantine Act）。由于当时的法规不完善及执行中出现的漏洞，导致小麦杆黑粉菌、榆树枯萎病菌等有害生物频频传入美国，1944 年通过《组织法》（Organic Act）授权主管单位负责有害生物的治理及植物检疫工作，为弥补 1912 年法令的不足，1957 年颁布了《联邦植物有害生物法》（Federal Plant Pest Act），在上述三个法的基础上又补充制定了许多法规及补充、修正案。

　　随着对有害生物防控认识程度的提高，国际上达成了通过国际合作来控制有害生物的跨境传播的共识，FAO 在 1951 年第六届 FAO 大会上批准 IPPC。为促进国际贸易的发展，特别是随着国际上对建立科学规范、对贸易影响最小的植物检疫措施呼声的持续增高，WTO 在 1994 年乌拉圭回合谈判中通过 SPS 协定，FAO 也于 1997 年公布了对 IPPC 进行重大修订后的版本，充分反映了乌拉圭回合协定，特别是 SPS 协定对国际植物检疫需求，显著增强了 IPPC 在国际贸易中的作用。IPPC 要求各国政府建立植物保护机构，在 IPPC 指导下制定植物检疫法规，公布检疫性有害生物名单，开展植物检疫工作。由 IPPC 制定了一系列植物检疫国际标准（ISPMs），以此指导世界各国制定相对统一的检疫法规，推荐采用最先进的检测技术和防控措施，大大促进并提高了世界各国开展植物检疫的水平。新西兰于 1993 年颁布包含植物检疫内容的综合性法律《生物安全法》。

　　澳大利亚早在 1908 年颁布了《检疫法》（Quarantine Act），后经 60 余次修改，形成了严格的检疫法规体系。但在 1996 年及 2008 年两次评议检疫执行情况时，均发现了对造成环境影响的生物保护面窄、管理随意性大等系统性缺陷，为此，澳大利亚于 2015 年颁布了《生物安全法》（Biosecurity Act）取代已实施百余年的《检疫法》，成为国际上继新西兰（1993 年）后第二个颁布综合性法律《生物安全法》的国家。澳大利亚的《生物安全法》除消除原来的《检疫法》的缺陷外，最大的亮点在于基于风险管理，对产业界提出了许多附加性要求，支持贸易和市场准入间达成平衡，以适应新形势发展的挑战。

　　中国的《中华人民共和国进出境动植物检疫法》在 1992 年颁布，《植物检疫条例》在

1983 年颁布，2017 年再次修订；《中华人民共和国生物安全法》在 2020 年颁布，2021 年 4 月开始实施。

回顾近一百年来在国际贸易和调运植物种苗的过程中，为了防止境外的危险性有害生物跟随调运植物入境，在 IPPC 指导下各国纷纷制定植物检疫法规，在不断开放和增加贸易中来保护各国农林业生产的安全。近 30 年来的植物检疫水平有了飞速发展，无论在植物检疫知识的普及方面，还是在检疫技术的科学水平方面都有很大的提高。

（二）国际植物检疫法规的特点

植物检疫作为维护国家安全的重要环节和国家生态文明建设的重要组成，是实现国家农林业生产与生态环境安全、国际贸易可持续协调发展的重要保障，核心是防止有害生物的传入与传出，与广大人民群众的切身利益息息相关。国际植物检疫法规具有三个最基本特性：一是专业性。由 IPPC 发布的植物检疫法规是针对各国植物保护，特别是植物检疫专业的法规，由国际检疫专家组起草的 ISPM 在世界各国都基本适用。二是权威性。由于 IPPC 起草制定的 ISPM 经过各国政府代表审议通过，具有国际性和权威性，各缔约方都要遵守执行。三是科学性。由国际检疫专家组起草的 ISPM，都是在各国试验总结的基础上选择出来的，科学性强，适用范围广。

国际植物检疫标准建立在科学基础之上，植物检疫工作是否快速、准确、合理，关系到国家与国家之间和国内地区之间产品交流和农林业发展，涉及进出口方的切身利益，也会影响到生态、运输、旅游等方面。植物检疫措施的科学性，是合理调配检疫资源，开展有效把关的充分保障，也是解决国际争端的有力武器。比如美国为解决日本对于其出口水果的植物检疫措施问题，诉诸 WTO 争端解决程序。WTO 争端解决机构（Dispute Settlement Body，DSB）于 1997 年成立专家小组进行调查审议，认定日本的检疫措施缺乏足够的科学证据，造成了不当贸易限制，经 DSB 仲裁后支持专家小组对日本所采取苹果、樱桃、桃及核桃各种不同品种检疫措施违反 SPS 协定的认定，日本遂于 1999 年底取消其施行 50 年之久的对美国水果品种检疫处理措施。这个案例充分反映了科学制定植物检疫措施的重要性、必要性和权威性。

二、国际植物保护组织与多边协议协定

现在国际上经常接触的与植物检疫有关的国际组织及协议协定，主要的是联合国粮农组织的《国际植物保护公约》、世界贸易组织的 SPS 协定、区域性植物保护组织的有关协议和联合国环境规划署的 CBD 等。

（一）联合国粮农组织及《国际植物保护公约》与植物检疫措施标准

为致力于各成员之间的植物保护国际合作，1946 年，FAO 与联合国签订协议，成为联合国系统内的一个专门组织。FAO 既是国际粮农信息中心、国际粮农论坛，也是国际农业咨询与支持机构。FAO 由大会、理事会和秘书处组成。FAO 在总干事领导下，由秘书处负责执行大会和理事会决议，并负责处理日常工作。FAO 大会是该组织的最高权力机构，每两年召开一次，所有成员均应参加。理事会隶属于大会，由大会选出的独立主席和 49 个理事组成，负责大会休会期间执行大会所赋予的权力。FAO 有 194 个成员、1 个成员组织（欧盟）和两个准成员（法罗群岛和托克劳群岛），中国是 FAO 的创始成员之一。

FAO 的主要职能是：搜集、整理、分析和传播世界粮农生产和贸易信息；向成员提供技术援助，动员国际社会进行投资，执行国际开发和金融机构的农业发展项目；向成员提供粮农政策和计划的咨询服务；讨论国际粮农领域的重大问题，制定有关国际行为准则和法规，谈判制定粮农领域的国际标准和协议，加强成员之间的磋商和合作。

1950 年海牙国际会议原则通过了由 FAO 提交的《植物保护国际公约》草案。1951 年 12 月 6 日，该草案被 FAO 更新和批准为《国际植物保护公约》。签署该公约的国家或地区就成了 IPPC 组织成员。1951 年，FAO 第六届大会根据 FAO 章程第十四条的规定，批准了《国际植物保护公约》。1952 年 4 月 3 日，IPPC 由 34 个签署国政府批准并立即生效，同时废除和代替了早期缔约方签署的《葡萄根瘤蚜公约》《国际植物病害公约》《植物保护国际公约》等公约。到 2019 年 10 月，IPPC 已经有 183 个缔约方，成为国际植物保护领域影响最大的国际公约组织，其中包括 180 个联合国会员国以及库克群岛、纽埃和欧盟。我国于 2005 年 10 月 20 日正式加入 IPPC，成为第 141 个缔约方。

IPPC 的主要任务是加强国际间植物保护的合作，更有效地防治有害生物及防止植物危险性有害生物的传播，统一国际植物检疫证书格式，促进国际植物保护信息交流，是目前有关植物保护领域中参与方最多、影响最大的一个国际公约。

IPPC 的宗旨是为确保各缔约方采取共同而有效的行动防止植物及植物产品中有害生物的扩散和传入，促进各方采取防治有害生物的适当措施，并承担相关国际义务。要求各缔约方相互合作，在适当的地方建立区域植物保护组织，在较大范围的地理区域内防止危险性植物病虫的传播。根据各自所处的生物地理区域和相互经济往来的情况，自愿组成区域植物保护专业组织，其主要任务是协调成员方间的植物检疫活动，传递植物保护信息，促进区域内国际植物保护的合作。

随着世界农业和国际贸易的不断发展，FAO 于 1979 年和 1997 年先后两次对 IPPC 进行了修订。1992 年，FAO 在其植物保护处之下设立了国际植物保护公约秘书处，任务是在 IPPC 框架指导下，在全球范围内协调植物检疫措施。为适应国际农产品贸易与植物检疫合作发展的需要，1994 年建立了植物检疫措施专家委员会（Committee of Experts on Phytosanitary Measures，CEPM），并采用了临时性的标准制定程序。1997 年 11 月，FAO 第二十九届大会通过的新修订 IPPC，提出了建立植物检疫措施委员会。2005 年 CPM 作为履行全球植物检疫协定的管理机构，主要任务是促进 IPPC 的全面执行，力求所有事项通过全面协商达成共识，但如果为达成共识的努力没有取得成功，那么由出席并参与表决的缔约方的 2/3 多数做出决定。2002 年，IPPC 正式成立了国际植物检疫措施标准委员会。

1989 年，WTO 乌拉圭会议通过的《关税及贸易总协定》确认 IPPC 为 SPS 协定制定有关国际植物检疫措施标准的唯一机构。

IPPC 的名称虽然是"国际植物保护公约"（见附录 ❷），但是其中心内容主要为植物检疫。包括序言、条款、证书格式附录三个方面。其中条款共有二十三条。第一条是缔约宗旨与责任；第二条是术语；第三条是与其他国际协定的关系；第五条为植物检疫证书；第六条为限定性有害生物；第七条为对输入的要求；第八条为国际合作，要求各缔约方与 FAO 保持密切的情报联系，报告有害生物的发生、分布、传播危害及有效的防治措施的情况；第九条为区域植物保护组织；第十条为标准；第十三条为争端的解决，着重阐述缔约方间对本公约的解释和适用问题发生争议时的解决办法；第十五条为适用的领土范围，主要指缔约方声明变更公约适应其领土范围的程序；第十六条为补充规定，涉及如何制定与本公约有关的补充规定，如特定区域、特定植物与植物产品、特定有害生物、特定的运输方式等，并使这些规定生效；等等。

随着植物检疫国际标准的逐步建立，要求各国在制定检疫法规和检疫措施时必须尽量采用已有的国际标准，使制定的检疫措施具有相同的基础和科学依据，从而在更大程度上促进农产品国际自由贸易的发展。

标准的制定必须符合粮食安全、环境保护、贸易畅通、能力提升等 IPPC 的战略目标，并为之服务。制定、修订国际植物检疫措施标准的过程分为四个阶段，每个阶段又分为两个步骤。第一阶段：制定主题清单，包括征集主题和对国际植保公约标准主题清单的年度审查。第二阶段：起草，包括批准主题的征求意见和起草标准草案。第三阶段：草案的磋商与征求意见，国际植物检疫措施标准草案必须历经两个磋商期，每次磋商的时间周期为 90 天。第四阶段：标准的批准和出版。缔约方如对草案有反对意见，可以向 CPM 提出，如未提出异议，则被认为该标准草案已被缔约方采纳。标准经批准后通过文字审核等流程后予以公布。

自 1993 年开始，IPPC 建立了国际植物检疫措施标准框架，并按照该框架制定了第一个国际植物检疫措施标准（ISPM 1），截至 2021 年 12 月，先后已公布了 45 个国际植物检疫措施标准。这些标准有三个显著特点：一是优先制定原则性、框架性、基础性、通用性的标准。从已经颁布的标准看，大多数标准为原则性标准，如 ISPM 1《关于植物保护及在国际贸易中应用植物检疫措施的植物检疫原则》、ISPM 2《有害生物风险分析框架》、ISPM 12《植物检疫证书准则》等。二是为解决贸易与植物检疫措施间的平衡，提高植物检疫措施的科学性，明确了有害生物风险分析标准（ISPM 11、ISPM 21）、ISPM 7《植物检疫出口出证体系》、ISPM 20《植物检疫进口管理系统准则》、ISPM 14《采用系统综合措施进行有害生物风险治理》、非疫区（非疫产地）（ISPM 4、ISPM 10）与低度流行区（ISPM 22）建设。三是近年来主要围绕有害生物诊断规程及处理标准，以附件形式不断增加诊断规程、处理标准等具体的内容，有利于标准体系的形成，也便于成员选择性选用。

综合分析最新的标准构成，结合 IPPC 战略发展方向，暂时可将标准归为六大类：植物检疫总体原则、有害生物风险分析、检疫性有害生物管理、植物检疫检验诊断、检疫性有害生物防控处理和应检物检疫（表 2–1）。先后有 6 个技术小组开展标准的制定工作，分别是：诊断规程技术小组（TPDP）、术语技术小组（TPG）、植检处理技术小组（TPPT）、专家工作组（EWG）、实蝇技术小组（TPFF）、森林检疫技术小组（TPFQ）等。

关于已有植物检疫措施标准的简介如下：

1. 植物检疫总体原则

ISPM 明确缔约方应遵循共同的 10 个植物检疫基本原则，包括植物检疫的主权、必要性、风险管理、最小影响、透明度、协调一致、非歧视、技术上合理、合作、等效性、调整等，这些基本原则与 SPS 协定和《国际植物保护公约》提出的植物检疫原则一致。ISPM 5 统一了检疫术语，使官方信息交流在术语的理解和使用上具有一致性，为 IPPC 制定植物检疫措施系列标准和各缔约方制定植物检疫法规和措施奠定基础。该术语标准随着植物检疫的发展及时添加相应的术语并对有关术语进行更加精准的释义。

ISPM 6《监测准则》介绍了以有害生物检查和有害生物风险分析提供信息为目的的有害生

表 2-1　国际植物检疫措施标准归类

标准编号	标准名称（ISPM）
1. 总体原则类	
第 1 号	《关于植物保护及在国际贸易中应用植物检疫措施的植物检疫原则》（1993 年，2006 年修改）
第 3 号	《生物防治物和其他有益生物的输出、运输、输入和释放准则》（1996 年，2005 年修改）
第 5 号	《植物检疫术语表》（1994 年，2020 年）
	补编第 1 号 "官方防治" 和 "未广泛分布" 概念（2012 年）
	补编第 2 号 "潜在经济重要性" 和有关术语（2003 年）
	附录 1《生物多样性公约》中有关的术语（2009 年）
第 6 号	《监测准则》（1997 年批准，2018 年修改）
第 7 号	《植物检疫出口出证体系》（1997 年批准，2011 年修改）
第 12 号	《植物检疫证书准则》（2001 年批准，2011 年修改）
	附录 1 电子植物检疫证书，有关标准的 XML 计划的信息（2014 年）
第 13 号	《违规和紧急行动通知准则》（2001 年）
第 16 号	《限定非检疫性有害生物：概念及应用》（2002 年）
第 19 号	《限定有害生物清单准则》（2003 年）
第 20 号	《植物检疫进口管理系统准则》
	附件 1（2017 年）输入国在输出国内查验货物合规性的安排
第 45 号	《国家植物保护机构如授权实体执行植物检疫行为时的要求》
2. 有害生物风险分析类	
第 2 号	《有害生物风险分析框架》（1995 年，2007 年修改）
第 11 号	《检疫性有害生物风险分析（包括环境风险和活体转基因生物分析）》（2001 年，2013 年）
第 14 号	《采用系统综合措施进行有害生物风险治理》（2002 年）
第 21 号	《非检疫性限定有害生物风险分析》（2004 年）
第 32 号	《基于有害生物风险的商品分类》（2009 年）
3. 检疫性有害生物管理类	
第 4 号	《建立非疫区的要求》（1995 年）
第 8 号	《某一地区有害生物状况的确定》（1998 年）
第 9 号	《有害生物根除计划准则》（1998 年）
第 10 号	《建立非疫产地和非疫生产点的要求》（1999 年）
第 17 号	《有害生物报告》（2002 年）
第 22 号	《建立有害生物低度流行区的要求》（2005 年）
第 26 号	《建立果蝇（实蝇科）非疫区》（2006 年，2014 年）

标准编号	标准名称（ISPM）
	附录 1. 果蝇诱集（2011 年）
	附录 2. 果蝇非疫区内暴发的控制措施（2014 年）
	附录 3. 管理实蝇的植物检疫程序（2015 年）
第 29 号	《非疫区和有害生物低度流行区的认可》已废止（2007 年），见第 30 号
第 30 号	《建立果蝇（实蝇科）低度流行区》（2018 年改成 ISPM 第 35 号的附件）
第 35 号	《果蝇（实蝇科）有害生物风险管理系统方法》（2012 年）
第 37 号	《确定水果的果蝇（实蝇科）寄主地位》（2016 年）

4. 植物检疫检验诊断类

第 23 号	《检验准则》（2005 年）
第 27 号	《限定有害生物诊断规程》（2006 年）（附件 29 个）
	DP1 棕榈蓟马（*Thrips palmi* Karny）（2010 年）
	DP2 李痘病毒（*Plum pox virus*）（2012 年）
	DP3 谷斑皮蠹（*Trogoderma gramarium* Everts）（2012 年）
	DP4 小麦印度腥黑粉病菌（*Tilletia indica* Mitra）（2014 年）
	DP5 水果叶点霉菌（*Phyllosticta citricarpa*）（2014 年）
	DP6 柑橘溃疡病菌（*Xanthomonas citri*）（2014 年）
	DP7 马铃薯纺锤形块茎类病毒（2015 年）
	DP8 鳞球茎茎线虫与马铃薯腐烂茎线虫（*Ditylenchus* spp.）（2015 年）
	DP9 按实蝇属（*Anastrepha Schiner*）（2015 年）
	DP10 松材线虫（*Bursaphelenchus xylophilus*）（2016 年）
	DP11 广义美洲剑线虫（*Xiphinema americanum sensu lato*）（2016 年）
	DP12 植原体（*Can.* Phytoplasmas spp.）（2016 年）
	DP13 梨火疫病菌（*Erwinia amylovora*）（2016 年）
	DP14 草莓角斑病菌（*Xanthomonas fragariae*）（2016 年）
	DP15 柑橘衰退病毒（*Citrus tristeza virus*）（2016 年）
	DP16 斑潜蝇属（*Liriomyza* spp.）（2016 年）
	DP17 水稻干尖线虫（*A. besseyi*）、草莓滑刃线虫（*A. fragariae*）和菊花滑刃线虫（*A. ritzemabosi*）（2016 年）
	DP18 粒线虫（*Anguina* spp.）（2017 年）
	DP19 假高粱（*Sorghum halepense*）（2017 年）
	DP20 中欧山松大小蠹（*Dendroctonus ponderosae*）（2017 年）
	DP21 马铃薯斑纹片病菌（*Candidatus* L. solanacearum）（2017 年）
	DP22 松树脂溃疡病菌（*Fusarium circinatum*）（2017 年）

标准编号	标准名称（ISPM）
	DP23 栎树猝死病菌（*Phytophthora ramorum*）（2017 年）
	DP24 番茄斑萎病毒、凤仙花坏死斑病毒和西瓜银斑病毒（2017 年）
	DP25 木质部难养细菌（*Xylella fastidiosa*）（2018 年）
	DP26 桃金娘锈菌（*Austropuccinia psidii*）（2018 年）
	DP27 齿小蠹属（*Ips* spp.）（2018 年）
	DP28 李象（*Conotrachelus nenuphar*）（2018 年）
	DP29 桔小实蝇（*Bactrocera dorsalis*）（2019 年）
第 31 号	《货物抽样方法》（2008 年）

5. 检疫性有害生物防控处理类

第 15 号	《国际贸易中木质包装材料管理准则》（2002 年，2009 年修改，其中附录于 2018 年修改）
第 18 号	《辐射用作植物检疫措施的准则》（2003 年）
第 24 号	《植物检疫措施等同性的确定和认可准则》（2005 年）
第 28 号	《限定有害生物的植物检疫处理》（2007 年）（附件 32 个）
	PT1 墨西哥按实蝇（*Anastrepha ludens*）的辐射处理（2009 年）
	PT2 西印度按实蝇（*Anastrepha obliqua*）的辐射处理（2009 年）
	PT3 暗色实蝇（*Anastrepha serpentina*）的辐射处理（2009 年）
	PT4 扎氏果实蝇（*Bactrocera jarvisi*）的辐射处理（2009 年）
	PT5 昆士兰果实蝇（*B. tryoni*）的辐射处理（2009 年）
	PT6 苹果蠹蛾（*Cydia pomonella*）的辐射处理（2009 年）
	PT7 实蝇科（*Tephritidae*）实蝇的辐射处理（2009 年）
	PT8 苹果实蝇（*Rhagoletis pomonella*）的辐射处理（2009 年）
	PT9 李象（*Conotrachelus nenuphar*）的辐射处理（2009 年）
	PT10 梨小食心虫（*G. molesta*）的辐射处理（2010 年）
	PT11 缺氧条件下梨小食心虫（*G.molesta*）的辐射处理（2010 年）
	PT12 甘薯小象甲（*Cylas formicarius elegantulus*）的辐射处理（2011 年）
	PT13 西印度甘薯象甲（*Euscepes postfasciatus*）的辐射处理（2011 年）
	PT14 地中海实蝇（*Ceratitis capitata*）的辐射处理（2011 年）
	PT15 针对瓜实蝇（*B. cucurbitae*）的网纹甜瓜的蒸汽热处理（2014 年年）
	PT16 针对昆士兰实蝇（*B. tryoni*）的橙子低温处理（2015 年）
	PT17 针对昆士兰实蝇（*B. tryoni*）的柑与橙杂交种低温处理（2015 年）
	PT18 针对昆士兰实蝇（*B. tryoni*）的柠檬低温处理（2015 年）
	PT19 新菠萝灰粉蚧（*Dysmicoccus neobrevipes*）南洋臀纹粉蚧（*P. lilacinus*）和大洋臀纹粉蚧（*P. minor*）的辐射处理（2015 年）

标准编号	标准名称（ISPM）
	PT20 欧洲玉米螟（*Ostrinia nubilalis*）的辐射处理（2016 年）
	PT21 针对库克果实蝇（*B. melanotus*）和黄侧条果实蝇（*B. xanthodes*）的番木瓜蒸汽处理（2016 年）
	PT22 针对昆虫的去皮木材硫酰氟熏蒸（2017 年）
	PT23 针对线虫和昆虫的去皮木材硫酰氟熏蒸（2017 年）
	PT24 针对地中海实蝇（*C. capitata*）的橙子低温处理（2017 年）
	PT25 针对地中海实蝇（*C. capitata*）的橘与橙杂交种低温处理（2017 年）
	PT26 针对地中海实蝇（*C. capitata*）的柠檬低温处理（2017 年）
	PT27 针对地中海实蝇（*C. capitata*）的葡萄柚低温处理（2017 年）
	PT28 针对地中海实蝇（*C. capitata*）的柑橘低温处理（2017 年）
	PT29 针对地中海实蝇（*C. capitata*）的克里曼丁橘低温处理（2017 年）
	PT30 针对地中海实蝇（*C. capitata*）的芒果蒸汽热处理（2017 年）
	PT31 针对昆士兰实蝇（*B. tryoni*）的芒果蒸汽热处理（2017 年）
	PT32 针对桔小实蝇（*B. dorsalis*）的番木瓜蒸汽热处理（2018 年）
第 36 号	《种植用植物综合措施》（2012 年）
第 42 号	《使用温控处理作为植物检疫措施的要求》（2018 年）
第 43 号	《使用熏蒸处理作为植物检疫措施的要求》（2019 年）
第 44 号	《使用气调作为植物检疫措施的要求》（2022 年）

6. 应检物检疫类

第 25 号	《过境货物》（2006 年）
第 33 号	《国际贸易中的脱毒马铃薯（茄属）微繁材料和微型薯》（2010 年）
第 34 号	《入境后植物检疫站的设计和操作》（2010 年）
第 38 号	《种子的国际运输》（2017 年）
第 39 号	《木材国际运输》（2017 年）
第 40 号	《种植用植物相关生长介质的国际运输》（2017 年）
第 41 号	《使用过的车辆、机械及设备国际运输》（2017 年）

物调查和监测制度的要素，强调参与监测人员必须经过培训并经过适当的考核。监测可分为一般监测和特定调查，"一般监测是从存在的许多来源中收集与一个地区有关的特定有害生物的信息，并提供给国家植物保护组织使用的过程。特定调查是在一定时期内，国家植物保护组织为获取一个地区的特定地点有关的有害生物信息而采取的官方行动"。一般监测应保持一定的透明度，国家植物保护组织按要求提供监测采用的方法及有害生物状况和分布情况的信息。"已经获得并经证实的信息可以用于确定一个地区、寄主或商品中有害生物的存在情况，或

（在建立和保持非疫区时）一个地区不存在这些有害生物。"特定调查的结果可以即刻表明某种有害生物已经定殖，也经常成为后续调查的前提，或者成为是否调整检疫措施的依据，有害生物风险分析和有害生物名单修订也需要此类监测的支撑。

其他还有 ISPM 12《植物检疫证书准则》（附录 1 电子植物检疫证书）、ISPM 13《违规和紧急行动通知准则》、ISPM 16《限定的非检疫性有害生物：概念及应用》、ISPM 19《限定有害生物清单准则》和 ISPM 20《植物检疫进口管理系统准则》等，都是十分重要的基本准则。

2. 有害生物风险分析

IPPC 为了使检疫行为对贸易的影响降到最低而规定各国（地区）制定实施植物检疫措施，要求缔约方植物检疫措施必须以有害生物风险分析为基础，包括检疫性有害生物名单的确定、可接受的风险水平（Appropriate Level of Risk，ALOR）、检疫管理的措施等，这是 IPPC 最根本的科学性原则，也是 SPS 协定中明确要求的科学依据。相关的标准有 ISPM 2《有害生物风险分析框架》、ISPM 11《检疫性有害生物的风险分析（包括环境风险和活体转基因生物分析）》、ISPM 21《非检疫性限定有害生物风险分析》，主要用于指导和规范各成员有害生物风险分析工作。ISPM 2《有害生物风险分析框架》描述了一个包括有害生物风险分析起始、有害生物风险评估和有害生物风险管理三个部分的规范的有害生物风险分析框架（详见第三章）。该标准着重描述有害生物风险分析起始前资料的收集、分析结果的文本、风险交流、不确定性和协调一致。ISPM 11《检疫性有害生物的风险分析》系统全面地介绍了对列为检疫性有害生物所进行的风险分析，包括风险分析的起始，有害生物的归类，有害生物的进入、定殖和适生能力，以及一旦进入所应采取的防范措施等。无论是以有害生物、传播途径，还是由检疫法规或政策的修订为起点的有害生物风险分析，都可归纳为从有害生物或传播途径为起点的有害生物风险分析，最后均落实到对特定的有害生物进行风险分析。以传播途径为起点的有害生物风险分析是对经有害生物归类后列出的名单上的一些有害生物进行风险分析。该标准包含 3 个附件，分别就植物作为有害生物对环境和生物多样性的影响、评价 LMO 对植物的潜在影响做了解释性说明。

收集有关风险地区有害生物的分布以及与其相关的寄主和货物等信息是有害生物风险分析（PRA）最基础的工作。在进行 PRA 前，应当检索在国内和国际是否已有相关风险分析，如果已经有相关 PRA，核实其有效性，便于新的 PRA 开始时参考。风险评估主要对有害生物的进入潜能和定殖可能性进行评估，还要评估定殖后扩散潜能、潜在经济影响、对贸易的影响和对环境的影响等。根据评估结果，确定受威胁地区，并决定是否进行风险管理。标准强调以前基于"零允许量"采取的风险管理措施是缺乏科学依据的，只要符合进口国"可接受的风险水平"的风险管理措施均可采纳。在采取风险管理措施时，应当遵循成本－收益和可行性原则、最小影响原则和非歧视原则，并要考虑先前的检疫要求，如果已经采取的检疫措施是有效的，就不应再附加新的措施。

ISPM 21《非检疫性限定有害生物风险分析》明确涉及限定的非检疫性有害生物的植物检疫措施应当在技术上加以证明。将一种有害生物列为限定的非检疫性有害生物以及对于与该种有害生物有关的植物品种的引入进行任何限制，应通过有害生物风险分析加以证明。首先，在起始阶段应当确定有害生物风险分析地区，以便对将要实施或拟实施官方防治，并确定该种与种植用植物相关的有害生物；在风险评估阶段，除了确定有害生物是否符合限定的非检疫性有害生物的标准外，还应评估种植用植物是否是有害生物侵染的主要来源，确定经济影响是否不可接受；风险管理应确定管理方案能否达到有害生物容许程度为可接受的风险程度。在这一标准中，官方防治是一个极为重要的概念，在限定的非检疫性有害生物的定义中，"限定"是指官方防治。对于限定的非检疫性有害生物，则需要以植物检疫措施的形式进行官方防治，以便在特定种植用植物中抑制这些有害生物。

3. 有害生物清单

IPPC 第Ⅶ第 2 款 i 项规定：各缔约方应尽力拟定和及时更新限定的有害生物名单。ISPM 19《限定有害生物清单准则》对如何拟订、更新和提供限定的有害生物清单提供了指南，明确输入方应负责拟定限定的有害生物清单，并将这类清单提供给 IPPC 秘书处及其所属的区域植物保护组织，并应要求提供给其他缔约方。有害生物清单应包括该国的检疫性有害生物（包括需采取临时措施或紧急措施的检疫性有害生物）以及限定的非检疫性有害生物。检疫性有害生物是指对受威胁的地区具有潜在的经济重要性，在该地区尚不存在，或者局部存在但正在进行官方防治的有害生物，所以各国正在进行官方防治的有害生物清单也应该列入对外要求检疫的名单中。限制的非检疫性有害生物指存在于用作种苗的植物上的有害生物会影响这些种苗的用途，会带来不可接受的经济影响，需要在进口方领地内进行控制的非检疫性有害生物。有害生物清单的确定应按照 ISPM 2《有害生物风险分析框架》、ISPM 11《检疫性有害生物风险分析（包括环境分析和活体转基因生物分析）》及 ISPM 21《非检疫性限定有害生物风险分析》要求开展风险分析，清单的制定也要适应各国产业结构实际状况和保护农业生产需要。对于确定的限定的有害生物清单（ISPM 19），应当予以公开。

针对每个国家的特定情况制定适合本国（本区域）当时的检疫名单，都是属于主权范围的事。随着时间的发展、科技水平的发展、国内疫情的变化，检疫清单就需要做出调整，一般每 5 年就应修订一次。

4. 植物检疫检验诊断

许多有经验的检疫人员，在货物现场凭检验经验就可以诊断确认一些有害生物，在许多情况下，应将发现的有害生物或危害状样品送实验室做进一步鉴定、专项分析或专家判定，根据结果确定货物的植物检疫状态，以免误诊。需要进行检测的情况包括：识别肉眼发现的有害生物；鉴定肉眼发现的有害生物；核查是否符合有关侵染的要求，这种侵染无法通过查验发现；核查处于潜伏期的感染；检查或监测；用作参照，尤其在违规情况下；验证申报的产品；应由在有关程序方面富有经验的人员进行检测，并尽可能遵循国际商定的规程。鉴定有害生物采用的主要方法包括以形态特征和形态测量特征为基础的方法、基于有害生物毒性或寄主范围的方法，以及基于生物化学和分子生物学特性的方法。国家植保组织最终采用的方法取决于具体生物和普遍接受并可行的鉴别方法，因此正确鉴定有害生物至关重要。对于实验室检测有害生物，ISPM 27《限定有害生物诊断规程》规定了诊断规程制定程序，描述了官方诊断与国际贸易有关的限定有害生物的程序和方法，提供了可靠诊断限制有害生物的最低要求，为 NPPO 互认鉴定结果奠定基础。截至 2021 年 10 月，ISPM 27 附录包含了涵盖橘小实蝇、梨火疫病菌、栎树猝死病菌、假高粱等国内外关注的 30 种危险性有害生物诊断规程（昆虫 7 种，线虫、真菌、细菌植原体各 5 种，病毒及类病毒 4 种，杂草 2 种），此外，IPPC 诊断规程技术小组已草拟补充柑橘黄龙病菌、粉虱传双生病毒、独脚金属等有害生物的诊断程序。

5. 查验与抽样

对进出境货物进行查验是有害生物风险管理的重要手段，也是世界范围内用于确定是否存在有害生物、是否符合输入植物检疫要求最常用的植物检疫程序和要求。查验人员依据对有害生物和检疫物的感观查验、文件核查以及货物本身完整性查验，确定其是否符合植物检疫要求。查验可以作为风险管理程序。植物检疫查验只能由国家植物保护机构或在其授权下进行。《查验准则》对查验的要求进行了明确的规定，一般要求包括检验的目标、责任，检验员要求及其他需要考虑的因素等；具体要求包括文件检查、货物验证、直观检查、有害生物检查、检验方法、检验结果等。查验可以在入境口岸、转运点、目的地进行，在保证货物的植物检疫完整性，保证可以采取适当的植物检疫程序的情况下，也可以在其他可识别进境货物的地点（如重要市场）进行。《查验准则》规定，查验旨在检测商品中具体指明的限制有害生物，或者用于对尚未确定其植物检疫风险的生物的一般查验，在查验过程中，查验人员也可使用其他非感观工具进行查验，查验过程应做好记录，根据查验结果，判定货物是否符合植物检疫要求。如果符合植物检疫要求，那么应对进境货物予以放行。如果不符合植物检疫要求，那么应对货物采取进一步措施。

对所有货物进行查验往往不太可能，通常需要抽样查验。ISPM 20《植物检疫进口管理系统准则》规定，"为进行植物检疫查验，或为随后进行实验室检测，或为用作参照，可以从货物中抽取样本"。《查验准则》在"要求概述"中指出，国家植物保护组织可确定查验时的抽样比例。抽样方法应依据不同的查验对象而确定。"货物抽样方法"列举了可供 NPPO 选择的查验或检测货物的适当抽样方法（不包括田间抽样）。"大多数情况下，选择适宜的抽样方法，必须取决于所掌握的有害生物在货物或批次中的发生率和分布信息，以及所要考虑的查验情况相关的参数"，采用的抽样方法应以公开透明的技术和业务标准为基础，应用时保持前后一致，同时考虑到最小影响原则。在使用抽样方法时，国家植保组织接受一定程度的未能发现违规货物的风险。使用基于统计学的方法可获得一定置信水平的结果，但不能证明货物中绝对没有某种有害生物。对植物、植物产品和其他应检物的抽样可在出口前、进口时或国家植保组织确定的其他时机进行。"货物抽样方法"对重新抽样特别做出了明确的规范，要求"一旦抽样方法选定并正确实施后，不允许为了得到不同的结果而重新抽样。除非出于技术上的原因（如怀疑不正确使用了抽样方法等）必须如此，否则不应重复抽样"。

6. 应用植物检疫处理措施的原则

（1）植物检疫措施的官方授权　植物检疫措施必须由国家植保组织执行或由其官方授权，在国家植保组织的控制和职责范围内，可以授权其他政府部门、非政府组织、人员来履行某些特定的职能。IPPC 已制定了《国家植物保护组织授权实体实施植物检疫行为的要求》，以规范授权的植物检疫及其相关活动。

限定的非检疫性有害生物和检疫性有害生物均为限定的有害生物，为防止限定的有害生物传入、扩散，各缔约方有权采取植物检疫措施，ISPM 32《基于有害生物风险的商品分类》对于不同种类检疫物应采取的检疫措施进一步做了阐述，ISPM 14《采用系统综合措施进行有害生物风险治理》建议尽量采用系统的风险综合控制措施。ISPM 16《限定的非检疫性有害生物：概念及应用》指出，存在于种植用植物上的有害生物，尽管不属于检疫性有害生物，但由于会造成不可接受的经济损失，也应当实施植物检疫措施。

ISPM 20《植物检疫进口管理系统准则》强调在出现违规情形采取植物检疫措施时，所采取的措施应与识别的风险相对称，尽量采取暂时扣留、分类和重新整理、检疫处理、转运等措施，"除非出于植物检疫方面的考虑，必须技术上合理，缔约方不应对检疫物的进境采取如禁止、限制或其他输入要求等植物检疫措施。当采取植物检疫措施时，缔约方应酌情考虑国际标准和 IPPC 的其他有关要求"。ISPM 20《植物检疫进口管理系统准则》指出在经风险分析后，如无可选择的风险管理措施方可采取禁止入境的措施，特别指出禁止入境措施仅限于检疫性有害生物。就分布地区来说，检疫性有害生物原本不存在于该地区或正在该地区进行官方防治。针对检疫性有害生物的植物检疫措施侧重于减少传入的可能性；如果已经存在，则检疫措施侧重于建立减少扩散的可能性。

（2）违规和紧急行动　　紧急行动是指"在遇到新的或未预料到的植物检疫情况时，迅速采取的植物检疫行动"，是国际植物检疫的重要操作原则，已经成为国际贸易中促进国际合作预防限定的有害生物输入和扩散的有效手段。ISPM 1《关于植物保护及在国际贸易中应用植物检疫措施的植物检疫原则》规定，"当查明有新的或者未预料到的植物检疫风险时，各缔约方可以采用、执行紧急行动，包括紧急措施。紧急措施的执行应当是临时性的。应尽快通过有害生物风险分析或其他类似审查来评价是否继续采取这些措施，从而确保有技术理由继续采取这些措施"。ISPM 20《植物检疫进口管理系统准则》要求"进境管理系统应包括对违规情况采取措施的规定，或采取紧急行动的规定，决定采取措施或紧急行动时应考虑到最小影响原则"，"采取何种行动因情况而异，应当是与所识别的风险相称的、所需采取的最小行动"。

ISPM 13《违规和紧急行动通知准则》规定当进境国家或地区发现入境货物为植物检疫要求的重要事例或要报告在入境货物中查出潜在检疫风险的有害生物而采取紧急行动时，应及时向出口国植保机构通报，要求作出调查及必要的纠正，同时要求对方提交调查结果。

明显违规事件包括：未遵守植物检疫要求；检出限定的有害生物；不符合文件要求，包括没有植物检疫证书、无法核准植物检疫证书上的修改和涂抹、植物检疫证书信息严重缺失、假冒植物检疫证书；禁止货物；货物中含有禁止物品（如土壤）；无按规定进行处理的证据；多次发生旅客携带或邮寄少量非商业性禁止物品。输入货物明显违反植物检疫要求的事件应通知输出国，不论货物是否需要植物检疫证书。在出现"以前未评估的有害生物"、针对特殊途径属于非限定的有害生物、有害生物未能准确鉴定等新的植物检疫情况时，需要采取紧急行动。

（3）植物检疫措施和管理体系　　坚持与国际标准、准则或建议协调一致是 SPS 协定和 ISPM 的基本要求，其实质是要求各成员在实施植物卫生检验措施时应以国际标准为依据。只有符合国际标准、准则和建议的 SPS 措施才被视为保护人类和动植物生命和健康所必需的措施，ISPM 标准中提出的认证、风险管理、商品分类等相关准则，是国家植物保护组织建立检疫管理体系时所应遵循的基本要素。

（4）检疫处理　　对限定的有害生物实施植物检疫处理是为了防止国际贸易中限定的有害生物的传入和扩散。

ISPM 18《辐射用作植物检疫措施的准则》阐述了辐射处理的原理，辐射处理可以在哪些情况下使用、剂量测定的相关要求及剂量测定系统成分的校准方法。在 ISPM 28《限定有害生物的植物检疫处理》出台之前，许多国家对特定有害生物采用相同或类似的处理；而处理方式的互认往往是一个复杂而困难的过程。没有一个国际上公认的组织或过程来评价处理效果，也没有这些处理方法的汇总标准。在 2007 年公布的 ISPM 28《辐射用作植物检疫措施的准则》中，检疫处理包括辐射、温控处理和熏蒸处理，ISPM 28《辐射用作植物检疫措施的准则》中规范了提交和评估作为植物检疫措施的相关检疫处理方法所需要的效果数据和相关信息要求。当前列入 ISPM 28《辐射用作植物检疫措施的准则》中附录的检疫处理标准共有 39 种，均是针对特定商品上的特定有害生物，如水果中存在昆虫的冷处理、热处理、辐射处理，去皮木材中林木害虫和松材线虫的硫酰氟熏蒸处理。ISPM 对检疫处理技术的应用也遵循安全、减排、有效性等国际原则，致力于减少如溴甲烷熏蒸剂等检疫处理药剂对环境的破坏作用，气调处理、化学处理以及木质包装材料的电介质热处理也将很快被纳入检疫处理标准。在 39 个附件中列出针对各限定的有害生物的检疫处理方法，其中，辐射处理 9 项，熏蒸处理 2 项，热蒸汽处理 5 项，低温处理 13 项。

ISPM 15《国际贸易中木质包装材料管理准则》不仅要求杀灭木材中所有害虫，且要求避免化学污染和残留毒性；ISPM 24《植物检疫措施等同性的确定和认可准则》鼓励开展研究更多新技术，只要能达到标准的措施都视为具有等同性的措施。

ISPM 33《国际贸易中的脱毒马铃薯（茄属）微聚材料和微型薯》中马铃薯脱毒技术也是一项重要的处理技术。

ISPM 42《使用温控处理作为植物检疫措施的要求》明确温控处理包括：低温处理、热处理、热水浸泡处理、热蒸汽处理、干热处理、介电加热处理。标准详述了其定义及举例适用范围，并提出温湿度校准、监测和记录的要求（包括温度测绘、温度监测传感器的安置）及温控处理设备系统的要求及文档记录、效果检查的要求。

ISPM 43《使用熏蒸处理作为植物检疫措施的要求》规定，国家植物保护组织应确保有效实施熏蒸，并采用系统措施以防熏蒸过的商品受到侵染或污染。熏蒸处理是目前应用十分广泛的一种植物检疫措施，该措施通过气态化学药剂对商品进行检疫处理。

此外，对国际贸易中产生的废物、废料的检疫处理已引起 IPPC 的高度关注，目前，编制"安全处理和处置国际航行期间产生的潜在有害生物风险的废物"标准已纳入议事日程。

（5）检疫管理体系框架　ISPM 20《植物检疫进口管理系统准则》、ISPM 7《植物检疫出口出证系统》概要描述了进出境植物检疫管理体系基本框架，要求采取的植物检疫程序和颁布的植物检疫法规要优先考虑最小影响原则，确保采取的检疫措施的可操作性及经济可行性，以避免对贸易不必要的干扰。进出境植物检疫管理系统应包括两部分：一个是植物检疫法律法规和检疫程序的管理框架；另一个是负责该系统运作或监督该系统的官方主管机构的职责。根据《国际植物保护公约》第Ⅳ条第 1 款的要求，各缔约方应尽力成立一个国家植保组织，以履行 IPPC 规定的有关职责，这些职责主要包括在 IPPC 第Ⅳ条第 2 款内，即植物检疫管理措施的制定与修订、有害生物监测、查验与符合性核查、检疫处理、有害生物报告，以及开展有害生物风险分析、工作人员的培训与能力验核。

① 植物检疫进口管理框架　ISPM 20《植物检疫进口管理系统准则》指出，输入国应明确应检物及限定的有害生物，列明进口应检物时应遵循的植物检疫措施（包括检疫许可、出口前检疫处理、指定口岸入境、查验等），并将对检疫物的进境植物检疫措施划分为在输出国采取的措施、运输期间采取的措施、入境口岸采取的措施、进境后采取的措施以及其他措施，ISPM 20《植物检疫进口管理系统准则》还就境外预检进行了规范，明确通过双边协议等形式

来固化出口前的检疫措施。缔约方应定期对其进境管理系统进行审查，评估植物检疫措施的有效性，检查国家植物保护组织、获得授权的组织或人员的活动以及根据要求修改或撤销植物检疫法律、法规和程序；同时应制定程序，审查违规情况和紧急行动，并视情形制定或修改植物检疫措施。

② 出口出证系统　输出国 NPPO 应实施、建立和维持有关出口和转口的植物检疫出证体系，并在人员、技术信息、法律法规、设施等方面予以保障。包括植物、植物产品及其他应检物的采样和检查，有害生物检测鉴定，种植期间的监测，签发植物检疫证书，违规调查和纠偏，人员培训和能力验核，信息的记录和保存等。

植物检疫证书作为植物产品国际流通中通用的检疫验证方法，适用于国际贸易中绝大多数植物、植物产品和其他应检物，在国际贸易中发挥了极其重要的作用（ISPM 12）。各国对出口及转口货物签发植物检疫证书，证明货物符合输入国植物检疫输入要求。官方植物检疫证书应采用标准措辞和格式，并在货物到达时以纸质或电子形式提供给输入国国家植保组织。

（6）应检物的检疫　应检物是指"任何能藏带或传播有害生物的植物、植物产品、存放场所、包装材料、运输工具、集装箱、土壤或任何其他生物、物品或材料。"根据 ISPM 20《植物检疫进口管理系统准则》，对所有物品可以因检疫性有害生物被限制，但不能因限定的非检疫性有害生物对消费品或加工品进行限制，限定的非检疫性有害生物仅适用于种植用植物。被限制的输入物品包括但不限于用于种植、消费、加工或任何其他用途的植物和植物产品，存储设施，包装材料，交通运输设施，土壤、有机肥和有关材料，能藏带或传播有害生物的生物体，被污染的设备（如使用过的农业、军事和土方机械），科学研究材料，国际旅行者的个人物品，国际邮件（包括国际快件），有害生物和生物防治物等。检疫物清单应对外公开。

植物繁殖材料的检疫风险列为最高风险等级，规定其必须进行有害生物风险分析以确定与该途径相关的有害生物风险。ISPM 对种子、种用马铃薯、种植用生长介质等相关商品的国际贸易分别制定了相关标准，包括有害生物风险分析的要求、检疫流程要求、采取的监管措施、认证和记录等。尽管鲜切花和切枝的风险程度与繁殖材料相比略低，但鲜切花和切枝在国际贸易中传带有害生物的风险不容忽视，针对这类商品的标准已被 IPPC 纳入讨论范围，有望作为新的标准出台。

其他应检疫物是指过境物、生物防治物及运输工具等。ISPM 25《过境货物》为过境国国家植保组织决定对哪些货物的运输需要进行干预和采用植物检疫措施以及采用哪种植物检疫措施提供准则。在这种情况下，说明过境系统的责任和成分，以及进行合作和交流、无歧视、审查及记入文献的必要性。在国际间运输时，曾应用于农业、林业、园艺、土方运输露天采矿、废物处理及军事的车辆、机械及设备，可能携带土壤、有害生物、植物残体或种子，因此可能给目的地国家带来有害生物的风险，并且由于污染源复杂，风险难以评估。应按照 ISPM 41《使用过的车辆、机械及设备国际运输》采取植物检疫措施除害以及实施查验程序。

ISPM 3《生物防治物和其他有益生物的输出、运输、输入和释放准则》涉及为引进研究或进行生物防治而释放到环境中的能够自我复制的外来生物防治物（拟寄生物、掠食物、寄生物和病原体等），包括生物防治制剂的检疫问题。同时也涵盖了职责方面的相关要求，如生物防治物输入、释放各环节相关方的责任等。

（7）《木材国际运输》　ISPM 39《木材国际运输》提出了与木材类商品有关的有害生物风

险，特别列出了可能与木材的国际运输有关的有害生物类别。描述了可用于降低与木材国际运输有关，特别是侵染树木的检疫性有害生物的传入与扩散风险的植物检疫措施。ISPM 15《国际贸易中木质包装材料管理准则》是目前应用最为广泛的国际标准。标准提出了与木质包装相关的能有效降低有害生物传播风险的植物检疫措施，包括使用去皮木材和应用已批准的处理措施（热处理、介电处理、溴甲烷熏蒸和硫酰氟熏蒸）。对已经用核准的措施处理的木质包装材料，通过加施特定的国际通用的标识予以确认，可以不再进行重复处理。同时，随着全世界环保意识的进一步增强，该标准中也明确指出了溴甲烷对大气臭氧层的破坏，IPPC 正积极寻求替代和减少使用溴甲烷的措施。此外，在国际贸易中占较大比例的商品还包括木制品和木制工艺品，相关国际标准也已列入编制计划。

7. 有害生物风险综合管理

根据风险程度采取不同的管理措施，ISPM 14《采用系统综合措施进行有害生物风险治理》为综合管理措施应用及其效果的评价提供了指南。

"综合管理措施"的定义为"综合各种措施，其中至少有两种可以单独发挥作用，并能产生增效作用的有害生物风险管理方案"。其优点是能够通过调整措施的数量和力度来处理可变因素和不确定因素，以满足植物检疫的需要。系统综合措施可由输入国或输出国制定，最理想的情况是通过两国的合作来确定；在确定系统综合措施的过程中，也可与行业、科学界、贸易伙伴进行磋商。提供等同效能的其他检疫措施，但对贸易限制程度较小的备选方案是应用综合系统管理的目的，输入国应当考虑技术理由、最小影响、透明度、非歧视性、等效性和可操作性等原则来接受综合管理措施。系统综合措施的最低要求为界定明确、有效、官方要求（强制性）、可由负责的 NPPO 进行监测和控制。系统综合措施应由可在输出国执行的各项植物检疫措施构成，常用的方案有 5 类：一是在种植前利用具有抗性或不易感染的健壮栽培品种，建立有害生物的非疫区、非疫产地或非疫生产点，实施生产者登记并对其进行有效培训；二是在收获前进行田间验证或管理（如检查、收获前处理、农药、生物防治等），应用温室、果袋等措施实施保护，避免有害生物交配，栽培控制（如田间卫生、杂草防治），维持有害生物的低存在率和检测率；三是在收获时进行筛选去除受感染产品，去除污染物等；四是在收获后应用熏蒸、辐射、冷藏、控制空气、冲洗、蜡封、浸渍、加热等处理方法杀灭、消除有害生物或使其失去繁育能力，检查和分级，取样和检测等；五是运输过程中的处理、抵达时的处理，对最终用途、分发和输入港的限制，因原产地与目的地之间季节差异而对输入期的限制，包装方法，输入后的检疫、检查、检测等。

同时，根据 IPPC 和 SPS 协定的等同性原则，IPPC 在 2005 年批准了 ISPM 24《植物检疫措施等同性的确定和认可准则》。这一准则指出等同性认可是客观检查相关植物检疫措施以确定这些措施是否实现输入国现行措施所表明的适当保护水平。为了管理具体指定的有害生物风险及实现缔约方的适当保护水平，等同性可以应用于单项措施、一组措施和一系统综合性措施。

（1）有害生物区域化管理　区域化在植物检疫领域内特指有害生物疫区、非疫区、缓冲区和低度流行区。WTO/SPS 协定的第六条"适应地区条件，包括适应病虫害非疫区和低度流行区的条件"，是针对区域化术语的陈述。根据有无检疫性有害生物及其发生、分布和危害的严重程度对有害生物分布区域进行了划分，不能把有局部发生疫情的国家全部划为疫区，应该将存在检疫性有害生物的地区划分为检疫区、有害生物低度流行区和缓冲区，不存在检疫性有害生物的称为非疫区、非疫产地和非疫生产点。ISPM 20《植物检疫进口管理系统准则》认为"输入国的进境条例应当承认输出国国内存在类似指定地区和有关其他官方程序指定的地区（如有害生物非疫产地和非疫生产点），包括酌情认可的非疫生产设施，以承认双方措施是等同的"。

① 非疫区与检疫区 非疫区（pest free area）是指有科学证据表明未发生某种特定有害生物且官方能适时保持此状况的地区。与非疫区相对应的就是检疫区（quarantine area），简称"疫区"，即"官方认定发现有检疫性有害生物存在并正由官方采取措施控制的地区"。ISPM 4《建立非疫区的要求》描述了建立和使用非疫区的要求，其目的是作为一种从非疫区出口的植物、植物产品和其他应检物的植物检疫证书的风险管理措施，或为进口国保护其受威胁的非疫区而采取的植物检疫措施提供科学依据。非疫区的建立和保持有三个组成部分：确定无疫害的方法（包括文献资料收集审查和监测调查）；保持无疫害的植物检疫措施（包括列入检疫性名单、规定进口国要求、监测、限制产品流通等）；核查无疫害的检验（包括出口货物特别检查、情况通报、监测调查）。

② 有害生物低度流行区（area of low pest prevalence） 有害生物低度流行区是指官方认定特定有害生物发生率低并已采取有效的监视、控制或根除措施的一个地区，该地区既可以是一个国家，也可以是一个国家的一部分或若干国家的全部或部分。ISPM 22《建立有害生物低度流行区的要求》提出，建立一个有害生物低度流行区是防治有害生物的一种方法，用于使一个地区的有害生物种群保持或减少到低于特定的水平。

③ 缓冲区（buffer zone） 缓冲区指的是为植物检疫目的正式界定以尽可能减少目标有害生物传入界定区和从界定区扩散的可能性，需酌情采取植物检疫或其他控制措施的一个地区周围或毗邻的地区。这些区域既可以是一个国家的全部，也可以是已存在疫情国家的局部，又可以是若干国家的全部或部分。

④ 非疫产地 非疫产地是指"有科学证据表明某种特定有害生物没有发生且官方能适时在一定时期保持此状况的地区"，可应用于作为单一生产单位操作的任何场所或一片田地。如果产地的一个限定部分可作为产地内一个独立的单位加以管理，则可能保持该地点的无疫状态。在这种情况下，产地可认为包含一个非疫生产点。ISPM 10《建立非疫产地和非疫生产点的要求》为 ISPM 4《建立非疫区的要求》的补充，介绍了建立和利用非疫产地和非疫生产点的要求。非疫产地、非疫生产点与非疫区既有联系又有区别。第一，非疫区是一个相对大的地区，适用于所有的有害生物，而非疫产地是指没有特定有害生物的生产地；非疫生产点是产地中的一个独立单元，甚至可以是一个田块。第二，非疫区是由国家植保组织负责，可以长期维持；而建立非疫产地和非疫生产点在维持无疫害状况方面是由生产者在国家植保组织监督下负责单独管理的，如果在某一非疫产地发现有某有害生物，则该产地的非疫地位就可能变动，但不会影响采用同一方法的其他非疫产地的地位，非疫产地和非疫生产点的状况只要求能维持一个或几个生长季。

（2）有害生物监测与报告 IPPC 要求国家植保组织开展有害生物监测，建立有害生物信息收集系统，留存有害生物记录，对有害生物发生、根除、暴发和扩散等予以记录并通报相关的国家和组织。输出国为了证明有害生物的状况，需要开展有害生物的调查和监测，有效保存有害生物记录，是 NPPO 为证实检疫性有害生物不存在或分布有限必不可少的步骤和必须采取的措施。监测是国家植物保护组织的核心职能之一，国家植保组织应制定监测计划并实施，并配备相应的监测体系及数据管理系统。通过监测获得的经过核实的信息可用于确定某一区域存在或不存在或者寄主、商品中是否感染有害生物。

植物检疫措施在技术上是否合理，部分取决于采取该措施的国家其国内限定的有害生物状况，可靠的有害生物记录是满足其他国家对其领土内有害生物设定的植物检疫措施要求的基础。为开展风险分析、制定并遵守进境植物检疫措施、设立并维护有害生物非疫区，所有输出国家都需要有害生物现状（无分布、短暂存在、存在）方面的信息。《某一地区有害生物状况的确定》明确国家植物保护组织基于各种对某一地区有害生物状况最适当的描述信息作出的确切判断，来确定有害生物状况，并详细说明了有害生物记录的方法。这类信息包括特定有害生物记录、调查得到的有害生物记录、有害生物不存在的记录或其他说明、一般监测结果、科学出版物和数据库提供的信息、用于防止传入或扩散的植物检疫措施和与评估有害生物无分布、短暂存在或存在有关的其他信息。有害生物记录为用于确定某一区域某种有害生物现状的信息的必要组成部分，可以明确表明在某一特定地区（通常是某个国家）和某一时期是否存在某种有害生物。有害生物的记录应包括有害生物名称、生活史阶段或状态、类别、鉴定方法与记录的时间、地点，危害寄主的学名与寄主受害状况，参考文献等基础内容。所有的贸易伙伴都需要该类信息，并作为有害生物风险分析、非疫区建立和维持的依据。确定某地区有害生物的状况需要专家在综合有害生物记录和其他来源信息的基础上，利用当前和历史的有害生物记录来对某一地区有害生物当前的分布情况作出科学判断。

有害生物报告是 IPPC 缔约方履行防止有害生物跨境传播、减少对贸易影响的国际义务的具体体现，提供精确而迅速的有害生物报告体现了该缔约方内部监测和报告系统运作的有效性。ISPM 17《有害生物报告》规范了报告内容、途径，推荐通过官方联络点直接联络（邮件、传真或电子邮件）、在国家官方互联网站或者国际植物检疫门户网站（International Phytosanitary Potal，IPP）上发布报告。各缔约方应当遵循 ISPM 8《某一地区有害生物状况的确定》中"良好的报告方法"制定规定，确保收集、核实和分析国内有害生物状况，当通过观察、凭经验或者有害生物风险分析发现有害生物的发生、暴发和扩散具有"当前或潜在风险（某缔约方发现某种检疫性有害生物或发现对邻国和贸易伙伴来说是一种检疫性有害生物的发生、暴发或扩散）"，或成功根除有害生物，或出现任何其他新的或预料之外的有害生物状况时，应当履行有害生物的报告义务，尤其应当通知邻国或贸易伙伴。有害生物报告应包括有害生物的学名（如有可能应根据已知和相关信息鉴定至种或种以下一级）、报告日期、寄主或关注物品、有害生物的状况、有害生物的地理分布、当前或潜在风险的性质或报告的其他理由。报告也可表明已采取的或需要采取的植物检疫措施。假如尚未获得有关该有害生物状况的所有信息，则应提出初步报告，并在获得进一步的信息时予以增补。当在进口货物中检测到限定的有害生物时，输入国应按照《违规和紧急行动准则》的要求报告。成功铲除有害生物、建立非疫区和其他信息也应当利用同样的程序向有关缔约方报告，各缔约方可报告其全部或部分领土已按照 ISPM 4《建立非疫区的要求》建立非疫区的情形，或报告已按照 ISPM 9《有害生物根除计划准则》成功根除有害生物，或者报告按照 ISPM 8《某一地区有害生物状况的确定》报告有害生物寄主范围或某种有害生物的状况发生的变化。

（二）区域性国际植物保护组织

国际区域性植物保护组织是指 FAO 下属的区域性组织，在较大范围的地理区域内若干国家间为了防止危险性植物有害生物的传播，根据各自所处的生物地理区域和相互经济往来的情况，自愿组成的植物保护专业组织。至今，全世界有 10 个区域性国际植物保护组织；其中APPPC、EPPO 和北美洲植物保护组织（North American Plant Protection Organization，NAPPO）是 FAO 框架下的分支机构，其日常工作由 FAO 直接派遣植物保护官员主持。其他均是在 IPPC的要求下建立的区域性组织。这些区域性组织的最高权力机构是成员大会，各组织均设有秘书处，负责本组织的日常工作。

（1）APPPC 成立于 1956 年，现有成员 44 个，总部设立在泰国曼谷，其前身是东南亚和太平洋区域植物保护委员会。该组织负责协调亚洲和太平洋区域各国植物保护专业方面所出现的各类问题，如疫情通报、防治进展、检疫措施等。1983 年在菲律宾召开的第十三届亚洲和太平洋地区植物保护会议上，我国提出申请加入该组织；1990 年 4 月在北京召开的联合国粮农组织第二十届亚太区域大会上正式批准中国加入《亚洲和太平洋区域植物保护协定》。

（2）EPPO 成立于 1950 年，范围包括整个欧洲，总部设在法国巴黎，目前有成员 52 个。

（3）NAPPO 成立于 1976 年，是北美地区（加拿大、美国和墨西哥）的区域植物保护组织。其总部设在加拿大的渥太华。

（4）加勒比海地区植物保护委员会（Caribbean Plant Protection Commission，CPPC） 于1967 年成立，总部设在巴巴多斯。

（5）中美洲国际农业卫生组织（Organismo Internacional Regional de Sanidad Agropecuaria，OIRSA） 又称区域国际农业卫生组织，成立于 1953 年，总部设在萨尔瓦多。为 9 个成员方的农业和畜牧业部委提供技术援助，该组织在整个中美洲的病虫害防治，通过提高生产能力以及农作物和农产品的安全性来保护和加强与农业、林业和水产养殖有关的发展中发挥着重要作用。

（6）中南美洲植物保护组织（Comunidad Andina，CA） 又称安第斯共同体或卡塔赫纳协定委员会，成立于 1969 年，现有玻利维亚、哥伦比亚、厄瓜多尔、秘鲁、委内瑞拉 5 个成员，总部设在秘鲁。其目标是通过安第斯一体化实现南美洲和拉丁美洲一体化的全面、平衡和自治发展。

（7）南锥体区域植物保护委员会（Comite Regional de Sanidad Vegetal para el Cono Sur，COSAVE） 又称南方植物卫生共同体，成立于 1980 年，现有的南美洲成员方是阿根廷、巴西、智利、巴拉圭、乌拉圭，它由成员的农业部长组成部长理事会，负责制定其政策、战略和优先事项。

（8）泛非植物检疫理事会（Inter-African Phytosanitary Council，IAPSC） 于 1954 年成立，总部位于喀麦隆的雅温得，成员方包括所有非洲联盟成员，即除摩洛哥外的所有非洲国家。

（9）太平洋植物保护组织（Pacific Plant Protection Organization，PPPO） 成立于 1995 年，为所有太平洋共同体（Pacific Community）成员提供植物保护和检疫方面的援助，现有 26 个成员方，总部设在斐济。

（10）近东植物保护组织（Near East Plant Protection Organization，NEPPO） 最早称为阿拉伯和近东植物保护组织（Arab and Near East Plant Protection），成立于 2009 年，2012 年正式被

IPPC 接纳为其附属机构。现有 12 个成员，包括阿尔及利亚、阿曼、埃及、伊拉克、约旦、利比亚、马耳他、摩洛哥、巴基斯坦、苏丹、叙利亚和突尼斯共和国，还有 3 个国家（伊朗、毛里塔尼亚、也门）已签订协议，但尚未得到批准。该组织也是在 IPPC 框架下成立的区域植物保护组织，是成员制定和实施区域性植物保护策略和标准的平台。总部设在摩洛哥的拉巴特。

这些区域性植物保护组织的最高权力机构是成员国大会，各自都制定了区域性植物保护规约。各组织均设有秘书处，负责本组织的日常工作。这些组织还定期出版一些专业性刊物，如 APPPC 的《通讯季刊》、EPPO 的《EPPO 通报》等。

（三）世界贸易组织及 SPS 协定

WTO 成立于 1995 年 1 月 1 日，其前身为 1947 年创立的 GATT，总部设立在瑞士日内瓦。现有成员方 164 个，为国际上有关多边贸易最大的国际组织，与世界银行、国际货币基金组织一起并称为世界经济的三大支柱。WTO 负责世界贸易组织多边协议的实施、管理及运作，为成员方就多边贸易关系进行谈判和召开部长会议提供场所；WTO 审议各成员方的贸易政策，督促其遵守多边协议，并通过贸易争端机制来解决成员方间的贸易争端。WTO 承担处理与其他国际经济组织的关系，为发展中国家和不发达国家提供技术援助和培训。WTO 的最高决策权力机构是部长大会，一般每两年召开一次；部长大会下设总理事会和秘书处，负责日常会议和工作。总理事会下设贸易、服务贸易、知识产权三个理事会以及若干委员会。与植物检疫密切相关的有隶属货物贸易理事会的农业委员会、卫生与植物检疫措施委员会。WTO 致力于建立一个包括货物和服务贸易及与贸易相关的投资及知识产权等完整、更具活力和持久的多边贸易体制，来最优利用世界资源，保护环境，实现人类社会的可持续发展；通过实质性削减关税和其他贸易壁垒，消除国际贸易关系中的歧视待遇，实现国际贸易自由化，最终确保生活水平的提高及充分就业。为此，WTO 确立了最惠国待遇、国民待遇、互利互惠、扩大市场准入、促进公平竞争与贸易、鼓励发展和经济改革、贸易政策透明度等基本原则。中国于 2001 年 12 月加入该组织，成为第 143 个成员方。

为限制技术性贸易壁垒，促进国际贸易发展，1979 年 3 月在 GATT 第七轮多边谈判东京回合中通过了《关于技术性贸易壁垒协定草案》，并于 1980 年 1 月生效。该草案在第八轮乌拉圭回合谈判中正式定名为 TBT。由于 GATT、TBT 对这些技术性贸易壁垒的约束力仍然不够、要求也不够明确，乌拉圭回合中（1994 年）许多国家提议要制定针对植物检疫的 SPS 协定。该协定对检疫提出了比 GATT、TBT 更为具体、严格的要求。SPS 协定总的原则是为促进国家间贸易的发展，保护各成员方动植物健康，减少因动植物检疫对贸易的消极影响。可以理解为，SPS 协定是对出口国有权进入他国市场和进口国有权采取措施保护人类、动物和植物安全两方面权利的平衡。由此建立有关有规则的和有纪律的多边框架，以指导动植物检疫工作。

SPS 协定的全称为《卫生与植物卫生措施协定》（见附录❷），其英文名中的 "phytosanitary" 的词义是植物的清洁卫生、健康无疫害，所以实质内容还是植物检疫，但范围稍宽；而检疫（quarantine）一词用于严格按照检疫法标准衡量的场合。SPS 协定是世界各国在多年国际贸易实践活动中，共同达成的用于规范成员方采取技术性贸易措施时应遵循的国际准则。

SPS 协定是由 WTO 提出，经过各成员方同意后建立的以动植物检疫为宗旨的协议，是 WTO 协议原则渗透的动植物检疫工作的产物，主要内容有 10 条：

第一，采取"必需的检疫措施"的界定。

所采取的检疫措施只能限于保护动植物生命或健康的范围；应以科学原理为依据（国际标准、准则或建议），如缺少足够依据则不应实施这些检疫措施；不应对条件相同或相似的缔约方构成歧视；不应构成对国际贸易的变相限制。

第二，国际标准、准则或建议是国际间检疫的协调基础。

第三，有害生物风险性分析：通过风险评估确定恰当的检疫保护水平，检疫措施应考虑对动植物生命或健康的风险性，要获得生物学方面的科学依据和经济因素。

第四，非疫区及低度流行区的概念。

第五，检疫措施的透明度。

第六，等同对待。

第七，双边磋商和签订协定。

第八，对发展中国家的特殊或差别待遇：各成员方在制定检疫措施时应考虑发展中国家（特别是不发达国家）的特殊需要，给予较长的适应期，并提供技术帮助等。

第九，磋商和争端解决：涉及科学或技术问题的争端中，由专家组、技术专家咨询组或向有关国际组织咨询进行解决。

第十，管理：成立 SPS 委员会，负责执行和推动各缔约方执行 SPS 协定，发挥磋商和协调作用。

SPS 协定规定了各缔约方的基本权利与相应的义务，明确缔约方有权采取保护人类、动植物生命及健康所必需的措施，但这些措施不能对相同条件的国家之间构成不公正的歧视，或变相限制或消极影响国际贸易。SPS 协定要求缔约方所采取的检疫措施应以国际标准、指南或建议为基础，要求缔约方尽可能参加如 IPPC 等相关的国际组织，要求缔约方坚持非歧视原则，即出口缔约方已经表明其所采取的措施已达到检疫保护水平，进口国应等同接受这些措施；即使这些措施与自己的不同，或不同于其他国家对同样商品所采取的措施；要求各缔约方采取的检疫措施应建立在风险性评估的基础之上，规定了风险性评估考虑的因素应包括科学依据、生产方法、检验程序、检测方法、有害生物所存在的非疫区相关生态条件、检疫或其他治疗（扑灭）方法；在确定检疫措施的保护程度时，应考虑相关的经济因素，包括有害生物的传入、传播对生产、销售的潜在危害和损失，进口国进行控制或扑灭的成本，以及以某种方式降低风险的相对成本，此外，应该考虑将不利于贸易的影响降低到最小限度。在 SPS 协定中特别强调各缔约方制定的检疫法规及标准应对外公布，并且要求在公布与生效之间有一定时间的间隔；要求各缔约方建立相应的法规、标准咨询点，便于回答其他缔约方提出的问题或向其提供相应的文件。为完成该协议规定的各项任务，各缔约方应该建立动植物检疫和卫生措施有关的委员会。

IPPC 和 SPS 协定主要确定了以下一些基本原则：

（1）主权原则 各缔约方拥有主权制定和通过植物检疫措施以保护本国领土上植物健康；有主权确定本国适当的植物健康保护水平。主权原则源于 IPPC 第Ⅶ条第 1 款规定，即"为了防止限定的有害生物传入它们的领土和 / 或扩散，各缔约方有主权按照适用的国际协定来管理植物、植物产品和其他限定物的进入，为此，它们可以采取查验、禁止输入和检疫处理等一些列植物检疫措施"。SPS 协定也提到，各成员方有权为保护本国动植物生命和人类健康，采取必要的 SPS 措施。

（2）必要性原则　只有在必须采取植物检疫措施防止检疫性有害生物的传入和/或扩散，或者限定的非检疫性有害生物的经济影响时，各缔约方才可以采用这种措施。IPPC 第Ⅶ条第 2 款 a 项规定"除非出于植物检疫方面的考虑，认为有必要并有技术上的理由，否则缔约方不应根据其检疫法采取任何一项措施"。"各缔约方不得要求对非限定的有害生物采取植物检疫措施"。

（3）风险管理原则　各缔约方应根据风险管理政策采用植物检疫措施，认识到在输入植物、植物产品和其他限定物方面，始终存在有害生物传入和扩散的风险性。

（4）最小影响原则　各缔约方应当采用对国际贸易影响最小的植物检疫措施。在这方面，IPPC Ⅶ条第 2 款规定"各缔约方应仅采取技术上合理、符合所涉及的有害生物风险，限制最小，对人员、商品和运输工具的国际流动妨碍最小的植物检疫措施"。

（5）透明度原则　各缔约方应按照 IPPC 的要求，向其他缔约方提供相关信息。比如，IPPC 第Ⅶ条第 2 款规定"植物检疫要求、限制和禁止进入规定一经采用，各缔约方应立即公布并通知它们认为可能直接受到这种措施影响的任何缔约方，并根据要求向任何缔约方提供采取植物检疫要求、限制和禁止进入的理由。各缔约方应尽力拟定和更新限定的有害生物清单，并提供这类清单"，等等。SPS 协定第七条规定，各成员方应成立国家 SPS 通报与咨询点，履行公布、通报与咨询的义务。各成员方应公布其所有的 SPS 措施、相关法律法规。当其新制定的 SPS 措施与国际标准不符或没有国际标准或对国际贸易有重大影响时，应履行通报义务，给予 60 d 的评议期，并在其公布和生效之间留出 6 个月的过渡期，以便其他成员方的生产商调整产品与生产方法，适应进口成员方的新要求，紧急的 SPS 措施除外。

（6）协调一致原则　各缔约方应在制定协调一致的植物检疫措施标准方面开展合作。IPPC 第 X 条第 1 款规定"各缔约方同意按照委员会通过的程序在制定国际标准方面开展合作"。"各缔约方应在开展与本公约有关的活动时酌情考虑国际标准"等。WTO 成员在制定 SPS 措施时应以三大国际标准化组织制定的标准为基础，与国际标准相协调。其中，植物检疫领域就是 IPPC 秘书处公布的 ISPM。

（7）非歧视原则　各缔约方应在能够表明具有相同植物检疫状况且采用同样植物检疫措施的缔约方之间，一视同仁地采用植物检疫措施。各缔约方还应在类似的国内和国际植物检疫状况之间，一视同仁地采用植物检疫措施。关于这些方面，IPPC 和 SPS 协定都规定植物检疫措施的采用方式对国际贸易既不应构成任意或不合理歧视，也不应构成变相的限制。各缔约方可要求采取植物检疫措施，条件是这些措施不严于输入缔约方领土内存在同样有害生物时所采取的措施。

（8）科学性原则　SPS 协定第五条规定，制定的 SPS 措施必须以科学为依据，没有科学依据的，则不能维持。成员的 SPS 措施必须建立在科学的风险分析基础之上。

（9）等效性原则　当输出方提出的植物检疫措施证明可以达到输入方确定的适当保护水平时，输入方应当将这种植物检疫措施视为等效措施。为此，IPPC 还专门制定了一个国际标准，就植物检疫措施的等效性问题进行了建议。SPS 协定第四条规定，出口方对出口产品所采取的 SPS 措施客观上达到了进口方适当的动植物卫生检疫保护水平时，进口方就应当视之为与自己措施等效的措施而加以接受，即使这种措施不同于本国所采取的措施。

（10）调整原则　应根据最新有害生物风险分析或有关科学信息决定修改植物检疫措施。

各缔约方不得任意修改植物检疫措施。

（11）区域化原则　SPS 协定第六条规定，进口方应对出口方提出的非疫区进行认定，给予非疫区以区域化对待并允许非疫区内的产品进口。检疫性有害生物在一个地区没有发生，则该地区就可认定为非疫区，这可以是一个国家的全部或部分地区。结合地理要素、生态系统、疫病监测以及 SPS 措施的效果进行认定。

（12）特殊与差别待遇原则　SPS 协定第十条规定，各成员方在制定和实施 SPS 措施时，应当考虑发展中成员方的特殊需要，应当给予它们必要的技术援助和特殊待遇。应发展中成员方的要求，考虑发展中成员方的保护水平、特殊困难与能力，为维护发展中成员方已获得的市场份额，其他成员应当与发展中成员方就 SPS 措施的实施进行磋商，向发展中成员方提供技术援助，延长适应期等。

由此可以看出，IPPC 和 SPS 协定都是从原则上要求各成员方在国际贸易活动和交往中要遵守有关国际准则，但是在具体执行时又都要按照 ISPM 的标准执行。

（13）IPPC 目前关注的几个重点

实施强制性的植物检疫已成为世界各国的普遍制度。从 20 世纪 80 年代开始，国际上对植物检疫的重要性、检疫措施的科学性、检疫标准的规范性要求越来越高，这主要涉及国际贸易的公开、公平和透明的要求，总体趋势是减少各国各自借鉴检疫法规等对贸易造成的一些限制。无论是 WTO 还是 FAO，都十分关注植物检疫对贸易的影响，要求各国公开检疫体制、检疫政策、限定的有害生物名单和关注的检疫检验技术。目前，有关植物检疫中一些名词术语的解释经重新审定，已经比较规范。FAO 专家组多次讨论，并征得各成员方同意，于 2019 年公布了新的检疫术语。例如，新观点认为在国家官方防控下的检疫性有害生物发生区也属于"非疫区"或"保护区"；过去一直认为检疫允许量或"可接受的风险水平"应该都是零，按目前的观点应按照有害生物的风险程度及采取的检疫措施来加以确定。综观世界各国的植物检疫，虽然各国的地理位置、自然环境、植物检疫技术的发展情况不一，但各国可以按照各自的特点公布特定的检疫性有害生物名单和确定自己的可接受风险水平，不必一致。少数国家具有独特的地理环境、农业生产发达、经济实力强，国内有害生物控制措施得力，对进境植物检疫要求极高，如日本等。它们实行的实际是对进口物品实施全面的检疫检验。世界上大多数国家都实行重点检疫，由国家颁布禁止入境的有害生物名单，主要针对进境物实施重点检疫的措施。一些发达国家，如美国、加拿大和欧盟，虽然与其他国家有较长的边界线，但对与之交接的邻国疫情比较清楚，因此，这些国家间相互的检疫措施较松，但为了保护其发达的农业，对来自其他地区的植物及其农产品的植物检疫要求仍然十分严格。

① 制定通用的国际植物检疫标准　国际植物检疫标准制定是 IPPC 的核心工作之一。截至 2021 年，已经制定国际标准 45 个。鉴于国际标准的作用日益重要，各缔约方对标准制定更加关注。根据各缔约方意见，IPPC 继续加强相关标准的制定。

国际植物检疫标准直接关系植物检疫安全和农产品国际贸易，因而标准的制定一直是 IPPC 领域的重点工作。总体来说，措施越具体的标准对各国的实际影响越大，因而也越敏感。目前正在大力推进的商品类标准，其敏感性将超过已经制定的许多标准，各缔约方围绕其制定的先后顺序、宽严程度等方面的讨论将是关注的重点。妥善处理好缔约方主权与国际标准要求之间、检疫安全与贸易便利之间的关系值得密切关注。

② 制定贸易便利化的行动计划　2017 年 2 月 22 日，世界贸易组织《贸易便利化协定》正式生效。鉴于《贸易便利化协定》内容包括《国际植物保护公约》已经开展的工作，如基于风险的干预活动、第三方授权、电子商务、电子植检证书以及系统性措施等，国家植保机构在履行《国际植物保护公约》框架下的义务时，与其他边境管理机构的工作有交叉重叠，尤其是在货物、旅客、邮件及快递包裹检查和清关方面。为此，IPPC 专门制定了《贸易便利化行动计划》，旨在就电子商务、电子植物检疫证书、海运集装箱、商品类标准、《国际植物保护公约 - 世界海关组织合作协定》及能力建设等方面开展合作，在 IPPC 战略框架下，指导《贸易便利化协定》的实施。《贸易便利化行动计划》整合了 IPPC 领域促进安全贸易的系列活动，包括电子植物检疫证书、电子商务、海运集装箱、商品类标准以及基于风险的检查等。

③ 注重对电子商务的检疫管理　随着植物、植物产品和限定物的互联网交易不断增长，当前国际国内有害生物传播风险日益增大，各成员边境监管部门面临严峻的挑战。在 2014 年发布的指导电子商务管理的建议基础上，2017 年植检委第十二届会议又商定了若干行动，旨在推动落实上述建议，降低电子商务的风险。2018 年 6 月，世界海关组织推出了《跨境电子商务标准框架》。为此，IPPC 战略框架草案将电子商务和快递邮件路径的管理纳入了工作重点，建立《国际植物保护公约》与《濒危野生动植物种国际贸易公约》、世界海关组织之间的合作网络，共同制定关于电子商务和快递、邮递的联合政策建议；开发机构间联合工具包，用于电子商务和快递、邮递的监管和排查。让公众和电子商务者认识到在线交易的风险，提高在保护农业、环境和贸易方面的责任意识，加强部门间联系，深入研究，提出一套跨领域、一体化的实施方法，促进电子商务的安全交易。

IPPC 计划尽快在全球范围内推动使用电子植检证书系统，该系统由三部分组成：一个数据处理中心，用以支持参与成员全球电子植检证书交换；一个基于网络的中央通用电子植检证书国家系统，以便帮助缺乏必要基础设施的缔约成员创建、发送和接收电子证书；一个统一协调的信息模板与内容构成。将通用电子植物检疫证书国家系统用户纳入电子植物检疫证书数据处理中心就可以实现相对无缝对接。数据处理中心已于 2018 年 6 月全面投入运行。有些具备条件的缔约方已经开始进行日常的电子植物检疫证书交换，其他成员也即将通过数据处理中心交换证书。

未来，国际社会和各国将陆续加大管理力度，电子植物检疫证书系统和电子商务检疫管理将会逐步规范，建立全球统一的电子证书系统是各缔约方的共同心愿，该系统在全球的推广应用后，将有效解决贸易双方在证书方面沟通不畅、沟通效率不高等问题。随着积累的经验不断丰富，部门间乃至国家间的合作也会更加密切。

（四）联合国环境规划署与 CBD

为保护生物多样性，确保人类社会可持续发展，1988 年 12 月联合国环境规划署召开生物多样性特设专家组会议，探讨制定一项生物多样性国际公约的必要性。CBD 旨在保护生物多样性、可持续利用其组成部分以及公平合理分享由利用遗传资源而产生的惠益，是一项保护地球生物资源的国际性公约，于 1992 年 6 月 1 日由联合国环境规划署发起，1992 年 6 月 5 日由 153 个缔约方在巴西里约热内卢举行的联合国环境与发展大会上签署，于 1993 年 12 月 29 日正式生效。该公约现有 196 个缔约方，包括 195 个国家和欧盟。据资料，170 多个缔约方按照 CBD 的要求制定了国家生物多样性战略和行动计划，采取了包括建立自然保护区等实质性行动，并按要求递交国家报告，有力推动了全球生物多样性保护。中国于 1992 年 6 月 11 日签署 CBD。CBD 缔约方第十五次大会于 2021 年 10 月在中国昆明召开。

CBD 是一项保护地球生物资源的国际性公约，也是一项有法律约束力的公约，重点是保护濒临灭绝的植物和动物，主要目的是最大限度地保护地球上多种多样的生物资源，以造福于当代和子孙后代。CBD 有 3 个主要目标：一是保护现有生物的多样性；二是要确保生物多样性组成成分的可持续利用；三是以公平合理的方式共享遗传资源的商业利益和其他形式的利用。

CBD 第八条"就地保护"有 13 项要求，主要的是下列 9 项：

（1）识别和监测需要保护的重要的生物多样性组成部分；

（2）建立保护区保护生物多样性，同时促进该地区以有利于环境的方式发展；

（3）与当地居民合作，修复和恢复生态系统，促进受威胁物种的恢复；

（4）在当地居民和社区的参与下，尊重、保护和维护生物多样性可持续利用的传统知识；

（5）防止引进、控制或消除那些威胁到生态系统、生境或物种的外来物种；

（6）控制现代生物技术改变的生物体引起的风险；

（7）促进公众的参与，尤其是评价威胁生物多样性的开发项目造成的环境影响；

（8）教育公众，提高公众有关生物多样性的重要性和保护必要性的认识；

（9）报告缔约方如何实现生物多样性的目标。

第五项要求是：防止引进、控制或消除那些威胁生态系统、生境或物种的外来物种。这里的外来物种（alien species）是指那些出现在其过去或现在的自然分布范围及扩散潜力以外（在没有直接、间接引入或人类照顾之下而不能分布）的物种、亚种或以下的分类单元，包括其所有可能存活、继而繁殖的部分、配子或繁殖体。

外来物种包括对人类生活或现有生态系统有益和有害两种，对有益的物种可以不断引进与利用，对有害的物种则予以拒绝、防止或消灭。这些外来的有害物种（alien pest species），包括动物、植物、微生物，统称为外来有害生物（alien pest），其中包括敌对国家或敌对组织人员恶意投放的，用作生物武器的各种有害生物。

联合国《卡塔赫纳生物安全议定书》是在 CBD 项下，为保护生物多样性和人体健康而控制和管理转基因生物越境转移、过境、装卸和使用的国际法律文件。其目标是建立一套国际性的可操作框架，在预防原则前提下，管理转基因生物的国际贸易和越境转移可能带来的环境及健康风险。根据《卡塔赫纳生物安全议定书》，转基因生物是指任何具有凭借现代生物技术获得的遗传材料新异组合的活生物体，它实际上就是遗传改性生物。《卡塔赫纳生物安全议定书》明确，任何国家出口转基因生物，必须得到进口国家的事先同意。进口国家为了避免或尽量降低转基因生物对生物多样性和人类健康的危害，可以设置进口转基因生物的限制条件，或者在缺少科学的评估而不能确定转基因生物潜在的负面影响时直接拒绝进口。新西兰和欧盟的许多国家明令禁止私人夹带任何转基因生物入境。

（五）《维也纳外交关系公约》与植物检疫也有关系

《维也纳外交关系公约》（Vienna Convention on Diplomatic Relations）也是一个国际公约，在于 1961 年 4 月 18 日在奥地利维也纳召开的联合国外交交往与豁免会议上签订。该公约为独立国家之间的外交关系奠定了基础。该公约规定外交人员在所驻国家享有外交特权，能在无恐惧、无胁迫、无骚扰的情况下履行外交职责。该公约奠定了外交豁免权的法律基础，公约当中的众多条文成为现代国际关系的基石。中国于 1975 年 11 月 25 日加入该公约。中国政府规定，根据相关国际惯例，享有外交特权的外交人员进出境时，其携带行李、物品必须进行动植物检疫检查，以确保符合动植物检疫规定。

（六）检疫双边协定、协议及合同条款中的检疫规定

双边协定、议定书是国际条约的一种，也是最常用的文本形式。检疫双边协定是两个国家政府间就其检疫措施达成的一致意见，两国共同信守和实施的国际文本，在两个国家内具有同等法律效力。议定书一般指两国间相应的政府主管机构就某一方面的业务通过友好协商达成的一致意见，在今后双方需要共同遵守，以商定文字形式签署的议定书具有同等的法律效力。备忘录是双边就某事经过协商，最后以文字形式记录表述其结果的文件，内容反映双方协商后的一致意见和各自不同的意见，没有法律效应，但可作为参考，同时也是签署议定书、双边协定的过渡性文件。

为了适应改革开放、农业发展、农产品贸易和植物检疫的需要，近年来中国政府先后与近 100 个国家签署了 100 多个政府间植物检疫双边协定或协议和协定书。例如，《中华人民共和国政府和法兰西共和国政府植物检疫合作协定》《中华人民共和国政府和智利共和国政府植物检疫合作协定》《中华人民共和国政府和蒙古国政府关于植物检疫的协定》《中华人民共和国政府和古巴共和国政府关于植物检疫的合作协定》《澳大利亚柑橘输华植物卫生条件的议定书》《中华人民共和国国家出入境检验检疫局和美利坚合众国动植物检疫局关于执行中美柑橘议定书有关问题的谅解备忘录》《中国苹果出口南非植物检疫要求议定书》《中国梨出口南非植物检疫要求议定书》等。

在植物、植物产品的贸易合同中经常有植物检疫的要求。这些要求也是贸易双方必须遵守的。如我国与国外粮商签订的粮食贸易合同中明确规定了植物检疫条款。合同中规定进口小麦"基本不带活虫""根据中华人民共和国农业部的规定，卖方提供的小麦不得带有下列对植物有危险性的病害、害虫和杂草籽：小麦矮腥黑粉菌、小麦印度腥黑粉菌、毒麦、黑高粱、谷斑皮蠹、黑森瘿蚊、大谷蠹、假高粱"等。

○ 案例

有关中国与外国签订的双边协定很多，现以中国海关总署关于进口美国大米检验检疫要求的公告为例加以说明，详见右侧二维码。

三、部分国家的植物检疫体系简介

综观世界各国的植物检疫，由于各国的地理位置、自然环境、植物检疫技术的发展情况不一，植物检疫呈现出不同的特点。根据国外植物检疫的特点，按照自然环境及执行情况，大致可以将世界植物检疫分为 4 种类型。

（1）环境优越型（岛国、半岛国）　一些国家或地区由于具有特殊的地理环境，加上国内农业发达、经济基础好，国内或地区内病虫害防治措施得力，故对进境植物检疫要求极为严格，如澳大利亚、新西兰等国家除引进少数优良品种外，进口农林产品较少。而日本、韩国等虽进口农林产品较多，但是基本只限于从非疫区国家进口，其检疫要求也极为严格。出口检疫则较宽松，主要根据生产情况和进口国的要求出证。

（2）发达国家大陆型　包括北欧和北美的两大区域，这些国家在政治、经济上形成了共同体，制定了一系列统一的法规，如欧盟制定了取消内部边境检疫、实行共同外部边境检疫的原则，要求把有害生物控制在发生地和生产过程中，在欧盟内部，国与国之间的检疫措施宽松，没有植物检疫的关卡，但是，对于来自欧盟以外国家的检疫要求仍然十分严格。而美国与加拿大的农业都很发达，为了对自身进行保护，对来自其他国家植物和植物产品的检疫极为严格，但在两个国家之间的检疫措施比较宽松。

（3）工商业城市型　这些国家或地区属于城市工业化国家、自由贸易区或旅游城市地区，如卢森堡、新加坡、中国香港和中国澳门等，农牧业占比很小，这些国家或地区也有植物检疫机构，主要对进口种子、苗木等繁殖材料有严格的检疫要求，对旅客携带物检疫要求都比较宽松，出口货物主要按进口国检疫要求进行检疫或履行国际协定中应尽的义务。

（4）重点检疫型　除了上述三种类型以外，其他国家或地区，都属于这一类型。国内或地区内农林业占比较大，生产管理和科技水平还不很发达，动植物检验检疫也以重点检疫检验为主，都有明确的检疫名单，保护面不是很宽，但是海关检验检疫的力度是很强的。中国目前属于这一类型。

（一）澳大利亚和新西兰

澳大利亚和新西兰都是岛状大陆，四面环海，不与其他任何国家相邻，海洋运输业十分发达，通过贸易、旅游、运输等途径有意或无意引进有害外来物种的风险较大。澳大利亚政府高度重视植物有害生物和外来入境物种的管理工作。

1. 植物检疫组织架构

澳大利亚国家植物保护组织最高主管机构是澳大利亚农业、渔业、林业部（DAFF），澳大利亚农业、渔业、林业部生物安全局（DAFF Biosecurity）的3个下属部门，即植物保护首席办公室、植物司和边境事务司承担植物保护职能。植物保护首席办公室由首席植物保护官负责，负责国际植物保护和高层战略交流。澳大利亚的 IPPC 联络点即设在此办公室。植物司下设植物生物安全处、植物检疫处和植物出口处，植物生物安全处负责提供基于科学的检疫评估和政策建议，以支持澳大利亚植物类农业出口，保护澳大利亚的环境设施、农村产业生产和出境免受生物安全风险的威胁。植物检疫处负责管理进口产品，以确保进口产品达到澳大利亚适当的保护水平。植物出口处通过提供出口检查和出证服务来管理植物、种子和粮食的出口。边境事务司负责管理在澳大利亚边境为货物、邮寄物、船舶和旅客通关提供的国家检疫服务，统一管理澳大利亚进出境人员、动植物及其产品、食品、交通工具、邮包、行李的检疫工作，并负责制定进出境动植物及其产品的检疫政策。

植物生物安全处（有2个植物生物安全部门，分别负责园艺、粮食与林业两方面的相关事务）负责提供高质量的基于科学的检疫评估和政策建议，以支持澳大利亚植物类农业产品的出口，保护澳大利亚的生态环境、农林业生产，避免出口植物、植物产品受到有害生物感染造成的生物安全风险的威胁。植物检疫处负责管理进口产品，以确保进口产品达到澳大利亚适当的保护水平。植物出口处通过提供出口检查和出证服务来管理植物、种子和粮食的出口。边境事务司负责管理在澳大利亚边境对货物、邮寄物、船舶和旅客入境时进行的植物检疫。

防范外来物种入境是澳大利亚植物检疫工作的重要内容。在联邦层面，有两个部门与外来生物入境管理有关，一个是联邦环境与自然遗产部（DPH），它的主要职能是管理对澳大利亚生态环境有威胁的外来物种，着眼于已经入境的外来生物的控制与管理。另一个是 DAFF，它的主要职能是负责管理对澳大利亚生态环境有威胁的入境物种，着眼于已经入境的外来生物的控制与管理。DAFF 下属市场准入和生物安全局与检验检疫局（AQIS）。BA 是农业部 2000 年新设机构，代替 AQIS 承担了动植物检疫政策的研究和制定以及进口产品风险分析工作。AQIS 转而主要负责政策的具体实施和出口产品证书的颁发。

在国内各州和地区政府制定了多种制度和战略，包括杂草战略、有害动物战略、外来鱼类战略，配合联邦政府协作防范外来生物入境。

2. 植物检疫相关法律法规

澳大利亚制定的涉及植物检疫工作的法律法规主要有《检疫法 1908》《检疫条例 2000》《检疫公告 1998》。

澳大利亚政府在 2015 年制定了《生物安全法 2015》（Biosecurity Act 2015），以替代已有百年历史的《检疫法 1908》。《生物安全法 2015》由《生物安全法 2012》和《生物安全检验总长法 2012》组成。《生物安全法 2015》分为 11 章，主要用于所有生物安全的管理风险，包括列入名录的人类疾病的传染风险，货物运送的风险管理，进出境货物的安全风险，与压舱水、生物安全紧急事件和人类生物安全紧急事件有关的风险；政府和检疫官员的职责；紧急情况的处置；行使澳大利亚的国际权利与义务，包括世界卫生组织《国际卫生条例》、SPS 协定和 CBD 赋予的权利和义务。《生物安全检验总长法 2012》确立了生物安全检验总长的法定地位，规定由检验总长回顾并报告以下事宜：生物安全主管、官员和执行人员履行职能、运用权力的情况；以及开展生物安全进口风险分析的情况。

新西兰动植物检疫工作由农林部（MAF）管理，其执行机构是 MAF 下设的生物安全局，成立于 2004 年 11 月，负责整个新西兰的生物安全保护。新西兰对有害生物实行统一的集中管理，不分内检和外检。新西兰检疫所是保护新西兰免受外来危险性有害生物侵袭的第一道关口，负责口岸入境动植物及其产品、货物、人员、邮件、运输工具、船只等风险物品的检查。新西兰进出境动植物检疫主要基于 1933 年颁布的《生物安全法》（2017 年再版）和《有害物质与新生物体法》，与植物检疫有关的法律还有 1949 年颁布的《森林法》。

在入境检疫方面，检验员对货物取样量为 5%，散件为 600 个。如果在样品检测中发现有害生物数量占比小于 0.5% 即为合格，大于 0.5% 为不合格；在 600 个样品中无发现即为合格，如有发现即为不合格。货物中严格禁止夹带泥土和散落的枝叶，每件货物中不能超过 25 g 泥土，或在 50 个单位中没有一张叶片，否则就要退货或做销毁处理。

（二）日本

1. 植物检疫组织架构

日本也是一个岛国。由于农业资源及土地资源的限制，农业在日本国民经济中的占比越来越小，但为保护本国农民的利益、农牧业生产及生态环境，日本政府高度重视植物检疫，最高主管机构是日本农林水产省（MAFF）。日本的植物检疫机关在明治初期隶属县警察部，后经数次变更，1947 年起归 MAFF 管辖。根据 2002 年日本《植物防疫法实施规则》（农林水产省令 18 号），在 MAFF 下属的消费食品安全局内设立植物防疫课（Plant Protection Division），主管全国植物防疫行政工作。该机构的主要职责是病虫害发生预测、病虫害防治和进出口植物检疫。植物防疫课内有检疫对策室、计划班、综合事务班、防治班、农业航空班和鸟兽害对策班等。

植物防疫所包括 5 个直属植物防疫所（横滨、名古屋、神户、门司、那霸），在全国各地下设 14 个分所、70 多个办事处，有植物检疫人员 900 多人，开展相关的检疫和出证工作。地方设立的病虫防治体系包括地方农政局设立的植物防疫系，都道府设立病虫防治所，对民间农协系统进行指导和协调。

2. 植物检疫相关法律法规

日本的行政法体系由法律、政令、省令、通达等组成。政令是指法律实施时，内阁制定的命令（通过官报公布）。省令是指导明确具体的技术要件（限值、适用方法等），各省大臣实施行政事项时的命令（通过官报公布）。通达是指对省令的补充，对技术要件加以解释及规定具体的试验方法，由行政官厅的相关领导对相关机关下达的通知、指示（不发行官报）等。现行的检疫法规定，植物检疫的立法机关是国会，具体的实施条例、检疫操作规程由 MAFF 颁布，农蚕园艺局植物防疫课负责实施。

政府十分重视对农业的投入及农产品市场的保护。1914 年日本制定了《输出入植物管制法》，开始实施进境植物检疫。1950 年制定《植物保护法》及其实施条例，1976 年又修订并以政令形式重新颁布《植物保护法执行令》。该法规的最大特点在于规定了允许入境的有害生物名单而不是禁止入境的名单，可以使日本更好地根据国内市场的需要来灵活应用法规为本国市场服务。此后，日本相继制定了与《植物保护法》相配套的法规及行政令，使植物检疫法律依据更加明确，操作性更强，主要有《进口植物检疫规程》和《出口植物检疫规程》。2010 年以后，为了与 SPS 协定和 ISPM 等国际规则接轨，日本改变了只规定允许入境的有害生物名单的做法，也制定了检疫性有害生物名录、需在出口国种植地进行检疫的植物名单、禁止进口植物名单、须在出口国采取植物卫生措施的植物名单等植物检疫名录。其他相关的法律主要有《森林病虫害等防治法》《外来入侵物种法》和《检疫法》等。

在进口方面，《进口植物检疫条例》将植物产品分为 3 类：第一类是禁止入境的；第二类是限制入境的，入境时需检疫以及需出具植物检疫证书；第三类是免检的。根据《检疫法》的规定，有害生物、来自疫区的有关寄主植物及其产品、土壤及带土植物禁止入境。入境植物繁殖材料是其检疫重点，规定从国外引种必须经 MAFF 行政长官批准，并严格规定数量，入境后必须隔离检疫。对植物产品的检疫，要求也十分严格，经常规定进口的专用港口。在日本各地均有植物检疫专用场地，并有明显的标志，即使在冲绳美军基地也不例外。如设有进口木材的专用港口，可进行水上自然杀虫或常规熏蒸处理。在一些口岸还建立了专用的熏蒸库，用于进境农林产品的检疫处理。检疫部门还在瓜实蝇、柑橘小实蝇、马铃薯块茎蛾、香蕉穿孔线虫等一些检疫性有害生物的扑灭方面做出了显著的成绩。

（三）美国

美国自然条件十分优越，国内农业科技发达。政府重视植物检疫工作，其目的不仅是防止因有害生物侵入导致农业减产或绝收，更重要的是防止因农产品减产导致食品及农产品原料价格上扬，人民生活受损失及失去农产品出口市场，从而影响美国的农产品贸易及国民经济的健康发展和社会稳定，因此对进境植物的检疫十分严格。

1. 植物检疫组织运作机制

美国植物保护组织的最高主管机构是美国农业部（USDA）。其下属的美国农业部动植物卫生检疫局（APHIS）主管全国的动植物检疫工作。APHIS 的主要职责是：执行美国边境植物检疫任务，防止外来农业有害生物传入；调查和监测农业有害生物；对传入的外来农业有害生物采取紧急检疫措施；采用科学的植物检疫标准促进农产品出口；降低野生生物对农业的威胁，保护野生和濒危动植物；确保基因工程植物和其他农业生物技术产品的安全服务等。在检疫中遇到技术难题，检疫人员可将样品及初步检疫结果送交中心实验室或者请有关专家协助解决。

APHIS 负责全国所有的动植物检验检疫任务，内设 10 个部门，植物保护与检疫处（PPQ）是其中之一。PPQ 的主要职责是：防止植物有害生物传入；管理植物和植物产品出口检疫证书；调查和控制植物病虫害；执行国内外植物检疫法规，与外国政府官员就植物检疫和法规事宜进行协调；执行国际贸易方面保护濒危植物公约；收集、评估和分发植物检疫信息等。PPQ 围绕三大核心功能领域设置组织机构，即政策管理、实地运作和科学技术三个部门，包括多个小组，这三个领域的职能部门互相配合，为植物检疫提供基于风险管理的解决方案。

在海港、机场和边境，由美国国土安全部、海关及边境保卫局（CBP）的人员对货物、运输工具、旅客携带物进行检查，是防止植物有害生物传入的第一道防线。APHIS 联合各州农业部、大学和其他实体，开展农业有害生物调查合作计划（CAPS 计划），针对特定的、被认定为对美国农业、环境构成威胁的外来植物病虫害、杂草，开展全国性的或以州为范围的调查，有 2 500 名左右经认可的植物检疫官，开展检疫检查和出证工作，为防止植物有害生物传入构筑了第二道防线。

2. 植物检疫相关法律法规

早在 1912 年，美国就已制定《植物检疫法》，1944 年颁布了《组织法》，1957 年在总结过去植物检疫情况的基础上又制定了《联邦植物有害生物法》，随后又制定了许多植物检疫法规。美国的植物检疫技术体系立法严密是其主要特点。在结构上，美国联邦层面的植物检疫法律法规主要以法律（Act）、法规［主要有规则（Regulation）、规则通知（Rule Notice）、命令（Order）、指令（Directive）］以及手册（Manual）三个层次来体现。其中与植物检疫相关的法律主要收录在《美国法典》（United States Code，USC）中；与植物检疫相关的法规主要收录在《美国联邦法规》（Code of Federal Regulation，CFR）中，专项手册一般发行单行本。美国州政府制定、实施的农业法规一般都收录于各州的法典。《美国法典》是美国永久性的法律汇编。

美国植物检疫法规主要集中在《美国联邦法规》第 7 篇第 3 章 "农业部动植物检疫局" 第 300 ~ 399 部分。PPQ 制定了一系列关于植物检疫的手册，其中，国内手册用于国内检查、根除、遏制有害生物或保护濒危植物的工作；口岸手册用于进口环节防止有害生物传播和保护濒危植物的工作；应急计划是用于将有害生物从美国根除的紧急程序。手册电子版可以在 USDA 官方网站上直接下载。

有害生物风险分析主要是由 APHIS 下属的 PPQ 负责，也可以请大学或科研单位协助，在 PPQ 监督和指导下完成。为防止检疫性有害生物随着贸易货物进入，美国建立了完善的进境检疫程序，分为植物繁殖材料和非繁殖材料两部分。对于繁殖材料（种子、种薯、苗木等）的要求十分严格，对于非繁殖材料（分为水果蔬菜类、花卉类、未经加工的种子类和植物加工产品类）的检疫要求非常详细明确。

APHIS 非常重视引种隔离检疫工作，还指定 5 所州立大学承担隔离检疫试种任务，对于特殊的有害生物，在检疫中遇到技术难题，APHIS 可将样品及初步检疫结果送交中心实验室或请州立大学的专家协助解决。检疫前，要求货主事先报检，检疫员根据有关规定进行检疫。对入境的农产品，一般以害虫检疫为主；对进境的种苗等繁殖材料，除进境前的严格检疫审批外，在进境检疫时严格检查，并要求在相关的隔离圃进行隔离检疫。APHIS下属的格伦代尔植物引种站具体负责进口种苗的审批及部分检疫任务。法规严格规定：引进的种子一般不超过100粒，苗木6~10株，马铃薯块茎3个。美国海关检疫部门重视进境飞机、船舶的食品舱及生活垃圾的检疫，一经发现禁止进境的植物、植物产品立即予以销毁。经检疫发现有害生物的，将在检疫员的监督下，由专业人员按《植物检疫处理手册》上的要求进行检疫处理。在旅客检疫方面，一方面要求旅客主动申报，严格禁止携带生物活体、水果、肉制品等物品入境，对违章者处以没收和高额罚款处罚；另一方面，普遍采用X光机检查，用检疫犬检查。为提高检疫效率，经常派出检疫人员至国外进行产地检疫与预检。同时，编制各国植物检疫要求，制定植物检疫手册、害虫鉴定手册等，并将有关内容输入计算机便于检验人员使用。

检疫进境许可证书分为三种：一是口头许可，针对个人消费的少量非贸易性植物及植物产品，经过检查即可放行；二是书面许可，即正规的按程序办理的检疫许可；三是联邦或州立教育、研究机构或私立学校、机构经过特许审批的许可证书。

（四）欧盟

欧盟目前由27个成员国组成。这些成员国都是IPPC的缔约方，每个国家都有自己的植物保护组织。欧盟植物健康制度的总体目标是防止植物有害生物传入欧盟和（或）在欧盟内部传播。欧盟要求成员国对植物或植物产品在其境内的调运，以及从第三国引进实施管理，同时要求欲向欧盟出口植物或植物产品的第三国也承担管理义务。

1. 植物检疫组织运作机制

欧盟负责植物健康工作的是欧洲委员会健康与消费者保护总司（DGSANCO）下属的植物健康常务委员会。该常务委员会由来自所有成员国的代表组成，负责制定、完善和建议新的法律，组织、主持植物健康常务委员会与成员国的例会，负责检查和提供欧盟对草拟植物健康措施的意见，并讨论有关植物健康的一些事宜、条例、建议，每个成员国指派一个单独的中心协调人与当局（大多数情况下是国家官方的植物保护组织）联系，负责执行欧盟制定的法律。欧盟统一筹措防治有害生物的资金，对新传入的有害生物采取根除、限制扩散等措施，成员国根据具体情况分摊防治或根除费用。

欧盟植物健康部门采取了一些新的策略，如区别欧盟产品与第三国产品、制定产地检疫原则、制定植物健康通行证、确立保护区、实行生产商及进口商的注册登记等。检疫部门更加深入企业，专业经营商的责任也随之加重。植物保护工作更多地负担咨询、支持和监察的任务，越来越少地履行强制性职责。制裁性检疫逐渐向咨询性检疫转变。

2. 欧盟植物检疫法规概况

欧盟只制定进口法律法规，出口法律法规由各成员国自行制定。欧盟涉及植物检疫工作的法规主要包括若干指令，如《关于防止危害植物或植物质产品的有害生物传入欧盟并在欧盟境内扩散的保护性措施》（2000/29/EC号指令）。该指令列出了旨在保护欧盟内部植物健康的限制和保护措施。该指令附件Ⅳ的A部分第Ⅰ节列出了进口植物检疫要求；附件Ⅳ的B部分规定了进口到欧盟特别保护区应遵守的进口植物检疫要求；附件Ⅲ是进口禁令，列出了哪些植物、植物产品和其他物品禁止引入欧盟。2002年11月28日，理事会对2000/29/EC号指令进行了修订，拓宽了委员会在职权范围内组织的植物健康检疫任务范围，规定了承认植物健康等效性的程序等内容。目前，2000/29/EC 号指令及其之后的系统修改指令仍然是欧盟植物健康的最新法规。

2000/29/EC 号指令主要规定了欧盟成员国防止植物有害生物传入和在其内部扩散的措施。指令规定的主要内容有检疫名录，包括成员国禁止进境的有害生物、禁止进境的植物、植物产品和有特殊检疫要求的名录；欧盟的植物通行证系统；加强产地检疫和注册登记制度；加强对第三国产品的检疫；保护区的应用；欧盟植物健康的执行机构和人员等。该指令涉及穿越国境的行为，也就是欧盟内部贸易和来自第三国的进口贸易，但不包括各成员国的国内贸易。对该指令的详细说明由欧盟进行。

欧盟提出有关禁止进境的有害生物名单分为 A（再分为 A1 与 A2）类和 B 类。A1 类是欧盟境内各国均无发生分布的种类，名单包括 110 种（属）有害生物；A2 类是境内部分国家少量发生的种类，名单包括 19 种（属）有害生物；B 类是针对特定的保护区采取禁止措施的 5 种（属）有害生物。此外对于欧盟各成员国相互间贸易时也有规定，实行发放植物通行证制度，凡是经过检查符合检疫要求的，签发一份植物通行证，而不是以前在口岸发放植物检疫证书，对于不符合检疫要求的，进行退运、销毁或消毒扑杀处理。

3. 欧盟的产地检疫政策

为了减少口岸检疫对自由贸易的影响，并且保证将自由贸易传带植物有害生物的危险性降到最低水平，欧盟的法令也确立了对危险性植物材料特别是繁殖材料在生产地点进行检疫的原则，并强化产地检疫和注册登记制度。欧盟变口岸系统查验为在植物生长季节在产地检查，提高生产地的植物健康水平，从而降低货物在欧盟范围内自由贸易时传带植物有害生物的危险性。除产自欧盟内部的植物、植物产品和其他产品在欧盟内运输前需在产地进行健康检查外，产自欧盟以外的植物、植物产品和其他产品在被允许进入欧盟前必须在原产地国或托运国进行健康检查。

为了便于非成员国的植物产品进入欧盟境内，经事先商定，进口商可到原产地进行检疫。

为了做好产地检疫，欧盟制定了欧盟理事会指令 2000/29/EC 号指令附件 V——需在产地进行检查的植物名录，详细规定了进行产地检疫的作物和产品种类。在产地、在生长期和刚刚收获之后检查是否符合条件和标准比进口时的检疫更有效。

为了使产地检疫制度有效地运转，所有生产商均应向官方机构注册登记，这有利于植物产品在欧盟内部的流通。当发现某种有害生物时，也可追根溯源。不仅是生产商，进口商也同样要注册登记。2000/29/EC 号指令第二十六条规定："原产地是进行植物健康检疫最适宜的地点。因此，对于欧盟产品而言，这类检疫必须在原产地强制进行，并扩大到所有相关植物和植物产品生长、使用或存在的场所。为便于该检疫体制的有效运转，所有生产者都必须注册"。

为实施产地检疫并扩大检疫队伍，欧盟除了成员国的植物保护官方机构人员外，号召管理部门的人员也参加此项工作。依照国家立法，这些机构可以法令、监督和委派的方式给法人一些任务。这些法人根据官方通过的章程，负责执行有公共利益的专项任务，但这些法人及其成员采取措施并获取结果时，不得谋取个人利益。在欧盟，产地检疫可以由地方植物保护部门在生长期内进行检疫，也可以委托某些机关，如国家葡萄酒行业管理局或官方检疫机构来进行。此外，欧盟通过采取对生产者或进出口商进行注册登记的措施可以促使生产者或进出口商重视植物健康，并且能在发现问题后，迅速查出疫情的原产地或哪些进出口商应对此负责，并对植物有害生物进行防除。

第二节　中国的植物检疫体系与法规

一、中国的植物检疫体系

中国植物检疫工作始于 1914 年，当时的北洋政府农商总长张謇发布农商部 179 号训令《农商部关于附送征集植物病害及虫害等规则令》。1923 年 7 月，北洋政府公布《出口肉类检验条例》。1928 年，国民政府工商部任命技正邹秉文为上海商品检验局筹备主任。1929 年国民政府在上海、天津、广州、汉口、青岛等地开设商品检验局，邹秉文任上海商品检验局局长。1932 年，实业部颁布《商品检验法》，蔡无忌接任上海商品检验局局长，筹备植物检疫工作，起草的《国内尚未发现或分布未广的害虫病菌种类表》，以及编制的《各国禁止中国植物进口种类表》《植物病虫害检验施行细则》，是中国历史上最早涉及植物检疫的文件记录。1935 年上海商品检验局下设植物病虫害检验处，根据《商品检验法》公布了《植物病虫害检验施行细则》，这是中国有关植物检疫的第一个法规，规定输入输出的植物及其产品必须经过商品检验局的病虫害检验，查明确实没有病虫害才能进出口。

1949 年以后，出入境植物检疫工作由贸易部外贸司负责，1951 年，外贸部颁布《输出入植物病虫害检验暂行办法》，同时，根据当时搜集的各国植物检疫资料，编制《世界危险植物病虫害表》及《各国禁止或限制输入植物种类表》作为植物检疫工作的依据。

1964 年经国务院批准，对外植物检疫工作由外贸部移交给农业部，同时批准上海、大连等 20 多个口岸设立国境动植物检疫所。1966 年农业部公布了《关于执行对外植物检疫工作的几项规定》（草案）和《进口植物检疫对象名单（草案）》，之后又陆续制定了关于旅客携带物、国际邮寄及种子苗木、进口粮食植物检疫等单项规定及补充规定。1966—1976 年，边境口岸实行农业部和地方双重领导，1980 年重新明确全国出入境植物检疫归农业部领导。1982 年成立农牧渔业部，全国进出境动植物检疫和国内农林业动植物检疫工作全部由农牧渔业部负责管理。1988 年 3 月根据国务院机构改革方案，由原国家进出口商品检验局、原农业部动植物检疫局和原卫生部卫生检疫局合并组建中华人民共和国国家出入境检验检疫局（简称"三检合一"），隶属于海关总署，农业部把出入境口岸动植物检疫的职能交由国家出入境检验检疫局负责。

2018 年 4 月 16 日，国务院机构改组，出入境检验检疫队伍和管理职责并入海关总署，有关进出境动植物检疫由海关总署的动植物监管司管理。

目前，中国国家植物检疫系统由以下机构组成。一是海关总署管理进出境动植物检疫系统（俗称"外检"系统），负责进出国境线的人员和货物的检验检疫。二是国务院下属的农业农村部、国家林业和草原局分别管理国内农业动植物检疫和林业植物检疫系统（俗称"内检"系统），负责国内省市间植物和植物产品调运过程的检验检疫。国内农业和林业植物检疫系统的主要职能是从国外引种或购置农林产品的审批、有关调运植物的检疫工作、开展定期的疫情普查和防控。IPPC 在我国的官方联络点设在农业农村部。WTO/SPS 咨询联络点附在海关总署，中国植物检疫体系是两个相对独立又密切联系的体系，即有两个系统三个条块的格局。转基因产品的安全管理，由农业部门负责；濒危物种的管理由林业部门负责等。进境的隔离检疫由进出境检疫机构与农林部门共同监管；进境后疫情监测与控制一般以农林业部门为主体，但在重大疫情及外来有害生物封锁、控制与扑灭方面，进出境动植物检疫机构、农业、林业等部门都是职能部门，各司其职，协同进行管理；在疫情信息搜集与交流、联合发布有关公告和规范措施、科学技术交流合作、共同开展国际性交流合作以及谈判等方面各部门都有广泛合作。

中国负责与世界各国贸易交往中有关植物检疫具体事务的组织，最早是商务部，后来是对外贸易部、农业部、国家质量检验监督局，现在是中国海关总署。

在我国各省各边境口岸，都设立有负责进出境物资贸易和人员流动的海关站，负责对动植物和动植物产品的检验检疫任务。到 2018 年，已在全国口岸设立了 42 个直属海关机构，328 个分支机构，在北京，还设立有专门的海关科学技术研究中心、国际检验检疫标准与技术法规研究中心负责对外交流与咨询的 WTO/SPS 国家通报咨询中心，建立了较完整的进出境植物检疫体系。

在国内执行农业植物检疫工作的组织，是农业农村部种植业管理司、全国农业技术推广服务中心和各省市县三级的农业农村局植保植检机构组织开展；执行林业植物检疫工作的组织是国家林业和草原局的植物检疫处，各省市县三级的林业植检站。全国共有 34 个省级行政区 2 851 个县区级植保植检站，负责全国农业、林业植物的检疫工作，也是国家植物检疫的执法主体、专业队伍。

二、中国的植物检疫法律法规

1932 年，国民政府实业部颁布的《商品检验法》是中国最早的检验法。1949 年以后，1983 年，国务院正式颁布了《植物检疫条例》，这是第一部专门的植物检疫条例，同时也公布了农林业植物检疫对象名单。1992 年，国家公布了中国第一部动植物检疫法——《中华人民共和国进出境动植物检疫法》。1992 年和 2017 年，国务院两次修订了《植物检疫条例》，同时也修订了我国进出境植物检疫有害生物名录。2020 年 10 月，十三届全国人大常委会通过了我国第一部《中华人民共和生物安全法》。这些法律法规的颁布与实施，大大增强了我国植物检疫的法律基础，使得执法机构和执法人员的工作有法可依、依法行政。

此外，中国其他一些法律法规也涉及植物检疫，例如，《中华人民共和国海关法》《中华人民共和国农业法》《中华人民共和国森林法》《中华人民共和国种子法》《中华人民共和国铁路法》《中华人民共和国邮政法》等都有规定，"货物运输的检疫，按国家规定办理"，"依法应当施行卫生检疫或者动植物检疫的邮件，由检疫部门负责拣出并进行检疫，未经检疫部门许可，邮政企业不得运递"；《中华人民共和国农业法》第二十四条规定："国家实行动植物防疫、检疫制度，健全动植物防疫、检疫体系，加强对动物疫病和植物病、虫、杂草、鼠害的监测、预警、防治，建立重大动物疫情和植物病虫害的快速扑灭机制，建设动物无规定疫病区，实施植物保护工程。"农业转基因生物的研究、试验、生产、加工、经营及其他应用，必须依照国家规定严格实行各项安全控制措施。2009 年《中华人民共和国森林法》第二十二条规定："林业主管部门负责规定林木种苗的检疫对象，划定疫区和保护区，对林木种苗进行检疫"；第三十五条规定："县级以上人民政府林业主管部门负责本行政区域的林业有害生物的监测、检疫和防治。省级以上人民政府林业主管部门负责确定林业植物及其产品的检疫性有害生物，划定疫区和保护区。重大林业有害生物灾害防治实行地方人民政府负责制。发生暴发性、危险性等重大林业有害生物灾害时，当地人民政府应当及时组织除治。林业经营者在政府支持引导下，对其经营管理范围内的林业有害生物进行防治。"

（一）《中华人民共和国生物安全法》

2020 年 10 月 17 日，国家公布了《中华人民共和国生物安全法》（以下简称《生物安全法》，见附录 ❷），于 2021 年 4 月 15 日正式实施，共 10 章 88 条，聚焦生物安全领域主要风险，完善生物安全风险防控体制机制，着力提高国家生物安全治理能力，是生物安全领域的基础性、综合性、系统性、统领性法律。

生物安全是国家安全的重要组成部分。维护生物安全应当贯彻总体国家安全观，统筹发展和安全，坚持以人为本、风险预防、分类管理、协同配合的原则。中央国家安全领导机构负责国家生物安全工作的决策和议事协调，研究制定、指导实施国家生物安全战略和有关重大方针政策，统筹协调国家生物安全的重大事项和重要工作，建立国家生物安全工作协调机制。国家生物安全工作协调机制由国务院卫生健康、农业农村、科学技术、外交等主管部门和有关军事机关组成，分析研判国家生物安全形势，组织协调、督促推进国家生物安全相关工作。

《生物安全法》采用广义的定义明确界定了"生物安全"概念（第二条）："国家有效防范和应对危险生物因子及相关因素威胁，生物技术能够稳定发展，人民生命健康和生态系统相对处于没有危险和不受威胁的状态，生物领域具备维护国家安全和持续发展的能力。"明确将下列八类活动纳入规范范围：防控重大新发突发传染病、动植物疫情；生物技术研究、开发与应用；病原微生物实验室生物安全管理；人类遗传资源与生物资源安全管理；防范外来物种入侵与保护生物多样性；应对微生物耐药；防范生物恐怖袭击与防御生物武器威胁；其他与生物安全相关的活动。

《生物安全法》第三条明确规定"生物安全是国家安全的重要组成部分"。《生物安全法》从决策机制（第十条）、咨询机制（第十一条）、协调机制（第十二条）、执行机制（第十三条）等四个方面，明确了生物安全国家基本管理框架（第二章），建立统一领导与社会共同治理相结合的治理体系，规定了各个相关主体的职责和权限、权利和义务，构建生物安全社会共治格局。

《生物安全法》健全了各类具体风险防范和应对制度。针对重大新发突发传染病、动植物疫情（第三章），生物技术研究、开发与应用安全（第四章），病原微生物实验室生物安全（第五章），人类遗传资源和生物资源安全（第六章），生物恐怖袭击和生物武器威胁等生物安全风险（第七章），分设专章作出针对性规定。此外，还提出加强生物安全能力建设（第八章），从严设定法律责任（第九章）。

针对重大新发突发传染病、动植物疫情（第三章），《生物安全法》完善了生物安全风险防控基本制度，规定建立生物安全风险监测预警制度、风险调查评估制度（第十五条）、信息共享制度、信息发布制度、名录和清单制度、标准制度、生物安全审查制度、应急制度、调查溯源制度、国家准入制度和境外重大生物安全事件应对制度等十一项基本制度。

第五章在病原微生物实验室生物安全方面做了相关规定，比如制定统一的实验室生物安全标准，并实施备案等批准措施；对病原微生物和实验室实行分等级管理；加强对实验动物、废弃物的管理；要求病原微生物实验室建立和执行污染物、生物安全管理制度和安全保卫制度，制定生物安全应急预案。《生物安全法》明确涉及植物有害生物及其他生物因子操作的生物安全实验室的建设和管理，参照有关病原微生物实验室的规定执行。

第九章针对各种涉及生物安全的违法犯罪行为，设立了大额罚款、从业禁止、域外适用等较为严厉的法律责任制度。当出现《生物安全法》与其他相关立法等发生法条竞合时，应当遵循"特别法优于一般法"的法律适用原则，优先适用作为特别法的《生物安全法》。

此外，在附则中对本法使用的术语进行了定义，如"生物因子"专指动物、植物、微生物、生物毒素及其他生物活性物质；将我国境内首次发生或者已经宣布消灭的严重危害植物的真菌、细菌、病毒、昆虫、线虫、杂草、害鼠、软体动物等再次引发病虫害，或者本地有害生物突然大范围发生并迅速传播，对农作物、林木等植物造成严重危害的情形明确为"重大新发突发植物疫情"。术语中的"植物有害生物（能够对农作物、林木等植物造成危害的真菌、细菌、病毒、昆虫、线虫、杂草、害鼠、软体动物等生物）"与 ISPM 5《植物检疫术语》"有害生物"定义完全一致。完善各部门职权衔接机制，推动联防联控机制，规范监管主体职责衔接中的工作行为，增强生物安全管理的统筹性、协调性。

（二）《中华人民共和国进出境动植物检疫法》及实施条例

《中华人民共和国进出境动植物检疫法》（见附录 ❷ ）是我国第一部由最高国家权力机构颁布的以植物检疫为主题的法律。该法于 1991 年 10 月 30 日在第七届全国人大常务委员会第二十二次会议通过，自 1992 年 4 月 1 日起施行。该法共 8 章 50 条，包括总则，进境检疫，出境检疫，过境检疫，携带、邮寄物检疫、运输工具检疫、法律责任及附则等内容。《中华人民共和国进出境动植物检疫法实施条例》共 10 章 68 条，条例是为了更具体贯彻执行《中华人民共和国进出境动植物检疫法》而制订的实施方案，也是《中华人民共和国进出境动植物检疫法》的重要补充，包括总则，检疫审批，进境检疫，出境检疫，过境检疫，携带、邮寄物检疫，运输工具检疫，检疫监督，法律责任及附则 10 个方面。

根据《中华人民共和国进出境动植物检疫法》及《中华人民共和国进出境动植物检疫法实施条例》的规定，凡进境、出境、过境的动植物、动植物产品和其他检疫物，装载动植物、动植物产品和其他检疫物的装载容器、包装物、铺垫材料，来自动植物疫区的运输工具，进境拆解的废旧船舶，有关法律、行政法规、国际条约规定或者贸易合同约定应当实施动植物检疫的其他货物、物品，均应接受动植物检疫。输入植物种子、种苗及其他繁殖材料和《中华人民共和国进出境动植物检疫法》第五条第一款所列禁止进境物必须事先办理检疫审批。国家对向中国输出植物、植物产品的国外生产、加工、存放单位实行注册登记制度。根据检疫需要，在征得输出国有关政府机构同意后，国家进出境植物检疫主管部门可派出检疫人员进行预检、监装或者疫情调查。在植物、植物产品进境前，货主或者其代理人应当事先向有关口岸海关报检；经检疫合格的，准予进境；发现有危险性有害生物的，在口岸海关的监督下，作除害、退货或销毁处理；经检疫处理合格后，准予进境。输出植物、植物产品的加工、生产、存放单位应办理注册登记。在植物、植物产品输出前，货主或者代理人应事先向海关办理报检。经海关检疫合格或经检疫处理合格后，签发植物检疫证书，准予出境；经检疫不合格、又无有效的检疫处理方法的，不准出境。对过境的植物、植物产品和其他检疫物，需持有输出国政府的有效植物检疫证书及货运单在进境口岸向当地海关报检并接受检疫。携带、邮寄物也应接受植物检疫，经检疫合格的予以进境，经检疫不合格又无有效的检疫处理方法的作销毁、退货处理，海关签发"检疫处理通知单"。来自动植物疫区的船舶、飞机、火车及其他进境车辆抵达口岸时，应接受海关的检疫，发现危险性有害生物的，作检疫处理；装载植物产品出境的容器，应当符合国家有关植物检疫的规定，发现危险性有害生物或超过规定标准的一般有害生物的应作除害处理。对进出境的植物、植物产品，海关应当进行检疫监管。危险性有害生物名单及禁止进境物名录由国务院农业行政主管部门制定并公布。违反本法规定的，将依法予以罚款、吊销检疫单证、注销检疫注册登记或取消其从事检疫消毒、熏蒸资格；构成犯罪的，依法追究刑事责任。植物检疫人员滥用职权，徇私舞弊，伪造检疫结果，或者玩忽职守，延误检疫出证，构成犯罪的，依法追究刑事责任；不构成犯罪的，予以行政处分。

（三）《植物检疫条例》及实施细则

1983 年 1 月 3 日，国务院颁布了《植物检疫条例》（见附录 ❷ ），1992 年 5 月 13 日，国务院对其进行第一次修订，2017 年 10 月进行第二次修订并重新发布，是目前我国国内进行植物检疫的依据。该条例共 24 条，包括植物检疫的目的、任务、植物检疫机构及其职责范围、检疫范围、调运检疫、产地检疫、国外引种检疫审批、检疫放行与疫情处理、检疫收费、奖惩制度等方面。

为贯彻执行《植物检疫条例》，农业部和林业部还分别制定、颁布了各自的实施细则（农业部分和林业部分），同时还颁布了农业和林业上的检疫对象名单和应施检疫物的名单。条例明确了检疫对象的确定原则及疫区、保护区的划分依据及程序；规定局部地区发生的危险性大、能随植物传带的病虫杂草应定为植物检疫对象；对发现重大疫情的，各地检疫部门应及时向上一级检疫机构汇报，并组织力量予以扑灭；全国植物检疫性有害生物的疫情由国务院农业、林业行政主管部门发布，地方补充植物检疫性有害生物的疫情由省级农业、林业行政主管部门发布。凡种子、苗木和其他繁殖材料及列入应施植物检疫名单的植物产品，在调运前都应向有关植物检疫机构提出检疫申请，经检疫机构审查检验合格并取得植物检疫证书后方可调运；发现有检疫对象的，经检验处理合格后方可调运；无法消毒处理的，不能调运。条例规定各种子、苗木和其他繁殖材料繁育单位应按照无检疫对象要求建立无检疫性病虫害的种苗基地，植物检疫机构应实施产地检疫。从国外引进种子、苗木等繁殖材料，应向所在地省、自治区、直辖市植物检疫机构申请办理检疫审批，经口岸动植物检疫机关检验合格后引进，必要时应隔离试种，经检验确认不带检疫性有害生物后方可分散种植。对违反本条例的单位或个人，将按照有关规定予以惩处。应检疫的有害生物名单及应检植物产品名录由农业和林业主管部门分别制定。

（四）《中华人民共和国种子法》

《中华人民共和国种子法》是 2000 年颁布实施的，后历经 2013 年、2015 年和 2021 年三次修订，于 2022 年实施。该法第四十九条至第五十七条，是有关对种子进行检验检疫的内容，充分体现了国家对种子检疫工作的重视。

国家严格禁止生产、经营假、劣种子。第四十八条对种子质量有明确规定，"下列种子为假种子：（一）以非种子冒充种子或者以此种品种种子冒充他种品种种子的；（二）种子种类、品种与标签标注的内容不符的"。"下列种子为劣种子：（一）质量低于国家规定标准的；（二）质量低于标签标注指标的；（三）带有国家规定的检疫性有害生物的"。

第五十三条规定，"从事品种选育和种子生产经营以及管理的单位和个人应当遵守有关植物检疫法律、行政法规的规定，防止植物危险性病、虫、杂草及其他有害生物的传播和蔓延。禁止任何单位和个人在种子生产基地从事检疫性有害生物接种试验"。

第五十六条规定，"进口种子和出口种子必须实施检疫，防止植物危险性病、虫、杂草及其他有害生物传入境内和传出境外，具体检疫工作按照有关植物进出境检疫法律、行政法规的规定执行"。此外，第五十七条规定，"从事种子进出口业务的，应当具备种子生产经营许可证；其中，从事农作物种子进出口业务的，还应当按照国家有关规定取得种子进出口许可。从境外引进农作物、林木种子的审定权限，农作物种子的进口审批办法，引进转基因植物品种的管理办法，由国务院规定"。

（五）《中华人民共和国突发事件应对法》

这是全国各类应急预案体系的总纲，明确了各类突发公共事件分级分类和预案框架体系，是指导预防和处置各类突发公共事件的规范性文件。它建立在综合防灾规划之上，由几个重要的子系统组成：完善的应急组织管理指挥系统，强有力的应急工程救援保障体系，综合协调、应对自如的相互支持系统，充分的保障供应体系和体现综合救援的应急队伍等。预警信息包括突发公共事件的类别、预警级别、起始时间、可能的影响范围、警示事项、应采取的措施和发布机关等。国务院设立应急管理部，负责统一领导、综合协调的应急管理。

《中华人民共和国突发事件应对法》将突发公共事件主要分成4类：其中第一类就是自然灾害类，主要包括水旱灾害、气象灾害、地震灾害、天体灾害、地质灾害、海洋灾害、生物灾害和森林草原火灾等。第二类是事故灾难。第三类是公共卫生事件类，主要包括传染病疫情、群体性不明原因疾病、食品安全和职业危害、动物疫情以及其他严重影响公众健康和生命安全的事件。第四类是社会安全事件类，主要包括战争、恐怖袭击事件、经济安全事件、涉外突发事件等。农林业灾害属于"自然灾害类"，包括农林业生物灾害、农林业气象灾害、农林业环境灾害3个部分；动物疫情属于公共卫生事件类。与农林业生产和生物安全有关的国家专项应急预案和国务院部门应急预案有很多：如《国家自然灾害救助应急预案》《国家突发重大动物疫情应急预案》《重大植物疫情应急预案》《红火蚁疫情防控应急预案》《农业重大有害生物及外来生物入侵突发事件应急预案》《重大外来林业有害生物灾害应急预案》《农业转基因生物安全突发事件应急预案》《进出境重大植物疫情应急处置预案》等，都是与动植物检疫密切相关的重要制度。

中国高度重视濒危野生动植物保护，严格履行根据《濒危野生动植物种国际贸易公约》承担的国际义务。先后制定了以《中华人民共和国野生动物保护法》《中华人民共和国森林法》《中华人民共和国濒危野生动植物进出口管理条例》等为核心的国内法律法规，颁布了《国家重点保护野生植物名录》。

三、国内植物检疫相关法律制度简介

我国的进出境植物检疫法律制度经过近百年的实践探索和构建完善，制度架构、制度内容经历了从无到有、从单一到形成体系的发展过程。逐渐形成了较为完善的植物检疫法律法规体系，已与大部分国际通行做法接轨，同时具有明显的中国特色。

《中华人民共和国进出境动植物检疫法》及其实施条例确立的进出境植物检疫基本法律制度共有14项，具体包括禁止名录、证书、检疫申报、检疫审批、注册登记、境外预检、现场查验、隔离检疫、检疫处理、风险快速反应、疫情疫病监测、检疫执法监督、检疫法律责任、检疫行政救济和检疫收费制度。加入WTO以来，为适应经济社会发展和现代口岸管理形势，解决植物检疫法律适应新形势的要求，我国还参照国际组织有关规则、标准以及国际通行做法，创设了指定入境口岸检疫制度、检疫准入、风险分析制度等进出境植物检疫法律制度，这些制度已经成为我国进出境植物检疫法律法规体系的重要组成，在规范进出境植物检疫工作中发挥了积极作用。

动植物检疫法及其实施条例是中国进出境动植物检疫法律体系的坚实基础，其中涉及的相关法律制度对推动中国动植物检疫工作，保护农、林、牧业的生产发挥了积极作用。这些法规制度的部分内容在2020年制定的《中华人民共和国生物安全法》中也有进一步体现。

当前，生物安全风险呈现出许多新特点，传统生物安全问题和新型生物安全风险相互叠加，境外生物威胁和内部生物风险交织并存，必须科学分析我国生物安全形势，完善国家生物安全治理体系，加强战略性、前瞻性研究，完善国家生物安全战略。要强化各级生物安全工作协调机制，要从立法、执法、司法、普法、守法各环节全面发力，健全国家生物安全法律法规体系和制度保障体系，加强生物安全法律法规和生物安全知识宣传教育，提高全社会生物安全风险防范意识。

要理顺基层动植物疫病防控体制机制，明确机构定位，提升专业能力，抓紧生物安全重点风险领域，强化风险意识。加强入境检疫，强化潜在风险分析，坚决守牢国门关口，重点加强基层监测站点建设，提升末端发现能力，要快速感知识别新发突发传染病、重大动植物疫情、微生物耐药性等风险因素，做到早发现、早预警、早应对。要实行积极防御、主动治理，要立足更精准更有效预防，要强化生物资源安全监管，对已经传入并造成严重危害的，要摸清底数，"一种一策"精准治理，有效灭除。

要建立健全重大生物安全突发事件的应急预案，完善快速应急响应机制。加强对国内病原微生物实验室生物安全的管理，严格执行有关标准规范，加强对抗微生物药物使用和残留的管理，严格管理实验样本、实验动植物、实验废弃物等，要加强对违规违法行为的处罚力度。促进生物技术健康发展，促进人与自然和谐共生。

1. 检疫性有害生物名单制度

在全面收集信息并进行风险分析的基础上，制定并及时公布检疫性有害生物名录、禁止进境物目录，禁止携带、邮寄进境的动植物、动植物产品和其他检疫物的名录。我国政府根据国内的发展需要和扩大保护面的需求，对有害生物名录等及时调整更新，保护国家农林业生产安全、生态环境及人民生命安全。截至2021年，国家规定的《中华人民共和国进境植物检疫性

有害生物名录》（见附录❷）中有 446 种（属）;《中华人民共和国禁止携带、邮寄进境的动植物及其产品名录》中有 16 类;《中华人民共和国进境植物检疫禁止进境物名录》有 11 种。

国内农业、林业植物检疫站对在国内调运的植物种苗也实行检疫名单制度。禁止从疫区调运植物种苗和植物产品，以防止检疫性有害生物的传播。《全国农业植物检疫性有害生物名单》（2020 年）中有 31 种，《全国林业检疫性有害生物名单》（2013 年）有 14 种，危险性有害生物 190 种。

2. 检疫证书制度

植物检疫证书是国际贸易中必不可少的重要文件，具有法律效力，表明植物及其产品或其他应检物已经符合输入方植物检疫进口要求，是确保贸易安全便利的重要制度保证。检疫证书应由具有技术资质并经官方授权的检疫人员对植物及其产品或其他应检物实施检疫后签发，审核入境货物的检疫证书及签发出口货物的检疫证书是植物检疫机构应尽的职责。

国内农业林业植物检疫站对在国内调运的植物和植物产品也实行签发检疫证书制度，无检疫证书的植物和植物产品一律不准调运。国内的检疫证书都是在调运前由供应方送样品给检疫部门，经过查验无疫害的签发证书，货物入境抵达时，接收方客户向当地检疫机构报检核对即可。

3. 风险分析制度

风险分析是一种识别和评价风险、选择和制定管理方案以控制这些风险的过程。风险分析一般包括风险识别 / 危害因素确定、风险评估、风险管理和风险信息交流等内容。风险分析制度是指海关在检疫行政执法和决策管理中，运用风险分析的原理和方法，对各种进出境植物检疫执法把关风险因素或事件进行识别和评估，确定风险发生的可能性及后果影响程度，研究制定和选择提出最佳管控策略或者实施方案等风险分析全过程工作规范的统称。

风险分析制度来源于检疫实践并随着检疫实践而发展，实际上检疫性有害生物名录及禁止进境物名录就是风险评估的结果。国家有害生物风险分析管理中心在国内外有害生物数据库中按照植物种类、有害生物种类、地理分布、适生条件和危害程度等分析排比，选出危险性大的一些物种，再经过审查分析后确定哪些物种列为检疫性有害生物。按照科学、高效、安全、经济的原则，对进出境植物、植物产品及其他检疫物风险分级和境内外相关企业进行分类，实施差别化检疫监管措施也是风险管理的重要体现。多年来，针对植物及植物产品的不同风险类别和特点，我国植物检疫工作者在风险分析方法研究和实践中不断努力，使风险分析在进出境植物检疫领域发挥了重要作用，并将风险分析列为进出境植物检疫工作的重要制度。为规范风险分析在进出境植物检疫工作中的应用，我国以科学为依据，参照有关国际标准和准则，于 2002 年颁布了《进境植物和植物产品风险分析管理规定》，为有效组织实施进出境植物检疫风险识别审批、风险评估、风险管理、风险交流等工作提供了制度保障。

检疫风险分析已经成为各国制定植物检疫政策、法规和采取植物检疫措施的基础和依据。IPPC 制定了相关技术标准，指导世界各国开展风险分析工作，促进和保障各国植物检疫风险分析工作协调发展。

4. 检疫审批与检疫准入制度

检疫审批制度的核心是检疫主管部门根据风险评估的结果，对部分风险较高的拟进境的植物及其产品进行审查，根据风险评估结果，最终决定是否批准其进境的过程。检疫审批是进境植物检疫的法定程序，是在进境植物及其产品和其他检疫物在进境之前实施的一种预防性风险管控措施。检疫审批的目的是保护国内农、林、牧、渔业的生产安全及生态环境安全，降低植物危险性有害生物随进境植物及其产品和其他检疫物传入的风险，也是世界各国普遍采用的通行做法。

《中华人民共和国生物安全法》第二十三条明确规定，"国家建立首次进境或者暂停后恢复进境的动植物、动植物产品、高风险生物因子国家准入制度"。

检疫准入制度是指海关总署根据中国法律、法规、规章以及国内外植物有害生物风险分析结果，结合对拟向中国出口农产品的国家或地区的植物卫生防疫体系的有效性评估情况，是否准许某类产品进入中国市场的审批程序。检疫准入制度是 WTO/SPS 及国际植物检疫的重要措施，也是进境植物检疫主动预防、严格把关的第一道安全防线，对于严防限制性有害生物和不合格植物、植物产品输入，提高进境农产品安全水平，服务对外贸易健康发展等具有重要意义。检疫准入制度通常包含准入评估、确定植物检疫条件和要求、境外企业注册和境内企业登记 4 个方面的程序和内容。

5. 申报制度与注册登记制度

检疫申报制度是指货主或其代理人依照动植物检疫法规定，在输入输出植物、植物产品和其他应检物，或者过境运输应检物时，必须按照规定的地点和时间，向海关申报，接受海关对进出境应检物实施检疫和监督管理的行为过程。检疫申报制度分为进境申报、出境申报、过境申报、携带和邮寄物进境申报等。

6. 现场查验制度

现场查验制度是指植物检疫执法人员，依照国家动植物检疫法律法规，借助必要的便提式检疫查验工具、设备，在口岸现场对进出境应检物进行证书核查、货证查对、查找并收集有害生物、抽样、对发现染疫应检物实施检疫处理等一系列检疫行政执法行为规则的总称。通常采用人 – 机 – 犬联合检查的办法，即旅客携带行李在入境通道要经过 X 线扫描机和检疫犬的检查，植物检疫执法人员携带一条检疫犬对旅客的行李包裹进行嗅觉检测，尤其是水果类、肉类和毒品类的检测，效率很高。

口岸现场查验制度为阻止有害生物跨境传播提供了强制性行政措施，是进出境植物检疫管理制度体系的重要组成部分，是落实进出境动植物检疫法律法规及各种管理制度的最有效、最直接的手段，包括对进境植物现场查验、对出境植物查验、对过境植物查验、对携带物和邮寄物现场查验、对交通运输工具现场查验等。

7. 境外产地预检制度

境外产地预检制度是进境植物检疫工作中一项非常重要的措施和手段，许多国家建立了预检制度并被 IPPC 推荐。境外预检是根据双边植物检疫议定书的要求，结合进境植物检疫工作需要，针对高风险的植物及其产品，派出检疫官员到输出植物及其产品的国家或地区开展关注的有害生物防控体系核查，配合实施出口前的检疫工作。我国自 20 世纪 90 年代实施该制度后，对了解国外植物检疫制度，借鉴国外先进的植物检疫技术和管理经验提供了条件和机会，促进了中国植物检疫制度建设；同时，为中外双方植物检疫准入磋商、修定双边检疫协议提供了及时、准确和详尽的参考资料。

国内农业林业植物检疫站对在国内调运的植物种苗，也可实行到制种地进行产地预检制度，经过产地检验确认健康的签发产地检疫证书，调运时就可不再检验。

8. 隔离检疫制度

隔离检疫制度是将进境植物限定在指定的隔离场圃内种植，在其生长期间进行检疫、观察、检测和处理的一项强制性措施，是有效控制高风险的有害生物传入，保护农林业生产安全、生态安全的法定检疫行为。

隔离检疫的必要性主要体现在 3 个方面：一是某些植物危险性有害生物，受生长阶段等限制，在进境时处于休眠状态往往表现为"隐性"，在现场查验时很难被检出，而在生长发育期间才容易发现和鉴别。二是国家公布的植物检疫性有害生物名录具有一定局限性，其中某些有害生物虽然在国内没有发生或者分布不广，且在国外往往发生危害性不太严重，但这些有害生物传入国内后，可能由于生态条件的改变有利于其发生危害，造成重大经济损失。三是通过隔离检疫，在这期间如发现检疫性有害生物，因局限在隔离检疫圃，范围小，便于立即控制和消灭，防止在境内传播扩散。

国内农业林业植物检疫站受委托也可配合海关进出境植物检疫部门，对引进的植物在隔离监管期间进行检疫监管。

9. 疫情监测制度

疫情监测制度是指官方通过技术手段（包括收集分析信息）对某种植物有害生物的发生、发展进行系统、完整、连续的调查和分析，从而得出的有害生物存在或不存在结论的过程。疫情监测旨在正确分析和把握植物疫情发生态势，加强风险管理，增强检疫把关的预见性和有效性，适应国际贸易中有害生物风险评估及建立非疫区（非疫产区）、低度流行区等工作需要，更好地促进跨境贸易健康发展。

国内农林业植物检疫站对在国内发生的植物检疫性有害生物疫情更应该随时检测、随时报告。

10. 风险预警与检疫处理制度

风险预警与检疫处理制度是进出境植物检疫工作中发现可能危害人体健康和农林业安全及生态安全的重要植物有害生物等风险因子时，经风险评估确认后，发布风险预警信息，阻止带有危险性有害生物的植物及其产品或其他检疫物入境所采取的快速反应措施制度。

检疫处理制度是指进出境植物检疫机关依照国家有关法律法规，对违法违规入境或经检疫不合格的进出境植物、植物产品和其他检疫物，采取除害、销毁、不准入境或出境或过境等旨在杀灭、灭活或消除有害生物的强制性措施制度。检疫处理是受法律、法规制约的官方行为，是防范有害生物跨境传播的必要手段，必须按一定的规程实施。

2001 年以来，结合 SPS 协定、IPPC 等的要求及 ISPM 13《违规和紧急行动通知准则》、ISPM 17《有害生物报告》等相关国际标准，我国制定了《出入境检验检疫风险预警及快速反应管理规定》，对进出境动植物检疫风险预警信息收集、风险分析的程序、风险警示通报的对象、方式、内容，快速反应措施及监督管理方法做出了明确规定，建立了我国出入境植物检疫领域风险预警及快速反应的管理制度体系，为有效防控动植物疫情疫病发挥了重大作用。2020年颁布的《中华人民共和国生物安全法》进一步规范了风险预警及快速反应制度，明确"境外发生重大生物安全事件的，海关依法采取生物安全紧急防控措施，加强证件核验，提高查验比例，暂停相关人员、运输工具、货物、物品等进境。必要时经国务院同意，可以采取暂时关闭有关口岸、封锁有关国境等措施"。

11. 指定口岸制度

《中华人民共和国生物安全法》第二十三条第三款规定"经评估为生物安全高风险的人员、运输工具、货物、物品等，应当从指定的国境口岸进境，并采取严格的风险防控措施"，及时解决了高风险植物及其产品实施指定口岸制度原有国内法律依据不充分的难题。在《中华人民共和国生物安全法》颁布前，指定口岸制度主要援引《中华人民共和国进出境动植物检疫法》第十四条，这些"指定地点"的提法与国际惯例所指的"指定口岸"含义并不一致。对高风险的植物及其产品实施指定口岸制度是国际惯例和重视植物健康、食品安全国家的通行做法。指定入境口岸制度是指海关总署根据不同植物及其产品的携带传入植物有害生物风险，结合某类植物及其产品的贸易需求，指定某类植物及其产品从具备相应设施设备、检疫专业人员和实验室检测技术能力等条件的特定口岸入境，并由该口岸实施检疫的管理措施。实践证明，对进境植物及其产品实施指定入境口岸制度，是防范检疫性有害生物传入的有效措施。

12. 检疫分类管理制度

检疫分类管理制度是指海关以进出境植物、植物产品及其他检疫物风险分级和境内外相关企业分类为基础，按照科学、高效、安全、经济的原则，对不同风险等级的进出境应检物和不同类别的境内外相关企业，实施差别化检疫监管措施的总称。检疫分类管理制度是国际通行的做法。2009 年 4 月，IPPC 发布了 ISPM 32《基于有害生物风险的商品分类》。该标准根据商品出口前的 3 种加工方法和程度以及商品的 3 种用途，将商品的植物检疫风险类别分成四大类，各类商品采取不同的管理措施。

我国在竹木草柳制品等低风险农产品的出口分类监管方面已经开展了一些工作，将出境竹木草制品分为高、中、低 3 个风险等级。各海关也做了一些试点工作，包括按企业信用状况、风险分析和关键控制点体系建立情况、生产管理和企业自检自控能力、产品质量状况对企业实施的分类管理，按产品的加工特性试行的产品风险分级管理，按出口国家要求试行的检疫要求风险等级分类管理等。

检疫分类管理的核心是运用风险分析原理，按照生产加工所在地区或者国家植物有害生物流行情况和总体防控水平、生产加工方法和程度、用途等一定原则，对应检物可能携带和传播有害生物的风险程度进行分级，并根据境内外相关企业的生产管理水平、对有害生物防控能力、信用等级等要素，对相关企业进行分类。对不同风险等级的应检物和不同类别的境内外相关企业，分别采用不同检疫查验和检疫监管方案，实施差别化管理。

我们应该借鉴国际上发达国家的做法，在风险分析的基础上，将对出口货物的"批批检疫"调整为"基于过程的风险分级管理"，依据进口国家/地区的不同要求和风险，强化企业自检，隶属海关采取抽检审核的方式，降低企业负担、提升通关效率，促进农产品出口。

13. 检疫法律责任制度

检疫法律责任制度是国家各级植物检疫机关或者国家司法机关依照法定职权、法定程序认定违反进出境动植物检疫法律法规行为，并依法追究违法者必须承担的相应法律后果的法律制度，是关于如何认定违反进出境动植物检疫法律法规行为以及如何对违法行为追究法律责任的法律规范的总和，也就是进出境动植物检疫法律法规中罚则的总称。

法律责任制度的实施，保障和监督进出境动植物检疫法律法规的有效实施，维护国家进出境植物检疫行政管理秩序、社会秩序和公共利益，保护公民、法人或者其他组织的合法权益，是进出境植物检疫领域一项重要的基本保障法律制度。

检疫执法监督制度是指依照国家有关法律法规规定，有监督权的国家机关、其他组织或者个人对有义务执行和遵守进出境动植物检疫法律法规、行政规范、行政指示、命令和决定的组织和个人实施的监察、制控和督导，了解和掌握其义务履行情况，督促其履行义务的具体行政措施的总称。根据监督对象和内容的不同可将检疫执法监督分为两个方面：一方面是对植物检疫机关行政行为合法性和合理性的监督，另一方面是对植物检疫行政相对人（包括社会组织和公民）遵守进出境动植物检疫法律法规行为合法性的监督。前者是对植物检疫行政权力的约束和控制，以防范和规制行政违法和行政不当及由此产生的权力腐败，促进依法行政；后者是对进出境植物检疫秩序的检查和维护，以保障进出境植物检疫法律在社会生活中的实现。

14. 对外检疫和对内检疫人员对接交流制度

国家进出境植物检疫名单是在国内有害生物分布危害普查信息的基础上，经过风险评估分析后由国内检疫专家共同讨论制定的。国内农林业调运植物检疫名单只是从进出境检疫性有害生物名单中挑出来的一小部分，所有的检验检疫方法和监督管理技术基本一致，由于外检系统收集掌握国内外的信息量很大，对外检疫名单每 3～5 年更新一次，国内农林业调运植物检疫名单也会做相应的变更。国内要求引进来自国外的种子苗木在入境检疫后也要移交给国内的农林业生产基地种植，进一步的检疫监管应该由地方检疫机关负责执行，尽管两个检疫系统的主管部门不同，但两个植物检疫系统的业务内容是紧密联系的。内检系统的检疫人员经常深入基层现场调查，具有丰富的实践经验，外检系统的检疫人员在实验室鉴定和情报信息分析方面优势明显，相互都要经常了解和掌握国内外的疫情分布、检疫状况和检疫政策，交接和交流有关引种检验、隔离试种、检疫监督的资料和经验，所以，双方检疫人员需要建立有关疫情定期对接交流制度，相互学习，共同提高。

凡从国外引进或进境的种子、苗木和繁殖材料，在海关检验检疫放行后，海关检疫部门应将检疫结果移交给国内引种单位所在地的植物检疫机关存档备案。地方检疫机关应对外来种苗实行跟踪监管。

第三节　检疫性有害生物名单

一、检疫名单是检疫执法的主要目标

国家公布的动植物检疫名单是一个国家检疫机关执法的主要目标，植物检疫人员在执行任务前首先要完全掌握国家制定的限定性有害生物名单中有多少种，特征如何，是否有明确可行的检验鉴定标准，是否是官方公开发布的。凡是在入境海关发现有外来生物，以及动植物检疫名单上的有害生物就应该依法处理。如果发现有在检疫名单之外的有害生物，还要取样做另外的风险分析研究处理。例如，欧盟公布的检疫名单有 A1、A2 两类，A1 是欧盟境内各国都无发生分布的种类，A2 是在欧盟境内部分国家已有发生的类型，所以其限制程度和采取检疫处理的要求是不同的。

从国家法规的角度（狭义）看，所有从境外来的动植物和微生物都是外来生物，在入关时都应该携带有合格的植物健康证书，接受海关的检验检疫。研究确定一种有害生物是否属于限定的有害生物，一定要按 IPPC 规定经过严格的风险分析来确定，检疫名单必须公开公布，让贸易伙伴方知道并遵守执行。海关的检疫人员尤其关注国家规定的检疫性有害生物名单，严防国外的危险性有害生物传入；国内农林业植物检疫系统的检疫人员要对调运植物进行认真的检验检疫，严防检疫性有害生物随着种苗跨省、区传播。

二、检疫性有害生物的指标

（一）检疫性有害生物的定义

一种有害生物是否属于限定的有害生物或检疫性有害生物，要通过有害生物的风险评估和专家讨论来确认。首先确认它属于限定的有害生物，再确定它是检疫性有害生物还是限定的非检疫性有害生物。检疫性有害生物是对其受威胁的地区具有潜在经济重要性，但尚未在该地区发生，或虽已发生但分布不广并进行官方防治的有害生物。限定的非检疫性有害生物虽然是一种非检疫性有害生物，但它在供种植用植物中存在危及这些植物的原定用途而产生无法接受的经济影响，因而在输入的 IPPC 缔约方领土内受到限制。

1. 受威胁的地区是一个地理指标

由于植物检疫法是在一个主权国家内执行的法规，受威胁的地区或生害生物风险分析地区可以是在一个国家或国内的局部区域，大多数是指在一个生态区内。但对于中国、美国、澳大利亚或欧盟来说，国内或地区内的范围很大，可能存在干旱、湿润、高原、沿海等 3～5 个生态系统完全不同的生态区，受威胁的地区也就可能是几个生态区，在引种和有害生物风险分析时应该考虑明确。

2. 发生与分布也是一个地理指标

首先应该是本地区或国内尚未发生，或虽有零星发生但分布未广的状态，局限于其潜在分布范围中的部分地区。进口国家应该确定这是受侵染地区或受威胁地区，面临其传入和蔓延造成经济损失的风险。这些受威胁地区不必是毗邻的，可以包括几个不相邻的部分。

3. 经济重要性是一个经济指标

经济重要性包括直接的危害和潜在的危害所造成的经济损失；还应该增加一个生态重要性指标，即该有害生物的进入会给本地生态区造成多大影响。

4. 官方防治

官方防治是一个强制性管理指标，其定义是官方为铲除或封锁已发生检疫性有害生物或管理限定的非检疫性有害生物，实施强制的植物检疫规定管理和应用强制性植物检疫程序。包括：在侵染地区铲除和（或）封锁；在受威胁地区进行监测；有关进入保护区或在其区内调运的限制，包括应用于进口的植物检疫措施。所有官方防治项目都具有强制性。

（二）外来物种和外来有害生物

外来物种和外来入侵物种是 CBD 中的术语，不是 IPPC 的术语，但常常与 IPPC 的术语发生交叉与混淆。在 CBD 中的外来物种指通过人类媒介进入该地区的非本地生物体的任何生命阶段的单个物种、种群或可存活的器官，外来物种可以是各种类型的动物、植物和微生物。外来物种可以是对人类社会有益的，如国家有意引进的各种可利用的生物资源；也可以是对人类社会无益的、有害的生物种类。在 CBD 中的外来入侵物种指其定殖或扩散会伤害本地原有的动植物或可能还威胁生态系统、生境或其他物种的外来物种，对它们进行风险评估以后，判断它们是否属于限定的有害生物，是否要采取检疫措施等。

狭义的外来物种是指非本土、非本省、非本生态区的物种，广义的外来物种是指来自外国、不同生态大区或不同气候带的物种。

所有外来物种是否健康都要通过动植物检疫检验。所有伴随旅客携带入境的动植物、微生物或随着贸易货物入境的外来生物物种都应该附有合格的健康检疫证书（Sanitary Certificate），接受严格的检验检疫。外来物种中的外来有害生物更应该是检疫机关严格管制的动植物检疫对象，禁止入境。

自从联合国环境规划署的 CBD 于 1992 年公布以后，国内外许多学者调查、撰写、出版了大量文章、图书，介绍各国的生态系统中外来物种的类型和组成，外来有益生物或外来有害生物的种类，主要是外来植物的数量、来源等。中国生态环境部发布的《2019 中国生态环境状况公报》显示，全国已发现 660 多种外来物种，绝大多数是植物种。许光耀等（2019）表述，在中国的归化植物名单中有 1 100 种，其中以菊科、豆科、禾本科和茄科为主，归化物种最多的地区是台湾、广东、广西、云南、上海等，尤其是在国家级植物园附近，归化物种达 3 000～5 000 种。李嵘等（2021）调查分析发现。云南的外来植物有 321 种，来自美洲的占 59%，有害的植物 73 种。从外来物种进入中国的途径看，最主要的是人为引进，占 72%，无意引入的占 25%，自然扩散进入的只有 3%。在有飞行能力的害虫中，蝗虫、黏虫、飞虱等有随着大气环流进行远距离迁飞的能力，红火蚁、天牛、甲虫等只有近距离（2～3 km）扩散飞行的可能；绝大多数的植物病原生物都是寄生在植物体内，随着种苗或土壤才有传播可能，没有主动入侵或自动进入异地或异域的能力。

（三）检疫名单的类型

每个国家确定的检疫性有害生物种类可以有所不同，根据 IPPC/ISPM 的要求，各国制定的检疫性有害生物名单必须是透明合理的。哪些有害生物要被列入国家级限定性检疫名单？哪些可以列入限定的非检疫性有害生物名单？这反映出一个国家有害生物风险分析水平的高低。

按照 IPPC/ISPM 术语的概念，在口岸实际检验检疫时要区分为检疫性有害生物和限定的非检疫性有害生物两类。综观世界各国的植物检疫，由于各国的地理位置、自然环境、植物检疫技术的发展情况不一，各国植物检疫要求各异，对于是否公布特定的检疫性有害生物名单，各国有自主权。

有些国家在对外贸易和交流时对进境植物检疫要求极高，对外来人员交往携带的物品都实施极严格的检验检疫，如新西兰、日本等只公布国内已有的有害生物种类，对进口的物品实施全面的检疫检验。随着 ISPM 和 SPS 协定要求各国都要按照 ISPM 的国际标准制定检疫性有害生物名单，例如，日本于 2014 年 8 月 24 日制定了检疫性有害生物名录，检疫性有害生物包括

990 种，其中节肢类动物 711 种、线虫 14 种、软体动物 16 种、真菌 50 种、细菌 36 种、病毒和类病毒类 121 种、未知因素引起的病原 42 种；非检疫性有害生物名单包括 329 个种和 5 个属的有害生物，其中节肢类动物 297 种、软体动物 7 种、真菌 21 个种和 5 个属、细菌 2 种、病毒 2 种。在进境植物和植物产品方面，如果植物携带上述检疫性有害生物，日本将采取严格措施，防止有害生物入境。修订的非检疫性有害生物是指在日本已经有发生，在对进境植物和植物产品进行检疫时，不对这些有害生物采取措施。

世界上大多数国家都是实行重点检疫，由国家颁布需要检疫的几十种有害生物名单，对进境物实施重点检疫措施，对于在名单以外的有害生物一般不予关注。在欧盟，实行统一名单制，对入境的检疫性有害生物区分为 A1 和 A2 两类。凡是在欧盟境内各国都没有发生的有害生物属于 A1 类，严格禁止入境，在欧盟境内某些国家已有发生分布的检疫性有害生物属于 A2 类。对在欧盟内国家间调运的植物和植物产品发放植物通行证（植物护照），在欧盟内的国家间并无检疫的关卡，要求各国把有害生物严格地控制在发生地及生产加工过程中。

三、我国大陆地区颁布的检疫性有害生物

1. 出入境植物检疫性有害生物名单

长期以来，我国采用的是针对性检疫。1953 年对外贸易部颁发《植物检疫操作过程》及《外销鲜果产地检验补充办法》，同时起草《输入输出植物检疫暂行办法》和《输入输出植物应施检疫种类与检疫对象名单》。商品检验总局编印《国内尚未分布或分布未广的重要病虫杂草名录》。1954 年我国政府颁布的第一份进境植物检疫名单 30 种，1964 年农业部负责全国进出境植物检疫和农林业的植物检疫工作，1991 年公布《中华人民共和国进出境动植物检疫法》，1992 年公布了 A1 和 A2 两类检疫名单 84 种，1997 年修订为 368 种，2007 年我国重新核准颁布了进境检疫性有害生物名单，计 435 种（属）；2021 年调整为 446 种，其中昆虫类 148 种、软体动物 9 种、病原真菌 127 种、病原原核生物 59 种、植物线虫 20 种、植物病毒和类病毒41 种、杂草 42 种。新名录具有以下特点：一是检疫性有害生物种类大幅增加，保护面更宽，有利于检验检疫工作中更好地操作与掌握，也符合国际相关标准；二是重点突出，既考虑到粮油、水果等重点作物，又兼顾并增加了花卉、牧草、原木、棉麻等农林作物上有害生物的种类；三是加大对有害生物的防范力度，提高进境植物检疫要求，有利于防控植物检疫性有害生物跨境传播。

2. 农业和林业调运植物检疫性有害生物名单

我国第一份国内植物检疫名单在 1957 年公布以来，国内农业林业检疫的名单只有几十种，植物检疫也统一按照国务院颁布的《植物检疫条例》执行，国家林业局在 2013 年公布了 204 种森林植物检疫名单，其中检疫性有害生物 14 种、危险性有害生物 190 种。农业农村部于 2020 年公布的农业调运植物检疫名单中有 31 种。国内农林业植物检疫的有害生物名单都包含在进出境植物检疫大名单中。按照 ISPM 术语的概念，禁止入境的检疫性有害生物是在国内没有发生或虽有局部发生但正处在官方防治中的有害生物，如果是国内已有发生但不采取官方防治的，就不应该列入检疫名单（表 2-2）。

表 2-2　国家公布的检疫性有害生物种类名录

检疫系统	年份	总数/种	害虫数/种	软体动物/种	病原物数/种	杂草数/种
入境检疫	1992	84	40		40	4
	1997	368	149		186	33
	2007	435	146	6	242	41
	2017	441	148	7	244	42
	2021	446	148	9	247	42
农业检疫	1957	31	12		17	2
	1974	24	10		12	2
	1995	32	17		12	3
	2006	43	17		21	5
	2020	31	9		19	3
林业检疫	2005	22	14		7	1
	2008	21	13		7	1
	2013	14	10		3	1
林业危险性有害生物	2013	190	135		49	6

此外，各省、市、自治区还结合各地的具体特点，通过立法的形式，公布了本地补充性植物检疫名单共 109 种，在各有关省、市、自治区范围内执行。

从国内农业植物检疫性病虫害的名单来看，自 1957 年建立检疫名单制度以来，葡萄根瘤蚜、蜜柑大实蝇、苹果蠹蛾、柑橘黄龙病菌、柑橘溃疡病菌、棉花枯黄萎病菌、毒麦、列当、假高粱等就一直都在检疫名单中；而菜豆象、四纹豆象、苹果蠹蛾、美国白蛾、香蕉枯萎病菌 4 号小种、玉米霜霉病菌、大豆疫霉、马铃薯癌肿病菌、苜蓿黄萎病菌、番茄溃疡病菌、水稻条斑病菌、腐烂茎线虫、香蕉穿孔线虫则是近 20 年来一直关注的重点；近 10 年新增的名单是稻水象甲、马铃薯甲虫、马铃薯金线虫、亚洲梨火疫病菌、瓜类果斑病菌、红火蚁等。从近 50 年内农业领域里的植物检疫名单增补更新名单过程可以看出，150 余种重要病虫害的危害性都很大，发生面积也很广，它们一直都是检疫名单风险分析的重要对象。

四、我国港澳台地区的检疫性有害生物名单

香港和澳门的农业所占的比例很小，在澳门没有植物检疫的要求；在香港，有关植物检疫的执行主管部门是渔农处。要求检查的植物及植物产品有切花、水果、蔬菜、种子、谷类、豆类和香料、原木、原木制品及藤竹类、烟叶等。2007 年前列为检疫对象的有害生物名单中有 8 种。2007 年受香港特区政府委托，国家质量监督检验检疫总局经过有害生物风险评估分析后，提出了 23 种检疫性有害生物的名录，同时也提出了相关风险管理的措施。

为保护台湾地区的农业生产，制定了限制输入植物种类及实行植物检疫的实施细则。台

湾地区检疫名单是以限制植物入境为中心，规定应该检疫的有害生物有 62 种，其中害虫 20 余种，主要是各种果实蝇，其次是象甲、蚧壳虫和潜叶蝇等，线虫类以鳞球茎茎线虫为主，真菌中以枯萎病菌为主，应检的病毒种类很多，检疫物重点是种苗、种球等繁殖材料和花卉、水果等，有 21 类植物及植物产品实行限制或有条件输入。2006 年又作适当调整，增加了部分应检疫的有害生物名单。1985 年 5 月，松材线虫被证实已登陆台湾；近年来，苹果黑星病已成为台湾苹果的主要病害，发病率高达 50%；椰子扁金花虫在 20 世纪 70 年代初侵入台湾，几年后蔓延到十几个地区。

思考题

1. 名词解释：疫区、非疫区、非疫害产地、非疫害生产点、缓冲区、保护区。
2. SPS 协定与 IPPC 的内容有哪些共同点？
3. Quarantine 与 Sanitary 或 Phytosanitary 有何不同？
4. 关于植物检疫的国际法规与国内法规有几种？
5. 检疫名单与风险分析间是什么关系？
6. 外来物种、归化物种、入侵物种是否相同？
7. 外来物种与植物检疫有什么关系？
8. 所有的外来物种都必须有检疫证书才能入境吗？
9. 我国两套动植物检疫系统的业务范围有何不同？

数字课程学习

⬇ 教学课件　　　✍ 自测题

第三章
有害生物风险分析

　　随着国际贸易的发展，植物及其产品的国际间贸易越来越频繁。每个国家的植物检疫部门都非常重视农林产品是否安全的问题，为了保护农林业生产与生态的安全，在 WTO 和 FAO 协助下，各国都施行植物检疫措施对贸易的商品货物及旅客携带物、邮递物实施检疫检查。也有些国家为了保护本国农产品的市场，利用非关税措施来限制国外农产品的输入，而植物检疫就是其中一项具有隐蔽性的技术措施。为避免过度设置技术性贸易壁垒，促进经济全球化、国际贸易自由化，WTO 和 FAO 均要求各国在采取植物检疫措施时要公平公开、增加透明度，应该按照国际标准采取贸易双方都能接受的适当保护水平的植物检疫措施。

　　SPS 协定是《关税及贸易总协定》渗透到植物检疫工作的产物。SPS 协定表明为了人类和动植物的健康与安全，实施植物检疫是必需的，但更强调要把植物检疫对贸易的不利影响降低到最低限度，不应对国际贸易构成变相限制。SPS 协定不仅强调透明度、非歧视原则等重要检疫概念，还特别强调所采取的植物检疫措施应有充分的科学依据，对这些措施的效果要有预判，尽量采用 IPPC 制定的国际植物检疫标准措施。

　　为了适应 SPS 协定的要求，IPPC 要求各缔约方所采取的植物检疫措施应建立在有害生物风险分析的基础上，从而使各国的植物检疫措施均建立在平等的基础上，具有相同的科学依据；在拟定各自的检疫措施时，应尽量按照等效性原则的标准。

　　风险可以理解为造成危险、危害或损失的可能性，风险管理的核心内容就是识别风险并对该风险进行评估，依据评估的结果提出降低风险的措施，如果风险极大，就应该禁止。在已建立的 ISPM 框架中，有害生物风险分析和风险管理占比很大，包括有害生物发生区域与监测、有害生物风险分析及有害生物官方防治。有害生物风险分析不仅为科学决策提供依据，而且使植物检疫工作符合国际规则的要求，同时使检疫管理符合科学化和规范化的要求。

　　近年来，转基因生物的种植及外来物种也对农林业生态系统构成一定威胁，有关转基因生物的利弊的争论也日益增加，转基因植物及外来物种的安全性备受各方关注，因此有关转基因植物的风险分析和管理面临着新形势，需要制定相应的风险应对策略。

第一节 有害生物

据统计，全世界现存的生物种有 200 万～450 万种，包括植物、动物、菌物、原生生物、原核生物和病毒。在分类学上，任何生物均归属于一个物种。真核生物学中的"种"，是一个具有相同基因库、与其他类群有生殖隔离的种群。原核生物学中的"种"，是"一个单一进化分支和基因组相关的生物个体群，它们有多个高度相似的、可鉴别的特征"，是以一个模式菌株为基础，连同一些具有相同性状的菌系群共同组成的群体，既具有遗传特征的稳定性，又具有一定的变异范围。病毒生物学中的"种"是由来自一个复制谱系、占据一个特定生态位、有相同多元特性的病毒株组成的群体。

在一个由多种生物种群构成的生态系统中，各种生物的存在均是合理的，在漫长的生物进化过程中，这些生物间形成了相对稳定、相互关联的系统。因此，部分生态学家认为在自然界生物并无益害之分。通常所指的有害生物是指对人类的利益造成损害的生物，即对人体健康、农林业安全生产及生态系统等有害的物种。

一、植物的有害生物

根据 ISPM 5《植物检疫术语表》（见附录 @），有害生物是指"任何对植物或植物产品构成伤害的植物、动物或病原体的种、株（品系）或生物型"。《中华人民共和国生物安全法》附则中对"植物有害生物"的术语解释也采用了 ISPM 5 中对有害生物的定义，即植物有害生物是指能够对农作物、林木等植物造成危害的真菌、细菌、病毒、昆虫、线虫、杂草、害鼠、软体动物等生物。重大新发突发植物疫情，是指我国境内首次发生或者已经宣布消灭的严重危害植物的真菌、细菌、病毒、昆虫、线虫、杂草、害鼠、软体动物等再次引发病虫害，或者本地有害生物突然大范围发生并迅速传播，对农作物、林木等植物造成严重危害的情形。

按照 ISPM 5《植物检疫术语》的规定，依据植物有害生物对植物损害程度的大小，或按照植物保护防控要求或植物检疫法规的要求，有害生物可以区分为限定的有害生物和非限定的有害生物两大类。非限定的有害生物就是一般性有害生物，与植物检疫关系不大，无须加以限制；限定的有害生物则可按照检疫重要性区分为检疫性有害生物和限定的非检疫性有害生物两部分。简言之，植物检疫就是防止境外的危险性有害生物进入境内。

（一）限定的有害生物

限定的有害生物也称为管制性有害生物。按照 ISPM 5《植物检疫术语表》，各国植物检疫专家在制定检疫名单时都要先收集有关植物上重要的有害生物清单，在其数据库中，这些危险性较大的有害生物至少有 600～1 000 种，按照有害生物风险分析的要求进行梳理排序，把危险性最大、基本符合 ISPM 5《植物检疫术语表》中限定的有害生物标准的病虫先确认为检疫性有害生物（quarantine pest，QP）和后补的名录，或者是限定的非检疫性有害生物（Regulated Non-quarantine Pest，RNQP）；不具备检疫条件的就是非限定的有害生物或一般性有害生物

（ Non–Regulated Pest，　NRP ）。

1. 检疫性有害生物

按 ISPM 5《植物检疫术语表》，检疫性有害生物是指对受威胁地区具有潜在经济重要性，但尚未在该地区发生，或虽有发生但分布未广，且正在进行官方防治的有害生物。

由于植物检疫体系不同，大多数国家提出的检疫名单都有几百种，且不断更新，但是备份名单往往有很多种；对国际贸易中的植物检疫，按照 SPS 协定和 ISPM 的要求，不仅要强调危害性和入境的风险，还要考虑是否具有潜在的经济重要性和潜在的环境重要性，这些都是具有很大潜在危险性的生物类群。在 PRA 的开始阶段，即限定的有害生物的鉴别阶段，各国都会选择进口方与出口方许多较重要的有害生物来作为候选对象，包括原来的检疫名单。但是也有一些例外，例如天牛，虽然多国都有发生，因为其幼虫和蛹有可能在木质包装材料中存在与传播，一些钻蛀类小蠹虫也潜伏在木质包装中不易发现与杀灭，因此，按照 ISPM 15 的规定，国际贸易中的木质包装（应检物）一律都要经过熏蒸或加热杀虫才能入境，以免隐藏在木质包装中的害虫传入。

外来生物物种，即所有希望引进的生物物种都应该携带健康证书，所有伴随外国货物、商品入境的生物物种，都应通过检验检疫确认不是检疫性有害生物后才能入境。

一些有害生物是否应该属于检疫性有害生物与科技发展和人们的认识水平有关，例如 19 世纪把小麦锈菌的转主寄主小檗作为检疫对象就不很恰当；又如，为确保我国大规模种植甜菜的安全，1954 年颁布《输出输入植物应施检疫种类与检疫对象名单》时把甜菜锈菌（ *Uromyces betae* ）作为检疫性有害生物，但后续大量研究表明其不符合检疫性有害生物的标准。1981 年原农业部植物检疫实验所刘美因等通过适生性分析研究认为甜菜产区春季干燥、夏季高温，不适合锈病的生长，故在 1992 年颁布《中华人民共和国进境植物检疫危险性病、虫、杂草名录》时不再将甜菜锈病作为检疫性有害生物。再如，因在检疫过程中发现并且经过有害生物风险分析，农业农村部、海关总署 2021 年 4 月联合发布第 413 号公告，将番茄褐色皱果病毒、玉米矮花叶病毒、马铃薯斑纹片病菌、乳状耳形螺、玫瑰蜗牛等 5 种有害生物增补为检疫性有害生物，所以检疫名单应该不断修订更新。

2. 限定的非检疫性有害生物

按 ISPM 5《植物检疫术语表》，将限定的非检疫性有害生物定义为"一种非检疫性有害生物，它在供种植的植物上存在，危及这些植物的原定用途而产生无法接受的经济影响，因而在输入国（地区）要受到限制"。

为正确应用限定的非检疫性有害生物的概念，ISPM 明确了限定的非检疫性有害生物的特性，主要应用在国际贸易中针对供种植的植物上是否存在危险性有害生物，在国内调运供种植的植物时，同样也应该密切关注，防止其传播扩散。正确理解限定的非检疫性有害生物，需要对"原定用途"及"无法接受的经济影响"这两个关键词有深刻的认识。按照目前比较一致的认识，"原定用途"主要包括种植后用来直接生产商品（如水果、切花、木材等）、保持被种植状态（盆栽植物等）、增加相同的种植用植物的数量（如块根、块茎、种子等）等数类。非检疫性有害生物的"无法接受的经济影响"随有害生物种类、商品种类及预定用途的差异而不同，一般可从减产、品质下降、防治有害生物的额外费用、采收及分级过程的额外支出、由于植物生命力丧失或抗性变化等需再种植的开支或种植替代植物而带来的损失等方面来加以考察。在特殊情形下，有害生物对生产地点的其他寄主植物的影响也可加以考虑。

（二）危险性有害生物

ISPM 5《植物检疫术语表》中暂无此名词，但国内常见常用。危险性有害生物一般包括但不仅仅限于限定的有害生物，还包括常常造成很大危害的各种具有经济重要性和生态重要性的有害生物。许多检疫名单以外新出现的有害生物，因为检疫地位尚未确定，也暂称为危险性有害生物，并采取相应的防控措施，通过风险分析确定其检疫地位后再按照相应的类别进行管理。此外，国外或境外敌对势力利用某些人畜或植物的有害生物作为生物武器投放到国内，可造成严重危害的物种，也属于危险性有害生物，一旦发现要及时识别，立即报警。

少数对农林业生产造成重大威胁且很难防治的农林业重大病虫害也称为危险性有害生物，如天牛、东亚飞蝗和沙漠蝗虫、黏虫和贪夜蛾、棉花枯黄萎病、稻瘟病、马铃薯晚疫病等，有些属于检疫性有害生物，有些不属于检疫性有害生物，但是因为它们危害大、传播快、防治难，常常需要政府动员组织或支持才能有效控制或扑灭。

外来物种和转基因生物可以是有害生物，也可以是有益生物。如果它们能够对人类生活、农林生产和生态环境造成危害，那么它们就是（外来）有害生物；如果是人们有意引进的资源生物或拮抗生物，那么就是有益生物。

《中华人民共和国生物安全法》中关于"重大新发突发植物疫情"是指我国境内首次发生或者已经宣布消灭的严重危害植物的真菌、细菌、病毒、昆虫、线虫、杂草、害鼠、软体动物等再次引发病虫害，或者本地有害生物突然大范围发生并迅速传播，对农作物、林木等植物造成严重危害的情形。2017 年新修订的《植物检疫条例》第一条指出："为了防止为害植物的危险性病、虫、杂草传播蔓延，保护农业、林业生产安全，制定本条例。"第四条指出："凡局部地区发生的危险性大、能随植物及其产品传播的病、虫、杂草，应定为植物检疫对象。"国家林业和草原局 2013 年公布了应检疫的入境生物名单中有 14 种，但是危险性有害生物名单中有 190 种。国家规定的进境应检疫名录中应检危险性有害生物在 2007 年为 435 种，到 2021 年增加到 446 种。过去，中国制定检疫性有害生物名单时，并不区分有害生物是否为外来物种或本地物种，主要根据 3 条标准，分别是国内（本地区）尚未分布或分布未广、种苗可以传播且危害性很大、防治管理工作很难。2000 年以后，中国按照 IPPC 制定的 ISPM，结合我国有害生物风险分析信息中心 PRA 的意见，邀请了国内植物检疫专家一起讨论的意见来制定检疫性有害生物名单。在植物检疫风险分析专家信息库里，保存了千余种世界各国重要的有害生物的信息，每次开展有害生物风险分析时，其中危害性大的种类都会从资料库中被拉出来分析比较，一些非常重要的有害生物就可能列入检疫性生物的名单。这些暂时未列入的、候补的和临时替换下来的，并非一般性有害生物，它们常常是检疫性生物名单的候补成员、在风险分析时经常会被关注的一类有害生物，所以统称它们为"危险性有害生物"，随着限定的有害生物概念的提出及 PRA 工作的深入，中国政府也已经广泛开展有害生物风险评估，不定期地修订和公布"进境植物检疫性有害生物名录"、国内农林业植物检疫有害生物名单及植物危险性有害生物名单等。

（三）外来有害生物

在生态学中，按照物种在本地区（或生态区）或本国是否存在的地理概念，可以将物种划分为本地物种及外来物种。CBD 中关于外来物种的定义是，那些出现在其过去或现在的自然分布范围及扩散潜力以外（在没有直接、间接引入或人类照顾之下而不能分布）的物种、亚种或以下的分类单元，包括其所有可能存活、继而繁殖的部分、配子或繁殖体。对一个国家来说，所有从外国来的生物物种，包括动物、植物和各种微生物，都是外来物种。人类文明社会的历史，实际上也包括外来物种不断发现与利用的历史，因此外来物种的"功"与"过"，应该历史性、客观地进行评价。一个外来物种，不论是有有意从国外引进，还是该生物随着贸易商品被带进来，抑或是随着气流扩散进来，只要它能够在本地自然生存和繁殖定居多年（如超过20年），就成为一个归化物种。

外来物种在该生态系统中原来并不存在，大多数是借助人类活动越过不能自然逾越的空间屏障而进入的。自然情况下，山脉、河流、海洋等的阻隔以及土壤、气候、温湿度等自然因素的差异构成了物种迁移的障碍，依靠物种的自然扩散能力进入一个新的生态系统非常缓慢。如果没有人类借助现代科学技术手段，如火车、汽车、飞机、宇宙飞船、火箭等工具，或者由于地震、海啸等突然变化，动物、植物及微生物等物种是很难或极不可能进入新的生态系统。例如，英国的一个农场主在1859年把24只欧洲兔子运送投放到澳大利亚的牧场，供自己打猎用，但没想到他的行为引来一场巨大的生态灾难，由于澳大利亚地广人稀、气候温润、草场茂盛，加上缺乏大型食肉动物，没有天敌，这些兔子繁殖很快，到19世纪末期，最初带来的24只兔子已经繁殖到了超过100亿只，是当时澳大利亚人口的数百倍。这些兔子不仅啃食草场，而且到处打洞，危及了澳大利亚的农业乃至生态环境，成为典型的外来有害生物，被称为"入侵物种"，最后只好用武器来扑杀。类似的例子还有很多，其后果都是人类错误、盲目地引进外来物种造成的。

外来物种中包括对人类生活或现有生态系统有益和有害的两部分：

1. 外来有益生物

世界各国都有许多引进他国生物资源的记录，美国、巴西和英国是开放交流较早的国家，它们国内的外来物种或归化物种最多。我国外来植物至今有600～1000种。例如，汉朝张骞（公元前119年）出使西域带回10多种植物（如蚕豆、洋葱等）开始，到明朝万历年间，福建长乐的华侨陈振龙从菲律宾带回番薯苗繁殖成功，再到郑和下西洋也带回不少动植物；20世纪中国从国外引进如橡胶、火龙果、咖啡和长颈鹿等多种动植物，满足了人们食用和观赏的需求，有的已经成为我国百姓喜爱的物种。我国引进的粮食作物有很多种，如玉米、麦类、马铃薯、甘薯、蚕豆等，经济作物有棉花、洋蔴、橡胶、烟草、向日葵、热带水果等，还有许多花卉和观赏植物、香料药用植物等，它们已经在中国定殖成功，发挥了非常好的作用，受到广泛欢迎，今后还将有很多国外的动植物资源在通过风险分析之后被不断引进与利用，以满足人类社会生产生活和消费的需求，并不断补充中国的生物多样性。

人们从境外引进新的动植物加以利用是本能和自然行为，我国对外开放早的省市如台湾、广东、上海、北京，以及地处边境的省份如云南和广西的外来植物种类很多。据李嵘（2021）统计，云南省外来植物有190属325种，其中58.5%来自美洲大陆，18%来自欧洲和地中海地区，9%来自热带亚洲。另据Pimentel等（2014）的报道，许多国家都有大约1/3的生物物种是外来物种，它们已经（或即将）成为当地的归化物种，成为当前各国生物多样性的基础（表3-1）。

表 3-1　一些国家引进外来物种的初步统计（Pimentel，2014）

国家	外来物种占比 /%	本地物种占比 /%
美国	40	60
英国	30	70
澳大利亚	36	64
南非	45	55
印度	30	70
巴西	35	65

2. 外来有害生物

有一些外来物种是随着人们引种或货物贸易交流被动进入的，有的已经定殖、扩散蔓延造成危害，如福建华侨从菲律宾带回几株品质很好，但带有穿孔线虫的香蕉苗，回国后将繁殖的幼苗再分送给他人种植，结果造成伴随的香蕉穿孔线虫在福建乃至华南地区扩散构成危害。从生态学概念看，这个"搭便车"的香蕉穿孔线虫和木质包装材料中的松材线虫都是外来有害生物。国内还有一些未经风险分析就盲目引进的动植物，如大米草、水浮莲、水花生、福寿螺、非洲大蜗牛等，虽然这些动植物曾经发挥过短暂的正面效应，但不久就被遗弃，可是，由于这些动植物的适应能力很强，在国内很快定殖蔓延，成为"有害"的外来物种。还有不少外来物种是随着商品贸易或作为宠物未经检疫走私进来的，如鳄雀鳝、食人鲳、食蚊鱼、巴西鳄龟等；还有一些是自行扩散迁飞进来的，如马铃薯甲虫、假高粱、梨火疫病菌、红火蚁等，这些都是外来有害物种。对那些可能对本地的原有生物生态系统构成威胁、损害或破坏的，包括有毒、有害、有侵染性、致病性和破坏性，就是外来有害物种，称为外来有害生物或入侵物种，则应该在经过风险分析之后予以拒绝、防止或消灭，它们属于动植物检疫的范畴。为了保护现有生物的多样性，就要防止境外有害生物进入国内生态系统，这些有害的外来物种应统称为外来有害生物。

近年来已有多次报道指出，大批沙漠蝗虫从非洲东部起飞，随着大气环流经过阿拉伯湾，到达西亚和南亚的巴基斯坦和印度，对非洲和西亚各国农林植物造成极大损害，还可能有少量已经进入中国境内，只是因为生态气候条件的限制（潮湿、低温）没有在中国定殖。这些外来物种对我国的生态环境来说是很有害的，都属于外来有害生物。

所谓外来入侵物种或入侵生物，其实就是广大动植物检疫工作者辛勤监视防控的各种外来有害生物或危险性有害生物，现在把这些外来有害生物称为"入侵生物"并不恰当。国家公布的几百种入侵物种都不是这些动植物或微生物自动"入侵"进来的，全都是随着人类迁徙活动，如携带、贸易、交换、赠予等被动方式夹带进来的，所以把这个行为过程定义为这些生物物种的主动"入侵"并不合适，"入侵"是一个社会学名词。

动植物检疫工作者也是国门卫士，他们时刻警惕守卫着我们的家园和生态环境，提防境外的敌人可能向境内投放任何危险性有害生物，造成危险性生物入境。2021 年，上海海关检查截获境外敌人通过邮寄方式投放有害生物的事件值得大家警惕。

二、有害生物与检疫的关系

所有从国外来的外来生物（包括动物、植物、微生物）都必须携带合格的健康证书和入境许可证，没有健康证书的动植物不准入境。但是，在国际贸易的货物中常常涉及无意间携带的一些有害生物，特别是隐藏在种苗内的微生物，是否属于检疫性有害生物，是否要列入检疫的范畴，需要各国的检疫专家们通过风险分析、对照各自国情后由各国政府立法公布才能确定。日本提出的检疫名单很多，是一个特例，一般情况是，只有达到一定风险水平必须采取检疫措施的有害生物才能列为检疫性有害生物，或列入监管名单，所有的危险性有害生物都要通过风险分析，依据风险高低归类后才能确定是否与检疫有关（表3-2）。

表 3-2 有害生物的类型

类型	限定的有害生物		非限定的有害生物（一般的有害生物）
	检疫性有害生物	限定的非检疫性有害生物	
分布现状	无或极有限	存在，可能广泛分布	很普遍
经济影响	可以预期	已知	已知
官方控制	如存在，目标必须是根除或在官方控制之下	对于特定种植用植物的，官方目标是抑制其危害	官方不采取控制措施
官方检疫要求	针对所有的传播途径	只针对种植材料实施检疫处理	不作要求

第二节 有害生物风险分析

对于植物检疫来说，很重要的一点是知道某种有害生物在何处适生，在何处不能适生；在适生地，该有害生物将具有多大的经济重要性，可引起多大的作物损失或环境损害。只有具备这些知识，植物检疫和植物保护部门才能有生物学和经济方面的证据，使所采取的以防止限定的有害生物扩散的植物检疫措施合理科学，所以需要进行有害生物的风险分析，以确定限定的有害生物种类及应采取的相应检疫措施。

按照国家进出境植物检疫法律法规，所有从事国际引种的种植业主和科研人员、国际贸易商家、国家有关植物检疫机构的工作人员，都应该了解和知晓IPPC有关植物有害生物风险分析的基本内容和程序。要从国外引进、购买植物资源的单位或个人，都必须事先向国家植物检疫机构提交检疫申请，经过主管检疫机构对外来有害生物风险分析进行审批核准（检疫审批）后才能开始与外商联络商谈进一步的业务。同样，植物检疫机构的工作人员要非常认真负责地对提出引进的地区（PRA地区）的生态系统和引进植物原产地的有害生物发生危害情况做全面的风险评估，经过详细的研判后作出是否允许货物入境的审批结论。再进一步，还必须对可能被携带进境的有害生物的定殖和危害风险作出风险管理的预判，要求外商提供检疫证书，这些都是有关植物有害生物风险分析的主要内容。

　　各国对贸易中的植物检疫问题一直十分敏感，在过去，世界各国检疫操作中都坚持有害生物零允许量，即只要农林产品带有检疫性有害生物，除非彻底除害并绝对安全，否则不允许进口。欧盟有关 A1 类名单实施检疫处理基本上也是零允许的标准，这在一定范围内是合理的。随着农业生产的迅速发展，用于贸易的农产品的占比越来越大，加上检疫技术和检疫管理水平的提高，农产品出口大国认为一概都是"零风险"的管理原则已成为影响贸易的一个重要障碍。所以，国际植物检疫平台提出，对一些货物或某些有害生物以"可接受的风险水平"来代替"零风险"，如果坚持所有货物都要"零风险"，就等于禁止贸易，但是这个"可接受的风险水平"究竟是多少，不同的国家会有不同的标准，还需要贸易双方通过 PRA 和谈判来确定，所以，检疫把关就是在贸易利益和有害生物传带风险水平之间寻找一个双方可接受的平衡点。

　　"可接受的风险水平"，又称"适当的保护水平"（Appropriate Level of Protection，ALOP），其主要理论是：贸易存在着传播植物有害生物的危险，但可以通过一系列检疫措施来管理风险，将风险降低到可以接受的风险水平，从而确保贸易顺利进行。然而，哪些有害生物必须是零风险，哪些有害生物可以不是零风险，都不是任意决定的，必须通过严格的风险评估和风险分析提出，经过国内大多数检疫专家讨论决定，然后公布，并且征得贸易伙伴的同意。

　　《关税及贸易总协定》在最后协议中明确指出，原来设定的零允许量与现行的贸易政策是不相容的，某一生物的危险性应通过风险分析来决定，这一分析还应该是透明的，应阐明国家间的差异"，当然，可接受的风险水平究竟如何确定，有无科学依据，也同样值得讨论。因此，开展 PRA 工作既是遵守 SPS 协定及其透明度原则的具体体现，又强化了植物检疫对贸易的促进作用，一方面是增加本国农产品的市场准入机会，从而可坚持检疫作为正当技术措施的作用，充分发挥检疫的保护功能；另一方面，PRA 不仅使检疫决策建立在科学的基础上，而且是检疫决策的重要支持工具，使检疫管理工作更科学、更符合国际化要求。

　　有害生物风险分析是指，以生物学以及其他科学和经济学证据来确定某生物物种是否应列为有害生物，该生物物种是否应予以限制以及限制时所采取植物检疫措施力度的过程。

　　有害生物风险分析包括 3 个方面的内容：一是有害生物风险分析的起点（Initiation）；二是有害生物风险评估（Pest Risk Assessment），即决定一种有害生物是否属于限定的有害生物及评估该检疫性有害生物传入的可能性；三是有害生物风险管理（Pest Risk Management），即降低一种限定的有害生物传入风险的决策过程。

　　所以，一种危险性有害生物是否需要列入限定的有害生物名单，要经过多方面的考察、分析和评估，不仅与贸易进口方的科技水平、经济基础有关，也与贸易出口方的科技水平、经济基础等有关。

一、有害生物风险分析的发展

　　虽然各国检疫部门在 20 世纪 80 年代后期才开始重视有害生物风险分析，并将有害生物风险分析作为植物检疫学的一个重要组成部分。但事实上，有害生物风险分析可以追溯到 20 世纪初期，有害生物风险分析工作的先驱是美国生态学家 Cook 和 Weltzien。他们分别在昆虫和植物病理方面提出了生态区（损害区）（Ecological zonation，Damage zone）和地理病理学

（Geopathology）的概念，逐步发展到有害生物风险分析。从发展过程来看，有害生物风险分析大体可分为 3 个阶段：一是从 19 世纪 70 年代到 20 世纪 20 年代的有害生物风险分析起步阶段，或称传入可能性研究阶段；二是 20 世纪 20 年代至 80 年代中后期的有害生物风险分析发展阶段，或称有害生物适生性研究阶段；三是 20 世纪 90 年代以后的有害生物风险分析成熟阶段。随着计算机技术的不断发展和其在有害生物风险分析中的广泛应用，出现了大量的计算机模型和专家系统，为 PRA 的进一步发展和标准化提供了有用的工具。另外，计算机数据库的建立，为 PRA 工作提供了大量的信息，使其有了坚实的后盾，获取信息更加方便。在有害生物风险分析方面，中国基本保持了与世界先进国家同步的水平。

（一）有害生物风险分析起步阶段（1870—1920 年）

植物检疫的产生和执行过程中伴随了有害生物风险分析的诞生。15 世纪中叶以前，由于生产力低下，虽然商贸活动较为活跃，例如，已经有了著名的"丝绸之路"和"香料之路"，但贸易往来的规模仍然很小，远距离贸易交换的商品主要是丝绸、香料、瓷器、茶叶、金银和珠宝等，传播有害生物的机会不多。15 世纪末到 16 世纪初，随着新航路的开辟、新大陆的发现和麦哲伦绕地球航行一周，新旧大陆之间彼此隔绝孤立的局面被打破。不但使欧洲和非洲人口大量移居到南北美洲，而且促进了生产要素的相互流动。原产于美洲的玉米、番茄、向日葵、马铃薯、烟草、天然橡胶等逐渐引入了旧大陆；旧大陆的大豆、咖啡等也传入了新大陆。产业革命之后，随着生产力迅猛发展，先进交通工具的发明和广泛使用，国际贸易迅速增长，贸易范围扩大，贸易的商品也五花八门，农产品交易量越来越大，交易种类越来越多。随着这些交流，原产地的有害生物传播开来，造成了极大的危害。19 世纪植物有害生物在欧洲农作物上的猖獗流行给当地人民带来了巨大的损失，对这些有害生物的研究催生了植物保护学。随着对有害生物传播、危害认识的深入，早期植物保护学者意识到引种以及商贸活动是有害生物传播、危害的主要途径，认为应禁止一些商贸活动以防止有害生物的传入。1872 年，俄国、法国颁布禁止从美国进口马铃薯以防止马铃薯甲虫的法令，针对葡萄根瘤蚜颁布禁止从国外输入葡萄插条的法令，这些法令标志着有害生物风险分析的开始。植物检疫产生的过程也是有害生物风险分析的过程：认识到农作物所受到的危害，通过研究知道这种危害是有害生物所引起的，而这些有害生物是通过各种商贸活动传入的，经过这样的风险评估程序，提出了对传播途径进行风险管理的措施——禁止入境，以控制或降低有害生物传入为害的风险，这就完成了有害生物风险分析的 3 个主要步骤，各国政府采用了这一措施也就产生了植物检疫。所以，植物检疫的诞生实际上就是有害生物风险分析的初步成果。

从 19 世纪 70 年代开始的有害生物风险分析，最初只是对植物上可能携带的有害生物进行简单的风险评估，仅仅考虑了植物和有害生物的个别生物学特性，尚未评价气候条件、定殖可能、扩散可能等风险要素。人们对有害生物传播的特性还不甚了解，因此在有害生物风险分析初期，也只能够评估植物有害生物有无风险，并不区分其大小，所提出的风险管理措施也很简单，主要是能否允许入境。

（二）有害生物风险分析初步发展阶段（1920—1990 年）

随着科学技术的进步及人类对有害生物认识的深入，一般认为，一种有害生物不可能在所有地区具有同样的习性，这就导致试图区分和对有害生物分布区进行分类。最初的主要依据是有害生物引起作物客观损害数量和气候数据。Cook 在 1924 年研究灰地老虎在美国西部有潜在的适生区时，首次将气候图（Climatogram）引入有害生物适生地的研究领域。他通过分析气候数据与作物损失记录的关系，发现不同的气候类型与作物损失的频率和严重度有关，从而以最严重发生地的气温和降水为基础，构建了代表该昆虫最适生气候的气候图。然后，将不同地区的气候图与最适气候图进行比较，测定该昆虫在不同地区是否适生，并据此构建该昆虫的分布区。随后 Cook（1925）对苜蓿叶甲进行了相似的研究。根据破坏的程度，将有害生物的地理分布区分成三种不同分布区，与限制性气候因子的出现频率相对应，分别定义为正常分布区（zone of normal abundance）、偶尔分布区（zone of occasional abundance）和可能分布区（zone of possible abundance）。Cook（1931）认为，环境比较原则可用于预测新区有害生物可能分布区和侵染的相对严重度。Cook 的气候图技术经 Urarov（1931）的生活史气候图、Bodenheimer（1938）的生态气候图（Ecoclimaticgram）等的发展和完善，成为早期有害生物适生地研究最经典的研究技术。利用该技术，众多学者进行了许多昆虫的适生地分布研究，如地中海实蝇在美国和中东是否适生等。20 世纪 50 年代中期，实验科学融入 PRA，提高了有害生物适生地预测结果的可信度。Messenger 在研究地中海实蝇、橘小实蝇和瓜实蝇在美国的适生地分布时，利用人工气候箱模拟美国几十种典型的气候条件，研究了几种实蝇在不同气候条件下的生长和生存。然后，再结合气候分析，提出三种实蝇在美国的可能适生分布区。1970 年，Greenbank 研究并发表了气候因子对冷杉球蚜在加拿大的分布和适生区，提出了气候区的概念，应用积温来预测昆虫可能发生的代数。

对于植物病害适生地研究，德国的 Weltzien（1972）第一个提出了地理植物病理学的理论。他认为，如果一种病害及寄主的地理分布已确定，再获知它们的生态学资料，那么就可以预测植物病害的发生区域。根据病害发生频率、病害严重度和损失程度，可将病害分布区分为主要危害区（area of main damage）、边缘危害区（area of marginal damage）和零星危害区（area of sporadic damage）三种。Bleiholder（1972）应用地理植物病理学的方法预测甜菜褐斑病的分布，利用世界气候图获得该病发生的生态环境，发现其主要危害区主要分布于生长季节月平均温度≥20℃、月平均降水量≥80 mm 的地区。月平均降水量 <10 mm 或月平均温度约为 15℃、月平均降水量为 50 ~ 80 mm 的地区为零星分布。边缘分布区的气候条件介于两者之间，月平均温度 15 ~ 20℃、降水量 50 ~ 100 mm。如果病原的地理分布和寄主已知，而且有病原对生理生态要求的充足资料，那么地理病理学可预测病害在新发生地区的发生及是否具有经济重要性。该观点已由几个病原系统（Pathosystem）证实，如 Trione 和 Hall（1986）利用卫星资料预测小麦矮腥黑穗病在中国的潜在分布区；Royer 等利用中期气候预报技术预测马铃薯晚疫病的潜在分布和发生严重度。

植物有害生物的发生离不开合适的生态系统，在统一整体中，生物与环境之间相互影响、相互制约，并在一定时期内处于相对稳定的动态平衡状态。确认生态系统是确定 PRA 地区的首要条件。PRA 地区范围可大可小，最为复杂的生态系统是热带雨林生态系统，最小、最复杂的生态系统地区是非洲的马达加斯加岛。

中国地域辽阔，位于北纬 4°15′ ~ 53°31′、东经 73°34′ ~ 135°5′ 的范围内，自北向南有寒温带、温带、暖温带、亚热带和热带 5 个气候带。地貌类型也十分复杂；由西向东形成三大阶梯和四个生态大区，第一阶梯是号称"世界屋脊"的青藏高原，平均海拔在 4 000 m 以上；第二阶梯从青藏高原的北缘东侧经巫山、雪峰山、太行山到大兴安岭一线之间，海拔在

1 000~2 000 m；第三阶梯为我国东部地区，海拔在500 m以下，属暖温带、亚热带气候型。我国的气候和地势特征决定了我国西北部为干旱半干旱生态类型，多灌丛、草地、荒漠戈壁，东南部为多雨湿润生态区，森林、湿地、农田、城市等各类陆地生态系统发育与自然演变的空间格局。大体可分为四个生态大区，即青藏高原高寒生态区、北部干旱半干旱生态区、东北湿润半湿润生态区和南部温暖湿润生态区。各生态大区中生物种类也有很大差异，远比欧盟各国还复杂，因此，在详细调查国内有害生物基础上，可参考欧盟分类管制的办法，尤其是在制定农业、林业调运植物检疫名单时要认真区别对待，这也是研究生物适生区和划分PRA地区的重要根据。

在我国不同的生态区里，各种生物的组成有很大不同，生活习性差异也很大，从不同生态区调运出植物产品时所可能携带的微生物种类就很不相同，从境外调运入境到不同的生态区时，其PRA地区的地理、生态区的差别非常大，所以风险分析一定要与具体的PRA生态特点结合来研究分析。

自"风险评估"被写入SPS协定，成为其重要的基础内容，到FAO制定的有关有害生物风险分析的ISPM的颁布与实施，标志着"风险"的概念正式被引入植物检疫领域，并达到了较高的程度。早期的有害生物风险分析只是PRA第一阶段在方法学上的进一步深化，本质上是适生性研究，后来被用于评价有害生物传入的可能性、评估传入后定殖的可能性，使制定的植物检疫措施具有科学性，减少采用禁止入境的极端措施。随着对有害生物认识的深入，特别是有害生物对经济、贸易、生态及环境的影响越来越大，必须进行综合的评估。

（三）有害生物风险分析快速发展阶段（1991年以后）

1991年以来，有害生物风险分析研究在各国得到了广泛的认可，在植物检疫中的应用相继增多。随着对其认识的深化，人们开始从过去只注重有害生物定殖问题的适生性研究转入有害生物对包括农业生产系统在内的社会环境、经济、生态的综合影响评估，使有害生物风险分析得到了进一步的发展。1991年10月，北美植物保护组织召开了"由外来农业有害生物引发的风险鉴定、评价和管理"国际研讨会。在研讨会的基础上，北美植物保护组织修改了"由生物体传入或扩散引发的对植物和植物产品的风险分析步骤"，1995年在FAO第二十八届大会上得到批准以ISPM 2《有害生物风险分析准则》名义颁布，后被修订为《有害生物风险分析框架》。随后，颁布了ISPM 11《检疫性有害生物风险分析准则》、ISPM 21《非检疫性限定有害生物风险分析》。2003年和2004年又分别补编了环境风险分析和活体转基因生物有害生物风险分析，这些国际标准的颁布，使有害生物风险分析逐步进入规范化的阶段，有效地协调世界各国有害生物风险分析工作的开展。目前，各国在开展有害生物风险分析时均综合考虑有害生物的寄主范围、生存所需的环境条件、扩散能力、受威胁农作物在当地的重要性及有害生物传入带来的经济影响（包括潜在影响）及环境影响等因素，通过对这些因素指标的量化及综合评估，来确定风险的大小及应采取的合适保护水平的植物检疫措施，从而逐渐引导各国广泛开展与植物检疫有关的有害生物风险分析，进而把PRA作为检疫决策的依据。

中国学者梁忆冰等于20世纪90年代初期所创建的针对有害生物危险性评价的多指标综合评判法及模型具有代表性，并用于评估有害生物传入全过程的风险。随后，EPPO也建立了多指标综合评估体系并将其应用于有害生物的风险评估。随着计算机技术的广泛应用，近年来出现了许多计算机模型和专家系统，使植物有害生物风险分析向定量分析方向发展。大部分的风险评估工作是将 Cook 和 Weltzien 提出的生物（生态）气候原则计算机化，用于有害生物定殖风险评估。

Sutherst 和 Maywald（1985）研制了以生态气候评估有害生物定殖可能性的计算机模型 CLEMAX。该系统认为气候条件是决定生物种群地理分布和数量变化的主要因素，一年中生物种群要经历顺境和逆境两个不同时期，因此每年的种群密度反映了顺境和逆境对其种群消长的综合影响。该系统采用生态气候指数（Ecoclimatic Index，EI）定量地表征生物种群在不同时空的生长潜力，目前已开始应用于微生物、节肢动物昆虫和植物的生态气候适生地研究，比较生物气候要求的理论和方法作为预测生态学的工具受到了广泛的关注，特别是考虑对全球气候变化的关心。

CLIMEX 已经在国内外被用于百余种有害生物的适生地研究，如预测水花生（*Alternanthera philoxeroides*）、禾本科叶斑病菌（*Pyrenophora semeniperda*）、红火蚁（*Solenopsis invicta*）在全球的可能分布；预测光肩星天牛（*Anoplophora glabripennis*）在欧洲的适生区（MacLeod et al.，2002），预测大豆猝倒病在北美的分布范围（Scherm and Yang，1999）。我国学者于 20 世纪 90 年代开始引入 CLIMEX，先后预测了美国白蛾（*Hyphantria cunea*）、相似穿孔线虫（*Radopholus similis*）、西花蓟马（*Frankliniella occidentalis*）等有害生物在我国的潜在分布区；近年来李志红团队针对 42 种重要的实蝇进行了当前及未来气候条件下的潜在地理分布研究，秦誉嘉等（2018）研究了考虑灌溉及气候变化条件下葡萄花翅小卷蛾（*Lobesia botrana*）在我国的潜在地理分布等。

Sutherst 等在 1991 年提出了一个有害生物风险评估的专家系统，即 PESKY。该系统通过分析气候、植被分布、地理因子等生态因素以及检疫管理和人类活动等非生态因素，综合评估有害生物的风险。虽然 PESKY 不是一个真正的专家系统，但它对多因子影响特别是人类活动等的分析极有意义，并预示着有害生物风险评估的发展方向，即向综合全部因子的有害生物风险分析发展，并为全球 PRA 的标准化奠定了基础。

国内外高度关注有害生物定量风险评估模型的研究与应用，在有害生物传入可能性、潜在地理分布和潜在损失方面分别进行了较为深入的探索。广泛利用 MaxEnt（最大熵模型）、GARP（预设预测规则的遗传算法）、BIOCLIM、CART（分类和回归树）、ANN（人工神经网络）等生态学预测物种分布的模型来定量评估有害生物在 PRA 区域定殖的可能性；同时通过生物学实验结合地理信息系统（Geographic Information System，GIS）技术建立相关有害生物的潜在地理分布预测模型。在有害生物传入路径分析的基础上，运用 @RISK 在 EXCEL 中建立场景模型，并选择适宜的概率分布，然后以随机模拟方法（如蒙特卡罗模拟、拉丁超立方体抽样等）进行模拟，进而得出风险的发生概率，实现定量评估；同时运用 @RISK 可以完成灵敏度分析，确定有害生物传入风险构成因子中的关键控制点，从而有针对性地采取风险管理措施来降低风险。尽管国内外在有害生物定量风险评估模型与软件研发上付出了很多努力，但目前现有的定量评估模型和软件，均不能独立实现涵盖有害生物进入可能性、潜在地理分布和潜在损失的全方位评估，还需要投入更多更有效的研究，必须将这些模型和软件有机组合进一步应用于 PRA 实践。目前国内许多科技人员运用数学模型来测试有害生物入境后的适生范围，取得了较好的结果。

自从 FAO 和 WTO 要求各国在国际贸易中要公平公开，尽量避免设置技术壁垒以来，各国都非常重视开展风险分析。我国是国际贸易大国，国内各单位从国外引种时都先后开展了有关风险分析的工作，检疫审批机构也都按 ISPM 要求审查风险评估报告。总之，有害生物风险分析既十分重要又极其复杂，各方面的要求也很不一致，目前主要是以定性分析或半定量分析为主，定量分析还处于探索阶段，以风险评估信息来指导确定可接受的风险水平的程序，潜在寄主的经济重要性、对非农林业植物资源的风险水平等都要评估，因此，在 PRA 国际准则的基础上，有必要制定一个包含所有基本要素的 PRA 通用程序。表 3-3 是对目前有害生物风险分析的几种定性、定量评估模型和软件简介。

表 3-3　有害生物风险分析常用模型与软件简介

评估类别	用途范围	模型与软件	来源	基本原理
定性评估	名单制定，疫情分区等	打分法、德尔菲法	中国、美国、澳大利亚	专家评估、打分法、德尔菲法、贝叶斯推理法
半定量评估	名单制定，进入途径	贝叶斯推理法、合并矩阵法	中国、美国、澳大利亚	专家评估，贝叶斯推理法，合并矩阵法等
定量评估	定殖评估	SOM，Matlab	芬兰	两个相似疫区经聚类分析判断某疫情在新区发生的可能性
	分布范围	CLEMAX	美国	利用某有害生物已发生区所有参考数据预测其未来分布趋势
		MaxEnt	澳大利亚	最大熵理论，利用某有害生物已发生区所有环境数据预测其未来分布趋势
		GARP	美国	遗传算法，利用某有害生物已发生区所有环境数据预测其未来分布趋势
		GIS	美国	在室内测试主要因子对某有害生物影响建模预测其分布
	危害损失评估	@RISK	美国	基于蒙特卡罗模拟方法用各种概率分布模拟出现的结果，最后得出各种事件的概率

从表中可以看出，这些模型有其产生的时代背景和技术基础，针对有害生物风险分析定量评估的不同内容，各具特色。在开展 PRA 实际工作中选用相关的模型和软件时，要根据 PRA 工作的实际需求，要准确把握各个定量评估模型和软件的特点开展工作，综合考虑有害生物进入过程、现有定量风险评估模型和软件的适合性以及定量风险评估的现实需求，进一步提出适合的有害生物风险分析定量评估集成技术体系。这一技术体系包括 5 个定量评估模块（针对多种有害生物的进入可能性评估模块、定殖可能性评估模块、潜在地理分布预测模块、潜在损失模块、风险综合评估模块），5 个模块依次相接，每一模块均有可供选择的定量评估模型和软件作为技术支撑，第 1 至第 4 模块的评估结果为第 5 模块提供具体风险信息，同时 7 个基础数据库（有害生物地理分布数据库、有害生物检疫截获数据库、有害生物生物学和危害数据库、有害生物寄主数据库、地图数据库、交通运输数据库以及气象数据库）为各评估模块提供必要的数据支撑。如果 PRA 的起点是某一植物或植物产品，建议选择第 1 至第 5 模块依次进

行评估；如果 PRA 的起点是某一有害生物，则建议选择第 2 至第 5 模块依次完成评估。上述集成技术体系贯穿有害生物进境的全过程，可对两个起点的 PRA 实现全方位的定量风险评估（图 3-1）。

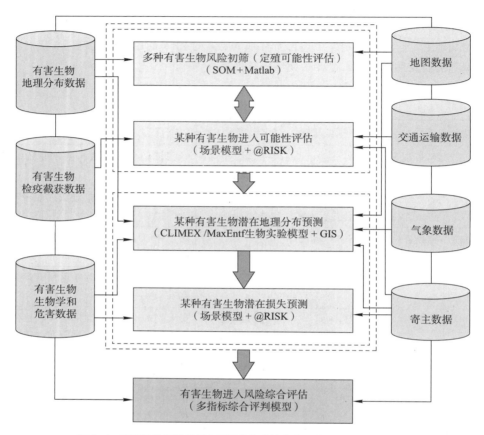

图 3-1　有害生物风险分析定量评估集成技术体系（仿李志红，2018）

二、检疫性有害生物风险分析的国际标准

为了进一步协调各国 PRA 工作，FAO 相继颁布了 ISPM 2《有害生物风险分析框架》、ISPM 11《检疫性有害生物风险分析》、ISPM 21《非检疫性限定有害生物风险分析》，初步规范了世界各国 PRA 工作，也使 SPS 协定要求的"卫生与植物卫生措施协定"基于科学的原则落到实处。ISPM 2《有害生物风险分析框架》概要性介绍有害生物风险分析工作的原则、方法，并将有害生物风险分析分 3 个阶段：有害生物风险分析起点、有害生物风险评估和有害生物风险管理。ISPM 11《检疫性有害生物风险分析》和 ISPM 21《非检疫性限定有害生物风险分析》是在其基础上的发展和细化，进一步规范有害生物风险分析，IPPC 正在组织专家组制定"有害生物风险管理指南"、ISPM 11《检疫性有害生物风险分析》的检疫性有害生物风险分析定殖可能性概念指导等新的国际标准（图 3-2）。中国制定了有害生物风险分析的相关国家标准和行业标准，包括《进出境植物和植物产品有害生物风险分析技术要求》和《进出境植物

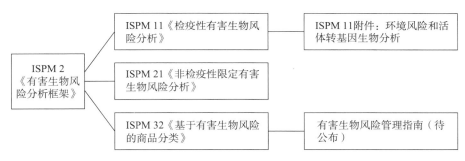

图 3-2　有害生物风险分析国际标准现状及相互关系

和植物产品有害生物风险分析工作指南》。

（一）检疫性有害生物风险分析

ISPM 11《检疫性有害生物风险分析》是整个国际标准框架中进口法规下的一个重要标准。该标准描述了植物有害生物的风险分析过程，其目的是为国家植物保护组织制定植物检疫法规、确定检疫性有害生物名单及为采取必要的检疫措施提供科学依据。

有害生物风险分析过程分三个阶段，即有害生物风险分析开始阶段（起点）、有害生物风险评估阶段和有害生物风险管理阶段。有害生物风险分析的开始阶段确定需要进行风险分析的有害生物或与传播途径有关的有害生物是否属于限定性有害生物，并评估其传入、定殖和扩散可能性及经济重要性。

1. PRA 地区的确定

有害生物风险分析仅对 PRA 地区有意义，因此，首先要确定与这些有害生物相关的 PRA 地区，所谓的 PRA 地区是指与进行本项 PRA 有关的地区，可以是一个国家或一个国家内的一个生态区，或多个国家的全部或部分地区。

2. PRA 开始阶段（起点）

进行有害生物风险分析一般有三个起点。一是从商品或货物中截获某一有害生物可能成为检疫性有害生物本身开始分析；二是从有关信息获得检疫性有害生物可能随某种商品传入或扩散的传播途径开始分析，通常指进口某种商品；三是因经贸或检疫政策的修订而需要重新开始进行风险分析。无论哪个起点的 PRA，其涉及的有害生物都必须是与检疫性有害生物定义相符合的有害生物。进口一种商品或引进新的植物种、修改植物检疫法规或经常截获某一有害生物和发现新的有害生物的暴发等，均促使 PRA 过程的启动。然后列出与传播途径有关的有害生物或确定需进行 PRA 的有害生物，作为潜在检疫性有害生物，同时划定 PRA 地区，即在特定地区内进行特定有害生物的风险评估，然后进入 PRA 的第二阶段。

3. 有害生物风险评估阶段

对在第一阶段确定需进行评估的有害生物清单逐个考虑并审核、归类，看是否符合检疫性有害生物的定义。PRA 要考虑每个有害生物的各个方面，特别是有害生物地理分布、生物学和经济重要性的资料。然后由专家评估其在 PRA 地区能否定殖以及扩散可能性、潜在的经济重要性或生态重要性，最后，确定其传入 PRA 地区的可能性。在此阶段，可利用许多 PRA 的研究工具，如数据库、GIS 和物种分布预测模型等，但随国家、地区及有害生物的不同，其获得的难易程度也不同。作为 PRA 的一个重要内容的有害生物归类就是判断有害生物属于限定的有害生物还是非限定的有害生物,如为限定的有害生物再区分为检疫性有害生物和限定的非检疫性有害生物。开始时并不清楚哪个(些)有害生物是危险的并需要进行 PRA。第一阶段中先确定一种有害生物或一个有害生物名单,它(们)可能被视作危险的物种而作为 PRA 的候选对象。第二阶段中将逐个考虑这些有害生物,决定其是否符合检疫性有害生物的定义。

首先,对每一种有害生物进行归类,审核它是否符合检疫性有害生物定义中地理和法规的标准,即分布情况和是否正在进行官方防治。其次考虑其经济重要性。在经济重要性的评估中,应从该有害生物的原发生地获得可靠的生物学资料,包括生活史、寄主范围、流行学、存活等详细信息。然后考虑以下几个因素:①定殖可能性。利用专家判断评估定殖可能性时,将原发生地情况与 PRA 地区的情况比较,如在 PRA 地区有无寄主及其数量、分布,PRA 地区环境条件的适宜性,有害生物的适应能力、繁殖方式及存活方式等。②扩散可能性,评估定殖后有害生物的扩散的可能性时应考虑的因子有:有害生物的自然扩散和人为环境的适宜性,商品和运输工具的移动,商品的用途,有害生物的潜在介体和有无天敌等,有害生物扩散的快慢是否直接与潜在经济重要性相关。③潜在经济重要性,在评估潜在经济重要性时,首先应掌握有害生物在每个发生地的危害程度和频率及其与气候条件等生物和非生物因子之间的关系。然后考虑如损害类型、作物损失、出口市场损失、防治费用增加及对正在进行的综合防治的影响、对环境的影响和对社会的影响等。如果以上条件均符合,那么该有害生物就是潜在的检疫性有害生物,从而进入评估的最后阶段"传入可能性"的评估。

传入可能性评估主要取决于从出口国至目的地的传播途径及与之相关的有害生物发生频率和数量,一般有两方面的因素。一是进入可能性的因素:有害生物感染商品和运输工具的机会,有害生物在运输的环境条件下的存活情况,入境检查时检测到有害生物的难易程度,有害生物通过自然方式进入的频率和数量以及在指定港口进入的频率和数量等。二是定殖的因素:商品的数量和频率,运输工具携带某种有害生物的个数,商品的用途,运输途中和 PRA 地区的环境条件和寄主情况等。如果该有害生物能传入且有足够的潜在经济重要性,那么就具有高风险,证明应采取适当的检疫措施,从而进入 PRA 的第三阶段,即"有害生物风险管理阶段"。

4. 有害生物风险管理阶段

经过风险评估确认风险很大、需要进入风险管理阶段来加以管制的有害生物。要求指出哪些信息与该有害生物有关,它的潜在寄主植物是哪些,以及利用这些信息来评估有害生物的所有影响(如经济后果),建议可能被执行的经济分析等级。在适当的情况下都应提供货币价值的定量数据,也可利用定性数据。在这一过程中应始终参考专家的判断。

如果有足够的证据并已广泛认为某种有害生物的传入将引起不可接受的经济后果,则不必对其经济后果进行详细分析。此时,风险评估应着重于传入和扩散的可能性。而当研究经济影响水平或以经济影响水平来评价风险管理措施的强度或者在评估消除或控制有害生物的得失时,应详细研究所有经济因子。有害生物风险分析流程示意图见图 3-3。

有害生物风险管理阶段主要包括可接受的风险水平的确定,及其与之相一致或相适应的管理措施方案的设计和评估。而且,为了保护受威胁地区或 PRA 地区,应采取与风险评估中评定的风险水平相对应的风险管理措施,逐步发展到在有害生物风险管理体系中应用系统综合防治措施的概念等。

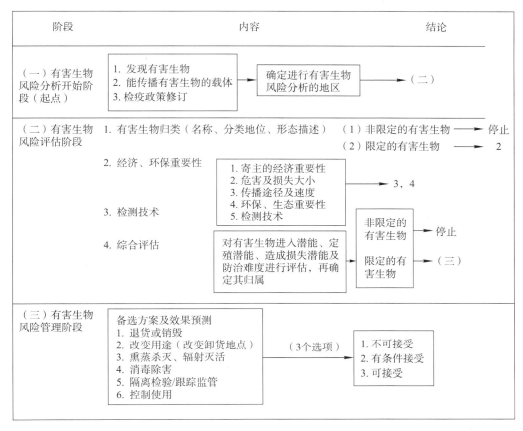

图 3-3 有害生物风险分析流程示意图（周国梁绘）

风险管理的措施选项很多，要根据风险管理的最终目标来定。对于危险性极大的有害生物，一般都是彻底杀灭的零容忍，如各国对所有木质包装材料的处理要求。对于风险水平较低的有害生物，各国都同意设立一个可接受的风险水平而不是零风险。风险管理措施的备选方案有：列出限定的有害生物名单，出口前检疫和检疫证书（产地预检），规定出口前应达到的要求，隔离检疫如扣留、限制商品进境时间或地点，在入境口岸、检疫站或目的地处理，禁止特定产地一定商品的进境等。最后评价备选方案对降低风险的效率和作用，评价各因子的有效性；实施的效益对现有法规、检疫政策、商业、社会、环境的影响等。同时决定应采取的检疫措施。

该标准最后强调，如果在进行第一、二阶段的评估后，就应立即采取一定的检疫措施；而未对这些措施进行适当的评估就采取检疫措施是不合理的。

有害生物风险管理的结果是选择一种或多种措施来降低相关的有害生物风险到适当的保护水平。植物检疫规程或检疫要求应建立在这些管理方案之上。这些规程的执行和维持具一定的强制性，包括 IPPC 缔约方或 WTO 成员。在植物风险分析后确定的所有有害生物都应列入限定的有害生物名单。应将此名单提供给 IPPC 秘书处、国家植物保护组织（如果是其成员国）、其他相关组织。如果要采取植物检疫措施，应按贸易伙伴的要求提供检疫要求的理由，按照要求必须把风险分析的报告出版公开，并且通知其他的国家。例如，为促进中国葡萄种植业的发展，在对美国、法国、意大利、澳大利亚等国产地有害生物风险进行评估后制定了中国进境葡萄苗检疫要求，其中包括输华种苗必须来自官方注册的苗圃，不得带有中方关注的限定的有害生物，并从特定的口岸进境，并进行隔离观察等管理措施。世界贸易组织的成员国必须遵从正式通知的有关步骤。

（二）有害生物风险分析的常用方法

PRA 关注的因素主要包括有害生物危险性级别、传入可能性、为害对象的经济或生态重要性的定性分析或半定量分析 3 类。

目前，国际上尚无定性分析和定量分析的明确定义，通常认为，凡分析结果用风险高、中、低等类似等级指标来表述的为定性风险分析，而用概率值等具体数字来衡量风险大小的为定量风险分析。定性风险分析一般采用非概率等数学模型来研究个别或局部的特征及规律，一般将事件分解为多个风险要素并将这些因素按某种多维向量运算后得到整体的风险评估。定量风险分析则是利用数学模型来描述时间和空间上的各个风险事件，并根据事件间的关系建立数学函数模型，通过模拟来定量描述风险的大小。在目前阶段，还有界于两者间的半定量风险分析。PRA 定性分析和定量分析方法在某些情况下界定的并不是很清晰，定量分析方法也需以定性分析原理为基础。因此，其发展趋势是在结合定性分析的基础上，逐步采用定量分析方法。

1. 专家评估法

专家评估法是对难以采用技术方法进行定量分析的因素进行合理估算，只能经过对专家意见的多轮征询、反馈和调整，对风险程度进行评判的方法，包括德尔菲法、打分法等。最简单的方法就是将影响有害生物风险的各因素进行打分，根据分值高低确定风险高低。值得一提的是，在德尔菲法预测过程中，每个专家只与分析人员联系，专家间彼此互不交流，此方法可让专家自由地发表个人意见，分析人员与专家意见相互多次反馈。但总体来看，该法在事件的确定性上存在主观、片面和不稳定的问题。例如，加拿大把传入可能性划分为可忽略（0 分）、低（1 分）、中（2 分）、高（3 分）4 个等级。传入后果考虑定殖潜能、自然扩散潜能、经济影响和环境影响，对每个因素按上述等级划分后累计分数并分级：0~2 分为可忽略（0），3~6分为低（1），7~10 分为中（2），11~12 分为高（3）。传入可能性和传入后果的等级相乘得出总体风险等级：可忽略（0）、低（1~3 分）、中（4~6 分）、高（9 分）。

新西兰把传入可能性和后果分为"可忽略"和"不可忽略"两大类，其中"不可忽略"再分为很低、低、中、高、很高 5 个级别。EPPO 将传入可能性分为很不可能、不可能、中等程度可能、可能、很可能 5 级。

日本用二叉分类法进行分析，对定殖潜能、扩散潜能、经济重要性、传入可能性按高（a）、中（b）、低（c）分级打分。综合四方面的打分，若潜在经济重要性评估为 a，并有 2 个以上的项目评估为 a，则相对评估为 A，风险为极高；若只有一项目评估为 a，则相对评估为B，风险为高；若没有一项评估为 a，相对评估为 C，风险为低；若所有项目评估为 c，相对评估为 D，风险为极低。

2. 合并矩阵法

合并矩阵法是一种模糊判断的定性分析方法，在澳大利亚应用较多。

澳大利亚对传播途径中的各环节或环节中的各步骤发生的可能性按描述性分类进行评价，如低、中、高三级，而不采用等同于数值或得分的描述符。对每个环节中的步骤做出定性评价后，按照二二矩阵列表的"合并规则"，来计算整个环节发生的可能性。用风险评估矩阵表（表3-4）组合进入、定殖和扩散可能性和后果，得出与各有害生物相关的风险。

矩阵法是将环节分成几个组成步骤，每个步骤给出一个描述性的可能程度，这样就提高了评估的透明度。但与半定量和定量方法评估相比，却常会导致可能性过高的保守评价，这是由于如果重复使用矩阵中的同一个规则，则会得到同样的可能性的结果。

表3-4　澳大利亚对有害生物进入、定殖和扩散的风险评估矩阵

传入、定殖和扩散可能性	传入、定殖和扩散后果					
	可忽略	很低	低	中	高	极高
高	可忽略	很低	低	中	高	极高
中	可忽略	很低	低	中	高	极高
低	可忽略	可忽略	很低	低	中	高
很低	可忽略	可忽略	可忽略	很低	低	中
极低	可忽略	可忽略	可忽略	可忽略	很低	低
可忽略	可忽略	可忽略	可忽略	可忽略	可忽略	很低

3. 途径分析法

目前各国还没有完全成熟的定量风险分析程序或方法，美国、澳大利亚酌情使用途径分析法进行定量或半定量风险分析，其数值可以是概率范围或评分，在对这些数值进行运算前可以考虑权重，通常这些概率范围和权重是任意选取的。半定量风险分析方法的使用和解释要非常谨慎，因为在解释不同数字所代表的意义时会存在很多困难。当然，定量风险分析也要保证描述每个风险因子的函数的评价是有效的。

以澳大利亚进口新西兰苹果风险分析报告为例，澳大利亚先对产地果园、水果收获、水果加工、预出口及输往澳大利亚、到港程序的所有环节依次排序，进行出口国情况分析。然后，进行到岸情况分析，尽可能对进口苹果分销使用及其废弃和处理过程进行量化，再进行定殖和扩散的可能性分析。如梨火疫病进入、定殖和扩散的概率平均值为 5.8×10^{-2}。如果在分析中部分环节缺少信息和数据，就尽可能把定性评价转化成相应的概率区间（表3-5）。

表3-5　澳大利亚半定量可能性间隔及其概率分布的定性描述

可能性	描述定义	概率间隔	中点	概率分布
高	很可能发生	$0.7 \sim 1$	0.85	均匀分布（0.7，1）
中	发生与否的概率均等	$0.3 \sim 0.7$	0.5	均匀分布（0.3，0.7）
低	不太可能发生	$5 \times 10^{-2} \sim 0.3$	0.175	均匀分布（5×10^{-2}，0.3）
很低	很不可能发生	$10^{-3} \sim 5 \times 10^{-2}$	2.6×10^{-2}	均匀分布（10^{-3}，5×10^{-2}）
极低	极不可能发生	$10^{-6} \sim 10^{-3}$	5×10^{-4}	均匀分布（10^{-6}，10^{-3}）
可忽略	几乎不会发生	$0 \sim 10^{-6}$	5×10^{-7}	均匀分布（0，10^{-6}）

美国在进口墨西哥鳄梨的风险评估中运用途径分析法和蒙特卡罗模拟评估有害生物暴发的频度。在分析评估中考虑了水果收获前后被有害生物感染的可能性、收获或包装中有害生物不被发现的可能性、有害生物在运输中存活的可能性、有害生物不被进境口岸检出的可能性、水果运输到有适合的寄主和气候的地区的可能性、被侵染水果在合适生境导致暴发的可能性等6个环节。

4. 风险软件分析法

目前，PRA定量分析方法的实现在很大程度上依赖于风险分析软件。其应用基本覆盖了传入风险、适生性分析、可能产生的经济损失等PRA关注的主要环节。其中，@RISK主要用于途径分析法中对各场景环节进行动态赋值，并对各环节在事件整体中的贡献大小进行量化评价，能够实现传入风险和可能产生的经济损失的定量评估；CLIMEX、Maxent、GRAP、WhyWhere、DIVA-GIS、GIS等则主要用于适生性分析。适生性分析软件主要运用的是生态气候模型评价原理，从生物对环境条件的适应性进行考量，用物种在不同温湿度、光照条件下的增长指数、滞育指数、逆境指数和交互作用指数来反映物种适生状况。CLIMEX软件开发和应用较早，20世纪80年代中期就开始被应用于有害生物适生性区域的预测。此外，SOM Toolbox是运用在Mat Lab环境中进行SOM分析的软件，近年来也被用在有害生物名单筛选、物种潜在风险等级初步分析工作中，国外也有研究人员将其用在潜在地理分布研究中。

5. 多指标综合评判法

多指标综合评判法是应用系统科学、生态学理论和专家决策系统的基本理论和方法，对风险各因素、环节进行动态赋值，全面考量入境风险、定殖与扩散风险、可能造成的经济损失等风险节点的地位、作用和相互之间的关系，最终形成对风险事件的整体性量化评估。多指标综合评判法是我国有害生物风险等级宏观评价最常用的方法，也是定性和定量分析结合应用的良好范例。

国家林业和草原局2019年12月印发了《境外林草引种检疫审批风险评估管理规范》，提出了具体要求与规程，属于半定量分析，对风险因子的评估是通过人为赋值，未反映风险因子分布的真正特性（表3-6、表3-7、表3-8）。农业农村部提出的农业害虫风险分析的具体要求统一了风险大小的定量表述问题，也属于半定量分析（表3-9），可作为风险分析的参考。

（三）有害生物风险分析的实例

在有害生物风险分析开始阶段通常有三种，一是以有害生物为起点的风险分析；二是以传播途径为起点的生物风险分析，通常指从进口某种商品可能造成的风险来分析；三是风险评估结果对制定、调整修订检疫措施的作用。因此，下面将分别举例说明不同起点有害生物风险分析的过程。

1. 以有害生物为起点的风险分析

以中国对油菜茎基溃疡病菌风险评估为例，阐述从有害生物为起点的风险评估。孙颖等（2015）研究发现从进口油菜种子中拣出的病粒和病残体中都可分离到病原菌，混栽种植后也能引起发病。按照Shoemaker与Brun报道的鉴别特征进行油菜茎基溃疡病菌种类甄别后确定了油菜茎基溃疡病菌在世界上的分布点，基于该病菌在英国、法国、德国、波兰、加拿大、澳大利亚的分布数据，选取与病害发生有关的温度、降水量等15个变量，运用Maxent和GARP两种生态位模型预测其在中国的潜在分布，使用的2个模型均能预测到油菜茎基溃疡病菌在中

表 3-6 境外林草引种风险评估指标体系（2019 年）

目标层	准则层	指标层	子指标层			赋分
林草引种风险（R）	引种成为有害生物的风险（P_1）	适生能力（P_{11}）	高	中	低	3-2-1-0
		繁殖能力（P_{12}）	高	中	低	3-2-1-0
		扩散能力（P_{13}）	高	中	低	3-2-1-0
		潜在危险性（P_{14}）	对人类或动物的危险性（P_{141}）			0-3
			对生态环境的危害性（P_{142}）			0-3
			对经济贸易的影响（P_{143}）			0-3
	引种携带有害生物的风险（P_2）	可携带境外有害生物入境（P_{21}）				2-3
		可传带国内有害生物（P_{22}）				1-3
	引进风险（P_3）	引进数量（P_{31}）	大于 P_{311}/ 小于 P_{312} 规定数量			3-2/2-0
		引进用途（P_{32}）	直接种植 / 室内繁育后种植			3-2/2-0
		引进类型（P_{33}）	种苗 / 其他器官			3-2-1-0
		引进种植地（P_{34}）	室外 / 庭院、室内			3-2/0-3
	检疫管理难度（P_4）	原产地检疫状况（P_{41}）	检疫状况（P_{411}）: 有 / 无			2/1
			原产地出境检疫（P_{412}）: 好 / 差			2/1
		国内检疫状况（P_{42}）	检疫监管状况（P_{42}）: 好 / 差			2/1

$$R = \sqrt[3]{\left\{ \max\left(P_1 \times P_2\right) \times P_3 \times P_4 \right\}}$$

表 3-7 境外林草引种风险评估量化计算公式

层级		计算公式	备注
准则层	拟引进种类成为有害植物风险（P_1）	$P_1 = \sqrt[4]{P_{11} \times P_{12} \times P_{13} \times P_{14}}$	$P_{11} = P_{111}$ 或 P_{112} 或 P_{113} 的赋值 $P_{12} = P_{121}$ 或 P_{122} 或 P_{123} 的赋值 $P_{13} = P_{131}$ 或 P_{132} 或 P_{123} 的赋值 $P_{14} = P_{141}$ 或 P_{142} 或 P_{143} 的赋值
	拟引进种类携带有害生物风险（P_2）	$P_2 = \max\left(P_{21}, P_{22}, P_{23}\right)$	
	拟引进种类引进状况风险（P_3）	$P_3 = \sqrt[4]{P_{31} \times P_{32} \times P_{33} \times P_{34}}$	$P_{31} = P_{311}$ 或 P_{312} 的赋值 $P_{32} = P_{321}$ 或 P_{322} 的赋值 $P_{33} = P_{331}$ 或 P_{332} 或 P_{333} 或 P_{334} 的赋值 $P_{34} = P_{341}$ 或 P_{342} 的赋值
	检疫管理状况风险（P_4）	$P_4 = \sqrt{P_{41} \times P_{42}}$	$P_{41} = \sqrt{P_{411} \times P_{412}}$ $P_{42} = \sqrt{P_{421} \times P_{422}}$
目标层	林草引种风险评估值（R）	$R = \sqrt[4]{\max\left(P_1 \times P_2\right) \times P_3 \times P_4}$	

表 3-8 林草引种风险等级划分

林草引种风险评估值（R）	风险等级
$2.5 \leqslant R \leqslant 3$	特别危险
$2.2 \leqslant R < 2.5$	高度危险
$1.0 \leqslant R < 2.20$	中度危险
$0 \leqslant R < 1.0$	低度危险

表 3-9 蜜柑大食蝇风险评估指标（2016 年）

一级指标（权重）	二级指标（权重）	风险等级（赋值）				
		安全（0）	无风险（0.25）	一般（0.5）	有风险（0.75）	风险很大（1）
潜在危险性（$P_1 = 0.236$）	潜在危害性（$P_{11} = 0.73$）					> 20%
	是传播介体（$P_{12} = 0.19$）	无				
	国外重视度（$P_{13} = 0.08$）		一般			
存活适生繁殖（$P_2 = 0.47$）	运输中成活率（$P_{21} = 0.28$）				5%~10%	
	国内潜在适生区 $P_{22} =$（0.46）					> 50%
	传播方式（$P_{23} = 0.147$）				人为，飞翔	
	国外分布（$P_{24} = 0.07$）		< 1%			
寄主重要性（$P_3 = 0.09$）	受害植物重要性（P_{31}）				5~10 种	
	受害植物面积（P_{32}，khm²）					3 500
国内适生范围（P_4）	占寄主分布面积（P_{41}，%）				10%~30%	
检疫管理难度（$P_5 = 0.05$）	鉴定识别难度（$P_{51} = 0.105$）			不难		
	检疫处理难度（$P_{52} = 0.637$）				20%~50%	
	根除难度（$P_{53} = 0.258$）					很难

$$R = \sum (P_i) = P_1 + P_2 + P_3 + P_4 + P_5 = 0.908$$

资料来源：全国农业技术推广服务中心.全国农业植物检疫性有害生物风险分析手册（昆虫篇）[M].北京：中国农业出版社，2016.

国的潜在分布区域，而且预测的结果基本一致。结果均显示低度适生区包括黑龙江南部、吉林、河北、山东、山西、台湾等地；中高度适生区包括内蒙古、吉林南部、陕西、宁夏、甘肃、新疆与西藏西部部分地区。预测油菜茎基溃疡病一旦传入中国在春油菜区及冬油菜区的扩散蔓延速度分别为每年 70 km 和 47 km。最终得出结论：如果不对病残体进行有效控制，油菜茎基溃疡病菌就极可能随贸易油菜籽中的病残体而进入中国。

根据风险评估结论，中国 PRA 专家提出了源头控制病菌、入境后定点加工、加强运输沿途及加工厂附近的疫情监测等风险管理措施，既有效管控了有害生物的传入风险，又对贸易影响最小。源头控制措施主要是要求出口方通过综合采取有害生物防治措施，有效降低油菜茎基溃疡病菌通过油菜籽等贸易进入中国的病原菌基数，即进口油菜籽中病残体含量必须低于1%，包括在国外产区全面推广抗病品种、加强田间病害监测、强化收获与运输过程中杂质的管理、出口储运仓库的注册管理。

2. 以传播途径为起点的有害生物风险分析

以传播途径为起点的有害生物风险分析，是指对国际贸易中的商品、科学研究中的新植物种等的运输而带来的有害生物的潜在风险进行分析，即对可能随这种途径传播的有害生物是否是检疫性有害生物及其传入可能性、定殖可能性和潜在危害的风险进行分析。现以美国对光肩星天牛传入的风险分析和美国对舞毒蛾在输美海运方式途径上的风险评估为例予以说明。

（1）光肩星天牛传入与定殖风险评估

源于亚洲的光肩星天牛，又名亚洲长角天牛、星天牛，为一种重要的林业害虫，每年造成大量的木材损失。受害的树木在 3~5 年内逐渐枯死，有些树种存活的时间稍长。在亚洲，有大约40%的杨树因此被破坏。美国为控制其蔓延，2001 年 5 月砍伐受害树木 5 286 株。1998年以来，在德国、美国等地因国际贸易而导致光肩星天牛的进入，引起了国际社会的广泛关注，引发了欧美等发达国家对国际贸易中货物木质包装的高度关注，进而导致 IPPC 组织制定了针对货物木质包装的 ISPM 15《国际贸易中木质包装材料管理准则》。

美国、欧洲学者开展了针对木质包装传带亚洲光肩星天牛可能性的大量风险评估工作，分别从定殖可能性及生态学的角度阐明了光肩星天牛在欧洲及美国定殖扩散的风险。此外，还从生态学角度，定量评估了对木质包装采取的各种措施对降低传入风险的影响。

在 PRA 中，需要对分析结果中涉及的大量不确定性进行合理地解释。Bartell 与 Nair 描述了光肩星天牛随木质包装传入并定殖与扩散的定量评估的概念模型。在该模型中，原产地泛指"可能向 PRA 地区输出染疫产品的生产国家或地区"，并且假定木质包装输入美国既可通过空运口岸，又可通过海运口岸或陆运，在模型中统一为入境口岸。定殖地指入境后染疫产品上的有害生物通过海、陆、空各种可能途径到达 PRA 地区并成功定殖的区域，在定殖地，有害生物的生活史特点、适宜寄主及生态条件（温度、湿度等）将决定该有害生物能否定殖并建立种群。为充分考虑传入地区的生态特点，如 PRA 地区范围过大，应按生态特点将其细分为若干个生态区，以便确切描述关注的有害生物进入并定殖造成的风险。他们在评估光肩星天牛随木质包装传入美国并定殖造成危害时，将美国大陆划分为 8 个生态区。在 PRA 地区细化的各个生态区内，可定殖的场所可多可少，有时一个生态区内可能包括数个定殖地。对各个生态区而言，必须评估光肩星天牛进入 PRA 地区的数量，光肩星天牛建立一定规模种群的风险，降低建立光肩星天牛种群风险的各种可能措施。

① 传入虫量的估计：从群体生态学的角度来看，定量评估有害生物进入的虫量可以根据单位时间内有害生物个体进入潜在定殖区域的数量来推算。进入的有害生物可能以光肩星天牛生活史中某个阶段如卵、幼虫、蛹、成虫出现，也可能为几个时期的混合体。对昆虫评估的主体常常是羽化后的成虫。Bartell 研究每个生态区各个孤立的定殖地，发现进入定殖地的净量基值与有害生物通过木质包装传入某个定殖地的净量基值、单位时间内进入某个定殖地的木质包装数量（木质包装数 / 单位时间）、感染关注有害生物的木质包装数量、每个染疫木质包装上

有害生物的平均数量、从染疫木质包装中迁移入定殖地的有害生物数量有关。每批货物中木质包装的数量与进入数量呈正相关。利用美国检疫局公布的数据，他们估计了单位时间内入境的木质包装数量 S 及感染关注的有害生物的木质包装比例 $\alpha\beta$。对 0.4% 的货物进行抽样检查，由于缺乏各个生态区实际抽查数据，设计了均匀分布 U（0.25%，0.55%）来估计抽样检查的比例。利用年截获率除以检查比例估计各生态区的年进口染疫木质包装批次数。将染疫木质包装批次数乘以每批货物的木质包装数获得每年染疫木质包装的数量 $S \times \alpha\beta$。对大、中型港口入境货物调查，获得每批货物中木质包装数量的估值，并用对数正态分布（0.20，200）来拟合每批货物中的木质包装数量。

② 定殖风险：有害生物在某个定殖区定殖的能力取决于入侵的数量、有害生物生物学特性、生态学特性及定殖区内是否存在适宜的寄主及环境因子。种群增长模型为定量计算有害生物定殖提供了可能，充分利用有害生物进入的影响，有害生物的生物学特性、生态学特性，各种可利用的抑制因子及适宜因子等方面的资料，建立有害生物的"暴露－反应"关系。有关光肩星天牛生物学特性的研究还比较薄弱，对幼虫的发育了解不充分，因此，Bartell 与 Nair 在评估时未考虑各龄期幼虫的发育，只是从总体的发育来定量评估光肩星天牛的种群发育。

在自然条件下，光肩星天牛成虫交配后的产卵数量出现从低到高到逐渐下降的规律。光肩星天牛雌虫的产卵期常常出现在 6—10 月，其中 6—7 月为产卵高峰期。在使用种群模型模拟成虫繁殖率 f_4 时，需要根据不同月份进行调整，在 5—6 月繁殖率维持正常水平，到 8 月降低 10% ~ 30%；9 月降低 40% ~ 60%；10 月则降低 60% ~ 80%。从 11 月至翌年的 4 月，成虫繁殖率 f_4 设定为 0。

寄主适应性及适宜寄主的有效性 ph 为估计定殖的程度及定殖后光肩星天牛种群的水平，利用雌虫寻找到适合寄主的概率 ph 来调整不同生态区内进入的光肩星天牛的繁殖率。根据每个生态区内适合寄主的比例来估计这个概率。基于光肩星天牛的适宜寄主在北部中、高平原区分布最多，而且该生态区内气候条件与中国光肩星天牛常发区的气候条件比较相似，将该生态区作为最适合光肩星天牛危害的区域，将适宜寄主的有效性 ph 设定为 1。受不同生态区内气候等条件的影响，光肩星天牛的繁殖率往往也不同，将不同生态区域内的适宜寄主比例与北部中、高平原区适宜寄主的比例相除来获得各个生态区的 ph。从计算结果来看，东部落叶林生态区比较适合光肩星天牛的繁殖，西南太平洋生态区最不适合光肩星天牛的繁殖。

研究表明，对东部落叶林生态区而言，如果每月进入的成虫数量低于 10 头，1 年后在该地区建立 1 000 头种群的可能性为 0；如果每月进入数量超过 20 头，则在该生态区 1 年后肯定能建立 1 000 头以上的天牛种群。因此，定殖的概率与进入的数量有关，同时，在进入水平较低的情形下，长时间的持续进入也可导致定殖。曲线的倾斜程度预示着定殖风险与不同传入持久时间的进入虫量的关系十分密切。

定殖风险与进入虫量及维持种群发育需要的最低种群数量间存在着明显的函数关系。达到规定种群阈值的概率随着进入数量的增加而增加，同样增加建立一个一定规模种群的阈值，相应地，随着进入虫量的增加，超过该阈值变得越来越容易。

③ 检疫处理的有效性评估：目前，对木材的处理方法主要包括热处理、熏蒸处理及微波处理三类。在广泛收集各种处理方法对松材线虫、天牛等各种有害生物处理效果的基础上，Bartell 与 Nair 估计了各种处理方法的处理效率并用于模型计算（表 3–10）。

表 3-10　对木材有害生物不同处理方法的处理效果

处理方法	分布	处理的最大效能 *		到达最大效能的概率 *	
		最小值	最大值	最小值	最大值
56℃处理 30 min	均匀分布	0.9	1.0	0.9	1.0
71℃处理 75 min	固定值	1.0	1.0	0.9	1.0
干燥处理	固定值	1.0	1.0	0.9	1.0
溴甲烷熏蒸	均匀分布	0.9	1.0	0.75	1.0
硫酰氟熏蒸	均匀分布	1.0	0.75	1.0	1.0
磷化硫熏蒸	均匀分布	0.5	0.99	0.6	1.0
微波 56℃处理 30 min	均匀分布	0.9	1.0	0.5	1.0
微波 71℃处理 75 min	固定值	1.0	1.0	0.5	1.0

注：* 均采用均匀分布来拟合。

　　从进入虫量的比较来看，经过处理可以有效降低达到某个生态区的光肩星天牛数量，处理的效能与进入虫量密切相关（表 3-11）。

表 3-11　经不同方法处理后每月进入东部落叶树区的光肩星天牛数量　　　　单位：头

处理方法	均值	中值	95%置信下限	95%置信上限
71℃热处理 75 min	1 850	360	7	15.91
干燥处理	1 850	360	7	15.91
溴甲烷熏蒸	7 140	1 400	27	47.23
硫酰氟熏蒸	8 150	1 550	30	45.23
磷化硫熏蒸	1 488	3 530	83	94.67
微波 56℃处理 30 min	1 012	2 190	63	88.69
微波 71℃处理 75 min	8 510	1 750	32	72.65
对照	3 931	9 593	290	251.20

　　进入虫量的减少，也相应降低达到定殖阈值的概率，71℃热处理 75 min 及干燥处理对降低种群规模的影响最大。

　　（2）亚洲型舞毒蛾传入美国的风险评估　欧洲型舞毒蛾早已由美国学者从欧洲引入，后来逃逸扩散，已在美国定殖。新西兰农林部门 2000 年公布的舞毒蛾从日本输往新西兰（1998—1999 年）数据分析的风险。美国检疫机构也按照"以传播途径为起点的风险评估"中的标准和方法启动以输美海运方式途径为起点启动风险评估，2009 年 1 月完成了《亚洲型舞毒蛾在中国输美海运方式途径上的风险评估报告》。该报告采用定性分析和定量分析相结合的方法，主要从传入可能性和传入后果两个方面对亚洲型舞毒蛾是否可以从中国随轮船传入美国以及轮船携带此有害生物的风险概率进行了评估。定量评估运用 @RISK 方法从亚洲型舞毒蛾从中国以海运方式进入美国的可能性和亚洲舞毒蛾传入的可能性两个方面进行了分析。

① 运输输美货物的中国港口的亚洲型舞毒蛾进入风险评估：首先，根据港口的位置，判断港口是否位于亚洲型舞毒蛾的合适栖境范围内，具体做法是在距港口 3.5 km（亚洲型舞毒蛾的最远飞翔距离）范围内以单元格数为单位，分类、确定并计数栖境风险值（habitat risk value）。其次，评估每个中国港口在亚洲型舞毒蛾飞翔扩散期开往美国轮船数量的风险性。具体做法是根据 Sheehan 日度模型和 1997—2006 年 10 年间的气候数据评估哪些中国港口有足够的日度（有效积温）累计供给该虫的成虫羽化。最终结果发现，供评估的 30 个中国港口都能满足该虫飞翔扩散期的有效积温需求。因而结论是：每个承担有输美货物任务的中国港口都具有高风险。

② 中国海运方式是否有高风险性的定量评估：定量评估的方法是，基于在中国港口船舶感染的概率及受感染的船舶到达美国的概率（或从中国风险港口出发后到达美国的时间）来建立基于场景的评估模型，并利用 @RISK 进行风险值计算。

研究表明，每年出现至少一艘从中国感染了亚洲型舞毒蛾的船舶到达美国港口的概率为 90.65%；从中国感染了亚洲型舞毒蛾的船舶数量的 5 th、50 th 及 95 th 百分位数分别为 0、3.643 和 9。基于此认为中国海运方式在促进亚洲型舞毒蛾到达美国港口方面存在着高风险。

③ 亚洲型舞毒蛾传入后果的定性评估：依据 APHIS-PPQ，美国主要从气候 – 寄主的交互作用、寄主的范围和广度、扩散的潜力、经济影响和环境影响 5 个方面评估了传入后的后果。

基于 Sheehan 日度模型和 10 年的历史气候数据，认为亚洲型舞毒蛾几乎在所有的美国大陆均能完成生活史，从气候 – 寄主的交互作用看该风险因素分值为 High（3）。因亚洲型舞毒蛾可危害 18 个科超过 600 种植物，评估寄主的范围和广度的风险因素分值为 High（3）。虽然亚洲型舞毒蛾发生是一年一代，但因单个卵块最多可以包含 1 200 粒卵且该虫雌成虫最远飞翔扩散可达 3.5 km，因而扩散潜力的风险因素分值为 High（3）。考虑到亚洲型舞毒蛾的严重危害，认为得出经济影响、环境影响两个风险因素分值均为 High（3）。由此综合得出亚洲型舞毒蛾的传入结果风险值为：High（3 × 5 = 15）。

④ 亚洲型舞毒蛾传入可能性的定量评估：依据 APHIS-PPQ 用 Pert 分布函数模拟每年在亚洲型舞毒蛾成虫期从中国港口到达美国的船只数量，得到 5 th、50 th 和 95 th 百分位点分别为 769、788 和 807。因而该因素分值为 High（3）。因目前在海运方式上还没有任何处理措施，将"收获及处理之后的存活率"风险值确定为 High（3）。

利用新西兰农林部 2000 年公布的从日本运往新西兰（1998—1999 年）的数据定义舞毒蛾卵块的存活率服从 Beta 分布函数，并用于模拟亚洲型舞毒蛾在海运过程中的卵块存活率，其 5 th、50 th 和 95 th 百分位点分别为 0.59、0.68 和 0.77，由此确定该风险因素分值为 High（3）。

模拟获得在入境检查时没被发现的概率。先用 Pert 函数定义每年在美国港口被海关和边境保护站检查的船只数、用 β 函数定义被检船只来自中国的概率、二项分布函数 Binomial（4.1，4.2）模拟每年来自中国的船只在美国港口被检查的数量、用 β 函数 β（4.3）模拟在亚洲型舞毒蛾成虫期来自中国风险港口的船只在美国入境时被检的概率。利用 @RISK 综合得出来自中国的感染船只在美国入境时未被检查发现的概率平均值约为 98%，因而该风险因素分值确定为 High（3）。

　　基于美国港口的地理位置、随后的货物流向、当地的气候条件以及亚洲型舞毒蛾的生物学特性（亚洲型舞毒蛾的雌成虫最远可飞行至 3.5 km，卵期长达 9 个月，在美国大部分地区均能完成生活史），综合认为亚洲型舞毒蛾随后被传入或移动到美国一个适宜存活环境下的概率的风险因素分值为 High（3）。

　　因亚洲型舞毒蛾的寄主（至少 18 科 600 种）比欧洲型舞毒蛾广，而且美国 127 个国际港口中有 114 个接近舞毒蛾能危害的高风险森林，因而得出在美国亚洲型舞毒蛾找到合适寄主进行繁殖的风险因素分值为 High（3）。

　　综合以上，得出亚洲型舞毒蛾的传入可能性风险值为 High（3 × 6 = 18）。

　　根据传入结果的风险和传入可能性的风险，综合得出亚洲型舞毒蛾在中国输美海运方式途径上的风险评估值为 High（15+18 = 33）。

　　⑤ 中国对美国 APHIS 风险分析报告的评价：根据国内外大量研究报告，中方认为美方的风险分析结果存在以下一些问题。

　　关于亚洲型舞毒蛾进入可能性的分析，美方报告的第一部分评估了亚洲型舞毒蛾进入每个承担有输美货物任务的中国港口的风险性，其结论为：所有承担有输美货物任务的中国 30 个港口都具有高风险。

　　中方认为美方对亚洲型舞毒蛾随中国船只进入的可能性估计过高：一是在亚洲型舞毒蛾发育过程中，成虫产卵后需经过一个很长的滞育期，滞育期的卵必须经过一定时期和一定条件的刺激（大多数为低温的刺激），回到合适的条件时，才能继续生长发育。Keena（1996）研究表明，要打破亚洲型舞毒蛾滞育期恢复生长发育，至少需要 5 ℃、60 d 的持续低温刺激，卵才能开始孵化或卵内的幼虫才能在卵内完成胚胎发育。北美洲植物保护组织的报告中也指出，卵的发育需要持续低温刺激。可见 5 ℃、60 d 的持续低温刺激是大部分亚洲型舞毒蛾卵能持续发育的一个必要条件。二是从中国各地区的温度来看，山东以南的地区气温高，卵不能正常孵化。2007—2009 年对中国口岸的实地调查和监测表明在中国的南方省份没有亚洲型舞毒蛾，在上海、宁波和天津与美方联合开展的调查也进一步证实在中国南部没有发生亚洲型舞毒蛾，只是在靠近俄罗斯的东北地区和北方的少数地区有发生。中国目前对这些发生地区已经采取了生物防治、喷施农药等严格防治措施，虫口数量控制在很低水平。三是中国目前的口岸少植被、树木，亚洲型舞毒蛾从寄主植物飞到停靠船只并且产卵的可能性小。四是从美国和加大拿近几年对舞毒蛾的调查和截获的舞毒蛾货物中，只是在 2008 年从中国的船只上截获到一次舞毒蛾，但是没有证据表明，此有害生物是从中国传带出去的。目前上海市是中国主要出口港，吞吐量达到全国的 50%，根据上海口岸针对亚洲型舞毒蛾进行的连续监测，从未发现亚洲型舞毒蛾。

　　从亚洲型舞毒蛾寄主植物及寄主植物在美国发生情况来分析，美方报告依据的槭属和水曲柳（木犀科）的树种是亚洲型舞毒蛾的寄主与研究结果不符。室内饲养试验表明，无论是槭属的糖槭还是元宝枫，亚洲型舞毒蛾均不喜食，其死亡率高达 63% 和 75%，分别位于供试 32 个树种中的第 2 和第 4 位（石娟等，2003）。陈全涉（1999）的研究结果也表明，亚洲型舞毒蛾在黑龙江省伊春林区不取食水曲柳，即水曲柳不是亚洲型舞毒蛾的寄主植物。美国所提供的寄主植物有待核查。

　　从气候 – 寄主的交互作用来看，美方认为亚洲型舞毒蛾对美国几乎所有地区都具有风险性。此结果与 Matsuki 等（2001）研究预测结果不符，该研究表明只有美国东北部的气候适宜亚洲型舞毒蛾定殖。因为亚洲型舞毒蛾要在新的地区定殖成功需要满足以下条件：一是卵的滞育必须在 2 月前完成，而且解除卵的滞育需要春季的温度在 3～4℃；二是卵孵化后初孵幼虫要能找到新鲜且喜食的树种叶子作为食物。亚洲型舞毒蛾低龄幼虫对松树等其他针叶树种不太喜食（张执中等，1988）。Lance 等（1981）用几种寄主树研究舞毒蛾一龄幼虫的扩散时，提到幼虫最适宜的寄主是红栎和苹果，最不喜食的寄主是铁杉等针叶树。而且，Matsuki 还认为如 5 月以后湿度太大会限制亚洲型舞毒蛾的生长发育，即在高湿温暖的气候里该虫不能适生。所以有时候即使偶然发现了卵传入但其不一定能定殖成功。美国森林分布在国土东西两侧，中部是主要的农业区，很少有森林覆盖，阔叶树 90% 分布在东部，美国西部主要是针叶树，该虫低龄幼虫比较喜食阔叶林，大龄幼虫比较喜食针叶林。所以西部地区的树种大多是亚洲型舞毒蛾低龄幼虫不喜食的寄主。

另一方面，从亚洲型舞毒蛾在美国的发现历史来看，那些发现点虽然曾有少量该虫被诱到或监测发现，但至今亚洲型舞毒蛾还没有在美国定殖成功，一个原因固然在于美国农业部及时采取了防治措施，但另一个原因可能在于如果该虫传入时气候不适宜（冬季温度湿热或不能满足该虫 5℃、60 d 的持续低温刺激的条件）或幼虫孵出来的时间不合适（如初孵幼虫找不到喜食的新鲜树叶），则即使有该虫偶尔被传入也因无法连续完成发育而定殖失败。

综上所述，美方报告认为亚洲型舞毒蛾可以分布在美国的植物抗性 2 区到 10 区这部分存在着过高估计。关于运输途中亚洲型舞毒蛾的存活率，美国利用从日本运往新西兰（1998—1999 年）的数据，用日本舞毒蛾 L. dispar japonica 在运输途中的存活率来替代中国舞毒蛾 L. dispar dispar。两者虽然同属亚洲型舞毒蛾，但其生物学和危害特性不一致，所以不能简单用日本亚洲型舞毒蛾的存活率来代替中国亚洲型舞毒蛾。此外，加拿大的温哥华与美国华盛顿州非常邻近，其在 1982 年就已发生亚洲型舞毒蛾危害。推测美国华盛顿州、俄勒冈州及爱达荷州亚洲型舞毒蛾的发生可能与加拿大有关。

3. 风险评估结果对制定、调整修订检疫措施的作用

美国对墨西哥进境鳄梨的风险分析是一个不断调整修订检疫措施的风险分析典型案例。此风险评估基于途径，并随着进口贸易的需要多次进行不同层次的风险评估，不断调整和完善相关检疫准入政策。

自 1914 年以来，美国一直限制进口墨西哥鳄梨。1992 年，墨西哥当局要求美国考虑允许从墨西哥进口，美国进行了风险再评估，认为进口的害虫无法在阿拉斯加生存或定殖。所以从 1993 年起，美国允许墨西哥 Hass 鳄梨在某些条件下进入阿拉斯加。

1993 年以后，墨西哥多次提出要求，拟向美国其他州出口鳄梨。为此，APHIS 成立了一个监督小组，完成了《鳄梨象甲侵染对加利福尼亚州的潜在经济影响》和《墨西哥实蝇在美国定殖的经济影响》风险分析报告。美国根据研究结果，于 1995 年公布了《风险管理评估：墨西哥鳄梨的系统方法》《墨西哥进口鳄梨：虫害补充风险评估》，前者是对降低与墨西哥 Hass 鳄梨相关的虫害风险的程序的评估，后者包括对某些害虫传入可能性的定量评估，以及对此类虫害引入的评估。1997 年，在采用适当的系统方法的前提下，如实地调查、有害生物监测、包装厂及到港检查等措施，美国允许墨西哥 Hass 鳄梨在特定时间段进入美国东北部 19 个州。

1999 年 9 月，墨西哥政府要求美国根据 SPS 协定和《北美自由贸易协议》（North American Free Trade Agreement，NAFTA），进一步扩大 Hass 鳄梨向美国的出口。美国审议了这一要求，

并于 2001 年确定了墨西哥进口鳄梨允许在下一年的 10 月 15 日至次年的 4 月 15 日进入美国 31 个州和哥伦比亚特区。

2001 年起美国利用 @RISK 软件和所建立的场景模型对墨西哥 Hass 鳄梨进行了系列评估，其中特别对可能携带的 5 种检疫性有害生物进行了暴发频度分析，通过评估放宽了墨西哥 Hass 鳄梨输美的限制条件，修改了部分检疫要求。2004 年美国以进口墨西哥鳄梨的供应需求、有害生物风险、病害控制措施及合规性成本的估算构建模型再次进行评估，最终解除了地理和季节性限制。

该风险评估采用与 FAO/IPPC 标准相一致的详细步骤，首先是列出墨西哥鳄梨上所有有害生物初始清单（116 种有害生物），通过初步分析，去除非检疫性有害生物以及在拟出口的植物部分上未发现的有害生物（无传播途径的有害生物），确定了 5 种具有检疫意义的途径性有害生物，包括墨西哥鳄梨象（*Conotrachelus aguacatae*）、鳄梨象（*C. perseae*）、墨西哥荚象（*Heilipus lauri*）、鳄梨枝象（*Copturus aguacatae*）和鳄梨织蛾（*Stenoma catenifer*）。

然后，美国通过场景设计，定量计算关注的害虫的传入可能性和后果。评估假设美国全年从墨西哥米却肯州进口 Hass 鳄梨，评估时从墨西哥鳄梨的采摘和包装开始直至销售到美国各地的所有环节，充分考虑途径中各关键环节可能采取的降低风险的检疫措施，评估携带疫情的鳄梨传入美国鳄梨生产区的可能性。通过场景分析，估算出每年美国进口 5.28 亿～8.49 亿个墨西哥鳄梨，进口染疫鳄梨的最可能数量为零，95% 置信区间为 $0 \sim 5.25 \times 10^{-7}$，被侵染的鳄梨占比小于 1.1×10^{-7}，每年进入美国鳄梨产区的被侵染的鳄梨数量不超过 66 个。

在评估的 6 年中，墨西哥和美国检疫人员对果园和加工厂中这 5 种有害生物的发生情况进行反复调查、监测和查验，剖检查验的水果数量超过 1 000 万个，仅在果园中 5 次检出鳄梨枝象。检出疫情的果园即被取消出口资质，但在出口的水果中从未发现过该有害生物。这 6 年实践也证明了使用系统的植物检疫措施来防止关注的有害生物随墨西哥鳄梨传入美国是行之有效的。

此外，在评估过程中，通过相关田间和实验室试验的结果，修正了原 PRA 报告中鳄梨能被按实蝇（*Anastrepha* spp.）侵染的结论（APHIS，1995），认为实蝇类害虫与墨西哥 Hass 鳄梨进口关联的可能性很低。根据 2001 年基于途径的定量风险评估结果，美国最后修订法规，解除墨西哥鳄梨出口美国的地理和季节性限制。

第三节　有害生物风险分析的信息来源

及时掌握准确、适时、全面的信息，包括疫情及新的规章制度，是实施动植物检验检疫措施所必需的，在此基础上可以制定必要的检疫对策或进行决策。面对现代社会日益膨胀的各种信息，传统的信息储存方式已不能很好地满足植物保护，尤其是 PRA 的需要。随着现代信息技术的发展和广泛应用，20 世纪末期，信息化开始进入风险分析的进程，特别是个人计算机的普及，只读光盘 CD-ROM 技术及网络通信技术如互联网的发展，为处理和操作大量信息提供了途径。信息技术在植物保护和检疫中的作用日益重要，一场植物保护信息处理的技术革命正在迅速地展开。近 20 年来，各国在收集、分析有害生物的适生性和危害性方面，充分利用互联网和局域网进行快速互联，互通有无，真正加强了各种信息的沟通。互联网的信息互通，不保密；局域网内部分层授权管理，对外部分开放。目前，世界各国都建立了植物检疫的官方网站，美国农业部动植物检疫局网站和澳大利亚农业、渔业和林业部网站是收集信息最多的网站。

　　完善的资料和必要的信息系统是进行有害生物风险分析的基础。所需的资料包括三个方面，一是有害生物及其实际或潜在环境的事实型信息；二是解释其分布、行为、潜在损失的信息分析系统及辅助诊断系统；三是评估其扩散、定殖、经济影响的信息预测系统。但事实上，最大的挑战来自如何获得并应用所有信息以进行有效的有害生物风险分析，从而促进植物检疫措施的顺利实施。

（一）有害生物风险分析所需的信息

　　进行有害生物风险分析需要大量的信息，包括有害生物的名称、寄主范围、地理分布、生物学、传播扩散方式、鉴别特征和检测方法等。同时也需要有关寄主植物、农产品及其地理分布、商业用途及价值的资料。尤其重要的信息是关于有害生物与寄主植物的相互作用，即症状、危害、经济影响、防治方法以及对自然环境和社会环境的影响等。对于有害生物风险评估，尤其重要的是地理信息，即有关有害生物分布、寄主植物、天敌、农业生产系统、土壤、环境，特别是适合其定殖和扩增的气候资料。

　　EPPO 在开始制定 PRA 指南时就已认识到，虽然指南的制定能解释许多决策上的问题，且能为成员方在国家层面上进行评估提供指导，但进行准确评估的最大障碍不是缺乏足够的程序，而是缺乏有关有害生物的充足、可靠的资料。如果对某一有害生物是检疫性有害生物的决策有争议，那么主要原因往往是缺乏有关关键信息。因此，EPPO 的 PRA 专家组首先列出了进行有害生物风险分析所必需的信息资料清单（表 3-12）。

　　这份资料清单是进行比较综合的 PRA 所必需的，对于有充足的科学资料的国家是有利的。但是因为所有这些资料随有害生物和地区不同，获得的难易程度也不同。因此，改变获得这些资料的方法将大大促进 PRA 的有效性。

表 3-12　进行 PRA 所需的信息资料清单（EPPO）

有害生物	PRA 地区定殖的潜力
有害生物名称和分类地位	有害生物分布的生态区
与已知检疫性有害生物的关系	被保护植物的记录
与检查相关的鉴定方法	有害生物逆境和利境的气候条件
检测方法	PRA 地区的气候条件
国际贸易中主要寄主植物的类型	对出口商品的影响
国际贸易中寄主截获记录	防治措施对其他有害生物的影响
国际运输中其他方式的记录	使用杀虫剂的副作用
从初发区至 PRA 地区的特定途径	防治费用
有害生物的寄主范围	有害生物的寄主重要性

（二）PRA 的信息来源及其研究工具

对于植物检疫来说，有关有害生物的标准信息非常重要，特别是有害生物的分类信息、分布图、检疫截获记录、检疫法规和程序等。同样重要的还有针对植物检疫问题的诊断检索表和其他专家系统。

1. 事实型信息

（1）数据库

数据库在植物检疫 PRA 过程中的作用越来越重要，各种类型的检疫数据库相继建立并应用于植物检疫。EPPO 建立了植物检疫 PQ 数据库。该数据库包括了 EPPO 所有 A1 和 A2 名单中有害生物的寄主范围、地理分布及其他详尽的目录；同时包括每种有害生物在一个国家中发生程度的细节，如温室、田间发生情况、传入日期及扑灭情况的信息。EPPO 还和国际应用生物科学中心（CABI）合作，为欧盟编制了植物检疫资料单的数据库，其目的是使欧盟的植物检疫建立在统一的检疫条款基础之上。资料单使用标准化的标题，分别是有害生物（包括学名、异名、分类地位、俗名、命名和分类的说明）、寄主、地理分布、生物学、检测和鉴定、传播和扩散的方式、有害生物的重要性（包括经济影响、防治和检疫风险）和植物检疫措施及参考文献。目前不仅有电子版数据库，还出版了《欧洲检疫性有害生物》参考书。

FAO 开发的全球检疫信息系统也是一个相似的检疫数据库。该数据库不仅提供同上述相似的数据，而且还能提供有关国家和地区植物保护组织的植物检疫条例摘要、检疫性有害生物名单及处理方法。另外，FAO/ 国际植物遗传资源委员会（IBPGR）的种质资源安全运输的技术指南、美国农业部反映检疫截获信息的植物检疫截获记录数据库、亚洲太平洋地区的植物检疫中心和培训研究所（PLANTI）的植物信息数据库等都是有关植物检疫的专业数据库。另外，APHIS 和美国农业部农业研究院（USDA-ARS）建立的国家农业病虫害信息系统（NAPIS）和世界植物病原数据库（WPPD）及由澳大利亚检验检疫局建立的病虫害信息库也是检疫中很重要的数据库。CABI 在 1998 年推出了全球植物保护手册的光盘，可供各植检单位使用。该光盘提供了大量的有害生物的生物学资料、信息和照片。

从 2005 年开始，中国植物检疫总局联合中国科学院和中国农业大学等单位研发了"中国国家有害生物检疫信息系统"。2010 年，该系统已经收录了农业部公布的进境动物的一二类传染病、寄生虫病和所有进境植物检疫危险性有害生物共 4.5 万种的相关数据超过 100 多万条，整理了 50 多个国家有关植物检疫法律法规及动植物产品入境检疫要求，各国的动植物有害生物的风险分析信息、方法和模型等，可供一线检疫人员查询。2018 年，中国植物检疫总局划归中国海关总署，海关总署检验检疫国际标准与法规研究中心在已经开发的"中国国家有害生物检疫信息系统"基础上，进一步添加大量数据，完善了动植物检验检疫数据库，将发挥更大的作用。

除以上数据库外，还有其他类型的事实型数据库，包括拜耳公司的有害生物名称和异名数据库，有关防治方法特别是遗传抗性和杀虫剂信息的数据库（Russell，1991；Kidd，1991）及关于标本和培养物的数据库（Allsop et al.，1989）等均大大便利了 PRA 工作的开展。特别值得一提的是，因为生物命名法的不断变化，其连续性还不完善，而且生物数量巨大，因此生物名称库在提供获取其他信息的途径时，具有特别重要的意义。CABI 国际农业生物中心索引库就建立了与农业及相关学科有关的 75 000 个词库，其中 1/10 的术语是昆虫名称。在其节肢动物名称索引中，约有 10 万个昆虫和其他节肢动物的名称和异名，且这些异名在植物保护的文献中经常遇到。其他还有澳大利亚国际农业研究中心编制的东南亚农业主要节肢动物及杂草名录，FAO 1993 年编制的亚太地区主要作物重要有害生物名录等，均是有价值的信息源。现代信息技术也为了解各国的检疫法规提供了便利，如欧盟建立的 JUSTIS-CELEX 数据库系统。该系统包括欧盟成立以来颁布的全部法规，如贸易、金融、海关和动植物检验检疫法规等。在中国，梁忆冰等专家也已建立了"世界有害生物信息系统"，已经收集了 150 个国家约 6 万种植物、5 万种有害生物的信息数据，这些信息数据将为检疫执法和 PRA 决策提供强有力的证据支撑。

随着分子遗传学越来越广泛地应用于植物保护，特别是有害生物的分类和鉴定，其迅速扩大的核酸蛋白序列数据库可为 PRA 工作提供有害生物在分子水平上的信息。目前已建立的核酸蛋白序列数据库有欧洲分子生物学实验室（EMBL）核苷序列数据库（1988 年）、基因银行（GenBank，1992 年）、美国的核糖体数据库项目（Ribosomal Database Project，RDP，1993 年）、日本 DNA 数据库（DNA Data Base of Japan，DDBJ）和基因组序列数据库（GSDB）等。可以预期，这些数据库将在有害生物如病毒、类病毒、植原体（Phytoplasma）和细菌的分类和鉴定方面发挥越来越重要的作用，特别是在种下水平的变异识别上可能对检疫决策具有重要意义。如中国的检疫性有害生物香蕉细菌性枯萎病菌就是该病原菌的小种 2 号。

（2）互联网

除了上述固定的数据库之外，互联网上还有许多最新可利用的资料，可通过计算机下载，由于各国都在网上发布信息，且不断更新，因此通过互联网可不断查询并获得更多更新的资料。另外，植物检疫机构作为一个执法单位，必须及时准确地了解各国的检疫法规，这样有利于及时采取适当的检疫措施，做出正确的检疫决策。2007 年由美国、澳大利亚等国专门从事有害生物风险分析的科学家和应用者组成"国际有害生物风险研究组"（International Pest Risk Research Group，IPRRG），其目的是通过严谨、创新研究发展提高对有害生物风险分析建模和制图的方法。

○ 植物检疫常用网站

2. 解释性信息

在植物检疫中，知晓有害生物在何处能发生、在何处不能发生将大大促进对有害生物的管理。而以地图的形式展示其地理分布尤为重要，如 CABI 编制了植物病害分布图（始于 1942 年）和虫害分布图（始于 1951 年）。另外，CABI 还帮助非洲植物检疫委员会编制了非洲作物有害生物分布图；而 EPPO 与 CABI 目前正在合作将具有检疫意义的有害生物，以 GIS 为界面，绘制分布图。美国 APHIS 也已开发了一个计算机化的分布图系统 EPIMAP。

3. 决策信息

（1）专家组和专家系统

专家组是指对生物系统具有丰富和渊博知识的一组专家。在缺乏必要的调查数据时，估计病虫害对作物造成的损失和进行其他决策往往采用专家组的意见。而专家系统是指模拟人类决策过程的计算机程序。最近几年有大量的专家系统用于有害生物的管理及其他农业问题。其中涉及有害生物管理的专家系统旨在分析有害生物的暴发，根据田间观察和气候数据，提出实际的防治措施。Sutherst 等（1991）开发了用于 PRA 的第一个专家系统 PESKY。利用该系统，如果指定条件如将马铃薯甲虫从法国运至英国，就可结合表 3-13 的信息，确定其是否是检疫性有害生物。

表 3-13　PESKY 专家系统——条件及信息来源和风险评估

条件及信息来源	风险评估
特定来源有害生物是否存在（GIS） 特定来源有害生物气候指标（CLIMEX） 特定来源检疫的有效性	特定来源的风险可定为低、中、高
目的地的距离和中间地域的适宜性（GIS） 自然扩散范围（有害生物数据库）	确定自然扩散的风险
从来源至目的地的运输时间 有害生物的存活时间（有害生物数据库）	确定运输存活的风险
目的地检疫的有效性（GIS） 目的地有害生物的气候指标（CLIMEX）	确定定殖的风险
寄主损伤阈值（有害生物数据库） 寄主的自然价值（GIS）	确定经济和环境风险
确定是否是检疫性有害生物	

（2）诊断检索系统

诊断检索系统近年来迅速发展，用于病虫害的诊断和鉴定。如 Masselin 的 BETTIMA 系统可用于甜菜有害生物的鉴定。事实上，诊断检索系统往往是分类信息系统的一部分，如 DELTA 分类检索系统的组成部分 INTKEY 诊断检索系统。该系统指导用户通过一系列的问题，将可能种的数目降低，最后达到诊断的目的；而 CABIKEY 是一个用于昆虫检索诊断的系统。

4. 预测信息

自 1947 年 Beaumont 利用适合马铃薯晚疫病发生的气候条件预测保护性施药日期以来，人们一直试图建立预测植物病虫害的流行暴发模型。这类研究植物病虫害流行学的模型及专家系统和数据库均适用于有害生物风险分析。

在有害生物的风险评估中，可分为对时间和空间的预测。对时间的预测是指根据现有信息对将来风险的评估；而对空间的预测是指根据许多点的信息，对一定区域所做的风险估计。Teng（1991）提出两种风险评估方法，即非模型方法和模型方法。非模型方法指依靠专家组意见的方法，即主要根据专家的知识和专业经验。目前大部分在植物检疫上进行的风险评估是非模型方法。而模型方法不仅能提供传入的有害生物在不同环境条件下的行为，而且能反映寄主、病原和环境的相互关系。

模型从广义上说是指基于计算机的数学模型及相关技术。预测的模型可分为两种类型，一种是经验型模型，往往利用统计的方法，如回归模型；另一种是模拟模型，往往结合数据库。目前许多研究者认为模拟模型是风险评估最可靠的技术。曾士迈等（1990，1992）结合历史上的气候资料，利用模拟模型预测几个小麦病害对小麦生产的风险；美国农业部预测大豆锈病流行和潜在分布产量损失的 SOYRUST 也是模拟模型等。

在植物病害的预测模型建立方面，目前最成功的是 Steiner（1990）设计的用于预测梨火疫病的 MARYBLYT 模型。利用每天的最高温度、最低温度、降水量、梨和苹果物候期，结合病原菌的潜在日倍增次数的计算方法，预测 4 种不同的梨火疫病症状出现的时间及侵染危险性。该模型在美国的马里兰州、西弗吉尼亚州、密歇根州、华盛顿州和加拿大、波兰等国家的实际应用，证明在预测枯萎症状出现时间上非常准确，与实际出现时间的误差仅 1～2 d。目前，加拿大、意大利等国家已将该模型用于田间的调查预测和检疫监测。荷兰的 Schouten（1991）还建立了梨火疫病的模拟风险分析模型。Fahy 等（1991）还对梨火疫病进行了定殖可能性评估。考虑传入途径、检测可靠性及处理的有效性，结果认为在 30 年内，梨火疫病在澳大利亚果园暴发的可能性至少为 78%。据报道，澳大利亚的确已在 1997 年发现梨火疫病。

对时间和空间的预测在很大程度上取决于是否有地理型数据库。这类数据库是进行区域性预测的关键，是包含寄主植物、病原、气候、土壤和其他反映生态系统不同属性变量的数据库，每一个变量形成该区域的一个信息层。因为生物和地理的关系往往与生态系统中的大多数变量有关联，因此如果能结合处理这类数据的工具，如 GIS 和地理统计学，将大大提高预测的准确性和有效性。

5. GIS

在 PRA 中，区域性定性评估需对大量的空间数据进行分析，而 GIS 就是分析这类数据的有力工具。GIS 起源于 20 世纪 60 年代，是指基于计算机的空间数据输入、存储、检索、处理、分析、显示和绘制图表资料的数据库管理系统，是用于制订计划、进行决策和风险分析的工具。目前有许多类型的 GIS，对地理位置数据进行存储、综合和分析，大多数能处理大量数据。实际上主要有 3 个方面的用途，即组织和存储数据、监测和管理资源、模型及相关研究。从技术上看，数据库是 GIS 的一部分。在 GIS 中一个地理区域每个类型的数据可认为是该区域的一层，因层与层之间的地理和生物学上的相关性，通过测定其关系就可作为对该区域的影响评估，那么对该区域的影响图就由每层的空间相关图重叠而成，所得出的结论是一个具有强烈视觉效果的图像，故便于进行决策。

GIS 有不同的软件包，许多是专为 OS/2、DOS 或 UNIX 工作站而设计的，主要由 3 个部分组成：一是学习模块，供输入、存储、管理和显示数据的程序；二是分析环模块，可提供各主要的图形分析工具；三是外围环块，提供 GIS 与外界其他系统和程序的数据通信或存储格式的转换等程序。

GIS 于 20 世纪 80 年代中期开始应用于生物学领域，特别是在森林和草原的资源管理及大规模的农业有害生物综合防治中发挥了极为重要的作用。作为空间信息的分析手段，GIS 提供了生物与环境空间的数据管理、分析和显示的方法，使之成为研究环境因子如气候、植被和土壤等与生物地理分布间关系的有力工具。在农业病虫害的监测管理方面，主要可用来评估某种有害生物发生环境的适生条件、监测病虫害发生的空间分布动态、种群密度的分析和发生程度的预测等。美国农业部在进行墨西哥棉铃象的监测和根除活动中，利用 GIS 进行性诱捕剂分布地点和分布密度的管理。GIS 也已应用于有害生物生物学评估方面。Royer 等利用一个基于 GIS 的病害模型，输入相对湿度和气温图，预测马铃薯晚疫病在美国密歇根州的潜在发生区。随着气候资料越来越能及时准确地获得，GIS 在病虫害的预测防治和风险分析中将发挥更加重要的作用。

　　GIS 在外来物种适生性评估研究中的主要用途就是将目标物种发生区域内的生物学特征和地理物理特征结合起来，研究影响物种分布的各种因素，然后根据这些因素再对物种适合生存的地区进行预测。利用 GIS 进行有害生物的适生区研究主要包括 3 个方面，一是通过比较已知分布区物种生长发育相关的气候条件（如温度、湿度等）与研究区域的气候条件来获得研究区域的适生可能性，如小麦印度腥黑穗病菌在中国的适生可能性（白章红等，1997）、小麦矮腥黑穗病菌在中国小麦生产区的适生研究、红火蚁在中国的可能分布等。二是利用已建立的有害生物生长发育的有关模型，基于研究区域的气象资料、有害生物寄主的分布资料来预测有害生物的适生可能性，如 Morrison 等（2004）开展的红火蚁在全球的分布预测及 Yang 等（1991）开展的大豆锈病对美国大豆生产的影响。三是根据 CLIMEX、GALP 等软件的预测结果，利用 GIS 进行进一步分析，如西花蓟马在中国适生区预测、大豆猝倒病和柑橘小实蝇传入中国的可能性的定量评估（周国梁等，2007）。随着计算机技术及生态学研究的发展，近年来又开发了许多基于 GIS 的预测物种分布的软件，如 DIVA-GIS 等。在上述 3 个途径中，主要用到 GIS 的两个功能和模型：第一个是插值，主要是对模型预测结果进行插值替换，从而获得物种的区域适生范围；第二个是叠加，主要是将影响物种分布的各个因子做成不同的图层，然后将各个图层叠加起来，最终获得物种的区域适生范围。无论是模型还是软件，都可以通过一定的方式与 GIS 结合，分析更多的因素对物种的影响进而得到更加精确的预测结果。在有害生物的预防中及时准确地制定措施具有十分重要的意义。因此，GIS 在有害生物适生区预测及管理中非常有用。

　　王茹琳等运用 Maxent 软件，模拟国外发生的马铃薯斑纹片病进入中国后可能适生的范围并做出风险评估，他们将中国的 19 个生物因子、气象因子代入后，用 ArcGIS 软件作图，预测的结果是：重庆、贵州北部、四川东部、陕西、山东和河南均为适生区，风险指数为 25～50。比较 CLIMEX、BIOCLIM、领域模型、GARP 等另外 4 种模型，结果显示这 4 种模型的效果都不如 Maxent 好。

思考题

1. 简述检疫性有害生物与限定的非检疫性有害生物的区别。
2. 举例简述如何开展有害生物风险分析。
3. 何为零风险和可接受的风险水平？如何合理确定风险管理措施？
4. 生态系统与动植物检疫有什么关系？
5. 你认为哪几种有害生物与植物检疫密切相关？
6. 一种有害生物达到何种风险水平才能列入检疫名单？
7. 假设你从国外回国登飞机时带了两个苹果供自己食用，这种做法可以吗？
8. 你认为"入侵生物"或"外来有害生物"的定义，哪个更合理？
9. 检疫性有害生物名单是越多越好，还是越少越好？为什么？
10. 植物检疫处理中是否可采纳"经济阈值"的概念？为什么？

数字课程学习

⬇ 教学课件　　✍ 自测题

第四章
植物检疫程序和措施

　　植物检疫的目的是预防、控制危险性有害生物的进入、传播和扩散，要尽可能控制这些有害生物随来往的人群和物流传播和扩散的风险。经过科学分析和植物检疫实践活动，总结出要实现这一目标，应在按照植物检疫法规的基础上，经过有害生物风险分析、采取检疫审批（检疫准入）、产地检疫与预检、现场检疫、实验室检验、隔离检疫、疫情监管、检疫处理等措施。

　　植物检疫程序（phytosanitary procedure）是参照 ISPM、由官方规定的执行植物检疫措施的所有方法，包括与限定的有害生物有关的检验检测、监管、出证和处理的所有方法。因为进出境检疫与国内检疫两个系统接触的客户不同，所以要求不同，进出境检疫涉及的客户是国外，所有程序必须按照国际标准执行，必须规范。

　　在植物检疫的具体实践中，一些措施由于反复使用逐渐规范成为基本工作制度。例如，在国内植物检疫中，有产地检疫、现场检疫、调运检疫和检疫处理等，国外引进种子苗木的检疫审批、疫情发布管理、新发现检疫性有害生物的封锁、控制和扑灭等。在出入境植物检疫中，有检疫审批、报检、现场检疫、隔离检疫、调离检疫物批准、检疫放行、检疫监督等制度。

　　植物检疫的内容和方式有多种，我国根据国内实际需要建立了两个不同的体系，一个是进出境检疫体系，另一个是国内农林业植物检疫体系。进出境检疫体系归国家海关系统管理，国内农林业植物检疫体系按农业和林业职责由农业农村部、林业和草原局两个部门领导，但这两个检疫体系的业务相仿而且联系紧密。

　　对植物及植物产品在国内流通前、流通中、流通后可以分别采取以下植物检疫措施：建立健康种苗基地和进行产地检疫；切实做好植物检疫审批和报检工作；把好进出境口岸检疫和国内调运检疫关；搞好国外引进种苗等繁殖材料的隔离试种检疫；划定疫区和保护区，对疫区采取封锁、消灭的措施；建立疫情监测制度，及时封锁、控制和扑灭传入的检疫性有害生物。

第一节　植物检疫基本程序

　　根据 ISPM 5《植物检疫术语表》，植物检疫程序是指官方规定的执行植物检疫措施的任何方法，包括与限定的有害生物有关的检查、检测、监控或处理的方法。我国进出境植物检疫与国内植物检疫分属不同的部门管理，已经形成了各自相对独立的工作体系。

一、进出境植物检疫基本程序

　　依据国际法规和我国相关法律法规，所有涉及进出境的植物、植物产品和其他管制物（例如国际间往来的交通运输工具和进出境旅客携带物）等必须经过官方的一系列检验检疫程序，被证明安全后才能够进出境。针对每一批次的植物、植物产品和其他管制物，在出入境植物检疫的工作程序中，检疫申报、现场检疫和实验室检验、检疫处理、放行是进出境植物检疫中4 个最基本的程序（进境植物检疫、出境植物检疫流程示意图分别见图 4–1、图 4–2）。中国进出境植物检疫机构根据检疫需要，在征得输出植物、植物产品国家或地区政府有关机构同意后，可以派检疫人员到输出国家或地区的产地进行预检、监装或疫情调查。进境植物检疫程序示意简表如表 4–1 所示。

表 4–1　进境植物检疫程序示意简表

A. 用户【申请、报检等】	B. 检疫机关【审批、检验、检疫处理、出证】
1. 特许用户申请从境外引进种质资源、种苗、血清、生物标本等（附风险初评估报告）→	1b. 海关总署受理，特许审批（PRA）：是 / 否；【检疫许可、检疫准入】→ 2a；
1. 一般用户：申请从境外购买批量种子、植物产品，附风险分析初评估报告→	1b. 省、部级：受理，审批（PRA）→是 / 否；【检疫许可、检疫准入】→ 2a
2a. 用户与外商签协议，要求出口方提供检疫证书→	2b. 可要求到产地、加工地预检等→ 3a
3a. 货物入境，用户报检→	3b. 现场检疫，实验室检验，检疫合格出证→ 4a；货物可疑：隔离检验→ 4a；检验不合格：检疫处理；检疫出证→ 4a
4a. 用户：将合格种苗的种植地报告当地检疫机关→	4b. 跟踪检疫、检疫监管
5a. 引种区属地检疫机关应建档备案，定期跟踪复查有无新疫情	5b1. 检疫过程及结果存档备查。5b2. 外检机关向引种区检疫机关抄报有关检验结果

　　1. 检疫申报

　　检疫申报是出入境动植物检疫机构将所有涉及出入境管制物及过程纳入官方管理的手段之

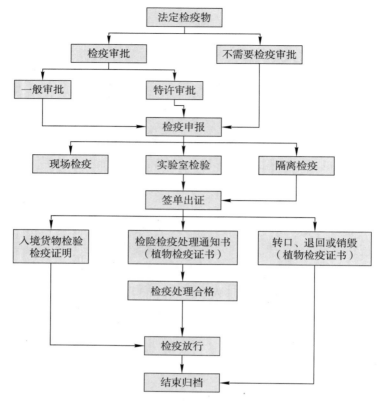

图 4-1 进境植物检疫基本流程示意图

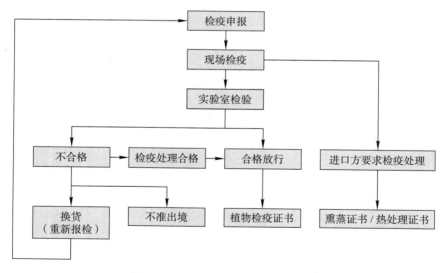

图 4-2 出境植物检疫基本流程示意图

一。检疫申报是指输入输出货物的收发货人、出入境物品所有人或者其代理人，向检疫机构申请办理货物、运输工具、集装箱及其他法定检疫物的行为。根据植物检疫分工，申报可以分为进出境植物检疫申报和国内调运检疫报检。检疫申报的主要作用是使检疫人员在接到货主或代理人递交的申报材料后，为进一步核对相关单证和实施检疫做好必要准备。目前，须检疫申报的法定检疫对象的范围包括：法律、行政法规规定必须由检疫机构检疫的；有关国际条约规定必须经检疫机构检疫的；输入国家或地区规定必须凭检疫机构出具的证书方准许入境的。申报人应当在规定的地点和时限办理申报手续，申报时应当填写规定格式的申报单（海关为报关单），并提交相关的单证材料，如植物检疫证书（Quarantine Certificate）、产地证书（Certificate of Origin）、贸易合同（Trade Contract）、信用证（Letter of Credit）、发票（Invoice）等。转基因产品还要提供转基因生物安全证书，如果属于应办理检疫许可手续的检疫物，则在申报时还需提交进境动植物检疫许可证。

2. 现场检疫和实验室检验

现场检疫是对进出境法定检疫物进行证书核查、货证查对和抽样送检的官方行为，是初步确认是否符合相关检疫要求的法定程序，是防范植物疫情传入的强制性行政措施。现场检疫主要包括两方面：一是现场查验。进出境应检物抵达时，检疫官员依法登船、登车、登机或到货物停放地现场进行查验。现场查验的主要内容包括核对证单、核查货证是否相符、对输入/输出的植物及其产品和其他应检物及其包装的完整性进行检查，同时，按照相关操作技术要求，对管制物进行直观的现场检查。二是抽采样品。抽采样品应具有代表性，按照有关抽采样的国家标准或行业标准，以及进口/出口货物的种类和数量制订抽样计划并实施抽样，必要时要结合有害生物生物学特性实施针对性抽样。

经现场检疫，将现场检查发现的有害生物、带有症状的样品和其他需做进一步检测的样品送实验室检验。实验室根据送检的检验、鉴定项目，按照相关检测技术标准，采用分离、培养、生理生化和形态学、分子生物学等方法进行检测和鉴定。实验室检验为现场检疫提供了必要的技术支持。实验室检验鉴定结果是对进出口货物做准予进出境或检疫处理的重要依据。

3. 检疫处理

出入境的植物、植物产品和其他应检物，经检疫发现有检疫性有害生物及其他需要关注的有害生物时，或应输出国家或地区的要求，要在检疫机构监督下实施技术处理，以达到消除植物有害生物的目的。植物检疫处理主要有除害、退回、销毁、禁止出口、改变用途等方法，其中检疫除害处理是植物检疫处理的主要内容。主要的检疫除害处理方法有：物理方法，如水浸处理、低温处理、速冻处理、热水处理、干热处理、湿热处理、微波加热处理、高频处理、辐射处理等；化学方法，如药剂熏蒸处理、喷药处理等，其中药剂熏蒸处理由于经济、实用，是应用最为广泛的处理方法之一。

4. 放行

放行是检疫机构对符合检疫要求的法定检疫出入境货物、运输工具、集装箱等出具检疫证书等证明文件，表示准予出入境或过境的一种行政执法行为。

我国法律法规明确规定了进出境的植物、植物产品实行先通检后通关的放行原则。检疫合格的，出具"入境货物检验检疫证明"。检疫不合格，发现检疫性有害生物和其他有检疫意义的有害生物的，出具"检验检疫处理通知书"，在检疫机构的监督下实施检疫处理，处理合格后方可入境；无有效处理方法的做退回或销毁处理。

二、国内植物检疫基本程序

国内检疫是对国内调运的植物、植物产品及其运载工具实施的检疫，其目的是防止局部地区发生的或新传入但扩散未广的危险病、虫、杂草，在国内不同地区间传播蔓延。国内省间调运种苗的审批机关是省市级或县级植物检疫机构。省级植物检疫机构负责检疫名单的拟定，国外引种检疫审批和植物、植物产品调运检疫，PRA，疫区、低度流行区、保护区的检疫管理和疫情报告发布等方面的工作。

国内植物检疫体系分农业植物检疫和林业植物检疫两部分，分别由农业农村部、国家林业和草原局负责，虽然检疫名单有所不同，但是有关检疫程序和要求基本相同。对植物及植物产品在流通前、流通中、流通后可以采取的植物检疫程序和措施也基本相同：有定期的疫情普查与发布管理制度，建立健康种苗基地和产地检疫制度，种苗调运检疫制度，包括现场检疫、检疫监管和检疫证书制度等，新发现检疫性有害生物时要及时上报农业和林业部门，经过核查鉴定后提出处理意见。必要时省级植物检疫主管部门可划定疫区、保护区，对疫区的封锁、控制和扑灭措施等也基本相同。凡持有植物检疫证书的货物，即被认为是检疫合格的。国内调运植物的检疫流程如表4-2所示。

表4-2 国内调运植物的检疫流程

用户（申请、报检）	检疫机关（受理、审批、检验检疫、处理、出证）
1a. 用户：调运与检疫申请（附风险初评估）→	1b. 省、部级：受理，审批（PRA）→是/否；【检疫许可、检疫准入】→ 2a
2a. 用户与商户签协议，出口方提供检疫证书→	2b. 可要求到产地预检等→ 3a
3a. 货物入境，用户报检→	3b. 现场检疫，实验室检验，检疫合格出证放行；货物可疑：隔离检验→ 4a；检疫不合格：检疫处理；检疫出证→ 4a
4a. 用户：将种植区报告当地检疫机关→	4b. 跟踪检疫、检疫监管。检疫过程及结果存档备查

三、检疫出证与检疫证书

检疫机构在对植物、植物产品和其他应检物进行了现场检疫和实验室检验后，根据有害生物的实际情况对照检疫要求，对所检物品签发检测结果的书面文件，这就是检疫出证的过程。发给用户的书面文件或电子证书均称植物检疫证书，它证明货物符合国内植物检疫要求或进出境植物检疫要求。在填写植物检疫证书时必须用词准确与严谨。

农业或林业用户在调运植物或植物产品前向植物检疫机构提出检疫申请并且得到检疫许可以后，检疫机构就应该派员对调运的货物进行核对和现场检疫，检疫后应该按照检疫程序把货物检疫的结果以书面文件告知用户。国内的植物检疫证书一般在检疫合格时出具，检疫不合格就不予出证、不予放行。

海关对符合检疫要求的法定检疫出入境或过境货物等出具植物检疫证书等证明文件，表示准予出入境或过境。进出境植物检疫证书的格式应当与《国际植物保护公约》的模式证书一致，并为世界各国所认可。经过检验，获得植物检疫证书的货物即被认为是健康无疫的货物，准予放行。进出境检疫放行仅表明检疫合格，不等于口岸直接可以放行，还要有海关签署通关单才能进关或出关。

进境植物检疫合格的，一般出具入境货物检验检疫证明，经现场检疫或实验室检验，如果发现带有《中华人民共和国进境植物检疫危险性病、虫、杂草名录》或进口国检疫要求中所不允许的有害生物，则出具对货物分别采用除害处理、禁止出口、退回或销毁处理的"检验检疫处理通知书"。有的植物检疫证书会直接加注检疫处理的相关情况，包括日期、药剂及浓度、处理方法、技术时间及温度，以及其他需要的附加声明等内容。

第二节　检疫准入与审批

检疫准入与审批是进境植物检疫的法定程序的第一个环节，是进境植物、植物产品和其他管制物在入境之前实施的一种预防性植物检疫措施。

检疫准入措施是伴随着对有害生物风险认识的不断深入而逐步发展起来的。植物检疫法规基本都建立了禁止进境的植物及其产品名单，它们之所以被禁止进境是因为该植物及其产品可能携带某些重要的有害生物，或者它们本身就具有较高的检疫风险。由于贸易的需要，同时随着风险管理理念、风险管理技术水平的发展，各国开始有条件地解禁禁止进境物名单中的植物及其产品，这个过程就是检疫准入的发展过程。

对于列入禁止进境物名单中的植物及其产品，由于风险较高，需要完成检疫准入的相关审批程序，方可获得准予进境的资格。检疫审批一般采取名单制，对纳入名单的出入境植物及其产品实施检疫审批。检疫审批主管部门根据法律法规的有关规定，在风险分析的基础上，对拟进境的需实施植物检疫的管制物提出具体的植物检疫要求，制定、调整和发布需要检疫审批的植物及其产品名录。植物检疫审批名录中的出入境植物及其产品需经过审批，取得植物检疫许可证后，方可办理入境手续。

一、检疫准入的概念

在 ISPM 5《植物检疫术语表》中，还没有"检疫准入"的定义。根据目前各国在检疫准入中的一般做法，检疫准入是指出入境植物检疫主管部门根据相关法律法规的要求，对首次或者列入禁止进境物名单的拟进口产品在生产国家和地区的植物疫情风险状况进行评估审核，对拟输出国家或地区的官方管理体系的有效性进行评价，提出具体风险管控措施，使产品最终风险达到输入国可接受的风险水平并实现正常贸易的过程。

在检疫准入过程中，需要输入、输出双方就拟贸易产品相关风险管理措施的有效性和可操作性进行磋商，最终实现既能降低风险并符合输入方检疫要求，又对贸易影响最小的目标。

　　检疫准入被看作进境植物及其产品在输入国境前就把控的第一道关口，已成为一项重要风险管理措施，对于严把国门、严防疫情传入、提高进境农林产品质量安全水平、服务对外贸易健康发展等具有重要意义。例如，以前我国规定不从任何有地中海实蝇发生的国家或地区进口水果，发展到目前在一定条件下可以从发生国家的非疫区进口水果，但必须同时采取一系列的风险控制措施，既要保证安全，又促进了水果贸易，从而支持了贸易的健康发展。

二、检疫准入的一般程序

　　目前，我国虽没有就检疫准入制定专门的部门规章，但通常包含检疫准入申请、开展风险分析、确定植物卫生条件和要求、境外企业注册、对外公布等5个方面的程序和内容。

　　1. 检疫准入申请

　　首次向我国输出植物及其产品，或列入禁止进境物名单中的植物及其产品向中国输出时，由输出国家或地区官方动植物检疫部门向海关总署提出书面申请，并提供开展风险分析的必要技术资料。技术资料主要包括输出产品在输出国家或地区种植区域、品种、面积、收获季节等情况，产品种植过程中有害生物发生情况及防治措施，产品生产加工方式和储运方式，输出国家或地区该类产品对外出口的情况等。

　　2. 开展风险分析

　　海关总署收到申请后，组织专家根据有关国际植物检疫标准和我国相关技术标准，对拟输入的植物及其产品进行风险分析。首先，在参考输出国家或地区提供的技术资料的基础上，通过各种渠道补充查找收集拟输入产品可能携带的植物有害生物种类，运用地理标准、管理标准和潜在经济影响，分析并提出需要进一步分析的有害生物名单。其次，对名单中的每一种有害生物从进入和扩散的可能性两个方面分析其传入可能性，从直接和间接等方面分析其潜在经济影响，再根据传入可能性和潜在经济影响确定每一种有害生物的风险等级，最终确定需要关注的检疫性有害生物名单。最后，针对关注的检疫性有害生物名单，考虑输出国家或地区建立的官方控制体系，如植物检疫法律法规、机构组织形式及其职能、有害生物监测和防治体系，以及出口产品具体加工方式等，提出降低风险的备选管理方案，目标是使产品风险符合中国可接受的风险水平，同时对贸易影响最小。

　　在风险分析报告初稿完成后，相关人员一般会赴产地进行实地考察，主要是了解产品在输出国家或地区的种植情况（包括种植面积、品种、产地、产量、收获季节和其他生物学信息等），并进行有害生物发生情况调查；了解输出国家或地区的植物检疫法律法规体系、机构组织形式及其职能、防疫体系及预防措施、有害生物的发生情况、疫情监测体系及其运行状况、检疫技术水平和发展动态；实地考察产品生产加工方式、企业质量安全管理体系的建立及运行等情况；与输出国家或地区官方人员和技术人员进行技术交流，磋商具体风险管理措施等。在实地考察和核实基础上，对风险分析报告和风险管理措施进行修改完善。最终由风险分析办公室组织专家对风险分析报告进行审核，修订完善后提交海关总署。

　　3. 确定植物卫生条件和要求

　　在风险分析的基础上，海关总署组织人员草拟产品输华双边议定书草案，核心是确定风险管理措施，也就是确定植物卫生条件和要求，同时明确拟开放产品的品种、产地，以及双方在产品输出、输入过程中就降低产品风险应采取的措施和应履行的职责等。议定书内容需经贸易双方磋商。经磋商一致后，贸易双方签署产品输华检疫双边议定书，并确认检疫证书内容和格式，作为开展进境具体检疫工作的依据。在确定植物卫生条件和要求的过程中，海关总署也将征求农林主管部门、相关科研机构以及直属海关部门和相关专家的意见。

4. 境外企业注册

在检疫准入过程中，风险管控措施一般涉及产品整个种植和生产链条，应在风险产生的最佳控制点实施风险管理，这基于多年来对安全问题的深入认知，同时也是对贸易影响较小的管理策略。从输入方看，可以要求输出方在产品种植过程中就对输入方关注的检疫性有害生物进行监测和防治；在加工过程对可能携带的有害生物进行加工处理，再次降低产品携带有害生物的风险，但这些要求的落实，需要以相应的管控程序为基础。国际上的通行做法就是对种植企业和加工企业进行注册登记管理。注册登记的要求和注册程序经双方认可，特别是应得到输入方的评估和认可。同时通过官方注册登记可以有效推进输出方履行官方监管职责，并通过输出方官方将安全管理要求传达到企业。通过注册登记管理，可以帮助相关企业建立质量管理制度，有效提升产品对风险的控制力度。因此，输入方要求输出方对企业实行注册登记管理已成为一项非常有效的管理手段和制度。目前，我国要求生产加工企业实施注册登记的进境植物及其产品包括部分高风险植物繁殖材料种植场（圃），进口水果的果园和包装厂、境外粮食及植物源性饲料加工存放企业等。

境外企业注册登记的具体程序包括：首先，输出国家或地区主管部门按照双方认定的注册登记条件和程序，对申请企业进行审查，审查合格后向中国海关总署推荐。其次，海关总署对输出国家或地区官方提交的推荐材料进行审查，审查合格的，经与输出国家或地区主管部门协商后，海关总署派出专家到输出国家或地区对其安全监管体系进行现场考察，并对申请注册登记的企业进行抽查。最后，对抽查不符合要求的企业，不予注册登记，并将原因向输出国家或地区主管部门通报；对抽查符合要求的及未被抽查的其他推荐企业，予以注册登记。

对已获准向中国输出相应产品的国家或地区及其获得境外注册登记资格的企业，海关总署可不定期派出专家到输出国家或地区对其生产安全监管体系进行回顾性审查，并对申请延期的境外生产企业进行抽查，对抽查符合要求的及未被抽查的其他境外生产企业，可延长注册登记的有效期。

5. 对外公布

拟进口的产品经过上述所有程序，海关总署完成内部审核程序后，以公告形式发布检疫准入的产品名单等信息，并在外网公布经过注册登记的企业名单。海关总署也将向各直属海关通报允许进口的国家或地区的检疫准入信息，包括允许进境该农产品的国家和地区的议定书、检疫要求、卫生证书模板、印章印模等，有的进境产品还需要通报国外签证官的签字笔迹。公布之后，企业即可以正常开展贸易。

一般情况下，我国与输出国家或地区签署的双边议定书都有一个期限。在执行一个有效期后，海关总署会回顾性审查执行情况，包括风险报告回顾性审核、检验检疫要求的执行情况等，如果有必要，还将派人员赴境外考察，以确定是否有必要修改议定书具体内容。没有必要修改的，经双方磋商后直接续签；有必要修改的，启动修改程序。

三、检疫审批的主要作用

检疫审批（也称检疫许可）是指输入货物或者运输货物过境时，必须依法事先提出申请，办理检疫审批手续，有关主管部门根据已掌握的输出国家或地区的疫情，按有害生物风险分析原则，对准备输入或过境的植物、植物产品等货物进行审查，最终决定是否批准其进境或过境的过程。

检疫审批的作用主要集中在 3 个方面：

1. 避免盲目进境，减少经济损失

作为货主，其对输出方植物疫情不一定全面了解，对输入方植物检疫法规的掌握也不一定全面，很可能发生未办理检疫审批手续、盲目输入某些需要办理检疫审批的检疫物的情况。一旦这些检疫物抵达口岸，就会因违反植物检疫法规而被退回或销毁，造成不必要的经济损失。

2. 提出检疫要求，预防传入

办理检疫审批的过程中，植物检疫机构依据有关规定和风险分析的原则来决定是否批准输入。如果允许输入，会在批准的同时提出相应的检疫要求，例如要求该批货物不准携带某些有害生物等，这也增加了输入时检疫检验的针对性，能够有效预防植物有害生物传入输入方。

3. 依据贸易合同，合理索赔

在签订合同时，贸易双方将检疫审批的相关要求写入贸易合同或协议中，境外检疫机关在出境检疫时有依据，使供货商组织符合要求的货物，避免不符合要求的货物输出。当检疫物在入境时被植物检疫机构确定不符合检疫要求时，例如检出检疫性有害生物，货主可依据贸易合同中的植物检疫要求条款向输出方提出索赔，避免损失。

农业部门、林业部门负责国外引进的农业、林业植物种子、种苗及其他繁殖材料的审批。从境外引进用于区域试种、对外制种、试种或生产的所有植物种子、种苗、鳞（球）茎、枝条以及其他繁殖材料，在引种前均应办理国外引种检疫审批手续。例如，从国外引进蔬菜良种前需要在农业农村部所属的植物检疫机构办理检疫审批手续。

因科研需要，引进《中华人民共和国进境植物检疫禁止进境物名录》中的植物或植物产品，应向海关总署申请办理特许审批手续。

过境转基因产品在过境前，申请单位或其代理人应向海关总署提出申请并获得"检疫许可证"，并按指定的口岸和路线过境。

旅客携带或邮寄植物种子、种苗或繁殖材料入境，因特殊情况无法事先办理植物检疫审批手续的，由携带人、邮寄人或收件人在货物抵达口岸时到直属海关办理植物检疫审批手续。

四、检疫审批的一般步骤

检疫审批一般包括两个主要步骤：一是审批申请，一般申请从境外引进植物种苗的单位，向省部级植物检疫部门申请，可在网上填报检疫审批申请，如大学、科研单位因特殊需求需要从境外引入某些禁止进境物，就要办理特许审批手续。引进禁止进境物的单位或个人必须事先向海关总署动植物检疫司提出申请，并提供上级主管部门的证明以详细说明禁止进境物确属科学研究等特殊需要，引进单位还应提供具有符合检疫要求的监督管理措施的说明。

二是主管审批部门对首次申请的单位或检疫物，派检疫人员进行现场核查，对符合检疫规定的，签署考核合格的意见，供最终审核部门参考。如果是再次申请，植物检疫主管审批部门根据申请单位提交的材料是否齐全、是否符合法定形式作出受理或不予受理的决定。材料齐全且符合法定形式的，主管审批部门根据国内外植物疫情、法律法规、公告禁令、预警通报、风险评估报告、安全评价报告等，对申请进行审核，作出许可或不予许可的决定。获得许可的，签发植物检疫许可证。

特许审批的许可物主要是指因科学研究等特殊需要而引进的国家规定的禁止进境物。在我国，禁止进境物主要包括 4 类：一是植物病原体（包括菌种、毒株等）、昆虫及其他有害生物；二是植物疫情流行国家的有关植物、植物产品；三是动物尸体（例如昆虫标本等）；四是土壤。

同意或者批准植物检疫许可证的条件是：输出国家或者地区无重大植物疫情；符合中国有关植物检疫法律、法规、规章的规定；符合中国与输出国家或地区签订的有关双边检疫协定（含检疫协议、备忘录等）。

第三节　产地检疫与产地预检

开展种苗产地检疫，建立无检疫性有害生物发生的种苗基地，简称无疫害产地，是国内植物检疫的基础工作。一般把境外开展的检疫称为境外预检或产地预检，以便与国内的产地检疫相区别。产地检疫和产地预检都是一项积极、主动的检疫措施，是从源头防止检疫性有害生物传播蔓延的重要手段，也是国内外一致推崇的做法。

一、产地检疫

产地，是指单一生产或耕作单位的设施或大田的集合体，可包括因植物检疫目的而单独管理的生产点。我们可以把整个国家视作一个产地，也可以根据实际情况把一个国家分成多个产地。

产地检疫（producing area quarantine）是指植物检疫机构根据检疫需要，在植物、植物产品的生产地，按照产地检疫规程等规定的方法和程序对植物生长期间进行的全生产过程检疫，指导采取预防控制措施，并依法签署产地检疫合格证的检疫活动。一般由农作物种植所在地的县级植物检疫机构实施，主要针对农作物、林木的种子种苗，也包括植物产品，审核的内容主要是农作物、林木种子种苗繁育过程或生产过程中是否发生检疫性有害生物或危险性有害生物。一般都选择目标病虫害在田间盛发期进入现场检查，也可视需要在特定时期进行抽检。

1. 产地检疫的主要程序

生产、繁育单位或个人向所在地市县级植物检疫机构提交"产地检疫申请书"。植物检疫机构受理申请后，进行审查和决定。按照已经制定颁布的产地检疫技术规程或参照相应的检疫技术标准、技术规范进行产地检疫。经产地检疫合格的，植物检疫机构在取得产地检疫结果后 3 个工作日内签发"产地检疫合格证";不合格的,告知申请人不予签发"产地检疫合格证""产地检疫合格证"一般有效期为一年,每一张合格证上都有一个相对应的编码,属于植物检疫证明编号的一种。

2. 产地检疫的主要做法

不同作物有不同的重点关注的检疫性有害生物,不同的田间监测、调查、取样方法,以及不同的有害生物检测方法,因此,不同作物有不同的产地检疫方法。从 1985 年起,我国陆续制定发布了小麦种子、柑橘苗木、马铃薯种薯、大豆种子、苹果苗木、棉花种子、甘薯种苗、水稻种子、玉米种子、香蕉种苗、向日葵种子等产地检疫规程。随着检疫对象的变化和检疫方式的改变,将制定新的产地检疫规程,已经制定的产地检疫规程也会适时进行修订,但一般都是在某种有害生物生长期最容易出现危害症状时进行实地检验。

根据《植物检疫条例》和实施细则的规定,产地检疫针对的是农作物和林木种子、种苗的生产。随着经济的发展和商品流通频率的加大,疫情随着农林产品调运传播的风险在加剧。为更好地做好疫情监测、防控工作,基层植物检疫机构将产地检疫的对象由种子种苗扩大到农林产品上,如苹果、香蕉、柑橘主产区植物检疫机构对该类产品实行产地检疫,产地检疫合格后,开具植物检疫证书。通过对产品实施产地检疫,检疫机构能随时掌握疫情发生情况,而且在商品调运期间,可以不经抽样调查和检测程序,直接发给调运检疫证书。

二、产地预检

国内植物检疫实施的产地检疫措施,给出入境植物检疫工作带来启发,产地预检是在产地检疫的基础上发展起来的。近年来,由于国际贸易的飞速发展,产地预检越来越受到重视和欢迎。

产地预检(producing area pre-clearance)是在植物或植物产品入境前,输入方的植物检疫人员在植物生产期间或加工包装时到原产地或加工包装场所进行检验、检测的过程。在这一过程中,需要输出方检疫部门和检疫人员的密切配合和支持。

1. 产地预检的主要内容

日本曾经禁止从中国进口新疆哈密瓜,主要原因是日本认为新疆哈密瓜产区有瓜实蝇的分布,而该种昆虫能够对日本的水果、蔬菜生产造成极大的威胁。中日双方检疫工作者互相协作,开展预检工作,通过调查研究,日方检疫人员最终确认新疆哈密瓜产区没有瓜实蝇的分布,并且该产区的自然条件也不适合瓜实蝇的定殖。在预检工作的基础上,日本解除了对中国新疆哈密瓜的进口禁令。

随着对外开放的扩大,大批国外农产品进口到中国。我国加强了进口植物及植物产品的产地预检工作,在保障农产品安全的同时促进了国际贸易的发展。例如,我国对从美国进口的华盛顿州苹果、佛罗里达州柑橘均采取了产地预检措施。在我国植物检疫人员确认上述产地及相关产品无苹果蠹蛾、地中海实蝇等检疫性有害生物的基础上,上述农产品得以进入中国市场。为了预防烟草霜霉病菌的传入,我国对从巴西、土耳其、加拿大、津巴布韦等地进口的烟草实施了产地预检措施。

在国外执行植物产地检疫任务时,预检人员对外代表中国植物检疫机构,按照双边或多边检疫协议的要求，配合输出国家或地区政府植物检疫机关执行双边检疫协议，落实议定书规定的检疫要求，确保向中国输出的植物及其产品符合双边检疫协议的规定。产地预检内容主要有 3 项：一是确认拟输华的植物或植物产品是否来自海关总署确认的有害生物非疫区和非疫产地；二是确认输出国家或地区官方建立有害生物非疫区和非疫产地的官方措施的落实情况；三是查看输出国家或地区官方在植物生长期间，是否针对中方关注的检疫性有害生物进行疫情调查。产地预检时重点关注以下事项：输出国家或地区针对中方关注的检疫性有害生物采取的植物检疫措施体系是否有效运作；已完成加工、包装的待出口植物、植物产品不带有土壤、活虫和植物根、茎、叶等残体，不带有双方指明的检疫性有害生物；包装上标明的官方标签和相关信息符合议定书规定。

2. 产地检疫与产地预检的关系

产地检疫与产地预检既有联系，又有区别。产地检疫和产地预检都是针对植物及其产品的重要检疫措施，用来防止管制性植物有害生物从原产地向外传播和扩散。两者的区别在于：一是主管部门不同，产地检疫的主管部门属于国内植物检疫机构，产地预检的主管部门属于出入境植物检疫机构；二是针对的原产地不同，产地检疫针对的是国内的原产地，而产地预检针对的是输出国家或地区的原产地；三是针对的疫情不同，产地检疫针对的是本国或本省或地区检疫性有害生物，产地预检针对的是输出国家或地区发生的、本国防止传入的检疫性有害生物。

三、产地检疫与产地预检的作用

产地检疫与产地预检的作用，主要体现在以下 5 个方面：

1. 有利于了解有害生物的情况，使制定的检疫对象名录更加科学合理

对某种产品提出的检疫对象名单主要是根据现有的文献资料进行风险分析而得出的，这样的名单可能会存在局限性。各个国家、地区的地理、气候及生态环境各不相同，有害生物的种类也不完全相同，各种生物又都有其自身的生物学特性。在它们的原产地，它们与周围的气候、地势、寄主、天敌等环境因素相互协调，有的可能为害严重，有的可能为害不严重。当一种生物离开了原来的环境进入新的环境后，可能由于生态条件的改变（例如缺少天敌等因素的制约），原来为害不严重的可能变得为害严重。因此，通过产地检疫和产地预检，可以了解作物种植生长情况和产地病、虫、杂草等的发生情况，对确认一个国家或地区的疫区范围有所改进，使我们关注的有害生物名单更加科学合理。

2. 便于发现疫情，结果更为准确，有利于提高进境时检疫的针对性和准确性

产地检疫和产地预检一般都是一个相对长期的过程，可以在生长或生产期间定期检疫若干次，这有助于发现疫情。另外，在生长或生产期间，植物有害生物的为害状及有害生物本身更易于表现出来，容易被发现和识别，有利于诊断和鉴定，所得结果的准确度提高。与到达输入地后进行现场检疫相比，产地检疫和产地预检更有助于及时发现疫情，提高检疫结果的准确性，也有利于提高输入时现场检疫的针对性。

3. 有利于简化现场检疫的手续，加快商品流通速度

经产地检疫和产地预检合格的植物及其产品，在出境或国内调运时一般不需要再检疫，凭

产地检疫合格证可换取植物检疫证书，有助于简化现场检疫的手续，同时能够加快商品流通的速度。产地检疫和产地预检对于鲜活植物产品，如水果、蔬菜等尤为有利。

4. 有利于避免更大的经济损失，保护货主利益

一般情况下，货主需事先向检疫部门申请产地检疫或产地预检。在植物及植物产品的生长或生产过程中，货主可以在植物检疫部门的指导和监督下，采取预防性措施，及时防止和消除相关有害生物的为害，从而获得合格的植物及植物产品。这些商品在出入境或国内调运时，可以避免因检疫不合格而进行除害处理或退货、销毁。因此，产地检疫和产地预检可以帮助货主避免更大的经济损失。

5. 加强部门合作，增进检疫交流

产地检疫和产地预检需要植物检疫部门、生产部门、贸易部门等相关单位的相互协作才能完成，在原产地进行检疫的过程中能够加强这些部门之间的合作。例如，在我国产地检疫中，一些省市的植物检疫部门、种子管理部门和生产部门联合组成产地检疫小组，到原产地开展田间调查检验，最后根据结果签发产地检疫合格证，种子部门凭此证收购健康种子，检疫部门凭此证签发植物检疫证书。产地预检工作一般需输入方和输出方的植物检疫人员共同合作完成，在合作过程中有助于增进彼此的了解，促进彼此的检疫技术、检疫方法的交流。随着全球经济一体化、贸易自由化进程的加快，国际间通过产地预检进行植物检疫合作的做法将会越来越受欢迎。

第四节　现场检疫

当贸易货物入境时，用户向检疫部门申报，要求对货物实施现场检疫，这是整个植物检疫的重要环节。现场检疫是在货物抵达国境时为阻止疫情传入必须采取的强制性行政措施，其作用在于尽最大可能把疫情或不合格产品拒于国门之外。对于出境货物，现场检疫是对经产地检疫合格后的出口植物及其产品和其他应检物，在出境口岸依法实施现场查验并进行核对，以保证出口植物及其产品质量安全，防止有害生物的传出和扩散，维护正常的出口贸易秩序。

按照 ISPM 颁布的术语，检疫人员在车站、码头、机场等现场对检疫物所做的直观检查，属于现场查验是由检疫人员在现场环境中对植物（植物产品）或其他限定的商品包装物等进行的直观检查，以确认是否存在有害生物或确认是否符合植物检疫法规要求的法定程序。直观检查是对植物、植物产品或其他应检物在没有处理的情况下，用肉眼、放大镜或解剖镜来检查有无有害生物或污染物。直观检查可以在现场进行，也可以在现场抽样后到实验室进行。

现场抽样是用规范的方法从检疫物总体中抽取有代表性的样品，作为评定该批检疫物质量和安全的依据，一般根据货物的种类和可能携带的有害生物的生物学特性决定具体的抽样方案。

一、现场检疫的主要内容

1. 核对证单，核查货证是否相符

核查报检单、贸易合同、信用证、发票、输出国家或地区政府动植物检疫机关出具的检疫证书（出口是产地出具的检疫证书）等单证；依法应当办理检疫审批手续的，还须核查并核销进境动植物检疫许可证。根据单证核查的情况并结合中国植物检疫规定及输出国家或地区疫情发生情况，确定检疫查验方案。

检查所提供的单证材料与货物是否相符，核对集装箱号与封识与所附单证是否一致，核对单证与货物的名称、数量质量、产地、包装、运输标志是否相符。进境检疫查验时，还应查阅与检疫物有关的运行日志、货运单、贸易合同等，询问运输情况，查询检疫物的启运时间、港口、途经国家和地区，以提高现场检疫查验的针对性。

2. 有害生物及其他不合格情况检查

在检查运输及装载工具时，检疫人员在机场、码头（锚地）、车站登车时执行检疫任务，着重检查装载货物的船舱或车厢内外、上下四壁、缝隙边角以及包装物、铺垫材料、残留物等害虫容易潜伏的地方，然后注意检查货物表层、堆角、周围环境及包装外部和袋角有无害虫及害虫的排泄物、分泌物、蜕皮壳、虫卵及蛀孔等为害痕迹。在检查旅客携带物和邮寄的植物及其产品时，需检查植物及其产品的外包装及内部，一般以检查有无害虫或有无异常症状为主，对病原物和杂草要做针对性检查。在现场检查时，如发现害虫等有害生物，则应装入指形管或样品罐，带回实验室进行检测。现场检查的主要方法包括肉眼检查、过筛检查、X光机检查和检疫犬检查等。检查货物有无水湿、霉变、腐烂、异味、杂草籽、虫蛀、活虫、菌核、病症、土壤等。需隔离检疫的植物，送隔离圃进行检疫。现场检疫中，发现病虫活体并有扩散可能时，及时对该批货物、运输工具和装卸现场采取必要的防疫措施。发现的重要情况应及时做好记录、拍照或录像。

3. 旅客携带物

旅客携带物的现场检疫的主要任务是：①对报关单上的申报进行核对，对携带进境植物种子、种苗和其他繁殖材料的，还要查验植物检疫证书或检疫审批单。②对携带进境的检疫物进行检验。旅客和进境的其他人员携带检疫物种类繁多、数量较少、来自世界各地、疫情不明、时间仓促、检疫困难。因此，既要逐件检疫，又要区别情况，不同对待。③旅客携带物检疫要求快速准确，除种苗、水果类一律扣留外，现场检疫未发现病虫害的，随检随放，不签发单证；对可能带有某种潜伏性检疫对象的植物种子、种苗和其繁殖材料，截留做实验室检疫。④携带出境的植物、植物产品和其他检疫物，物主有检疫要求的，由口岸动植物检疫机关实施检疫。进境检疫重点关注是否为禁止进境物，是否携带外来有害生物等，出境检疫还要关注是否为受我国法律法规保护的物种资源。

4. 邮寄包裹物品

邮寄检疫物的现场检疫，在国际邮件互换局进行。现场检疫以检查禁止进境物和害虫为主。对于种子、种苗等繁殖材料和某些传带危险性有害生物可能性较大的植物或植物产品，现场不能确定检疫结果的，送检疫实验室进行检验。邮寄植物、植物产品和其他检疫物出境的，由口岸动植物检疫机关根据物主的要求，实施检疫。

5. 国内调运物品

各类植物种子、苗木和其他繁殖材料等应施检疫的植物、植物产品在调运流通过程中，农业、林业专职植物检疫人员用肉眼或手持放大镜直接观察等方法，对应检物品及其包装材料、运载工具、堆放场所等，检查是否有检疫性有害生物等，必要时取样送检疫实验室进行检验。

二、抽采样品

在现代的商品贸易中，货物一般数量很大，要实施全部逐个检验来确定整批货物是否合格非常困难。在进行现场检疫时，现场抽样是非常重要的一项内容。实际操作中，除了要注意抽样的代表性和均匀性之外，还要考虑有害生物有移动性和趋性等特殊性，有时需采用特殊的取样技术。输入、输出的通常做法是抽样检验，以样本来推断总体，即用科学的方法从总体中抽取有代表性的样品，作为评定该批商品质量的依据。

抽样检验的理论基础是概率论和数理统计。美国学者塞拉森（Sarasen）的实验证明，即使对货样进行全检，第一次的检查只能发现全部不合格品的65%，第二次全检时又会发现其中的18%，第三次是8%，第四次是4%。因此，在经过4次全检时，仍有2%的不合格品未被检出，所以，即使是全检，也难免发生漏检的现象，为了提高检测速度，只能抽样检验。

抽样的具体方法，应根据货物的种类和特性来决定。按包装和运输的规格、货物的种类，通常有分立个体和散料两类。分立个体如水果、蔬菜、大蒜头、板栗、冬笋、苗木、棉花、瓜类和药材等，一般以袋、筐、箱、桶、罐等容器包装，以批或件来计量。散料（散装散料、分装散料）如小麦、大米、玉米、大豆、大麦、面粉、饼粕饲料、木薯干、碎玉米和豆片等，一般为散装或袋装。在现场抽样时，要特别注意抽样数量的确定和取样方法的选择。

1. 样本量和样本数

在植物检疫实际工作中，抽样一般建立在"批"的基础上。具有同一品名、同一商品标准、以同一运输工具运输、来自或运往同一地点、有同一收货人或发货人的货物，被称为同一批货物。在同一批货物中，每一个独立的袋、箱、筐、桶、捆、托等称为"件"。散装货物不存在"件"，以100～1 000 kg为一件计算。从整批货物中抽样，一份样品的质量或体积或株数称为样本量；从同一批货物中所抽取的样品数量被称为样本数；检疫抽样中，从每批货物中抽取的样本量和样本数视货物的数量、种类以及有害生物可能分布的情况而定。

2. 取样方法

植物检疫现场取样的方法很多，对于携带杂草种子、病原物等有害生物的样品，可采用随机取样法，在随机取样法中又有简单随机取样、分层随机取样和规律性随机取样和系统随机取样等多种，主要根据不同有害生物的分布规律及生物学特性、货物数量、装载方式、堆放形式等因素而定，货物的上、中、下层，堆垛的四周都要兼顾到。常用的取样方法有对角线取样法、棋盘式取样法和随机或分层随机取样法等几种。除了常用的随机取样法和百分比取样法之外，还要考虑到害虫有移动性的特点，根据其趋性和活动性的特点而选择特定的取样方法，例如，仓库的四角、表层及有光处等，采取针对性的特定取样法。

在植物检疫实际工作中，一般将从货物中抽取的样品划分为下述5类。

（1）原始样品：在现场从不同部位逐级由一批货物的不同件中或散装货物的不同层次部位中抽取的样品。

（2）复合样品：未经充分混匀的原始样品的总和。

（3）平均样品：复合样品经充分混匀后的样品。

（4）试验样品：在平均样品中称取的，用于检验、检测的样品。

（5）保存样品：除去试验样品后用来保存以备复检和仲裁的剩余平均样品。

我国近年来发布了一系列植物检疫国家标准和行业标准。在这些标准中，明确了针对不同检疫物和有害生物的现场抽样具体要求。例如，在《小麦矮腥黑穗病菌检疫检测与鉴定方法》中，规定了每份原始样品的质量应不少于 50 g，每份复合样品的质量应不少于 1 500 g，每份试验样品的质量为 50 g，每份保存样品的质量应不少于 1 000 g；要求分舱别、分层次、分品种、分等级按棋盘式选 30 ~ 50 点扦取原始样品并制成复合样品，必要时可增加至 90 个点，复合样品可增至 4 500 g；每 1 000 t 货物扦取、制备 1 份复合样品，在扦取原始样品的同时，每点至少另取 2 000 g 样品筛查。又如，在《植物检疫　谷斑皮蠹检疫鉴定方法》中，规定要采用随机方法进行抽样。如货物为散装则每 100 kg 为 1 件，按货物总件数的 0.5% ~ 5% 抽查，500件以下抽查 3 ~ 5 件，501 ~ 1 000 件抽查 6 ~ 10 件，1 001 ~ 3 000 件抽查 11 ~ 20 件，3 001 件以上，每增加 500 件抽查件数增加 1 件；每件货物均匀抽取 1 ~ 3 kg，1% 的混合样送检。再如，在《柑橘苗木产地检疫规程》中，规定以随机取样法抽查，逐株检验；进行产地检疫时，苗木在 1 万株以下的查全部，1 万 ~ 10 万株的查 30%，10 万株以上的查 15%；国内进行调运检疫时，100 株以下全部检查，10 000 株以下抽样检查 6% ~ 10%，10 000 株以上抽样检查 3% ~ 5%。

货物抽样的目的是确认在货物中是否发现有害生物和该货物的检疫状况，尽管以抽样为基础的检验总有一定程度的误差，称为概率误差，但这是可以接受和不可避免的。

新西兰政府在入境检疫方面，检验员对货物的取样量为 5%，散件为 600 个，如果在其中检测发现有害生物数量小于 0.5% 即为合格，大于 0.5% 为不合格，无发现即为合格，如有发现即为不合格。货物中严格禁止夹带泥土和散落的枝叶，每件货物中不能超过 25 g 泥土，或在 50 个包装单位中不能有一个叶片，否则就要退货或做销毁处理。

使用以统计学为基础的抽样方法进行检验，一旦在抽样中发现有害生物存在，检疫机关就可以此为据进行检疫处理。然而，如果在样品中没有发现有害生物，那么可以认为该样品中有害生物的数量低于一定水平，但是不能证明有害生物在货物中一定不存在。所以在检疫出证时就应该写"未发现"，而不能写"无疫害"，两者有本质的不同，因为"未发现"仅指对货物、大田或产地进行现场检疫时没有发现某种特定的有害生物，但是不等于全部范围内都无疫害。

三、现场检疫的主要方法

现场检疫的主要方法包括肉眼检查、过筛检查、X 光机或 CT 机检查和检疫犬检查等。

1. 肉眼检查

主要用于现场快速初检，通过肉眼或手持放大镜对植物及其产品、包装器材、运载工具、堆存场所和铺垫物料等是否带有或混有病原物、害虫和杂草进行检验。该方法检验范围广，视野宽，速度快，易发现隐患。检查时，应先检查外表和周围，然后由表及里仔细观察，必要时，结合采用刀具、扦样铲等进行刮检或剖检。

2. 过筛检查

通过不同孔径的规格筛，将害虫和杂草籽分离检出，其中主要用于植物籽粒的现场检查。种子过筛检查既可用于现场，也可以用于实验室检测。将规格筛各筛层按孔径大小顺序套好（小孔筛放在下层，最下层为筛底），将样品装入上层筛内（不宜过多，约为筛层高度的 2/3），盖上筛盖，用双手以回旋形的方式筛动，然后逐层仔细检查筛上和筛下物，有无害虫、伪茧和杂草籽等，并进行识别分类，必要时装入指形管带回实验室鉴定。同时要将最后一层的筛下物带回实验室做进一步检测。标准筛的孔径规格及层数，依据植物籽粒的大小而定（表 4-3）。

表 4-3　主要作物籽粒应用的标准筛规格

作物名称	层数	筛孔规格 /mm
玉米、大豆、花生、向日葵	3	3.5，2.5，1.5
稻谷、小麦、大麦、高粱、大麻	2	2.5，1.5（长孔网眼）
小米、菜籽、芝麻、亚麻	2	2.0，1.2

3. X 线机或 CT 机检查

X 线机或 CT 机检查主要用于旅客携带物的现场检疫。工作人员可通过 X 线机或 CT 机查看旅客所携带包裹中的物品，在发现水果等可疑物品时，可要求旅客打开包裹并根据物品的类型再进一步检查。

4. 检疫犬检查

检疫犬检查主要用于配合对进境旅客携带物的现场检疫，检疫犬需经过严格训练后才可投入使用。检疫犬在检疫人员的带领下，依靠其灵敏的嗅觉对旅客携带包裹进行检查。如发现包裹中有可疑物品，如肉类、水果或毒品等，检疫犬会立即以训练出的固定姿态告知检疫人员，检疫人员即可要求旅客开包检查。

目前，全国口岸已建立并逐步完善了出入境旅检工作的"人 – 机 – 犬"综合查验体系。海关利用这一综合查验体系在交通工具、人员出入境通道、行李提取或者托运处等现场，对出入境人员携带物、邮寄物进行现场检疫。其中，"人"即检疫人员，负责接受出入境人员的主动申报并实施现场检疫，同时对可能携带植物及其产品的出入境人员进行抽检。"机"即 X 线机、CT 机，旅检、邮检口岸采用 X 线机进行查验，采集旅客行李物品、邮件的物理图像并进行识别，发现可疑物品再人工开包检查。检疫人员可指定过机查验对象，并可根据需要提高过机比例。"犬"即检疫犬，2001 年国家质量监督检验检疫总局首先在首都机场应用检疫犬开展查验工作。目前在我国主要的空港口岸和邮检口岸，已普遍采用了检疫犬在行李提取转盘上进行嗅查。通过"人 – 机 – 犬"综合查验体系的建立，实现了对多种查验手段的综合利用，在为旅客提供出入境通关便利的同时，有效减少了逃漏检现象的发生，提高了禁止进境物的检出率。

第五节　实验室检验

实验室检验是植物检疫程序中对现场检疫的重要补充，是非常重要的一环，技术性要求高，专业性强，其主要目的是确定检疫物中是否存在有害生物并进一步确定有害生物的种类。实验室检测方法多样，包括以传统技术和现代生物技术和分子生物学为基础的各类方法，通过这些技术与方法可实现对有害生物的快速、准确鉴定。所有现代生物技术和分子生物学的各类检测方法都已经应用到植物检疫检验中，所以也是植物保护领域中分析检测技术最先进的学科。

一、实验室检验的常用方法

实验室检验是由检验人员在实验室中借助一定的仪器设备对样品进行深入检查的法定程序，以确认有害生物是否存在或鉴别有害生物的种类。经现场检疫，某些应检物或查验出的有害生物需要进一步进行实验室检验，以确定其种类。专业人员利用现代化的仪器、设备和方法对病原物、害虫、杂草等进行快速而准确的鉴定。

实验室检测害虫的常用方法除了采用白瓷盘平板肉眼检查和 X 线透视机直接检视之外，还有传统的比重检验、染色检验、洗涤检验等，对病原生物采用的方法有显微镜检验、保湿萌芽检验、分离培养与接种检验、血清学检验等。近年来，随着分子生物学技术和计算机技术的发展，针对有害生物的某些种类，也可采用分子鉴定和生物芯片鉴定等新技术检验。在这些方法中，有的可以同时检验病原物、害虫和杂草，有的方法则只适用或专用于检验某类或某种有害生物。比重检验、染色检验和洗涤检验等的主要目的是确认有害生物是否存在并进一步获得有害生物材料。保湿萌芽检验、分离培养与接种检验、鉴别寄主检验、血清学检验等的主要目的是对病原生物进行种类鉴别。

（一）染色检验

某些植物或植物器官，被害虫为害或病原物感染后，或某些病原物本身，常可用特殊的化学药品处理，使其染上特有的颜色，帮助检出和区分病虫种类。这种方法即为染色检验。例如，谷象、米象等为害的粮谷或种子可用高锰酸钾染色法或品红染色法检出，豆象类蛀害的豆籽可用碘或碘化钾染色法检出。

（二）洗涤检验

检查附着在种子表面的各种真菌孢子、细菌或颖壳上的病原线虫时，由于肉眼或放大镜不易检查，一般可用洗涤检验。其方法一般是从平均样品中任取 10 ~ 100 g 试样两份，分别放入三角瓶内，各注入无菌水 10 ~ 100 mL，振荡 5 ~ 10 min，使附着在种子表面的病菌孢子洗下来。如在无菌水中加入 0.1% 的湿润剂（如肥皂溶液或吐温 20 等）可以减少表面张力，从而使种子表面的病原物分离得更彻底。一般光滑的种子可振荡 15 min，粗糙的种子振荡 30 min，然后将悬浮液分别倒入洁净的离心管内，把盛悬浮液的离心管放入离心机内，3 000 ~ 4 000 r/min 下离心 10 ~ 30 min，使病原物完全沉于管底，再用移液器将上清液吸出，仅留下 1 mL 悬浮液在管底，然后加 2 mL 乳酸酚固定液，使沉淀液再次充分悬浮，立即用干净的细玻璃棒将悬浮液滴于载玻片上，盖上盖玻片，在显微镜下检查。

洗涤检验时，如采取洗涤液镜检没有检查到病菌孢子，则对同样样品要重复几次取样洗涤，对每一洗涤液至少要镜检 5 个玻片。如果是为了掌握种子表面是否附有病菌孢子及其负荷量，则在同一样品中要两次取样洗涤检验。

常用的孢子负荷量计算方法是：按上述步骤获得洗液，经离心沉淀，用滴管在离心管底的沉淀物上滴入 0.5 mL 蒸馏水，搅动沉淀物，使管内孢子重新成为均匀的悬浮液，然后吸取 1 滴放在载玻片上镜检，镜检至少观察 5 个玻片，在每个玻片上检查 10 个视野的孢子数量后，求出每个视野的平均孢子数。同时算出每一视野的面积及整个盖玻片的面积，以及全玻片的视野数，再以视野数乘每一视野上的平均孢子数再乘 0.5 mL 水的滴数即得 100 粒种子试样中的孢子总数，以此数除以 100 即为每粒种子病菌孢子的负荷量。

（三）保湿萌芽检验

一般种子携带的病菌，无论是附着在种子表面，还是潜伏在种子表层或深层，都在种子萌发阶段开始侵染，其中很多在萌芽期或幼苗的早期就表现症状，或者在种子未萌发时在种子表面就长出病菌。对这类病害，在种子发芽后，有的甚至在萌芽前，就可检测带病情况。保湿萌芽检验除了可了解种子的带菌率外，还可了解种子的发芽率和发芽势。要检验种子内部的带菌情况时，需将种子表面消毒，以杀死附着在种子表面的真菌孢子和细菌，然后进行萌芽，就可了解其内在菌的含量。这种检验方法简单易做，并不需要较好的设备，操作也方便，所以应用很广，但对于种子带菌而萌芽期或苗期不表现症状，也不产生病菌孢子的病害，如麦类黑穗病等，则不能应用此法。保湿萌芽检验的方法，因目的要求不同而有异，一般可分保湿培养检验、沙土萌芽检验和试管幼苗症状测定法等 3 种。

1. 保湿培养检验

保湿培养检验是国内外最常用的一种方法，一般又分为吸水纸法、冰冻吸水纸法和琼脂平皿法等。

（1）吸水纸法 此法将植物病理学上常用的保湿培养与种子检验中应用的萌芽试验相结合。广泛用于各种类型的种子，包括禾谷类、豆类、麻类、烟草、蔬菜、观赏植物和树木种子等真菌病害的检验，其原因主要是在于保湿培养能产生具繁殖结构的真菌。标准的做法是：将三层无菌吸水纸吸足无菌水后，滴掉多余的水，然后放入经过消毒的玻璃或塑料培养皿（因为这些培养皿可以透过近紫外光）内，然后将种子排列在吸水纸上，每粒种子间要保持一定距离，不得少于 1～1.5 cm，如放置小麦、水稻种子时，每个培养皿放 25 粒，再将培养皿置于 20～28℃（视不同检验对象而定）的恒温箱内，箱内空气湿度保持在 95%～100%。在培养期间将 12 h 光照和 12 h 黑暗设为一周期，交替处理。根据不同真菌的要求，保持合适的湿度。气候适宜的地方，也可直接放在室内接受自然光暗处理，培养皿不要重叠，以保证有充分光照。培养时间由于作物不同，一般经 2～3 d，有的经 3～10 d 后，在种子表面就会长出病菌，再行镜检（图 4-3）。

有的病原真菌在吸水纸保湿培养中会呈现出特异性的荧光斑。荧光斑也可呈现在种子某个部位上，也可在吸水纸上扩展到种子周围 1～2 cm 范围内，呈晕环状，或在种子下部的吸水纸上呈现。荧光斑的出现不受其他菌落生长的影响。例如，被立枯病菌侵染的小麦粒上可呈现硫

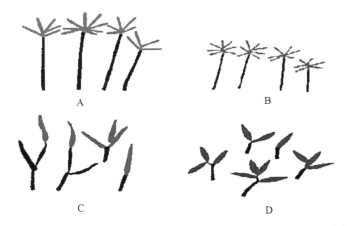

图 4-3　黑麦草种子上常见 4 种真菌在吸水纸上培养的形态（仿商鸿生）
A. 大斑病菌（*Drechslera siccans*）　B. 网斑病菌（*D. tetramera*）
C. 网斑德氏霉菌（*D. dictyoides*）　D. 褐斑病菌（*Bipolaris sorokinianum*）

黄色荧光现象，携带大麦条纹病菌的麦粒在吸水纸上产生淡紫色或紫罗兰色的荧光斑。吸水纸法的优点是设备简单、应用范围广、操作方便、费用低、快速准确、易于掌握以及受检病征立体感强、容易鉴定和便于制作标本等，因此在国内外的种子健康检查时普遍采用。其缺点是有些真菌在此条件下并不旺盛地生长菌丝和孢子，很可能被许多快速生长的真菌所掩盖。

（2）冰冻吸水纸法　此法是一种改进的保湿培养法。方法与保湿培养基本相同，即将种子排列在吸水纸上，一般谷物种子在 10℃ 下保持 3 d，以使其萌芽，然后在 20℃ 的温度下保持 2 d，再将幼苗在 –20℃ 的温度下冰冻过夜，以死亡的幼苗作为培养基。以后在 20℃ 下，用 12 h 近紫外光 / 黑暗交替处理，保持 5 ~ 7 d。为防止细菌的污染，可在吸水纸上加一些抗生素，如 200×10^{-6} 金霉素或土霉素数滴等。冰冻吸水纸法的优点是利于病原物形成孢子，同时，又可避免因种芽伸长后相互覆盖而不便于检查。

（3）琼脂平皿法　此法与吸水纸法的不同之处，就是只用 15 ~ 17 g/L 琼脂溶液，将其灭菌后倒入无菌培养皿中，制成一定厚度的斜面，代替吸水纸，将种子置于斜面上。此法的优点是含量均一、保温保湿好、有利于病原菌的生长、皿内洁净、杂菌少，便于检查，因此常用于检验棉籽是否携带棉花枯萎病菌、黄萎病菌。方法是先将通过取样获得的待检验的棉籽，经浓硫酸脱绒后洗净，并用流水冲洗 24 h，然后将棉籽培养在灭菌的琼脂培养基上（为防止棉籽发芽，可把籽粒剪破后培养），在 22 ~ 25℃ 的恒温箱中培养 10 ~ 15 d，用显微镜直接检查种子四周有无枯、黄萎病菌。对小麦矮腥黑穗病菌所采用的冬孢子萌发检验也用此法。将待检验的病粒孢子粉或配制成的孢子悬浮液，移植于 30 g/L 琼脂培养基上，分别置于 5℃ 有光照（自然光或日光灯）和 17℃ 无光照等两种条件下培养。如果在 5℃ 有光照条件下，7 d 左右就萌发的是普通腥黑穗病菌孢子。因为矮腥冬孢子不会在 7 d 左右萌发，更不能在 17℃ 无光照的条件下萌发，而只能在 5℃、有散射光照的条件下，经 21 ~ 70 d 才能萌发。此外，矮腥黑穗病菌孢子萌发后的形态与普通腥黑穗病菌也有明显差异。

2. 沙土萌芽检验

此法可用普通的河沙进行检验，以通过 1 mm 筛孔的沙粒最为适合。将沙用清水去泥垢，然后用沸水煮过，铺在经乙醇或福尔马林消毒过的萌芽器内，加纯净水至含沙量的60%左右。沙面应低于容器边缘 4 cm，将沙铺平，在其上即可排列种子，每粒种子间要留一定的距离。排好种子后，再加细沙覆盖 2 cm，并加盖，置于25℃的恒温箱中，当第一个幼芽长高碰到上盖时，撤去上盖。经一定时期，将幼芽连根取出，并取出未发芽的种子，根据幼苗和未发芽种子所表现的症状及种苗上有无孢子，计算发芽率及发病率。

3. 试管幼苗症状测定

取 160 mm×16 mm 的大型试管若干支，每管内盛有1%热的、透明的琼脂培养基 10 mL。将大试管保持约60°的角度，待培养基凝固后，每管放入1粒种子，塞紧管口。再置于20℃下（或培养于对病原和寄主适合的其他温度下），按 12 h 人工光照和 12 h 黑暗交替处理 10～14 d。4～5 d 后，当幼苗达到管顶时，将管盖取掉。待培养期到后，检查幼苗症状。此法容易检查根部和绿色部分，也可避免相互传染，但操作较麻烦，一般可用于检验珍贵的繁殖材料。

萌芽检验也有局限性，如在不适宜寄主生长发育，而适宜病菌生长发育的条件下，则某些腐生菌可能变成萌芽阶段的寄生菌，造成幼芽发生部分病斑。另外萌芽检验主要还是依靠肉眼检查，由于多种病害可以产生类似的病症，即使是同一种病害也可以发生不同的症状，这情况都足以影响检验结果的准确性。

（四）分离培养接种检验

通过分离获得真正的病原物纯培养不仅是鉴定的根据，更是现代分子鉴定时必须具备的证据。许多病菌能在适当的环境条件下进行人工培养，因此可利用分离培养法把它分离出来，培养于人工培养基上进行检验。一些专性寄生菌，如白粉菌类、锈菌类、病毒类和植原体等，目前还不能在人工培养基上培养，因此对它们的检验还不能采用一般的分离培养接种检验。

1. 分离方法

分离培养是一种最常用的检验方法，主要用于检验潜伏在种子、苗木或其他植物产品内部不易发现的病原菌，当种子、苗木或其他植物产品上虽有病斑，但无特殊性的病原菌可供鉴定时，或检测种子表面黏附的病菌时均可采用此法。因检验目的不同，其方法也有差异，常用的有下列 3 种：①分离潜伏于种子表层或深层的病菌，可先将种子表面消毒，用无菌水洗涤，整粒或破碎后置于培养基上。②要了解种子或种苗外部附着的菌群时，应先用无菌水洗涤，然后将洗液稀释到一定程度，采取稀释法进行培养。③在分离块茎、块根及苗木、接穗等繁殖材料所携带的病菌时，可先将病部用乙醇或氯化汞溶液做表面消毒，洗涤后再挑取内部组织进行培养，或者切取与健全组织邻近的部分病部，进行表面消毒和洗涤，然后再培养。

第一步，配制分离培养病原菌的培养基，分离不同的病原菌所用的培养基也不同。一般真菌常用的是马铃薯葡萄糖琼脂培养基（PDA），细菌常用的是营养琼脂培养基（NA）。两种培养基都是适宜于多数病原菌生长的通用培养基，但要分离培养某种特定的病原菌，有时还必须用某些选择性培养基。第二步，分离病原菌。组织分离法适用于对病原真菌的分离。将试样材料经表面消毒并冲洗后切成小块，轻轻置于培养基表面，写好标签后即可培养观察。稀释分离法适用于对产生孢子的真菌、放线菌和细菌的分离。划线分离法则主要适用于细菌的分离，试样表面消毒后破碎，并在无菌水中浸泡 10～20 min 后再划线。

在植物寄生线虫的分离与检验中，应将病原线虫从寄生体内、土壤或其他载体中分离出来，供鉴定。常用的是下列 3 种方法：

（1）改良贝尔曼漏斗法　此法适于分离少量植物材料中有活动能力的线虫。

（2）过筛检验法　此法用于从大量土壤中分离各类线虫。将充分混匀的土壤样品置于不锈钢盆或塑料盆中，加入 2 ~ 3 倍的冷水，搅拌土壤并捏碎土块后过 20 目筛（孔径 0.85 mm），土壤悬浮液流入另一个盆中并喷水洗涤筛上物，弃去第一个盆中和筛上的剩余物，第二个盆中的土壤悬浮液过 325 目筛（孔径 0.045 mm），将筛中残余物小心冲洗到烧杯中，按上法分别过 325 目筛和 500 目筛（孔径 0.03 mm），将筛中残余物收集在烧杯中静置 20 ~ 50 min，线虫沉集于底部，弃去上清液，将沉集到烧杯底部的线虫转移到玻璃皿内镜检或吸取线虫鉴定（图 4-4）。

（3）漂浮分离法　此法利用干燥的线虫孢囊能漂浮在水面的特性分离土壤中的各种球皮线虫。芬威克漂浮法利用芬威克漂浮筒装置（图 4-5）进行分离。使用时先将漂浮筒注满水，并打湿 20 目筛和 60 目筛（孔径 0.25 mm）。风干的土壤经 6 mm 筛过筛后充分混匀，然后取 250 g 土样，放在 20 目筛内用水流冲洗，孢囊和草屑漂在水面并溢出，经簸箕状水槽流到 60 目筛中，用水冲洗底筛上孢囊于瓶内，再往瓶内注水但不溢出，静置 10 min，孢囊即浮于水面，然后轻轻倒入铺有滤纸的漏斗中，滤纸晾干后，孢囊附着在滤纸上，此法适于检查少量含有孢囊的土样。该法用粗目筛筛去风干土样中的植物残屑等杂物，称取 50 g 筛底土放在 750 mL 三角瓶中，加水至 1/3 处，摇动振荡几分钟后再加水至瓶口，静置 20 ~ 30 min，土粒沉入瓶底，胞囊浮于水面，把上层漂浮液倒于铺有滤纸的漏斗中，胞囊沉着在滤纸上，再镜检晾干后的滤纸上有无胞囊，在双目解剖镜下观察。

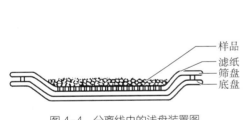

图 4-4　分离线虫的浅盘装置图

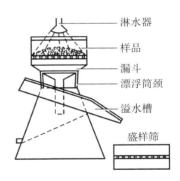

图 4-5　分离线虫的芬威克漂浮筒装置

2. 接种方法

通过分离培养所得到的病菌，应通过必要的步骤进行鉴定。有些具有典型特征的病原菌，经镜检分析其形态特征便可确定，有些病原菌还需结合其培养性状、生理生化反应（如对多种植物病原细菌的鉴定）等来加以鉴定，有些病害则需按柯赫氏法则的程序进行接种鉴定。不同的病原种类其接种的方法也各不相同，常用的接种方法有下列几种。

（1）拌种法　用病菌孢子拌种是接种黑粉病（如矮腥黑穗病）最常用的方法。接种时，先将病菌孢子与种子混匀，再进行播种，以后在作物生长发育过程中，经常观察发病情况。此法可用于小麦腥黑穗病菌、秆黑粉病菌、大麦坚黑穗病菌、高粱黑穗病菌和粟黑穗病菌等。例如小麦腥黑穗病菌的接种，每 100 g 种子加厚垣孢子 0.5 g，充分拌匀后播种，每粒种子上孢子数有 3 万 ~ 10 万个，已足够引起发病。

（2）浸种法　将病原真菌孢子或病原细菌的悬浮液浸种，也是常用的接种方法。浸种时，先把病原真菌孢子（也可用搅碎的菌丝）或病原细菌配制成悬浮液，再把种子放在三角瓶中，再加入适量的该悬浮液，不断振荡，然后倒去悬浮液，再把种子倒入垫有吸水纸的培养器中，在20℃下培养24 h，取出放在纸袋里，任其干燥后再播种。用这种方法播种，发病率比拌种法要高。

（3）喷雾接种　将分离培养的细菌悬浮液加水稀释，或把洗涤离心过的真菌孢子悬浮液，用喷雾器喷洒至植株上，保湿24 h，以后检查发病情况。

（4）针刺接种　此法是植物细菌性病害常用的方法。用针束蘸取菌液后，在叶片、茎秆上穿刺，或者用注射针吸取菌液，注入果树等具较粗茎秆的作物，使病菌直接进入植物组织，无须保湿即可出现症状。玉米细菌性萎蔫病菌的接种也是如此。

（5）摩擦接种　许多病毒由汁液传染，可将病株汁液压出，用手指或玻璃棒蘸取汁液，在健株上轻轻摩擦，使表皮细胞产生小伤口，以"病毒可侵入、细胞不死亡"为原则。接种前，在叶片上洒少量400～600目金刚砂（或硅藻土），然后再蘸汁液摩擦，接种后用清水将叶面残留汁液洗掉，以免钝化而降低效果。

（五）鉴别寄主检验

许多不同种类的病毒和一些病原细菌，接种到某些特定的敏感植物上可以产生特定的症状。根据这些症状的特点，可以初步判断是否有某种病原物存在。对特定病原物有特殊反应或表现特定症状的植物称为鉴别寄主。例如，心叶烟和苋色藜就是很常用的鉴别寄主，因为它们对一些病毒的侵染极易产生枯斑反应，许多病原细菌注射到心叶烟的叶片上也会很快产生枯斑反应，因此将产生枯斑反应的植物称为枯斑寄主。例如，马铃薯上的多种病毒在鉴别寄主上的症状各有不同，可用来进行初步鉴别（表4–4）。

表4–4　几种马铃薯病毒在鉴别寄主上的症状

检验病毒	接种植物	检查时间	症状
PVX	千日红	5～7 d	叶面有红色环形枯斑
PVM	千日红	12～24 d	叶面有紫红色小枯斑
PVS	千日红	14～25 d	叶面有橘红色小枯斑
PVG	心叶烟	20 d	出现系统性白斑花叶
PVY	普通烟	7～10 d	先是明脉，后常花叶
PVA	香料烟	7～10 d	明脉
PSTV	莨菪	5～10 d	沿脉出现褐色环死斑

（六）血清学检验

各种病原物均可采用血清学方法来检验，关键是要制备具有专化性的抗体（抗血清），利用抗原抗体反应即可检测样本中有无目标生物存在。最常用的检验方法有凝胶扩散试验、乳胶凝集试验、酶联免疫吸附测定（ELISA）、斑点免疫技术、免疫荧光检验和免疫电镜技术等。血清学反应不仅专化性强，而且十分灵敏。不同方法检测样品中抗原量的灵敏度如表4–5所示。

表 4-5　不同类型血清反应的灵敏度

类型	检验方法	灵敏度
抗原抗体沉淀反应	平板辐射扩散反应、试管双扩散反应、免疫电泳技术	1～10 mg/mL
标记抗原抗体反应	ELISA、同位素法、胶体金法	1～10 ng/mL

在血清反应测定中，必须设立恰当的对照，用以确定在血清反应的特异性。在常规试验中，通常在抗血清中加入 5～10 倍体积的健康植物汁液，以除去抗血清中可能存在的植物蛋白抗体，以提高血清反应的特异性，但抗体的效价会有明显下降。

（1）凝胶双扩散反应（ODD）　这是在半固体的凝胶（如琼脂）中测定抗原和抗体之间的沉淀反应的方法，是植物病毒学中普遍应用的血清学技术。甚至完整植物器官（如种子）都可用于凝胶反应中。将抗原和抗体分别点样在凝胶的孔穴中，反应物以与它们的相对分子质量成反比的速度通过凝胶扩散，当抗体和抗原以适宜的比例相遇时，就在凝胶中形成清晰的沉淀带。

（2）ELISA 法　该方法的基本原理是把抗原、抗体的特异性免疫反应和酶的高效灵敏的催化反应有机地结合起来，即通过化学的方法将酶标记在抗体或抗原上，然后使它与相应的抗原或抗体起反应，形成酶标记的免疫复合物。结合在免疫复合物上的酶，在遇到相应的底物时，就催化无色的底物生成有色的产物。这样就可根据颜色的深浅和有无进行定性、定量分析。

目前，ELISA 法主要有 6 种方式，即直接法、间接法、夹心法、胶体金法、酶 - 抗酶法和双抗体夹心法。其中以双抗体夹心法在植物病毒抗原测定上应用最广泛。结果可用肉眼观察，也可测定 405 nm（碱性磷酸酶法）或 450 nm（过氧化物酶法）波长处的吸光值。

琼脂免疫双扩散、免疫电镜、ELISA 均可有效地检测出多种植物病毒。采用该病毒特异引物进行聚合酶链式反应（PCR）检测的灵敏度较 ELISA 更高。此外，免疫捕捉 RT-PCR 和环介导等温扩增检测（LAMP）已广泛用于种子携带病毒的检测。

二、现代生物技术在检验方法上的应用

在植物检疫领域，传统的常规检验技术主要依靠有害生物的生物学特性、形态学指标等进行鉴定，费时费力，已不能满足当今植物检疫准确、快速和灵敏的要求。在限定的有害生物的诊断技术上，提高检验的正确性、灵敏度，缩短检验时间和简化检验程序是植物检疫工作面临的重要课题。与相关的领域如人类医学诊断、动物医学诊断相比，植物有害生物诊断、鉴定在总体水平上还存在一定的差距。近 10 年来，分子生物学技术和芯片技术的发展促进了植物有害生物检测方法的进一步提高，并在植物病原物、害虫以及杂草的检测和鉴定中得到了普遍的应用。

在分子生物学快速鉴定方面，我国检疫部门已经研制了多种分子检测技术，如关于小麦矮腥黑穗病菌、水稻白叶枯病菌和条斑病菌、大豆疫霉、梨火疫病菌、油菜茎溃疡病菌等，都建立了 PCR 或实时荧光 PCR 快速检测方法，检测灵敏度理论上已经达到一个孢子或细胞的水平，将检测时间由原来的 20 d 缩短到 1 d，检测效率提高了 3～10 倍。

分子生物学技术的飞速发展使植物有害生物特别是植物病害的检测诊断迈上了一个新的台阶。常规的病原分离鉴定技术和抗原抗体的免疫学检测技术在植物病害的诊断和检测中发挥了极其重要的作用。越来越多的植物病原检测建立了更加敏感特异的分子生物学诊断技术，植物病原的诊断和检测进入了对病原基因序列和结构进行直接测定的分子生物学水平。分子生物学诊断技术主要包括 PCR、核酸杂交、寡核苷酸指纹图谱、限制性片段长度多态性（RFLP）、随机扩增多态性 DNA（RAPD）、扩增片段长度多态性（AFLP）、脉冲电场凝胶电泳、DNA 序列测定、DNA 芯片、DNA 生物传感器、核酸环介导等温扩增检测等。目前，国内外学者正致力于植物病毒检测的基因芯片、害虫的分子快速鉴定等方面的研究。

近 10 年来，分子生物学技术和计算机技术的发展促进了植物有害生物检测方法的进一步提高，许多国家研制出多种快速检测核酸的方法，检测流程从原来的 2~3 d 缩短到 30 min，检测的灵敏度也有很大地提高。这种检测技术在植物病原物、害虫以及杂草的检测和鉴定中也已经得到了普遍的应用。例如 ISPM 27《限定有害生物诊断规程》的 22 个附录中，已经有许多报告可以参考。对有害生物做快速分子鉴定检测是当前最受推荐的方法。值得注意的是，由于病原生物种类和昆虫种类不同，样本前处理的方法也不尽相同，尤其是带有寄主植物组织的样本处理更为复杂一些。为防止假阳性或假阴性结果的干扰，增加阳性对照非常必要。

三、新技术在实验室检验中的作用

随着贸易全球化进程的加快，我国对外贸易和国内贸易量迅速增长，人们对检疫性有害生物的鉴定要求越来越高，随着科技水平的快速提高，科技人员的鉴定技术也在快速提高，国内各口岸截获有害生物的种类大大增加。为有效防范外来有害生物传入，以及满足口岸检疫决策需要，提高疫情检出率，快速、准确地鉴定截获的有害生物就显得非常重要。由于检验检疫第一线的把关任务重，鉴定技术力量还相对薄弱，外来有害生物实验室的鉴定工作仍然以在本地实验室鉴定为主，当涉及的鉴定者和鉴定物在异地时，一般都将采样鉴定物寄送至在异地的专家处，等鉴定完再将鉴定结果寄回，这样就加长了检疫鉴定周期，导致工作效率低，无法满足检验检疫快速、高效、准确的需求。近年来，利用手机拍摄图片、利用无人机从空中拍摄图像，再通过无线网络技术与计算机连接，就可以开展远程鉴定，在无须寄送实物标本的情况下，充分发挥中心实验室机构或国内外相关专家的作用，为截获有害生物提供快速、准确的鉴定或复核，如同医生的远程会诊一样。同时，应用计算机和网络技术开发从样品的接收、分样到出具检验报告实行全过程管理的植物检疫实验室业务管理系统，达到流程清晰、操作简便的目的，对于更加科学、高效地做好实验室的管理工作和加快通关速度将发挥重要作用。

江苏省出入境检验检疫局检疫实验室与南京林业大学合作，于 2008 年首先开发了"有害生物远程鉴定与植检实验室管理系统"。该系统整合了有害生物远程鉴定和植物检疫实验室管理两个软件，通过该平台把外地的试样、试材、操作视频和图片通过计算机、互联网和实验室专家连接起来，充分发挥两者的优势，结果准确，操作简单实用。

"有害生物远程鉴定系统"包括视频数据采集压缩装置（可用显微镜、手机、无人机等采集图像）、视频数据分流处理装置、计算机中心服务器和鉴定终端管理系统等。通过一系列技术的应用，使得远程鉴定系统实现了在较低流量情况下做到实时观察高清视频的目的，还可加密保存作为证书附件的有害生物特征图片，鉴定终端管理模块还具有远程申报和电子签名证书功能，以及用户实时视频和语音交流功能。

当某个实验室采集到一个有害生物样本，如一个有害昆虫样本时，实验人员只要把样本放在解剖镜或显微镜下，聚焦在有鉴定价值的特征部分，通过网络，即可请国内外的专家协助诊断鉴定。在网络诊断过程中，专家可以直接要求实验人员对标本做进一步的处理再观察，也可通过网络亲自动手操作，远程操纵数据采集系统，实现远程鉴定的自主性和灵活性，比电话会诊更直观。该系统可以满足口岸有害生物的快速检疫鉴定的要求，也可在要求进行远程鉴定的农业、林业等行业单位推广应用。

"植物检疫实验室管理系统"是微软发展的新型体系结构框架，".NET"是开放的、成熟的、完整的、优秀的基础架构平台。该系统具有操作简便等特点，不受时间和地点的限制。包括五大功能模块，分别为送样单位申报模块、检疫部门工作流程模块、出证文件管理打印模块、疫情发布预警跟踪模块、统计分析和后台系统管理模块。该系统既可以通过检验检疫系统内网登录，也可以通过互联网访问，所以在任何有互联网的地方都可以实现送样申报、接收、评审、复核、签发、打印检疫证书、查看流程及各种统计分析等任务。

随着人工智能技术的普及与提高，利用智能手机现场拍摄照片、视频，可以随时传输到国内外的专家眼前或指定的实验室，同时也可以立即反馈通知现场做进一步的取样或操作，可以在短时间内完成采样、拍摄、鉴定。无人机的使用更有着无与伦比的优势，尤其是在人员无法接近的场合去拍摄图像，或者在空中扫视较大范围的疫情时可发挥出独特的功能。

四、标本制作及样品保存

对于发现的检疫性病、虫、杂草和其他有害生物，要保存好实物标本，必要时还应拍摄照片或视频，以备复核或作为资料长期保存。按照样品保管的要求保存样品，以备复核。保存的样品和标本均需要做好分类标签，便于查对和对外交涉之用。

第六节　隔离检疫

隔离检疫是针对引进的种苗和繁殖材料而实施的。因为种苗及其他繁殖材料传带检疫性有害生物的风险极大，所以许多植物繁殖材料必须经过隔离检疫后才被允许输入或输出。

我国从 20 世纪 80 年代起建立了一批不同层次、不同等级的隔离检疫场所。目前，我国在北京、上海、大连、厦门、四川、广东和海南等地建有较高水平隔离检疫圃。海南热带植物隔离检疫中心是目前国内唯一的同时具有负压隔离检疫温室以及智能可控型温室、隔离检疫圃、塑料温室、脱毒中心、遮阳网大棚、品种园等隔离检疫以及优良植物品种繁育设施的隔离检疫场所。总的看来，我国的隔离检疫基本上处于相对集中进行疫情监测的水平，与严格意义上的隔离检疫还有较大差距。

隔离检疫（post-entry quarantine）是对进境的植物种子、苗木和其他繁殖材料，在植物检疫机关指定的场所内，在隔离条件下进行试种，在此期间进行检验和处理的检疫过程。隔离检疫制度是将进境植物限定在指定的隔离场圃内种植，在其生长期间进行检疫、观察、检测和处理的一项强制性措施，是有效控制高风险有害生物传入，保护农林业生产安全、生态安全的法定检疫行政行为。

一、隔离检疫制度

隔离检疫是一项符合国际规则且与国际通行做法接轨的植物检疫措施。ISPM 34《入境后植物检疫站的设计和操作》等国际组织的工作规范中均有明确规定。目前许多农业发达国家，对输入植物种质资源均采取了隔离检疫措施，集中在隔离场进行。

一些植物繁殖材料是否带有检疫性病虫，有时在实验室常规检验时不易确定，有的由于时间限制或条件限制难以立即做出结论，这就需要送到隔离苗圃或温室种植，在种苗生长一个生育期或一个生长周期经检验以后才做出结论，在生长期间，检疫人员要定期观察记载有无种苗携带来的病虫发生。

隔离检疫的一般要求主要包括 3 个方面：一是对隔离检疫材料的要求，即可能携带危险性病虫的进境植物繁殖材料必须实施隔离检疫；二是对隔离场所人员的要求，即隔离检疫期内，除检疫人员可进入场内检测或采取样品外，其他人员不许进入；三是对隔离检疫时间的要求，即植物繁殖材料至少试种一个生长周期。

隔离检疫的基本过程包括 5 个步骤：①供试材料登记；②初步检验与处理；③栽培合格的材料；④生长期检验与处理；⑤出证放行。

二、隔离检疫的作用

隔离检疫的作用主要体现在以下 3 个方面：

（一）隔离检疫可以避免检疫审批的不足

国家公布的植物危险性有害生物名录一般是根据国外有害生物发生的资料，或者国内未发生或仅局部发生的有害生物进行制定，不可避免具有一定局限性。有些有害生物虽然在国内没有发生或分布不广，在国外发生危害也可能不太严重，但外来有害生物传入后能否流行难以估量，其影响因素十分复杂。有国外的植物病、虫、杂草传到国内后，可能由于生态条件的改变有利于其发生危害，造成重大经济损失。例如，植物抗病性、病菌生理小种的分化，以及害虫天敌种群不同和环境因素的变化，这些因素在入境口岸检查时都不可能完全出现。通过隔离检疫，在隔离试种期间可以监测其发生流行情况，从而确定引进的植物种苗能否在国内种植。

（二）隔离检疫可以避免或弥补现场检疫的不足

对携带某些植物危险性病、虫、杂草，特别是许多病毒的种苗等繁殖材料的检疫工作，如果只依赖于现场检疫和实验室检测，检疫效果可能不是很好，因为它们具有潜伏期和免疫应答反应期，短时间内可能不发病或无症状，或者在输入的种苗上表现为隐症，在口岸现场抽样检查时很难检出，而在生长发育期间容易鉴别。另外，抽样毕竟只是货物中的少部分，加上抽样中存在标准误差，当输入的植物种苗带有的有害生物数量微小时，其被抽检出的概率很小，加之检疫技术的局限，就有可能漏检。通过隔离种植，创造有利于有害生物发生的环境条件，在生长期间通过观察症状，并结合实验室检验，从而得出准确的检验结果。通过隔离检疫，在隔离检疫期间一旦发现危险性病虫害，因范围小，便于控制和消灭。

（三）隔离试种检疫是国际通行的做法

国外将进境种苗划分成高、中、低风险，并确定了限制进境的植物名单。目前美国、澳大利亚、新西兰等农业发达国家，对输入植物种质资源均采取了隔离检疫措施。首次进境或可能传带危险性有害生物的种苗被列为高风险的，一般不大量进口，凡需进口的，对进境条件、数量、种植场地等均有明确的规定。例如，加拿大进口法国葡萄苗，首先须确定进口商和生产商是否有合格资质，对进口的种苗进行预检考察，提前1年少量引种进行隔离检查，进口时装运前检查，到达现场时，在指定场地隔离种植，并抽取部分样品进行检测，随后还要检测和监管。美国专门制定了植物隔离检疫计划（PEQP），颁布了植物隔离检疫手册，将种苗进口的商业行为纳入严格的国家检疫监管之下，可有效地控制外来有害生物的传入。

出入境植物隔离检疫圃考核由出入境检疫主管部门负责，其他隔离检疫圃的考核由相关检疫主管部门负责，隔离检疫圃开展隔离检疫业务应经检疫主管部门许可，检疫主管部门在种苗入圃前对隔离检疫圃注册信息和相关隔离技术条件进行审核。经审核通过后，方可根据其级别确定开展相应的植物隔离检疫业务。

1.《隔离检疫圃分级》

依据隔离条件、技术水平和运作方式划分，隔离检疫圃分为国家隔离检疫圃、专业隔离检疫圃、地方隔离检疫圃等3类。国家隔离检疫圃承担进境高、中风险植物繁殖材料的隔离检疫工作；专业隔离检疫圃承担因科研、教学等需要引进的高、中风险植物繁殖材料的隔离检疫工作；地方隔离检疫圃承担中风险进境植物繁殖材料的隔离检疫工作。

2. 植物有害生物风险的分级

根据植物风险分析的评估，分为极高风险、高风险、中风险和低风险4级。①极高风险：可能传带经气流或虫媒传播的检疫性有害生物并对经济活动、人类安全和生态环境有高度潜在危险的一类植物。②高风险：可能传带非气传的检疫性有害生物并对经济活动、农业生产和生态环境有高度潜在危险的一类植物。③中风险：可能传带管制的非检疫性有害生物并对经济活动、农业生产和环境安全有中度潜在危险的一类植物。④低风险：可能传带的有害生物为非检疫性有害生物并对经济活动、农业生产和环境安全影响小的一类植物。

3. 生长期间的检验与处理

负责隔离检疫的机构应根据目标有害生物的生物学特性，确定隔离检疫期间的疫情调查时间和次数。采取重点检查和随机抽查相结合的方法进行，采集的样品要及时送实验室并通过必要的检测手段进行检测。试种期间，试种单位应及时报告试种情况，必要时当地口岸动植物检疫机关可进行跟踪疫情调查。

在规定的隔离种植期限内，如未发现禁止出入境的检疫性有害生物，经口岸动植物检疫机关同意后，可准予作为繁殖材料进行试种。

如果在隔离检疫圃种植期间发现可疑疫情，必要时可延长隔离试种期限。如果发现检疫性有害生物，由当地口岸动植物检疫机关做扣留销毁处理。如发现检疫性有害生物，须立即报告所在地海关，并采取有效防疫措施。重大疫情按照《进出境重大植物疫情应急处置预案》相关要求进行处置，防止疫情扩散。发现限定的非检疫性有害生物超过有关规定且无有效处理方法的，销毁全部植物繁殖材料；有效处理方法的，按照相关规定处理。

隔离检疫结束后，隔离检疫场（圃）出具检疫结果和报告。在地方隔离检疫圃隔离检疫的，由具体负责隔离检疫的海关出具隔离检疫结果和报告。

隔离检疫圃所在地海关负责审核有关结果和报告，结合进境检疫结果做出相应处理，并出具相关单证。未发现进境植物检疫性有害生物、政府及政府主管部门间签订的双边植物检疫协定、备忘录和协议书中订明的有关有害生物、其他有检疫意义的有害生物的，予以放行，出具入境货物检验检疫证明并在证明中注明"经隔离种植检疫，未发现检疫性有害生物，予以放行"。发现有上述有害生物的，整批做销毁处理，出具检验检疫处理通知书。对外索赔的，出具植物检疫证书。

隔离检疫结束后，所有包装材料及废弃物应进行无害化处理。隔离检疫圃在完成进境植物繁殖材料隔离检疫后，对进境植物繁殖材料的残体做无害化处理。隔离场地使用前后，对用具、土壤等进行消毒。

第七节 调运检疫

调运检疫是指植物检疫人员依据植物检疫法规对国内调运（包括托运、快递、邮寄、自运、携带、销售等）的应施检疫的植物、植物产品和其他应检物实施的检疫并签发植物检疫证书的过程。有关目前国内快递物流业务如何规范检疫亟待研究。

调运检疫主要是国内农业和林业的植物检疫。由于我国存在四个生态大区，各生态大区内的有害生物种类与组成分布有很大差异，有必要按生态大区的差异制定不同的检疫要求，如同欧盟内部各国实行较严格的差别管理的办法，防止一些检疫性有害生物在国内生态大区间传播扩散，如马铃薯甲虫、水稻水象甲、马铃薯癌肿病、马铃薯金线虫、梨火疫病和小麦矮腥黑穗病菌等。

调运检疫一般由地市级植物检疫机构及县级植物检疫机构实施，部分地区的省级植物检疫机构也承担了调运检疫工作。植物检疫机构通过实施调运检疫，对合格的植物、植物产品，按规定签发植物检疫证书予以放行，对不合格的予以检疫除害处理，除害处理合格的签发植物检疫证书放行，未经检疫除害处理或除害处理不合格的不准调运。调运时，有关单位和个人也可凭产地检疫合格证换发植物检疫证书直接调运，避免了调运时再抽样、实验室检验等检疫过程。调运检疫可以有效地防止检疫性有害生物随调运的植物、植物产品传播蔓延，达到保护农业生产和贸易安全的目的。

一、调运检疫基本要求

《植物检疫条例》第七条至第十条规定了实施调运检疫的对象以及出具植物检疫证书的要

求等。同时，1995 年首次发布、2009 年修订的国家标准《农业植物调运检疫规程》对国内调运的植物种子、苗木和其他繁殖材料及应施检疫的植物、植物产品检疫的程序，现场检查及室内检验检测等进行了规定。

调运检疫的范围是所有调运的种子、苗木和其他繁殖材料，运出发生疫情县级行政区域的列入应施检疫的植物及植物产品，以及可能被植物检疫性有害生物污染的包装材料、运载工具、场地、仓库等。

二、调运中应检疫的有害生物名单

应施检疫的植物和植物产品名单分别由农业和林业主管部门发布。1995 年，农业部发布了《应施检疫的植物及植物产品名单》，随着全国农业植物检疫性有害生物名单的调整，2020 年 11 月 4 日农业农村部第 351 号公告三次修订，目前有效的是 2020 年发布的名单（表 4-6）。

表 4-6　应施检疫的农业植物及植物产品名单（2020 年）

昆虫	应检物
1. 菜豆象（*Acanthoscelides obtectus*）	菜豆、芸豆、豌豆等豆类植物籽粒
2. 蜜柑大实蝇（*Bactrocera tsuneonis*）	柑橘类果实
3. 四纹豆象（*Callosobruchus maculates*）	绿豆、赤豆、豇豆等豆类植物籽粒
4. 苹果蠹蛾（*Cydia pomonella*）	苹果、梨、桃、杏等果树苗木、果实等
5. 葡萄根瘤蚜（*Daktulosphaira vitifoliae*）	葡萄属植物苗木、接穗
6. 马铃薯甲虫（*Leptinorarsa decemlineata*）	马铃薯种薯、块茎和植株，茄子、番茄等
7. 稻水象甲（*Lissorhoptrus oryzophilus*）	水稻秧苗、稻草、稻谷和根茬
8. 红火蚁（*Solenopsis invicta*）	带土农作物苗木、带土观赏植物苗木等
9. 扶桑绵粉蚧（*Phenacoccus solenopsis*）	锦葵科、茄科、菊科、豆科等植物苗木
线虫	应检物
10. 腐烂茎线虫（*Ditylenchus destructor*）	甘薯、马铃薯、洋葱、当归等种苗
11. 香蕉穿孔线虫（*Radopholus similes*）	香蕉、柑橘、红掌、芭蕉、天南星等苗木
12. 马铃薯金线虫（*Globodera rostochiensis*）	马铃薯种薯、块茎，以及带根、带土植物
细菌	应检物
13. 瓜类果斑病菌（*Acidovorax avenae* subsp. *citrulli*）	西瓜、甜瓜、南瓜、葫芦等葫芦科种苗
14. 柑橘黄龙病菌（亚洲种）（*Candidatus* Liberibacter asiaticus）	柑橘金柑属等芸香科植物苗木、接穗
15. 番茄溃疡病菌（*Clavibacter michiganensis*）	番茄等茄科寄主植物种苗
16. 十字花科黑斑病菌（*Pseudomonas syringae* pv. *maculicola*）	油菜、萝卜等十字花科植物种子
17. 水稻细菌性条斑病菌（*Xanthomonas oryzae* pv. *oryzicola*）	水稻种子、秧苗、稻草
18. 亚洲梨火疫病菌（*Erwinia pyrifoliae*）	梨、苹果、山楂等蔷薇科植物苗木接穗
19. 梨火疫病菌（*Erwinia amylovora*）	梨、苹果、山楂等蔷薇科植物苗木接穗

续表

真菌	应检物
20. 黄瓜黑星病菌（*Cladosporium cucumerinum*）	黄瓜、西葫芦、南瓜、西瓜等葫芦科植物种苗
21. 香蕉镰刀菌枯萎病菌 4 号小种（*Fusarium oxysporum* f.sp. *cubense*）	香蕉、芭蕉等芭蕉属寄主植物苗木
22. 玉蜀黍霜指霉菌（*Peronosclerospora maydis*）	玉米种子、秸秆
23. 大豆疫霉病菌（*Phytophthora sojae*）	大豆种子、豆荚
24. 马铃薯癌肿病菌（*Synchytrium endobioticum*）	马铃薯种薯、块茎
25. 苜蓿黄萎病菌（*Verticillium albo-atrum*）	苜蓿种子、饲草
病毒	应检物
26. 李属坏死环斑病毒（Prumus necrotic ringspot virus）	桃、杏、李、樱桃等蔷薇科苗木、接穗
27. 玉米褪绿斑驳病毒（Maize chlorotic dwarf virus）	玉米种子、秸秆
28. 黄瓜绿斑驳花叶（Cucumber green mottle mosaic virus）	西瓜、甜瓜、南瓜、葫芦等葫芦科植物种苗
杂草	应检物
29. 毒麦（*Lolium temulentum*）	小麦、大麦等麦类种子
30. 列当属（*Orobanche* spp.）	瓜类、向日葵、番茄、豆类、辣椒等植物种子
31. 假高粱（*Sorghum halepense*）	稻、麦类、玉米、豆类、高粱等植物种子

1984 年，林业部发布《国内森林植物检疫对象和应施检疫的森林植物、林产品名单》。2013 年，林业部根据国务院《植物检疫条例》和林业部《森林植物检疫对象确定管理办法》的规定，对《国内森林植物检疫对象和应施检疫的森林植物、林产品名单》进行了修订。目前有效的是 2013 年发布的名单，其中检疫性有害生物名单是 14 种，危险性有害生物有 190 种。

林业调运植物检疫性有害生物名单（14 种）：

松材线虫	*Bursaphelenchus xylophilus* Nickle
美国白蛾	*Hyphantria cunea*（Drury）
苹果蠹蛾	*Cydia pomonella*（L.）
红脂大小蠹	*Dendroctonus valens* LeConte
双钩异翅长蠹	*Heterobostrychus aequalis*（Waterhouse）
杨干象	*Cryptorrhynchus lapathi* L.
锈色棕榈象	*Rhynchophorus ferrugineus*（Olivier）
青杨脊虎天牛	*Xylotrechus rusticus* L.
扶桑绵粉蚧	*Phenacoccus solenopsis* Tinsley
红火蚁	*Solenopsis invicta* Buren
枣实蝇	*Carpomya vesuviana* Costa
落叶松枯梢病菌	*Botryosphaeria laricina*（Sawada）Shang

松疱锈病菌 *Cronartium ribicola* Fischer ex Rabenhorst

薇甘菊 *Mikania micrantha* H.B.K.

应施检疫的森林植物及其产品名单包括：①林木种子、苗木和其他繁殖材料；②乔木、灌木、竹子等森林植物；③运出疫情发生县的松、柏、杉、杨、柳、榆、桐、桉、栎、桦、槭、槐、竹等森林植物的木材、竹材、根桩、枝条、树皮、藤条及其制品；④栗、枣、桑、茶、梨、桃、杏、柿、柑橘、柚、梅、核桃、油茶、山楂、苹果、银杏、石榴、荔枝、猕猴桃、枸杞、沙棘、芒果、肉桂、龙眼、橄榄、腰果、柠檬、八角、葡萄等森林植物的种子、苗木、接穗，以及运出疫情发生县的来源于上述森林植物的林产品；⑤花卉植物的种子、苗木、球茎、鳞茎、鲜切花、插花；⑥中药材；⑦可能被森林植物检疫对象污染的其他林产品、包装材料和运输工具。

第八节 检疫出证与检疫处理

货主在调运植物或植物产品前向植物检疫机构送检样品提出检疫申请，或由检疫机构派员对调运的货物进行检验检疫，检疫后应该按照检疫程序把货物检疫的结果以书面文件告知用户。

一、检疫出证与检疫证书

检疫机构在对植物、植物产品和其他检疫物进行现场检疫和实验室检验后，需根据有害生物的实际情况以及对照输入方的检疫要求，对所检物品签发具有检测结果的书面文件，这个过程就是检疫出证（phytosanitary certification），发给用户的书面文件或电子证明文件称为检疫证书（phytosanitary certificate），它证明货物中没有携带危险性病虫等有害生物，符合植物健康的要求，所以又称"植物健康证书"，在欧盟内部发行的是"植物通行证"，俗称植物护照。植物检疫证书的格式必须与IPPC的模式证书一致，并为世界各国所认可，原来都是纸质的证书，现在开始有电子表格的证书。经过检验，获得植物检疫证书的货物即被认为是健康无疫的货物，准于放行。检疫机构对符合检疫要求的法定检疫出入境或过境货物、运输工具、集装箱等出具检疫证书等证明文件，表示准予出入境或过境，检疫放行后才能出关。

在填写植物检疫证书时必须用词准确与严谨，要如实表达所检货物是否带有某种危险性有害生物。按照ISPM 5《植物检疫术语表》，对于通过抽样检验的检测结果，通常有下列几种表达方式：

（1）未发现：对货物、大田或产地进行现场检查，没有发现某种特定的有害生物。

（2）基本无疫：对一批货物、大田或产地而言，其有害生物（或某种特定有害生物）的数量未超过预计的数量。

（3）无疫害：按植物检疫程序，未能检查出一定数量的有害生物。

针对出入境的植物、植物产品和其他检疫物，经现场检疫或实验室检验，如果发现带有

《中华人民共和国进境植物检疫性有害生物名录》所不允许的有害生物，则应对货物分别采用退回、禁止出口、除害处理或销毁处理，签发植物检疫处理通知单，严防限定的有害生物的传入和传出。如果是从境外邮寄及旅客携带的植物和植物产品，由于物主无法处理需由检疫机关代为处理；均可通知报检人或承运人负责处理，并由检疫机关监督执行。

对于国内调运的植物种苗，经现场检疫或实验室检验，如果发现带有农业或林业检疫性有害生物，应签发植物检疫处理通知单，对货物分别采用退回、除害处理或销毁处理。

二、检疫处理

IPPC 的宗旨是，"防止植物及植物产品有害生物的扩散和传入，促进采取防治有害生物的适当措施"。对限定物要求或采用植物检疫处理是缔约方用于防止限定的有害生物传入和扩散的一项植物检疫措施。如果在贸易货物中发现有检疫性有害生物存在，按照 ISPM 28《限定有害生物的植物检疫处理》要求，对货物进行必要的检疫处理。"缔约方有权按照适用的国际协定来管理植物、植物产品和其他限定物的进入，为此目的，它们可以对植物、植物产品及其他限定物的输入规定和采取植物检疫措施，如检验、禁止输入和处理"。

经现场检疫或实验室检验发现有限定的有害生物存在，或存在量超过国家规定的风险允许量，就立即签发植物检疫处理通知单通知用户，决定是否进行检疫处理或进行何种类型的检疫处理，检疫处理由官方根据检验结果确认，并且同用户商量，决定是否需要对限定物实施除害处理、禁止出境或禁止入境、退回或销毁的法定程序。

1. 退回或销毁处理

我国植物检疫法规规定，有下列情况之一的，做退回或销毁处理：①事先并未办理检疫许可审批手续的、输入的植物、植物产品中带有危险性有害生物的；②输入植物、植物产品及应检物中经检验发现有《中华人民共和国进境植物检疫性有害生物名录》中所规定的限定的有害生物，且无有效除害处理方法的；③经检验发现植物种子、种苗等繁殖材料感染限定的有害生物，且无有效除害处理方法的；④输入植物、植物产品经检疫发现有害生物，危害严重并已失去使用价值的。

2. 禁止出口处理

我国植物检疫法规规定，有下列情况之一的，做禁止出口或调运处理：①输出的植物、植物产品经检验发现入境国检疫要求中所规定不能带有的有害生物，并无有效除害处理方法的；②输出植物、植物产品经检验发现病虫害，危害严重并已失去使用价值的。

3. 改变用途

如果调运的植物种子样品中发现或检出有限定的非检疫性有害生物，或非检疫性有害生物较多，已不适宜再做繁殖用的，就应建议改变用途，如改做工业商业原料或饲料，或做销毁处理。

4. 除害处理

除害处理是指采用物理或化学的方法杀灭货物中有害生物的过程，IPPC 已经刊登了 4 个标准：ISPM 18《辐射用作植物检疫措施的准则》、ISPM 28《限定有害生物的植物检疫处理》（内含 39 个处理方法的附件）、ISPM 42《使用温控处理作为植物检疫措施的要求》、ISPM 43《使用熏蒸处理作为植物检疫措施的要求》。主要方法包括辐射处理、热冷处理和气调处理，以及熏蒸处理等多种方法。我国植物检疫法规规定，有下列情况之一的，需做熏蒸、消毒、加热等除害处理：①输入、输出的植物、植物产品经检疫发现感染国家限定的有害生物，并具有有效方法除害处理的；②输入、输出的植物种子、种苗等繁殖材料经检疫发现感染限定的有害生物，并有条件可以除害的。除害处理方法多样，应根据检疫物、有害生物种类以及除害条件选择适合的方法对有害生物实施杀灭、灭活或不育处理（详见第八章）。

第九节　检疫监管与疫情监测

检疫监管与疫情监测是植物检疫程序的后续部分。植物检疫机关在规定的时段内对检疫区内的所有应检物的生产、加工、存放和运输移动等进行监督与管理，对所有应检物中是否存在疫情进行监测，以防止疫情的扩散与传播。

检疫监管与疫情监测，也是隔离检疫期间的内容之一，可使官方及时、准确地把握疫情信息，为防控限定的有害生物提供支持，同时，在一定程度上进一步避免因为检测技术限制而可能发生的漏检。加强检疫监督与疫情监测既是促进国际国内贸易发展所必需的措施，又是严格控制有害生物扩散的必要手段。在入境种植后的检疫监管中，国内农林业植物检疫的执法过程职责分工不同，需要更紧密协作。

政府根据植物检疫法授予检疫官员对所有调运的植物和植物产品以及附属限定物实施检验检疫、疫情监测和在必要时采取除害处理的权力，授予检疫官员对疫区采取封锁、除害等应急处理的权力。国内植物检疫部门对政府划定为检疫区内的限定物实施检疫监管，直到撤销检疫区为止。

一、检疫监管

检疫监管（phytosanitary supervision）是检疫机构按照检疫法规对应该实施检疫的物品在检疫期间所实行的检疫监督与管理程序，以防止带有检疫性有害生物的载体扩散。

1. 检疫监管的意义

（1）促进经济贸易的发展，确定货物安全验放。国际贸易的飞速发展使植物检疫中待验货物的数量不断增加，要求大量货物能够迅速通关验放，这就要求植物检疫必须提高验放的速度，否则将造成大批货物的积压与滞留。

（2）现有植物检疫技术可有效控制有害生物的传播。检疫监管措施能够进一步避免现场检疫中的漏检问题，从而保证检疫的质量，严防限定的有害生物传播扩散。采取检疫监管的措施，对部分应检物的部分检疫内容实行后续检疫，能够在促进经济贸易发展的同时，进一步做好防范把关的工作。

（3）检疫监管是适应特定有害生物检疫的需要。有些有害生物在侵入寄主植物后有很长的潜育期，在未出现症状以前很难检测出来。解决尚在潜伏期的病虫害的检疫问题，目前最好的办法是实行隔离检疫一段时间，让症状表现出来。

2. 检疫监管的范围

检疫监管的范围较广，包括预定要出入境的植物和植物产品在出入境前的注册登记、产地检疫与产地预检；入境的植物和植物产品在入境后到出关放行前的所有时段内的动向；隔离检疫场的检疫监管国家划定为检疫区内的所有应检物等。其主要内容概括如下：

（1）对要出入境的植物和植物产品及其他检疫物的生产、加工和存放的单位实行预先的注册登记制度，以便植物检疫机关全面了解这些单位的信息，并且提供技术指导与管理服务。

（2）对要出入境的植物和植物产品实行产地检疫与产地预检。

（3）对入境的植物和植物产品在入关后的抽样、检验、加工、储存、处理过程期间采取的所有检疫管理措施。

（4）对入境的植物种苗进行隔离种植和疫情监测。

（5）在划定的检疫区和缓冲区内对限定物实行检疫监督和疫情监测。

二、疫情监测

疫情监测（phytosanitary surveillance）是官方通过调查、检测、监视或其他程序收集和记录限定的有害生物发生实况的过程，是监管过程中的一项程序。植物检疫机构通过对检疫物的监管与监测、检查可以发现在这些应检物中有无检疫性有害生物存在，通过全国疫情监测网点的检测，可以及早发现和掌握各地有无疫情发生，及早做好检疫措施的准备工作。

疫情监测可通过技术手段对植物有害生物的发生、流行、类型、变化等进行系统、完整、连续的调查和分析，从而得出疫情流行趋势。通过疫情监测，正确分析和把握植物疫情发生发展趋势，加强风险管理，增强植物检疫把关的预见性和有效性，提高进出境植物疫情预警能力，及早做好检疫措施的准备工作。根据 IPPC 和 SPS 协定要求，国家定期在国内开展有害生物疫情监测并且向贸易伙伴公开，为全面掌握我国农林业有害生物状况，满足科学防治和生态保护的需要，国家农业和林业植物检疫部门先后在全国开展了全国农林业有害生物普查（以下简称"普查"）工作。

植物病虫害田间疫情监测的方法多样，包括一般检测与监测、特定调查和诱捕监测等，可以根据疫情需要和对象不同而选择不同的方法。

（一）一般检测与监测

疫情监测手段主要是通过面上普查来监测病虫害发生情况，其次是采用设立预测圃，通过在预测圃种植感病品种的作物，创造一些有利于病虫发生的条件，诱导植物发病，根据预测圃发病情况来了解周围作物上的病情虫情。除了通过面上普查来监测害虫发生情况外，虫情监测手段的重点是诱捕监测。

（二）特定调查

特定调查是官方进行的有针对性的特定目标的调查，如定界调查、特定有害生物生活状况的调查、产地预检等。出入境检疫机构也可根据监管工作的需要开展疫情的监测工作，特别是在隔离检疫和限定物加工和运输的过程中。利用全球定位系统（GPS）和 GIS 对有害生物进行定点监测，搜集更多的信息资料，通过分析，更好地为管理决策服务。

（三）诱捕监测

检疫工作中常用的虫情监测手段是诱捕监测。诱捕监测是一种将特异性诱集剂置于特制的诱捕器中，诱捕特定的有害生物，如昆虫、鼠类等，监测其发生动态的方法；主要用于对产地、港口、机场、车站、货栈、仓库等处进行疫情监测。诱捕装置一般由诱集剂、诱芯和诱捕器3部分组成。

1. 诱集剂

目前应用的主要是信息素和诱饵两类。大家熟知的糖醋酒液是诱集小地老虎和黏虫成虫的最价廉物美、最有效的诱饵。柑橘大实蝇成虫喜食糖蜜等发酵物。据浙江省农业科学院研究，用蛋白胨1份、红糖水5份、啤酒酵母2份、水92份调配成的混合物，对柑橘大实蝇有良好诱集效果，并可诱集到其他实蝇。对于一些特殊的昆虫，还可以选用特异性强、灵敏度更高的信息素来诱集。种的信息素特异性强、灵敏度高，国内外已广为采用。例如：

（1）实蝇类性信息素　诱虫醚（metyleugeno，Me）、诱蝇酮（cuelure，简称Cue，成分为4-对乙酸基苯基丁酮），对柑橘小实蝇、瓜实蝇及近似种均有较强引诱力；实蝇酯（trimedlure），对地中海实蝇有特异性吸引力。3种实蝇信息素均为仿雌性外激素，是人工合成的化合物，专引诱雄虫。前两种在我国已有生产，后一种为进口产品。国外生产的诱蝇酮和诱虫醚活性较强，前者保持活性的时间比后者长，分别为3年和7个月。

（2）苹果蠹蛾性信息素　成分为E,E-8,10-十二碳二烯-1-醇，为苹果蠹蛾专化性信息素，中国科学院新疆化学研究所已人工合成并试用，在渤海湾、东北和西北诱集，效果良好。诱集结果表明，在渤海湾沿岸苹果产区确无苹果蠹蛾存在。

（3）斑皮蠹聚集信息素　为雌虫释放的一类由油酸乙酯、棕榈酸乙酯、亚麻酸乙酯、硬脂酸乙酯、油酸甲酯5种酯类组成的化合物，已可人工合成。化合物或5种酯类人工混合或单种酯类对雌虫都有诱集力，对同属的数种皮蠹也有引诱性。在美国已广泛用于检测谷斑皮蠹。

2. 诱芯

诱芯是诱集剂的负载材料。诱芯不同，诱集剂的负载能力和释放速度差异很大，引诱的效果也不一样，故需根据不同的要求进行选择。目前使用的诱芯主要有塑料、橡胶和脱脂棉球三大类。塑料或橡胶封闭式的诱芯释放诱集素的速度稳定，不受雨水影响，有效期较长，但不及棉团、海绵、杯形等开放式诱芯释放信息素的速度快而诱虫力强。

信息素在高温（特别是在阳光）下易分解而失去活性，因此制成的诱芯宜放在冰箱中保存备用，开放式的宜随制随用。为了延长诱芯的有效期和调节信息素的释放速度，可在制作时加入适当的保护剂（氯甲酸酯、苯酮、苯基丙烯酸酯等）或抗氧化剂，外表要有遮光膜保护。

3. 诱捕器

诱捕器的种类很多，多用纸板、塑料薄片或纱网制成，根据其形状和结构，常见的有屋脊形、翼形、双锥体形、平板形等多种。除水盆形、网状倒置双锥形外，其他类型在使用时均需在内壁涂上粘虫胶，用于粘捕害虫，不使其逃逸。在果园中须将诱捕器挂在有果实的树上，实蝇类应挂在荫蔽处，但诱器开口不要被枝叶挡住；苹果蠹蛾诱捕器则需挂在向阳面，但又要避免太阳直晒。每天需查虫一次，并根据诱集剂的有效期调换诱芯或加添诱集剂。诱集剂虽然有种的特异性，但常能同时诱到近似种，故应将所诱得的害虫进一步做种类鉴定。

在监测控制方面，应遵循的ISPM有ISPM 6《监测准则》、ISPM 8《某一地区有害生物状况的确定》、ISPM 17《有害生物报告》、ISPM 4《建立非疫区的要求》、ISPM 10《建立非疫产地或非疫生产点要求》、ISPM 26《建立果蝇（实蝇科）非疫区》、ISPM 22《建立有害生物低度流行区的要求》、ISPM 30《建立果蝇（实蝇科）低度流行区》、ISPM 29《非疫区和有害生物低度流行区的认可》、ISPM 14《采用系统综合措施进行有害生物风险治理》以及 ISPM 9《有害生物根除计划准则》等。这些标准分别规定了如何进行一般性监测和专门调查，如何确定某个有害生物在该国的"状况"，如何建立规定以确保收集、核实和分析国内有害生物报告，如何建立与保持有害生物非疫区、非疫产地、非疫生产点、有害生物低度流行区以及怎样获得认可，如何采用系统综合措施进行有害生物风险管理，如何规范地根除某种有害生物以使贸易伙伴放心等。

由此可见，疫情监测是植物检疫工作很重要的组成部分之一，是制定、调整植物检疫措施和疫情防控的基础。其主要目的是及时发现、了解危险性植物有害生物的定殖和传播情况，为严格管控这些外来有害生物提供基础信息，增强检疫把关的预见性、针对性和有效性。

三、重大疫情的监管

2000 年以后，我国进出境贸易数量激增，随着大批量植物和种苗的引进，传入的检疫性有害生物的数量激增；国内物流快递发展很快，国内原来的植物检疫体系已不能适应新形势的要求，必须尽快制定新的检验检疫规章制度，采取更加得力的措施来预防重大植物疫情的传播与扩散。

由于我国目前有进出境检疫、农业和林业检疫三条线的管理体制，加强口岸截获信息和国内农林业调查新发现有害生物的信息交流十分必要。对于新发现的检疫性有害生物和外来入境生物，三方要在密切交流、情报共享的基础上，科学评估其风险程度、封锁控制措施和扑灭的可行性，联合制定相应的可接受的风险水平和不同的控制策略。

（一）当前重大的植物疫情

随着农林产品国际和国内贸易及旅游业的迅速发展，许多重大植物疫情被动传入蔓延并造成严重危害，国外重大危险性有害生物被动进入数量剧增，频率加快。从近年来疫情普查的结果可以看出，植物疫情发生有以下两个特点。

1. 新传入的外来疫情显著增多

20 世纪 70 年代，我国仅发现 1 种外来检疫性有害生物，20 世纪 80 年代发现 2 种，20 世纪 90 年代迅速增加到 10 种，2000—2016 年发现近 20 种。仅在 2006 年，我国就相继在海南、辽宁等地发现了三叶斑潜蝇、黄瓜绿斑驳花叶病毒、红火蚁、扶桑绵粉蚧和梨火疫病等新疫情，近年来又陆续在东北和西南个别地区发现有马铃薯甲虫和马铃薯金线虫的危害。据口岸出入境检验检疫部门统计，在 2005—2015 年的 11 年间，我国先后从外贸入境的货物和运输工具及木质包装中截获大量的检疫性有害生物。截获的杂草类最多，有 141 021 种次；昆虫类其次，有 126 542 种次；真菌类 5 753 种次，线虫类 3 249 种次，软体动物 1 271 种次，细菌类 916 种次，病毒类 858 种次。在昆虫类中，经过鉴定的有 20 余目 44 个科，最多的是鞘翅目、双翅目、同翅目、鳞翅目、膜翅目和蜚蠊目，其中检疫性有害生物达 487 种次，以四纹豆象和菜豆象最多；在截获的线虫中，以根结线虫和根腐线虫居多；在截获的杂草中，以野燕麦、假高粱和刺苍耳最多（表 4-7）。由于检疫手段的限制，许多病原生物如细菌和病毒还较难截获与发现，新传入的疫情对我国农林业生产安全构成极大的威胁。

表 4-7 2012—2017 年我国进出境口岸检疫机构截获外来检疫性有害生物简况

年份	截获外来物	昆虫类	杂草类	真菌类	线虫类	细菌类	病毒类	其他
2012	284/50 898	155/29 309	67/20 199	18/397	22/431	6/28	12/287	4/247
2013	319/53 757	177/30 594	73/21 389	19/553	24/655	10/52	11/186	6/328
2014	349/74 133	204/40 091	78/31 914	21/722	25/641	9/84	6/328	6/350
2015	359/102 941	211/49 200	74/50 543	26/931	27/1 177	6/321	9/294	6/475
2016	362/116 867	211/57 513	78/55 931	23/1 069	23/1 266	8/368	12/268	7/452
2017	379/104 994	211/48 164	76/52 382	25/2 307	27/1 037	9/309	12/362	6/433

此外，根据国家口岸动植物检疫部门的统计，随着对外交流开放涉外联系渠道的增加，除了港口车船贸易往来之外，旅客携带行李中、邮寄的生活用品中都截获相当多的有害生物，如水果中的蠹虫、象虫，食品中的真菌、细菌等的数量都呈上升趋势，值得检疫部门注意。

根据 IPPC 和 SPS 协议要求，国家定期在国内开展有害生物疫情监测并且向贸易伙伴公开，为全面掌握我国农林业有害生物状况，满足科学防治和生态保护的需要，国家农业和林业部门先后在全国开展了全国农林业有害生物普查工作，农业部门在 2000—2010 年开展全国有害生物的普查，取得了很大的成绩，培养并且建立了一支专家队伍。普查中先后发现了 17 种重大疫情，包括一些外来物种，如水稻水象甲、马铃薯甲虫、苹果蠹蛾、扶桑绵粉蚧、玉米切根叶甲、谷斑皮蠹、辣椒实蝇、地中海实蝇、咖啡果小蠹、马铃薯金线虫、油菜茎基溃疡病、梨火疫病、黄瓜绿斑驳病和法国野燕麦等。农业部门针对新出现的疫情，设立了隔离带，组织检疫队伍扑灭。

国家林业植物检疫部门在 2002—2010 年也开展全国林业有害生物的普查。据 2019 年统计，此次普查共发现可对林木、种苗等林业植物及其产品造成危害的林业有害生物种类 6 179 种。其中，昆虫类 5 030 种，真菌类 726 种，细菌类 21 种，病毒类 18 种，线虫类 6 种，植原体类 11 种，鼠（兔）类 52 种，螨类 76 种，植物类 239 种。首先是明确了在我国发生的外来林业有害生物有 45 种，与 2006 年普查结果相比，此次普查新发现的 13 种外来林业有害生物有枣实蝇、七角星蜡蚧、刺槐突瓣细蛾、悬铃木方翅网蝽、小圆胸小蠹等。查清了发生面积超过 100 万亩的林业有害生物种类 58 种，如紫茎泽兰、美国白蛾、马尾松毛虫、春尺蠖、棕背䶄、松褐天牛、松突圆蚧、大沙鼠、舞毒蛾等。此外，共同商讨了危害等级的划分，通过对 99 种林业危险性有害生物进行危害性评价，可分为 4 个危害等级：一级危害性林业有害生物（1 种），松材线虫；二级危害性林业有害生物（31 种），如美国白蛾、光肩星天牛、苹果蠹蛾等；三级危害性林业有害生物（37 种），如多斑白条天牛、兴安落叶松鞘蛾、蔗扁蛾等；四级危害性林业有害生物（30 种），如七角星蜡蚧、刺槐突瓣细蛾、云杉散斑壳菌等。

2. 国内局部发生的植物疫情扩散蔓延

稻水象甲于 1988 年在我国河北首次发现，以后陆续在天津、辽宁、北京、吉林、山东、山西、安徽、浙江、福建、陕西和湖南11个省（市）发生，疫情迅速扩散，据农业部门2016年的统计，现已在云南、黑龙江和新疆等24个省的稻区发生。马铃薯甲虫从1993年发现以来，已经蔓延到新疆北部9个地区（州、市），危害面积达1.13万 hm²；2006年以后，马铃薯甲虫又从俄罗斯东部滨海区传入我国黑龙江，现在已扩散到吉林省内，威胁我国北方马铃薯产业的发展；马铃薯金线虫近年在我国西南地区零星发现，对马铃薯产业的威胁很大。苹果蠹蛾于1953年传入我国新疆库尔勒地区，1989年进入甘肃河西走廊地区，距黄土高原苹果优势产区和渤海湾苹果主产区越来越近。这些疫情已经严重威胁中国北方水果生产及贸易安全。近年来又有梨火疫病在毗邻哈萨克斯坦的新疆等地发生，威胁梨和苹果产业的发展；美国白蛾在东北和华北的疫情也比较严重。

根据国民经济和现代农业发展的需要，以有害生物风险分析为基础，跟踪周边地区疫情动态变化，加强疫情监管，明确阻截对象，规范阻截措施。根据地理特点、有害生物传入的规律，明确沿海、沿边地区是外来生物传入的两个高风险地区，为此设立了两个阻截带。

一是沿海地区阻截带。首先，沿海地区农产品贸易往来频繁，是蔬菜、水果、观赏植物等园艺产品进口及国外引种的主要地区，在口岸截获有害生物种类多，外来有害生物入境概率高，疫情来源复杂；其次，沿海地区地理环境复杂、植物种类繁多，气候条件适宜入境生物定殖，一旦有害生物入侵定殖，就会迅速向内陆地区扩散蔓延。此类地区主要是指海南、广东、广西、福建、台湾、浙江、江苏、上海、山东、辽宁和天津等。

二是沿边界地区阻截带。我国与周边国家接壤边境线长，陆路口岸多，区域幅员辽阔，是南亚、西亚、中亚、欧洲及日韩检疫性有害生物传入我国的主要通道；随着国家西部大开发政策的实施，边境贸易逐年增加，新疫情传入风险增大；同时，这里有得天独厚的阻截条件，高山大川和千里戈壁等天然屏障可延缓疫情扩散。但是，沿边、沿海是我国对外开放的重要门户地区，也是我国疫情防控的前沿地带，在植物检疫防疫方面具有重要战略地位。如苹果蠹蛾、马铃薯甲虫和梨火疫病等疫情从欧洲经中亚传入新疆，从俄罗斯滨海地区传入黑龙江和吉林局部地区；稻水象甲和美国白蛾是从日本、朝鲜首先传入河北、辽宁等地；芒果象甲是从印度、缅甸传入云南；红火蚁、香蕉穿孔线虫等疫情首先传入我国广东、福建。西亚地区的梨火疫病和小麦矮腥黑穗病正向新疆边境逼近；香蕉穿孔线虫、马铃薯金线虫、地中海实蝇等危险性有害生物经常在进口货物中被截获。增强沿边、沿海地区的疫情监管和检测能力，抵御重大检疫性有害生物入侵，是保障国家农业生产安全、农产品贸易安全的迫切任务。

（二）农林业突发灾害的检疫监管

2007年，《中华人民共和国突发事件应对法》颁布，将突发公共事件主要分成4类：①自然灾害类。主要包括水旱灾害、气象海洋灾害、地震地质灾害、天体灾害、生物灾害和森林草原火灾等。②事故灾难类。主要包括环境污染和生态破坏事件等。③公共卫生事件类。主要包括传染病疫情、群体性不明原因疾病、食品安全和职业危害、动物疫情以及其他严重影响公众健康和生命安全的事件。④社会安全事件类。主要包括战争、恐怖袭击事件、经济安全事件、涉外突发事件等。

农林业发生的动植物检疫性有害生物灾害属于自然灾害类和公共卫生事件类。与农林业生产和生物安全有关的专项应急预案很多：如《国家突发重大动物疫情应急预案》《重大植物疫情应急预案》《红火蚁疫情防控应急预案》《农业重大有害生物及外来生物入侵突发事件应急预案》《重大外来林业有害生物灾害应急预案》《农业转基因生物安全突发事件应急预案》《进出境重大植物疫情应急处置预案》等。这些涉及生物类的应急预案也都是属于动植物检疫监管和检疫处理密切相关的重要内容。

无论是危险性有害生物的传入和扩散，还是外来物种或者危险性转基因生物的扩散，都属于生物灾害。预防和有效阻截危险性有害生物入侵和扩散，加强重大植物疫情防控监管工作，是植物检疫工作者的首要任务。农业部门于 2006 年提出在全国范围内建立重大植物疫情阻截带，重点是在沿海和沿边地区建立 3 000 个监测网点，加强疫情监控能力，从而构建重大植物疫情阻截带。这是在国家出入境检疫的基础上，建立早期监测预警机制，加强对新传入有害生物的封锁阻截的有效措施。有害生物的跨国界传播已经是全球性的突出问题，我国作为农业大国和农产品进出口贸易大国，近年来问题更加突出。在目前改革开放、国际贸易扩大的新形势下，完全杜绝有害生物传入几乎是不可能的，关键是如何做到早发现、早监管、早阻截。因此，重点要做好两方面的工作：一是通过收集国外疫情信息和开展风险评估，明确重点预防传入的检疫性有害生物和外来入侵物种的种类；二是全国植物检疫部门定期开展重点疫情的调查监测，通过科学设置疫情监测点，构建严密的有害生物疫情监测网络，为及时采取防控行动、进行有效防除提供预警。

在我国 4 个生态大区的边界地区也建有区域性的植物检疫检查站，防止限定的有害生物的传播扩散，也是重大植物疫情阻截带建设的重要组成环节。2007 年 8 月，农业部发布的《重大植物疫情阻截带建设方案》的阻截措施中第三点管制手段是，对于疫区或疫情发生区，要实施严格的管制措施。明确提出了在疫区或疫情发生区周边设立检查哨卡，严禁相关植物、植物产品及可携带疫情的物品外运；为有效封锁疫情，经省级人民政府批准，在重要交通枢纽及关隘要塞等处可设立植物检疫检查站。在农产品的运输过程中实施检疫监管，切断疫情人为传播的渠道，有效遏制植物疫情的传播和蔓延，是重大植物疫情阻截带建设的重要组成环节，是由分环节治理疫情的防控方式向"疫区控制、关口阻截、检疫监管、应急处置"全过程综合治理转变的重要措施之一，进一步完善和加强了重大植物疫情阻截带的建设。以新疆哈密公路动植物联合防疫检疫站（以下简称"哈密检疫站"，原名为新疆哈密星星峡动植物联合检疫检查站）为例，它是防止新疆域内的检疫性有害生物向东传入内地的重要关口，也是防止东南沿海的检疫性有害生物传播到新疆的重要关卡。多年来，哈密地区的动植物联合检疫检查站植物检疫执法人员从调出、调入新疆的水果、蔬菜、花卉、种苗中多次发现并截获苹果蠹蛾、棉花黄萎病菌、棉花枯萎病菌、桃小食心虫、美洲斑潜蝇、豌豆彩潜蝇、豌豆象、绿豆象、亚洲玉米螟、黄刺蛾、蔗扁蛾、甘薯茎线虫、马铃薯环腐病菌、扶桑绵粉蚧等危险性病虫。

2008 年 1 月，新疆维吾尔自治区植物保护站提出的《新疆维吾尔自治区重大植物疫情阻截带建设实施方案》的具体部署中构筑 3 条阻截线，明确提出在哈密星星峡，应加大植物检疫检查站调运检疫检查力度，切实担负起严防疫情传出、传入的重任，1993 年马铃薯甲虫从境外的西北方向入侵我国以来，通过在新疆疫区、非疫区检疫检查站关口阻截进行共同防控，现已成功地将该疫情阻截在新疆境内达 29 年。扶桑绵粉蚧 2008 年首次在广州发现，目前已有 12 省（区）的多个县、市发现疫情，2010 年在哈密星星峡动植物联合检查站对从内地运往乌鲁木齐的花卉上截获疫情，立即报告乌鲁木齐的检疫站进行检疫处理，因为及时发现而得到根除，使新疆棉花免受危害。哈密检疫站充分发挥了关卡阻截防控作用，多次截获动植物检疫性有害生物，及时上报自治区和国家有关部门，配合做好疫情处理和防控工作，有效遏制了马铃薯甲虫、扶桑绵粉蚧、苹果蠹蛾等国家重大检疫性有害生物通过公路运输、人为传播至全国其他省份，取得了很好的效果，有效保护了新疆乃至全国农林业的生产安全和生态安全（图4-6）。

（三）检疫监管与应急处置实例

植物检疫监管是检疫机构按照法规对应该实施检疫的物品在监控期间所实行的检疫监督与管理程序，对限定物的注册、生产、加工、储存和运输等过程实施监控，目的是防止危险性有害生物的扩散蔓延。对于进境的植物及植物产品，要实施严格的检疫。在检疫没有结束、放行以前，限定物应该处在检疫机构的检疫监管之下，直到检疫合格才可放行。

对于疫区也要实施严格的检疫措施，在疫区内的所有限定物应该处在检疫机构的检疫监管之下，严禁相关植物、植物产品及可携带疫情的物品外运。

预警与应急处置措施是指为使农林业生产、生态环境和人体健康免受有害生物侵入危害而采取的预防性安全保障措施，是植物检疫必要的重要措施。主要包括组织结构、财政物资保证、技术保障、预警措施、应急反应措施、监督管理及应急处置措施等。

关于预警与应急处置黄山松材线虫病防御体系建设措施的例子：松材线虫（*Bursaphelenchus xylophilus*）是一种毁灭性的松树害虫，目前该病害在中国的发生面积已超过8万hm²，死亡的寄主树木超过2万株。于1983年在南京发现松材线虫病至今，该病已累计给我国造成直接经济损失近50亿元，对社会和生态等产生的间接损失达上千亿元。在重点发生区，部分林地已因松材线虫病连续危害退化为荒山，疫区相关农副产品和林产品的流通和出口也直接受到影响。国家林业部门实施松材线虫病治理工程后，累计治理面积100余万hm²，清理的疫木多达

图4-6　哈密检疫站检验员检查调运植物，查验处理检疫性有害生物（哈密检疫站供图）
A. 设卡查验检疫　B. 登车细查　C. 检验调运的树苗种苗　D. 深埋虫蛀果

5 000 余万株。近年来，作为黄山风景"五绝"之首的黄山松正面临松材线虫病的严重威胁。黄山风景区北面靠近全国松材线虫病重点疫区江苏省和安徽省南陵、宣城等众多疫点，东面临近浙江疫病发生区富阳市，西边紧依新发生的疫点石台县，形势十分严峻。为有效预防、控制黄山风景区松材线虫病的发生，确保黄山风景区林业生产、生态环境安全和人民身体健康，黄山市根据国家《植物检疫条例》及其实施细则制定黄山市松材线虫病预防体系建设工程；该预案于 2000 年启动，围绕黄山风景区建立一条无松属树种生物控制带；同时建立起网络健全、功能完备的松材线虫病检疫监管和监测普查体系，工程建设总投入达 6 000 余万元，初步构建了阻止松材线虫病人为和自然传播的防御体系。

（1）建成无松属树种生物控制带，全面完成了松树采伐迹地植被恢复和林相改造任务。按照预案，围绕黄山风景区建立起一条带宽 4 km、外围边界长 100 km、内围周长 67 km 的无松属树种生物控制带；生物控制带总面积为 3 万 hm^2，在生物控制带内把所有松树采伐干净，以防止任何可能携带松材线虫的松褐天牛飞入黄山景区。采伐的松树达 20 余万 m^3，为保护生态环境，立即做好松树采伐迹地植被恢复和林相改造工作，仅黄山区就完成成片造林 826 hm^2，其中营造竹林等经济林 566 hm^2，占成片造林面积的 68.5%。

（2）检疫检查网络建成运行并发挥积极作用。黄山区新建 2 个森林植物检疫检查站和 4 个兼职森林植物检疫站。2 个新建的森林植物检疫检查站共配备 7 名专职森检员，24 名兼职检疫员。自 2000 年以来，全区森林植物检疫检查站共查处各类违章调运森林植物案件 610 起，其中违章调运松木及其制品案件 420 起，实施药物处理 360 车次，及时烧毁可疑松木及其制品 530 件，折计松材 100 m^3，构筑了阻止松材线虫病传入黄山的一道重要屏障。此外，在城关镇西郊修建了一座除害处理场，配置了除害药品和消防等药械。

（3）监测普查网络形成。该网络使黄山的 2 万 hm^2 松林得到有效监控，以区森防站为依托，建立了区级松材线虫病监测站。以 19 个乡镇林业站，5 个国有场圃为依托建立了 24 个松材线虫病监测点。每个监测点配备并培训了 2 名以上兼职监测员，配置了计算机、高倍望远镜等设备。全区共设置 79 个松材线虫病固定监测样地，每个样地面积为 667 m^2，每月定期观察一次，调查松树是否感病，所有固定监测样地均挂牌标示，并建立了样地监测档案。

松林划分为重点普查区和一般普查区，重点普查区为公路、城镇、工矿企业、宾馆周围的松林。重点普查区每年分别于 4 月和 10 月开展春、秋两季专项普查，一般普查区于每年 10 月进行一次全面踏查。发现松树出现可疑症状的，立即采样送检，并及时清理濒死、枯死松树。自 2000 年实施松材线虫病预防体系建设工程以来，松材线虫病普查率和监测率均达 100%；截至 2004 年底，共组织 500 余人次开展了 10 次专项普查工作，累计普查松林面积 1 387 万 hm^2。除认真开展专项普查以外，还建立了濒死、枯死松树月查报告制度，各乡镇和国有场圃每月对辖区内濒死、枯死松树进行监测并统计上报，做到及时发现、及时处置。2000 年以来，全区共镜检可疑样本 96 份，清理濒死、枯死松树 3 378 株，至今未发现松材线虫病疫情。

此外，在重点松林分布区域，每年放置 20 只天牛诱捕器，诱杀松褐天牛，减少林分内松褐天牛种群数量，同时，监控松材线虫病疫情。结合本区实际，完成了检疫检查和监测普查两个网络建设，围绕黄山风景区平均带宽为 4 km 的无松属树种的生物控制带已经形成。实践证明，加强植物检疫、建立生物隔离带在预防松褐天牛传播松材线虫病的过程中发挥了关键作用。

思考题

1. 简述植物检疫的基本程序。

2. 什么是检疫审批和检疫准入？其意义表现在哪些方面？

3. 简要说明植物检疫现场检疫和实验室检验的主要方法。

4. 植物检疫处理的原则是什么？

5. 什么是检疫监管？实现疫情监测的有效方法有哪些？

6. 产地检疫、产地预检和隔离检疫三者有何区别？

7. 对外检疫系统业务信息为何要与地方检疫系统对接交流？

8. 疫区、低度流行区、保护区如何划分和监管？分别由谁来监管？

9. 假设某人从福州买了 5 个水仙球茎通过快递寄给新疆的亲戚，请问从植物检疫的角度看，这样做可以吗？

10. 有人想向外国友人赠送几粒野生稻种子，请问要办理哪些手续？

数字课程学习

📥教学课件　　　📝自测题

第五章
检疫性植物病原生物

　　植物侵染性病害是一类由病原生物（简称病原物）侵染引起的病害。植物侵染性病害的种类很多，各种植物上都有许多种侵染性病害。植物检疫性病害是由一些检疫性病原物危害植物引起的，此类病害对植物破坏性强，在局部发生能造成重大经济损失，具有流行势能，一旦传入某地，就将成为农林业生产和生态环境的潜在威胁。对于这些检疫性病原生物，要实施检疫措施。在检疫性病原物中以真菌的数量最多，病毒次之，细菌和线虫较少。

第一节　检疫性病原真菌

　　本书所指真菌是包括根肿菌、卵菌、子囊菌、担子菌和无性态真菌在内的广义真菌，或称菌物，是真核生物中最重要的植物病原生物类群，它们的营养体大多是丝状的菌丝体，有无性繁殖和有性生殖两种繁殖方式，分别产生无性孢子和有性孢子。由真菌引起的植物病害有几万种，通过种苗传播的约占 3.5%，例如水稻上的真菌病害有 100 多种，绝大部分可经种子传播。各国列入检疫性病原生物名单中的也是病原真菌类数量最多，我国目前列出的名单中，要求进境货物中不准携带的病原真菌有 127 种，其中有一半以上在国内还没有发生和报道，其他几十种在国内也只是局部发生，并且政府正在进行有组织的官方防控。国家公布了农业和林业植物检疫性有害生物名单，实施植物调运时都要对名单中的检疫性有害生物进行检疫以防扩散传播（表 5-1）。

　　检疫性病原真菌除了少数是专性寄生菌之外，大多数都是兼性寄生菌，寄主范围较广，在种子上可存活至少半年。它们的发生与流行条件并不苛刻，因此很容易在异地定殖引起危害。

　　病原真菌的检疫，除具有明显症状的植物材料可用直接检疫外，对症状不明显或多种真菌复合侵染时，则可进一步选用传统的洗涤检验、分离培养检验、吸水纸培养检验、种子部分透

表 5-1 中国禁止进境的检疫性病原真菌（部分名单）

分类地位	中文病名	病原真菌学名
壶菌-集壶菌	马铃薯癌肿病	*Synchytrium endobioticum* percival
卵菌-白锈菌	向日葵白锈病	*Albugo tragopogi* var. *helianthi* Novotelnova
卵菌-疫霉菌	马铃薯疫霉绯腐病	*Phytophthora erythroseptica* Pethybridge
	苜蓿疫霉根腐病	*Phytophthora medicaginis* Hans. et Maxwell
	菜豆疫霉病	*Phytophthora phaseoli* Thaxter
	大豆疫霉病	*Phytophthora sojae* Kaufmann et Gerdemann
	油棕猝倒病	*Pythium splendens* Braun
卵菌-霜霉菌	玉米霜霉病	*Peronosclerospora* spp.（non-Chinese）
	甜菜霜霉病	*Peronospora farinosa* f. sp. *betae* Byford
	烟草霜霉病	*Peronospora hyoscyami* f. sp. *tabacina* skalicky
	玉米褐条霜霉病	*Sclerophthora rayssiae* Kenneth et al
子囊菌	松树脂溃疡病	*Gibbrella circinata*（*Fusarium circinatum*）
	松枯梢病	*Botryosphaeria laricina*（Sawada）Shang
	亚麻褐斑病	*Mycosphaerella linicola* Naumov
	松生枝干溃疡病	*Atropellis pinicola* Zaller et Goodding
	栎枯萎病	*Ceratocystis fagacearum*（Bretz）Hunt
	大豆茎溃疡病	*Diaporthe phaseolorum*（Cooke et Ell.）
	向日葵黑茎病	*Leptosphaeria lindquistii* Frezzi
	美澳型核果褐腐病	*Monilinia fructicola*（Winter）Honey
	松针褐枯病	*Mycosphaerella gibsonii* Evans
	榆枯萎病	*Ophiostoma ulmi*（Buisman）Nannf.
担子菌-黑粉菌	小麦矮腥黑穗病	*Tilletia controversa* Kühn
	小麦印度腥黑穗病	*Tilletia indica* Mitra
担子菌-锈菌	油松疱锈病	*Cronartium coleosporioides* Arthur
	松瘤锈病	*Endocronartium harknessii*（Moore）Hiratsuka
	欧洲梨锈病	*Gymnosporangium fuscum* Hedw.
	美洲苹果锈病	*G.juniperi-virginianae* Schwein
担子菌-多孔菌	橡胶白根病	*Rigidoporus lignosus*（Klotzsch）Imaz.
无性态真菌	小麦叶疫病	*Alternaria triticina* Prasada et Prabhu
	香蕉枯萎病	*Fusarium oxysporum* f. sp. *cubense*（Race 4）Snyd et Hans
	南美大豆猝死综合征	*Fusarium tucumaniae* Aoki，et al
	葡萄苦腐病	*Greeneria uvicola*（Berk. et Curtis）Punit
	马铃薯银屑病	*Helminthosporium solani* Durieu et Mont.

续表

分类地位	中文病名	病原真菌学名
	棉根腐病	*Phymatotrichopsis omnivora*（Duggar）Hennebert
	苜蓿黄萎病	*Verticillium albo-atrum* Reinke et Berthold
	棉花黄萎病	*Verticillium dahliae* Kleb

明检验和生长检验等方法，也可借助现代常用的荧光显微镜、免疫学技术和分子生物学技术（如 PCR 技术）进行检验。

一、小麦矮腥黑穗病菌和小麦印度腥黑穗病菌

小麦矮腥黑穗病菌，病原真菌名：*Tilletia controversa* Kühn。

病害英文名：wheat dwarf bunt。

小麦印度腥黑穗病菌，病原真菌名：*T. indica* Mitra。

病害英文名：wheat karnal bunt。

分类地位：担子菌门黑粉菌纲黑粉菌目腥黑粉菌属。

小麦矮腥黑穗病和小麦印度腥黑穗病都是麦类黑粉病中的危险性病害。病原菌冬孢子能随小麦种子、进口粮、麸皮及包装材料、容器、运载工具等多种途径做远距离传播，其适生范围和寄主范围均较广，病原菌在土壤中可存活多年，一旦传入将难以根除，为害损失大，防治困难。世界上有 40 多个国家将小麦矮腥黑穗病菌和小麦印度腥黑穗病菌列为检疫性有害生物。中国将其列为禁止入境的检疫性病原物。

（一）简史及分布

1874 年，Kühn 在匍匐冰草上发现了矮腥黑穗病，1935 年，Young 在小麦上发现矮腥黑粉菌，并将其作为网腥黑粉菌中的一个"新变种"。由于其与匍匐冰草上的矮腥黑穗病菌相同，1954 年以后根据《国际植物命名法规》，按命名的优先权论，仍采用 Kühn 命名的病原名称。

小麦矮腥黑穗病菌与小麦网腥黑穗病菌（*T. caries*）极为相似，田间也存在天然杂交，近期的分子生物学研究也揭示这两种病原菌不能完全分开，因此不少研究者至今仍认为这两个种可能是同物异名。尽管如此，两者也有明显区别，前者仅侵染冬小麦，侵染期主要为寄主的分蘖期，冬孢子萌发需要相对的低温和光照，网脊较高，自发荧光率较高。目前，已有分布的地区是美洲、欧洲、大洋洲和亚洲等地区的 40 多个国家，尤其是美国中西部和东北部发生较多，在亚洲以网腥黑穗病发生较多。小麦印度腥黑穗病最早于 1909 年在巴基斯坦发现，是当时小麦上的一种新的腥黑穗病。但直到 1930 年才在印度北部卡纳尔地区正式记载，故又称作卡纳尔腥黑穗病。1930 年该病在印度旁遮普邦发生，1953 年在当地流行，由于当时广泛种植感病小麦品种，加之环境条件适宜，20 世纪 70 年代，该病从一个局部发生的病害上升为印度麦区广泛发生的重要病害。1972 年该病传入墨西哥，1996 年美国正式报道在亚利桑那州的小麦上发现该病，后来扩展至至少 3 个州，引起世界各国的关注。目前已有该病分布的国家有印度、

巴基斯坦、尼泊尔、阿富汗、伊拉克、伊朗、叙利亚、黎巴嫩、美国、墨西哥、俄罗斯、瑞典、澳大利亚、巴西和南非等。

（二）生物学特性

1. 为害与症状

小麦矮腥黑穗病是一种系统性侵染病害，常致麦株矮化，麦粒变成黑粉，导致严重减产。20 世纪 60—70 年代在美国西北部发病严重，发病面积约为 26 万 hm^2，重病田发病率可达 80%，几乎颗粒无收。据 Keener 等（1995）报道，在美国蒙大拿州的发病率达 20%，产量损失达 45%。病株分蘖增多，可多达 30～40 个，植株严重矮化，高度仅为健株的 1/4～1/3。病穗肥大，小穗小花增多，芒短而弯，颖壳裂开，籽粒成为充满黑粉的菌瘿。菌瘿呈暗褐色，粗短近球形，较坚硬，压碎后露出黑粉，即病菌的冬孢子，具有鱼腥臭味。每个菌瘿内有冬孢子 30 万～60 万个，可多达 300 万个。某些品种幼苗叶片上会出现褐色的条纹状斑点（图 5-1）。

小麦印度腥黑穗病属局部侵染性病害。在小麦抽穗至开花期侵染，可导致小穗数量减少和麦穗变短，通常田间症状不明显，当田间表现明显症状时，病害已发生数年。病株仅部分麦穗和籽粒受害，不引起麦粒肿大。病菌不侵染胚，只侵染胚乳，从种脐开始延伸至腹沟，多数在种子腹面表皮下形成黑褐色孢子堆，种子背面仍完好。1970 年后，印度引进了感病品种，导致该病在北部麦区每隔 2～3 年就暴发一次，发病率达 15%～30%。流行年份一般减产 1%，虽然造成的损失不大，但严重影响小麦品质，当病粒率达 3% 以上时，使加工的面粉因具有浓烈的鱼腥味而无法食用。轻微侵染

图 5-1　小麦矮腥黑穗病病穗（许志刚摄）　彩*

时在种脐上呈现一个黑点，严重时病粒的胚乳全部被冬孢子代替。一旦某地发生病害，该地区的小麦在国际上的市场份额和价格将会受到极大的影响。据 Brennan 等（1990）估计，仅谷物出口所必须采取的检疫措施的花费，就给墨西哥每年间接造成 700 万美元的经济损失。

2. 寄主范围

小麦矮腥黑穗病可侵害禾本科 18 个属的多种植物。比如，小麦族的山羊草属、冰草属、野麦属、绒毛草属、大麦属、小麦属、毒麦属和黑麦属，燕麦草属，落草属，狐草族的雀麦草属、鸭茅属、羊茅属、早熟禾属和三毛草属，剪股颖属和虎尾草属。其中冰草属为自然发病的主要禾本科寄主。

小麦印度腥黑穗病在自然条件下主要侵染普通小麦、硬粒小麦，也能威胁一些禾草类植物。据报道，在美国俄勒冈州黑麦上发现此病。人工接种时，山羊草属、雀麦草属和黑麦草属均表现不同程度的感病性。

3. 病原菌形态

小麦矮腥黑穗病菌的冬孢子为球形至近球形，黄褐色至暗褐色，直径为 16～25 μm（平

---

*　彩表示登录本书配套数字课程，可浏览彩图。

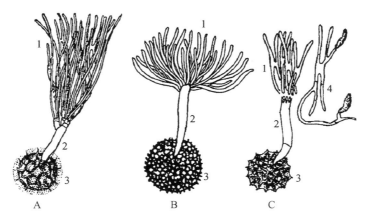

图 5-2 三种腥黑穗病原菌冬孢子萌发示意图

A. 矮腥黑穗病菌 B. 印度腥黑穗病菌 C. 网腥黑穗病菌

1. 担孢子 2. 担子 3. 冬孢子 4. 担孢子萌发

均 19.9 μm），表面有多角状网纹，偶见脑纹状，网脊高 1.5 ~ 3 μm，网目直径 3 ~ 5 μm，外有一层无色至淡色的透明胶质鞘，其厚度等于或略高于网脊，通常为 1.5 ~ 5.5 μm。冬孢子堆中不育孢为球形、透明，壁薄光滑，直径 10 ~ 18 μm（平均 13.7 μm），偶有胶质鞘包围，厚1.5 ~ 4 μm。冬孢子萌发产生有分枝的无隔担子（先菌丝），其顶端轮生大量线形初生担孢子，一般为 8 ~ 66 个，经异性结合成 H 形，萌发后产生双核侵染菌丝或镰刀形次生担孢子。次生担孢子萌发形成侵染菌丝（图 5-2）。

小麦印度腥黑穗病菌的冬孢子成熟时呈褐色至深褐色，球形至亚球形，直径 24 ~ 47 μm。外胞壁具疣状突起，无胶质鞘。在扫描电子显微镜下，疣凸由基部至顶部形成多层次的同心轮纹，层叠疣凸的边缘在光学显微镜下呈现淡褐色鳞片组成的波纹状周边。未成熟的冬孢子黄色，外壁常附有短而透明的尖形尾丝（菌丝残体），平均长度为 7.23 μm，成熟时尾丝逐渐萎缩。不孕细胞泪珠状或球形，半透明至淡黄褐色，常附着有尾丝。冬孢子休眠后萌发，顶部形成担子，担子长度不一，一般为 10 ~ 190 μm，其顶端轮生 65 ~ 185 个线形或长镰刀形的双核初生担孢子，成熟后脱离担子，可不配对结合，而直接萌发产生芽管，起侵染菌丝的作用。初生担孢子经有丝分裂在其上侧生或顶生单核的次生担孢子，次生担孢子萌发形成侵染菌丝。

当温度、湿度适宜时，土壤中的冬孢子萌发产生初生担孢子，随风或雨滴落在叶片或土表，很快萌发产生次生担孢子。次生担孢子可借风雨先落在最下层的叶片，在叶面干湿交替的过程中又随风逐步上升到高层的叶片，直至旗叶。在相对湿度为 100% 时，早晨捕捉到的次生担孢子数量最多。抽穗的过程如遇降水，次生担孢子可被冲入剑叶叶鞘内的穗部，当有自由水时，次生担孢子在穗上进行异宗配合后即可进行侵染。次生担孢子也可以直接落在已抽出的穗上进行侵染。若侵染发生在种子初形成时期，整个籽粒被黑粉代替；若侵染发生较晚，病穗上只有少部分籽粒受害，其余种子还可发芽。

人工接种试验表明，用相互亲和的单系次生担孢子混合接种可以发病，若用不亲和的单孢系接种则不能发病。放射性标记及组织病理学研究表明，病原菌在小麦颖片处萌发，以次生担孢子产生的芽管通过颖片、外稃和内稃上张开的气孔入侵，菌丝在寄主的薄壁组织及绿色组织间横向扩展；至接种 9 d，除花药和雄蕊外，菌丝侵入花器组织，由穗轴及合点间的组织经珠柄进入子房的果皮；接种 13 d 后，可见产孢初始期，此时，因种子结构木质化，菌丝扩展受到限制，病害仅局限于种皮，严重时可进入胚乳。子房的受害程度取决于侵入菌丝的密集程度及当时的气候条件。

4. 病原菌生物学特性

分散的小麦矮腥黑穗病菌的冬孢子在土壤中可存活 1 年，完整菌瘿内的孢子可存活 3 ~ 10 年。冬孢子萌发需要长期低温及一定时期的散射光照，最好有积雪覆盖，萌发率更高。萌发的最低温度为 –2℃，最适温度为 3 ~ 8℃，最高温度不超过 12℃。在 5℃ 及散射光照条件下，萌发需要 21 d，盛期出现在第 56 ~ 72 d。冬孢子萌发对湿度要求不严格，土壤含水量为 35% ~ 88% 时均可萌发。

小麦矮腥黑穗病是典型的土壤带菌侵染，落入土壤中的冬孢子在冬麦播种后遇适宜条件，萌发产生双核侵染菌丝，由麦苗幼嫩的分蘖侵入。侵染后菌丝在细胞间蔓延，约经 50 d 到达生长点，也就是说，在小麦拔节前侵入生长点，导致病害的系统侵染。随着寄主生长发育，菌丝进入穗原基，进而侵入各个花器，当子房分化时，病菌由缓慢的营养生长期转入快速发展的繁殖期，破坏子房，形成冬孢子堆。病菌侵染期可长达 4 个月。萌发的冬孢子遇干燥条件时在 30 d 内仍有侵染能力。

小麦印度腥黑穗病菌新鲜的冬孢子不能马上萌发，须经 6 ~ 8 个月的休眠后才能萌发，1 ~ 2 年后的冬孢子的萌发率最高，在土壤浸出液培养基上可获得 61% 的萌发率。一些植物提取液，如麦粒煎汁和畜粪提取液对冬孢子萌发有促进作用，稀的醛类、脂肪酸也有一定的促进作用。冬孢子萌发的温度范围为 2 ~ 35℃，最适温度为 15 ~ 22℃，短期光照可促进萌发，萌发适宜的 pH 范围是 6.0 ~ 9.5。冬孢子抗逆性强，在 –5℃ 条件下处理 7 ~ 21 d 对萌发无影响，在 –18℃ 条件下处理 84 d 才停止萌发。

5. 越冬与传播

病菌以冬孢子或菌瘿在土壤中、种子表面或粪肥中越冬。冬孢子附在种子表面或菌瘿混入种子间随种子调运而做远距离传播，也可通过被冬孢子污染的包装材料、容器和运输工具等做远距离传播。病区土壤带菌是主要的侵染源，在小麦收获或储运期间，菌瘿或冬孢子常常会撒漏在田间和被风吹到附近田块。冬孢子在土壤中可以存活 1 ~ 5 年，在土壤中不同深度的冬孢子存活时间不同，在 8 cm 深的土壤中存活 42 个月，在 25 cm 深的土壤中存活 24 个月。冬孢子经过家畜消化道后活性仍然不受影响。冬孢子在农家肥中可存活 1 年，在秸秆上存活 2 年，所以粪肥和秸秆也能传病。脱粒时冬孢子粉也可随风飞散，随河水、灌溉水在田间传播。此外，病麦加工后的麸皮、下脚料经家畜粪肥和洗麦水流向田间而污染土壤。小麦印度腥黑穗病菌除了具有种传、土传特征外，还具有气传的特点。小麦印度腥黑穗病菌在抽穗至开花期侵染。土壤中的冬孢子萌发后产生的初生担孢子和次生担孢子，可随气流或雨水传播至麦穗上进行侵染。

6. 发生条件与适生区域

在自然条件下，当寄主和环境条件特别适宜时，人工接种微量的甚至单个的矮腥黑穗病菌冬孢子就能引起小麦发病，但多数情况下需要一定数量的冬孢子才能发病。病菌侵染幼苗时，环境条件则显得尤为重要，凡降雪早、积雪厚、稳定积雪 70 d 以上的地区和年份，病害常大发生并造成流行。由于初生担孢子在湿润的土壤中、在 –5 ~ 5℃ 条件下可存活 56 ~ 84 d，可以说长期积雪为冬孢子萌发提供了长时间的低温和适宜的湿度。病害的发生和流行与降雪有关，冬麦区苗期日平均温度为 0 ~ 10℃达 45 d 以上，同样有利于病菌的侵染，即使无雪覆盖也能发病。章正等（1995）先后于大连、北京、天津在隔离条件下对冬麦田土表进行的接种试验证明，在无积雪或积雪期短时均获得病穗。

据章正等分析，我国西北高原冬麦区和新疆、青藏高原晚播冬麦区条件对小麦印度腥黑穗病菌和小麦矮腥黑穗病菌极为适宜，为高度危险区；江淮流域及华北、东北的冬麦区也基本适宜于病害发生，属危险区。西南高海拔地区有时也具备上述病菌入侵的条件，故也可能受害。春麦区则不易发生病害。

在一定的温度范围内，小麦印度腥黑穗病的流行程度与湿度呈正相关，与温度呈负相关。所以，当小麦孕穗至扬花期遇多云、少日照、细雨多雾的高湿天气，即相对湿度为 54% ~ 89%、土壤温度 17 ~ 21℃、气温 10 ~ 26℃时，该病适宜发生。灌溉失度、施肥过多，特别是施氮肥过多，也利于发病。白章红等（1997）依据病菌生物学特性，利用 GIS 分析的结果表明：该病在中国适生区域的气候条件是，大于 0℃的有效积温，大于或等于 1 300 日度，一年中最冷月平均气温小于或等于 20℃，小麦抽穗扬花期间平均气温为 7 ~ 29℃，在这种气候条件下，该病害均有发生与流行的可能性。

（三）检验

1. 直接检查

将送检样品置于白瓷盘内检查，仔细观察有无菌瘿。菌瘿短小、呈近球形，压破后散出黑粉。对于小麦印度腥黑穗病，必须仔细检查种子的腹面种脐至腹沟处，观察有无灰黑色的带状斑，当表皮破裂时可见黑粉；也可将种子在水中浸泡 1 h 以上，疱斑呈更为明显的黑色；发病轻时病粒外观不易识别，可将样品在 2 g/L 氢氧化钠溶液中浸种 24 h（20℃），倾去溶液，将种子摊在吸水纸上检查，病粒乌黑发亮，刺破病粒，取黑粉制片观察。取少量冬孢子，加适量的希尔氏液镜检。

2. 洗涤检验

将送检的样品充分混匀后，抽取 50 g 样品加 100 mL 蒸馏水，再加 1 ~ 2 滴吐温进行洗涤，振荡 5 min，将洗涤液倒入灭菌的离心管内，1 000 r/min 离心 3 min，弃去上清液，沉淀物用希尔氏液悬浮并定容至 1 ~ 3 mL，制片观察。对于加工后的麸皮中小麦矮腥黑穗病菌的检测，一般要先用淀粉酶处理，将淀粉水解后再制片观察。

3. 冬孢子形态鉴定

在油镜下随机测量 30 个成熟的冬孢子网脊高度，每个孢子按上下左右测量 4 次，求平均网脊高度值，小麦矮腥黑穗病菌的冬孢子平均网脊高度值大于或等于 1.43 μm；若网脊高度值小于或等于 0.7 μm，则不是小麦矮腥黑穗病菌，如小麦网腥黑穗病菌冬孢子的网脊高度为 0.53 μm ± 0.19 μm。

小麦矮腥黑穗病菌与小麦网腥黑穗病菌、小麦印度腥黑穗病菌的冬孢子形态极为相似，它们的区别见表 5-2 和图 5-2。

另外，禾草腥黑穗病菌（T. fusca）的初生担孢子形态和萌发适温与小麦矮腥黑穗病菌相似，两者的次生担孢子可以杂交融合，具有种间亲和性，只是前者的寄主是雀麦和羊茅属植物，不侵染小麦，但在收获时禾草腥黑穗病菌容易混入小麦中。Trione 和 Krygier（1977）利用

表 5-2 三种腥黑粉菌的冬孢子形态特征比较

项目	小麦矮腥黑穗病菌	小麦印度腥黑穗病菌	小麦网腥黑穗病菌
冬孢子大小 /μm	16 ~ 25	24 ~ 47	14 ~ 20
网目直径 /μm	3 ~ 5	模糊不清	2 ~ 4
网脊高度 /μm	1.43 ~ 3	1.4 ~ 4.9	0.5 ~ 1.42
网脊特征	尖而长	翼状或疣状突起	钝而短
胶质鞘厚度 /μm	1.5 ~ 5.5	幼时易见成熟后消失	约为 2
不孕细胞	无色至淡黄色	无色至淡黄色	无色
冬孢子萌发温度 /℃	3 ~ 8，< 10	15 ~ 22，< 25	15 ~ 20，< 30
一个冬孢子产生的担孢子数 / 个	约 50	60 ~ 180	4 ~ 8
初生担孢子 H 形结合	常见	无或极少	常见

小麦矮腥黑穗病菌冬孢子在无水丙醇中呈球形，外表正常而禾草腥黑穗病菌呈非球形，外表易变形的特点，将它们区别。

在小麦印度腥黑穗病菌的鉴定中应注意与水稻粒黑粉菌（ *T. horrida*，过去为 *T. barclayana*）、黑麦草腥黑粉菌（ *T. walkeri*）的区别（表 5-3）。

表 5-3 小麦印度腥黑穗病菌、水稻粒黑粉菌与黑麦草腥黑粉菌的形态学比较

项目	小麦印度腥黑穗病菌	水稻粒黑粉菌	黑麦草腥黑粉菌
冬孢子直径 /μm	24 ~ 47	17 ~ 36	26 ~ 44
色泽	褐色至黑色，不透明	褐色至黑色，不透明	淡褐色至暗褐色，不透明的黑色
形状	球形至亚球形	球形至亚球形	规则的球形
刺状突起	浓密，1.5 ~ 7 μm，表面有疣状纹	可能弯曲，顶端钝圆	表面观有脊突，侧面观钝圆
主要寄主	小麦	水稻	黑麦草

4. 冬孢子自发荧光显微检验

冬孢子平均网脊高度值为 0.71 ~ 1.42 μm，需进行冬孢子自发荧光显微检验。检验时从菌瘿上刮取冬孢子于载玻片上（10 × 100 倍显微镜视野下以不超过 40 个孢子为宜），置于防尘处干燥，然后加 1 滴无荧光载浮剂，封片后置于激发波长为 485 nm、屏障滤片波长为 520 nm 的落射荧光显微镜下，确定视野后开始计时，每一视野照射 2.5 min 后，开始检查视野中呈荧光正负反应的冬孢子数，统计冬孢子自发荧光率，全过程不得超过 3 min。每份菌瘿样品至少观察 5 个视野、200 个冬孢子。冬孢子自发荧光率大于或等于 80%，视为小麦矮腥黑穗病菌；小于或等于 30%，不是小麦矮腥黑穗病菌。由于该法仅限于鉴别菌株或菌瘿，当样品中病菌孢子数量减少时，其有效性随之降低。故自发荧光显微学特性在实际进口小麦的小麦矮腥黑穗病菌诊断中应用不广。

5. 冬孢子萌发试验

当冬孢子自发荧光率为 31%～79% 且形态不能确定时，需进行冬孢子萌发试验。将孢子悬浮液接种于 3% 的水琼脂培养基上（10×10 倍显微镜视野下以 40～60 个孢子为宜），分别置于 5℃ 和 17℃，有连续光照或 12 h 黑暗条件下培养。小麦矮腥黑穗病菌在 5℃ 条件下 21 d 后开始萌发，17℃ 不能萌发；若 5℃ 和 17℃ 均可萌发，则不是小麦矮腥黑穗病菌。

6. PCR 技术检验

小麦矮腥黑穗病菌、小麦印度腥黑穗病菌与黑麦草腥黑穗病菌等其他腥黑穗病菌近似种的冬孢子形态十分相似，不易区别，可采用 PCR 技术进行检验。Frederick（2000）、Levy 等（2001）和程颖慧（2001）等改进了 PCR 检测技术，将经过表面消毒后的单冬孢子进行培养，获得菌丝体后利用一组特异性引物进行扩增，扩增小麦印度腥黑穗病菌的引物为 5′-CGTGTGAGCCATGC-TACGACT-3′ 和 5′—AACTTCCAAGGCGACCGTTT—3′，在 743 bp 处有一特异性扩增带，其他近似种或相关种均不出现该扩增带；扩增黑麦草腥黑穗病菌的引物为 5′-TGTTTGAGCCACGC-TATGACC-3′ 和 5′-AACTTCCAAGGCGACCATTC-3′，在 473 bp 处有一特异性扩增带，其他腥黑穗病菌均未出现该扩增带；扩增腥黑粉菌属所有供试菌的引物为 5′-TGACAACGGATCTCTTGGTT-3′ 和 5′-TCACCAACTCCAAGCAATCT-3′，在 206 bp 处所有供试菌均出现这一特异性扩增带。Yuan 等（2009）和 Nian 等（2009）开发了 TaqMan 荧光定量 PCR 技术，可用于从带菌的小麦上检测小麦矮腥黑穗病菌，具有更高的灵敏度。Gao 等（2010）设计一对特异引物（TCKSF3/TCKSR3），用序列特征化扩增区域（SCAR）技术进行 PCR 检测，该技术的检测极限为 5 ng。

梁宏等（2013）利用简单重复间序列（ISSR）技术，开发了一种简单而可靠的小麦矮腥黑穗病菌分子鉴定方法：用 ISSR 引物 P4 从小麦矮腥黑穗病菌中扩增出一条特异性的条带（大小为 1 113 bp），根据此条带设计出特异性引物对 TCKF/TCKR，再用该特异性引物对从小麦矮腥黑穗病菌中扩增出特异性的 882 bp 大小的条带，而在其他包括网腥黑穗病菌、小麦光腥黑穗病菌在内的近缘种内均不能扩增。随机扩增多态性 DNA（RAPD）分析技术是建立在 PCR 基础之上对未知序列的整个基因组进行多态性分析的分子标记技术。该技术不需要设计专门的引物，且操作简单易行、经济、安全。

由于生物学诊断耗时长、准确性受待检小麦小麦矮腥黑穗病菌孢子含量影响大，不适宜大量进口小麦中含小麦矮腥黑穗病菌少的现状；分子生物学检测结果准确，但是前处理过程复杂，难以实现自动化检测；图像诊断技术虽然能实现自动化，但是其准确性不及 PCR 技术。

（四）检疫与防治

1. 实行检疫

禁止带菌种子输入、调运是最有效的根治措施，小麦印度腥黑穗病菌与小麦矮腥黑穗病菌的防治方法基本相同，小麦印度腥黑穗病菌还具有气传特性，因此防治难度更大。进口小麦是小麦矮腥黑穗病菌传入中国的重要渠道，近几年，中国口岸多次从来自小麦矮腥黑穗病菌疫区的小麦、大麦、麦麸和草籽上截获小麦矮腥黑穗病菌。存在于小麦中的小麦矮腥黑穗病菌病粒，其所含冬孢子数在十万至百万个之间，平均每病粒所含冬孢子为 30 万～60 万个，这些病菌孢子，将随同进口小麦而远距离传播，当病麦进口后，这些病菌不可避免地在装卸运输等环节撒落，沉降于沿途各地及仓库、加工厂所在地。一旦进入农田，就会在土壤中存活多年，待条件具备即可侵染麦苗。来自疫区的小麦原粮需根据《小麦矮腥黑穗病菌检疫检测与鉴定方法》进行取样和检验鉴定，带菌的小麦原粮应进行处理。加工后应对麦麸、下脚料和洗麦水进行灭菌，有关检测方法可参阅 ISPM 27《限定有害生物诊断规程》（DP4）、《植物检疫 小麦矮化腥黑穗病菌检疫鉴定方法》和《小麦印度腥黑穗病菌检疫鉴定方法》。

2. 高温灭菌

小麦矮腥黑穗病菌冬孢子的抗逆性很强，其热致死温度为 130℃处理 30 mim，或是 120℃处理 1 h，表明该病菌对高温处理有很强的抗性。在温度为 85℃、相对湿度为 80%下，处理 5~6 mim，可以杀灭麸皮中的病菌，此方法适用于对原粮的处理。除湿热灭菌外，^{60}Co 辐射处理、热水水浴与 NaClO 相结合处理，可杀灭冬孢子，但有一定的局限性。

3. 化学防治

用药剂拌种可杀死种子表面的冬孢子，如氢氧化铜、苯莱特、噻菌灵等有较好效果，但不彻底。另据报道，用五氯硝基苯超量拌种（用药量为种量的 1%）或敌萎丹拌种，防效均在 96%左右，但不适用大批商品粮；原粮处理可用环氧乙烷熏蒸（200 g/m^3，密闭 3~5 d），但不适用种用材料。

甲醛熏蒸也有效，仅限于种用材料的消毒。该菌传入田间的途径较多，一旦传入，则根除极为困难。病害的防治主要是检疫禁入，其次是采取抗病品种和药剂拌种。使用化学药剂敌萎丹处理带有小麦矮腥黑穗病菌或小麦印度腥黑穗病菌的种子是较常用的措施。

4. 农业防治

小麦与鹰嘴豆间作可以降低小麦矮腥黑穗病的发病率，在分蘖期用聚乙烯膜在行间覆盖可以减少发病。

二、烟草霜霉病菌

烟草霜霉病菌，病原名：*Peronospora hyoscyami* f. sp. *tabacina*（Adam）Skalicky，属藻物界卵菌门霜霉目霜霉属。

病害英文名：tobacco blue mold。

烟草霜霉病是危害烟草的重大病害。病菌通过气流传播，具有极强的流行性，也可随种苗、烟叶进行远距离传播。病菌一旦在某地区定殖，会迅速向各烟草种植区蔓延扩散，引起植株大量枯死、严重降低烟叶的产量和品质。20 世纪 60 年代以来，烟草霜霉病菌一直是国家禁止入境的检疫性病原生物。

（一）简史与分布

烟草霜霉病于 1891 年首次在澳大利亚报道，1921 年在美国佛罗里达烟草苗床发现该病，但很快得到了控制。10 年后该病突然再次暴发，其后的 5 年间，病害蔓延到美国东部所有烟草种植区，并且传播至中部、南部和西部烟草种植。1938—1957 年，该病先后传播到加拿大、巴西、阿根廷、智利、古巴等国。1960 年，烟草霜霉病在欧洲暴发，最早发病中心在德国和比利，其后很快波及法国、东欧，遍布整个欧洲。1961 年后，病害向南蔓延到北非、中东、近东。目前，已广泛分布于世界各大洲近 65 个国家。中国尚未发现该病害。

（二）生物学特性

1. 为害与症状

1960年，烟草霜霉病在欧洲流行，使法国和比利时的烟草损失80%~90%，相当于2.5亿美元。1961年，全欧洲（不包括俄罗斯和罗马尼亚）损失干烟叶10万吨，仅法国就损失干烟叶1万吨，相当于900万美元。20世纪90年代以来，美国烟草种植区不断受到霜霉病的侵袭，造成严重的经济损失。烟草的各生育期均可受害。气候干燥时病苗叶尖微黄，类似缺氮症，叶背有1~2 mm不规则小斑，皱缩、扭曲。湿度大时，叶上产生淡黄色小病斑，逐渐变深呈水渍状，叶背面产生白色霉层，后呈微蓝色或淡灰色霉层，故该病又称"蓝霉病"。严重时烟苗迅速变黄、凋萎，甚至整株死亡。成株期局部受侵染时，叶片有黄色病斑，相互愈合成褐色坏死斑，干燥时病斑干裂穿孔。病斑还可出现在芽、花及蒴果上。系统侵染时，叶片狭小呈黄化斑驳至变褐坏死，随后脱落成光秆；茎、根部维管束有褐色条斑；植株矮化、萎蔫，甚至整株枯死。病株烟叶品质变劣。

2. 寄主范围

烟草霜霉菌为专性寄生菌，寄主范围窄。自然条件下，主要危害烟草属的植物，也可侵染番茄、辣椒、茄子、马铃薯等茄科作物。人工接种下还可以侵染矮牵牛（*Petunia* sp.）、甜椒（*Capsicum annum*）、酸浆（*Physalis alkekangi*）和灯笼果（*P. peruviana*）等。

3. 病原菌形态

菌丝无色透明，无隔膜，孢囊梗生于叶背面，二叉状分枝，基部分枝呈锐角，上部分枝呈直角，分枝末端尖，产孢时孢囊梗生长停止。孢子囊柠檬形，无色透明，大小为（16~28）μm×（13~17）μm，直接萌发产生芽管侵入寄主组织。卵孢子产生于近地面的病叶组织内，叶脉附近最多，黄褐色至红褐色，直径为24~75 μm，周围有光滑或稍粗糙的外膜，干燥时收缩成棱角状皱纹（图5-3）。卵孢子的形成需要高湿度，天气干燥时不产生卵孢子。

4. 病原菌生物学特性

孢子囊形成的最适温度为15~21℃，最低温度为1~2℃，最高为30℃；孢子囊形成的最适相对湿度为97%~100%，当相对湿度小于90%时，产孢几乎停止。孢子囊萌发最适温度为14~21℃，最低为1~2℃，最高为35℃。孢子囊侵染的适宜温度为14~21℃，最低为5℃，当温度为35℃时，6 h内仍有侵染活性。孢子囊萌发对湿度条件要求很高，相对湿度低于97%时萌发率很低，相对湿度在98.5%以上或叶面饱和湿度时间越长，萌发率和侵染率越高。孢子囊对紫外线敏感，在太阳光直射下1 h即死亡。卵孢子抗逆性很强，病叶在80℃烘烤4 d后，再于相对湿度50%~60%、35℃条件下发酵后，其卵孢子仍然有侵染能力。另外，20世纪90年代初，中国和希腊专家联合检查了在希腊保存年限不同的香料烟叶，证实保存2年以下的烟叶中携带的卵孢子仍可存活。烟草霜霉菌具有生理分

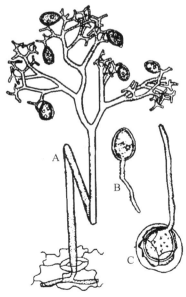

图5-3　烟草霜霉病菌

A. 孢囊梗　B. 孢子囊　C. 卵孢子萌发

化现象。烟草霜霉病菌在澳大利亚有 3 个生理小种，即 APT1、APT2 和 APT3，其寄主范围有所不同。

5. 越冬与传播

烟草霜霉病在世界不同产烟区的越冬方式不同。在澳大利亚、南欧、北非及地中海沿岸等许多温暖地区，病菌主要以菌丝体在田间或温室的病株、自生烟苗、野生烟草上越冬，春季病株上产生孢子囊随风传播。关于卵孢子在田间的传病作用，在英国、德国、俄罗斯和保加利亚曾多次记载卵孢子具有侵染能力；但有些国家报道，卵孢子的传病作用尚不明确。种子的传病作用仅在澳大利亚有过报道，在其他国家未经证实。

烟草霜霉病菌在自然条件下主要是随气流传播扩散，一旦病菌在某地定殖，即可随风和气流迅速扩展蔓延，能随气流上升到 1~3 km 高度，与云层一起飘流，并且可避免紫外线杀伤，进行远距离传播。据测定，孢子囊在 2 h 内可传播 200 km，推断传播距离最远可达 5 000 km。有些科学家认为，烟草霜霉病近年来的发生与流行，主要是孢子囊随气流从温暖的越冬地区传播引起的。此外，Hill（1963）的试验表明，孢子囊在低温（5℃）、低湿（相对湿度 < 40%）条件下，经过 131 d，仍有 1% 的存活率。章正（1993）的试验表明，孢子囊的致死温度为 50℃/5 min。在烤烟的调制和加工过程中，温度超过致死温度，且处理时间较长较长，孢子囊存活的可能性极小。晾晒烟（如白肋烟和香料烟）的晾晒过程对卵孢子的存活影响不大。因此，霜霉菌的孢子囊和卵孢子可随烟苗、商品烟叶或烟叶制品运输到异国、异地进行远距离传播，如 1979 年加拿大引进美国佛罗里达州的感病烟苗，导致烟草霜霉病大流行。

6. 发病条件与适生区域

温度和湿度是影响烟草霜霉病发生和流行的主要因素，当夜间温度接近 10℃，白天温度在 21℃左右，有间歇小雨或结露时间长或叶面持续湿润，阴天、光照弱，均利于病害发生。另外，土壤有机质含量高或偏施氮肥，寄主抗病性弱，也有利于病害发生。

烟草霜霉病既可在春夏凉爽潮湿的西欧发生蔓延，又可在夏季干旱炎热的北非定殖，说明该病菌对环境的适应性很强。我国大部分烟草种植区的气候条件也在烟草霜霉病菌的适生范围之内，同时我国存在大量的粉绿烟、心叶烟、浅波烟、裸茎烟等中间寄主和感病烟草品种。因此，应特别加强对该病害的检疫工作。

（三）检验

1. 症状检查

对进境干烟叶，用肉眼逐片检查受害烟叶，对光透视，可见明显病斑，若叶背病斑上密生灰白色或灰褐色霉层，应拣出做进一步检查。或将可疑烟叶保湿，取叶背的霉状物制片，镜检病原菌的孢囊梗和孢子囊形态。除检查病原的孢囊梗外，还应重点检查有无卵孢子的存在。

2. 洗涤检验

对未发现有霉状物而仍可疑的病叶，将其剪碎进行洗涤，置于 250 mL 三角瓶内，加入适量蒸馏水浸软后振荡 5 min，再将洗涤液以 1 000 r/min 离心 5 min，弃去上清液，镜检沉淀物中有无烟草霜霉病菌的孢囊梗或孢子囊。

3. 检验卵孢子

常用以下两种检验方法：

（1）从老病斑周围组织剪取若干小块置于小烧杯中，加适量 100 g/L 氢氧化钾（透明剂），煮沸 5~10 min 至叶片透明，加入 0.05% 苯胺蓝 – 乳酚油作为浮载剂，镜检有无卵孢子。

（2）冰冻匀浆法：取可疑病斑或叶碟（直径 1 cm）0.1 g，加磷酸盐缓冲液（pH 7.0）2 mL，搅拌后在室温下静置 15 min，–18℃速冻 2 h，将冰冻叶碟移入匀浆器内，加 1~2 mL 磷酸盐缓冲液冲洗，匀浆 4~6 min，经孔径为 60 μm 的不锈钢网筛过滤，并不断冲洗，收集滤液，以 1 000 r/min 离心 3 min，弃去上清液，加乳酚油定容至 1 mL，记录卵孢子数。

4. 种苗检验

观察种苗叶片上有无烟草霜霉病的症状，症状明显的可镜检病原菌形态。对于症状不明显的可疑烟苗，取叶片置于铺有 3 层湿滤纸的培养皿中进行保湿，18℃、黑暗条件下处理 24 h 后，检查有无霉层产生。

（四）检疫与防治

烟草霜霉病的防治难度大，所需费用高。因此，必须严格禁止从疫区输入烟属植物繁殖材料和烟叶。疫区则应以选用抗病品种为主，配合相应的化学药剂防治。

（1）植物检疫 1966 年我国将烟草霜霉病列为对外检疫对象。1990 年又颁布法令，禁止从疫区进口烟叶及种子和有关易感植物，以严防此病传入。

（2）清除病原 任何地区一旦发生烟草霜霉病，应立即封锁病区、根除发病植株。

（3）选择抗病品种 目前采用栽培烟与澳大利亚及南美的当地烟种等种间杂交后代。

（4）药剂防治 采用甲霜灵（metalaxyl）结合代森锌或代森锰锌混合或交替喷雾，甲霜灵具有内吸作用，代森锌或代森锰锌具有保护作用，可延长药效期限从而取得较好的防治作用。

三、玉米霜霉病菌

玉米霜霉病是危害玉米的重大病害。引致玉米霜霉病的病原菌主要有 4 个种，均属于藻物界卵菌门指梗霉目指霜霉属。病原名如下：

（1）玉米指霜霉（或玉蜀黍指霜霉）：*Peronosclerospora maydis*（Racib.）Shaw。

（2）高粱指霜霉（或蜀黍指霜霉）：*P. sorghi*（Weston & Uppal）Shaw。

（3）菲律宾指霜霉：*P. philippinensis*（Weston）Shaw。

（4）甘蔗指霜霉：*P. sacchari*（Miyake）Shirai & Hara。

病害英文名：maize downy mildew。

上述 4 种病原菌均属专性寄生菌，都可危害玉米，造成严重损失，均属检疫性有害生物。

此外，大孢指疫霉（*Sclerophthora macrospora*）侵染玉米，引起玉米疯顶病（crazy top disease），又称曲顶病，其症状类似玉米霜霉病特征，应注意与上述 4 种霜霉菌引起的病害症状加以区别。玉米疯顶病在国内华北局部地区有发生的记录。

（一）生物学特性

以下分别描述指霜霉 4 个种的霜霉病菌（图 5–4）及其所引起的病害特征。

1. 玉米指霜霉菌

（1）分布与为害 主要为害玉米，引起玉米霜霉病。多分布在亚热带湿热地区，在东南亚国家为害尤为严重。此外，在印度尼西亚、印度、索马里、刚果、俄罗斯、中非、澳大利亚都有分布。印度尼西亚玉米受玉米指霜霉菌为害后，年损失高达 40%，在中国广西、云南也曾报

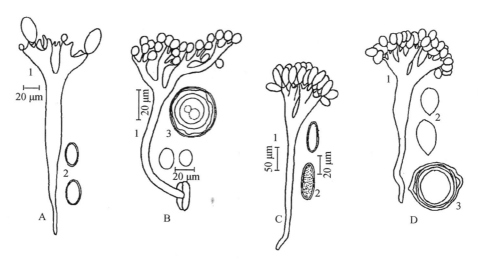

图 5-4 4 种玉米霜霉病菌孢囊梗（仿余永年，1998）

A. 玉米指霜霉菌 B. 高粱指霜霉菌 C. 菲律宾指霜霉菌 D. 甘蔗指霜霉菌

1. 孢囊梗 2. 孢子囊 3. 藏卵器与卵孢子

道有该病发生。玉米指霜霉菌一直是我国禁止入境的检疫性病原物。

（2）症状 玉米指霜霉菌可引起局部和系统侵染。幼苗受侵染后，全株逐渐变黄、枯死；成株期受侵染后，多自中部叶呈现黄绿相间的条斑，并逐渐向上发展，叶背产生白色霉状物，不久条斑变为褐色；后期病叶枯死，病株矮化，偶尔抽雄。

（3）病原菌形态 孢囊梗无色，基部细，有一分隔，上部膨大呈二叉状分枝 2～4 次，分枝苗壮，整体呈圆锥形，梗长 227～306 μm，小梗近圆锥形弯曲，顶生 1 个孢子囊。孢子囊无色、长椭圆形或近球形、着生部略圆或稍突起，大小为（23～28）μm×（15～22）μm，未见卵孢子。温度在 24℃以下，叶片表面结有露水时适于产孢，孢子囊在植物吐水时萌发率最高。凌晨 3—4 时为产孢高峰期。

（4）传播 该病由带菌种子传播，系统染病植株的种子带有病菌的菌丝，尤其是刚收获的种子，其含水量在 18% 以上时，病菌可存活 30 d。种子经充分干燥之后，当含水量为 9% 左右时，内部的菌丝就全部失活，不再传病。

2. 高粱指霜霉菌

（1）分布与为害 此病菌全世界都有分布，主要为害玉米、高粱。在阿根廷的高粱产区每年造成损失 15%～20%。20 世纪 60—70 年代印度一些地区高粱此病的发病率达 30%～70%，年损失 10 万吨；1974 年，泰国玉米发病面积 10 万 hm²，减产 10%～100%；以色列的甜玉米发病率高达 50%。

（2）症状 玉米被系统感染时，在叶片病健交界处呈现一个明显的分界，形成"半叶发病状"，直至整株叶片失绿，偶然可见白色条状叶片，即叶片异常狭窄、直立。植株矮化，病株雄穗可叶化；为害高粱幼苗时，幼叶片呈淡黄色至红褐色条点斑，叶片组织纵向细裂，呈白发状。

（3）病原菌形态 其孢囊梗基部常与梗等粗，直立无色，长 100～150 μm；顶端二叉状分枝，分枝短而粗，常排成半球形，小梗尖，长 13 μm，顶生一个孢子囊，近球形，顶端圆，无乳突，大小为（10~18）μm×（13~18）μm。卵孢子球形，淡黄色，直径为31~43 μm。孢子囊侵染玉米的适宜温度为21~24℃，当结露达4 h，10~33℃下均可侵染。病菌具有生理分化现象，分为高粱致病型、玉米致病型和甘蔗致病型3种。高粱致病型广泛发生在美洲、非洲，在亚洲限于印度，侵染高粱和玉米；玉米致病型在泰国只侵染玉米，不侵染黄茅（*Heteropogon contortus*），很少侵染高粱；甘蔗致病型发生在印度北部的拉贾斯坦邦，侵染玉米和黄茅，不侵染高粱，所以有很强的专化性。

（4）传播　高粱指霜霉菌很少在玉米上产生卵孢子，玉米种子不能传病。卵孢子可黏附在高粱种子表面或随病叶残体夹杂在种子中，但种传率低。卵孢子也可黏附高粱种子的颖壳上，因此带颖壳的高粱种子可作远距离传病的媒介。

3. 菲律宾指霜霉菌

（1）分布与为害　此病菌主要为害玉米，也可侵染甘蔗。20世纪70年代在菲律宾玉米中的发病率达80%~100%，损失40%~60%，甚至达90%~100%。在印度，流行年份损失也达60%。主要分布在菲律宾、印度、印度尼西亚、尼泊尔、巴基斯坦、泰国、美国，我国广西、云南也有分布。

（2）症状　从植株4~5叶期至抽雄和花丝出现期间病害均可发生。发病叶片出现黄绿相间的条纹斑，叶鞘呈黄白色条纹，茎秆弯曲、叶卷曲。雄穗呈畸形，花粉少，同时雌穗可败育，导致局部或全部不育。若早期发病，则植株矮化死亡。

（3）病原菌形态　孢囊梗自气孔伸出，无色，长150~400 μm，基部具细圆稍弯的足细胞，分枝粗壮，端部呈二叉状分枝，小梗圆锥形，端尖圆，孢子囊圆筒形，（34~48）μm×（18~20）μm，未发现卵孢子。相对湿度90%以上至少保持3 h，才能大量产孢。露水有利于孢子囊的萌发，萌发的适宜温度为19℃，夜间8时至凌晨4时是产孢高峰期。

（4）传播　玉米种子不能传播病害，但可随甘蔗插条远距离传播。

4. 甘蔗指霜霉菌

（1）分布与为害　此病菌主要为害玉米、甘蔗。在印度北方邦塔瑞地区杂交玉米的发病率可达30%或更高。1964年，我国台湾地区2/3的杂交玉米受甘蔗指霜霉菌的侵染，发病率高达90%~95%，现已属次要病害。该病在印度、斐济、新几内亚、日本、菲律宾、泰国、澳大利亚、尼泊尔、中国均有分布。

（2）症状　当局部侵染时，侵染2~4 d后，在叶上开始出现小的圆形褪绿斑；系统侵染主要在植株下部3~6片老叶的基部出现淡黄色到白色的条斑或条纹，条斑宽又长，几乎可延伸到叶尖，发病1个月后条斑变黄褐色枯死。每叶上可有数个条斑。发病雄穗和雌穗都能产生畸形。甘蔗叶片呈白色至黄色纵长条纹斑，霜状霉层不明显。

（3）病原菌形态　孢囊梗单个或成对从气孔伸出，直立无色，基部略细向上渐粗，为基部的2~3倍，长160~170 μm，有足细胞，二叉状分枝2~3次，树枝状张开，顶部簇生短枝。孢子囊椭圆形，大小为（25~54）μm×（15~23）μm。卵孢子球形，黄色，壁厚。产孢的适宜温度为22~25℃，适宜的相对湿度为95%~100%，有光照时可促进产孢。卵孢子黄色，球表或稍呈三角形，壁厚，直径40~50 μm，可在甘蔗上迅速产生大量的卵孢子。

（4）传播　通过染病的甘蔗插条可远距离传播。甘蔗上可产生卵孢子，但在自然条件下传病作用不明。玉米种子不能传病。

玉米幼苗期潮湿多雨是玉米霜霉病流行的关键因素，热带、亚热带地区适于发病。据王圆（1994）分析，我国黄淮海平原属零星发生区，长江以南湿热地区发生的可能性大。长城以北春播玉米不发病。

图 5-5　玉米疯顶病症状 彩

（二）检疫检验与防治

1. 产地检疫

在病害发生期对发病地区的幼苗或成株的症状进行调查诊断，并对病原菌形态进行镜检，最后确诊。调查时应注意与下列病害区别：

（1）玉米疯顶病　又称曲顶病，由大孢指疫霉（*Sclerophthora macrospora*）侵染玉米引起，其症状与霜霉病类似（图 5-5），应注意与上述 4 个种霜霉菌引起的病害症状加以区别。玉米疯顶病在国内华北局部地区有发生的记录。

（2）病毒病　玉米上病毒病较多，有的病叶会褪色或产生黄绿色的条纹斑，有植株矮化、节间短等病状，近似于玉米霜霉病，但病毒病叶上不产生白色霜霉状病征。

（3）生理性或遗传性病　田间玉米叶上呈现白色条纹，往往自叶尖直至叶基，单株发生，这类病株由遗传因子引起。不正常的施肥，也可能引起褪色条斑、条纹。

（4）萎蔫病　该病是由玉蜀黍头孢（*Cephalosporium maydis*）或玉蜀黍顶头孢（*C. acremonium*）引起的维管束病害，通常病叶上的条纹呈紫红色，在某些自交系上也可能呈褐色，后者初期可稍褪色。病菌易分离。

2. 实验室检验

（1）吸水纸培养法　用吸水纸保湿培养未充分干燥的玉米种子，诱导出玉米霜霉病菌繁殖体后镜检，以确切诊断。

（2）病残组织检查　将来自疫区的玉米种子中夹杂的高粱或甘蔗病残组织保湿 7 d，或埋于无菌土壤中，使组织腐烂，然后制片镜检卵孢子。

3. 生长检验

将带菌甘蔗插条或携带有卵孢子的带颖壳高粱种子，播种于无菌土壤中。当幼苗出现症状时，将病叶上老的孢囊梗和孢子囊用水冲洗掉，在 10 ~ 40 g/L 葡萄糖溶液中浸泡 5 min，于室温下培养 14 h，增加产孢量，然后将孢子悬浮液接种于 1 叶期玉米幼苗上，待 4 ~ 5 叶期可表现系统侵染的症状时，镜检病原。

4. PCR 检测

提取田间病叶、种子及颖壳的 DNA，利用玉米霜霉病菌 DNA 的特异性引物进行 PCR 扩增。扩增产物经凝胶电泳后，观察有无特异性 DNA 条带，判定样品有无检出病原菌。

4 种玉米霜霉病菌的危害症状及子实体形态比较见表 5-4。

（三）防治

选用无病甘蔗插条，严禁使用病蔗作种苗；将玉米种植在无甘蔗和高粱种植的地区；发现病株立即拔除和销毁；选育和种植抗病品种。

表 5-4　4 种玉米霜霉病菌的危害症状及子实体形态比较

比较项目	玉米指霜霉	高粱指霜霉	菲律宾指霜霉	甘蔗指霜霉
孢囊梗	茎部细、有一分隔，上部粗，小梗圆锥形弯，长 227~306 μm	上下一样粗，小梗尖、有 2~3 次分枝，长 100~150 μm	茎部具稍弯的足细胞，分枝粗些，端部尖，圆二叉分枝	茎部细，向端部渐粗，有足细胞，二叉分枝 2~3 次，顶部簇生，长 160~170 μm
孢子囊大小	中等，长椭圆形，（23~28）μm×（15~22）μm	最小，近球形，无乳突，（10~18）μm×（13~18）μm	细长，圆筒形，（34~48）μm×（18~20）μm	最大，椭圆形，（25~54）μm×（15~23）μm
卵孢子	未见	球形，31~43 μm，淡黄色	未见	球形，黄色
症状	幼苗受害时全株黄枯；成株受害时中部叶上有黄绿相间的条斑，叶背有白色霉物，不久变褐色，植株矮化，偶尔抽雄	病叶初期有明显的横断线，呈半叶发病状；后期整叶失绿偶有白色条状叶，狭窄直立，植株矮化，雄蕊叶化	植株矮化（侵染早的），病叶呈黄绿相间的条斑，叶鞘上有黄白色条纹，茎叶弯曲，雌雄蕊畸形、败育	初为小、圆形褪绿斑，下部 3~6 叶基部有宽而长的淡黄色至白色条斑，霜霉层不明显，雌雄蕊畸形

四、大豆疫霉病菌

病原名：*Phytophthora sojae* Kaufmann et Gerdemann。

分类地位：属于藻物界卵菌门卵菌纲腐霉目疫霉属。

病害英文名：soybean *Phytophthora* root and stem rot 或 soybean *Phytophthora* root rot。

由大豆疫霉引致的大豆疫霉病又称大豆疫霉根腐病、大豆疫霉根茎腐病，是大豆生产中的危险性病害，属典型的土传和种传病害，一旦传入，可在病区长期存活，难以根除。1986 年起大豆疫霉病菌一直被我国列为禁止入境的检疫性有害生物。

（一）简史与分布

大豆疫霉病最早于 1948 年在美国印第安纳州发现，1951 年在俄亥俄州西北部发生，1955 年 Snhovecky 在美国伊利诺伊州田间发现并首次报道，1958 年 Kaufmann 等对该病菌进行了正式命名。目前该病害主要分布于美洲的美国、加拿大、巴西、阿根廷，欧洲的英国、德国、意大利、瑞士、俄罗斯、匈牙利，大洋洲的澳大利亚、新西兰，非洲的埃及、尼日利亚、南非，亚洲的日本、印度、以色列、朝鲜。我国黑龙江、内蒙古和黄淮海地区（河南、江苏、安徽、山东）均有发生。

（二）生物学特性

1. 为害与症状

大豆疫霉病是大豆的重要病害，在感病品种上可减产 20%~50%，高感品种损失可达 75% 以上。该病害曾多次在美国大范围暴发流行，据统计，1989—1991 年大豆疫霉病仅发生在美国中北部 12 个州，就造成 279 万吨的产量损失。澳大利亚自 1977 年发现该病害以来，危害地区和面积逐年增加，在感病品种上田间植株的死亡率高达50%～90%。

该病害在大豆的整个生育期均可发生，苗期比成株期易感病，造成烂种、幼苗猝倒以及幼苗和成株的根腐、茎腐，植株矮化，甚至凋萎死亡。种子萌发产生的根、下胚轴及3叶期的主根被侵染时呈棕褐色，并延伸至茎部，病部变褐缢缩，叶片变黄，整株失绿、枯萎死亡。3叶期至成熟前，在感病品种上叶片变黄不脱落，茎基部最易感病，有菱形棕褐色溃疡斑。病斑向下延伸，致使根部变褐、腐烂，向上蔓延至叶柄，甚至可达生长点。植株萎蔫，维管束变褐，收获前整株枯死。在耐病、抗病品种上仅侧根腐烂，有时茎部也会有狭长、凹陷的条斑，但植株不枯死。

2. 寄主范围

大豆疫霉菌的寄生专化性很强。在自然条件下主要侵染大豆，人工接种可侵染其他豆科植物，如双花扁豆（*Dolichos biflorus*）、羽扇豆（*Lupinus* spp）、菜豆（*Phaseolus vulgris*）、豌豆（*Pisum sativum*）等，也可侵染欧芹（*Pertroselinum crispum*）、老鹳草（*Gernium carolinianum*）、白花草木樨（*Melilotus alba*）、红花（*Gartharns tinctorius*）和针枞（*Picea abies*）。

3. 病原菌形态

菌丝体较宽，为2.6～8.8 μm，菌丝膨大体常见，埋生于培养基内的菌丝体经常卷曲。孢囊梗单生，无限生长，多数不分枝。孢子囊顶生，倒梨形或长筒形，顶部稍加厚，无乳突或具半乳突（高约1.8 μm），不脱落，有层出现象，大小为（27～87）μm×（18～38）μm，平均为59.2 μm×27.5 μm，萌发产生游动孢子或芽管，游动孢子具1根尾鞭和1根茸鞭，尾鞭长度为茸鞭的4倍。同宗配合。雄器侧生，偶有围生，藏卵器壁薄、光滑，球形至亚球形，直径29～58 μm。卵孢子球形，直径27～36 μm，壁平滑，厚1～8 μm。成熟和休眠状态的卵孢子细胞质呈颗粒状，中心有折光体，边缘有一对透明体（图5-6）。

大豆疫霉病菌与大雄疫霉病菌（*P. megasperma*）很相似，但根据Hildebrandt（1959）、Ssansome（1974）分别对染色体的测定，前者的染色体数目为12～15，后者的为22～30。另外，大雄疫霉病菌的藏卵器大于45 μm，大豆疫霉病菌的藏卵器小于45 μm。大豆疫霉病菌与苜蓿疫霉病菌（*P. medicaginis*）也较相似，且两者的藏卵器均小于45 μm，但苜蓿疫霉病菌与大豆疫霉病菌的寄主范围不同，可通过接种试验予以鉴别。

4. 病原生物学特性

菌丝生长的最适温度为20～25℃，最高温度为32～35℃，最低温度为5℃。菌丝在玉米粉琼脂培养基（CMA）和胡萝卜培养基（CA）上生长缓慢，生长速度小于5 mm/d，属生长缓慢类疫霉菌。在胡萝卜培养基上气生菌丝较发达，呈致密的絮状，无饰纹，该性状可用来区分侵染木本植物的大雄疫霉病菌。孢子囊直接

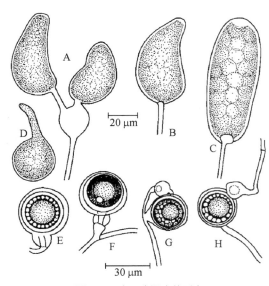

图5-6　大豆疫霉病菌形态

A～C. 孢子囊　D. 孢子囊萌发　E～H. 雄器、藏卵器和卵孢子

萌发产生芽管的最适温度为 25℃，而产生游动孢子或小型孢子囊的温度为 14℃，卵孢子萌发的适宜温度为 23 ~ 27℃，且需光照。卵孢子抗逆性强，可在土壤中存活多年。

大豆疫霉病菌具有生理分化现象，Barnard 等（1957）鉴定了第一个生理小种（1 号小种），Morgen 等（1965）报道了小种专化性，并鉴定出 2 号小种；其后，新的小种不断出现，到目前为止国外已先后报道了 59 个小种。我国许修宏等（2003）对采自黑龙江、吉林的 42 株大豆疫霉病菌进行了生理小种研究，鉴定出 1 号、3 号和 8 号生理小种，其中 1 号小种是优势小种。另据报道（张淑珍等，2008），在黑龙江省还鉴定出 4 号、15 号、17 号生理小种。文景芝等（2017）采用叶碟诱捕法分离其中的大豆疫霉，利用一套含单个不同抗病基因的大豆近等基因系，通过采用国际通用的下胚轴伤口接种法鉴定大豆疫霉生理小种。结果表明，379 株大豆疫霉病菌分别属于 24 个生理小种，其中 0 号、10 号、14 号和 40 号生理小种为我国首次报道。

5. 越冬与传播

病原菌以抗逆性很强的卵孢子在土壤和病残体中越冬。通过带菌的种子及混杂在种子中的病残体和病土粒做远距离传播。病田的卵孢子萌发释放出的游动孢子，可随水流在田间做近距离传播，成为初侵染源。通常 4 月田间有性阶段的大豆疫霉病菌种群数量与产量损失有较大的相关性。

6. 发病条件

土壤温度、湿度是影响发病的关键因素。当土壤温度为 15℃，高湿多雨季节或低洼易积水的黏性土壤发病重。反之，排水良好的沙土地发病轻。加强田间管理，翻耕可以减轻病害。不同大豆品种间抗病性存在差异，目前已鉴定出在 7 个位点上存在着 13 个主效抗病基因。

（三）检验

1. 种子检验

挑选出可疑病粒，用 100 g/L 氢氧化钾溶液或自来水浸泡，将种皮取下做组织切片，镜检观察有无卵孢子。对卵孢子活性测定可选用 0.05% 噻唑蓝（MTT）染色 48 h（35℃），休眠后可萌发的卵孢子染为蓝色，休眠中的卵孢子染为玫瑰红色，死亡的卵孢子不着色或为黑色。

2. 生长检验

一种方法是，将可疑的病粒直接播种于灭菌的保湿土壤中，或将检测的病土、植物残体与灭菌土混合，加水至饱和状态，当土壤湿度适宜时播入不含任何抗病基因品种（如 Haro17、Williams、Sloan、和丰 25）的种子，出苗后灌水浸泡 24 h，然后立即排水，14 d 后可出现病株。然后采用半选择性培养基进行分离培养，将得到的病原菌进行鉴定。在适合疫霉菌生长的半选择性培养基（LBA、V8、CMA、CA）中，加入少量可抑制其他真菌和细菌生长的抗生素或杀菌剂。如抑制细菌生长的有氯霉素、万古霉素、青霉素、链霉素、利福霉素、新丝链霉素和多黏菌素等，抑制真菌生长的有五氯硝基苯、匹马霉素、恶霉灵、制霉菌素、苯来特和多菌灵等。

另一种检验方法是将病株根组织清洗后在蒸馏水中培养，待根组织周围产生霉层，或待病菌释放出游动孢子时，将病菌接入半选择性培养基上培养，得到纯培养的大豆疫霉。由于许多疫霉菌在固体培养基上不产生孢子囊，需要进行水培。将纯培养的大豆疫霉菌丝放入含矿物盐的水溶液里（硝酸钾 0.5 g、硝酸钠 2.36 g、硫酸镁 1 g、FeNaEDTA（乙二胺四乙酸铁钠）

0.03 g、蒸馏水 1 000 mL，pH 5.6），在 20~25℃条件下光照培养即可。

此外，大豆疫霉病菌与苜蓿疫霉病菌在形态上很难区分，可通过接种试验，根据其寄主专化性进行鉴别：大豆疫霉病菌只能侵染大豆，不侵染苜蓿和三叶草；苜蓿疫霉病菌则可侵染大豆和苜蓿。

3. 土壤检验

目前口岸检测大豆疫霉病菌多采用土壤叶碟诱集法。诱集前先将土样在 -7℃条件下处理 10 h 以减少杂菌污染，取风干土样 10 g，碾碎过筛（孔径 2 mm）。诱集时加灭菌蒸馏水 4~7 mL 至饱和或过饱和状态，在 20~25℃条件下培养 7 d，然后加 5~10 mL 蒸馏水淹没土壤，然后将不含任何抗病基因的感病品种的 2 叶期幼叶，用打孔器切成直径为 0.5~0.7 cm 的叶碟漂浮于水面 2 h 左右（强光照射），取出晾干，置于半选择性培养基上培养 3~7 d，镜检病原菌。得到纯培养后，可在植株下胚轴做接种试验，进一步鉴定。或者取 2 叶期幼叶放入经 7 d 培养的土样溶液中漂浮，诱集 12~24 h 后取出叶碟，用水冲洗后再在蒸馏水中培养 2~5 d，待叶碟发病后采用组织分离法进行培养。为了提高诱集效果，可在土壤培养液中加入少量抗生素和杀菌剂抑制杂菌生长。具体可参照《大豆疫霉病菌检疫鉴定方法》。

4. 血清学检验

周明华等（2000）报道，利用 ELISA 法检测大豆疫霉病菌，将可疑病根或诱集后的叶碟磨碎（抗原），得到匀浆后用 ELISA 分析。国外已制备大豆疫霉病菌的单克隆抗体。用 ELISA 法可以快速检测土壤中的卵孢子、菌丝体及病组织中的病原菌。

5. 分子鉴定

利用分子生物学技术，设计适当的 DNA 探针，可以鉴别一些病原菌的种、变种或生理小种。Forster 等（1989）利用 mtDNA 的 RFLP 技术区分大豆疫霉病菌和苜蓿疫霉病菌。根据大豆疫霉病菌的 ITS 序列设计的一对专化性引物（PS1：5'-CTGGATCATGAGCCCACT-3'；PS2：5'-GCAGCCCGAAGGCCAC-3'），可以准确、灵敏地从带菌种子和土壤中检测出大豆疫霉病菌。

（四）检疫与防治

（1）严格实行检疫 禁止从疫区引种调种，实行产地检疫。发现带菌种子及其他材料要及时销毁。

（2）种植抗病品种 选用对当地小种具抵抗力的抗病品种。注意大豆品种对疫病的抗病性有单基因抗病性和部分抗病性之分，两种抗病性在生产应用中各有优缺点，一些抗病性基因在生产中已经有 10~15 年的防病效果。

（3）加强栽培管理 病田不能连作，可与非寄主作物进行轮作，轮作年限不得少于 4 年，水旱轮作可使病原菌的种群数量受到很大的抑制。采用起垄栽培，及时深耕及中耕培土，雨后及时排除积水，可以减轻病害的发生程度。

（4）化学防治 播种前用种子质量 0.3% 的 35% 甲霜灵粉剂拌种，或用种衣剂（含甲霜灵）处理种子，或播种时沟施甲霜灵颗粒剂，均可有效防止根部侵染。病害发生初期，喷洒或浇灌 25% 甲霜灵可湿性粉剂 800 倍液，或 58% 甲霜灵-锰锌可湿性粉剂 600 倍液、64% 杀毒矾 M8 可湿性粉剂 900 倍液。

五、马铃薯癌肿病菌

马铃薯癌肿病菌，病原名：*Synchytrium endobioticum*（Schulb.）Percival。

分类地位：属于真菌界壶菌门壶菌目集壶菌科集壶菌属（*Synchytrium*）的内生集壶菌。

病害英文名：potato wart disease。

马铃薯癌肿病是世界上许多国家马铃薯生产上的严重的危险性病害。病菌抗逆性强，在土壤里可存活 20 年以上，一旦感染此病很难根除。该病菌既是国家禁止入境的检疫性病原生物，也是国内农业植物检疫性病原物，世界上已有 32 个国家将此病菌列入检疫性有害生物名录。

（一）简史与分布

马铃薯癌肿病于 1895 年首次在匈牙利发现，随后扩展蔓延到欧洲中、北部许多国家。1912 年传入北美洲，后来在南美、印度、新西兰等地相继发生，现已遍及世界五大洲 50 多个国家。1978 年传入中国，在云南、贵州、四川高原山区（海拔 2 000 m 左右）有发生。

（二）生物学特性

1. 为害与症状

马铃薯癌肿病主要为害地下部的块茎，地上部症状多不明显。病菌侵入寄主后，刺激细胞组织呈辐射状增生，使茎基部、匍匐茎和块茎上形成大小不一的肿瘤。肿瘤多以芽眼为中心产生，初为乳白色，后转为浅褐色，最后呈黑色且腐烂。感病品种病株分枝处、腋芽处的肿瘤有时呈卷叶状，叶片和花器上的肿瘤可出现丛生、小叶，似鸡冠状。病害在发生过程中破坏寄主的碳氮代谢，导致产量降低，品质变劣，失去食用、种用和饲用价值，一般减产 20%～30%，严重者达 70%～80%，甚至绝收。此病不仅在田间影响产量，而且在贮藏期间可引起烂窖。此病有时易与粉痂病（*Spongospora subterranea* f. sp. *subterranea*）相混淆。严重感染粉痂病的病薯病部表皮膨大成泡状，表皮破裂后散出粉状物，细胞内形成中空海绵状的休眠孢子囊堆，可以据此区别于马铃薯癌肿病。

2. 寄主范围

田间自然条件下该病菌主要侵染马铃薯，还可侵染番茄和其他茄科植物，如龙葵（*Solanum nigrum*）、欧白英（*Solanum dulcamara*）、假酸浆属（*Nicandra*）、酸浆属（*Physalis*）的一些种；人工接种也可侵染曼陀罗属（*Datura*）等植物。

3. 病原菌形态

马铃薯癌肿病菌是寄生于寄主细胞内的专性寄生菌。无菌丝体，菌体内生，营养体整体产果。一般秋天或条件不适宜时，菌体在癌肿细胞内形成休眠孢子囊，度过不良环境。休眠孢子囊近球形、褐色、壁厚，壁上有褶片状突起，直径 25～75 μm，内有 200～300 个游动孢子。春季条件适宜时，萌发产生游动孢子，释放后侵入芽组织细胞内，使寄主细胞受刺激而膨大，菌体先发育形成原孢囊堆，经细胞多次分裂形成含有 3～9 个夏孢子囊的夏孢子囊堆（又称孢囊堆），外壁橙色，内壁无色，卵形或球形，（47～72）μm×（81～100）μm，夏孢子囊壁薄色淡，卵形或多角形，（25～62）μm×（38～87）μm，成熟后释放出游动孢子。干旱或低温条件下，两个游动孢子（配子）配合形成的接合子，侵入寄主细胞发育形成休眠孢子囊（图 5-7）。

该病原菌存在致病力分化，1941 年之前，只有 1 种致病型（D1），也称为"欧洲致病型"。

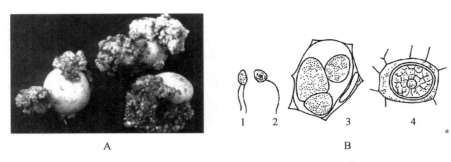

图 5-7　马铃薯癌肿病症状（A）及其病原菌（B）　彩

1. 接合子　2. 游动孢子　3. 孢囊堆中已成熟的孢子囊　4. 细胞内的休眠孢子囊

到目前为止，欧洲已报道超过 40 种致病型，其中致病型 2（G1）、致病型 6（O1）和致病型 18（T1）最具侵染力、分布最为广泛。

4. 病原菌生物学特征

该菌休眠孢子囊抗逆性较强，在 100℃ 湿热条件下处理 2.5 min 或干热条件下处理 1 h 即死亡。通常在冷凉的土壤中可存活 5～6 年，甚至可在土壤中存活达 30 年。休眠孢子囊耐低温、干燥和耐较强的酸碱度（pH 3.9～10.5），通过牲畜消化道后仍能存活。接合子和游动孢子的寿命较短，在无寄主条件下，一般 2～3 h 即死亡。

5. 越冬与传播

病菌以休眠孢子囊在病薯和病土或混入粪肥中越冬，是重要的初侵染源。带菌种薯是远距离传播的主要途径，尤其是抗病品种的种薯中肿瘤不明显，不易辨认，传病的危险性高。此外，内生集壶菌可通过田间病土、雨水、流水和农事操作等进行近距离传播。

6. 发病条件与适生区域

土壤水分饱和，温度 12～24℃，土壤 pH 4.5～7 是该病发生发展最有利的条件。此外，土壤中有机氮多、土层通气性好或连作也能促进病害发生。现有资料表明，潮湿地带和山区有利于马铃薯癌肿病的发生，目前该病多发生在高海拔（2 000 m 以上）的地区，这些地区具备气候凉爽、雨日频繁、雾多、日照少、土壤湿度大及土壤呈酸性等特点。

（三）检疫与防治

1. 产地检疫

严禁疫区生产繁育种薯，禁止从疫区引种和调种。马铃薯的繁育、生产必须严格执行产地检疫制度，马铃薯的调运必须申请办理调运检疫，凡从疫区来的薯块，检查有无肿瘤物，特别注意观察芽眼部位。具体参见《马铃薯癌肿病检疫鉴定方法》。

2. 土壤检验

根据土壤受感染程度，采用"漂浮法"提取休眠孢子囊，镜检休眠孢子囊的活性。

3. 染色检验

将病组织于蒸馏水中浸 30 min，吸 1 滴上层液置于载玻片上，加 1 滴 0.1% 升汞或 1% 铌酸固定，使其干燥，再加 1 滴 1% 酸性品红或 3% 龙胆紫染色 1 min，然后用水冲洗，镜检有无单鞭毛的游动孢子和双鞭毛的接合子。

4. 防治

严格检疫，禁止用带菌的薯块做种。强化低海拔无病区的保护措施；选育和推广抗病品种，如"米粒""金红""卡久"等；改进栽培措施，采用双行垄作，降低田间湿度和拔除自生薯苗，也可以与非茄科植物如玉米、荞麦等实行 4 年以上轮作；采用拮抗菌或放线菌进行生物防治，减少侵染；15% 三唑酮可湿性粉剂拌细土于播种时盖种，马铃薯现蕾期 15% 三唑酮可湿性粉剂 1 000 倍液喷雾。

六、苜蓿黄萎病菌

苜蓿黄萎病菌，病原名：*Verticillium alboatrum* Reinke & Beryhiner。

分类地位：属于无性型真菌的丝孢纲丝孢目轮枝孢属（*Verticillium*）的黑白轮枝菌。

病害英文名：alfalfa verticillium wilt。

苜蓿黄萎病是世界性的重要病害，严重影响苜蓿的产量和品质，许多国家都将其列为重点检疫性有害生物。在中国，苜蓿黄萎病是国家禁止入境的检疫性病原生物，也是国内农业植物检疫性病原生物。

（一）简史与分布

最早于 1918 年发现于瑞典，第二次世界大战后，由北欧传播到欧洲大陆各地，并于 1962 年传入北美洲的加拿大，由于扑灭及时，病菌当时未能定殖。1976 年，美国首先在华盛顿州哥伦比亚河流域发现该病大量病株，标志着该病菌在北美洲定殖成功。此后在不到 10 年的时间内，该病几乎传遍美国和加拿大所有的苜蓿生产基地。20 世纪 90 年代以前，该病主要分布在欧洲和北美洲北纬 40° 以北的国家和地区。1990 年该病传入日本，此外还分布在新西兰等地。据王雪薇（1998）报道，在我国新疆阿克苏的温宿县也发现有苜蓿黄萎病。中国辽宁以及黑龙江、吉林、内蒙古、新疆等地都是该病菌的高度适生区，传入风险很高。

（二）生物学特性

1. 为害与症状

苜蓿黄萎病给苜蓿生产带来诸多的危害：①减少产草量，降低越冬能力，缩短产草年限；播种带菌种子，当年多数可表现症状，第 2 年可减产 15% ~ 50%，第 2 年晚期至第 3 年病株大批枯死；②降低种子的品质；③限制了以苜蓿为原料的各种饲料的调运和外销。

苜蓿的整个生育期均可表现症状，但收获前 14 d 最为明显。主要识别特征有：①发病初期，植株上部小叶首先表现暂时性萎蔫，夜间或降雨后仍可恢复，继而叶片顶端表现有 V 形黄色坏死斑，这是病害早期诊断的依据，后变枯白色，再呈粉红色，病叶卷缩扭曲，干枯脱落；②病株叶片枯萎但茎秆在较长时间内仍保持绿色；③病株矮化，直立，仅为健株的 1/3 ~ 1/2，茎基部和主根的横切面，可见维管束变褐，严重者整株枯死；④在潮湿条件下，枯死茎秆表面着生灰色霉状物；7 月高温（32℃）条件下会发生隐症现象。据以上特征，可与细菌性枯萎病和镰刀菌枯萎病等类似病害相区别。

2. 寄主范围

苜蓿黄萎病菌的寄主范围较宽，除主要危害苜蓿外，还可侵染蚕豆、大豆、马铃薯、花生、茄子、西瓜、葱、沙打旺、荨麻、金盏菊、草莓、冠状岩黄芪和红花菜豆等，表现轻重不

同的症状。羽扇豆、豌豆、驴喜豆、红三叶草、白三
叶草、草木樨、罗马甜瓜、忽布等带菌但不表现症状。

3. 病原菌形态与生物学特性

苜蓿黄萎病的病原菌为黑白轮枝菌，菌落白色，
菌丝老化时培养基基质内圈黑色，外围白色。菌丝体
无色至淡褐色，分隔规则，膨胀加粗变褐，成为黑色
的休眠菌丝，或隔膜加厚形成厚垣孢子或念珠状，有
时集结成膨胀菌丝结或瘤状菌丝结。在梅干选择培养
基上暗色菌丝形成清晰的放射状结构，而不形成微菌
核。分生孢子梗轮枝状，一般有 2 ~ 4 层轮生分枝，偶
有 7 ~ 8 层，梗全长 100 ~ 300 μm。在寄主组织内，老
熟分生孢子梗基部呈暗色，为其独有特征（人工培
养时这一特点消失）。分生孢子椭圆形，单胞无色，

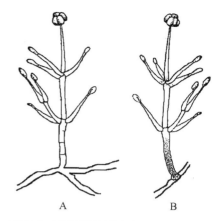

图 5-8　两种轮枝菌分生孢子梗形态的比较
A. 大丽轮枝菌　B. 黑白轮枝菌

（4 ~ 11）μm ×（1.7 ~ 4.2）μm，潮湿时常有水滴集成易散的头状孢子球。

菌丝生长最适温度为 20 ~ 22.5℃，30℃时不能生长。最适 pH 8 ~ 8.6，pH 3.6 时勉强生长，
最好的碳源为甘油。与苜蓿黄萎病黑白轮枝菌形态极为相似的是大丽轮枝菌（V. dahliae），两
者的主要区别是：①黑白轮枝菌不产生黑色微菌核，而大丽轮枝菌形成黑色微菌核，近球形，
直径 30 ~ 50 μm；②黑白轮枝菌老熟分生孢子梗基部呈褐色，而大丽轮枝菌分生孢子梗基部始
终透明（图 5-8）；③黑白轮枝菌分生孢子梗长（100 ~ 300 μm），而大丽轮枝菌分生孢子梗短
（110 ~ 130 μm），分生孢子也比黑白轮枝菌小，大小为（2.3 ~ 9.5）μm ×（1.5 ~ 3.0）μm；④黑
白轮枝菌在 30℃ 条件下不能生长，而大丽轮枝菌在 30℃ 条件下生长良好，35℃ 时不能生长；
⑤黑白轮枝菌在 pH 3.6 时勉强生长，大丽轮枝菌在 pH 3.6 时生长良好，最适 pH 为 5.3 ~ 7.2。

苜蓿黄萎病菌在 20℃ 和具有一定湿度时致病力最强。病菌的存活能力是有限的，存活期
长短取决于病残体分解腐烂的快慢和环境条件。在豆荚、花梗病残体上可存活 2 年，而在土壤
中存活却超不过 1 年，在干燥的苜蓿草上至少可存活 1 年。当土壤含水量高时，不利于病残体
上黑色休眠菌丝和分生孢子的产生和存活，而温度对病菌存活的影响不大。

4. 越冬与传播

病菌主要以菌丝体和休眠结构在植株病残体、土壤和种子上越冬。苜蓿黄萎病菌的传播途
径诸多。苜蓿黄萎病是典型的土传病害，农业机械工具、人畜携带病田土壤和病株残体是最有
效的田块间传播途径。病原菌通过羊的消化道后仍能存活，因而饲喂病草后得到的畜粪也可传
病。土壤中病残体所携带的病菌在病害扩展蔓延中起着重要的作用。田间病株周围土壤带菌，
邻近健株根系与病株根或带菌土壤直接接触后可被病菌侵染使田间病株不断增多。另外，病
根与健根相互接触也可导致传染。至于地表苜蓿病残体和茎秆上产生的分生孢子（灰色霉层）
在田间通过气流传播的作用很小。农具传播的途径有两个方面：一方面，在耕作时可以携带病
残体在田块之间进行传播；另一方面，更重要的是，收获苜蓿时，刈草造成的伤口有利于病菌
从茎部侵入，对病害大面积传播起着极为重要的作用。苜蓿种子内部带菌量虽然仅有 0.05%，
但已有证据表明，传入北美的苜蓿黄萎病菌主要来源于内部带菌的商品种子。由此可见，种子
带菌及种子间混杂的病残体是苜蓿黄萎病菌远程传播的主要菌源。苜蓿黄萎病菌还可由风、灌

溉水和昆虫传播。田间上一季遗留的病株残茬和当季被侵染但已坏死的苜蓿叶片、叶柄和茎秆在温湿度适宜条件下都能产生分生孢子梗和分生孢子，由气流传播或灌溉水传播引起再侵染。

5. 发病条件与适生区域

种植感病品种，土壤带菌量大，田间郁蔽，灌溉增多、田间积水，天气凉爽多湿等因素都导致苜蓿黄萎病严重发生。欧洲和北美地区病害的分布表明，该病菌主要局限于北纬40°以北或7月平均温度为15~21℃的地区，说明北纬40°以北的冷凉气候区域适合苜蓿黄萎病的发生。高温和昼夜温差较小或7月平均温度超过23℃是限制该病害分布的重要因素。

（三）检疫与防治

1. 产地检疫

苜蓿黄萎病是我国公布的《中华人民共和国进境植物检疫性有害生物名录》中规定的一类危险性病害，应严格限制引进来自疫区的苜蓿种子，限制输入来自疫区的苜蓿饲草和草制品。由疫区引进苜蓿切叶蜂（巢）时，应严格限制引进数量，并经入境口岸检查。

2. 种子带菌检验

将样品置于试管，加无菌水振荡15 min，取定量洗涤液在察氏（Zapek）培养基上培养，22℃下15 d后挑取菌丝再置于梅干煎汁（PIYA）培养基上培养，7 d后观察病原菌形态，从培养皿背面可清晰观察到暗黑色休眠菌丝形成的辐射状结构；对种子内部带菌则需将种子用自来水冲洗24 h，用2%次氯酸钠做表面消毒，再剪成小块，置于梅干煎汁培养基上，22℃下培养，15 d后用体视显微镜观察轮枝状的病原形态及菌落中央的黑色休眠菌丝体。

3. 2,4-D吸水纸培养检验法

用0.2% 2,4-D钠盐溶液浸渍吸水纸（滤纸），然后将吸水纸铺在9 cm直径的塑料培养皿底部，做成培养床。苜蓿种子不经表面消毒直接放入培养皿中，每皿等距植入25粒种子，然后将培养皿移入20~25℃条件下培养。每昼夜用黑光灯（或日光灯）照明12 h，10 d后取出培养皿，用实体显微镜（25~50倍）逐粒检查种子，根据菌落特征，主要是轮枝状分生孢子梗和分生孢子着生的整体特征，检出带菌种子。2,4-D吸水纸培养检验法适于快速检验大量种子，所检出的具有轮枝结构的带菌种子，有可能带有其他种类的轮枝孢属真菌或类似菌，需要时也可挑取孢子接种于琼脂培养基做进一步鉴定。

4. 分子生物学检验

根据苜蓿黄萎病菌的ITS序列的特异性位点设计的一对引物（Vaal：5′-CCGGTACAT CAGTCTCTTTA-3′；Vaa2：5′-CTGCGATGCGAGCTGTAAT-3′），可对苜蓿黄萎病菌进行专化性检测，能够从土壤和发病植株中准确地检测出苜蓿黄萎病菌。该技术解决了关于苜蓿种子是否带有苜蓿黄萎病菌的检测难点。

5. 防治

（1）严格执行检疫措施，严禁从疫区调运种子或苜蓿制品，严防病害传入无病区。

（2）选育和种植抗病品种，目前美国、加拿大、德国、丹麦已选育出多个抗苜蓿黄萎病并兼抗其他病害的苜蓿品种，如加拿大的'阿尔冈金'、紫花苜蓿'8925MF'，美国的'亮苜5号'。

（3）加强栽培措施，建立无病种子田是重要的防治措施；在病区收获时要先收无病田、后收病田，同时对收获农具用10%次氯酸钠消毒。收获的带病牧草，切勿放入无病田块；对零星发病田块，通过定点调查，发现病株尽早拔除，并用杀菌剂处理病土；发病严重的田块，可用小麦、大麦、玉米等禾本科作物进行 2～3 年轮作，轮作时必须清除田间病菌的中间寄主（自生苜蓿苗和阔叶杂草）。

七、榆枯萎病菌（荷兰榆病菌）

榆枯萎病菌有 2 种，榆蛇喙壳菌［*Ophiostoma ulmi*（Buism）Nannf.（*Ceratocystis ulmi*）］和新榆蛇喙壳菌（*O. novo-ulmi* Brasier）。

分类地位：均属于子囊菌门核菌纲蛇喙壳目蛇喙壳科蛇喙壳属，无性态则分别为黏束孢属（*Graphium*）和发簇孢属（*Sporothrix*）。

病害英文名：dutch elm disease。

榆枯萎病是一种能导致榆树迅速枯萎死亡的毁灭性病害，在中国，榆枯萎病菌是国家禁止入境的检疫性病原生物，也是国内农业和林业禁止的植物检疫性病原物。

（一）简史与分布

榆枯萎病最早于 1918 年在荷兰、比利时和法国被发现和报道。1921 年后，先后在德国、英国、奥地利发现。1930 年，通过调运榆木从欧洲传入美国，先在俄亥俄州和东部沿海一些地区发生，之后向西传播到太平洋沿岸各州。1959 年，亚洲部分国家，如伊朗、印度、土耳其、乌兹别克斯坦、塔吉克斯坦等也发现该病害。20 世纪 40 年代，病害蔓延速度逐渐平缓，后来由于出现致病性强的侵染亚群，再度在欧洲、美洲和西亚引起流行。

（二）生物学特性

1. 为害与症状

美国 20 世纪 70 年代中期，每年因该病害死亡的榆树达 40 万株，损失达 1 亿美元。1971—1978 年，在英国南部有 70% 以上的榆树因该病害死亡。20 世纪该病害在欧美引起两次大规模流行，造成榆树大面积死亡，不仅在经济上造成损失，而且破坏了公园、道路等地区的绿化。

榆枯萎病菌可侵染各龄榆树，症状首先出现在病株树冠上部的新梢，叶片发黄、卷曲萎蔫，变褐色而早落，大部分受侵染枝条落叶后立即死亡。病害最初发生于一个或几个枝条上，然后再向其他部位扩展，故病株上常常有死枝，严重者数周内整株死亡。一般春季或初夏受侵染的病株当年表现症状，第二年夏末死亡。在抗病树种上病害发展较慢，有时症状还可恢复。剥去受侵染枝条的树皮，在木质部外层可见褐色条纹或斑点。树干或枝条横切面，接近外侧的年轮附近有深褐色条纹或斑点，有的斑点密集，可看到连续或不连续的深褐色环；纵剖面具深褐色纵向条纹。切开枝权处可见许多由小蠹虫为害造成的坑道。

2. 寄主范围

榆枯萎病菌寄主范围较窄，自然条件下只危害榆属树木。人工接种时还能危害榉属（*Zelora* sp.）和水榆属（*Planera* sp.）植物。

3. 病原菌形态

榆枯萎病菌为异宗配合真菌，有 A、B 两种交配型结合，产生有性态。子囊壳黑色、烧瓶形，具长颈，子囊壁薄易消解，子囊孢子单胞、橘瓣形，常聚集在孔口外乳白色的黏液中。

榆蛇喙壳菌的子囊壳基部球形，宽 100～150 μm，子囊壳颈长 280～510 μm，颈长度与基部球宽度之比为 2.4～3.5；新榆蛇喙壳菌的子囊壳基部球宽 75～140 μm，颈长 230～1 070 μm，颈长与基部球宽度之比为 1.5～6.2（表 5-5）。新榆蛇喙壳菌具有生理分化现象，分为欧亚小种 EAN（Eurasian race）和北美小种 NAN（North American race）。

表 5-5 榆蛇喙壳菌与新榆蛇喙壳菌的特征比较

特征		榆蛇喙壳菌	新榆蛇喙壳菌
生长速度 mm/d	20℃	（1.5～）2.0～3.1（～3.5）	（2.8～）3.1～4.8（～5.7）
	33℃	1.1～2.8	（0～）0.1～0.5
菌落形态		光滑蜡质、苔状，轮纹不明显	花瓣状，轮纹明显，有条纹
交配型		A 型和 B 型大致相等	B 型占优势
子囊壳	颈长 /μm	280～420（～510）	230～400（～1 070）
	颈长与基部球直径之比	2.4～3.5	1.5～6.2

无性态归属于发簇孢属和黏束孢属。发簇孢属的孢子直接产生在菌丝上，具双态型。一种分生孢子生于菌丝分枝端部有小刺的梗上，形成典型的孢子簇，单胞、无色、丝状，大小为（4.5～14）μm×（2～3）μm，常聚集成黏性的微滴；另一种为酵母状芽孢子，菌丝体以类似酵母的芽殖方式增殖。黏束孢属的分生孢子着生在孢梗束上，孢梗束黑色、纤细，高 1～2 mm，端部散开呈绣球状，常聚集有乳白色黏液状孢子团。孢子单胞、无色、卵圆形至长椭圆形，大小为（2～6）μm×（1～3）μm（图 5-9）。

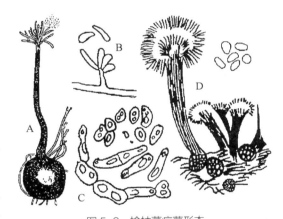

图 5-9 榆枯萎病菌形态
A. 子囊壳及子囊孢子 B～C. 发簇孢属分生孢子
D. 黏束孢属分生孢子

4. 病原菌生物学特性

英国学者 Brasier 通过长期研究，认为导致榆枯萎病的病菌有致病性强的侵袭性亚群和致病性弱的非侵袭性亚群，两种亚群的菌株在菌落的培养性状、生物学特性、子囊壳形态、致病性和分子生物学特性上有诸多差异。1991 年，他将致病性强的侵袭亚群上升为新种，称为新榆蛇喙壳菌；而原来的种仍称为榆蛇喙壳菌，为致病力弱的非侵袭性亚群。致病性强的新榆蛇喙壳菌，菌丝在培养基上生长快，生长最适温度为 20～22℃，33℃时生长极慢，菌落为绒毛型；致病性弱的榆蛇喙壳菌，菌丝在培养基上生长慢，生长最适温度为 30℃，33℃条件下生长速度相对较快，菌落蜡质光滑、白色、呈酵母状。孢子的存活期很长，在伐倒的病树原木上可存活 2 年之久。

5. 越冬与传播

病原菌以菌丝体、子囊孢子、分生孢子在衰弱的病株内或被砍伐的病树、死树内的虫道和蛹室中越冬。病害通过带菌的榆属苗木、原木、木制品，甚至胶合板和包装箱垫的榆木进行远距离传播。田间短距离传播的主要侵染源是昆虫介体，但是引致榆枯萎病的致病因子是昆虫介体所携带的病菌。欧美传病的昆虫介体已证实的有 18 种，其中重要的有欧洲榆小蠹（*Scolytus multistriantus*）、欧洲大榆蠹（*S.scolytus*）、短体边材小蠹（*S.pygmaeus*）和美洲榆小蠹（*Hylurgoplum tufipes*）。小蠹虫（图 5-10）于夏、秋两季喜欢在因榆枯萎病而导致衰弱或濒于死亡的植株树皮内造穴产卵，因此在树皮内幼虫通道和蛹室中常有大量的无

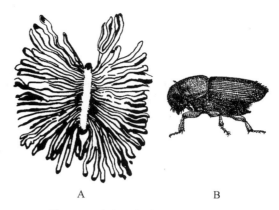

A   B

图 5-10　小蠹虫（B）及其为害树皮后
形成的坑道（A：安榆林绘）

性孢子和子囊孢子，次年春季从虫道羽化的成虫体外带菌，带菌成虫需要补充营养，在健康的榆树上取食时，病菌通过虫伤侵入树皮。菌丝进入木质部导管后，通过纹孔从一个导管传入另一个导管，导管内发簇孢属的菌丝产生酵母状芽孢子和分生孢子，随树液的流动而扩展，贯穿木质部，病菌可产生大量植物毒素并快速传导，导致树木在数月内死亡。在病死树、濒临死亡的病树和伐倒的病树上，能产生各类子实体，它们主要在树皮下小蠹虫的虫道或蛹室内。在病害循环中，子囊孢子所起的作用很小。此外，该病害还可通过树根接触传染。

6. 发病条件

不同种的榆树抗病性存在差异，以美洲榆、荷兰榆、英国榆、山榆较易感病，亚洲榆如中国大叶榆和小叶榆为高抗类型。不同的生长季节，寄主的感病性不同，春季和夏初是最易感病的季节，春季木质部导管大而无分隔，有利于病菌扩展；仲夏至初秋时期寄主导管较小且有分隔，不利于病菌扩展。另外，炎热干旱的年份该病害发展也快。

（三）检疫与防治

1. 外观症状检验

对来自疫区的榆属苗木、原木和木制品，检疫时首先查看树皮上有无虫孔或蛀孔屑，然后再剥去树皮或解剖观察木质部外侧有无褐色条斑，或从纵剖面和横断面观察靠近外侧的年轮附近有无褐色长条纹或连续圆环。与此同时，在枝杈纵面注意有无小蠹虫的蛀食槽。具体参见《榆枯萎病菌检疫鉴定方法》。

2. 病原菌鉴定

（1）无性态的病原菌形态　对可疑病木从变色部位取样，样品表面消毒后，置于麦芽浸膏培养基（麦芽浸膏 30 g、琼脂 20 g、水 1 000 mL，高压蒸汽灭菌 15 min 后，加链霉素 30 μg/mL），20℃黑暗条件下培养，待病菌长出子实体后进行镜检，鉴定发簇孢属和黏束孢属的分生孢子形态。酵母状芽孢的形成需要在具有特定营养的培养液中培养方可获得。

（2）两个种病原菌的菌落形态　将新分离的纯培养物，接入有麦芽浸膏的培养基内，每种设置 20℃和 33℃两个等级，黑暗条件下培养，第 2 d、5 d、8 d 分别测量菌落生长速度。然后，分别再置于 20～25℃散射光下培养 10 d，观察菌落性状。榆蛇喙壳菌在 33℃条件下生长速度快，20℃下生长慢，菌落光滑，呈蜡质状，具弱晕环；新榆蛇喙壳菌在 20℃条件下生长

速度快，33℃下生长慢，菌落呈花瓣状，晕环明显。

（3）子囊孢子的获得　在真杆菌选择性琼脂培养基（ESA）上用标准菌株，A型和B型两种不同交配型的孢子进行异宗配合，方可获得子囊壳。在ESA培养基上长出褐色黏束梗霉，同时取榆蛇喙壳菌标准菌株的A、B交配型，分别与分离出的病菌，等距离三角形接种在ESA培养基上，20℃黑暗培养7 d，然后室温（20~25℃）散射光下继续培养14 d。

3. 防治对策

凡从疫区携带有病菌及昆虫介体的榆属苗木、原木和木制品，甚至胶合板和包装箱垫的榆木都要严格执行检疫程序。严防病菌，尤其是致病性强的种和传病昆虫介体传入我国境内。欧美疫区主要以培育和选育抗病品种为根本措施。春季苗圃榆苗萌发前，对树干或干基部注入多菌灵、苯来特等内吸杀菌剂有一定预防效果。积极防治传病介体昆虫，彻底砍伐并烧毁病株，切断传播源。

八、松树脂溃疡病菌

松树脂溃疡病菌，病原菌学名：无性态为 *Fusarium circinatum* Nirenberg & O'Donell，同物异名有 *F.subglutinans* f. sp. *pini*，*F.moniliforme* var. *subglutinans*；有性态为 *Gibberella circinata*。

分类地位：无性态属于无性型真菌类丝孢纲瘤座菌目瘤座菌科镰孢属；有性态属于子囊菌门核菌纲球壳目的赤霉属。

病害英文名：pine pitch canker。

松树脂溃疡病是当今世界危害松树最严重的病害之一，主要引起树干和大的枝条出现流脂、溃疡、树冠枝条枯死等症状。该病害不仅为害严重、防治和根除困难，而且极易随寄主种子、苗木（含盆景，下同）、病树木材、木质包装材料以及土壤等进行远距离传播。松树脂溃疡病菌是我国禁止入境的检疫性病原生物，也是国内林业植物检疫性病原生物。

（一）简史与分布

1946年，松树脂溃疡病在美国东南部北卡罗来纳州的矮松（*Pinus virginiana*）上首次发现；1986年，在美国西部加利福尼亚州也发现了松树脂溃疡病的严重为害，至1994年，在加利福尼亚州所有的3个辐射松天然林内均发现该病的为害。随后，该病害在当地的分布范围与为害寄主种类不断地扩大、增多。此外，日本于1989年、墨西哥于1991年、南非于1994年、智利于2001年也相继报道发现有该病害的为害。松树脂溃疡病此后呈现一种迅速蔓延之势，对林木的危害日益严重。到目前为止，美国、日本、墨西哥、南非、智利、海地以及西班牙等国均有该病害发生与为害的报道。意大利有疑似病害，目前尚未证实。我国尚未有该病发生的报道，应引起高度重视。

（二）生物学特性

1. 为害与症状

松树脂溃疡病是美国南方松树人工林上的重要病害，其中以在湿地松上的为害最严重。20世纪70年代，该病害在美国佛罗里达州的发病面积已达445 000 hm²，在该州东中部几个病害严重发生地区，湿地松上的发病率超过51%；在佛罗里达州南部的几个地区，湿地松、长叶松、矮松、短叶松以及火炬松的发病仅限于种子园，园内因自然因素和栽培措施而损伤的树木，感病特别严重；尤其是 1986 年该病使加利福尼亚州中部海岸路旁与风景区的辐射松遭受到毁灭性的打击，引起了澳大利亚、新西兰以及欧盟等国家或地区政府的广泛关注。1990—1992 年该病害传入南非后，成为当地松苗上的重要根部病害，并造成了极大的经济损失。2001 年该病害又在智利辐射松苗圃中发现，引起苗木枯死。

该病害主要为害树干和枝梢，引起树干和枝条流脂、溃疡，造成树干畸形、枝梢枯死、树势生长衰退，甚至整株树木死亡等症状。此外，松树脂溃疡病还能引起松树雌花和球果坏死、种子变质以及苗木枯死等。澳大利亚、欧盟等国家或地区经有害生物风险分析，均认为该病菌随进境松木等传播的风险极大，应加强检疫。

松树脂溃疡病防治极其困难，一旦传入某地区，要彻底铲除就更困难。因此，必须加强检疫，禁止从有松树脂溃疡病发生的国家进口松属、黄杉属树种木材。对从松树脂溃疡病疫区入境的其他针叶树的种子、苗木、病树木材、木质包装材料、土壤以及媒介昆虫等要进行严格检疫。进口的木材、货物木质包装中松树脂溃疡病菌与其媒介昆虫同时存活，可随媒介昆虫的扩散进入健康或濒临枯死树上，将松树脂溃疡病菌传播开来。该途径为松树脂溃疡病菌传入后最有可能的扩散途径。

2. 寄主范围

在自然条件下，该病菌除了为害松属（*Pinus* spp.）树种外，还能侵染黄杉属（*Pseudotsuga* spp.）树种；其中以美国南方种子园内的湿地松（*P. elliotii*）、加利福尼亚州的辐射松（*P. radiata*）、沼松（*P. muricata*）、瘤果松（*P. attenuata*）以及南非的展叶松（*P. patula*）上受害较为严重。人工接种还能侵染冷杉属（*Abies* spp.）、红杉属（*Sequoia* spp.）、巨杉属（*Sequoiadendron* spp.）、翠柏属（*Calocedrus* spp.）以及南洋杉属（*Araucaria* spp.）等植物。

3. 病原菌形态

病菌的分生孢子梗聚生在一种垫状的粉红色的小型子实体结构即分生孢子座上，直立多分枝，顶端具 1~2 个瓶梗；瓶梗圆筒状，高达 30 μm，直径 3 μm。该病菌可产生两种类型的分生孢子，着生于气生菌丝体的瓶梗上。小型分生孢子倒椭圆形，少数呈卵圆形或腊肠形，大多不分隔，少数具 1~4 个分隔，大小为（8.5~10.9）μm ×（2.8~3.6）μm；大型分生孢子细长，镰刀形，两端尖而弯曲，通常具有 3 个分隔，大小为（33~42）μm ×（3.4~3.7）μm。不产生厚垣孢子。分生孢子座通常着生于树木或落地的病株残枝上、松针脱落后的叶痕处与溃疡组织的树皮外表。

病菌的有性态为 *Gibberella circinata*，很少见。在表面有麦秆的 V8 培养基上可形成子囊壳。子囊壳卵圆形至倒梨形，高约 325 μm，直径 230 μm，表面光滑，顶部有疣状突起，单生，表面生长或埋藏于植物组织内，无子座。子囊圆筒状，大小为（80~100）μm ×（7.5~8.5）μm。子囊孢子椭圆形至纺锤形，光滑，透明，具分隔，大小为（11~14）μm ×（4.7~5.5）μm。

4. 病原菌生物学特性

松树脂溃疡病菌生长的最适温度为 24℃。温度低于 10℃ 时病菌菌丝停止生长，不能侵染。14℃ 时菌丝生长极其缓慢，该温度为菌丝生长的最低温度。20℃ 条件下，病菌在马铃薯葡萄糖琼脂培养基上的平均生长率为 4.7 mm/d。菌丝在培养基上呈棉絮状，菌落边缘整齐，菌落在培养基正面中央为淡灰紫色，反面为灰白色至深紫色。Wikler 等通过对来自美国、墨西哥、日本、南非等国松树脂溃疡病菌的分子生物学研究发现，来自墨西哥的菌株遗传多样性最丰富，因此认为墨西哥是松树脂溃疡病菌的原产地。

在潮湿、干燥条件下，病菌孢子保持活力的时间分别在12、18个月以上；病菌在木材内能存活很长时间，病菌在直径约为10 mm、充满树脂的枝条上可以存活1年以上。相对湿度为0时，即便在35℃下，病菌孢子在干木材内保持活力也能达几个月之久。由于病菌能侵入树干边材部分，剥去树皮后木材同样可携带松树脂溃疡病菌。该病菌可随输华木材、货物木质包装带入中国。

5. 越冬与传播

病菌以菌丝体、子囊孢子、分生孢子在衰弱的病株内或被砍伐的病树、死树内的虫道和蛹室中越冬。病菌传播到寄主植物上的途径主要有3种，即自然传播、人为扩散传播和媒介昆虫传播等。

（1）自然传播　松树脂溃疡病菌孢子近距离可以借助风、飞溅的水滴（如雾和雨水）等方式进行传播。只有在寄主遭受机械损伤或环境胁迫，如干旱、虫害、修剪造成的伤口、过度施肥以及遭受其他病原菌危害等情况下，病原菌才能成功侵染。

（2）人为扩散传播　松树脂溃疡病菌近距离除了可借助自然的力量传播外，还能通过人类林业生产活动的器械（如修剪工具）进行传播。病害远距离传播主要由病木木材、木质包装、苗木、种子，以及土壤的远距离运输引起。

（3）媒介昆虫传播　危害松树的蛀干、种实害虫等均可成为松树脂溃疡病菌媒介昆虫。因此，该病菌可以通过小蠹科、窃蠹科、象虫科、姬卷叶蛾科、卷蛾科、家蝇科和胡蜂科等昆虫进行传播。这些昆虫不仅可以携带病菌，还能不断地传播病害，其活动为松树脂溃疡病菌的传播、成功侵染创造诸多有利条件。

6. 发病条件

空气的相对湿度影响病害的发生，沿海地区雾多湿度大，有利于病害的发生。

（三）检疫与防治

1. 检疫

切取发病树枝干、球果或被树脂浸湿的树皮下木质部等样品的病健交界组织，采用常规的组织分离方法，对松树脂溃疡病样品进行分离，以获得纯培养的病原菌，然后按照该病菌的形态特征进行种类鉴定。有条件的实验室，可采用分子生物学检测方法对病原菌进行鉴定。例如，廖太林等（2007）建立了一种经济、快速、简便且准确的松树脂溃疡病菌的分子生物学检测方法，为各口岸开展进境种子、苗木、木材检疫，防止松树脂溃疡病菌传入提供了可靠的技术手段。他们使用一对镰刀菌通用引物G1、G2（5′-GCGGTGTCGGTGTGCTTGTA-3′，5′-ACTCACGGCCACCAAAC-CAC-3′）和一对针对松树脂溃疡病菌的特异引物S1、S2（5′-CTTACCTTGGCTCGAGAAGG-3′，5′-CCTACCCTACACCTCTCACT-3′），采用巢式PCR方法，可以准确地从污染了松树脂溃疡病菌土壤或木屑中检测到病菌的存在，大大地提高了检测效率和灵敏度（5×10^{-3} pg/μL）。

2. 热处理

对入境的针叶树木质包装材料进行热处理。热处理中心温度70℃，处理4 h，能完全杀灭松树脂溃疡病菌及其媒介昆虫。该方法已经被认为是杀灭松树脂溃疡病菌及其媒介昆虫的一个有效措施，对于大体积的木料来说，它是唯一已证明行之有效的方法。该热处理也是新西兰对来自松树脂溃疡病菌疫区的针叶木料所要求进行的处理措施。采用该方案的检疫处理将极大地降低松树脂溃疡病菌随疫区输华木材、货物木质包装传入中国的风险，是可供选择降低风险管理措施的最佳方案。

3. 防治对策

目前对松树脂溃疡病尚无有效的防治方法。由于使用化学方法（如杀菌剂）、生物方法等都不能有效控制该病害，在美国加利福尼亚州等地，松树脂溃疡病被列为 B 级病害，即禁止其在州内和州外蔓延。为降低松树脂溃疡病的扩散风险，对疫区采取如下管理策略：①不得将遭受松树脂溃疡病菌感染的树木、树苗等从疫区运到非疫区；②种植经检疫过的不带病菌的种子或苗木；③用杀虫剂等处理树木，以杀死传病媒介昆虫；④采用合理的采伐措施，如进行疏伐，将砍伐下的木料运离林区并集中处理；对重病林实行挽救性的砍伐措施，并尽量减少剩下的树木应产生伤口；⑤研究并种植抗病的松树苗木等，以降低感病风险（赖世龙等，2005）。对我国而言，为了防止松树脂溃疡病菌传入我国，颁布了《中华人民共和国进出境动植物检疫法》及其实施条例和《出入境检验检疫风险预警及快速反应管理规定》，加强对来自美国、墨西哥、日本、西班牙、海地等国松木、松木包装的入境检疫工作。

第二节　检疫性植物原核生物

植物病原原核生物引起的重要病害超过 1 000 种。植物病原细菌的种类至少有 300 个种（亚种、变种），包括革兰氏阴性细菌和革兰氏阳性细菌，它们绝大多数可以通过种苗传播，通过种子传染的约占一半，主要是革兰氏阴性反应的假单胞菌、黄单胞菌和革兰氏阳性的棒形杆菌。无细胞壁的植原体和螺原体引起的病害只能通过种苗和专化性的媒介昆虫才能传播。

在 1960 年前，报道侵染植物的原核生物只有 5 个属的细菌和 1 种放线菌。随着植物病理学科的快速发展，截至 2000 年底，已知的植物病原原核生物分布在 427 个属中，其中有 10 个属是在 20 世纪 90 年代后新设立的，有的属下目前还只有一个致病种；种类最多的是 *Xanthomonas* 和 *Pseudomonas*，其次是 *Erwinia*、*Streptomyces* 和 *Clavibacter* 等（表 5-6）。

表 5-6　我国禁止进境的检疫性细菌（部分名单）

分类地位	病害	病原菌学名
薄壁菌门（G⁻）		
土壤杆菌属	苹果根癌病	*Agrobacterium tumefaciens* Conn
迪基氏菌属	菊基腐病	*Dickeya chrysanthemi* Burkholder et al
欧文氏菌属	梨火疫病	*Erwinia amylovora* Winslow et al
	亚洲梨火疫病	*Erwinia pyrifoliae* Kim et al
泛菌属	玉米细菌性枯萎病	*Pantoea stewartii* subsp. *stewartii*（Smith）

续表

分类地位	病害	病原菌学名
果胶杆菌属	胡萝卜软腐病	*Pectobacterium carotovorum* Waldee
假单胞菌属	菜豆晕疫病	*Pseudomonas savastanoi pv. phaseolicola* Gardan et al.
雷尔氏菌属	香蕉细菌性枯萎病	*Ralstonia solanacearum* Yabuuchi et al
韧皮部杆菌属	柑橘黄龙病	[1] Liberibacter asiaticus Jagoueix et al.
	马铃薯斑纹片病	Liberibacter solanacearum Leifting et al
黄单胞菌属	柑橘溃疡病菌	*Xanthomonas axonopodis pv. citri*（Hasse）
	水稻细菌性条斑病	*Xanthomonas coryzae pv. oryzicola* Fang et al
	风信子黄腐病	*Xanthomonas hyacinthi*（Wakker）Vauterin et al.
木质部小菌属	葡萄叶焦枯病	*Xylella fastidiosa* Well et al
嗜木质菌属	葡萄细菌性疫病	*Xylophilus ampelinus* Willems et al
厚壁菌门（G⁺）		
节杆菌属	冬青叶疫病	*Arthrobacter ilicis* Collins et al
棒形菌属	马铃薯环腐病	*Clavibacter michiganensis subsp. sepedonicus* Davis et al.
短杆菌属	郁金香黄色疱斑病	*Curtobacterium flaccumfaciens* pv. *oortii* Collins et al
拉塞氏菌属	鸭茅蜜穗病	*Rathayibacter rathayi*（Smith）Zgurskaya et al.
链霉菌属	马铃薯疮痂病	*Streptomyces scabies* Lambert and Loria
无壁菌门		
螺原体属	柑橘顽固病	*Spiroplasma citri* Saglio et al
植原体属	番木瓜枯梢病	Phytoplasma aurantifolia Zreik et al [2]
	枣疯病	Phytoplasma ziziphi Jung et al

① 候补属，待核准（*Candidatus* Liberibacter asiaticus Jagoueix et al）。

② 候补属，待核准（*Candidatus* Phytoplasma aurantifolia Zreik et al）。

　　细菌病害可经种子或种苗传播的特点是：种子带菌率高，但传病率比较低；细菌在种子上存活时间较短，一般不超过半年，少数细菌存活时间较长，西瓜果斑病菌存活时间可长达数年。细菌的繁殖快易造成流行；检测精度低和防治的难度较大。大多数国家将以下 9 种病原细菌病害列在检疫名单中，它们是根癌土壤杆菌、梨火疫病菌、马铃薯环腐病菌、菜豆晕疫病菌、香蕉细菌性枯萎病菌、稻白叶枯病菌、条斑病菌、甘蔗宿根矮化病菌和流胶病菌等，我国目前列出要求检疫的细菌病害有 57 种。细菌侵染种子的方式以表面污染为多，在种子内外均可检测到大量的细菌，表面污染的细菌存活期很短，一般不会成为侵染源，大多数潜伏在内部的细菌最有可能引起初侵染，尤其是维管束系统的病害。潜伏在种子内外的细菌，其存活期与种子贮存条件有关，在低温干燥条件下细菌可存活 3～5 年，室温下保存约 6 个月，露天可存放 1～2 个月；在土壤中病残体上的病原细菌，除茄青枯病菌和软腐欧文氏菌等土壤习居菌通常可存活达约 5 年外，一般不超过 6 个月。种传细菌的检验一般较为困难，且准确率较低，主要是由于在分离培养时常被生长快的腐生菌污染，难以很快获得纯培养，并且鉴定比较困难，要通过一系列的生理生化性状测定。常用的检测方法有育苗发病观察、分离培养、血清学检验、噬菌体检测法等。近年采用的有 Biolog、脂肪酸分析（FAME）和 PCR 探针技术等，尤其是在经过富集后采用实时荧光 PCR 检测，灵敏度可以达到每粒种子带 10 个细菌的水平，近年来单细胞检测技术也开始用于种传细菌的检验。

一、梨火疫病菌

梨火疫病菌，病原名称：*Erwinia amylovora*（Burrill）Winslow et al，又称解淀粉欧文氏菌，属薄壁菌门，欧文氏菌科欧文氏菌属的梨火疫病（*amylovora*）群。

病害英文名称：fire blight of pear。

梨火疫病是蔷薇科仁果类果树上的危害重、传染快的一种毁灭性细菌病害。在中国，梨火疫病菌是国家禁止入境的检疫性病原生物，也是国内农业和林业植物检疫性病原生物。

（一）简史与分布

1878 年，该病害首先由 Burrill 报道在纽约发生，后来由 Erwin F. Smith 命名，是第一个被确定的植物细菌病害。主要分布在北美洲和西北欧。近年来在中欧、地中海、东南欧及大洋洲和亚洲部分地区也有发生，现已有 40 余个国家有分布。1997 年，澳大利亚报道有该病发生。另外，在日本北海道（1972 年）和韩国（1997 年）发生的"梨细菌性枝枯病"已从生理生化、致病性和分子生物学等方面都证明与梨火疫病相似，但存在较明显差别，称为"亚洲梨火疫病"，其病原菌为亚洲梨欧文氏菌（*E. pyrifoliae* Kim）。

（二）生物学特性

1. 病原菌

革兰氏染色阴性，兼性厌气菌，杆状，周生鞭毛 1 ~ 8 根，能运动，大小为（0.9 ~ 1.8）μm ×（0.6 ~ 1.5）μm，多数情况下单生，有时成双或短时间内 3 ~ 4 个呈链状。在蔗糖营养培养基上，27℃下培养 2 d，其菌落直径为 3 ~ 7 mm，乳白色，半圆形隆起，有一稠密绒毛状的中心环，表面光滑，边缘整齐，稍具黏性。

2. 寄主范围

主要危害蔷薇科仁果类植物，尤其是梨属最易感病，但也能侵染亲缘关系较近的蔷薇科其他植物。有 40 余属 220 多种植物感病，在自然条件下特别容易感病的有梨属、苹果属、榲桲属、木瓜属、枸子属、山楂属、火棘属、花楸属，其中对梨属、苹果属、山楂属和榲桲属的危害最重。

3. 为害

梨火疫病对蔷薇科植物常有致命的威胁，一棵多年生的梨和苹果树发病后有时可在几年内死亡。如美国加利福尼亚州在病害流行时一年内梨树由 125 000 株减少到 1 500 株，又如在南部某地区 4 年内大约损失 94% 的梨树，以至于人们最后不得不放弃栽培梨树。该病 1957 年传入欧洲，1966 年 4—11 月，英国就有 12 000 棵树发病；1966 年荷兰发现梨火疫病，10 年间毁坏了 200 万株枸子、13 000 株火棘、87 000 株红果树和 4 500 株花楸；1971 年在德国发生，18 000 棵梨树被毁；1990 年又传到了亚美尼亚、保加利亚、意大利和南斯拉夫，尽管人们采取了一系列防御措施，但是此病害仍以惊人的速度蔓延，澳大利亚在 1997 年确认有该病害的发生。

4. 症状

病菌从花器侵入，随之扩展到花梗和同一花簇中的其他花朵及其周围的叶片，受害的花和叶片不久枯萎呈深褐色；叶片也可直接被侵染，病害多从叶缘开始，再沿叶脉扩展到全叶，先呈水渍状，后变黑褐色；病菌可从叶柄蔓延到嫩梢，但也能通过伤口和自然孔口直接侵入，嫩梢被害初期呈水渍状，随后变褐黑色至黑色，常弯曲向下，呈牧羊鞭状。嫩梢的枝条感病后，其枝上的叶片全部凋萎，但不脱落，远望似遭严霜或火烧，所以被称为火疫病。病菌可直接侵染幼果，受害处呈褐色凹陷，后来扩展到整个果实，在潮湿温和的天气里，病部渗出许多黏稠状的细菌分泌物，开始为乳白色，以后变为红褐色，幼果僵化，并挂在树上，直至冬天也不脱落。修剪整枝后有伤口的徒长枝是茎秆受侵的主要途径。病害从病梢可很快扩展到枝条、茎秆直至根部（图 5-11）。

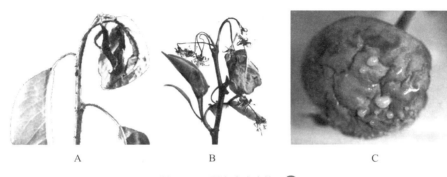

图 5-11　梨火疫病症状　彩
A. 枯梢　B. 枯花　C. 果实上的菌脓

5. 越冬

病菌主要在枯萎的嫩枝和茎秆的溃疡处越冬，挂在树上的病果也是它的越冬场所。

6. 传播

病菌的远距离传播包括通过陆地和海洋远距离传播带菌的接穗和种苗。被病菌污染的果箱和迁飞的候鸟也是远距离传播的重要途径。风雨是近距离传播的动力。苍蝇、蜜蜂、蚂蚁等许多昆虫也是传播的介体。

7. 发生条件与适生范围

受伤的花朵、幼果和嫩梢最易受病菌侵染。经冰雹袭击，病害蔓延更加迅速。较高的气温（18～24℃）和高的空气湿度（相对湿度在 70% 以上）对病害侵染特别有利，在有利的气候条件下，病菌以每天 3～30 cm 的速度向健康组织扩展，不久，整个树枝或全株病死。梨火疫病菌生长所需要的温度范围为 6～37℃，最适温度为 25～27℃；45～50℃下处理 10 min 可致死。生长的最适 pH 为 6。

8. 防治难点

病树上的病菌可长期存活成为侵染源，该病害能借助多种途径迅速蔓延扩展，且易传染，所以很难防治。

（三）检疫与检测

为阻止病害的传入，迫切需要一个快速正确可靠的检疫方法。检疫方法如下：

1. 产地检疫

产地检疫是一项最基本的检疫方法，主要通过症状检验确认。重点是在应检病虫害的发生期或危害高峰期到田间检查与观察。如日本对进口新西兰苹果的检疫措施就是要求每年在苹果花期、果实生长期和收获期 3 次到新西兰的苹果出口基地进行产地检疫，以保证进口的苹果不携带火疫病菌。在梨园做检疫时，主要是观察当年生新梢有无枯死，下垂呈牧羊鞭状；梢上有无溃疡斑，以及有无黏性的菌胶存在。

2. 症状检验

根据病害的症状鉴别梨火疫病是很好的方法，但梨火疫病有时与梨枝枯病在花期和生长早期造成的症状相似，应注意加以区别。

3. 幼梨切片接种

以菌苔或菌悬液接种幼梨横切片，梨火疫病菌在梨片上形成乳白色高度隆起的球状菌脓，而其他细菌不产生菌脓或菌脓平铺不隆起。

4. 过敏性枯斑反应

梨火疫病菌在幼嫩石楠、烟草和蚕豆叶片上可产生典型的过敏性坏死反应，可作为快速鉴定梨火疫病菌的辅助手段。

5. 病菌检验可以通过选择性培养基进行区别

（1）MS 培养基　梨火疫病菌在 MS 培养基上的菌落中心为橙黄色，边缘光滑透明。假单胞菌属菌种的菌落为蓝色，易于识别。草生泛菌（*P. herbicola*）的菌落与梨火疫病菌相似，不易区别。将 MS 成分中的甘露醇以山梨醇代替，可抑制草生泛菌的生长。

（2）CG 培养基　梨火疫病菌在此培养基上，29℃下培养 48 h 后菌落上形成许多类似火山口图案的特征。

（3）Zeller 改良高糖培养基　梨火疫病菌在此培养基上 27℃培养 2~3 d 后，菌落大小为 3~7 mm，半球形凸起，菌落呈特殊的橘红色，中心呈蛋黄状，边缘光滑，而同样条件下草生泛菌或 *P. carotovora* 的菌落较小（2~3 mm）或不生长，菌落呈酱红色稍有凸起，无光泽。

6. 血清学检验

（1）常规方法　常规的血清学方法有免疫荧光、ELISA、ODD 和凝集试验等，这些方法灵敏、快速，可有效地检测。胡白石等（2003）利用间接免疫荧光染色和协同凝集技术，对梨火疫病菌实施了准确灵敏的检测。

（2）快速试纸条检测　南京农业大学在 2019 年研制了一种基于单克隆抗体的胶体金检测法，可在 10 min 内对梨火疫病进行快速准确的鉴定。

7. 核酸探针技术及 PCR 技术

核酸探针技术是利用带有适当标记物的核酸片段，体外通过碱基配对与特定的靶序列结合形成双链复合物，通过放射自显影或化学显色成为可见信号。目前应用较多的是 ^{32}P 标记的总 DNA 制成的探针，专化性很好，不与其他细菌发生交叉反应，可检测出 10^3~10^4 个菌体。用地高辛标记 pEA29 质粒上 0.5 kb 的 *Sal* I 片段制成的非放射性探针，与放射性探针相比专化性增强但灵敏度稍低，处理大量样品非常费时，已被灵敏度及专化性更高的 PCR 取代。利用

pEA29 质粒上 0.9 kb 的 *Pst* I 片段，经部分测序，合成两个 17 个碱基的寡核苷酸引物，对病菌 DNA 进行特异性扩增，检测灵敏度可达 50 个菌体细胞，并在 6 h 内可得结果。利用梨火疫病菌基因组 DNA、16S 核糖体等基因序列，相继开发出多种检测梨火疫病菌的方法。McManus 等（1995）利用 16S 巢式 PCR 技术检测，灵敏度可达检测单个菌体且特异性更强，采用的 PCR–斑点印迹和反向印迹杂交，检测灵敏度为 20 个菌体。利用实时荧光 PCR 技术，对梨火疫病菌进行检测的灵敏度达到 4 个菌体，在 3 h 内可完成检测。

目前，国内外用于检测梨火疫病菌最常用的 PCR 引物是 P29A/P29B（Kim et al.，2001）。

8. 其他检测方法

除上述方法外，还有一些检测方法，如传统的生理生化反应测试、噬菌体技术、菌体脂肪酸分析以及国内外自动或半自动的鉴定系统等。噬菌体技术具有简单、快速的优点，但受限于噬菌体的专化性并且有些细菌对噬菌体有抗性或耐性，一般只作为辅助手段。Biolog 细菌自动鉴定系统是一种快速并具有较高自动化程度的鉴定系统，通过分析细菌的代谢过程，根据代谢指纹图谱对待测菌株进行快速检测。

二、玉米细菌性枯萎病菌

玉米细菌性枯萎病菌，病原名：*Pantoea stewartii* Smith，属于斯氏泛生菌，原称 *Erwinia stewartii* Dye。

分类地位：属薄壁菌门欧文氏菌科泛菌属。

病害英文名：Stewart's bacterial wilt of corn。

（一）简史与分布

玉米细菌性枯萎病最早于 1897 年发现于美国，主要分布于美国的中部和东南部，在加拿大、巴西、欧洲东南部，以及亚洲的泰国、越南和马来西亚等国也有分布。之前有关中国在 20 世纪 30 年代曾有玉米细菌性枯萎病菌发生的报道是不真实的。自 1979 年以来，我国天津等地植物检疫机关已多次从美国进口玉米中检出并分离到其病原菌。在中国，玉米细菌性枯萎病菌是国家禁止入境的检疫性病原生物。

（二）生物学特性

1. 病原菌形态

玉米细菌性枯萎病菌是好气性短杆菌，无鞭毛，两端钝圆，大小（0.4 ~ 0.8）μm ×（0.9 ~ 2.2）μm，革兰氏阴性，在营养琼脂培养基上形成圆形、浅黄色、光滑或黏滞菌落，按颜色、表面、稠度、高度、生长类型、生长量等可分为不同类群。

2. 寄主范围

主要为害对象是玉米。自然寄主有玉米、假高粱、墨西哥类蜀黍及鸭茅状摩擦禾。人工接种可侵染高粱、粟、燕麦和其他禾本科杂草等。

3. 为害与症状

玉米细菌性枯萎病是维管束型病害，以甜玉米受害最重，引起全株性枯萎症状，叶、茎、果穗均可受害，被害植株的维管束呈明显红褐色。被害叶片出现不规则的淡绿或黄色条斑，病斑边缘不规则，受害叶片萎蔫、下垂、变褐（图 5–12）。被害植株轻者可正常结实，病菌可从

图5-12 玉米细菌性枯萎病症状（叶部条斑）彩
A. 全株症状 B. 叶片症状

维管束到达籽粒内部，病粒表皮皱缩，色泽加深；重者植株矮缩萎蔫，雌蕊不孕。病茎横切面维管束切口处有大量黄色菌脓流出。在马齿型玉米上症状多表现为斑点坏死，受害较轻。

4. 传播

病害可由病田种子做远距离传播。在病区，病菌主要由玉米叶甲（*Chaetocnema pulicaria*）传播并可在虫体内越冬。越冬成虫次春啃食幼玉米引起发病。主要媒介昆虫是玉米叶甲，其次是玉米啮齿叶甲（*C.denticulata*）和十二点叶甲（*Diabrotica undecim pynctata*）等。有些害虫如金龟子也可在田间传病，但土壤及残株不传病。

5. 发生条件与适生范围

该病害的发生与流行主要取决于冬季（12月、1月、2月）气温的高低，若平均气温总和在37℃以上，则有利于虫媒越冬，带菌昆虫成活率高，很可能引起流行，若低于32℃，则很少流行，有利玉米加速生长的土肥、温度、水分等条件也可加重病害发生。适生范围是美洲、欧洲、亚洲。

（三）检疫与检测

1. 产地检疫

在调种前尽可能直接在产地进行检疫，重点是对甜玉米植株叶片上的病斑进行检查。

2. 病原菌的分离与检验

一般用伊凡诺夫培养基或改良魏氏培养基（酵母膏3 g，蛋白胨5 g，蔗糖10 g，磷酸二氢钾0.5 g，硫酸镁0.25 g，抗坏血酸1 g，pH 7.2～7.4），玉米细菌性枯萎菌在此培养基上菌落黏性大，易拉成丝。也可在黑色素培养基上培养，7 d后（30℃）菌落中心呈黑色，边缘透明。对分离到的病菌还应进行致病性测定和血清学检验。

3. 血清学检验

主要有琼脂双扩散和荧光抗体法，也可用酶联免疫吸附法检验。

4. PCR检测

（1）巢式PCR 国内外已通过对玉米细菌性枯萎病菌及其近缘种的ITS片段的序列分析，针对其特异性位点设计出巢式PCR，检测灵敏度高，建立了检测和鉴定玉米细菌性枯萎病菌的巢式PCR技术，其检测灵敏度可达到4个细菌细胞，可以准确、灵敏地检测和鉴定玉米细菌性枯萎病菌。

（2）实时 PCR　针对 16S rDNA 序列差异，设计出了对玉米细菌性枯萎病菌具有稳定点突变的特异性探针，对其进行了实时荧光 PCR 检测，只有玉米细菌性枯萎病菌产生荧光，检测灵敏度为 10 CFU/mL 菌悬液。

三、柑橘黄龙病菌

柑橘黄龙病菌，病原菌名：韧皮部杆菌属（*Liberibacter* spp.），在亚洲发生的黄龙病，病原菌为亚洲韧皮部杆菌（*Candidatus* L. asiaticus），非洲的又名青果病，病原菌是非洲韧皮部杆菌（*Candidatus* L. africanus），原称为类细菌（BLO）。

病害英文名：citrus huanglongbing（citrus yellow shoot，citrus greening）。

（一）简史与分布

柑橘黄龙病是国际统一的病害名称，在南非又称青果病，在印度称梢枯病，在印度尼西亚称韧皮部衰退病。该病害发生历史至少已有 100 多年。20 世纪 30 年代，该病害在广东汕头地区流行，引起人们注意。1956 年，华南农学院林孔湘教授首先确认这是一种传染性病害，曾怀疑为病毒病。至 20 世纪 80 年代，该病害已广泛分布于浙江、湖南以南的柑橘产区。在国外，印度、印度尼西亚和东南亚地区均有发生，在非洲也有发生。在中国，它既是国家禁止入境的检疫性病原生物，也是国内农业和林业的植物检疫性病原生物。

（二）生物学特性

1. 病原菌形态

电镜下菌体呈现多种形态，多数呈圆形、椭圆形或香肠形，少数呈不规则形，大小为（50～100）nm×（170～1 600）nm；革兰氏染色阴性，无鞭毛，限于韧皮部内寄生，故称它是韧皮部难培养菌，至今尚未在人工培养基上培养成功，所以暂时放在待核准的后补属。

2. 寄主范围

此病的寄主主要是柑橘属、金柑属和枳属植物。另外，草地菟丝子能从柑橘上把柑橘黄龙病传到草本植物长春花上，引起黄龙病的典型症状。目前，长春花已成为研究柑橘黄龙病的重要试验材料。

3. 为害与症状

发病幼树一般在 1～2 年内死亡，老龄树则在 3～5 年后逐渐丧失结果能力并枯死。病害大流行时，往往使大片橘园在几年内全都毁灭。广东杨村华侨柑橘场因此病为害，1978—1979 年被迫挖除成树 40 多万株。云南省一农场在 20 世纪 70 年代每年柑橘产量 26 万 kg，由于黄龙病为害，1984 年产量仅有 1 000 kg。

华南地区种植的所有柑橘品种均能感染黄龙病，不同柑橘品种的病株表现的症状大体相似，但柑橘树的不同生长时期和不同部位（器官）表现的症状差别大，同一柑橘树的某个部位在全年生长的不同季节里表现的症状往往也有差别。

柑橘黄龙病全年均可发病，以夏梢、秋梢发生最多；其次是春梢；幼年树有时冬季也发病。典型症状是叶片黄化或形成黄绿色相间的斑驳。初发病时，往往在病树的树冠上有少数新梢的叶片表现黄化，形成黄梢（广东潮汕地区方言称黄龙）。病梢的黄化叶片常脱落，常出现类似缺锌、锰、铁等元素的症状，一般称之为花叶。有些病梢叶片转绿后才黄化，形成黄绿相间的斑驳症状，有人称之为斑驳型黄化。病树常开花早而多，花呈圆球状，畸形似铃状，大量脱落。果实小而畸形，着色不正常，脐部不着色，故呈青果或绿果，上半部着色变红，形成红鼻果。根部则表现大根腐烂脱皮，木质部变黑色（图5-13）。

图5-13 柑橘黄龙病的为害与症状（柯冲供图）彩
A. 黄梢 B. 病叶 C. 病果 D. 病原菌

4. 传播

柑橘黄龙病在新区的传播主要来自从病区调运的苗木、接穗，柑橘木虱则是柑橘黄龙病在自然界的传病虫媒，常使柑橘园在发病3～4年内的发病率高达90%～100%。在亚洲的媒介昆虫是柑橘（亚洲）木虱（*Diaphorina citri*），在非洲则为非洲木虱（*Trioza erytreae*）。

5. 发生条件

病害按发生条件不同可分为两个生态型：①亚洲耐热型黄龙病，多发生在热带亚热带地区，喜高温，在30～35℃下发病严重；②非洲热敏感型青果病，多在冷凉气候下发生，在22～24℃下症状明显，30℃以上症状较轻。此病的发生流行与生态条件关系密切，高海拔、高纬度的丘陵、山地，有森林覆盖的生态环境等可以抑制或延缓病情的发展，因为其气候条件大多数不适于柑橘木虱的生活，导致柑橘黄龙病即使发生也不能蔓延，最终随病树的死亡而自行消亡。因此，生态条件的关键性在于对虫媒的影响。

6. 防治难点

消灭传染中心和虫媒是防治柑橘黄龙病发生流行最关键的措施，但有的柑农在病树症状轻微时不愿根除，留下后患；对柑橘木虱的防治也有一定难度，一是虫源复杂，二是发生时间长，防治时期掌握不好，就会留有大量传病虫媒。

（三）检疫与检测

1. 产地检疫

目前较可靠的是在产地对柑橘树表现做症状诊断，在大田，最好于每年的10—12月症状表现最明显的时期诊断。检查春梢叶片的斑驳症状。由于柑橘在田间往往复合感染两种或两种以上的病害，根据田间症状诊断易误诊，要特别注意。

2. 生物学诊断

柑橘黄龙病的鉴别寄主是椪柑、蕉柑和甜橙。但诊断时通常使用椪柑，因椪柑感病后新梢呈黄化或斑驳型黄化症状，症状典型。方法是将病树或待测树上的冬芽枝段侧接在椪柑实生苗上，接种后截去实生苗顶部促其长出新梢，然后根据出现的典型症状作出诊断。

3. 电镜检查

用电镜方法检查病树或待测叶片叶脉筛管细胞内的病原菌。

4. 荧光显微镜检查

在荧光显微镜下检查茎、叶柄韧皮部切片，可见有多个发黄色荧光的团块，这在健株和真菌及细菌病害的组织中均不存在，因此是柑橘黄龙病所特有的。

5. 化学诊断

20 世纪 60 年代前，有人用次甲蓝法、NaOH-CuSO$_4$ 或 KOH-CuSO$_4$ 法或 I$_2$-KI 法来诊断植株病变。柯冲将嫩茎、叶柄、叶脉的横切片用 FBA 染色 5 ~ 8 min，在韧皮部筛管细胞中可见到有红褐色的细菌（参见《柑橘黄龙病菌的检疫检测与鉴定》）。

6. 血清学检验

由于柑橘黄龙病菌体在抗原提取与制备上尚存在一定困难，早期、快速、准确诊断的要求尚有困难。有人用 ELISA 法、IIF（间接荧光免疫法）、Dot-ELISA 法、Dot-IF 法进行检验，可检测出蕉柑、椪柑、甜橙和长春花的典型病株中的柑橘黄龙病菌。但是用不同类型的病菌制备的单抗在检测上还存在明显的株系专化性问题，如以印度青果株系制备的单抗检测福建柑橘黄龙病时为阴性，用福建柑橘黄龙病株单抗则测不出印度和非洲青果株系的病菌。

7. PCR 检测

我国研究人员利用亚洲韧皮杆菌核糖体蛋白基因 rplJ/rplL 设计了 2 对 PCR 引物 CQULA03F/CQU-LA03R、CQULA04F/CQULA04R 和 1 条 TaqMan 探针 CQULAP1，建立了常规 PCR 法和两种实时 PCR 法（TaqMan 探针法和 SYBR Green Ⅰ荧光染料法），两种实时 PCR 法的灵敏度比常规 PCR 高出至少 2 ~ 3 个数量级，而 TaqMan 探针法由于使用了杂交探针，特异性强而受污染小，更适合于柑橘黄龙病菌的检测。

四、椰子致死黄化病菌

椰子致死黄化病菌，病原名：*Candidatus* Phytoplasma sp.，椰子致死黄化植原体，属原核生物界无壁菌门。

病害英文名：coconut lethal yellowing phytoplasma。

（一）简史与分布

椰子致死黄化病由 Nutman 和 Roberts（1955）命名，他们用致死黄化（lethal yellowing）描述在加勒比海、牙买加西部地区发生的一种椰子致死黄化型的毁灭性病害。该病害在加勒比海地区至少已有 100 年的历史，在西非也有 50 年的历史。1891 年，Fawcett 对发生在牙买加的椰子黄化类型的病害做了详细的描述，一般认为这是最早的报道。目前，它主要分布在南美洲、非洲和西印度群岛，亚洲的印度尼西亚、印度、马来西亚等国家也有分布。

在中国，椰子致死黄化病菌是国家禁止入境的检疫性病原生物。

（二）生物学特性

1. 寄主范围

椰子致死黄化病不仅侵染椰子，还侵染其他棕榈科植物，至少有 30 种。世界上大部分椰子品种是感病的，在棕榈科 15 个主要类群中，至少有 7 个类群是感病的。

2. 为害及症状

椰子致死黄化病是一种毁灭性的病害。它给疫区的椰子和其他棕榈科植物造成了巨大的经济损失。如在牙买加，由于椰子致死黄化病的流行而损失的椰子树约 300 万株；20 世纪 80 年代后期，该病害传入东非的坦桑尼亚，约 700 万株成熟椰子树遭到摧毁。1969 年传入美国佛罗里达州，使所有高杆椰子树被毁，并危害大批观赏的棕榈科植物，严重破坏了该州引以为豪的热带风光。

在自然情况下，椰树被侵染后，椰果在成熟前大部分或全部脱落，大部分落果在果柄基部表现出褐色或黑色水渍状；导致开放或未开放的佛焰苞花序变赤坏死及大部分雄花坏死；椰树冠上的叶片变黄，叶片的黄化从下层老叶开始，迅速向上扩展到所有叶片，病树有时只有单个复叶首先变黄，称之为"旗叶"，表现出不规则的褐色水渍状条斑，逐渐导致芽腐，并发出恶臭味，此时，心叶很容易拨出，佛焰苞未成熟就提早开放、凋落。随后，树冠上的所有叶片黄化，椰树迅速萎蔫死亡。在椰子树叶部表现症状的同时，根系出现坏死、腐烂、解体。

3. 传播

在自然条件下，椰子致死黄化病菌的介体为麦蜡蝉（*Myndus crudus*）。叶蝉（*Gypona* sp.）也有可能是潜在介体。

4. 发生条件与潜在危害

椰子致死黄化病菌的蔓延十分迅速，它的许多寄主在我国南方都有分布或种植。椰子主要分布于海南省沿海，面积约 2 万 hm^2，是当地重要的经济作物。此外，在云南西双版纳、广西南部、台湾南部也有少数分布。椰子致死黄化病目前还没可靠的防治方法，一旦传入我国，必将对椰子种植业和观赏棕榈造成巨大危害。

（三）检疫与防治

椰子致死黄化病病原由于必须由种苗或椰子（种果）传染，重点要对种苗，尤其是对种果做严格的检疫。

1. 检验方法

生物学检验方法是利用介体昆虫麦蜡蝉在可疑植物上取食后，再接种到长春花上，诱发长春花产生植原体病害的典型症状，但潜伏期较长。用常规电镜方法观察植物韧皮部组织中是否有菌体。核酸杂交技术是选用分子克隆技术，制备菌体–DNA 探针，可以成功地检测感病组织和介体昆虫中的菌体。Rohdew 等（1993）还应用 PCR 技术检测椰子致死黄化病菌体。

2. 防治要点

我国虽然无椰子致死黄化病的发生，但病原的寄主在我国分布广泛，容易定殖，而且容易随介体和苗木调运传播扩散。加强植物检疫是关键措施之一，控制介体昆虫对减轻病害的发生流行有一定的作用。

五、菜豆细菌性萎蔫病菌

菜豆细菌性萎蔫病菌，病原名：*Curtobacterium flacumfaciens* pv. *flacumfaciens*（Hedges），萎蔫短杆菌萎蔫变种，属厚壁菌门的短小杆菌属。

病害英文名：bacterial vascular wilt of bean。

（一）简史与分布

1922 年，Hedge 在南塞内加尔菜豆（Navy bean）上发现一种细菌性萎蔫病，病原经鉴定为 *Bacterium flaccumfaciens*.，目前该病主要分布在美洲、欧洲、大洋洲。在中国无发生，菜豆细菌性萎蔫病菌是国家禁止入境的检疫性病原生物。

（二）生物学特性

1. 寄主范围

菜豆细菌性萎蔫病菌的寄主主要是豆科植物。在自然条件下，为害扁豆（*Lablab purpuren*）、多花菜豆（*Phaseolus cocineus*）、月豆（*P. lunatus*）、菜豆（*P. vulgaris*）、赤豆（*Vigna angularis*）、豇豆（*V. unguiculata*）、绿豆（*V. radiata*）和豆科的丁癸草（*Zornia* spp.）等。人工接种条件下可侵染大豆、玉米、豌豆和赤豆。

2. 为害与症状

菜豆细菌性萎蔫病是典型的维管束病害，可引起局部或系统发病。受害幼茎及叶片上出现水浸状褪色斑，后渐变为褐色或暗绿色坏死斑，叶缘和脉间也会出现坏死斑，引起幼苗或枝条枯萎，直至枯死。茎内维管束变褐色，坏死。潮湿条件下病害发展快，症状更严重，雨季生长的菜豆，发病率常高达 90%。

3. 发生与传播

受到病菌侵染的种子可引起远距离传播，病菌在种子上最长可存活 24 年（实验室保存条件下）。在病田土壤中可存活 1~2 年。通过灌溉水在田间传播，病菌多自根部伤口侵入，沙壤土中的发病率较高。在菜豆与小麦轮作的情况下，病原菌在田间土壤中至少存活 2 个冬季。土壤中根结线虫和短体线虫多的田块，发病率很高，病害也十分严重。

（三）检疫与检测

1. 产地检疫

对繁种供种基地应在菜豆开花期做田间检查，根据症状特征可比较准确地进行诊断鉴定。

2. 症状诊断

菜豆种子受害后常有斑点出现。在种脐上有一黄色菌膜或菌脓，根据细菌学特征做进一步鉴定。例如，革兰氏染色呈阳性反应。

3. 细菌学检验

对种子上分离到的细菌，做常规检验。病菌的生物学性状是：好气，革兰氏染色呈阳性，老龄菌可能为阴性；不抗酸，菌体单生或成对，大小为（0.3~0.5）μm×（0.6~3）μm，无荚膜，能游动，具 1~3 根侧生鞭毛，菌落黄白色，在葡萄糖、麦芽糖、乳糖、蔗糖、半乳糖、果糖和丙三醇中产酸但不产气，明胶液化缓慢，淀粉水解能力弱或无法水解淀粉，不还原硝酸，不产生 3- 羟基丁酮和吲哚，过氧化氢酶反应呈阳性。

4. 致病性试验

纯化病菌用伤口接种法接种于菜豆幼苗的嫩茎或幼叶，可很快出现水浸状病斑和萎蔫症状。

5. 血清学检验

常规的免疫荧光技术（IF）和 ELISA 或 ODD 均可用于检测。

6. PCR 检测

国内已建立了菜豆细菌性萎蔫病菌的常规 PCR 和实时荧光定量 PCR 检测法。通过对菌体悬浮液和带菌种子进行检测表明，检测灵敏度为 10 CFU/mL 的菌悬液，实时荧光定量 PCR 检测法具有特异性强、重复性好、污染小等优点。

（四）检疫处理与防治要点

病菌一旦在病区定殖就很难根治，因为病菌在土壤中和种子内的存活期都很长；目前尚缺乏有效的防治办法。染病种子可用次氯酸钠做表面消毒，或用热的乙酸铜加抗生素浸种处理，对表面污染的病菌十分有效，但对内部病菌仍不能根治。

六、水稻细菌性条斑病菌

水稻细菌性条斑病菌，病原名：*Xanthomonas oryzae* pv.*oryzicola*（Fang et al.）Swings et al，稻生黄单胞菌，属薄壁菌门黄单胞菌科黄单胞菌属；是我国禁止进境的植物检疫性有害生物。俄罗斯、韩国、澳大利亚、美国等也把它列入植物检疫名单，也是全国农业植物检疫性病原生物。

病害英文名：bacterial leaf streak of rice。

（一）简史与分布

水稻细菌性条斑病是为害水稻的重要病害。最早描述水稻上有条斑状细菌性病害的是 Reinking，他是 1918 年在对菲律宾的水稻进行观察后报道的。但长期以来一直被误认为是白叶枯病。1953 年，我国的范怀忠和伍尚忠在广东珠江三角洲再次看到这种病害，发现与白叶枯病有所不同，后来经与方中达等联合比较研究，确认是与白叶枯病不同的另一种细菌病害，称为条斑病，病原菌被鉴定命名为稻生黄单胞菌（*X. oryzicola*）。已在热带亚洲各国均有发现，在非洲中部有发生。国内主要分布在华南稻区，近年来在长江流域籼型杂交稻和粳稻上也有发生。

（二）生物学特性

1. 为害与症状

水稻细菌性条斑病对籼稻的为害最大，据广东、广西和海南省相关部门反映，近年来水稻细菌性条斑病造成的损失已超过白叶枯病，减产幅度达 5% ~ 25%，被称为南方水稻上的"四大病害"之一。水稻在秧苗期即可出现典型的条斑病症状。带菌种子播种育苗后，秧叶上出现长约 1 cm 的透明条斑，大田期发病更重，感病品种上的病斑纵向扩展快，长达 4 ~ 6 cm，在病斑两端菌脓很多，干燥后呈淡黄色鱼籽状（图 5-14）。抗病品种上病斑较短，不到 1 cm，且病斑少，菌脓也少。

2. 寄主范围

水稻细菌性条斑病菌主要侵染水稻、陆稻、野生稻，也可侵染李氏禾等植物。

3. 发生条件与适生范围

水稻细菌性条斑病主要发生在气候温暖湿润的籼稻种植区，我国北方粳稻区尚未发现。但据接种试验表明，一些粳稻品种也易感病。目前该病害主要分布在长江流域以南的双季稻区域。在江淮流域的杂交稻上也偶有发生。据报道，在非洲的马达加斯加、喀麦隆等国在山地陆稻上也有发生。

图 5-14　水稻细菌性条斑

4. 传播

病菌侵染种子，借种子调运而做远距离传播。澳大利亚经过 PRA 后指出，当进口亚洲的大米中带壳谷粒超过 5 粒 / kg 时，即有可能传播病害。在田间主要通过风雨和水传播，暴风雨季节传播快，侵染重。此外，农田操作也可使病害传播。

（三）检疫与防治

1. 产地检疫

在国内调种引种前，尽量到产地做实地考察，尤其是在孕穗抽穗期，对繁种田块做产地检疫，十分有效且完全必要。

2. 种子检验

对调运中的种子，按种子数量的 0.01% ～ 0.1% 做抽样检查，种子样品做下列程序的检验：取种子 100 ～ 500 g，脱壳或粉碎后用 0.01 mol/L pH 为 7 的磷酸缓冲液按 1：2 比例浸泡 2 ～ 4 h（4℃），过滤或离心，清液经高速离心（10 000 r/min，10 min）浓缩后，分离上清液与沉淀。上清液用于噬菌体检验，沉淀经悬浮后做血清学检验和接种试验。

3. 噬菌体检验

分别于 3 个培养皿中加上清液和指示菌液各 1 mL，混匀后加营养培养基，摇匀后在 26℃ 恒温培养 12 ～ 16 h，如出现噬菌斑，即可判断该种子来自病区。

4. 血清学检验

取沉淀的悬浮液做双扩散、ELISA 或荧光抗体检验。

5. 致病性检验

取沉淀的悬浮液用针刺法接种在感病品种的 5 叶龄稻叶上，若含病菌，5 d 后即可出现透明条斑。

6. 免疫分离检测

利用抗血清对病原菌的专化吸附功能，将样品中的细菌吸附在固相体上，通过半选择性培养基，使细菌在培养基上生出特征性菌落，即可证明种子样品是否带菌。

7. PCR 检测

我国已经建立了水稻细菌性条斑病菌的 PCR 检测技术，可专化性检测水稻细菌性条斑病菌，检测灵敏度可以达到 20 个细菌菌体，从自然发病和人工接种发病的水稻种子中成功地检测出水稻细菌性条斑病菌，而水稻白叶枯病菌和其他菌株均没有扩增信号。我国建立了水稻细菌性条斑病菌的实时荧光 PCR 法，特异性强，检测灵敏度达 10^2 cfu/ml 的菌悬液，比常规 PCR 检测灵敏度显著提高。可参见《水稻白叶枯病菌、水稻细菌性条斑病菌的检测方法》。

目前，国内外用于检测水稻细菌性条斑病菌最常用的 PCR 引物是 XoocF/XoocR（张华等，2007）。

七、根癌病菌（冠瘿病菌）

根癌病菌，病原名：*Agrobacterium tumefaciens*（Smith et Townsend）Conn，根癌土壤杆菌，根瘤菌科土壤杆菌属。

在中国，根癌病菌是国内林业植物检疫性病原生物。

病害英文名：crown gall。

（一）简史与分布

1907 年，Smith 和 Townsend 发现根癌土壤杆菌，定名为 *Bacterium tumefaciens*。1942 年 Conn 等设立土壤杆菌属改为现名。

病害的分布广，在五大洲 77 个国家有报道。但温带发病比热带更普遍和严重，美国和澳大利亚的桃、扁桃、樱桃等核果类和仁果类果树及葡萄等因根癌病而受到重大损失。我国以北方的仁果类果树、葡萄和啤酒花受害较重，在南方的桃树、樱桃、行道树二球悬铃木（法国梧桐）上也十分常见。

（二）生物学特性

1. 病原菌

革兰氏阴性菌，无芽孢短杆状，大小为（0.6~1）μm×（1.5~3）μm，鞭毛 1~6 根，周生或侧生，好气性，代谢为呼吸型，最适生长温度为 25~28℃，最适 pH 为 6.0。菌落通常为圆形、隆起、光滑、白色至灰白色，半透明。

2. 寄主范围

病菌寄主范围广，主要危害双子叶的被子植物和裸子植物，可侵染 93 科 331 个属 643 个种的植物。蔷薇科的桃、李、杏、苹果、梨、玫瑰及葡萄等是常见的重要寄主。

3. 为害与症状

根癌病主要发生在土表下的根冠处（图 5–15），也发生于侧根、支根及枝条上，在嫁接处也较为常见。形成大小不一的肿瘤，其形状、大小、质地因寄主不同而异。一般木本寄主的瘤大而硬，木质化；草本寄主的瘤小而软，肉质。肿瘤初生时圆形，乳白色或略带红色，光滑、柔软。后渐变为褐色至深褐色，球形或扁球形，木质化而坚硬，表面粗糙凹凸不平。发病植株由于根部发生癌变，水分和养分的输送严重受阻，使地上部细瘦、叶薄、色黄，严重时干枯死亡。

4. 发生与传播

当病原细菌从寄主伤口侵入后，其染色体外的 Ti 质粒中的一个片段转移并整合到寄主细胞染色体中，编码合成生长素和细胞分裂素及冠瘿碱的基因开始在寄主体内表达，导致植物肿瘤发生。根癌病菌在土壤中和病瘤组织的皮层内越冬，在土壤中能长期存活。雨水和灌溉水是传病的主要媒介。带菌苗木是远距离传播的最重要途径。病菌主要通过嫁接口、昆虫或农事操

图 5-15　根癌土壤杆菌（A）和桃苗根癌病（B）彩

作所造成的伤口侵入寄主。

（三）检疫与防治

1. 产地检疫

对繁种和供种基地应在生长期做实地检查，根据病瘤的症状特征可较准确地进行诊断确定。

2. 致病性试验

用向日葵幼苗伤口接种试验可提供快速诊断。在 20～27℃和较高的相对湿度下，接种幼苗约 7 d 后可观测到癌肿症状。

3. 血清学检验

常规的免疫荧光技术和 ELISA 或 ODD 均可用于根癌病菌的检测。

4. PCR 检测

国内已根据根癌土壤杆菌 Ti 质粒的保守序列设计了 2 对引物，用 CYT/CYT 引物对，可从引起多种木本植物根癌病的土壤杆菌中扩增出 427 bp 的 DNA 片段，而不能从发根土壤杆菌、线土壤杆菌、丁香假单胞细菌和泡桐丛枝病植原体扩增出此特异性片段。用 VirD2A/VirD2E 引物对，可从根癌土壤杆菌中扩增出 338 bp 的 DNA 片段，根据这两对引物的 PCR 结果可以对致病土壤杆菌种与非致病种加以有效鉴别。

5. 防治要点

对调运的苗木实行检验检疫，可有效阻截病害的传播与扩散。根癌病是土传和种苗传的细菌性病害，寄主范围广，难以进行轮作。该病的防治以建立无病种苗繁育基地及伤口保护为关键，利用生防菌放射土壤杆菌 K84 结合抗性品种进行预防，抗性品种要同时具有抗寒的特性，减少冻害进而避免根癌菌侵染。

八、西瓜细菌性果斑病菌

西瓜细菌性果斑病菌，病原名：*Acidovorax citrulli* Schaad et al. 2009，西瓜噬酸菌，属薄壁菌门假单胞菌科噬酸菌属。

病害英文名：bacterial fruit blotch of watermelon。

（一）简史与分布

1965 年，Webb 等首先报道西瓜细菌性果斑病的发生。1989 年，在美国佛罗里达、南卡罗来纳、印第安纳等州以及关岛、提尼安岛等地区普遍发生，导致严重的经济损失，80% 的西瓜不能上市销售，有些瓜田损失高达西瓜总产量的 50%～90%。该病除美国外，在以色列、巴西、澳大利亚、印度尼西亚、土耳其等国也有发生。我国台湾、海南、新疆、内蒙古等地也有分布。在中国，它既是国家禁止入境的检疫性病原生物，也是国内农业植物检疫性病原生物。

（二）生物学特性

1. 为害与症状

西瓜感染该病后，在子叶、真叶和果实上均可发病。幼苗期病斑为暗棕色，周围有黄色晕圈，沿主脉逐渐发展为黑褐色坏死斑。西瓜果实上的典型症状是在果实朝上的表皮首先出现水渍状小斑点，随后扩大成不规则的大型橄榄色水渍状斑块（图 5-16）。发病初期病变只局限在果皮，果肉组织仍然正常；发病中后期，病菌可单独或随同腐生菌蔓延到果肉，使果肉变成水渍状，发病后期受感染的果皮经常会龟裂，并因杂菌感染而向内部腐烂。早期病斑老化后表皮龟裂，常溢出黏稠、透明的琥珀色菌脓。茎、叶柄和根部通常不表现症状。

2. 寄主范围

在自然条件下，该病菌可感染西瓜、甜瓜、哈密瓜、南瓜、黄瓜、西葫芦等。人工接种也可以感染其他葫芦科作物和番茄、胡椒、茄子等。

3. 发生与传播

西瓜细菌性果斑病菌主要在种子和土壤表面的病残体上越冬。田间病果、病残体、染病杂草、自生瓜苗和野生南瓜等寄主植物都是病害侵染源。病菌能在西瓜种子上存活多年，并随种子做远距离传播。将带菌种子贮存在 12℃ 条件下，12 个月后病菌传播能力仍未降低，种子 0.01% 的带菌率可引起西瓜植株发病。自然带菌种子田间发病率高，有的苗期发病可达 100%。西瓜细菌性果斑病菌主要通过伤口和气孔侵染。幼果受感染后病斑不明显，但到果实成熟前病斑迅速扩大。病菌也可以直接侵染中、后期果实，在 28～32℃ 的适温条件下 3～5 d 就可形成明显的病斑。已定殖于田间的病菌主要以风雨传播。污染的刀具及耕种过程中的机械损伤也都是病菌传播的途径。病斑龟裂后分泌出的菌脓是该病害重要的二次侵染源。

图 5-16　西瓜细菌性果斑病在子叶（A）和果实（B）上的症状　彩

（三）检疫与防治

1. 产地检疫

在国内调种引种前，尽量到产地做实地考察，对繁种田块做产地检疫，十分有效且完全必要。

2. 分离检验

据该病的症状特点结合细菌溢脓的观察，从新鲜病斑边缘切除部分组织，用选择性培养基（523、NYDA、NGA、KB 等）分离病原细菌。分离纯化后，用 Biolog 或脂肪酸分析法进行快速鉴定。

3. 致病性测定

经生理生化鉴定符合西瓜细菌性果斑病菌特征的菌株，需将它们回接到寄主上，检查是否发病。鉴别寄主用西瓜细菌性果斑病菌接种于番茄茎的皮层，在接种点的上部和下部几毫米处产生变色症状，但不同于由番茄青枯菌引起的外部水渍状或萎蔫状。

4. 免疫学检验

双抗夹心酶联免疫法（DAS–ELISA）能较准确、灵敏地检测到西瓜细菌性果斑病菌。此外，还有免疫凝聚试纸条检测：灵敏度为 10 CFU/mL，适用于田间快速检测。

5. PCR 检测

目前国内外所用西瓜细菌性果斑病菌的检测方法有免疫捕捉 PCR 法和实时荧光 PCR 法：两种方法的检测灵敏度均在 10^3 CFU/mL 左右，比传统 PCR 检测灵敏度 10^5 CFU/mL 提高了 10～100 倍，且后者不需要琼脂糖凝胶电泳、溴化乙锭染色和 Southern 印迹杂交，污染小，适用于室内检测及相关研究。采用 ASCM 选择性培养基富集后检测的灵敏度可达到 10 CFU/mL。

目前，国内用于瓜类果斑病菌检测最常用的 PCR 引物是 BX-L1/BX-S-R2（Bahar et al., 2008）。

九、香蕉细菌性枯萎病菌

香蕉细菌性枯萎病菌，病原名：*Ralstonia solanacearum*（Smith）Yabuchi et al，race2，青枯雷尔氏菌小种 2，属薄壁菌门假单胞菌科雷尔氏菌属。

病害英文名：Moko disease。

（一）简史与分布

香蕉细菌性枯萎病是香蕉上的一种毁灭性维管束病害，在与我国有贸易关系的国家中发生极为普遍。19 世纪末，该病在特立尼达岛首次报道。在过去很长一段时间内，该病害仅仅局在中美洲及加勒比海亚热带、热带国家流行，直到最近才从中美洲传入亚洲的菲律宾，造成香蕉的严重发病，其后印度尼西亚、印度南部相继发生，造成重大经济损失。目前该病在亚洲、美洲、非洲以及太平洋岛屿的 30 余个国家有发生。我国台湾地区也有该病发生的报道。在中国，香蕉细菌性枯萎病菌是国家禁止入境的植物检疫性有害生物。

（二）生物学特性

1. 为害与症状

香蕉细菌性枯萎病是维管束病害，各发育阶段均感病。幼年植株感病，迅速萎蔫而死亡，中间叶片锐角状破裂，不变黄。成株期感病，首先内部叶片近叶柄处变脏黄色，叶柄崩溃，叶片萎蔫死亡，同时从里到外的叶片逐渐脱落、干枯，根出条开裂，叶鞘变黑。感病植株若开始结果，则果实停止生长，香蕉畸形，变黑皱缩。感病假茎横切面可见维管束变绿黄色至红褐色，甚至黑色，尤其是果柄、假茎、根围及单个香蕉上均有暗色胶状物质及细菌菌溢。最终当果皮开裂后香蕉果肉形成灰色干腐的硬块。

2. 寄主范围

主要侵染芭蕉属和蝎尾蕉属，已报道有小果野蕉、野蕉、香牙蕉、粉芭蕉、大蕉、蕉麻等。

3. 发生与传播

由于该病通过机械伤口侵染根部或由昆虫传播至花序，环境因子对该病的影响程度相对较小。低温可降低或延缓病害发展，高湿土壤有利于病菌的存活和扩散，发病较重。高温、高湿、强风等造成伤口，有利于发病。香蕉细菌性枯萎病菌主要在病残植株、繁殖材料如根茎等上越冬，病菌在土壤中可存活达 18 个月。病原菌可通过土壤、水、带菌根蘖、病土、病果、修剪根出条的刀具及移栽时污染的工具等传播，借昆虫传播是其中一个重要的传播途径，也是与其他病原小种最大的不同之处。昆虫接触病株雄花蕊上的菌脓携带细菌，传至健康植株的花蕊上，可由花梗、花序的自然孔口、病果的开裂处及根出条的切口侵入植株引起发病，自然传播概率较小。

（三）检疫与防治

1. 产地检疫

由于香蕉细菌性枯萎病容易与香蕉巴拿马病相混淆，产地检疫时必须仔细观察症状。如果叶片枯萎由心叶向外、由上向下扩展，在果实上表现症状，绿茎上有黄色脂状物，果实内有坚硬褐色的干腐组织，就表明是香蕉细菌性枯萎病，而非香蕉巴拿马病。

2. 细菌学检验

香蕉细菌性枯萎病菌是青枯雷尔氏菌小种 2，可根据其在含 TTC 的培养基上的菌落形态与其他小种相区分，并将小种 2 的昆虫传菌株与其他菌株区分。首先应用含 TTC 的酪蛋白胨葡萄糖（CPG）培养基分离，观察典型菌落，即黏性的有色菌落。然后测定纯培养菌的生理生化特性，通过在 Hayward 基础培养基上观察糖产酸情况可鉴别纯分离菌的生物型。

3. 致病性测定

接种香蕉或番茄测定其致病性，接种烟草的反应情况可用于鉴别纯分离菌的小种。

4. 血清学检验

EPPO 的免疫荧光染色及其他血清学方法如 ELISA 等均可检测该病菌。

5. PCR 检测

国内已成功设计和合成了香蕉细菌性枯萎病菌检测的实时荧光 PCR 引物和探针，检测灵敏度均为 $10^3 \sim 10^4$ CFU/mL，比传统 PCR 检测灵敏度 10^5 CFU/mL 提高 $10 \sim 100$ 倍。

6. 防治要点

及时清除田间病株，并在病株位置撒石灰；田间发病时，注意避免劳动工具传播；发病初期使用 77% 多宁可湿性粉剂 800 倍液或硫酸铜 500 倍液进行灌根，每株药液量 $1 \sim 2$ kg。

第三节　检疫性植物病毒

植物病毒病害的种类很多，是仅次于真菌的病原类群。所有的植物病毒都可随种苗、球茎、块根、块茎或其他无性繁殖材料传播，有的病毒还可通过种子传染给下一代，据估计约有1/5的病毒可经种传，如马铃薯Y病毒属、线虫传病毒属和等轴环斑不稳病毒属等的多种病毒可经种传，种传病毒的寄主植物以豆科、葫芦科、菊科植物和李属果树为多。许多病毒可由介体传播，导致病毒病在田间寄主植物间不断扩展蔓延，造成病毒病的流行；有的病毒介体（如某些线虫和真菌）存在于土壤中，因此带有病毒介体的土壤移动也可引起病毒的扩散。

随着病毒研究技术的快速发展，人们对病毒基本性质的认识不断更新和提高，有关病毒分类的研究也不断深入，新的病毒种类不断增加，病毒的分类标准越来越明确，并接近病毒的本质。植物病毒分类依据是病毒最基本和最重要的性质，主要分类依据有：①构成病毒基因组的核酸类型（DNA或RNA）；②核酸为单链（single strand，ss）还是双链（double strand，ds）；③病毒粒子是否有脂蛋白包膜；④病毒形态；⑤核酸分段状况（即有无多分体现象）及基因组结构等。在1995年国际病毒分类委员会（International Committee on Taxonomy of Viruses，ICTV）公布的第六次病毒分类报告中，首次将病毒基因组序列及其衍生特性作为重要的分类依据，在植物病毒的分类中采用了与动物病毒和细菌病毒一致的"目、科、属、种"分类阶元，将植物病毒分为1个目、11个科和47个属，该病毒分类结构沿用至2017年。在2019年有关近代病毒分类体系讨论中，将病毒这类非细胞结构的分子寄生物归属于独立的"病毒界"，也采用细胞生物分类的8个主要等级（域、界、门、纲、目、科、属、种）和7个衍生等级（亚域、亚界、亚门、亚纲、亚目、亚科、亚属）。通常将类病毒、阮病毒和病毒卫星等归为亚病毒。至2020年，ICTV公布的病毒分类报告中，植物病毒主要归属在单链DNA病毒域和RNA病毒域中，包括7个门、2个亚门、13个纲、16个目、31个科、8个亚科、132个属和3个亚属，共有1 608种。亚病毒（类病毒和卫星核酸等）33种，分属2科8个属，即马铃薯纺锤形块茎类病毒科和鳄梨日斑类病毒科。

在2021年4月更新的《中华人民共和国进境植物检疫性有害生物名录》中，检疫性病毒有41种、类病毒7种，表5-7列出了部分检疫性植物病毒及类病毒的分类地位。农业农村部2020年公布的《全国农业植物检疫性有害生物名单》中，列出应检疫的病毒有3种，即李属坏死环斑病毒（Prunus necrotic ringspot virus，PNRSV）、玉米褪绿斑驳病毒（Maize chlorotic mottle virus，MCMV）和黄瓜绿斑驳花叶病毒（Cucumber green mottle mosaic virus，CGMMV）。

种薯、种苗和种子的调运是传播植物病毒的重要途径，由于许多病毒在这些调运材料上不产生明显可见的症状，从外观难以判断，必须采取特定的方法进行病毒检测。病毒个体微小、种类繁多，其检测也相对较困难，建立快速、灵敏的检测技术在植物病毒的检疫检验中显得尤为重要。病毒的分类特征也是病毒种类鉴定的重要依据，常用的植物病毒检测方法有多种，包括血清学方法、利用鉴别寄主进行生物学鉴定、电镜观察以及多种灵敏快速的PCR扩增和核酸杂交技术等。

表 5-7　进境植物检疫性病毒及类病毒（部分名单）

分类地位	病害名称	病毒英文名	病毒属名
DNA 病毒			
ssDNA	非洲木薯花叶病	African cassava mosaic virus	*Geminivirus*
	菜豆金色花叶病	Bean golden yellow mosaic virus	*Begomovirus*
dsDNA（RT）	可可肿枝病	Cacao swollen shoot virus（CSSV）	*Badnavirus*
RNA 病毒			
（－）ssRNA	番茄斑萎病	Tomato spotted wilt virus（TSWV）	*Tospovirus*
	马铃薯黄矮病	Potato yellow dwarf virus（PYDV）	*Alpharhabidovirus*
（＋）ssRNA	菜豆荚斑驳病	Bean pod mottle virus（BPMV）	*Comovirus*
	蚕豆染色病	Broad bean stain virus（BBSV）	*Comovirus*
	烟草环斑病	Tobacco ringspot virus，（TRSV）	（*Nepovirus*
	番茄环斑病	Tomato ringspot virus（ToRSV）	*Nepovirus*
	花生矮化病	Peanut stunt virus（PSV）	*Cucumovirus*
	李痘病毒病	Plum pox virus（PPV）	*Potyvirus*
	马铃薯 V 病毒病	Potato virus V（PVV）	*Potyvirus*
	马铃薯帚顶病	Potato mop-top virus（PMTV）	*Pomovirus*
	黄瓜绿斑驳花叶病	Cucumber green mottle mosaic virus	*Tobamovirus*
	玉米褪绿斑驳病	Maize chlorotic mottle virus	*Machlomovirus*
	南方菜豆花叶病	Southern bean mosaic virus（SBMV）	*Sobemovirus*
亚病毒－类病毒			
	椰子死亡类病毒病	Coconut cadang-cadang viroid（CCCVd）	*Cocadviroid*
	马铃薯纺锤块茎病	Potato spindle tuber viroid（PSTVd）	*Pospiviroid*
	鳄梨日斑病	Avocado sunblotch viroid（ASBVd）	*Avsunviroid*

一、番茄环斑病毒

番茄环斑病毒（Tomato ringspot virus，ToRSV），属小 RNA 病毒目（Picornavirales）伴生豇豆病毒科（Secoviridae）线虫传多面体病毒属（*Nepovirus*）。

番茄环斑病毒寄主范围广，引起多种重要果树和园艺作物的病害，危害十分严重。

（一）简史与分布

1936 年 Price 首次报道发生在美国烟草上的番茄环斑病。ToRSV 及其引起的病害主要发生在美国和加拿大。目前已在许多国家鉴定到 ToRSV，欧洲和南美洲一些国家以及土耳其、日本、澳大利亚、新西兰和我国台湾也有分布。在中国，ToRSV 是国家禁止入境的检疫性病原生物。

（二）生物学特性

1. 基因组结构及物理特性

病毒粒子为等轴对称多面体，直径约 28 nm。基因组为 +ssRNA，大小约为 15.5 kb，其中 RNA1 和 RNA2 分别为 8.2 kb 和 7.3 kb，分别包含 1 个开放阅读框（ORF）。

提纯病毒含有 3 种沉降组分，沉降系数分别为 127 S（B）、119 S（M）和 53 S（T）。在氯化铯（CsCl）中的等密度点为 1.5 g/cm^3。

热钝化温度（TIP）58℃，体外存活期（LIV）21 d，稀释限点（DEP）10^{-3}。苯酚或去污剂做去蛋白处理不影响侵染活性。

2. 寄主范围

ToRSV 的寄主范围极广，人工接种可侵染 35 科 105 属 157 种以上的单子叶和双子叶植物。自然条件下可侵染许多重要经济作物，包括观赏植物、苹果、核果类果树和豆科植物等。常见的自然寄主主要有葡萄、桃、李、樱桃、苹果、榆树、悬钩子、覆盆子、玫瑰、天竺葵、唐菖蒲、水仙、五星花、大丽花、八仙花、千日红、接骨木、兰花、大豆、菜豆、烟草、黄瓜、番茄以及果园杂草（如蒲公英、繁缕）等。

3. 为害与症状

ToRSV 可以为害许多重要的经济作物，引起的严重作物病害包括：桃和其他李属植物（Prunus spp.）黄芽花叶病（yellow bud mosaic）、茎痘病（stem pitting）和衰退病（decline）、梅子褐纹病（brown line）、苹果嫁接部坏死（union necrosis）和衰退病、覆盆子环斑（ring spot）和衰退病及葡萄衰退病。葡萄受侵染后节间缩短，茎尖丛生，叶脉黄化，坐果率低，单果变小，中度发病产量损失 76%，严重感染的产量损失高达 95%，特别严重的造成绝产。在美国俄勒冈州，感染 ToRSV 的覆盆子果实产量降低 21%，果实品质也受到严重影响，3 年后树体衰退并死亡。在欧洲部分国家，该病毒某些株系引起温室栽培的沙拉和观赏作物严重病害。

（1）茎痘病 该病害最初于 1960 年由 Christ 在美国新泽西州的一处桃园发现，目前在美国和加拿大的桃园普遍发生。除桃外，也可危害油桃、李子、杏和樱桃。

该病害的典型特征是在树干木质部组织形成凹陷的沟槽或痘斑（图 5-17）。病株主干在近土表出的树皮变厚、发软，呈海绵状，有时病树还伴随有叶片耳突和坏死斑症状。受害严重时，树主干基部的木质部裂解，纤维组织坏死，树根腐烂。病树春天叶芽的发育推迟，夏季叶片呈淡绿色或黄化和萎蔫，随后叶片变红，提早脱落，病树的果实小，提前成熟或脱落。一般来说，桃树发生茎痘病后，生长停止，树势迅速减退，产量逐年降低，2～4 年后树体死亡。此病害在油桃等其他李属植物上的症状与桃树基本相似。症状的轻重与病害的发展阶段和品种等有关。如欧洲李、日本李和酸樱桃受该病毒侵染的枝条下垂，而杏和桃无此表现，杏受侵染时，茎下部膨大，树皮变厚并开裂。

（2）桃李黄芽花叶病 该病害最早于 1963 年在美国加利福尼亚州的桃和洋李上发现，目前在美国各地的桃、油桃、李和洋李等果树上发生。

该病害的明显特征是春天桃树发芽抽叶时，病树的叶芽只长出黄白色的叶簇，这些叶簇在 2～5 mm 时大部分死亡，因而受侵染的枝条成为光杆。新受感染的植株叶片在主脉附近出现不规则的褪绿斑，以后变为坏死斑，叶片脱落后呈网纹孔状。第二年，感病的枝条长出浅黄色生

图 5-17　番茄环斑病毒侵染不同寄主后的症状　彩
A. 李属植物茎痘病　B. 李属植物衰退病　C. 葡萄黄脉病　D. 褪绿斑及果穗变小　E. 覆盆
子叶片黄化　F. 红醋栗花叶

长缓慢的小芽簇，即"黄芽"。由于病株的叶片不能正常发育生长，病树的产量很低。在樱桃上，枝条基部叶片脱落，逐步向上扩展，导致新芽和小枝枯死。受害叶片畸形，沿叶片背面中脉形成耳突。

（3）苹果嫁接部坏死和衰退病（apple union necrosis and decline，AUND）　1976 年，Stouffer 和 Uyemoto 首先在以 'MM106' 为砧木的"红元帅"苹果品种上发现此病。受侵染的苹果树枝条稀少，叶片变小、褪绿，植株生长受阻，树干增粗呈冠状或腰带状，病株开花增多，果实变小且颜色变深，树皮颜色淡红，皮孔突起。染病苹果树通常在砧木与接穗的嫁接部以上表现出肿胀，剥掉树皮会发现树皮呈海绵状增厚、多孔，严重时树体易自嫁接部倒伏，并可观察到嫁接部坏死条纹。苹果感病后，树势明显减弱，果实提早脱落，产量逐年降低，数年后病树枯死。

（4）葡萄黄脉病（grapevine vein yellow）　被侵染的葡萄叶片表现为叶脉黄化，叶片出现斑驳、褪绿斑和卷叶等症状。病树叶片变小，节间缩短，顶端丛生，植株严重矮化，坐果率降低，果实变小（图 5-17），品质改变，严重时常绝产，并在几年内逐渐枯死。

此外，ToRSV 也是北美覆盆子上最危险的病毒，在覆盆子上引起的症状与品种抗性和种植年限有很大关系。在受侵染当季不表现症状，第二年春天叶片出现黄色环斑、条纹或叶脉褪绿（图 5–17），叶片生长推迟，与正常植株相比，很大比例的病株表现为不结果或形成易碎果。在天竺葵属（*Pelargonium sp.*）植物上，幼叶产生环斑或轻度的系统性褪绿斑症状，老叶上可产生橡叶形褪绿条带，发病植株轻度矮化，花色不均匀。

4. 传播

ToRSV 可通过汁液摩擦传播至草本寄主。在木本植物上只能通过嫁接和介体线虫传播。剑线虫（*Xiphinema*）是 ToRSV 在田间流行的重要介体，其中美洲剑线虫（*X.americanum*）是传播该病毒的优势种群。标准剑线虫（*X. rivesi*）和加利福尼亚剑线虫（*X. californicum*）则分别为美国东、西部的重要传播介体。在德国，短颈剑线虫（*X.brevicolle*）为 ToRSV 传播介体。线虫在病毒感染的寄主植物根部取食后传病毒能力可保持几周至几个月，其饲毒期和传毒期均在 1 h 以内，但幼虫蜕皮后丧失传毒力。同一条线虫能同时传播烟草环斑病毒（TRSV）和 ToRSV。在受害果园中，线虫每年以 2 m 的速度向四周蔓延。因此，ToRSV 是一种土传病毒，可随土壤或灌溉水移动，带病毒线虫在寄主植物根部为害时可引起核果类果树砧木感染该病毒。

此外，该病毒还可随寄主植物的种子和苗木调运进行远距离传播。据报道，大豆的种传率为 76%，接骨木为 11%，蒲公英为 20%，红三叶草为 3%～7%，悬钩子为 30%。番茄的花粉也能传播 ToRSV，传毒率为 11%。

（三）检疫与防治

1. 生物学检测

采用汁液摩擦方法将 ToRSV 接种到以下鉴别寄主的嫩叶上，14～21 d 后，接种植株就会出现明显症状：

（1）苋色藜和昆诺藜 均为局部褪绿或坏死斑，系统性顶端坏死。

（2）黄瓜 接种叶局部褪绿或产生坏死斑点，发病叶片系统性褪绿和斑驳。

（3）菜豆和豌豆 叶片出现局部褪绿斑和系统性皱折，顶部叶片坏死。

（4）番茄 接种叶局部产生坏死斑块，发病植株叶片出现系统性斑驳和坏死。

（5）克利夫兰烟 发病植株叶片出现局部坏死斑和系统性褪绿及坏死。

（6）普通烟 接种叶产生局部性坏死或环斑，发病植株叶片出现系统性环斑或线状条纹。

（7）矮牵牛 接种叶表现局部坏死斑，嫩叶表现系统的坏死和枯萎。

豌豆、烟草、苋色藜和昆诺藜是该病毒良好的枯斑寄主，黄瓜可作为线虫传毒实验的毒源和诱饵。黄瓜、烟草和矮牵牛均可作为该病毒的繁殖植物。

2. 电镜观察

按常规方法制备病毒粗提取物，在透射电镜下观察，ToRSV 病毒粒体为等轴多面体，直径约 28 nm。

3. 血清学和 PCR 检测

双向琼脂扩散、免疫电镜、免疫试纸条和 ELISA 等均可有效地检测出 ToRSV。也可合成病毒特异引物采用 RT-PCR 法进行检测，PCR 技术的灵敏度较 ELISA 更高。

用血清学方法检测时应注意：ToRSV 存在较多株系，各株系存在血清学特异性，没有针对任何 ToRSV 株系制备的抗体可以有效地检测所有的 ToRSV 分离物，因此检测 ToRSV 时可将几个株系的抗体混合使用，避免漏检。目前有 3 个株系的特性比较清楚：①烟草株系。发现于烟草幼苗上，是 ToRSV 的典型株系，主要分布在美国东部。②桃黄芽花叶株系。自然侵染桃树、杏和扁桃，在桃树上产生黄芽花叶症状。③葡萄黄脉株系。自然发生于葡萄上，在草本寄主上的反应与以上株系基本相同，所不同的是可以使豌豆产生顶端枯死，主要分布在美国西部。前两者血清学相同，而它们与葡萄黄脉株系的血清学只是部分相同。

此外，ToRSV 与另一检疫性病毒 TRSV 较易混淆。ToRSV 和 TRSV 为同属的不同种病毒，两者寄主范围、危害症状、传播途径和粒体形态均非常相似，均可侵染豆科植物、花卉和果树，需加以区分。TRSV 也可以经由土壤中的美洲剑线虫传染，成虫和 3 龄幼虫均能传毒，单头线虫也能传毒，线虫在 24 h 内获毒，感染病毒的线虫在 $10\,^{\circ}\mathrm{C}$ 下 49 周后仍可传毒。叶蝉、烟草叶甲、蓟马的若虫、蚜虫和螨等也可传播该病毒。TRSV 还可通过多种作物的种子传播，种传率 3%（香瓜）至 100%（大豆）。

葡萄感染 TRSV 后主要表现为植株矮化，叶片上产生褪绿斑和斑驳，结果少，茎干木质部有凹陷的孔和沟，韧皮部增厚，并呈海绵状。苹果感染 TRSV 后表现为嫁接接合处愈合不良，叶片稀疏，出现褪绿和斑驳。

两者在鉴别寄主上的表现也相似，采用生物学方法有时也难以鉴别，但这两种病毒并无血清学相关性，且在分子特性上存在明显差异，采用血清学和分子生物学方法可有效地将它们区分开来。

4. 防治

禁止从病区引种，严防病毒传入。田间植株一旦发病，根除极其困难，应该及时铲除病毒感染植株和采用杀线虫剂处理土壤，以防止病毒扩散传播。

二、马铃薯帚顶病毒

马铃薯帚顶病毒（Potato Mop-Top Virus，PMTV）为马泰利病毒目（Martellivirales）植物杆状病毒科（Virgaviridae）马铃薯帚顶病毒属（*Pomovirus*）的代表种。

PMTV 在自然条件下危害马铃薯，对马铃薯产量和原种生产均造成很大影响，世界多个国家要求对该病毒实施检疫，在中国，它是国家禁止入境的检疫性病原生物，也是国内农业植物检疫性病原生物。

（一）简史与分布

PMTV 于 1966 年在英国首次被发现，现已传至欧洲、美洲的多个国家，日本于 1981 年也发现此病毒病危害。该病毒主要发生在冷凉的中欧、北欧及南美的安第斯山区。美国 2002 年首次检测到 PMTV，随后在美国和加拿大多次检测到该病毒。2018 年 9 月确认该病毒病在新西兰发生。2012 年，在属亚热带气候条件的中国广东省惠东县的冬作马铃薯上观察到帚顶病症状，经检测确认为 PMTV 侵染。

（二）生物学特性

1. 基因组结构及物理特性

PMTV 粒子为直杆状，由长度为 100～150 nm 和 250～300 nm，直径 18～20 nm 的两种粒

子组成。

基因组为 3 组份单链 RNA，RNA1 约 6.5 kb，编码复制酶；RNA2 约 3.2 kb，编码病毒外壳蛋白（CP）；RNA3 因分离物不同存在差异，为 2.4～3.1 kb，含 3 基因编码 3 个病毒运动相关蛋白（TGBp）。

PMTV 的体外稳定性较强，在马铃薯病叶汁液中的致死温度为 75～80℃，稀释限点为 10^{-5}～10^{-4}，20℃条件下体外存活期 10 周以上。

2. 寄主范围

马铃薯是 PMTV 的主要自然寄主，人工接种可侵染颠茄、辣椒、曼陀罗、天仙子、番茄、假酸浆、本氏烟、克利夫兰烟、德伯依烟、心叶烟、黄茶烟、毛叶烟、普通烟、洋酸浆和龙葵等茄科植物及法国菠菜、甜菜、灰藜、苋色藜、昆诺藜和番杏等。

3. 为害与症状

该病毒严重影响马铃薯的产量和原种生产，可由种株或种薯传给后代，受害种薯外表皮形成环纹，内部组织产生褐色弧形纹或条纹和坏死，影响薯块的外观和品质，降低商品价值。受害植株的薯块产量损失约达 30%，严重时可达 75%。如有研究表明 PMTV 引起苏格兰种薯产量降低 67%。

在田间，发病的马铃薯植株地上部分常表现为帚顶、奥古巴花叶和褪绿 V 形纹 3 种主要症状。地下薯块的症状表现常因品种而异，在某些敏感的品种上症状明显，在另一些品种上则不甚明显，有初生和次生症状之分。

（1）帚顶症状　表现为节间缩短，叶片簇生，一些小叶片具波状边缘，矮化、帚状束生（图 5-18A），在马铃薯 "Alpha" "Pilot" "Arran" "Consul" "Record" 品种上，这种表现很明显。

（2）奥古巴花叶　发病植株基部叶片产生不规则的黄色斑块、环纹和线状纹，有的品种其植株中部和顶部叶片也表现为奥古巴花叶，植株不矮缩。

（3）褪绿 V 形纹　常发生于植株的上部叶片，这种症状不常出现，也不明显。大田植株，生长早期其下部叶片表现为奥古巴花叶，以后出现褪绿的 V 形纹症状（图 5-18B）。

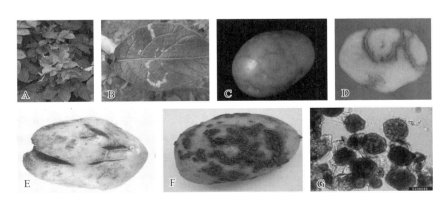

图 5-18　马铃薯帚顶病毒及马铃薯粉痂菌危害状　彩

A. 帚顶症状　B. 奥古巴花叶　C. 薯块初生症状外部　D. 薯块初生症状内部

E. 薯块次生症状　F. 马铃薯粉痂菌危害状　G. 粉痂病菌休眠孢子球

（4）薯块初生症状　薯块初生症状是受 PMTV 侵染植株当年所结薯块表现出的症状，在"Arran Pilot"品种上的初生症状为：薯表轻微隆起，产生坏死或部分坏死，直径为 1～5 cm 的同心环纹（图 5-18C）。将薯块切开，内部表现为坏死的弧纹或条纹，并向薯块内部延伸（图 5-18D）。

（5）薯块次生症状　薯块次生症状是由发病种薯繁殖植株所结的薯块产生的症状，与初生症状不同的是：薯块畸形，出现大的龟裂、网纹状小龟裂（图 5-18E），有的薯块表皮出现一些斑纹。如"Arran Pilot"品种的薯块表面产生环纹环绕薯块，横切后可见内部的环纹与之相连接，髓部的坏斑组织常延伸至薯块端部。通常植株地上症状表现为帚顶时，所结薯块的次生症状较重。

4. 传播

PMTV 可通过寄主植物汁液接触传染。在田间，该病毒主要经土壤中的马铃薯粉痂菌（*Spongospora subterranean* f. sp. *subterranea*）传播，该病菌最早于 1841 年在德国发现，现在马铃薯种植区广泛分布。马铃薯粉痂菌主要危害马铃薯地下部分，寄生于马铃薯的块茎、茎及根部，形成粉痂状突起（图 5-18F），在寄主细胞中产生大量的休眠孢子球（图 5-18G），病毒存在于休眠孢子内部，在干燥情况下病毒在休眠孢子囊中至少可存活 2 年，有的可达 10～18 年。带有病毒的粉痂菌的休眠孢子萌发释放出的游动孢子侵入寄主时，将病毒粒子带入马铃薯根部，因此即使种薯本身不带病毒，只要带病毒的休眠孢子附着在种薯上，就不能排除 PMTV 随种薯传人的可能性，发病田块的土壤移动可起传播介体的作用。通过带病毒或带菌种薯调运远距离传播。

（三）检验与防治

1. 观察症状

将薯块种植于隔离的温室或网室，保持发病适宜温度，观察幼苗地上部分的症状。对可疑植株可观察薯块有无畸形、龟裂和薯表斑纹，有的品种薯块剖开后可见内部呈坏死环纹或坏死斑。马铃薯对近 40 种病毒或病毒株系敏感，多种病毒，如 PMTV、烟草脆叶病毒（Tobacco rattle virus，TRV）、番茄斑萎病毒（Tomato spot wilt virus，TSWV）和马铃薯 Y 病毒块茎坏死株系（PVY[NTN]），可在马铃薯敏感品种的块茎上诱导产生坏死环斑，因此，症状观察需与其他方法结合做进一步鉴定。

2. 鉴别寄主

直接取薯块，或将薯块种植待发芽后取芽或长出的叶片，以汁液摩擦接种于鉴别寄主，观察症状特征。

（1）苋色藜　接种 6 d 后（15℃），在接种叶上出现蚀纹状坏死环纹，以后连续出现同心环纹，单个病斑最终扩展至整个叶片的大部分。

（2）烟草（Xanthi-NC 或 Samsun-NN）　20℃下，接种叶坏死或形成褪绿环斑，高温时常无症状。病斑类型随环境而变，冬季侵染明显。

（3）德伯依烟　接种叶坏死斑或褪绿环斑，早期系统感染的叶片出现褪绿或坏死栎叶纹，接种叶上散生坏死斑。冬季所有植株均被系统感染，夏季只有少数植株被系统感染。

（4）曼陀罗　接种叶产生坏死斑或同心坏死环。

（5）马铃薯　汁液接种"Arran Pilot"和"Ulster Sceptre"品种，仅接种叶上出现散生的坏死斑，无系统侵染。

（6）蔊生藜 可出现明显的坏死斑或环纹。

3. 土壤中病毒测定

马铃薯收获季节，从发病田块约 25 cm 深的土层中取样，经风干后，用孔径为 50 μm、65 μm 或 100 μm 的筛子过筛，保留筛下物。以白肋烟、克利夫兰烟、德伯依烟幼苗做诱病寄主，种植于过筛后的病土中，在温室中 20℃条件下生长 4~8 周，然后洗去植株根部的土壤，用根部和幼苗的榨出汁液摩擦接种指示植物，确定是否存在侵染性。

4. 电镜观察及血清学检验

可提取病毒或进行病组织切片，然后进行电镜观察，病毒粒子为直杆状或杆菌状，采用免疫电镜法可提高检测灵敏度，能有效地检测出接种的烟草病汁液和自然侵染的具初生症状的薯块中的病毒粒子。ELISA 是检测马铃薯病叶中 PMTV 的快速有效的方法。PMTV 与小麦土传花叶病毒具有比较近缘的血清学关系，两者粒子形态和长度都很相近，且均可通过土壤真菌传播，需注意区分。

5. 分子生物学技术

用互补 DNA（cDNA）探针进行分子杂交及各种 RT-PCR 方法进行检测。

6. 防治

种薯调运是该病毒传入和扩展的重要途径，因此，需实行严格的检疫，禁止从疫区引进马铃薯。发病区实行轮作，可降低发病率。使用无病毒种薯进行繁殖，对带病毒马铃薯进行脱病毒处理，以及使用药剂防治粉痂病，减少病毒病传播等措施都可减轻该病的发生。

三、黄瓜绿斑驳花叶病毒

黄瓜绿斑驳花叶病毒（Cucumber Green Mottle Mosaic Virus，CGMMV）属马泰利病毒目（Martellivirales）植物杆状病毒科（Virgaviridae）烟草花叶病毒属（*Tobamovirus*）。

CGMMV 主要危害葫芦科（Cucurbitaceae）植物，在保护地栽培的各类葫芦科植物上危害尤为严重，导致果实产量下降、品质变劣，影响果品商用价值。我国出入境检疫部门曾经多次从进境南瓜种子中检出 CGMMV，2005 年该病毒病在辽宁省盖州市首次发生，后来在浙江、湖南、山东、湖北、江苏等省份均发现该病毒病，2018 年该病毒病发生曾重创宁夏硒砂瓜产业。在中国，黄瓜绿斑驳花叶病毒既是国家禁止入境的检疫性病原生物，也是国内农业植物检疫性病原生物。

（一）简史与分布

最初由 Ainsworth（1935）报道该病毒发生在英国的黄瓜上，并命名为 cucumber virus 4。随后逐步扩展到其他国家，至 1986 年后，该病毒呈快速扩展趋势，主要分布在欧亚地区，包括欧洲的英国、希腊、德国、荷兰、波兰、罗马尼亚、芬兰、匈牙利、丹麦、爱尔兰、保加利亚、捷克、巴西、摩尔多瓦和瑞典等国家，南美洲的巴西，亚洲的韩国、以色列、叙利亚、土耳其、日本、印度、巴基斯坦、沙特阿拉伯、伊朗、斯里兰卡、泰国、缅甸和中国等国家以及西非的尼日利亚。2013—2016 年，该病毒在加拿大、美国和澳大利亚的部分地区有发生。

（二）生物学特性

1. 基因组结构及物理特性

该病毒粒子为直杆状，粒子长度约 300 nm，直径约 18 nm；基因组为约 6.4 kb 的正义单链 RNA，基因组结构与烟草花叶病毒（Tobacco mosaic virus，TMV）相似，含 4 个开放阅读框，编码两个复制相关蛋白及外壳蛋白和运动蛋白，5′ 端具甲基化的帽子结构（$m^7G5′pppG$），3′ 端折叠形成类似 tRNA 的结构。

CGMMV 具有极高的体外稳定性，该病毒典型株系在黄瓜（Cucumis sativus L.）汁液中的失活温度为 90℃；西瓜和 Yodo 株系失活温度为 90~100℃；印度株系失活温度为 86~88℃。20℃条件下体外存活期为 240 d 以上，在 0℃时可存活数年。典型株系和西瓜株系的稀释限点可达 10^{-7}~10^{-6}。

2. 寄主范围

CGMMV 的寄主范围相对较窄，在自然条件下主要侵染葫芦科植物，包括黄瓜、西瓜、甜瓜、瓠子、南瓜、葫芦、丝瓜、苦瓜等。人工接种可侵染藜科的苋色藜、蒴生藜，茄科的蔓陀罗和普通烟及葫芦科甜瓜属、南瓜属、葫芦属、丝瓜属、苦瓜属和栝楼属的多种植物。此外，该病毒还可侵染多种杂草，但不产生明显症状。

3. 为害与症状

CGMMV 为害葫芦科植物可导致植株生长缓慢而出现严重的矮化现象，叶片产生程度不同的褪绿，表现出花叶、褪绿斑驳、皱缩或形成疱状斑，严重的形成蕨叶，不仅降低果实产量，而且严重影响果实品质。

该病毒有多个株系，不同株系寄主范围和所引起的病害症状存在差异。如英国和欧洲报道的典型株系和奥古巴花叶株系，前者在黄瓜上不引起果实症状，而后者可在黄瓜上诱导明显果实症状和引起苋色藜叶片局部斑；日本报道有 3 个株系，即西瓜株系、黄瓜株系、Yodo 株系，印度报道 1 个 C 株系。大多数英国株系只侵染葫芦科植物；日本和印度的有些株系能在苋色藜、曼陀罗上产生局部枯斑。东欧的桃叶珊瑚分离物能够在三生烟和珊西烟上产生局部褪绿斑，在昆藜上产生系统斑纹。西班牙报道的一个分离物（CGMMV-Sp）仅侵染葫芦科的少数植物，产生花叶和疱状斑。该病毒引起的病害症状因作物种类或品种不同而变化，受侵染葫芦科植物的主要症状如下：

（1）黄瓜　初期在新叶出现黄色小斑点，以后叶片出现褪绿斑驳并形成疱状凸起，有的叶片畸形，病株矮化，果实上可产生黄色或银色条斑。

（2）西瓜　种子带病毒时，所出幼苗瓜蔓幼叶产生不规则的褪绿斑，以后叶片褪绿斑扩大形成斑驳或花叶症状（图 5-19A，B），有的品种病叶绿色部分呈疱状隆起，发病植株常矮化，严重时植株枯死。幼果果面无明显症状，病株所结果实在果柄处可见坏死条斑，局部果肉水渍状（图 5-19C，D）。成熟期果实可表现明显症状，果实表面产生浓绿色近圆形斑，内部果肉暗红色水渍状，并有块状黄色纤维，形成大量空洞而呈丝瓤状（图 5-19E，F），果肉味苦不能食用。

（3）甜瓜　幼叶出现黄色斑或花叶，成株侧枝出现不完整或星状黄花叶。后期有时顶部叶片出现大的黄色轮状斑。病株果实出现不同程度的畸形和绿色斑驳。

（4）瓠瓜　叶片出现明显花叶，绿色部分突出，叶脉及周边坏死变褐，植株上部叶片变小

图 5-19　黄瓜绿斑驳花叶病毒危害状　彩

A~B. 西瓜花叶症状　C~D. 西瓜幼果症状　E~F. 西瓜成熟果实症状

（A，B，E，F 由古勤生供图；C，D 由洪霓供图）

黄化，植株下部叶片边缘呈波状，叶脉皱缩成畸形；未熟果实出现轻斑驳，绿色部分略突出，成熟后症状消失，果梗出现坏死，但对产量及其品质影响不大。

4. 传播

CGMMV 易通过植株间接触及汁液摩擦接种传播，嫁接及剪蔓等农事操作也可使健康植株感染病毒。种子带病毒是该病毒的主要远距离传播途径，病毒主要存在于种子外部表皮，在病株的花粉和种胚轴中也有病毒存在。黄瓜种传率可达 8%，西瓜种传率达 3%，瓠子种传率为 1%~5%。种子收获后随储藏期延长带毒率有所下降。病毒随病残体混入土壤中，可存活较长时间，引起下一季节种植葫芦科植株的发病。此外，受污染的土壤、灌溉水和肥料是潜在的侵染源。目前尚未发现传播该病毒的昆虫介体，在实验条件下，该病毒可通过多种菟丝子传播。

（三）检疫与防治

1. 症状观察

产地检疫可通过生长期观察田间植株症状进行判断。引进种子可在隔离条件下种植，观察植株的症状表现，鉴别是否有该病毒病发生。对表现症状的可疑植株也可通过人工接种鉴别寄主植物做进一步鉴定。常用鉴别寄主植物及症状特点如下：

（1）苋色藜 该病毒的西瓜株系、Yodo 株系和印度 C 株系在苋色藜叶片上产生小的坏死斑，无系统性症状反应。

（2）曼陀罗和杖藜 机械摩擦接种两种植物的症状反应可以用于区分 CGMMV 株系，日本黄瓜和西瓜株系（CV3 和 CV4）在杖藜上诱导局部枯斑，但不能侵染曼陀罗接种叶。Yodo 株系在曼陀罗和杖藜上均可诱导局部枯斑。

（3）黄瓜 产生系统性花叶，黄瓜也是该病毒的良好繁殖寄主。

2. 电镜观察

CGMMV 在寄主植物中具有很高的浓度，将病样按常规方法制片在电镜下观察，CGMMV 病毒粒体为直杆状，粒子长度约为 300 nm，直径约 18 nm。但其病毒粒子形态与烟草花叶病毒属其他成员无明显差异，需结合其他检测技术加以区分。

3. 血清学和 PCR 检测

琼脂免疫双扩散、免疫电镜、ELISA 均可有效地检测出 CGMMV。采用该病毒特异引物进行 PCR 检测的灵敏度较 ELISA 更高。此外，免疫捕捉 RT-PCR 和环介导等温扩增技术已有效用于种子携带该病毒的检测。

CGMMV 存在较多株系，不同来源抗体可能存在株系特异性，如西瓜株系与英国的黄瓜株系及印度 C 株系血清学密切相关，而与日本黄瓜株系和 Yodo 株系血清学远缘相关。因此，采用血清学方法检测时，为避免漏检应选择几个不同株系的抗血清分别或混合使用。此外，已发现 CGMMV 与烟草花叶病毒（TMV）、番茄花叶病毒（ToMV）、Kyuri 绿斑驳花叶病毒（KGMMV），鸡蛋花花叶病毒（FrMV）、车前草花叶病毒（RMV）和烟草轻度绿色花叶病毒（TMGMV）间血清学远缘相关，可能存在交叉反应。CGMMV 与 KGMMV 的寄主范围相似，外壳蛋白序列及血清学远缘相关，在进行血清学检验时要注意区分。韩国研制出一种病毒 cDNA 芯片，可成功检测和区分侵染葫芦科植物的 4 种烟草花叶病毒属病毒。

4. 防治

调运受 CGMMV 污染的葫芦科植物种子是该病毒传入的重要途径，种子带病毒的检疫检验和及时销毁病毒感染的幼苗是控制该病毒病的重要措施。CGMMV 主要污染种子表皮，因此，可以通过对种子进行干热处理（70℃，3 d）脱除该病毒，该方法不影响种子发芽。种子内部带病毒时，采用 15% 磷酸钠浸种 1 h 有一定的效果；也可以 70℃热气处理 3 h，或 50～52℃热气处理 3 d 后用 15% 磷酸钠浸种 1 h。

四、香石竹环斑病毒

香石竹环斑病毒（Carnation Ringspot Virus，CRSV），类番茄丛矮病毒目（Tolivirales）番茄丛矮病毒科（Tombusviridae）香石竹环斑病毒属（*Dianthovirus*）。

（一）简史与分布

Kassanis 于 1955 年首次报道 CRSV 侵染英国香石竹（*Dianthus caryophyllus*）植株，以后其他国家也相继报道了由该病毒引起的石竹类植物病害。该病毒是欧美各国侵染栽培香石竹的主要病毒种类，在欧洲的丹麦、瑞士、芬兰、波兰、德国、荷兰、新西兰，美洲的加拿大、美国及墨西哥等都有分布，是我国禁止进境的检疫性有害生物之一。

（二）生物学特性

1. 基因组结构及物理特性

病毒粒子为等轴对称多面体，直径 32~35 nm。该病毒为二分体病毒，基因组由大小约 3.8 kb 和 1.4 kb 的两条正义单链 RNA（+ssRNA）组成，RNA 链的 3′ 端无多聚腺苷酸尾（poly A），在 5′ 端有甲基化帽子结构。外壳蛋白由 RNA-1 编码，分子量约 3.8 kDa。

CRSV 的体外稳定性较强，在克利夫兰烟和美国石竹中的致死温度为 80~85℃；稀释限点为 10^{-5}，20℃时体外保毒期 50~60 d，0℃时则可保持侵染活性 3 个月以上。在冷冻干燥的克利夫兰烟汁液中，病毒侵染活性可保持 6 年以上。在田间或其他种植条件下，寄主植物根部的病毒落入土壤，可在无植物种植的情况下保持侵染能力达 7 个月以上。

2. 寄主范围

CRSV 的自然寄主主要为石竹，该病毒还可侵染多数果树，如李树、梨树、苹果、酸樱桃、甜樱桃和葡萄等。人工接种还可侵染藜科、豆科、茄科、葫芦科和菊科等植物。

3. 为害与症状

CRSV 引起的环斑病是石竹的重要病害之一，受害植株生长衰退，切花产量明显降低，一般减产达 20%~40%，且由于花朵变小、花苞开裂等，其商品价值明显降低。受 CRSV 侵染的香石竹叶片表现环斑和斑驳等症状（图 5-20），病株矮化，有时幼叶尖端坏死。花扭曲，花萼开裂，降低鲜花产量和观赏价值。CRSV 危害梨树，引起石痘病（stony pit）。在酸樱桃和苹果上的症状通常不明显，但可导致树体生长势衰退，也可引起柑橘叶片褪绿斑。

4. 传播

CRSV 主要通过无性繁殖材料扩散，种子不传病毒。带病毒的切花、枝条和试管苗均可传染病毒。该病毒易经汁液摩擦接种传染，在自然条件下，接触带病毒植株或土壤和修剪工具等

图 5-20　香石竹环斑病　彩

A~B. 香石竹环斑病害状　C. 柑橘叶片受害状

可传播该病毒。CRSV 能否由线虫传播尚无定论，早期报道有些线虫种类能传播 CRSV。

（三）检疫与防治

1. 鉴别寄主反应

（1）美国石竹（*Dianthus barbatus*） 汁液摩擦接种 4～7 d 后，接种叶表现局部坏死斑和环斑，以后产生系统褪绿、坏死和环斑。

（2）苋色藜（*Chenopodium amaranticolor*）和昆诺藜（*C. quinoa*） 汁液摩擦接种 2～4 d 后，接种叶产生局部坏死斑，通常无系统症状。

（3）千日红（*Gomphrena globosa*） 汁液摩擦接种 2～4 d 后，产生局部坏死斑，接着出现系统斑、斑驳和畸形。

（4）番杏（*Tetragonia expansa*） 汁液摩擦接种 2～3 d 后产生局部白色坏死点，有时可发展为系统褪绿斑。

（5）长豇豆（*Vigna unguiculata*） 汁液摩擦接种 2～4 d 后产生局部坏死斑，以后出现系统斑驳、坏死斑，叶片畸形。

该病毒在克利夫兰烟上也可引起系统性侵染，石竹、豇豆和克利夫兰烟是该病毒的良好寄主。

2. 血清学检验

CRSV 具有很强的免疫原性，可制备高效价的抗体，双向琼脂扩散和 DAS-ELISA 均可有效检测该病毒。在进行血清学检验时需注意，CRSV 与红三叶草坏死花叶病毒（Red Clover Necrotic Mosaic Virus，RCNMV）存在弱的血清学交叉反应。此外，CRSV 与香石竹斑驳病毒（Carnation Mottle Virus，CarMV）均可侵染香石竹，两者病毒粒子相似，但血清学不相关，可采用血清学方法进行区分。

3. 分子生物学方法

通过设计特异性引物，采用 RT-PCR 检测，具体方法可参照标准《香石竹环斑病毒分子生物学检测方法》。

4. 防治

加强检疫、采用健康种苗和繁殖材料。无性繁殖的寄主植物，可通过茎尖培养结合化学处理或热处理脱除病毒。

五、蚕豆染色病毒

蚕豆染色病毒（Broad Bean Stain Virus，BBSV），属小 RNA 病毒目（Picornavirales）伴生豇豆病毒科（Secoviridae）豇豆花叶病毒亚科豇豆花叶病毒属（*Comovirus*）。蚕豆染色病毒为种传病毒，危害豆科植物，引起严重的产量损失。

（一）简史与分布

BBSV 最早是由 Lloyd 等于 1965 年报道发生于英国的蚕豆上，在法国称为蚕豆花叶病毒（Mosaique de la feve，MF）。主要分布在欧洲，如英国、法国、德国、瑞典、捷克，其他地区如北非的叙利亚、摩洛哥、埃及以及澳大利亚等地也有分布。我国曾于 1985 年及 1990 年在四川、浙江和山西等省进行调查时在从叙利亚国际干旱地区农业研究中心（ICARDA）引种的蚕豆品种上发现该病毒，经检疫销毁得以扑灭。BBSV 是中国禁止入境的检疫性病原生物。

（二）生物学特性

1. 基因组结构及物理特性

病毒粒子为等轴多面体，直径 25 ~ 28 nm。基因组结构与豇豆花叶病毒（Cowpea mosaic virus）相似。由两条大小约 6.7 kb 和 4.5 kb 的 +ssRNA 组成，分别包被在不同的粒子中。病毒热钝化温度为 60 ~ 65℃，体外存活期 31 d，稀释限点为 10^{-3}。病株汁液的抗原性在室温下保持时间可长达 800 d 以上。乙醚处理不影响病株汁液的侵染性，用酚或去污剂除去蛋白仍具有侵染活性。

2. 寄主范围

该病毒的寄主范围较窄，主要是豆科野豌豆属（Vicia spp.）的植物。自然寄主有蚕豆（Vicia faba）、豌豆（Pisum sativum）和兵豆（Lens culinaris），人工接种可侵染美丽猪屎豆（Crotalaria spectabilis）、蓝羽扇豆（Lupinus hirsutus）、白香草木樨（Melilotus alba）、菜豆（Phaseolus vulgaris）和深红三叶草（Trifolium incarnatum）。

3. 为害与症状

病毒感染对植株的产量有明显影响，减产率视发病迟早而异，通过种子系统侵染可造成蚕豆 76% 的产量损失，甚至颗粒无收；开花前感染的减产约 40%，开花后感染的损失较小。

植株苗期感染病毒时常表现矮化或顶端枯死，病叶呈褪色花叶或畸形，严重时，叶片表现轻度花叶症状和褪色斑块，或皱缩扭曲，但有的小叶仍无明显病症。蚕豆上的典型症状是种皮产生褐色坏死条斑，严重时在外种皮形成连续坏死带，蚕豆染色病毒的名称也因此而来。

4. 传播

BBSV 主要通过种子携带病毒进行远距离传播。蚕豆、豌豆和兵豆的种传率可分别达 20%、50% 和 27%。生长季节的扩展蔓延与介体象甲活动关系极为密切，在欧洲普遍发生的豆根瘤象甲（Sitona lineatus）和豆长喙象甲（Apion vorax）是主要的传染媒介，这些介体在带病毒植株上取食后可以保持传病毒能力几天或几周。该病毒易通过汁液接种传染，为室内试验的主要传毒方式。病株的花粉也可传播病毒，从病株飞散的花粉落在健株上授粉以后结出的种子也带有病毒。

（三）检疫与防治

1. 症状观察

将种子播种后，观察各植株各生长阶段的症状。蚕豆上表现的最典型症状是外种皮出现坏死色斑（图 5-21），苗期感染的植株常表现矮化或顶枯，病叶表现为褪绿、花叶或畸形。豌豆表现出系统性褪绿斑驳，冬季伴有茎叶坏死。但带病毒种子播种后长出的植株有时不表现症状，必须采用其他的实验室检验方法进一步确认。

2. 血清学检验

可采用 ELISA 和组织印迹免疫分析（tissue blot immunoassay）检测 BBSV。Musil 等（1993）采用 ELISA 技术对该病毒的 2 种血清型进行了区分，认为来源于长柔毛野豌豆（Vicia sativa）的 BBSV 分离物为血清 I 型，豌豆分离物属血清 II 型，而来源于兵豆的分离物不同于这两种血清型。

BBSV 与豇豆花叶病毒、豇豆烈性花叶病毒（Cowpea severe mosaic virus，CoSMV）、大豆花

图 5-21 蚕豆染色病毒的危害症状、病毒粒体及传毒象甲 彩

A. 为害症状 B. 病毒粒体 C. 传毒象甲 D. 种子受害状

（A～C 由许志刚提供）

叶病毒（Glycine mosaic virus，GMV）、红三叶草斑驳病毒（Red clover mottle virus，RCMV）和南瓜花叶病毒（Squash mosaic virus，SqMV）等病毒间血清学相关。

3. 鉴别寄主

人工接种时，一般不侵染苋色藜、昆诺藜和烟草等草本植物。BBSV 感染的有些菜豆品种（"Canadia Wonder"和"Tendergreen"）表现局部枯斑和系统性轻度花叶症状。豌豆"北京早丸"品种表现系统褪绿斑驳，冬季伴有茎叶坏死，潜育期短（5～7 d），症状稳定。在蚕豆"成胡 10 号"上表现系统褪绿斑驳和花叶。

4. 防治

加强检疫，严禁从病区引进种子、苗木和繁殖材料。一旦发现病株立即销毁。

六、南方菜豆花叶病毒

南方菜豆花叶病毒（Southern bean mosaic virus，SBMV），属类南方菜豆花叶病毒目（Sobelivirales）南方菜豆一品红花叶病毒科（Solemoviridae）南方菜豆花叶病毒属（*Sobemovirus*）。学名是 Southern bean mosaic *sobemovirus*。该病毒主要危害豆科植物，引起严重的产量损失。

（一）简史与分布

Zaumeyer 和 Harter 于 1943 年报道发生于美国的 SBMV。现广泛分布于热带、亚热带和温带地区，已遍及各大洲。中国曾在进境豇豆种子上截获该病毒。在中国，它是国家禁止入境的检疫性病原生物。

（二）生物学特性

1. 基因组结构及物理特性

SBMV 病毒粒子为等轴多面体，直径约 30 nm。基因组为约 4.1 kb 的 +ssRNA，包含 4 个开放阅读框，3′ 端无 poly A，5′ 端具有基因组核酸结合蛋白（VPg）。

病毒粒子在 EDTA 和较高 pH 下发生可逆膨胀，伴随着外壳蛋白的变化和稳定性的部分丧失。病毒粒子和外壳蛋白是良好的抗原（图 5-22）。

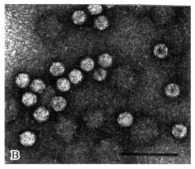

图 5-22　南方菜豆花叶病（A）及病毒粒体（B）　彩

2. 寄主范围

SBMV 的寄主范围较窄，主要侵染豆科植物。自然寄主为菜豆、豇豆。人工接种可侵染大豆、小赤豆、绿豆、红花菜豆、蚕豆、草木樨等 12 个属的 23 种植物。

3. 为害与症状

被 SBMV 侵染的菜豆、豇豆，由于光合产率下降，花、果、种子数量下降。种子数量和质量分别减少 47.5% 和 56.3%。

被 SBMV 侵染的菜豆表现的主要症状是褪绿斑驳和花叶，但不同品种症状差异很大。有些品种仅产生坏死斑，不发生系统感染，有的不发生局部反应，而产生系统感染，有的还产生皱缩和沿脉变色等症状。

该病毒具有多个株系，不同株系可侵染的寄主及症状表现存在差异。①典型的菜豆株系（B 株系），系统侵染大多数菜豆品种，在少数菜豆品种上产生局部斑，还能侵染某些其他豆科植物，但不侵染豇豆；②菜豆花叶病毒强毒株系，或称墨西哥株系（M 株系），在普通菜豆上的症状比典型株系更严重，产生局部坏死斑，伴有系统性坏死，可侵染豇豆；③豇豆株系（C 株系），系统侵染大多数豇豆品种，也能侵染其他豆科植物，但除侵染菜豆"pinto"品种不产生症状或接种叶出现局部斑外，一般不侵染普通菜豆；④加纳豇豆株系（G 株系），系统性侵染很多豇豆品种，也可以侵染部分菜豆栽培品种，引起局部坏死斑或系统侵染。

4. 传播

该病毒容易以汁液摩擦接种传染，种子发芽后其幼苗与感病的植株汁液接触或种植在靠近感病植物附近的土壤中也可传播病毒。发病植物的种子也可传染病毒，种子带毒率与作物种类和品种有关，菜豆可达 21%，豇豆为 1%～4%。主要传毒介体有菜豆叶甲（*Ceratoma trifurcata*）和墨西哥豆瓢虫（*Epilachna varivestis*），尼日利亚的株系由豇豆叶甲（*Ootheca mutabilis*）传播。介体昆虫以半持久方式传毒。此外，病株花粉也能传毒。

（三）检疫与防治

SBMV 抗原性较强，容易获得高效价的抗血清。目前，病毒提纯鉴定、电镜观察、血清学和分子生物学技术都可用于 SBMV 检验。在大豆中，该病毒主要存在于种皮，并可引起幼苗的感染，检疫检验时可以通过对种皮的检验代替对整粒种子的检验。

1. 症状观察

在隔离条件下种植，生长期观察植株的症状表现，鉴别有无该病毒病发生。

2. 电镜观察

根据病毒粒体形态和大小进行鉴别。该病毒粒体为等轴对称多面体，直径 30 nm。在豇豆病株细胞中形成晶状排列，病毒粒体存在于感病细胞的细胞质和细胞核中。

3. 血清学和 PCR 检测

利用标准抗血清或单克隆抗体，通过免疫双扩散、ELISA 进行检测诊断。也可合成该病毒特异性引物，采用 PCR 技术检测。

4. 鉴别寄主反应

（1）菜豆　随品种不同产生多种不同症状，包括坏死、系统花叶、褪绿斑驳型花叶、皱缩和沿脉变色。"pinto" 品种接种后 3～5 d，单叶出现 2～3 mm 局部坏死斑，病斑多时可成片枯死或出现叶脉坏死，在叶柄基部与主茎相连处有紫褐色条纹，长 1～1.5 cm。

（2）大豆　系统性斑驳，症状轻重取决于品种，如"猴子毛"品种接种后 5～7 d，单叶褪绿，有时出现约 1 mm 的病斑，以后幼叶出现斑驳。

（3）豇豆　在一些品种上产生小的坏死性局部病斑，无系统感染；在另一些品种产生局部褪绿斑，随后出现明显的斑驳、皱缩、花叶或沿脉变绿。

该病毒不侵染昆诺藜和番杏等植物。

5. 防治

加强检疫，严禁从病区引种。

七、非洲木薯花叶病毒（类）

非洲木薯花叶病毒（African cassava mosaic virus，ACMV）属双生植物真菌病毒目（Geplafuvirales）双生病毒科（Geminiviridae）菜豆金色黄花叶病毒属（*Begomovirus*）。此外，引起木薯花叶病的病毒还有：南非木薯花叶病毒（SACMV）、东非木薯花叶病毒（EACMV）、东非喀唛隆木薯花叶病毒（EACMCV）、东非马拉维木薯花叶病毒（EACMMV）、东非赞茨巴木薯花叶病毒（EACMZV）、印度木薯花叶病毒（ICMV）和斯里兰卡木薯花叶病毒（SLCMV）。这些病毒均属双生病毒科菜豆金黄花叶病毒属，被统称为木薯花叶双生病毒（Cassava mosaic geminivirus，CMGs）。

（一）简史与分布

Warburg 于 1894 年首次描述了木薯花叶病，随后该病害在非洲大陆流行导致严重的经济损失和饥荒。CMGs 广泛分布于非洲、印度洋各岛（塞舌尔、桑给巴尔）、印度、斯里兰卡和爪哇等热带和亚热带木薯产地，目前已向东南亚扩展，存在引种传入 CMGs 的风险。在中国，它是国家禁止入境的检疫性病原生物。

（二）生物学特性

1. 基因组结构及物理特性

CMGs 病毒粒子为双生球状（30 nm×20 nm），长轴中线上有一明显的"腰"，两半分别有 5 个顶端。提纯病毒液中可观察到半球状颗粒，直径约 20 nm，偶可观察到三联体。

病毒基因组为双组分单链环状 DNA，即 DNA-A 和 DNA-B，两者大小均为 2.7～2.8 kb。DNA-A 编码复制酶、复制增加蛋白、外壳蛋白和转录激活蛋白；DNA-B 编码核转运蛋白和运动蛋白（MP）。DNA-A 与 DNA-B 大部分序列不同，但非编码区中有约 200 nt 序列相似性大于 95%，称为共同区。

ACMV 典型株系接种克利夫兰烟，其汁液致死温度为 55℃，体外存活期为 2～4 d，稀释限点为 10^{-3}。

2. 寄主范围

ACMV 主要侵染木薯类植物，也可侵染大戟科少数其他植物。试验寄主包括茄科的几种植物，如本生烟、克利夫兰烟和曼陀罗。西葫芦、苋色藜、千日红和菜豆等对该病毒不敏感。木薯和本生烟可作为该病毒的保存和繁殖寄主，曼陀罗可用作枯斑寄主。

3. 为害与症状

ACMV 主要为害木薯（*Manihot esculenta*），引起木薯严重的花叶或叶片褪绿，严重影响非洲木薯生产。木薯植株受病毒侵染减产 35%～60%，采用感染病毒的植株插条所繁育苗木可导致减产 60%～80%。木薯花叶病被认为是最具经济影响力的植物病毒病害之一。

木薯受侵染后，在叶片上初期显现小的褪绿斑，以后病斑逐渐扩大，最后形成典型的花叶。有时在受侵叶片背面可观察到突起，严重时叶片下卷、畸形呈鸡爪状（图 5-23），病株生长缓慢，有的后期死亡。症状的严重程度随病毒种类（株系）、作物生长季节和栽培品种的不同而异。在潮湿凉爽的条件下症状表现严重，在高温条件下通常隐症或只见轻微花叶。

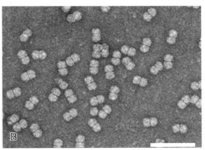

图 5-23 非洲木薯花叶病症状（A）及双生病毒粒子（B：引自 Jeske，2009）彩

4. 传播

带病毒的种薯和插条繁育苗木可直接将该病毒传染给下一代。该类病毒可通过嫁接传染及汁液摩擦传染至草本寄主植物。在木薯生长季节主要通过介体昆虫传播引起病害扩展，烟粉虱（*Bemiisa tabaci*）是该类病毒的主要自然传播介体，以持久性方式传播，最短获毒时间为 25 h，最短潜育时间为 8 h，最短接毒时间为 10 min，获毒烟粉虱持毒期约 9 d，单头成虫传播病毒可使多株木薯幼苗感病。病毒存在于介体昆虫口器中，不能经卵传至下代。

（三）检验与防治

1. 症状观察

产地检疫和引种隔离检疫可通过木薯植株症状进行判断。对表现症状的可疑植株也可通过人工接种鉴别寄主植物做进一步鉴定。常用鉴别寄主植物及症状如下：

（1）本生烟（*Nicotiana benthamiana*） 局部褪绿斑，系统性叶片卷曲、畸形和叶片斑驳症状。

（2）克利夫兰烟（*N. clevelandii*） 典型株系产生局部褪绿斑，系统性叶片卷曲、畸形和植株矮化及不规则的脉带和斑驳。

（3）曼陀罗（*Datura stramonium*） 典型株系引起局部褪绿和坏死斑，上部叶片沿脉变色，严重卷叶和畸形。

2. 血清学检验

常用血清学技术可用于 CMGs 的检测，其中 DAS-ELISA 法应用最广。需注意该病毒与同一科的其他某些病毒间存在血清学交叉反应，如 ACMV 与菜豆金色花叶病毒（Bean golden mosaic virus，BCMV）、南瓜花叶病毒（*Squash mosaic virus*，SqMV）和南瓜卷叶病毒（Squash leaf curl virus，SLCV）等血清学相关，但 ACMV 不能侵染菜豆和西葫芦，而 BCMV、SLCV 和 SqMV 可侵染这两种植物，因此，可结合生物学方法对这几种病毒进行区分和鉴定。

3. 电镜观察

可采用常规方法从发病木薯叶片中抽提病毒，负染后电镜观察病毒粒子形态。

4. PCR 检测

根据报道的该病毒序列设计特异引物，采用 RT–PCR 技术进行扩增，并对扩增产物进行序列测定和分析。

5. 防治

带病毒种薯和插条是该病毒的主要初侵染来源，因此非该病毒分布区要加强对调运的繁殖材料的检疫，避免从病区引进木薯种苗。此外，发现病株立即拔除，并杀灭介体烟粉虱，可减轻病害的发生。

第四节　检疫性病原线虫

线虫（nematode）是一种仅次于昆虫的庞大的生物类群，广泛分布于海洋、湖泊、河流、土壤中，极少数寄生危害人和动植物引起线虫病。据 Hyman（1950）的估计，全世界有 50 余万种线虫，植物寄生线虫仅为其中一小部分。Esser（1990）统计了报道的植物寄生线虫已有 207 属 4 832 种。

长期以来，线虫一直属于线形动物门的线虫纲（Nematoda）。21 世纪初 Cobb 曾提出将线虫纲上升为线虫门，下设侧尾腺口纲（Phasmidia）和无侧尾腺口纲（Aphasmidia）。植物寄生线虫的分类一直比较混乱，植物线虫分类学家提出了多种分类系统。1987 年 Maggenti 等组成的国际线虫分类小组提出了一个较为广泛接受的分类系统。De Ley 和 Blaxter（2002）同时对 Siddiqi（2000）和 Hunt（1993）的分类系统在亚科和属的水平上给予了简化与继承，从而提出了新的植物线虫分类系统，根据线虫食道类型和遗传进化关系，线虫门下设色矛纲（Chromadorea）和刺嘴纲（Enoplea）两个纲，下面列出的植物线虫科以上水平的分类系统源自《植物线虫学》（*Plant Nematology*，Perry，Moens，2006）。在世界范围内，农业生产上重要的 20 余线虫属的分类地位如表 5–8 所示，其中最重要的有 10 个属，分别为茎线虫属（*Ditylenchus*）、球孢囊线虫属[①]（*Globodera*）、异皮线虫属（*Heterodera*）、螺旋线虫属（*Helicotylenchus*）、根结线虫属（*Meloidogyne*）、短体线虫属（*Pratylenchus*）、穿孔线虫属（*Radopholus*）、盘旋线虫属（*Rotylenchus*）、半穿刺线虫属（*Tylenchulus*）与剑线虫属（*Xiphinema*）。

表 5-8　部分重要的检疫性植物寄生线虫

分类地位	中文名	病原线虫学名
色矛纲：垫刃目	剪股颖粒线虫	*Anguina agrostis*（Steinbuch）Filipjev
	水稻茎线虫	*Ditylenchus angustus*（Butler）Filipjev
	鳞球茎茎线虫	*Ditylenchus dipsaci*（Kühn）Filipjev
	短体线虫（非中国种）	*Pratylenchus* spp. Filipjev（non-Chinese species）
	香蕉穿孔线虫	*Radopholus similis*（Cobb）Thorne
	马铃薯孢囊线虫	*Globodera* spp. Behrens
	甜菜孢囊线虫	*Heterodera schachtii* Schmidt
	根结线虫（非中国种）	*Meloidogyne* spp. Goeldi（non-Chinese species）
	异常珍珠线虫	*Nacobbus abberans*（Thorne）Thorne et Allen
滑刃目	草莓滑刃线虫	*Aphelenchoides fragariae* Christie
	松树枯萎线虫	*Bursaphelenchus xylophilus* Nickle
刺嘴纲：矛线目	长针线虫属（传毒种）	*Longidorus* spp.（Filipjev）（The species transmit viruses）
	毛刺线虫属（传毒种）	*Trichodorus* spp. Cobb（The species transmit viruses）
	拟毛刺线虫（传毒种）	*Paratrichodorus* spp. Siddiqi（The species transmit viruses）

植物寄生线虫的分类鉴定主要根据雌虫的外部形态及内部结构特征，特别是线虫的消化道和生殖系统的形态结构。

线虫病害都可以通过种苗或种薯等无性繁殖材料传播，也可通过种子传染，例如水稻干尖线虫（*Aphelenchoides besseyi*）、小麦粒线虫（*Anguina tritici*）等。而松材线虫则可通过介体昆虫（松墨天牛）在林间传播，更可以潜伏在用病树加工的木材、包装材料中广为传播。许多线虫还可随土壤传播。因此货物、包装材料等都可能因本身带有线虫或混杂有泥土而将线虫传播到异地。

在种薯或种苗上的线虫大多有一定的为害状，可根据为害状或虫体进行鉴定。包装材料和混在种苗材料上的土壤可通过淘洗、漂浮或过筛法来分离虫体，根据形态特征来鉴定。

许多植物线虫个体虽小，但极具危害性，可给农林业生产造成极大威胁，许多国家纷纷列出禁止或限制入境的植物线虫名单。重要的进境检疫性线虫和全国农业林业植物检疫性有害生物名单中，列出应检疫的线虫有腐烂茎线虫、香蕉穿孔线虫、马铃薯金线虫、鳞球茎茎线虫、水稻茎线虫、椰子红环腐线虫和松材线虫等。

---

① "孢囊线虫"的英文是 cyst nematode，也可译为"胞囊线虫"。

一、马铃薯孢囊线虫

马铃薯金线虫（Potato golden nematode）及马铃薯白线虫［Potato white（pale）nematode）］统称为马铃薯孢囊线虫，两者均属垫刃目异皮科球孢囊属（*Globodera*）。

马铃薯金线虫［*Globodera rostochiensis*（Wollenweber）Behrens，1975］，又称罗氏球孢囊线虫、罗氏异皮线虫（*Heterodera rostochiensis* Wollenweber）。

马铃薯白线虫［*Globodera pallida*（Stone）Behrens，1975］，又称苍白球孢囊线虫、苍白异皮线虫（*Herterodera pallida* Stone）。

马铃薯金线虫和马铃薯白线虫均系我国严格禁止进境的检疫性有害生物，马铃薯金线虫也是国内农业植物检疫性病原生物。

（一）简史与分布

马铃薯金线虫和马铃薯白线虫是马铃薯上为害最严重的植物寄生线虫，金线虫和白线虫主要分布在位于温带地区和热带较高海拔或近海地区，分布于全世界 72 个马铃薯产区。这些国家或地区包括欧洲和南美洲各国，中东地区，亚洲的日本、菲律宾、巴基斯坦、斯里兰卡等。正如它从其起源地南美的安第斯山脉在 17 世纪随马铃薯传入欧洲，并进一步扩散传播到世界各地一样，尽管马铃薯孢囊线虫的分布被严格地控制着，但是由于马铃薯孢囊线虫易被传播并建立起新的侵染点，它对世界马铃薯产业构成了严重威胁，而且这种威胁永久存在。

马铃薯孢囊线虫能成功定殖并进行传播有几个决定因素，这些因素中最主要的是孢囊内的卵有忍受长期干燥条件的能力与诱导和接受寄主的刺激物迅速孵化的能力。马铃薯孢囊线虫在 4~6 年内处于检测不到的极低的群体密度时仍有能力进行成功的扩散传播。土壤任何形式的转移都被认为是马铃薯金线虫扩散传播的潜在途径。局部的扩散（田块之间或之内）主要是农田活动造成的；而长距离的传播（洲际或区内）常常因使用的农业机械、马铃薯种薯、根类作物或其他的包装材料的被转移而造成。

该线虫最早在德国发现，当时被鉴定为甜菜孢囊线虫（*Heterodera schachtii*）。Wollenweber（1923）注意到马铃薯孢囊线虫与甜菜孢囊线虫在形态等方面存在着较大的差异，提出应独立为一个新种。但这观点一直到 Franklin（1940）报道了更为详尽的研究结果后才被大家接受。马铃薯金线虫及白线虫的形态特征及致病性等十分相似以及田间常常混合发生，以致较长时间内将马铃薯白线虫作为金线虫的一个小种。1973 年，英国学者 Stone 将马铃薯白线虫定为新种。

（二）生物学特性

1. 病原菌形态

（1）马铃薯金线虫（图 5-24）

① 雌虫 呈珍珠白色亚球形，具突出的颈，虫体球形部分的角质层具网状脊纹，无侧线。口针强大，锥部约占口针长的一半，有时略弯曲，口针基部球圆形，明显向后倾斜，口针套管向后延伸至口针长的 75% 处。排泄孔明显，位于颈基部。阴门膜略凹陷，阴门横裂状。肛门位于阴门膜之外，肛门与阴门间角质层有 20 个平行的脊。

② 孢囊：体褐色、亚球形，具突出的颈，无突出的阴门椎，阴门椎为单环膜孔形。无阴门桥、下桥及其他残存的虫体腺体结构；无泡状突，但阴门区域可能有一些小而不规则的黑色

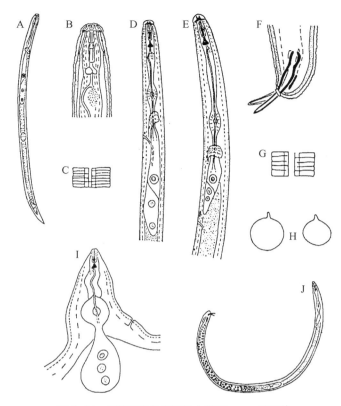

图 5-24　马铃薯金线虫形态（仿 Stone，1973）

A. 幼虫整体　B. 二龄幼虫头部　C. 2 龄幼虫中部侧区　D. 2 龄幼虫食道　E. 雄虫食道

F. 雄虫尾部　G. 雄虫虫体中部侧区　H. 孢囊　I. 雌虫头部和颈部　J. 雄虫

素沉积物。无亚晶层，角质层的脊纹呈 Z 形。

③ 雄虫：蠕虫形，尾钝圆；热杀死固定时虫体弯曲，后部卷曲 90°~180°，呈 C 形或 S 形，角质层具规则环纹，侧区 4 条刻线延伸至尾末端，两条外刻线具网纹但内刻线无网纹。头部圆形缢缩，头环 6~7 个，头骨架高度骨化。口针发达，基部球向后倾斜，口针锥部占整个口针长的 45%，口针套管向后延伸到 70% 口针长处。中食道球椭圆形，中间有明显的新月形瓣门，无明显的食道肠瓣状结构。半月体为 2 个体环长，位于排泄孔前 2~3 个体环处，半月小体长约 1 个体环，位于排泄孔后 9~12 个体环处。单精集。

④ 2 龄幼虫：蠕虫形，角质层环纹明显，侧区刻线 4 条，偶尔有网纹。头部轻微缢缩，4~6 个头环。口盘卵圆形，侧唇和一对背腹亚中唇环绕口盘。口盘和唇形成卵圆形轮廓。头骨架高度骨化。口针发达，口针锥部小于口针长的 50%，口针基部球略向后倾斜，食道腺体在腹面延伸至徘泄孔后 35% 体长处，排泄孔位于 20% 体长处，半月体为 2 个体环长，位于排泄孔前 1 个体环处，半月小体小于 1 个体环长，位于排泄孔后 5~6 个体环处。4 个生殖腺细胞几乎位于体长的 60% 处，尾部逐渐变尖、变细。

（2）马铃薯白线虫

① 雌虫：体亚球形，具突出的颈部。白色，一些群体经 4~6 周呈奶黄色，雌虫死亡时变成亮褐色。头部具有融合的唇和 1~2 个明显的唇片。颈部体环不规则，大多数体壁变成网状

脊纹，头骨架发育弱。中食道球大，几乎环形，瓣门新月形。排泄孔明显，位于颈基部。双卵巢充满整个体腔。阴门横裂，周围角质层轻微环形凹陷，形成阴门膜。阴门口位于两个细的唇突状新月形区域之间。肛门与阴门膜间角质层有 12 个平行的脊，少数交叉相联。

② 孢囊：新孢囊为亮褐色，呈亚球形，具突出的颈。阴门锥为单环膜孔形，无阴门桥、下桥和其他内腺突，无泡状突，在阴门区域有时有小突黑色的或变厚的阴门体。肛门明显，无亚晶层。

③ 雄虫：蠕虫形，尾短末端饨圆，热力杀死时呈 C 形或 S 形，后部卷曲 90°～180°。角质层具明显的环纹，侧区四条侧线延伸至尾部末端，外侧线有时有网纹但内侧线无网纹。头部缢缩，6 或 7 个体环，头骨架高度骨化。有大的口盘和 6 个不规则的唇片。前后头状体分别位于 2～4 个和 6～9 个体环处。半月体为 2 个环纹长，位于排泄孔后 2～3 个环纹处。单精巢，顶端为单个帽状细胞，其位置位于 40%～65% 体长处。

④ 幼虫：蠕虫形，尾部渐变细。体腔扩展至尾长的一半，其余尾长形成一个透明尾区。角质层环纹规则，侧区四条侧线，偶尔有完整的网纹，角质层前 7～8 个体环较厚。头部圆形，轻微缢缩，4～6 个体环。口盘由 2 个侧唇环绕，具头感器开口，背腹亚侧唇对经常融合，唇和口盘的连线呈五梯形，头骨架高度骨化。前头状体、后头状体分别位于 2～3 个和 6～8 个体环处。口针发育好，口针基部球侧面观前表面具有明显向前的突起，排泄孔位于 20% 体长处。半月体明显，为 2 个体环长，位于排泄孔前一个体环处；半月小体位于排泄孔后 5～6 个体环处。四细胞的生殖腺体位于 60% 体长处，无尾感器。

马铃薯金线虫和马铃薯白线虫在形态和致病性上相似，又可在田间混合发生，以致较长时间两者被视为同一种线虫。两者的区别见表 5-9。

表 5-9　马铃薯金线虫与马铃薯白线虫的虫体测量值比较（Hooper and Hogger，1990）

	马铃薯金线虫		马铃薯白线虫	
	雌虫（$n=25$）	雄虫（$n=50$）	雌虫（$n=25$）	雄虫（$n=50$）
虫体长 /μm		1 197 ± 100		1 198.0 ± 104
头部长 /μm		6.8 ± 0.3		6.8 ± 0.3
口针长 /μm	22.9 ± 1.2	25.8 ± 0.9	27.4 ± 1.1	27.5 ± 1.0
头基部宽度 /μm	5.2 ± 0.9	11.8 ± 0.6	5.2 ± 0.5	12.3 ± 0.5
背食道腺开口至头顶距离 /μm	5.7 ± 0.9	5.3 ± 0.9	5.4 ± 1.1	3.4 ± 1.0
头顶至中食道球距离 /μm	73.2 ± 14.6	98.5 ± 7.4	67.2 ± 18.7	96.0 ± 7.1
中食道至排泄孔距离 /μm	65.2 ± 20.3	73.8 ± 9.2	71.2 ± 21.9	81.0 ± 10.9
排泄孔处体宽 /μm		28.1 ± 1.9		28.4 ± 1.3
头顶至排泄孔处距离 /μm	145.3 ± 17.6	172.3 ± 12.1	139.7 ± 15.5	176.4 ± 14.5
中食道球直径 /μm	30.0 ± 2.9		32.5 ± 4.3	
阴门膜直径 /μm	22.4 ± 1.9		24.8 ± 3.7	
阴门裂长 /μm	9.7 ± 1.9		11.5 ± 1.3	
肛门至阴门膜边缘距离 /μm	60.0 ± 3.5		44.6 ± 10.9	

续表

	马铃薯金线虫		马铃薯白线虫	
	雌虫（$n=25$）	雄虫（$n=50$）	雌虫（$n=25$）	雄虫（$n=50$）
阴门与肛门间角质环数 / 个	21.6 ± 3.5		12.5 ± 3.1	
尾长 /μm		5.4 ± 1.1		5.2 ± 1.4
肛门处体宽 /μm		13.5 ± 0.4		13.5 ± 2.1
交合刺长度 /μm		35.5 ± 2.8		36.3 ± 4.1
引带长 /μm		10.3 ± 1.5		11.3 ± 1.6

2. 寄主范围

两者主要为害马铃薯，此外，马铃薯金线虫还为害番茄、茄和其他多种茄科植物；马铃薯白线虫还为害龙葵和其他多种茄科植物。

（1）为害性及为害状　两种线虫为害情况与症状特点比较相似。发病植株由于被大量线虫侵害根部并取食根的汁液，致使根系受损，生长发育不良，供应茎和叶的养分水分减少，结薯少而小，产量损失严重。马铃薯地上部仅表现生长不良，病株矮化，叶小而黄，嫩叶凋萎，重病株则叶片全部枯死，植株早死。病株地下部分根系小、发育不良，结薯小而少。在后期病株根部细根上密生大量的小突起，即病原线虫的孢囊。成熟的马铃薯金线虫孢囊呈金黄色，而马铃薯白线虫呈白色。受害马铃薯的大薯率下降高达 90%，当每克土壤中马铃薯孢囊线虫的卵达 20 粒时，一英亩（约合 4 047 m²）马铃薯的产量损失高达一吨。一般病田减产 25% ~ 50%，严重的可达 75%。此外，马铃薯孢囊线虫还可以与大丽轮枝菌及茄腐丝核菌（*Rhizoctonia solani*）一起互作发生加重为害。这两种线虫适应性较强，在温带区、热带较高海拔及近海地区都适于生长。沙性土壤有利于发病。温度是影响其分布的主要因素。马铃薯金线虫在美国发育的最低温度为 10℃，而在英国所需的温度可能略低一些。

两种线虫发育的最适温度一般为 25℃，在此条件下，马铃薯金线虫完成一个生活史需 38 ~ 45 d。温度达 40℃以上时线虫停止活动。一般而言，一年只发生一代。

（2）传播　孢囊中卵特别抗干燥，易随农具黏附的土壤及灌溉水传播，有时风也有传播作用。远距离传播则是通过黏附病土的种薯或其他植物带根繁殖材料的调运。

（3）防治难点　田间污染的马铃薯金线虫能在土壤中长期存活。雄虫不取食，在土中可存活 10 d。在寒冷地区缺乏寄主的情况下孢囊内卵可以存活 28 年。幼虫开始活动的最低土温约 10℃。当群体变小，在合适条件下又能大量繁殖，故较难清除。

（三）检疫与检测

1. 产地检疫

在产地可疑病区做田间调查，可用如下方法：

（1）组筛过滤检验　把从田间采的湿土样放入容器内加水搅匀后，倒入孔径分别为 30 目、60 目、100 目，直径 10 ~ 20 cm 的三层组筛中，接在水池上用细喷头冲洗，使杂屑碎石留在粗筛内，孢囊留在细筛内，然后把细筛网上的孢囊用清水冲入搪瓷盘内，滤去水即得到孢囊。

（2）漂浮法检验　把采回的土样摊开晾于纸上，风干后，照前述方法漂浮分离出孢囊。

（3）挖根检验法　直接挖取田间植株根系，在室内浸入水盆中，使土团松软，脱离根部，或用细喷头仔细把土壤慢慢冲洗掉，用放大镜观察，病根上有大量淡褐色至金黄色或白色的球形雌虫和孢囊着生在细根上。

2. 口岸检测

隔离种植检查：经特许审批允许进口的少量马铃薯必须在指定的隔离圃内种植。在种植期间，可经常观察其症状，经常取土样或根检查。扦取的土壤经自然风干后做漂浮分离检验。获取的根样直接在立体显微镜下解剖观察。在形态学特征无法准确鉴定时，可以用特异性的DNA探针来鉴定马铃薯孢囊线虫。

（1）简易漂浮检验法　先用毛刷把少量薯块芽眼内和外皮粘带的干土刷下，集中起来，倒入三角瓶内加水搅拌成泥浆，再加水至瓶口静置沉淀，等土液稍清，即把上浮杂质倒入放有滤纸的漏斗内过滤，待滤纸晾干时，用放大镜观察，检出孢囊，保存于小瓶内以备鉴定。

（2）漂浮器法　干土壤样品用金属制作的 Fenwick 孢囊漂浮器分离孢囊以备做鉴定。用毛刷刷下马铃薯芽眼及外皮粘带的土壤，收集装载马铃薯的容器内散落的土壤。倒入三角瓶，加水后充分搅拌，再加入水。待泥浆稍清时将上浮杂质过滤，收集滤纸上的杂质，待滤纸晾干后置于立体显微镜下检查。如收集到的土壤较多，可直接用 Fenwick 孢囊漂浮器分离并收集孢囊。

目前已报道的球孢囊线虫有 12 种，但与马铃薯孢囊线虫相似的仅有烟草孢囊线虫（*G. tabacum*）一种。它们三者间的区别见表 5–10。

表 5–10　马铃薯孢囊线虫与近似种的形态区别

	马铃薯金线虫	马铃薯白线虫	烟草孢囊线虫
J2 口针基部球形态	圆形，背球面微后倾斜	前面尖，背部前缘，微凹陷	圆形至前面尖状，背球面前缘微凹陷
J2 口针长度 /μm	21～23	21～23～26	19～24～28
雌虫口针长度 /μm	21～23～25	23～27～29	18～25～30
格氏值	1.3～4.5～9.5	1.2～2.3～3.5	1～2.8～4.2
阴肛门间角质环数	16～22～31 层	8～12～20 层	10～14 层
寄主	马铃薯，不侵染烟草	马铃薯，不侵染烟草	烟草，一般不侵染马铃薯

二、香蕉穿孔线虫

学名：*Radopholus similis*（Cobb，1893）Thorne，香蕉穿孔线虫；
　　　syn. *R. citrophilus* Huttel et al，1984，柑橘穿孔线虫。
英文名：banana root burrowing nematode。
分类地位：属垫刃目短体科穿孔线虫属。香蕉穿孔线虫是我国禁止入境的植物检疫性有害生物，也是国内农业植物检疫性病原生物。此外，APPPC、COSAVE、EPPO、土耳其、阿根廷、智利、巴拉圭、乌拉圭都将香蕉穿孔线虫列为检疫性有害生物。

（一）简史与分布

Cobb（1915）首次报道，香蕉穿孔线虫是斐济引起大蕉（*Musas apientum*）根广泛坏死的原因。香蕉穿孔线虫危害的寄主植物种类非常多，是大洋州，中、南美洲，非洲及加勒比各岛屿香蕉产地有重要影响的病原，如1969年苏里南香蕉种植园普遍发生香蕉穿孔线虫病，曾造成50%以上的产量损失。香蕉穿孔线虫还引起胡椒树的毁灭性病害，印度尼西亚的邦加岛在香蕉穿孔线虫猖獗流行期间有90%以上的胡椒树死亡，20年内毁灭掉2 000万株胡椒树，损失惨重。柑橘穿孔线虫在美国佛罗里达州造成柑橘减产40%~70%，葡萄柚减产50%~80%。

DuCharme及Birchfield在美国佛罗里达州发现香蕉穿孔线虫有3种致病型，2种分别只为害香蕉或柑橘，另一种对香蕉及柑橘均有致病力。但是长期以来对只为害柑橘的穿孔线虫没有充分研究，对另外2个致病型研究较多，即通常所称的香蕉小种及柑橘小种（在文献中分别称为香蕉穿孔线虫和柑橘穿孔线虫）。后来研究表明柑橘小种仅在科特迪瓦、古巴、圭亚那、波多黎各、美国佛罗里达州和多米尼加共和国发现，而香蕉小种广泛分布。有研究者认为香蕉小种包括了数个小种（Edwards and Wehunt，1971）。长期以来，香蕉穿孔线虫及柑橘穿孔线虫一直作为同一种线虫，即相似穿孔线虫（*Radopholus similis*），两者为不同的致病型。20世纪80年代Huttel等的大量研究发现香蕉小种及柑橘小种在对性激素的引诱、酶的多态性及染色体数目等方面存在着一些差异，并在1984年提出柑橘小种应上升为种 *R. citropholus*。本书目前仍然将 *R. citropholus* 作为相似穿孔线虫的种下单元。

香蕉穿孔线虫具有广泛的地理分布，它发生在世界大多数香蕉商业产区，主要在澳大利亚、中美洲、南美洲、部分非洲和太平洋地区以及加勒比岛国发生。

（二）生物学特性

1. 病原菌形态

雌虫唇区半球形，稍缢缩或不缢缩，具3~4个头环，6片唇片，侧唇微缢缩。口针基部球圆形至前端微突出。侧带区4条刻线，在近尾部愈合成3条，尾区侧带区有不完全网格化。尾锥形，尾端钝圆，透明区长9~17 μm，体环有或无。侧尾腺开口于尾前部的1/3尾长处。雄虫唇区高，半球形，明显缢缩，有3~5个头环，侧唇显著较小。尾锥形至圆形，或尾端尖。交合伞不达尾端，交合刺远端尖锐，引带具小的尖突。口针粗壮，为18~19 μm，基部球圆形并向前突出。中食道圆至卵形，瓣门清晰。食道腺叶从背面和侧背面覆盖肠端，其中以背部覆盖最显著。排泄孔在峡部，后部水平。双向双卵巢，前伸；卵母细胞一般单列。阴门明显，在虫体中部稍后。受精囊球形。尾细圆锥形；尾端细圆，体环有或无。侧尾腺口常前于尾中部。

雄虫口针和食道退化，单睾丸，前伸。交合伞常为2/3尾长而不到尾端，边缘呈粗锯齿状。泄殖腔口微突出。交合刺刺头发达，远端尖细。引带伸出泄殖腔口，远端有细尖突，整体呈匙状（图5-25、表5-11）。

2. 繁殖及生活史

香蕉穿孔线虫一般为两性繁殖，但也可孤雌生殖。在已定殖的寄主根组织上，穿孔线虫的雌雄性比为1∶1~19∶1。在香蕉根上，25℃下完成一个生活史需18~22 d；平均每条雌虫产卵20~120粒。在潮湿的土壤中，穿孔线虫在27~36℃时一般可存活6个月；在干燥土壤中，在29~39℃时仅存活1个月。此外，土壤的种类也影响线虫的存活时间。由于在果园中

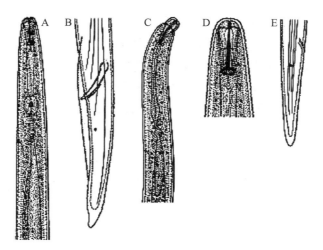

图 5-25　香蕉穿孔线虫形态（仿 Cobb）

A. 雌虫前部　B. 雄虫尾部　C. 雄虫前部　D. 雌虫头部　E. 雌虫尾部

表 5-11　香蕉穿孔线虫雌、雄虫测量值

	雌虫	雄虫
L/μm	690（520～880）	630（590～670）
a	27（22～30）	35（31～44）
b	6.5（4.7～7.4）	6.4（6.1～6.6）
b′	4.5（3.5～5.2）	4.8（4.1～4.9）
c	10.6（8～13）	9（8～10）
c′	3.4（2.9～4.0）	5.7（5.1～6.7）
阴门位置	56（55～61）	
口针长 /μm	19（17～20）	14（12～17）
尾端透明区 /μm	12（9～16）	
交合刺 /μm		20（19～22）
引带 /μm		9（8～12）

注：L 为虫体长；a 为虫体长 / 虫体最大体宽；b 为虫体长 / 虫体前端至食道与肠连接处的长度；b′ 为虫体长 / 虫体前端至食道腺末端的长度；c 为虫体长 / 尾长；c′ 为尾长 / 肛门处体宽。

存在一些杂草寄主，即使在不种植香蕉的果园内，香蕉穿孔线虫的存活期也长达 5 年。据报道，在中美州的果园中，香蕉穿孔线虫的年自然扩散距离为 3～6 m。在合适的条件下，香蕉穿孔线虫在 45 d 内可繁殖 10 倍，每千克土壤中线虫高达 3 000 条，而在根内线虫量也可高达 10 万条 /100 g（根）。

香蕉穿孔线虫为迁移性根内寄生物，其 2 龄幼虫、3 龄幼虫、4 龄幼虫和幼雌虫均能侵入。引起香蕉、柑橘、椰子等经济植物的速衰病及胡椒的黄化病。主要危害植物根组织，破坏皮层细胞，形成空腔。

3. 为害与症状

穿孔线虫主要侵害香蕉根部，在直接受侵害的香蕉根和地下肉质茎上出现不规则病斑，病斑淡红色至红褐色，小斑可以合成大斑。

线虫在根的韧皮部及形成层取食，发育和繁殖后代。由于线虫的不断取食，陆续形成空腔，许多小空腔还能融合成为隧道，并向皮层发展，但不危及中柱，使皮层呈淡红色；侵染3～4周后，即可广泛形成空腔，使根表出现许多裂缝，边缘突起。在伤痕及裂缝处，诱使其他病原菌侵入，加速病组织的坏死，进而危及中柱，使根部萎缩，组织崩溃、瓦解腐烂，直至死亡，从而使根系逐渐减少，最后仅剩数条短残根茬。香蕉穿孔线虫还为害较粗大的地下根茎，可穿过皮层深达 7～10 μm，使 25～50 μm 深的根也有 25%～30% 坏死。受害植株地上部表现为生长停滞，叶片及果穗变小，数量减少，早衰，从而影响产量。据报道，到 1950 年印度尼西亚邦加岛 90% 的胡椒受害；在佛罗里达州，柑橘产量损失高达 40%～70%。我国的华南地区适于该病发生，其中福建省曾有过发生，现已被扑灭。

4. 寄主

香蕉穿孔线虫的寄主范围非常广泛，已经报道的寄主达 350 余种，主要为害芭蕉科、天南星科和竹芋科。重要的经济植物包括香蕉、胡椒、芭蕉、咖啡、葡萄柚、柑橘、茶、玉米等，此外许多蔬菜、观赏植物、牧草、杂草等也是其寄主。

5. 传播

香蕉穿孔线虫由寄主植物的地下部分及黏附的土壤做远距离传播，在田间，带土的农具、人、畜均为传病媒介。同一果园植株间的传播主要通过不同植株间根系的相互接触或线虫本身的迁移。在自然情况下，线虫通过病土、流水和种苗传播。Feldmessor 等认为，在相邻柑橘苗相互接触时，香蕉穿孔线虫从受感染的土壤移到净土的速度是每月 15～20 cm。

（三）检疫与防治

1. 幼苗检验

先将根表皮黏附的土壤洗净，仔细观察挑选根皮有淡红褐色痕迹，有裂缝，或有暗褐色、黑色坏死症状的根，剪成小段，放入培养皿内加清水，置解剖镜下，用针和镊子挑开皮层观察是否被破坏及有无游离在水中的线虫。也可把根剪成碎段，用漏斗法或浅盘法分离。

2. 鉴定方法

用水清洗进境植物的根部，仔细观察根部有无淡红色病斑，有无裂缝或暗褐色坏死斑。立体显微镜下在水中解剖可疑根部，观察是否有线虫危害症状。也可直接将根组织用漏斗法分离。将分离获得的线虫制片后观察，按前述形态特征进行鉴定。

3. 防治难点

现在发病国家所采用的防治方法，主要是热水处理染病蕉苗（少量蕉苗处理 55℃，20 min），这只能杀死部分线虫。病田轮栽非寄主作物或休闲（至少 5 年）才能取得较好效果。

三、松材线虫

学名：*Bursaphelenchus xylophilus*（Steiner & Buhrer）Nickle，1970，嗜木质伞滑刃线虫，属滑刃目滑刃科。

英文名：Pine wilt nematode。

松材线虫病是一种由墨天牛传播的森林毁灭性病害。由于它能引起植株迅速死亡，导致大片松林荒芜，国内外对它皆十分重视，不仅是我国禁止进境的检疫性线虫，也是世界各国林业植物检疫性有害生物。

（一）简史与分布

松材线虫病最早于 1905 年在日本九州、长崎及其周围发生。目前已广泛分布至日本、美国、加拿大、墨西哥、韩国、朝鲜、葡萄牙、中国等，我国台湾、香港、澳门、江苏、浙江、安徽、广东等地区也有发生。

（二）生物学特性

1. 病原形态

两性成虫虫体细长。雌虫体长约 1 mm。唇区高，缢缩显著。口针细长，14～16 μm，基部球明显。中食道球卵圆形、占体宽的 2/3，瓣门明显。食道腺叶长 3～4 倍食道处体宽，背覆盖于肠部。神经环位于中食道球后；排泄孔位于食道和肠连接处；半月体显著，位于排泄孔后 2/3 体宽处。单卵巢，卵母细胞单行排列。阴门位于虫体中后部，约 73% 体长处，有明显的阴门盖；后阴子宫囊长，约为阴肛距的 3/4。尾亚圆锥形，末端宽圆，无或有微小的尾尖突。中食道球卵圆形，瓣门清晰；食道腺细长，叶状，从背面覆盖肠端。排泄孔的开口大致与食道至肠交接处平生。半月体在排泄孔后约 2/3 体宽。单卵巢，前伸；阴门于虫体中后部。阴门前唇拉长成阴门盖，覆于阴门之上；后阴子宫囊长约 190 μm，约为 3/4 肛阴距。雌虫尾亚圆筒状，末端宽圆，部分有约 1 μm 的尾尖突。雄虫体形类似雌虫。交合刺大，弓状、成对，喙突显著，交合刺远端膨大如盘。尾似鸟爪状，腹向弯曲，尾端有一小的端生交合伞。两对尾乳突分别位于泄殖孔前和交合伞前。交合刺玫瑰状，成对，喙突显著。据程瑚瑞等报道，雌虫 L = 1 140 μm，a = 39.4 μm，b = 11.1 μm，c = 27.3 μm，V = 72.9 μm，口针 15.2 μm；雄虫 L = 1 070 μm，a = 47.6 μm，b = 11.0 μm，c = 31.3（29～35）μm，交合刺 29.8（27～32）μm，口针 15.1 μm（图 5-26）。

2. 寄主范围

目前已知可危害树种达 43 种，主要为松属植物。此外，还有云杉属、冷杉属、落叶松属和雪松属的一些树木。最易感病的是日本赤松、日本黑松、琉球松、欧洲赤松和欧洲黑松等。我国已知的自然高感树种是日本黑松，也有一定数量的马尾松自然发病。

3. 危害与症状

无论是幼龄小树，还是数十年的大树都能发病，且病情严重，可导致全林毁灭。自 1982 年传入我国以来，至 1999 年，致死树木总量达 1 600 余万株，不仅给林业生产带来巨大损失，而且还给自然景观及生态环境造成严重破坏。病株针叶变为红褐色，而后全株迅速枯萎死亡。病叶在长时间内可以脱落。针叶的变色过程大致是由绿色经灰、黄绿色至淡红褐色，由局部发展至全部针叶。在适宜发病的夏季，大多数病树从针叶开始变色至整株死亡约 30 d。在表现外部症状以前，受侵病株的树脂迅速减少和停止，属于相当特异的内部生理病变。关于松材线虫的致病机制目前尚未完全明确，近年来的研究发现，引起松材线虫病的机制复杂，不仅与线虫有关，而且与细菌有关。

4. 传播

在自然条件下，墨天牛是松材线虫的传播媒介，迄今为止，发现有6种墨天牛能传播松材线虫。它们分别为松墨天牛、云杉墨天牛、卡罗来纳墨天牛、白点墨天牛、南美墨天牛。其中，松墨天牛是最主要的传播媒介，其传播距离为1~2 km，主要分布于日本、中国吉林及韩国等地。墨天牛传播松材线虫主要有两种方式：一种为补充取食期传播；另一种为产卵期传播。前者为主要的传播方式。在日本和我国主要是由松墨天牛传播，而美国则为卡罗来纳墨天牛等。

5. 发生条件与发生范围

松材线虫是一种移居性内寄生线虫，环境因子如温度和土壤中水分的含量与发病率有密切关系。高温和干旱有利于该病的发生。松材线虫病的最适温度为20~30℃，低于20℃或高于33℃都较少发病。年平均温度是衡量某地区松材线虫病发病程度与分布最重要的指标之一。在日本，此病普遍发生于年平均温度超过14℃的地区，北方和高山地区的病树病情发展缓慢，为害不明显。在海拔高于700 m的地区实际不

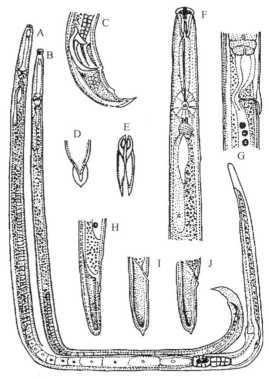

图5-26　松材线虫形态（仿Mamiya，1980）
A. 雌虫　B. 雄虫　C. 雄虫尾部　D. 交合伞　E. 交合刺　F. 雌虫前部　G. 阴门盖　H—J. 雌虫尾部

为害。缺水则加速松材线虫病的病程，病树的死亡率也相应提高。我国山东、江苏、云南和辽宁东南部等地均适合松材线虫的发生与流行。

病害由墨天牛自然传播，而在我国，传病主要媒介松墨天牛的分布除东北、内蒙古、新疆等地区外，几乎遍及各地，灭虫难度大。被害树木伐下后，没经杀线虫处理就被用作包装材料，随货物四处扩散，人为传播造成的危害更大。

人为调运病木及其加工品，是松材线虫远距离传播的唯一途径。

（三）检疫与检测

1. 产地检疫

根据松材线虫为害后造成的症状，判断该地区有无松材线虫为害的病株。在未发现有典型症状的地区，先查找有墨天牛为害的虫孔、碎木屑等痕迹的植株，在树干任何部位做一伤口，几天后观察，如伤口充满大量的树脂为健树，否则为可疑病树。半个月后再观察，如发现针叶失绿、变色等症状，并在45 d内全株枯死者表明有该病发生，接着可在树干、树皮及根部取样切成碎条，或用麻花钻从墨天牛蛀孔边上钻取木屑，用贝尔曼法或浅盘法分离线虫。凡从染病国家进口的松苗、小树（如五针松等）及粗大的松材、松材包装物，视批量多少抽样，切碎或钻孔取屑分离线虫。如发现线虫则制成临时玻片，在显微镜下进一步鉴定。如发现幼虫，可用灰葡萄孢霉（*Botrytis cinerea*）等真菌饲喂，待获得成虫后再做鉴定。

2. 病原线虫的检验

有关检测方法可参阅 ISPM 27《限定有害生物诊断规程》（DP–10）。

检测时，要注意和近似种拟松材线虫（*B.mucronotus*）的区别：

（1）松材线虫 雌虫尾部圆锥形，末端钝圆，无指状尾尖突，或少数尾端有微小而短的尾尖突，长度约 1 μm；雄虫尾端抱片为尖状卵圆形，致病力强，危害重，发病后不到 2 个月树即枯死。

（2）拟松材线虫 雌虫尾部圆锥形，末端有明显的指状尾尖突，长达 3.5～5.0 μm，雄虫尾端抱片为方状铁铲形，致病力微弱，为害较轻。

四、鳞球茎茎线虫

鳞球茎茎线虫是危害鳞茎、球茎和块茎的几种茎线虫的统称，最重要的是下列 3 种，它们都属于垫刃目垫刃总科粒线虫科的茎线虫属。

（1）起绒草茎线虫（*Ditylenchus dipsaci* Kuhn）。

（2）坏死茎线虫（*Ditylenchus destructor* Thorne）。

（3）葱头茎线虫（*Ditylenchus allii* Filipjev）。

英文名：bulb（stem）nematode。

鳞球茎茎线虫属我国禁止入境的危险性有害生物。寄生和危害鳞球茎及块茎的线虫很多，常危害鳞球茎引起严重的坏死和腐烂，其中又以起绒草茎线虫最为著名，在中国，它既是国家禁止入境的检疫性病原生物，也是国内农业和林业植物检疫性病原生物。

（一）简史与分布

该线虫最早在起绒草上发现，故国内外一直称之为起绒草茎线虫（teasel stem nematode）。几十年来，起绒草茎线虫以其易传播性、引起多种植物毁灭性病害闻名于世，为世界上公认的最危险的线虫之一。研究表明，当每 500 g 土壤中有 10 条线虫时就可以严重危害洋葱、甜菜、胡萝卜等植物。严重侵染时损失可达 60%～80%；在欧洲，因该线虫的为害，洋葱苗期死亡率达 50%～90%。鳞球茎茎线虫主要寄生在植物的块茎、鳞茎、球茎等根茎部分，引起组织的坏死或腐烂、变形、扭曲等。鳞球茎茎线虫在世界各地均有分布。

（二）生物学特性

1. 形态

当热力杀死时，线虫虫体挺直或几乎挺直。虫体侧区刻线 4 条。头部无环纹，与相连的体环连续。口针针锥长度约占口针总长度的 1/2，口针基部球圆球形。中食道球内肌肉发达，有 4～5 μm 厚的食道腔壁增厚。食道基部球分叉或覆盖肠的前端几微米。排泄孔位于狭部或食道腺后部的相应位置。雌虫的后阴子宫囊约为肛阴距的 1/2 长或略长。雄虫泄殖腔的交合伞包裹尾部的 3/4 长。交合刺长 23～28 μm。两性圆锥形尾，常呈指状（图 5–27）。

2. 寄主与为害

鳞球茎茎线虫的寄主范围极广，逾 40 科 500 种植物。其中 1/3 为单子叶植物的百合亚纲和鸭跖草亚纲；大多数双子叶寄主属于菊亚纲、蔷薇亚纲和五桠果亚纲。经济价值较高的科有洋葱科、石蒜科、藜科、起绒草科、禾本科、豆科、百合科、花葱科、蓼科、蔷薇科、玄参

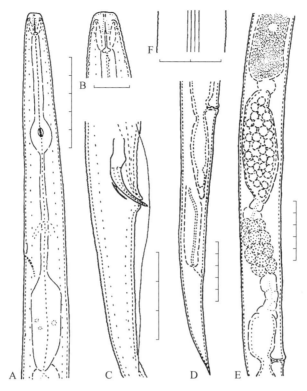

图 5-27　起绒草茎线虫（仿 Sturhan and Brzeski, 1991）

A. 雌虫食道区　B. 雌虫头部　C. 雄虫交合刺区域　D. 雌虫后部　E. 雌虫繁殖系统　F. 虫体中部侧区

注：每个单元标记线长度为 10 μm

科、茄科、伞形花科等，这些科中多种粮食作物、经济作物、蔬菜、中药材、花卉等观赏植物是鳞球茎茎线虫的寄主。可寄生于甘薯、马铃薯、燕麦、甜菜、洋葱、烟草、鸢尾等作物上，还可寄生在水仙、风信子、郁金香、唐菖蒲和朱顶红等花卉上。人工接种时还可侵染大豆、花生、豌豆、蓖麻、芹菜等作物。

鳞球茎茎线虫为害多种花卉。在水仙上，主要为害水仙地上部。水仙发芽时即可侵染。在被害叶和花茎上产生黄褐色镶嵌条纹，后逐渐出现水泡状或波涛状隆起，最后表皮破裂而成褐色，叶片迅速向上枯萎。球茎受害较轻时，从外表看不出明显症状。受害较重时，球茎上部变成褐色腐烂并下凹。将球茎横切，内部呈轮状褐变。球茎在夏季贮藏期中，病害会进一步发展并引起轮状病变，两种病害容易混淆。但是，病原细菌的侵入是从球茎底部开始的，而且腐败的球茎散发出特有的酸臭味，而鳞球茎茎线虫则相反，是从球茎上部向下部蔓延的，且无酸臭味，比较容易区别。洋葱、唐菖蒲、鸢尾、郁金香的鳞球茎受害后，大多数都首先表现为坏死，后期造成腐烂，植株枯死。

鳞球茎茎线虫为害马铃薯时，主要侵染马铃薯的叶片、叶柄和块茎，引起叶片变短、增厚、畸形，从而导致植株矮化；侵染马铃薯块茎时则在其表面为害形成圆锥形的病斑，渐渐向内发展形成漏斗状的腐烂症状，但这种腐烂常与细菌、真菌有关。马铃薯块茎受害后，植株表现为矮小，叶细小而皱缩，块茎坏死并易腐烂（受软腐细菌或芽孢杆菌侵染），早期受害后呈丛生状态，生长停滞，不结薯块或很小。

鳞球茎茎线虫侵染葱属植物时叶子和鳞球茎畸形，但危害大蒜时叶片不畸形。由于叶片被害形成泡状病斑，叶片表现为缺绿，严重侵染时幼苗将死亡。被鳞球茎茎线虫侵染的鳞球茎的鳞片膨大，在鳞球茎的根盘常有裂缝，这些鳞球茎变软，横切开后可见一圈褐色的鳞片。被鳞球茎茎线虫侵染的鳞球茎在贮藏期间很容易腐烂。鳞球茎茎线虫侵染禾谷类植物时，寄主所表现的症状为植株矮化、畸形、节间膨大，分蘖增加，此症状常被用"郁金香根"或"poireautage"来形容，严重为害时植株死亡。为害郁金香时，在开花期间最容易观察到症状，在郁金香花下一侧的茎上首先可发现苍白或紫色的斑痕，花向有坏死病斑的一侧倾斜，随着病情的加剧，病斑处的表皮裂开，并向下扩展或向上可及花瓣处。

鳞球茎茎线虫取食蚕豆的茎、叶、叶柄、豆荚和种子组织，但不伤害根。鳞球茎茎线虫诱导茎畸形、茎组织膨大，并且形成红褐色的病斑，由于品种或环境因素的关系，病斑可变为黑色；病斑包围茎并且大小增加甚至可扩展到节间的边缘。严重侵染时，叶和叶柄坏死。种子受侵染后变小、颜色发暗、畸形，并且其表面形成斑点。

3. 发病条件

鳞球茎茎线虫的发育和其生活史受温度的影响，但不同来源的小种似乎存在差异。Yuksel（1960）发现，在13~18℃条件下鳞球茎茎线虫完成一个生活史需17~23 d。Ladygina（1975）报道，此线虫在1~5℃开始产卵，最适合的产卵温度为13~18℃，当气温达到36℃时则停止产卵。据Goodey（1972）观察，在车轴草上此线虫从卵发育至成虫需24~39 d。还有人报道此线虫发育、繁殖的最适温度分别为15℃、19℃和20~25℃。此线虫在10~20℃具最大的活动性和侵染力。线虫在植物组织内繁殖、产卵和发育，但需两性交配，雌虫可存活45~73 d，产卵200~500粒。除卵以外的所有阶段，线虫均可侵染寄主尤其对4龄幼虫最具侵染力。此线虫可耐低温，在-15℃下保存18个月后仍有生活力。鳞球茎茎线虫的生存和土壤类型有很大的关系，在陶土中线虫存活最好，而在砂土中线虫的群体数量急剧下降。

此线虫的经济阈值非常低，当土壤中此线虫的群体密度达到10条/500 g土壤时就可严重为害洋葱、甜菜、胡萝卜、燕麦等。

4. 侵染途径

鳞球茎茎线虫为害高等植物的不同部位，在大多数寄主中，它取食茎的薄壁组织，但也在种子、叶、花序、芽、鳞球茎、块茎、匍匐茎、根状茎上发现此线虫，极少发现此线虫侵染根。因此，鳞球茎茎线虫可由寄主植物的种子、鳞球茎、匍匐茎等茎、叶及其他植物残体和土壤携带传播。在田间，灌溉水、被污染的机械器具也可传播此线虫。

4龄幼虫是最重要的初侵染源，它刺入茎、叶的表皮或气孔。形成成虫后在茎、叶的组织内交配、产卵，2龄幼虫从卵内孵化出来。在即将死亡的植物组织中线虫集聚，形成抗性4龄幼虫阶段，即抗干燥的"虫毛"（eelwormwool）状态。抗干燥的4龄幼虫可存活很长的时间，已知处于这种状态的鳞球茎茎线虫洋葱小种用滤纸慢慢干燥制成标本于冰箱中保存，26年后线虫仍有活性，甚至还能侵染豌豆并繁殖。即将发育为成虫的线虫往往有离开植物的趋势，尤其是在将要萎焉或死亡的植物寄主上更是如此。在无寄主的情况下此线虫于土壤中可存活数月、数年，已知燕麦小种在无杂草和植物寄主的土壤中至少可存活8~10年。起绒草茎线虫的广泛分布在很大程度上是人为传播所致。通常可以随许多作物的种子、花卉和蔬菜作物的鳞、球、块茎，以及牧草（如三叶草）的干草及被线虫侵染的植物的茎、叶、花碎片等远距离传播。种子的携带量惊人，据记载一粒种子的携虫量可高达 19 万条。

（三）检疫与检验

1. 症状检查

郁金香、风信子、洋葱等鳞球茎受害后，剖开后常可见环状褐色特征性病症。有时，在鳞球茎基部，还可见 4 龄幼虫线虫团。有关检测方法可参阅 ISPM 27《限定有害生物诊断规程》（DP 8）。

2. 线虫分离

检验时抽取样品或可疑植株，切成小块后置于浅盘中，加水过夜（在室温下），用 400 目筛收集线虫液。

（1）直接观察分离法 在解剖镜下用尖细的竹针或毛针将线虫从病组织中挑出，放在凹穴玻片上的水滴中，做进一步观察处理。

（2）滤纸分离法 将植物病组织用清水冲洗后，放入铺有线虫滤纸的小筛上，再将小筛放在盛有清水的浅盘中，水的深度以刚好浸没滤纸为宜。浅盘放在冷凉处过夜，第二天取出筛子，线虫则留在水中，用吸管将线虫吸放在培养皿中，在解剖镜下观察其形态特征。

（3）漏斗分离法 将玻璃漏斗（直径为 10～15 cm）架在铁架上，其下接一段 10 cm 左右的橡皮管，橡皮管上装一个弹簧夹。植物材料切碎后用纱布包好，放在盛满清水的漏斗中。经 4～24 h，由于趋水性和本身的质量，线虫离开植物组织并在水中游动，最后都沉降到漏斗底部的橡皮管中。打开弹簧夹，取底部约 5 mL 的水样，其中含有样本中大部分活动的线虫。在解剖镜下检查，如果线虫数量少，可以 1 500 r/min 离心 2～3 min 后再检查。

3. 检疫与防治

（1）严禁带线虫的种苗、花卉调运，防止鳞球茎茎线虫病传播蔓延。

（2）对花卉如水仙球茎内的鳞球茎茎线虫可进行温汤处理，在 50℃温水中浸泡 30 min，或在 43℃温水中加入 0.5% 福尔马林浸泡 3～4 h。

（3）选用较抗病的品种。

（4）重病地用药剂对土壤进行消毒。重病而又不能轮作的田块，可用威百亩熏蒸剂或滴滴混剂熏杀土内线虫。

严格的检疫和土壤消毒是最有效的方法，轮作也有一定的效果。清除田间病残株，留种鳞球茎必须充分晒干后堆放，可防止鳞球茎茎线虫侵染。

思考题

1. 真菌病害的传播方式或途径有哪些特点？

2. 霜霉病菌怎样检验？如何防治？

3. 小麦的腥黑穗病菌有哪几种？它们的传播方式和防治方法是否相同？

4. 榆枯萎病菌的危险性如何？怎样传播？如何防治？

5. 细菌病害的传播流行特点是什么？有哪些诊断要点？

6. 植原体病害如何检验？

7. 以番茄环斑病毒为例说明植物病毒的传播途径及其与检疫的关系。

8. 若马铃薯帚顶病危害严重，应怎样进行防控？

9. 试以鳞球茎茎线虫为例，简述其检疫的方法。

10. 香蕉穿孔线虫的寄主范围很广，应如何防治？

11. 马铃薯孢囊线虫的检疫防控措施有哪些？

数字课程学习

⤓ 教学课件　　　✎ 自测题　　　🖼 彩图

第六章
危险性害虫

　　世界上为害农作物的害虫很多，据估计，至少有 10 000 种以上的昆虫和螨类，它们的危害程度各不相同，其中有极少的一部分被各国列为检疫性有害生物，我们称其为危险性害虫。防止这些害虫的传入和蔓延，保护农林作物安全生产，是植物检疫工作者的首要任务。2021年 4 月，农业农村部和海关总署根据检疫工作的开展情况，颁布了《中华人民共和国进境植物检疫性病、虫、杂草名录》，总计 446 种（属）。其中，包括 148 种昆虫和 9 种软体动物，也包含了农业检疫性昆虫 9 种，国家林业局 2013 年颁布的检疫性昆虫 10 种（表 6-1）。

表 6-1　我国部分禁止进境的检疫性害虫

分类地位	中文害虫名称	昆虫学名
鞘翅目 – 天牛类	白带长角天牛	*Acanthocinus carinulatus* Gebler
	墨天牛（非中国种）	*Monochamus* spp.non-Chinese
	青杨脊虎天牛	*Xylotrechus rusticus* L.
鞘翅目 – 象甲类	菜豆象	*Acanthoscelides obtectus* Say
	墨西哥棉铃象	*Anthonomus grandis* Boheman
	瘤背豆象（四纹豆象和非中国种）	*Callosobruchus* spp.（non-Chinese）
	稻水象甲	*Lissorhoptrus oryzophilus* Kuschel
	锈色棕榈象	*Rhynchophorus ferrugineus* Olivier
叶甲类	马铃薯甲虫	*Leptinotarsa decemlineata* Say
鞘翅目 – 蠹虫类	大小蠹（红脂大小蠹和非中国种）	*Dendroctonus* spp.（non-Chinese）
	欧洲榆小蠹	*Scolytus multistriatus* Marsham
	斑皮蠹（非中国种）	*Trogoderma* spp.（non-Chinese）
	材小蠹（非中国种）	*Xyleborus* spp.（non-Chinese）

续表

分类地位	中文害虫名称	昆虫学名
鳞翅目	苹果蠹蛾	*Cydia pomonella* L.
	美国白蛾	*Hyphantria cunea* Drury
	蔗扁蛾	*Opogona sacchari* Bojer
双翅目	果实蝇属	*Bactrocera* spp. Macquart
	枣实蝇	*Carpomya vesuviana* Costa
	地中海实蝇	*Ceratitis capitata* Wiedemann
	三叶斑潜蝇	*Liriomyza trifolii* Burgess
	黑森瘿蚊	*Mayetiola destructor* Say
半翅目	苹果绵蚜	*Eriosoma lanigerum* Hausmann
	葡萄根瘤蚜	*Duktulosphaira vitifoliae* Fitch（异名 *Viteus vitifolii*）
	松突圆蚧	*Hemiberlesia pitysophila* Takagi
	扶桑绵粉蚧	*Phenacoccus solenopsis* Tinsley
	可可盲蝽象	*Sahlbergella singularis* Haglund
等翅目	乳白蚁（非中国种）	*Coptotermes* spp.（non-Chinese）
膜翅目	红火蚁	*Solenopsis invicta* Buren
螨	木薯单爪螨	*Mononychellus tanajoa* Bondar
软体动物	非洲大蜗牛	*Achatina fulica* Bowdich

第一节　鞘翅目害虫

鞘翅目害虫是农业和林业植物以及日常生活中最常见的害虫，也是植物检疫中最重要的一类害虫。它们的成虫和幼虫都能为害植物，常造成毁灭性的损害，常见的有叶甲类、豆象类、象甲类、小蠹类及天牛类。

一、叶甲类

（一）马铃薯甲虫

学名：*Leptinotarsa decemlineata* Say。

英文名：Colorado potato beetle。

马铃薯甲虫又名马铃薯叶甲，属鞘翅目叶甲科瘦跗叶甲属。它是为害马铃薯的毁灭性害虫，也是国际上重要的检疫性有害生物。在中国，它既是国家禁止入境的检疫性有害生物，也是国内农业植物检疫性有害生物。

1. 简史与分布

马铃薯甲虫原产美国西部洛基山脉东麓，取食野生茄科植物。由 Thomas Nuttal 于 1811 年发现，并在 1824 年由 Thomas Say 从采自落基山脉一种杂草（buffalo bur, *Solanum rostratum* Ramur.）上的标本进行描述和命名。直到 1859 年该虫才被发现为害马铃薯，其后每年向东扩展 85 英里（约 137 km），1874 年到达美国东海岸。后随美国西部开发，种植业和运输业的发展，转而为害马铃薯，并逐渐自西向东蔓延。现广泛分布于美国、加拿大、墨西哥、危地马拉、哥斯达黎加、古巴、欧洲大部分国家，中亚的哈萨克斯坦、吉尔吉斯斯坦、塔吉克斯坦、乌兹别克斯坦和伊朗，以及非洲的利比亚。1993 年在中国新疆霍城县、塔城市发现危害，对中国农业生产具有极大的危险性。

2. 生物学特性

（1）寄主与为害

马铃薯甲虫的寄主范围较窄，主要是茄科的 20 余种植物，其中大部分是茄属（*Solanum*）植物。最嗜好的寄主是马铃薯，其次是茄子和西红柿。此外，寄主还包括曼陀罗属、天仙子属、颠茄属、菲沃斯属植物。

成虫和幼虫均能取食寄主植物的叶片和枝梢。由于卵密集叶背，幼虫孵化后即群集取食，初将马铃薯叶片取食成网络状，继而咬成孔洞，随着幼虫长大危害日益加重，并在被害植株上遗留大量黑色虫粪。成、幼虫起初取食叶片，后及枝梢，发生严重时马铃薯植株仅残留茎杆基部。此虫取食量大，一般造成减产 30%～50%，有时高达 90%。此虫在美国罗得岛第一代引起马铃薯减产 74%，第二代引起减产 77%。在美国马里兰州进行的田间实验表明，当每株番茄上马铃薯甲虫幼虫数由 5 头增加到 10 头时，产量减少 67%。在乌克兰农庄，不防治区每 10 日统计一次，第一次统计时，被害株率为 17%，1 个月后上升到 82%，一个半月后达 95%，足以说明其危害的严重性。在欧洲和北美洲，该虫也严重为害茄子。

此外，马铃薯甲虫还能传播马铃薯褐斑病和环腐病等。

（2）发生特点

一年发生 1～4 代，以成虫在土壤中越冬，入土深度与土壤的类型有关，在黏土中，一般为 10～30 cm，在砂质土中为 20～40 cm；土壤湿度越高，成虫越冬入土越浅。一般在 4 月上、中旬土温上升到 14℃时，成虫开始在土面出现，它极为活跃，并能做长距离飞翔，一般可飞 300 m，借风可迁飞 100 km。成虫产卵呈块状于叶背，每个卵块有 10～40 粒卵，卵粒与叶面多呈垂直状态。产卵常持续 4～5 周，直到仲夏，每雌虫产卵达 300～500 粒或更多。同一卵块的卵几乎同时孵化，幼虫孵出后即开始取食。幼虫有 4 个龄期，幼虫期 15～35 d。幼虫末期停止取食，大量幼虫在离被害株 10～20 cm 半径的范围内入土化蛹，仅少数个体爬到 35～45 cm 之外。化蛹的深度 1.5～12 cm 不等，多数为 2～3 cm 到 5～6 cm。老熟幼虫做蛹室化蛹。

成虫寿命平均长达 1 年。温度 23～25℃及相对湿度 60%～75% 最适于成虫产卵。温度低于 14℃或高于 26～27℃，相对湿度高于 80% 或低于 40% 均对繁殖不利；温度降至 10～13℃时，成虫基本不活动，停止取食。马铃薯甲虫属于长日照型，当感受到临界短日照后会进入滞育。

此虫的抗寒力不强，越冬死亡率一般较高，有时高达 85% 以上。

（3）传播途径

① 成虫寿命长，耐饥力强，能随风迁移数百千米之外，也能随飞机、轮船、汽车等交通运输工具远距离传播。成虫和幼虫还可蛀食在马铃薯块茎内匿藏传播。

② 人为传播主要通过贸易渠道，来自疫区的薯块、粮食等农产品、种子、苗木以及包装材料和运输工具均可携带该虫。我国口岸检疫多次从美国进境小麦中截获死成虫。

③ 风对其传播起很大作用，其迁飞方向与季节优势风的方向一致，在苏联，20 世纪 60 年代以年速度 120 km 扩散，20 世纪 70 年代增至 130~170 km。此外水流也有助该虫扩散，在海水中中漂流后重新上岸的部分个体仍能成活。

3. 检验与检测

（1）形态（图6-1）　成虫体长 9.0~11.5 mm，宽 6.1~7.6 mm。短卵圆形，背上有明显隆起，基色为浅黄色至黄褐色，具许多黑色斑纹。头部宽大于长，背面中央有一近心形斑。触角细长，11 节，可伸达前胸后角。复眼肾形，黑色。前胸背板斑 10 余个，中间两个最大，略呈 V 形。小盾片边缘黑色。每个鞘翅上有 5 条纵纹。腹部 1~4 腹板各有 4 个明显斑纹。卵长 1.5~1.8 mm，宽 0.7~0.8 mm，椭圆形，黄色且具光泽。幼虫腹部膨大而隆起，1 龄幼

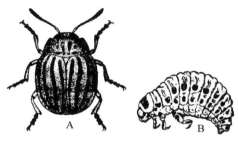

图6-1　马铃薯甲虫
A. 成虫　B. 幼虫

虫长约 2.6 mm，暗红色；4 龄幼虫长约 15 mm，砖红色。裸蛹长 9~12 mm，宽 6~8 mm，橙黄色。

（2）鉴别　在美国发生的同属近缘种为伪马铃薯甲虫（*L. juncta* Germar），它们之间的区别主要是鞘翅上黑色条纹的数目和各条纹之间的相互位置存在差异。

4. 检疫与防治

（1）检疫处理

①禁止从有马铃薯甲虫分布的地区输入马铃薯。加强口岸检疫，对疫区或途经疫区的飞机、轮船等运输工具及所运载的农副产品，特别是谷类、种子、苗木以及长毛类野生动物等，应严格检查其有无附着成虫，以及携带的马铃薯薯块中有无成虫、幼虫和蛹。②加强旅检，特别注意是否携带有活成虫标本。③消毒方法主要是熏蒸处理。马铃薯块茎的熏蒸处理，据加拿大溴甲烷试验，在 25℃下，用 16 mg/L 溴甲烷密闭 4 h；在 15~25℃，每降低 5℃，用药量应增加 4 mg/L，可以彻底杀灭成虫。若要灭蛹，则温度应在 25℃以上。

（2）防治要点

关键是适时，要掌握在第一代幼虫发生高峰时用药。下列多种有效药剂轮换使用，包括乙嘧硫磷、爱卡士、灭百可、多来宝、功夫菊酯等。在美国肯塔基州，推荐轮换使用亚胺硫磷、西维因、高效氰戊菊酯、印楝素、多杀菌素和阿维菌素，能取得较好的防治效果。

应用细菌制剂苏云金杆菌圣地亚哥变种，对低龄幼虫防治效果较好。

（二）椰心叶甲

学名：*Brontispa longissima* Gestro。

英文名：coconut leaf beetle，coconut hispine beetle。

椰心叶甲又名椰棕扁叶甲，属鞘翅目铁甲科。该虫在我国台湾、香港、广东和海南已有发生，在中国，它是国家禁止入境的检疫性有害生物，也是国内农业和林业植物检疫性有害生物。应加强检疫措施，限制其在国内传播蔓延。

1. 简史与分布

椰心叶甲原仅分布于太平洋群岛，后分布区逐渐扩大。现广泛分布于印度尼西亚、马来西亚、澳大利亚、关岛、巴布亚新几内亚等太平洋岛国以及越南和马尔代夫等。

该虫于 20 世纪 70 年代初随种苗传入我国台湾，1976 年统计受害椰苗约 4 000 株，1991 年中国香港发现传入，椰心叶甲对香港多种植物为害较重，如华盛顿葵和椰子的被害率分别达到 100% 和 62%。1999 年底广东省深圳市一些苗木场发现有该虫发生，后为害区域不断扩大，为害程度比较严重，常年受害株率可达 37%。2002 年 6 月海南省海口市在椰子树上发现椰心叶甲，在海南省已蔓延到 12 个县市，受害椰树约 46 万株，约占全省椰树总量的 6.6%。

2. 生物学特性

（1）寄主与为害　寄主为棕榈科许多重要经济林木，包括椰子、油椰、槟榔、棕榈、鱼尾葵、山葵、刺葵、蒲葵、散尾葵、雪棕、假槟榔等，其中椰子是最重要的寄主。

椰心叶甲在寄主上的为害部位仅限于最幼嫩的心叶部分。幼虫和成虫均在未展开的卷叶内或卷叶间取食为害。一旦心叶抽出，它们也随即离去，寻找新的适宜场所取食为害。成幼虫都咀嚼卷叶表皮薄壁组织，导致叶肉细胞死亡。由于沿叶脉平行取食而留下与叶脉平行、狭长、褐色至砂褐色条纹。被害心叶伸展后，呈现大型褐色坏死条斑，有的皱缩、卷曲，形成一种特别的"灼伤"症状。叶片严重受害后，可表现枯萎、破碎、折枝或仅留下叶脉等被害状。成年树受害后期往往表现为部分枯萎和褐色顶冠甚至死亡。通常幼树和不健康树更容易受害。幼树受害后，不宜移植。

椰心叶甲的寄主大部分是经济或观赏性的棕榈科植物，它的入侵和定殖，对我国南方的椰子和棕榈苗木造成很大的威胁，不仅直接造成重大经济损失，而且还破坏景观，严重影响椰子产业，甚至影响入侵地的生态系统。

（2）形态　成虫体狭长、扁平，体长 8 ~ 10 mm，鞘翅宽约 2 mm；头部比前胸背板显著窄，头顶前方有触角间突，触角鞭状，1 节；前胸背板红黄色，有粗而不规则的刻点；鞘翅前缘约 1/4 表面红黄色，余部蓝黑色上面的刻点呈纵列；足红黄色，短而粗壮。卵椭圆形，褐色，长 1.5 mm，宽 1 mm。卵的上表面有蜂窝状扁平突起，下表面无此构造。成熟幼虫体扁平，乳白色至白色，头部隆起，两侧圆，腹部 9 节，因第 8 节和第 9 节合并，在末端形成 1 对向内弯曲不能活动的卡钳状突起，突起的基部有 1 对气门开口，各腹节侧面有 1 对刺状侧突和 1 对腹气门。蛹和幼虫相似，但个体稍粗，出现翅芽和足，腹末仍保留 1 对卡钳状突起，但基部的气门开口消失（图 6-2）。

（3）特点　椰心叶甲每年发生 3 ~ 6 代，在广州地区自然温度条件下，一年可发生 3 代以上，世代重叠，主要以成虫越冬。卵期 4 ~ 6 d，幼虫期约 5 周，蛹期 4 ~ 7 d，成虫寿命可长达 3 个月，每

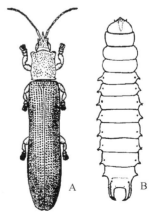

图 6-2　椰心叶甲
A. 成虫（仿 Maulik）
B. 幼虫（仿陈乃中）

雌虫可产卵 100 粒。卵产在取食心叶而形成的虫道内，3 ~ 5 个一纵列，卵和叶面粘连固定，四周有取食残渣及排泄物。成虫白天爬行迟缓，不多飞行，但早晚趋于飞行，雌虫飞行能力比雄虫强。成虫和幼虫均具有负趋光性和假死性。华南农业大学研究发现，29℃是椰心叶甲最适宜的生长发育、繁殖温度，32℃以上则对该虫有抑制作用。

（4）传播途径　有报道称椰心叶甲靠成虫飞行而逐渐扩散，但远距离传播仍然只能借助各个虫态随寄主种苗、幼树或其他载体而人为传播。椰心叶甲从国外或我国台湾省传入大陆和海南省就是借助棕榈科植物种苗的运输。20 世纪 90 年代以来，我国南方口岸多次从棕榈科植物苗木上检获椰心叶甲。

3. 检疫与防治

（1）鉴别　椰心叶甲以如下特征区别于本属中的其他种类：触角粗线状，头中间部分宽大于长，雌雄二性角间突长超过柄节的 1/2，前胸长宽相等，刻点多超过 100，侧角圆且略向外伸，角内侧无小齿或细小突起，鞘翅刻点大多数窄于横向间距，刻点间区除两侧和末梢外平坦等。

（2）检疫与防治　严格实施对棕榈科植物进口的检疫审批制度，对疫区寄主植物调入不予审批。在港口实施严格的检疫检验是保证杜绝该害虫传入的必要而有效的措施。主要检查来自疫区的棕榈科植物，检查未展开和初展开心叶的叶面和叶背是否有为害症状及成幼虫存在，同时检查装载容器（集装箱和纸箱等）内有无此虫。对进口的成株应逐株检查，若有可疑虫卵、幼虫或蛹，应饲养到成虫进行种类鉴定。一旦发现该虫，进境种苗应予以烧毁。

选用西维因、乐斯本和敌百虫等农药，在心叶未展开时采取灌心的办法，心叶展开期可以喷雾，叶已完全抽出可不必喷药。寄主开花花苞抽出、展露花序时不能喷药，以防药害。

二、豆象类

菜豆象学名：*Acanthoscelides obtectus* Say。

英文名：bean weevil，bean bruchid。

属鞘翅目（Coleoptera）豆象科（Bruchidae）三齿豆象属（菜豆象属，*Acanthoscelides*）。在中国，它既是国家禁止入境的检疫性有害生物，也是国内农业和林业植物检疫性有害生物。中文名误称为大豆象，其实该虫不蛀食大豆，故此名已弃用。

1. 分布

该虫在国外分布于缅甸、阿富汗、土耳其、塞浦路斯、朝鲜、日本、乌干达、刚果、安哥拉、布隆迪、尼日利亚、肯尼亚、埃塞俄比亚、英国、奥地利、比利时、意大利、葡萄牙、法国、瑞士、匈牙利、德国、希腊、荷兰、西班牙、罗马尼亚、阿尔巴尼亚、波兰、俄罗斯、美国、墨西哥、巴西、智利、哥伦比亚、洪都拉斯、古巴、尼加拉瓜、阿根廷、秘鲁、澳大利亚、新西兰、斐济；在国内分布于吉林。

2. 生物学特性

（1）寄主与为害　寄主有菜豆、豇豆、长豇豆，不食大豆。以幼虫蛀害豆粒。豆粒受害后，不能食用，也不能做种子。

（2）发生特点　据国内试验，菜豆象在温州地区一年可发生 5 代，在云南畹町一年可发生

7代。菜豆象可以幼虫、蛹或成虫在豆粒内越冬，翌年，当平均气温达15℃以上时，越冬幼虫化蛹，羽化为成虫，钻出豆粒。成虫出孔后数分钟或几小时便可交配，交配几小时后产卵。产卵期因季节不同而不同。夏季5 d，冬季39 d。产卵在豆粒表面或豆粒之间，但产于豆粒表面的卵极易脱落。卵初产时为白色，逐渐变成灰色至黄褐色。幼虫从卵的较粗一端咬破卵壳而孵化，幼虫孵化后在豆粒间爬行寻找适当位置蛀入豆粒。一般喜选饱满而光滑的豆粒蛀入，在白豇豆上多从种脐附近蛀入。幼虫4龄。1、2龄幼虫垂直于豆粒表皮向内蛀食，并蛀一个不对称哑铃形的羽化孔，准备化蛹。成虫羽化后在蛹室静止1～3 d，以头部和前足顶开羽化孔而爬出。成虫有趋光性、假死性和重复蛀入蛹室的习性，成虫寿命一般为12～18 d。成虫摄取水或液体食物可延长寿命及增加产卵量。

（3）传播途径　远距离传播只能借助各个虫态随种子调运而人为传播。

3. 检疫与检测

（1）形态（图6-3）

成虫：体长2～4.5 mm，体宽1.7～1.9 mm，近长椭圆形，头部黑色，被灰黄色茸毛；触角锯齿状，1～4节和末节橘红色，其余褐至黑色；前胸背板黑色，被灰黄色毛；小盾片黑色，方形；鞘翅黑色，端缘红褐色，被灰黄或金黄色毛，其亚基部、中部及端部散生呈方形和无毛的黑斑，鞘翅长约为宽的2倍，行纹深，具刻点，胸足橘红色，被白毛或杂以金黄色毛；后足腿节内侧近端部有1长齿及2较小的齿，齿突后方有微小锯齿数个。臀板橘红色被白毛或金黄色毛；雄虫第5腹板后端凹，雌虫第5腹板近直线。

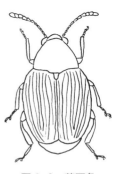

图6-3　菜豆象

雄虫外生殖器：阳基侧突基部1/5愈合，内阳茎刺由端部至基部方向逐渐增大变稀，囊区有两个并列的骨化刺团。

雌虫第八背板呈狭梯形，基缘深凹，端部疏生少量刚毛，从背板基部两侧角向端缘方向有两条近平行的骨化条纹；第八腹板呈Y形。

卵：淡白色，半透明，长椭圆形。长0.55～0.80 mm，宽为0.19～0.36 mm。

幼虫：1龄幼虫体长0.52～0.67 mm，宽约0.21 mm，头小，单眼一对，位于上颚和触角之间；触角两节；前胸有两块强骨化的骨板，呈H形。成熟幼虫体长4～4.5 mm，上唇半圆形，膜区有8根刚毛，6根排成弧形，2根位于稍后，后半部骨化，每侧有1长刚毛，内侧稍后有1感觉圈。下唇的额（前颏）具盾形骨板（下唇板），下唇板前方二分裂，二侧臂在末端相遇，包围在两侧臂间为一水滴状的膜区，侧臂基部和端部各有刚毛1根，下唇板后半部两侧膜区有长刚毛1对；亚颏（后颏）骨片完整，狭带状，有1对短的中刚毛。

蛹：长3.2～5 mm，椭圆形，淡黄色，头弯向胸部，口器位于第一对足基部之间，触角弯向两边，端部露出中胸足的胫节之外，后足跗节先端超出后翅芽。

（2）鉴别

① 过筛检验：将样品倒入规定孔径和层数的标准筛中过筛，然后检查各层筛上物和筛底筛下物，在筛上物中检查有否成虫，镜检种类。把筛底筛下物放在培养皿里，置双筒显微镜下仔细寻找虫卵或1龄幼虫。

② 碘化钾或碘酒染色法：取样品50 g，放于铜网或包于纱布内，浸入10 g/L碘化钾溶液

或 2% 碘酒溶液中，经 2 min，移入 5 g/L 氢氧化钠溶液中浸泡 0.5~1 min，取出后用清水洗涤，豆粒表面有褐色至深褐色小点的为有虫粒。剖粒、镜鉴，确定种类。

③ 品红染色法：取样品 50 g，放于铜网内，在 30℃水中浸泡 1 min，移入酸性品红溶液中 2 min，水洗，虫蛀粒表面为粉红小点。

以上染色检验以白色种皮或近于白色种皮效果较好。

④ 油脂浸润检验：以 50 g 豆粒为一组，放在浅盘内铺成一薄层，按 1 g 豆粒用橄榄油或机械油 1~1.5 mL 的比例，将油倒入豆粒内均匀浸润，30 min 后检查。被油脂浸润的豆粒变成琥珀色，幼虫蛀入处呈一小点，幼虫孔道呈现透明斑纹。此法对白皮、黄皮、淡黄褐色种皮效果最好，对于红皮的豆类效果最差。对于幼虫鉴定主要以上唇膜区刚毛、下唇亚颏骨片确定，成虫可以后足腿节、触角及外生殖器形态确定。

4. 检疫与防治

（1）检疫处理　严格执行检疫条例，禁止从发生区调运豆类种子，若必须调运，应经检疫部门检验方可通行，发现有菜豆象的豆类，须经灭虫处理。

（2）硫酰氟熏蒸　气温 20℃以上，1 m³ 用药 20 g；10~20℃时，1 m³ 用药 30~35 g，密闭 48 h。

（3）高频和微波加热杀虫　对于旅客携带的小包装豆粒，可用这两种方法。这两种方法快速、简便，对人安全无毒，对食用豆粒品质无影响。处理 2 kg 物品，一般加热 60~90 s，各部温度 60~65℃，即可有效地杀死各种仓虫，但影响种子发芽率。例如高频加热处理小豆类，温度 66~87℃，时间 60 s，发芽率降低 23.3%~52.7%，故应慎用。

（4）生油保护　据 Singh 等报道，用花生油处理仓内豇豆籽粒，可免受菜豆象为害，而对口味无不良影响。1 kg 豇豆均匀拌入 5 mL 花生油可安全贮藏半年。其主要作用是使菜豆象卵及幼虫死亡而免受其害。

除菜豆象外，还有四纹豆象、鹰嘴豆象、灰豆象是我国进境检疫性有害生物，区别如表 6-2 所示。

表 6-2　四纹豆象、鹰嘴豆象和灰豆象形象特征的区别

项目		四纹豆象	鹰嘴豆象（眉豆象）	灰豆象
成虫	触角	两性均呈锯齿形，第 1~5 节黄褐色，其余黑色，或全部黄褐色	两性均呈锯齿形，全部黄褐色	雄性呈强锯齿形，第 1~4 节及 11 节黄赤褐色，其余暗褐色
	鞘翅花纹	每鞘翅具 3 个暗色斑，位于肩部、中部和端部，肩斑较小	似四纹豆象，但无肩斑	侧缘中部各有 1 个半圆形暗色大斑，斑内有淡色长条状斑；端部有褐色斑
	后足腿节	外缘齿突短而钝，内缘齿突长而尖	外缘齿突长，略弯向腿节端部；内缘齿极小或缺，沿内缘基部 3/5 有小齿突	外缘齿突大而钝，内缘齿突长而较直

续表

项目		四纹豆象	鹰嘴豆象（眉豆象）	灰豆象
	雄性外生殖器	阳基侧突端部宽匙状，着生刚毛约 36 根；内阳茎端部骨化区呈 U 形，中部有 2 排颗粒状骨化区；外阳瓣三角形，两侧各有刚毛 4~6 根；囊部具粗齿，无骨化板或有 1 对	阳基侧突端部着生刚毛约 10 根；内阳茎端部骨化区矩形；外阳茎瓣两侧刚毛每列 3~4 根；囊部骨化板 1 对	阳基侧突指状，端部斜平截，着生刚毛；内阳茎端部，骨化区 X 形，上宽下窄；囊部具 3 对骨化板，侧拱板极发达，两侧延伸相遇于阳基背
	雌性交配囊	卵形骨化片，上有 4 齿	锯齿形骨片 1 对	无骨片
幼虫	额	具 4 对刚毛，无感觉孔	具 3 对刚毛和 1 对感觉孔	具 4 对刚毛和 1 对感觉孔
	前唇基	无感觉孔	1 对感觉孔	1 对感觉孔
	上唇	端部半圆形	卵圆形	卵圆形
	下唇	前颏骨片后部圆形，唇舌具 2 对刚毛	前颏骨片后部圆形，唇舌具 1 对刚毛和少数刺	前颏骨片后部圆形，唇舌具 1 对刚毛，无刺

三、象甲类

（一）墨西哥棉铃象

学名：*Anthonomus grandis* Boheman。

英文名：cotton boll weevil，boll weevil。

墨西哥棉铃象又名棉铃象虫，属鞘翅目象甲科花象属。此虫为害棉花严重，且难以防治，被国际上列为最重要的植物检疫对象。它是中国禁止入境的检疫性有害生物。

1. 简史与分布

此虫原产墨西哥或中美洲。1892 年传入美国得克萨斯州，之后以每年 40~160 km 的距离向北向东扩散。目前主要分布于美洲（中美洲、北美洲和南美洲）。此外，印度西部和匈牙利也有分布。

2. 生物学特性

（1）寄主与为害　寄主有棉花、瑟伯氏棉、木槿、野棉花、桐棉和秋葵等。

20 世纪初，墨西哥棉铃象在美国的南部棉区曾造成重大经济损失。当时美国南部的农业、工业几乎完全依赖棉作，在新侵害区此虫导致棉花减产 1/3~1/2。1909 年以后，美国棉花、棉籽每年平均直接损失 2 亿多美元，年损失 200 万~500 万捆棉花，棉花产量平均损失 20%~40%。

成虫在棉花现蕾之前，为害棉苗嫩梢和嫩叶；现蕾后则取食棉蕾、棉铃的内部组织，致使被害棉蕾张开、脱落或干枯在棉枝上。幼虫蛀食棉蕾、棉铃，使棉蕾不能开花或只产生具有少量纤维的种子。

（2）发生特点　此虫在美国中部1年发生2~3代，南部1年发生8~10代，在中美洲（亚热带和热带棉区）可全年繁殖，1年发生8~10代。以成虫在落叶内、树皮下、篱笆、仓库附近的隐蔽场所越冬，越冬死亡率常高达95%。越冬后的成虫觅食棉蕾，经过交配雌虫先在棉蕾或棉铃上咬一个穴，并在其中产一单个的卵，每雌虫一生可产卵100~300粒。卵经3~5 d孵化成白色、无足幼虫，幼虫蜕皮2~3次，在棉蕾或棉铃内做蛹室化蛹。一代平均历时25 d。

（3）传播途径　以幼虫、蛹和成虫随籽棉、棉籽、棉籽壳的调运而远距离传播。皮棉传带此虫的可能性很小，但皮棉中有可能混杂棉籽而造成传播。成虫具有较强的飞翔能力，每年可以自然传播40~160 km。

3. 检疫与检测

（1）形态（图6-4）　成虫体长3~8 mm，宽1~3 mm，长椭圆形，红褐色至红黑色，被灰至褐色毛。喙细长，基部有稀疏的毛，从基部到中间有较大刻点组成的行纹，其余一半行纹散布小而稀的刻点。触角细长，鞭节有9个亚节，第1亚节较长，第2~6亚节等长且逐渐增粗，第7~8亚节膨大。头圆锥形，被毛和大而稀的刻点，宽约为长的1.5倍，密布毛和大小不等的刻点，前端圆形，侧缘从基部到中间几乎直，基部左右各有一浅凹。鞘翅呈长圆形，密布成行的刻点和毛，行间凸。卵白色椭圆形，长0.8 mm，宽0.5 mm。老熟幼虫体长约8 mm，身体白色，被覆少数刚毛，无足，头部浅黄褐色。体呈C形。腹部毛孔二孔形。

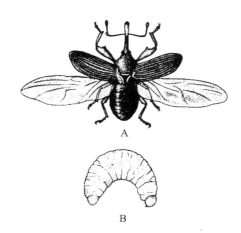

图6-4　墨西哥棉铃象
A. 成虫　B. 幼虫

（2）与近似种的区别　在美国和墨西哥，还有一种主要为害野棉花的野棉铃象（*Anthonomus grandis thurberiae* Pierce），它和墨西哥棉铃象的主要区别见表6-3。

表6-3　野棉铃象与墨西哥棉铃象的形态区别

项目	野棉铃象	墨西哥棉铃象
触角	触角鞭节的颜色明显淡于触角棒	触角鞭节和触角棒颜色相同
前胸	前胸前端略缩窄	前胸前端不缩窄
中足股节	中足股节有齿2个	中足股节有齿1行
后翅	后翅有一个明显的斑点	后翅无明显斑点

（3）检疫与防治

① 检疫处理：对疫区，特别是对从美国、墨西哥及中南美洲有关国家进口的棉籽和籽棉要实行严格的检疫，要严格控制数量，货主需出具官方的薰蒸证书，确保无活虫存在。在进口检验中，如发现活虫，必须用溴甲烷进行灭虫处理。皮棉也要进行检疫。

② 防治要点：美国采用综合治理措施，包括应用杀虫剂、栽培措施、性引诱剂和释放不育昆虫等。在应用性外激素方面，使用棉铃象结集激素、棉铃象性诱剂黏胶以及活的雄虫外激素的诱捕器诱杀，效果都很好。美国还培育一种不能滞育的品系，释放到田间后，造成害虫自然种群的灭亡。化学防治中常使用马拉硫磷、毒杀芬等药剂，幼嫩植株可用甲基对硫磷处理。

（二）锈色棕榈象

学名：*Rhycophorus ferrugineus* Fabricius。

英文名：red palm weevil。

锈色棕榈象，又名红棕象甲，属鞘翅目象甲科鼻隐喙象属。此虫为害多种棕榈科经济植物及观赏苗木，是重要的国际检疫性有害生物之一。在中国，它既是国家禁止入境的检疫性有害生物，也是国内林业植物检疫性有害生物。

1. 分布

此虫在印度尼西亚、马来西亚、菲律宾、泰国、缅甸、越南、柬埔寨、斯里兰卡、印度、所罗门群岛、新几内亚、新喀里多尼亚、巴布亚新几内亚、沙特阿拉伯和中国等国家及地区均有分布。我国海南、广东、福建、浙江、台湾、云南等地区均发现有此虫为害。

2. 生物学特性

（1）寄主与为害 锈色棕榈象是椰子树毁灭性害虫，也为害油棕、槟榔、海枣、台湾海枣、银海枣、油棕、西谷椰子、三角椰子、枣椰子等棕榈科植物。成虫也能取食甘蔗茎并在上面产卵，卵孵化后部分幼虫能发育到成虫，但幼虫的死亡率很高，羽化的成虫个体都不正常，偏小而且畸形。锈色棕榈象是整个东南亚地区对椰子和油棕为害十分严重的害虫。在20世纪50年代，斯里兰卡由于锈色棕榈象为害，有30%～40%的椰子幼树死亡。

（2）发生特点

锈色棕榈象一年约发生3代，第1代时间最短，为100.5 d，第3代时间最长，为127.8 d。从卵到成虫的历期为45～68 d，雄虫平均为54.8 d，雌虫平均为58.7 d，雌虫的发育历期比雄虫长，但其差异并不显著。幼虫共9龄，成虫寿命变化较大，雌虫为39～72 d，平均为59.5 d，雄虫为63～109 d，平均为83.6 d，两者呈极显著差异。

在海南该虫一年发生2～3代，世代重叠。成虫在一年中有两个明显出现的时期，即6月和11月。雌成虫用喙在树冠基部幼嫩松软的组织上钻蛀一个小洞，产卵于其中，有时也产卵于伤口及树皮裂缝中。卵散产，一处一粒，一只雌虫一生可产卵220～350粒；卵期为2～5 d。幼虫孵出后，即向四周钻洞取食柔软组织的汁液，剩下的纤维被咬断后遗留在虫道的周围；幼虫期为30～90 d。成熟幼虫利用木质纤维结成椭圆形茧，成茧后进入预蛹阶段（3～7 d），而后脱最后一次皮化蛹，蛹期8～20 d。成虫羽化后，在茧内停留4～10 h，直至性成熟才破茧而出。雌成虫一生可交尾数次，交尾后当天即产卵，有的也可延至1周以后才产卵。雌成虫寿命为39～72 d，雄成虫为63～109 d。

① 成虫：锈色棕榈象成虫白天不活跃，通常隐藏在叶腋下，只有取食和交配时才飞出。一般羽化后即可交尾，交尾发生多次，每次15～30 s。雌虫通常在幼年椰树上产卵，产卵时将长且锐利的产卵器深深插入植株组织中。有时也将卵产于叶柄的裂缝或组织暴露部位，还经常在由犀甲造成损伤的部位产卵。卵单产，单雌产卵量为162～350粒，平均为221粒。产卵期为33～70 d，平均为（56.60±2.45）d。

② 卵：卵孵化率为 85.2% ~ 93.9%，平均为（89.60 ± 0.69）%，前 7 d 产的卵均可孵化，49 d 后产的卵均不能孵化。卵期的致死温度为 40℃。

③ 幼虫：初孵幼虫取食植株多汁部位，并不断向深层部位取食，在树体内形成纵横交错的隧道。

④ 蛹：老熟幼虫用吃剩的植株纤维结茧，茧呈圆筒状，结茧需要 2 ~ 4 d，然后就在茧中化蛹。

（3）为害规律　锈色棕榈象成虫一般不直接为害，主要是幼虫钻蛀为害。该虫能为害不同树龄的椰子树，尤其对 3 ~ 15 龄椰子树危害较严重。2001 年，对海南椰子主产区文昌、琼海、万宁、陵水、三亚、乐东等地调查统计发现，该虫对 3 ~ 15 龄椰子树的为害率达 7% 以上。成虫易在植株受伤组织上产卵，尤其是受伤的幼嫩组织，在伤口参差不齐或伤口分泌大量汁液时容易吸引雌虫来产卵。卵孵化后，幼虫直接取食周围组织，钻蛀为害。该虫对油棕、大王棕、假槟榔、海枣、糖棕等棕榈科植物为害也较严重，能导致成片椰子林或棕榈科植物死亡，而且有不断蔓延的趋势。目前，在海南文昌的文城、清澜、潭牛、东郊、重兴、会文、烟敦，琼海的长坡，万宁的兴隆，陵水的椰林，三亚的藤桥，乐东的长茅等地均发现该虫害，造成 0.2% ~ 0.3% 的椰子或棕榈植物死亡。一旦该虫为害种植园，如果不采取防治措施，虫害将继续扩大、蔓延，直至整个种植园毁灭。

（4）为害症状　成虫在植株树冠附近的伤痕、裂口、裂缝里产卵孵化，以幼虫钻蛀为害顶端茎干的幼嫩组织，一旦受害便很严重。早期为害很难被察觉，后期才易看出。初为害时，新抽的叶片残缺不全，用耳朵或医用听诊器贴近受害树茎干，能听到幼虫在茎内"沙沙"的蛀食声；为害后期，中心叶片干枯，并从蛀孔中排出废弃的纤维屑或褐色黏稠液体。受害严重的植株，新叶凋萎，生长点死亡，只剩下数片老叶，此时植株难以挽救。有的树干甚至被蛀食中空，只剩下空壳。

锈色棕榈象较少侵害 30 ~ 50 龄的老树。侵害老树时一般都是从树冠受伤部位侵入，而不会从树杆的受伤部位侵入。而 5 ~ 15 龄的幼树则很易受锈色棕榈象为害，侵害幼树时，通常都是通过幼树树干的受伤部位或裂缝侵入，还可以从位于地表的根部侵入树体。后者，受害的植株表面看上去完好无损，但树杆内部组织已被全部破坏。

3. 传播途径

该虫主要靠带虫苗木调运做远距离传播。椰子、海枣和其他棕榈植物是较理想的环境绿化树种，近年棕榈科植物作为观赏苗木远距离调运频繁。因此需要加强对害虫的检疫，防止其传播、为害。在棕榈科植物尤其海枣类调运及种植过程中，一经发现虫害植株，应立即就地销毁或全面除治。在发生区，新移栽植株在修剪后要用内吸性较强的杀虫剂全面喷灌预防，直至心叶全部湿透。

（1）检疫与检测

形态鉴别（图 6-5）：成虫红褐色，体长（自复眼前线至腹部末端）28 mm，宽 12 mm，喙长 9 mm，其前半部背面有棕黄色短而浓密的毛列。前胸背板具 7 个暗棕黑色液滴状斑，其中，在背板前半部有 3 个斑呈弧形排列，中间的斑较大；后半 4 个斑呈直线排列，两侧的较大，中间斑后端由一褐色细线纹与背板后缘相接，也有个体体色全呈黑褐色。

卵：长 2.50 mm，宽 0.90 mm，细长，淡黄褐色，卵膜薄而透明。

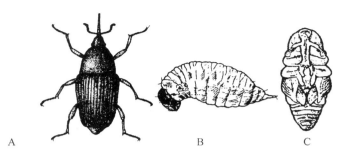

图6-5 锈色棕榈象（仿Hill，1975）
A. 成虫 B. 幼虫 C. 蛹

幼虫：呈黄白色，头暗红褐色。

蛹：体长40~51 mm，宽16~20 mm，浅黄褐色。长卵形。喙背面有3对瘤，其上有毛。离蛹在纤维做成的茧内被一层较薄的软表皮包裹着。

4. 检疫与防治

（1）检疫处理 严格执行检疫措施。在引种棕榈苗木前先向当地林业植物检疫部门申办有关检疫手续。经审批同意方可引种。以防止将境外严重病虫害引入内地。

（2）防治要点

① 该虫为害前期，为害症状不明显，很难发现。当表现出明显的症状时，心叶已枯萎，生长点腐烂，受害已到晚期，植株难于挽救。因此，防治此虫应采用预防为主的综合防治措施，平时要注意观察植株树冠有无异常变化，如有叶片枯死、叶基松动，则可进一步检查是否有虫在内，一经发现，应立即予以除治。

② 消灭象甲产卵场所。根据雌成虫喜欢在植株上一些树穴或伤口（如虫伤及人为损伤）上产卵的习性，防止植株造成过多伤口，对减轻该虫为害有一定作用。因此，当发现椰子或其他棕榈植物有人为伤口（如修剪枝叶、磨伤、擦伤等）、犀牛甲为害洞口、台风过后造成枝叶断落时，要及时在伤口及其周围喷施内吸杀虫剂（如乙酰甲胺磷、久效磷等）进行防治，每15 d喷一次，连续喷2~3次，预防雌虫产卵。

③ 清除或减少园内虫源。对于心叶凋枯、生长点腐烂死亡的植株，难以挽救，要及时砍除，彻底消灭幼茎组织内各虫期的害虫。最好用柴油把整株烧毁，以减少种植园内的虫源，并对周围植株喷灌内吸杀虫剂预防此虫入侵为害。

（3）监测诱杀 通过诱杀来监测该虫在种植园的虫口密度和危害。

① 灯光诱杀：利用该虫成虫的趋光性，在种植园内每隔50 m设置一个2 m高的黑光灯（波长76 nm左右），灯火下放置盛有杀虫剂药水的水盆，在黄昏时分开灯诱杀成虫。

② 材料诱杀：在种植园内，每隔20 m放置一堆诱杀材料——发酵时能发出酸性味道的材料（如菠萝、甘蔗、假槟榔、椰子嫩茎等），诱杀材料的切口应参差不齐，以引诱成虫前来交配产卵，再予杀灭。每天早、中、晚三次诱杀成虫。实验证明，发酵酸味越浓、发酵产生汁液越多的材料，诱杀成虫效果越好。

③ 性激素诱杀：在种植园内，每隔100 m设置一水桶，水桶不加盖或在盖上留七八个直

径为 3 cm 的洞孔（以便成虫容易进入），桶内放杀虫剂药水，在离水面 2~3 cm 处固定放置该虫雌、雄性激素，引诱成虫前来交配，使其落入水中毒死。此方法在海南 5—6 月或 10—11 月成虫活动高峰期使用效果更好。

5. 化学防治

由于锈色棕榈象的幼虫和成虫（短时间）均在树干内蛀干取食，用常规喷雾施药方法难以达到防治目的。目前最有效、对环境影响最小的施药方法是树干注射杀虫剂。可根据植株大小，采用不同方式使用万灵、久效磷、丁硫克百威、乙酰甲胺磷等内吸杀虫剂，可取得较好的防治效果。

（1）根施内吸杀虫剂。对于高大的受害植株（高 5 m 以上），采用根施法，简便易操作，效果良好。在受害植株树基部附近挖穴，使一些树根暴露，从中选定一条老熟、黑褐色的营养根，用刀在根上斜割一个切口，然后把这条根放入装有 10 mL 内吸杀虫剂原液的玻璃瓶内，瓶口斜向上，并用棉花把瓶口塞牢，避免药液挥发，让根慢慢地吸收药液。处理后 10 d 内，在植株茎干内蛀食为害的蚜蛹基本能被毒死。

（2）树干注射内吸杀虫剂。对于树干在 5 m 以下的受害植株，可先将树干上的蛀洞堵塞，然后用 3 mm 钻头在受害部位的正上方钻一深 10 cm、斜向下的洞口，再用注射器向洞内注入 10 mL 内吸杀虫剂原液，并将注药洞口用水泥和硫酸亚铜加水调成糊剂封塞洞口，可取得良好的防治效果。

（3）树体注射 1% 除虫菊素增效醚（Pyrocon—E）、1% 甲萘威溶液；在植株叶腋处填放 5% 的氯丹与沙子的拌合物；在伤口和裂缝处涂株煤焦油或氯丹等，均能有效控制锈色棕榈象为害。

（4）在树干上打孔，放入 1~2 片磷化铝（6 g/ 株）有一定防效。

（5）采用斯氏线虫和异小杆线虫等病原线虫对锈色棕榈象进行防治。病原线虫对锈色棕榈象的幼虫和成虫都具有较强的致病能力；对幼虫更为有效，半致死浓度分别为每头虫 61、61 和 56.7 条。病原线虫在锈色棕榈象成虫体上可繁殖到每头虫 24.2 万条。

（三）稻水象甲

学名：*Lissorhoptrus oryzophilus* Kuschel。

英文名：rice water weevil。

稻水象甲又名稻水象，属鞘翅目象甲科（稻水象属）。此虫是一种重要的水稻害虫，国外已有 10 余个国家先后发生虫害。在中国，它既是国家禁止入境的检疫性有害生物，也是国内农业植物检疫性有害生物。

1. 简史与分布

稻水象甲原产于美国东南部，以野生的禾本科、莎草科等植物为食。1800 年首次在密西西比河流域发现该虫。后随水稻大规模栽培，先后传到美国其他地区和加拿大、墨西哥等国家。1972 年由美国传入多米尼加。1976 年传入日本，1988 年由日本传入韩国、中国。现广泛分布于美国、加拿大、墨西哥、古巴、哥伦比亚、圭亚那、多米尼加、委内瑞拉、苏里南、北非、日本、朝鲜、韩国、印度和中国。

2. 生物学特性

（1）寄主与为害　寄主是水稻等禾本科、泽泻科、鸭跖草科、莎草科、灯心草科等数十种植物。据报道，成虫能取食 13 科 104 种植物，幼虫能在 6 科 30 余种植物上完成生活史。

以成虫和幼虫为害水稻。成虫在幼嫩水稻叶上沿叶脉食稻叶，形成留有一层表皮的纵形长条斑，条斑长在 3 cm 以下，宽 0.38 ~ 0.8 mm，斑纹两端钝圆，比较规则。田间被害叶片上一般有 1 ~ 2 条白色长条斑。为害严重时全田叶片全白、下折，影响水稻的光合作用，抑制植株的生长。幼虫密集于水稻根部，在根内或根上取食，根系被蛀食，变黑并腐烂，在刮风时植株易倾倒，或造成植株变矮，成熟期推迟，产量降低。幼虫取食重者可毁灭根系的 83%，减产 54%；轻者根系被毁 45%，减产 37%。

稻水象甲 1959 年 6 月在美国加利福尼亚州发现，最初的被害面积为 1 000 km²，10 年时间里已扩展到 160 km 以外的地方，蔓延速度每年约为 16 km；1978 年在加利福尼亚州一般为害损失为 28.8%，严重地块达 37.89%。美国路易斯安那州每年因稻水象甲损失达 1 000 万美元；阿肯色州稻水象甲造成的损失约占水稻总产量的 10%。稻水象甲 1976 年 5 月在日本爱知县发现并迅速蔓延，至 1983 年几乎扩展到日本全境，虫害面积约占水稻种植面积的 15%，一般减产 10% ~ 20%，严重田块减产 50%，1987 年发生面积约 5.8 万 hm²，占水稻种植面积的 73%。

我国河北省滦南和唐海两县的定点调查发现，稻水象甲主要影响水稻的分蘖数、株高，延缓水稻的发育期从而影响产量，受害严重的田块每公顷穗数减少 183 万穗；株高平均为 50.7 cm，比正常植株矮 44 cm，仅为正常株高的 53.5%；每穗粒数为 47.6 粒，比正常植株减少 41.1 粒，仅为正常的 53.7%；产量仅为 2 463 kg/hm²，而未受害田块的产量为 7 321 kg/hm²，受害严重的田块减产高达 66%。

（2）发生特点　美国一年发生 2 代。中国河北唐山每年发生 1 代；浙江双季稻区可发生 2 代，以成虫在稻草、田间的稻茬和水田周围大型禾本科杂草、田埂土中、落叶下及住宅附近的草地越冬。老熟幼虫有远离稻根做土茧化蛹习性。在美国加利福尼亚，越冬成虫 3—4 月摄食新草苗，5—6 月则飞至稻田，在稻叶上摄食并爬向植株基部在水线下产卵，在稻株冠部产卵的，其卵是单个地产在叶鞘内。Grigasick（1965）调查时发现，93% 的卵产在叶鞘的浸水部分，5.5% 是在水面以上，1.5% 是在根部。孵化后，幼虫短时间潜入叶鞘静伏，然后爬行到根部取食，并完成 4 龄发育。

稻水象甲有兼性孤雌生殖能力。成虫具有较强的飞翔力，并可借风力做远距离迁移。有趋光性。

（3）传播途径　随稻秧、稻谷、稻草及其制品、其他寄主植物、交通工具传播。飞翔的成虫可借气流迁移 10 km 以上。此外，还可随水流传播。

3. 检疫与检测

（1）形态（图 6-6）　成虫长 2.6 ~ 3.8 mm，宽 1.15 ~ 1.75 mm，灰褐色。喙约与前胸背板等长，稍弯，扁圆筒形。触角鞭节 6 亚节，末亚节膨大，基半部表面光滑，端半部表面密布毛状感觉器。前胸背板宽 1.1 倍于长，中央最宽，眼叶明显，不见小盾片。鞘翅侧缘平行，长 1.5 倍于宽，宽 1.5 倍于前胸背板，肩斜，行纹细，行间

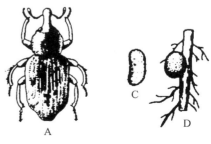

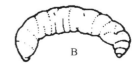

图 6-6　水象甲

A. 成虫　B. 虫　C. 卵　D. 土茧

宽并被至少 3 行鳞片，鞘翅端半部行间上有瘤突。中足胫节两侧各具一排游泳毛。雌虫后足胫节有前锐突和锐突，锐突长而尖，雄虫仅具短粗的两叉形锐突。卵约 0.8 mm×0.2 mm，圆柱形，两端圆，乳白色。幼虫体白色，头黄褐色，无足，第 2~7 腹节背面各有一对向前伸的钩状气门，4 龄幼虫长约 10 mm。蛹白色，复眼红褐色，大小及形态似成虫。蛹在土茧中形成，土茧黏附于根上，灰色近球形，直径 5 mm。

（2）与稻象甲的区别　在国内为害水稻的象甲还有稻象甲（*Echinonemus squameus* Billberg），它与稻水象甲各虫态的主要区别如表 6-4 所示。

表 6-4　稻水象甲和稻象甲的形态区别

虫态	稻水象甲	稻象甲
成虫	体长约 3 mm，宽 1.5 mm。体表密被灰色圆形鳞片，鳞片间无缝隙；前胸背板中间和鞘翅中间基半部深褐色，鞘翅近端部无灰白色斑。触角索节 6 节，第 1 节球形，棒节愈合为一节	体长约 5 mm，宽 2.3 mm。体表密被椭圆形鳞片，鳞片间间隙明显；前胸背板中间两侧和鞘翅中间 6 个行间的鳞片为深褐色，行间近端部各有 1 个长圆形灰白色斑。触角索节 7 节，第 1 节棒形，棒节分节明显
卵	长圆柱形，略弯	椭圆形
幼虫	细长，腹部第 2~7 节气门背面有钩状突	肥胖多皱折，稍腹向弯曲，气门背面无突起
蛹	做薄茧，附于根部	离蛹，位于土室内

（3）检疫与防治

① 检疫处理：禁止从疫区输入稻草、秸秆。凡属用寄主植物做填充材料的，到达口岸应彻底销毁。对运输工具、包装材料应仔细检验，发现疫情应熏蒸灭虫，严防传入，熏蒸药剂有溴甲烷、磷化氢、硫酰氟等。

② 防治要点：药剂防治策略为"根治迁入早稻田的越冬后成虫，兼治第一代幼虫，挑治第一代成虫"。

每次施药，必须兼施田边、沟边、坎边杂草。晚稻秧苗、本田均结合防治其他害虫兼治，一般不需专治。10% 甲基异柳磷拌细土撒施，对幼虫及成虫均有良好防治效果。

（四）杨干象

学名：*Cryptorrhynchus lapathi* L.。

英文名：osier weevil，poplar and willow weevil。

杨干象又名杨干隐喙象，属鞘翅目象虫科隐喙象属。该虫严重威胁杨树人工林和三北防护林。在中国，它既是国家禁止入境的检疫性有害生物，也是国内林业植物检疫性有害生物。

1. 简史与分布

国外广泛分布于日本、朝鲜、俄罗斯、匈牙利、捷克、斯洛伐克、德国、英国、意大利、波兰、法国、西班牙、荷兰、加拿大、美国。国内分布于东北和西北地区。该虫目前在我国的地理分布范围以海拔 500 m 以下，1 月平均温度在 0℃以下，年平均气温 0℃以上，年降水量 400~800 mm 的丘陵平原杨树栽植区危害严重。

2. 生物学特性

（1）寄主与为害 寄主有甜杨、小黑杨、北京杨、中东杨、加杨、白城杨、沙兰杨、I-214杨、箭杆杨、小叶杨、旱柳、爆竹柳等植物。国外还报道有赤杨、黄花柳、矮桦、银白杨及酸模等。杨干象是杨树幼苗及人工林的枝干害虫。以幼虫在韧皮部与木质部之间环绕枝干蛀道及成虫将喙伸入寄主或嫩枝的形成层组织中为害。由于切断了树木的输导组织，轻者造成枝梢干枯，枝干折断；重者可使整株杨树死亡。另外，木材中形成虫孔，会降低使用价值。

（2）发生特点 该虫在我国一年1代，以卵或初孵幼虫在枝干韧皮部内越冬。翌年4月越冬幼虫开始活动，卵也相继孵化。初孵幼虫先取食韧皮部，后逐渐深入韧皮部与木质部之间环绕树干蛀成圆形蛀道，蛀孔处的树皮常裂开如刀砍状，部分掉落而形成伤疤。5月中、下旬在蛀道的末端蛀入木质部做椭圆形的蛹室，用细木屑封闭孔口在此化蛹。7月中旬为成虫羽化盛期。成虫具假死性，善爬行，很少起飞，补充营养后交尾产卵，卵多产在树干2 m以下的叶痕、枝痕、树皮裂缝、棱角、皮孔处，后期产的卵不再孵化即行越冬，待翌年春季温度升高时再孵化。

杨树中的黑杨派及欧美品系杂交品种在春季湿度较小、冬季较湿润、夏季湿润及降水量不过大时，有利于该虫害的发生。

（3）传播途径 该虫的自然扩散靠成虫爬行，远距离传播主要是靠人为调运携带有越冬卵或初孵幼虫的苗木和无性系株或新采伐的带皮原木。

3. 检疫与检测

（1）症状检验 4月前对所调运的苗木、幼树应仔细进行检查，查看有无初孵幼虫及卵；4月后查看是否有幼虫侵入孔或有排出红褐色丝状排泄物及树皮是否有一圈圈刀砍状裂纹，或剖木查看木质部是否有圆柱形的纵坑。可在苗木栽植当年的5月再复查一次，调查有无新的上述幼虫为害症状。

（2）形态鉴别（图6-7）

① 成虫：体长7~10 mm（头管除外），长椭圆形，黑褐色或棕褐色，无光泽。被灰褐色鳞片及很短的刚毛。期间散布白色鳞片形若干不规则的横带。头部较小，呈半球形，被有密刻点、稀疏白色鳞片和刚毛，头顶中间具略明显的隆线。复眼圆形。黑色，略突出，一半隐藏于前胸内。眼的上方有竖鳞斑。喙弯曲，略长于或等长于前胸，基部着生1对黑色鳞片簇。触角9节，呈膝状，棕褐色，第一节最长，锤节由1节组成，呈卵圆形粗大。前胸背板宽大于长，两侧近圆形，并且中央之前向前端显著缩小，而后端略缩窄，散布大刻点，背面中央具1条细纵隆线；在前方着生2个、后方着生3个横列的黑色鳞片簇。小盾片圆。鞘翅上各着生6个黑色鳞片簇，分别于第二及第四条刻点沟的列间部之中，其肩部宽度大于前胸背板，于后端的1/3处，向后倾斜，并逐渐缢缩形成1个三角形斜面。前胸背板两侧，鞘翅后端1/3处及腿节上的白色鳞片较密，并混杂直立的黑色鳞片簇。

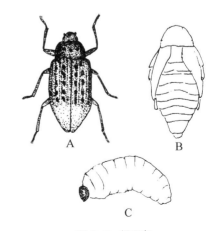

图6-7 杨干象
A. 虫 B. 蛹 C. 幼虫

② 卵：椭圆形，乳白，长 1.3 mm，宽 0.8 mm。

③ 幼虫：老熟幼虫体长 9～13 mm，圆筒形，乳白色，有许多横皱纹和稀疏黄色短毛。胴部弯曲略呈马蹄形。头部黄褐色，上颚黑褐色，下颚及下唇须黄褐色。中、后胸各由 2 小节组成，腹部第一、第七节各由 3 个小节组成，胴部的侧板及腹板隆起。胸足退化，在足痕处生有数根黄毛。气门黄褐色。

④ 蛹：乳白色，长 8～9 mm。腹部背面散生许多小刺，在前胸背板上有数个突出的刺。腹部末端具 1 对向内弯曲的褐色几丁质小钩。

4. 检疫与防治

（1）检疫处理　对调运的寄主苗木须经过严格的检疫，特别是调拨 3 年以上的幼树更应慎重检疫。

调运新采伐的杨柳带皮原木或小径材，一旦发现有虫，就地剥皮或用溴甲烷、硫酰氟熏蒸处理，用药量 30 g/m³，20℃下熏蒸 48 h，处理合格后方可调运。

（2）防治要点　对带有杨干象越冬幼虫或卵的苗木可在春季掘苗、起运前，用 40% 氧化乐果乳油、40% 久效磷乳油 50～100 倍液或 2.2% 溴氰菊酯乳油 100～200 倍液对树干进行全面喷洒，经检查确认无此虫后才能出圃造林。

发现携带有 2～3 龄幼虫的苗木，可用噻虫啉微胶囊剂、溴氰菊酯缓释膏和灭幼脲Ⅲ号油胶悬剂点涂坑道表面排粪处。老龄幼虫或蛹期宜采用 56% 磷化铝片剂，放入虫孔道内，每孔 0.05 g 并进行密封虫口或用 40% 乐果柴油（1：9）液剂涂虫孔。

四、小蠹类

（一）咖啡果小蠹

学名：*Hypothenemus hampei* Ferrari。

英文名：coffee berry beetle，coffee berry borer。

咖啡果小蠹属鞘翅目象虫科小蠹亚科褐小蠹属。此虫传播迅速，寄主范围广，对咖啡危害严重。在中国，它既是国家禁止入境的检疫性有害生物，也是国内林业植物检疫性有害生物。

1. 简史与分布

此虫原产非洲，现已广泛分布于世界许多咖啡种植国家。已知的有非洲的大部分国家，亚洲的越南、老挝、柬埔寨、泰国、印度、印度尼西亚、马来西亚、菲律宾、斯里兰卡，美洲的墨西哥、加勒比地区、萨尔瓦多、危地马拉、洪都拉斯、海地、牙买加、哥伦比亚、巴西、秘鲁，大洋洲的斐济、新喀里多尼亚、巴布亚新几内亚和太平洋的一些岛屿。

2. 生物学特性

（1）寄主与为害　主要寄主为咖啡属植物，如咖啡、大咖啡的果实和种子，其他寄主有灰毛豆属、野百合属、距瓣豆属、云实属（苏木属）和银合欢的果荚，木槿属、悬钩子属和一些豆科植物的种子等。

咖啡果小蠹是咖啡种植区严重为害咖啡生产的害虫，幼果被蛀食后引起真菌寄生，造成腐烂，青果变黑，果实脱落，严重影响产量和品质。为害成熟的果实和种子直接造成咖啡果的损失。被害果常有一到数个圆形蛀孔，蛀孔多半靠近果实顶部（花的基部），蛀孔褐色到深黑色，被害的种子内有钻蛀的坑道。果实内有时含有不同龄期的白色幼虫几头到 20 余头。

此虫是浓咖啡和阿拉伯咖啡的重要害虫。在许多国家，特别是在东非为害严重。据报道，刚果的斯坦利维尔地区，咖啡青果受害率为 84%，成熟果为 96%，直接减产 60% 以上；在科特迪瓦，咖啡果受害率达 50% ~ 80%；在乌干达，咖啡果受害率达 80%。此虫在巴西有时损失达 60% ~ 80%。在马来西亚咖啡果被害率达 90%，成熟的果实被害率达 50%，导致田间减产 26%。可见此虫给一些咖啡生产国造成的危害和损失是相当严重的。

（2）发生特点　在巴西每年发生 7 代，乌干达每年发生 8 代，有世代重叠现象。

雌虫交配后钻入果内产卵直至下一代羽化为成虫后钻出。每雌一生产卵 8 ~ 12 批，共产卵 30 ~ 60 粒。卵产在硬的、成熟的咖啡豆所在的各小室内，卵期 5 ~ 9 d。幼虫在豆内取食，幼虫期 10 ~ 26 d。雌幼虫取食期约为 19 d，雄幼虫取食为 15 d。蛹期 4 ~ 9 d，从产卵到发育至成虫共需 25 ~ 35 d。

雌虫总是占优势，雌雄比约为 10：1。雌成虫一般在下午 4—6 时飞翔于树间寻找产卵场所，雄成虫不飞翔，通常不离开果实，1 头雄虫大约可同 30 头雌虫交尾。

该虫的生长发育受海拔高度及湿度的影响，在海拔高度低的咖啡种植区较为普遍。例如，在东非，海拔高度 1 500 m 以上地区就很少发生；在爪哇，海拔高度在 250 ~ 1 000 m 的地区，咖啡受害相当严重。性喜潮湿，遮光、潮湿的种植园比干燥、露天的种植园受害程度要严重得多。

（3）传播途径　该虫为蛀食性害虫，常随果豆、种子及其包装物远距离传播。最初发现此虫就是由贸易的咖啡豆上获得的标本而定名，许多国家在贸易咖啡果中截获此虫，我国也曾多次截获。

3. 检疫与检测

形态鉴别（图 6-8）：成虫体长 1.4 ~ 1.7 mm，为体宽的 2.3 倍。黑色，有光泽。体呈圆柱形。头小，隐藏于半球形的前胸背板下。眼肾形，缺刻甚小。触角鞭节 5 节，锤状部 3 节。前胸背板长小于宽，长为宽的 0.81 倍，背板上面强烈弓凸，背顶部在背板中部；背板前缘中部有 4 ~ 6 枚小颗瘤，背板瘤区中的小颗瘤数量较少，形状圆钝，背顶部小颗瘤逐渐变弱，无明显的瘤区后角；刻点区底面粗糙，一条狭直光平的中隆线跨越全部刻点区，刻点区中生狭长的鳞片和粗直的刚毛。鞘翅长度为两翅合宽的 1.33 倍，为前胸背板长度的 1.76 倍；刻点沟宽阔，其中刻点圆大规则，沟间部略凸起，上面的刻点细小，不易分辨，沟间部的鳞片狭长、排列规则。

卵：乳白色，稍有光泽，长球形，0.31 ~ 0.56 mm。

幼虫：乳白色，有些透明。体长 0.75 mm，宽 0.2 mm。头部褐色，无足。体被白色硬毛，后部弯曲呈镰刀形。蛹白色，头藏于前胸背板之下。前胸背板边缘有 3 ~ 10 个彼此分开的乳头状突起，每个突起上面有 1 根白色刚毛。腹

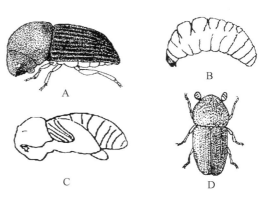

图 6-8　咖啡果小蠹

A. 成虫侧面观　B. 幼虫　C. 蛹　D. 成虫背面观

部有 2 根较小的白色针状突起，长 0.7 mm，基部相距 0.15 mm。

4. 检疫与防治

（1）检疫处理 禁止从疫区引进寄主植物的种子；凡从国外进口的寄主植物的果豆，必须随同包装物进行熏蒸处理；因科研需要而进口的种子，必须进行灭虫处理并隔离试种 1 年以上。

使用二硫化碳熏蒸有较满意的效果，用量为每 0.28 m^3 的种子用 85 mg 二硫化碳，熏蒸 15 h；氯化苦熏蒸用量为每升种子用 5 mg 熏蒸 8 h，10 mg 熏蒸 4 h，15 mg 熏蒸 2 h，50 mg 熏蒸 1 h，可杀死咖啡果内的成虫。

用干燥炉 49℃处理 30 min 可消灭果豆内害虫，利用微波加热也具有较好的灭虫效果。

（2）防治要点

① 咖啡种植园要及时清理和收集被蛀果实和落果，集中进行深埋或烧毁处理。在贮存种子时，保持其含水量不超过 12.5%，可防治蛀虫。

② 利用天敌肿腿蜂、小茧蜂、斯氏线虫和白僵菌（*Beauveria bassiana*）防治该虫有良好效果。

③ 可利用二氯苯醚菊酯或虫螨磷、硫丹、马拉硫磷进行防治。

（二）欧洲榆小蠹

学名：*Scolytus multistriatus* Marsham。

英文名：smaller European elm bark beetle。

欧洲榆小蠹又名波棘胫小蠹，属鞘翅目象虫科小蠹亚科小蠹属。此虫能携带病原体传播榆枯萎病，属于我国进境植物检疫性有害生物和林业植物检疫性有害生物。

1. 分布

广泛分布于欧洲大陆、北美洲的美国和加拿大、亚洲的伊朗、非洲的埃及和阿尔及利亚，以及大洋洲的澳大利亚。

2. 生物学特性

（1）寄主与为害 寄主主要为榆属植物。偶尔也为害杨树、李树、栎树和东方山毛榉等。

欧洲榆小蠹主要为害榆树主干和粗枝韧皮部，破坏形成层，对树木的生理功能和木材的工艺价值都有较大影响。它还是榆枯萎病的媒介昆虫。此虫喜食不健康的榆树，它在濒死的、刚死的但树皮完整、水分充足的榆树上虫口可惊人地增加。由于榆枯萎病造成的损失仅美国就达 10 亿美元，而在欧洲用于美化街道和公园的榆树的大批死亡，造成的损失无法估量，被人们称为一场可怕的生态灾难，故引起许多国家的高度警惕，将此病的病菌和传播者均列为检疫性有害生物。

（2）发生特点 在加拿大每年发生 1～2 代，在美国各州每年发生 2～3 代。以幼虫在蛹室内越冬，春暖时化蛹。

欧洲榆小蠹一般喜欢在通风透光场所的树干下部及伐倒树木的韧皮部内部寄居。侵入树木后，先蛀成一个交配室，然后雄虫进入进行交配，交配后的雌虫在树皮下筑成一条母坑道，同时在两侧咬成筑卵室产卵于其中。成虫产卵 80～140 粒，并以微细的蛀屑覆盖。卵孵化后，每一幼虫从母坑道向外蛀食，在形成层范围内蛀出一条逐渐宽大的子坑道，沿途留下深暗色粉状蛀屑。接近化蛹期时，它们就从形成层咬食，向外进入树皮做蛹室化蛹。成虫在蛹室内羽化后略停片刻咬出树皮，留下直径 2 mm 的圆孔。

（3）传播途径　近距离传播靠成虫飞翔或爬行，远距离传播主要靠各虫态借助于寄主植物（原木）的远途运输。

3. 检疫与检测

形态鉴别（图6-9）：成虫体长 1.9～3.8 mm，体长为体宽的 2.3 倍。体红褐色，鞘翅常有光泽，背部少毛。眼椭圆形，无缺刻。触角鞭节 7 节，锤状部呈铲状，不分节。雄虫额面狭长偏平，表面生纵向针状褶皱，额毛长而稠密，环聚在额周缘上；雌虫额面较短阔弓凸，额毛短小疏少，分布于全额面上。前胸背板长为宽的 0.96 倍；背板表面平滑光亮，着生清晰稠密的小圆刻点，无茸毛。鞘翅长度为两翅合宽的 1.32 倍。并为前胸背板长度的 1.32 倍，鞘翅末端不向体下方弓曲，即不构成斜面。腹部第一与第二腹板相夹形成直角状折曲的削面，第二腹板前缘当中有一粗直大瘤，瘤向体后水平延伸，第二、三、四腹板后缘两侧各有一极小的刺状瘤，第三、四腹板后缘当中有时各有一极小的瘤，两性腹部形态基本相同，只是雌虫第二、三、四腹板后缘两侧的刺状瘤较小，第三、四腹板后缘当中光平无瘤。

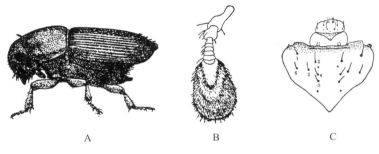

图6-9　欧洲榆小蠹（肖良供图）
A. 成虫　B. 成虫触角　C. 幼虫头部

卵：白色，近球形。

成熟幼虫长 5～6 mm，白色，体形拱曲，多褶折。额心脏形，具 6 对额刚毛和前后 2 对额感觉孔。触角表面有微刺，有 7 根刚毛。唇基宽为长的 2.5 倍，具 5 对上唇毛，侧方的 3 对排列成三角形，前方具中毛 2 对，上唇感觉孔 3 个。内唇的 3 对刚毛排列与唇缘平行，内唇之间有 3 对刚毛，第二对与第三对之间有 2 对内唇感觉孔，排列成一个四方形。蛹的体色由白色至黑色，随蛹龄的增加而颜色加深；蛹的短壮翅芽弯曲包在腹部之外。

4. 检疫与防治

（1）检疫处理　对从该虫发生区进口的木材，尤其是寄主植物，要注意检查原木的表皮有无虫孔和蛀孔屑，然后进一步剥皮或剖开看有无坑道，一旦发现货物带虫应立即采取以下措施：①退货、销毁；②使用溴甲烷或硫酰氟熏蒸，推荐剂量为 15℃以上，硫酰氟 64 g/m³ 处理24 h；③用水浸泡 1 个月以上。

（2）防治要点

① 清除受侵害树和树枝，并用林丹处理树干和枝条，保持林区立地卫生。

② 合理施肥、浇水、整枝，保持树势生长旺盛，增强树木抗病虫害的能力。

③ 用有内吸作用的农药如杀螟松等对树干进行喷雾可杀死幼虫和成虫。

（三）大小蠹属

学名：*Dendroctonus* Erichson。

英文名：bark beetle。

大小蠹属是鞘翅目象虫科小蠹亚科的蛀干性森林大害虫。我国已知有红脂大小蠹（*Dendroctonus vatens*）、华山松大小蠹（*D. armandi*）和云杉大小蠹（*D. micans*），均严重为害松杉等重要树种。其中华山松大小蠹是我国特有种，多年来在我国秦岭林区严重为害华山松。红脂大小蠹（又名强大小蠹）主要分布于北美洲，其寄主树种为冷杉、云杉、大果松等树种。1998 年被发现侵入我国，在山西严重为害油松。红脂大小蠹及大小蠹属的其他非中国种属是中国进境植物检疫性有害生物，也是国内林业植物检疫性有害生物。

1. 分布

大小蠹属已知有 19 种。广布世界各地，在北美是重要的针叶树害虫。红脂大小蠹 1998 年被发现在我国山西境内北纬 35°12′～39°16′、海拔 600～2 000 m 的太行山、吕梁山、中条山油松林内有分布，并波及太行山东坡、中条山北坡及山西省西南部黄河沿岸的河北省、河南省、陕西省与山西接壤的部分地区，严重危害油松。

2. 生物学特性

（1）寄主与为害 大小蠹属的种类生活在濒死木、衰弱木或树桩的树皮下。有些些种类攻击活立木。寄主为松属树种和其他针叶树。如山松大小蠹是北美的重要森林害虫。1894—1908 年在美国西部首次大流行，致使大量松树死亡。1925—1935 年，在爱达荷州和蒙大拿州，扭叶松和大量的白皮松受害死亡。在 20 世纪 70 年代，该虫在美国西部大流行，每年都引起大批松树死亡，在美国 1981 年的大发生面积为 441 万 hm²。美国政府虽然采取了各种控制措施，但到 1987 年的大发生面积仍有 244 万 hm²；1988 年，大发生面积为 220 万 hm²，585 万株松树死亡。特别是它还能引起公园树木的大批死亡，造成难以估量的损失。

（2）发生特点 该虫通常一年 1 代，但在较温暖的地区一年可达 2～3 代，在较寒冷的北方地区有时 1 代需要 2～3 年。在我国山西等省该虫的世代不整齐，有的一年发生 1 代，有的地方一年发生两代或者两年 3 代。以成虫、幼虫、蛹越冬，越冬场所包括伐桩根及受害木的根、干部和干基部，在干部和干基部不能正常越冬，死亡率极高，在根部能正常越冬，是次年扩散为害的主要虫源，越冬成虫可以由根部直接钻出土表转移为害。成虫羽化高峰主要集中在 5 月下旬和 7 月下旬。在不同纬度、不同海拔和不同坡向的林地，越冬成虫的迁飞期也不同。

幼虫不筑独立的子坑道，群集从母坑道处向周围扩散取食，在干部及主根较粗的部位，形成扇形共同坑道，幼虫共有 4 龄。

老熟幼虫在树皮与边材之间蛀成肾形或椭圆形的充满木屑的蛹室，侧根的蛹室主要在本质部，树干的蛹室主要在树皮部分，在本质部边材上有浅刻窝。

在红脂大小蠹侵入过程中，雌成虫首先到达树木，钻蛀坑道，蛀入内层树皮至形成层。坑道开始呈水平状态或稍偏向上，在雌虫侵入之后较短的时间里，雄虫进入坑道。孔内成虫通常为一雌一雄，但少数虫道内可发现一雌二雄现象。侵入孔周围出现漏斗状凝脂。新侵入孔凝脂红褐色，湿软。随着时间的推移，凝脂变硬、变干，呈灰褐色。

成虫边蛀食边产卵，卵包埋在疏松的棕红色虫粪中，散乱或成层排列。

（3）传播途径　大小蠹虫成虫具有一定的飞翔能力，可自行扩散蔓延。有些种类飞行距离可达约 20 km。但远距离主要借助调运带皮原木或伐干进行传播，靠虫蛀木材远途运输和成虫扩散传播。

3. 检验与检测〔有关检测方法可参阅 ISPM 27《限定有害生物诊断规程》〕

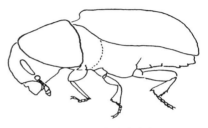

图 6-10　大小蠹成虫

（1）形态鉴别（图 6-10）　成虫体长 3.0～8.0 mm，粗壮。红褐色至黑褐色。额中部适度凸起，不高。前胸背板长小于宽；雌虫背板上的刻点圆形，分布稠密，背板上的茸毛像刻点一样稠密。鞘翅刻点沟略宽而下陷，沟中刻点圆大；沟间部宽阔而略隆起，其表面坎坷不平；翅面上的茸毛刚直松散，长短不一。

幼虫和蛹与其他小蠹虫相似。成虫产卵于坑道中，产卵的坑道充满蛀屑，而雌、雄成虫正在钻蛀的坑道中没有蛀屑，这一点可以与大多数其他小蠹相区别。

（2）检测　检查松科类树木带皮原木以及伐材等。查看表皮是否有大小蠹侵入孔、羽化孔。若被大小蠹侵害，侵入孔处有大小不一的红褐色、灰白色漏斗状凝脂块，羽化孔为圆形，直径为 3～4 mm。有上述症状者应撬开树皮做进一步检查，可见韧皮部与木质部之间有成虫侵入的虫道或幼虫取食韧皮部后的痕迹。

4. 检疫与防治

（1）检疫处理　对来自该虫发生区的木材，要注意检查原木的表皮有无虫孔和蛀孔屑，然后进一步剥皮或剖开看有无坑道，一旦发现货物带虫应立即采取以下措施：①退货、销毁；②使用硫酰氟熏蒸，推荐剂量为 15℃ 以上，硫酰氟 64 g/m^3 处理 24 h；③用水浸泡 1 个月以上。

（2）防治要点

① 清除受侵害树木，并用林丹处理树木和枝条，保持林区立地卫生。

② 根部是大小蠹越冬的场所，也是次年扩散为害的主要虫源，对树桩根部大小蠹的及时防治，是减轻大小蠹危害的有效途径。用有内吸作用的农药如杀螟松、氯胺磷等喷涂树干可杀死幼虫和成虫。

（四）谷斑皮蠹

学名：*Trogoderma granarium* Everts。

英文名：Khapra beetle。

谷斑皮蠹属鞘翅目皮蠹科皮蠹属，是重要的仓库害虫之一，也是国际上重要的检疫性有害生物。在中国，它既是国家禁止入境的检疫性有害生物，也是国内农业和林业植物检疫性有害生物。

1. 简史与分布

谷斑皮蠹原产于南亚，现已传播到世界各大洲 60 多个国家和地区。发生较重的国家有缅甸、印度、土耳其、伊拉克、叙利亚、巴基斯坦、阿富汗、塞浦路斯、塞内加尔、尼日利亚、阿尔及利亚、突尼斯和苏丹。中国台湾地区也有发生。

2. 生物学特性

（1）寄主与为害　谷斑皮蠹食性杂，取食多种植物性和动物性产品，如小麦、大麦、麦芽、燕麦、黑麦、玉米、高粱、稻谷、面粉、花生、干果、坚果，以及奶粉、鱼粉、鱼干、蚕茧、皮毛和丝绸等。对谷类、豆类、油料等植物性储藏品及其加工品危害严重，造成的损失为5%～30%，有时高达75%。幼虫很贪食，有粉碎食物的特性。

（2）发生特点　在东南亚，谷斑皮蠹一年多发生4～5代。4—10月为繁殖为害期，11月至翌年3月以幼虫在仓库缝隙内越冬。

此虫生长温度范围为21～40℃，最适温度为30～40℃。抗低温能力强，2～4℃时能生存12个月，–10℃时能生存72 h。抗干燥能力也强，能在相对湿度2%、食物含水量2%～2.5%的条件下充分生长发育。

成虫有翅但不能飞。成虫羽化后2～3 d开始交尾产卵。卵散产，适宜条件下每雌虫可产卵50～90粒，平均70粒。卵产于粮粒的缝隙中，卵表面无黏附物，极易脱落在粮粒的碎屑之中。

幼虫在适宜条件下4～7龄，不利的条件下可增至10～15龄。幼虫期的长短及龄数因食物及温度而不同，温度低于5℃或高于48℃时则幼虫停止发育；不休眠幼虫能耐饥2～3年，而休眠幼虫能耐饥8年，而且休眠幼虫对低温和熏蒸剂的抵抗力更大。

（3）传播途径　谷斑皮蠹成虫虽有翅，但不能飞，主要以各虫态随被侵染的动植物产品及包装物和运载工具进行传播。

3. 检验与检测

（1）形态鉴别（图6-11）　成虫体长1.8～3.2 mm。椭圆形。头和前胸背板暗褐色至黑色；鞘翅红褐色，有淡色毛形成的不清晰的花斑。触角11节；雄虫触角棒3～5节，雌虫3～4节；触角窝后缘隆线显著退化，雄虫消失全长的1/3，雌虫消失全长的2/3。颏的前缘中部深凹，凹缘最深处颏的高度不及颏最大高度的1/2。卵圆筒形，长0.6～0.8 mm，宽0.24～0.26 mm，初产时乳白色，后变为淡黄色。幼虫纺锤形，老熟幼虫长4～6.7 mm。体背乳白色至红褐色。箭刚毛多着生于背板侧区，尤其在腹末几节的背板两侧最集中，形成浓密的褐色毛簇。第八腹节背板无完整的前脊沟或前脊沟完全消

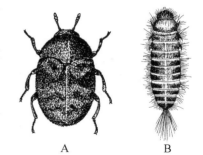

图6-11　谷斑皮蠹
A. 成虫　B. 幼虫

失。上内唇具感觉乳突4个。有关检测方法可参阅ISPM 27《限定有害生物诊断规程》。

谷斑皮蠹的雌性成虫、幼虫与黑斑皮蠹近似，但后者雄性成虫触角棒6～7节，触角窝的后缘隆线完整，幼虫腹部第八节背板有前脊沟，可与前者相区别。此外，谷斑皮蠹体红褐色，而黑斑皮蠹为灰色。

（2）检测　对来自东南亚的饲料粮，来自非洲的花生、芝麻等进行针对性检查，对缝隙、包角、褶缝、船舱、阴暗角落等要仔细检查。对粮谷、油料和饲料还需过筛检查。

谷斑皮蠹的性外激素为（92：8）（顺：反）–14–甲基–8–十六碳烯醛及聚集激素（油酸乙酯44.2%、棕榈酸乙酯34.8%、亚麻酸乙酯14.6%、硬脂酸乙酯6%、油酸甲酯0.4%），两者都能人工合成，以此两种激素做诱捕器，放在港口、码头及仓库走道口或货物装卸处，即可诱捕到此虫。

4. 检疫与防治

（1）检疫处理　发现虫情应立即退货或就地熏蒸除虫。可用溴甲烷或磷化铝进行熏蒸，溴甲烷用量为 50~80 g/m³，密闭 48~72 h；或用磷化铝 2 片，密闭 32 h。用药量视温度和其他条件而调整。采用溴甲烷与磷化铝混用处理幼虫和卵，比单用一种药剂效果好。

美国农业部就谷斑皮蠹侵染种子的处理方法规定如下：熏蒸处理时间为 12 h，温度 ≥ 32℃，药量 40 g/m³；温度为 26.5~31.5℃ 时，药量 56 g/m³；温度为 21~26℃ 时，药量 72 g/m³；温度为 15.5~20.5℃ 时，药量 96 g/m³；温度为 10~15℃ 时，药量 120 g/m³；温度为 4.5~9.5℃ 时，药量 144 g/m³。

（2）防治要点　对空仓或运输工具喷施二氯苯醚菊酯、虫螨磷、马拉硫磷进行灭虫。高温处理时，在 52℃ 下处理 1.5 h，或 60℃ 下处理 20 min，可杀灭各个虫态。

（五）大谷蠹

学名：*Prostephanus truncatus* Horn。

英文名：larger grain borer，greater grain borer。

大谷蠹属鞘翅目长蠹科尖帽胸长蠹属，为重要仓贮害虫和进境检疫性有害生物。

1. 简史与分布

该虫原产于美国南部，后在美洲扩展。20 世纪 80 年代初在非洲定殖。现已在美洲各国，非洲的坦桑尼亚、肯尼亚、布隆迪、多哥、赞比亚和贝宁，亚洲的印度和泰国发生。

2. 生物学特性

（1）寄主与为害　主要为害玉米、木薯干和红薯干，还可为害软质小麦、花生、豇豆、可可豆、扁豆及糙米等多种粮谷，对木制器具及仓内的木质结构也造成危害。

大谷蠹为农家储藏玉米的重要害虫。成虫穿透玉米的包叶蛀入籽粒内，并可由一个籽粒转移到另一籽粒，形成大量的玉米碎屑。既可发生于玉米收获之前，又可发生在收获后的整个储藏期。在尼加拉瓜，玉米经 6 个月储存后，因该虫危害可使质量损失达 40%；在坦桑尼亚，玉米经 3~6 个月储存，质量损失达 34%，籽粒被害率达 70%。此外，大谷蠹可将木薯干和红薯干破坏成粉屑。特别是发酵过的木薯干，由于质地松软，更适于大谷蠹钻蛀为害。在非洲，经 4 个月储存后，木薯干质量损失有时可达 70%。

（2）发生特点　成虫钻蛀玉米粒时，形成整齐的圆形蛀孔。雌虫在与主虫道垂直的盲端室内产卵。Shires（1980）观察，在温度 32℃、相对湿度 80% 的最适条件下，产卵前期 5~10 d，卵期 4.68 d，幼虫期 25.4 d，蛹期 5.16 d，平均发育期为 35 d。大谷蠹在玉米内的发育比在木薯干内快。硬粒玉米被害较轻，表现出明显的抗虫性。

（3）传播途径　主要通过被侵染寄主的调运进行传播。

3. 检验与检测

（1）形态鉴别（图 6-12）　成虫体长 3~4 mm。圆筒状。暗褐色至黑褐色，体表密布粗大刻点。头下垂，隐藏在前胸背板之下，由背方不可见。触角 10 节，末 3 节形成触角棒，第十节与第八、九节等宽或稍宽于后两节。前胸背板长宽略相等，上面密生多列小齿。鞘翅刻点行较规则；鞘翅后部斜截形，形成一个平的坡面，坡面两侧的缘脊明显。卵长约 0.9 mm，宽约 0.5 mm，椭圆形、短圆筒状，初产时呈珍珠白色。老熟幼虫体长 4~5 mm，身体弯曲呈 C 形，有胸足 3 对。蛹乳白色，前胸背板光滑，在前半部约有 18 个瘤突；腹部多皱，但无任何

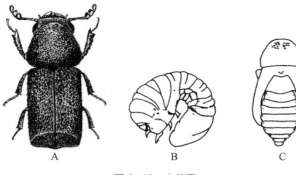

图6-12 大谷蠹
A. 成虫 B. 幼虫 C. 蛹

突起物。

（2）鉴别 大谷蠹与常见种谷蠹的区别在于后者体较小（体长 2 ~ 3 mm），前胸背板每侧有 1 条完整的脊，鞘翅后半部翅坡不明显，且无缘脊。与竹蠹也很相似，但竹蠹前胸背板每侧有 1 条完整的脊，鞘翅翅坡不明显，前胸背板后部中央有 1 对深凹窝等特征，可与大谷蠹相区别。与日本竹蠹可从触角的节数进行鉴别，大谷蠹为 10 节，日本竹蠹为 11 节。

4. 检疫与防治

（1）检疫处理 禁止从疫区调运玉米、薯干、木材及豆类。特许调运的，必须严格检疫。仔细检查玉米、薯干等是否有圆形的成虫蛀入孔及成虫和幼虫为害形成的粉屑。过筛及剖检粮粒和薯干，看是否有成虫或幼虫。有条件时可对种子进行 X 光检验。对感染的物品和包装材料等，用磷化铝或溴甲烷进行严格的熏蒸处理。

（2）防治要点

① 将玉米棒去苞叶后摊成薄层，在太阳下暴晒；或将玉米放入圆筒仓内，用 10 cm 厚的草木灰或沙子压盖；或用 10% ~ 30% 的草木灰与玉米粒混合，可显著减轻危害。

② 玉米脱粒储藏可减轻大谷蠹危害，也便于药剂防治。

③ 用二氯苯醚菊酯、虫螨磷或马拉硫磷处理脱粒玉米，防治效果优于其他农药。

④ 用剂量为 5 ~ 25 kGy、50 kGy 和 100 kGy 的 γ 射线进行处理时，大谷蠹分别经 24 d、16 d 和 12 d 全部死亡。

（六）双钩异翅长蠹

学名：*Heterobostrychus aequalis* Waterhouse。

英文名：kapok borer，oriental wood borer。

双钩异翅长蠹又名细长蠹虫，属鞘翅目长蠹科异翅长蠹属。此虫为重要森林植物检疫性有害生物。它属于我国进境植物检疫性有害生物，也是国内林业植物检疫性有害生物。

1. 分布

在国外分布于日本、东南亚各国，北美洲和加勒比海沿岸各国。

2. 生物学特性

（1）寄主与为害 寄主植物有白格、香须树、合欢、楹树、凤凰木、柚木、橡胶、木棉属、琼楠属、橄榄、海南苹婆、黄檀、省藤、柳安，以及桑、榆、红橡木等弃皮木材、竹材、藤料及其制品。

双钩异翅长蠹是一种热带和亚热带地区木材、锯材、竹材、原藤的严重害虫。该虫以成虫、幼虫在原木、板材、家具、胶合板、弃皮藤料及其他寄主材料上蛀食木质部、钻蛀孔道。凡受害寄主外表虫孔密布，仅剩纸样外表，内部蛀道相互交叉，严重的几乎全部蛀蚀成粉状。钻蛀时向外排出蛀屑，严重影响寄主材质，甚至使之完全丧失使用价值。1988年深圳发展中心大厦的高级建筑玻璃因该虫钻蛀玻璃胶而面临掉落的风险。同年，东莞市藤厂也因该虫严重蛀粉，致使20%的库存藤料外表虫孔密布，内部几乎都是蛀粉，藤厂损失惨重。自1980年以来我国已多次在进口的木材、木制品及货物中查获此虫，为害率达86%。

（2）发生特点　双钩异翅长蠹为钻蛀性害虫，终身几乎在木材等寄主内部生活，仅在成虫交尾、产卵时在外部活动。一般一年2~3代，以老熟幼虫或成虫在寄主内越冬，越冬幼虫于翌年3月中、下旬化蛹，蛹期9~12 d，3月下旬至4月下旬为越冬代成虫羽化出洞盛期。第一代成虫6—7月为羽化出洞盛期。第二代部分幼虫期可延长，以老熟幼虫越冬，成虫10月出洞或延至3月中、下旬，和越冬代成虫期重叠。成虫期正常寿命2个月左右，但越冬代成虫期寿命可达5个月。因此，全年都能找到幼虫和成虫，世代间界限不清，冬季也有成虫活动。

初羽化成虫浅色，潜伏洞中，待体色加深硬化后出洞，开始在木材表面蛀食，形成浅窝或虫孔，有粉状物排出较易发现。成虫喜在傍晚至夜间活动，稍有趋光性，钻蛀性强，在环境不适宜时，不管是尼龙薄膜，还是窗架的玻璃胶均可被其蛀穿。蛀孔由树皮到边材，其蛀道长度不等，在危害伐倒木、新剥原木、木质制品、多层板或弃皮藤料时，蛀屑常一起排出蛀道。雌虫产卵时，喜在上述材料的缝隙、孔洞处咬一个不规则的产卵窝，产卵于其中，卵较分散，幼虫蛀道大多沿木材纵向伸展，弯曲并互相交错，蛀道直径一般6 mm，长达30 cm，蛀入深度可达5~7 cm，其中充满紧密的粉状排泄物，蛀道的横截面圆形，幼虫老熟后在虫道末端化蛹。

（3）传播途径　该虫各虫态随木材、木箱包装、木垫板、藤料及运输工具的传播进行远距离传播。

3. 检验与检测

（1）形态鉴别（图6-13）

成虫：圆柱形，赤褐色。雌虫长6~8.5 mm；雄虫长7~9.2 mm。头部黑色，具细粒状突起。上唇前缘密布金黄色长毛。触角10节，锤状部3节。前胸背板前缘角有1个较大的齿状突起。背板前半部密布锯齿状突起，两侧缘具5~6个齿，小盾片四边形。鞘翅具刻点沟，斜面的两侧，雄虫有2对钩状突起，上面的1对较大，向上并向中线弯曲。雌虫两侧的突起仅微隆起。

幼虫：乳白色，长8.5~10 mm。体壁褶皱。头部大部分被前胸背板覆盖，背面中央有1条白色中线，穿越整个头背。前额密被黄褐色短绒毛。体向腹部弯曲，胸部

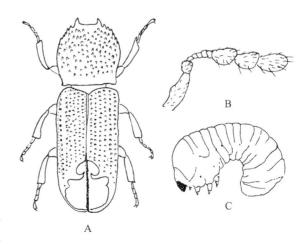

图6-13　双钩异翅长蠹
A. 成虫　B. 成虫的触角　C. 幼虫

特别粗大。腹部侧下缘具短绒毛，各节两侧均有黄褐色气门。

蛹：体长 7 ~ 10 mm。体乳白色至浅黄色，可见触角轮廓锤状部 3 节明显。前胸背板前缘凹入，两侧密布乳白色锯齿状突起。中胸背中央明显具 1 个瘤突。腹部第六节的毛列多呈倒 V 形。

（2）检测

① 木材及其制品表面是否有众多圆而垂直的蛀孔口，隧道与年轮是否略平行。成虫期为害，一般在木材表面见有大量蛀屑，可根据蛀屑而破木找虫，较易发现。幼虫期则无蛀屑外露，通常粉状排泄物紧塞坑道内。检查时，应先用斧头或锤击打木料，因其蛀道大多数纵向伸展，弯曲而交错，若有则发出的声音异常，便可破木找虫，幼虫或蛹一般在充满粉状排泄的坑道端处，查虫时，需随坑道的延伸破木，在端处方能找到。羽化孔直径 4 mm，已羽化出洞的虫孔边缘钝圆，有虫的虫孔边缘锋锐。

② 在对皮藤料检验成虫为害症状时，应仔细检查捆藤表面是否有蛀屑，然后逐条检查，藤条有虫孔，即可破藤查虫。幼虫为害时，可根据藤的韧性来判断，因受害藤内幼虫蛀道纵横向交错，其韧性受影响，可用手拉一拉或压一压藤条，如极易折断，可在坑道内发现幼虫。

4. 检疫与防治

（1）检疫处理　大批量木材及其制品、集装箱运载的藤料及其制品或木质包装箱等可采用硫酰氟熏蒸处理，用药量为 30 ~ 40 g/m³，熏蒸 24 h；用薄膜密闭后要立即投药，以防该虫咬破孔洞漏气而影响熏蒸效果。

少量有虫藤料，可采用 45% 硫磺熏蒸处理，用药量为 250 g/m³，点燃后熏蒸 24 h。

有条件的地方也可采用水浸木材的处理方法，水浸时间应不少于 1 个月。

板材热处理，2 ~ 3 cm 厚的板材可以采用热处理，烘房温度 65 ~ 67℃，相对温度 80%，处理 2 h 以上。

（2）防治要点　对带有越冬幼虫或卵的苗木可在春季掘苗、起运前，用 2.2% 溴氰菊酯乳油 100 ~ 200 倍液向树干进行全面喷洒。经检查确认无此虫后才能出圃造林。

携带有 2 ~ 3 龄幼虫的苗木，可用噻虫啉微胶囊剂、溴氰菊酯缓释膏或灭幼脲Ⅲ号油胶悬剂点涂坑道表排粪处。老龄幼虫或蛹期宜采用磷化铝片剂，放入虫孔道内，并密封虫口或用乐果柴油（1 ：9）液剂涂虫孔。

五、天牛类

（一）家天牛

学名：*Hylotrupes bajulus* L.。

英文名：European house borer。

家天牛又名北美家天牛、家希天牛，属鞘翅目天牛科希天牛属。该虫为重要的森林植物检疫性有害生物，属于中国进境植物检疫性有害生物。

1. 分布

家天牛分布于欧洲的阿尔巴尼亚、奥地利等国，非洲的阿尔及利亚、埃及、利比亚、马达加斯加、摩洛哥、津巴布韦、南非、突尼斯，美洲的加拿大、美国、阿根廷、危地马拉，大洋洲的澳大利亚、新西兰，亚洲的伊朗、伊拉克、以色列、黎巴嫩、叙利亚等地区。

2. 生物学特性

（1）寄主与为害　家天牛的寄主以针叶树为主，如松属、云杉属、冷杉属、黄杉属等，此外还可为害栎属、金合欢属、杨属、胡桃属、陆均松属、榛属、桤木属、水青冈属和梧桐科植物等。

家天牛已成为建筑物的非常重要的害虫之一，在建筑物的木质结构中为害，如木窗、木门、房梁、阁楼、栅栏、电话亭和地下室（包括坑道）的木结构。在 1935 年，仅德国汉堡一个地方，用于防治该虫的费用就超过 100 万马克，在瑞典有数百座房屋已受其严重侵染，在丹麦和德国还专门为建筑物设立防止遭受该虫侵染的保险险种。澳大利亚针对该虫的广泛蔓延持续开展了 10 多年的调查和跟踪以及根除工作，为此，政府支付用于根除活动的费用相当巨大。

Duffy（1980）报道，他曾在从意大利进口的用干燥胡桃木制作的烛台上发现了家天牛。澳大利亚在从欧洲进口的 825 组组合房中查出 94 组被该虫侵染，新南威尔士首次发现该虫是 1953 年在悉尼郊区的一间房屋里于 5 年前从罗马尼亚进口的顶梁上发现的。另外，澳大利亚发现进口自欧洲的汽车木包装箱也感染了该虫。澳大利亚政府为彻底根除该种天牛，斥巨资历时 10 多年，对进口的所有组合房进行了熏蒸。几种林木害虫，尤其是北美家天牛对澳大利亚造成了严重的经济损失，使得澳大利亚最早要求出口澳大利亚的所有木质包装、木制品在出口时必须实施熏蒸处理，并附有官方出具的熏蒸处理证书。

（2）发生特点　家天牛是全世界对干燥软木最具威胁的毁灭性害虫。该虫对木质材料的为害主要在幼虫阶段，它们躲藏在木质材料中取食、生长，在经过短则 2 ~ 3 年，长则 3 ~ 6 年甚至更长的时间后化蛹。化蛹通常在 5 月，有时在秋季，甚至在冬季，蛹期通常为 2 ~ 3 周，但在自然状态下变异性相当大。成虫可在蛹室滞留 5 ~ 7 个月后才飞出木质材料，羽化出的成虫在交配后，雌虫在木板的缝隙、裂缝、粗糙表面产卵，由于初侵染的幼虫虫粪中信息素的作用，雌虫更喜欢在遭受初次侵染的木质材料上产卵，一般每只雌虫产 3 ~ 4 批卵，每次约 40 粒。再侵染加剧了对木质结构的危害，直到将木材和木质结构彻底毁坏。家天牛的生长发育主要受温度、相对湿度、木材含水率等环境因素的影响。

卵期：温度 26.3 ~ 31.5℃、相对湿度 90% ~ 95% 为家天牛卵生存的最佳环境，卵期为 5.9 d。

幼虫期：家天牛幼虫期在适宜的环境条件下为 2 ~ 3 年，家天牛幼虫的最适温度为 29 ~ 31℃、木材含水率 10% ~ 12%；该虫的最适温度为 28 ~ 30℃，最适相对湿度为 70% ~ 80%。

成虫：木材的含水率是成虫成功进行再侵染的最重要的因素，木材含水率达到 10% ~ 12% 时，成虫就可羽化。

家天牛抵御恶劣环境的主要方式是滞育。家天牛卵在温度 16.6℃、相对湿度只有 18% 的气候条件下，卵期长达 48 d；幼虫期内温度低于 20℃ 或高于 30℃ 时，取食量明显下降，生长发育处于停止状态，整个幼虫期需 3 ~ 6 年，有的需 10 年甚至更长时间。

家天牛对环境有较强的适应性，一旦被传入一个新的地区，经过一定的时期，尽管它们在遗传组成上相同，但由于环境和地理障碍等因素的作用，在生活史、生物学特性、寄主选择性、形态学或繁殖力方面都会出现一定差异，从而形成新的生物型。在繁殖力方面，在南非每只雌虫产 119 粒卵，在欧洲平均每只雌虫产 105 粒卵，在北美平均每只雌虫产 165 粒卵，通过观察比较，美国的家天牛与南非和欧洲两个地区家天牛的成虫、幼虫和卵以及寿命都有一定的

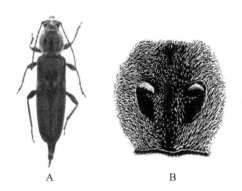

差异。

在晴热的白天，家天牛的成虫会绕着受侵染的建筑物做快速的短距离飞行，通过成虫飞行至新的区域进行再侵染，并且扩散传播的有效性很高。

（3）传播途径 伐倒的原木虽可自然干燥，但仍含有大量的水分，可吸引成虫产卵，并促进幼虫的生长发育，随货物进境的木质包装材料被发现受家天牛侵染后仍然有传播扩散的危险。家天牛幼虫长期潜伏于木质材料中，对环境有较强的抗逆性；虫粪很少排出坑道，很难发现被侵染的痕迹，口岸检查时极易被忽略。澳大利亚所发生的家天牛就是在进境时逃过了检疫而扩散开来的。中国每年有大量的来自世界各地的原木、木质货物及随货物进境的木质包装材料进口，因此，家天牛传入的风险也很高。

3. 鉴定与检验

（1）形态鉴别 成虫体长 7 ~ 21 mm。颜色变异大，从黄褐色至栗色，有的几乎漆黑色。胸部及足的腿节密被直立长毛。触角红褐色，细短，不超过鞘翅基部的 1/3；第三节长，几乎为第四节的 2 倍、第五节的 1.5 倍。前胸背板横宽，两侧圆弧形，密被长柔毛，无侧刺突或瘤突，中区具 1 对对称、光亮、光滑无毛的圆形瘤突（图 6-14）。鞘翅扁平，具皱纹，两侧近平行，中部之前具 1 浅色的柔毛带，通常呈 4 个明显的淡色毛斑，毛斑形状多变。前足两基节远离；前胸腹板凸片宽扁，其端部不窄于前足基节的直径，基节窝外侧有明显的尖角。足的腿节膨大呈棍棒状，爪基部具附齿。

图 6-14 家天牛成虫（A）及成虫前胸背板（B）（仿 Duffy，1952）

（2）检测与处理 对木材或木质包装进行现场检查时观察其周围是否有活虫或死虫，是否有幼虫的侵入孔、蛀屑、虫粪和成虫的羽化孔等。羽化孔一般呈卵圆形，直径为 6 ~ 10 mm。虫粪呈圆柱形，干燥后可断裂成近球状。

对发现侵入孔、羽化孔或蛀屑的木材要用刀、锯、斧等进行剖检。幼虫的虫道与木材的纹理平行，其内充满碎的木纤维和虫粪。坑道直径可达 12 mm。家天牛成虫产卵于 0.2 ~ 9.6 mm 宽的木裂缝中，优先选择粗糙的表面；幼虫通常在木材内构筑虫道，多在边材内为害，成虫羽化后从木材表面的羽化孔中飞出。

对发现家天牛的木材、木制品和木质包装可采用溴甲烷熏蒸处理。

（二）断眼天牛属

学名：*Tetropium* spp.。

断眼天牛属属于鞘翅目天牛科幽天牛亚科。该属与 *Isarthron* Dihan 为同物异名，现在国际动物命名委员会已得到请求不再使用 *Isarthron* 名称。

断眼天牛属是一类重要的蛀干害虫。

1. 分布

断眼天牛属要分布于欧亚大陆及美洲，在古北区分布有 7 种，北美有 6 种，该属中危害性较大的种类主要有暗褐断眼天牛（*Tetropium fuscum*）、落叶松断眼天牛（*T. gabrieli*）、棕翅断眼天牛（*T. cinnamopterum*）、冷杉断眼天牛（*T. abietis*）、铁杉断眼天牛（*T. velutium*）等。我国无该属天牛分布。

2. 生物学特性

（1）寄主与为害 断眼天牛属主要为害针叶树，偶尔也为害阔叶树。有报道记录的主要为云杉属（*Picea*）、松属（*Pinus*）、冷杉属（Abies）、雪松（*Cedrus*）等。其成虫产卵于树皮内，以幼虫取食形成层、韧皮部，在树皮下形成密集虫道，造成树木所需水分和营养物质传输困难，致使树木死亡。因此，常见大片针叶林死亡现象。此外，该类幼虫取食会造成树木过量流脂，形成的虫道、侵入孔和羽化孔会严重影响木材的使用价值。

该属一重要种——暗褐断眼天牛在欧盟各国广泛分布，被认为是次生性林木害虫，侵染那些已被其他昆虫感染或因环境因素而衰弱的树木，暴发时可侵染活的健康树木，且能重复侵染同一寄主，也可侵染有 50 多年树龄的挪威云杉。但该虫传入加拿大后，1990 年在加拿大东部的哈利法克斯市出现了与欧洲不同的生物学特性，侵染并使活的健康树木致死，尤其是直径在 20 cm 以上的成年树木。1999 年暴发成灾，导致 10 000 多株云杉树枯死，40 000 株以上树木的存活受到严重威胁。该虫为害特点是幼虫先取食韧皮部、形成层，在树皮下形成密集虫道，2 个月以后再钻入边材形成 L 形虫道，经过 3 年的蛀食致使树木死亡。暴发可持续 10 余年，因此常见大片针叶林死亡现象。

（2）发生特点 断眼天牛属一般一年 1 代，成虫在春末夏初交配，产卵于寄主树皮内，夏季幼虫蛀入树干，以低龄幼虫越冬，次年春末夏初羽化，完成 1 个世代。在寒冷地区或食料缺乏时两年 1 代。因此，断眼天牛属大部分时间以幼虫和蛹长期生活于树皮下或木质部。

（3）传播途径 该属种类的成虫飞行能力较强，可自然扩散，成虫产卵于树皮内，以幼虫和蛹长期生活在树皮下和木质部，因而可借助原木、板材和货物木质包装材料运输等人类活动实现远距离传播。

3. 检验与防治

（1）形态鉴别 断眼天牛属成虫的主要鉴定特征是：体中小型，触角较长，上颚较短小，近于垂直；后唇基三角形，前唇基短，横形、膜质；下颚须稍长于下唇须，末节三角形；复眼小眼面细，深凹，复眼分成二叶，仅有一光滑的隆线相连。触角着生于复眼之前离上颚基部不远处，甚短于体长，渐向端部细小，第一节粗短，第二节为第三节长的 1/2，第三至五节约等长，第六至十节渐短、末节长于第十节。

前胸横形，背面稍扁平，两侧圆形，中部之前最宽。鞘翅两侧平行，末端宽圆、足较短，腿节侧扁，纺锤形，后足第一跗节与第二和第三节长度之和等长（图 6–15）。

断眼天牛属幼虫的主要鉴定特征是：虫体近圆筒形，头横宽至近方形，两边向后方膨大，颊刚毛多着生于赤褐色基点上，使其呈斑驳状。上唇卵形，基宽约为长的 2 倍。触角 3 节，第三节方形至略横宽状。上颚沿背面无斜板。下颚须第一节大，约为第二节的 2 倍，第三节中等长，很少有第三节长，前胸背板横宽，黄色色斑带甚宽、清晰，后半部具细刺或小颗粒。步泡突无瘤突，中纵沟不明显，具细小微粒，第一、八节气门较其他节的大，第七、八节侧瘤突完全消失；第九背板常具相互靠拢的 1 对尾突（一些种的低龄幼虫无尾突）。

（2）检测与处理 检疫人员在对木材或木质包装进行现场检疫时，重点检查其周围是否有活虫或死虫，是否有幼虫的侵入孔、虫道、蛀屑、虫粪和羽化孔等，对发现上述为害症状的木

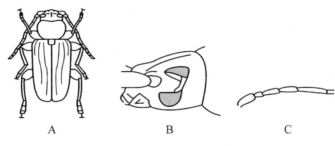

图 6-15　断眼天牛属成虫

A. 成虫　B. 复眼　C. 触角

材要进行剖检。对发现断眼天牛属的木材、木制品和木质包装可采用溴甲烷熏蒸处理。

（三）光肩星天牛

学名：*Anoplophora glabripennis* Motschulsky。

英文名：Glabrous spotted willow borer。

光肩星天牛属于鞘翅目天牛科星天牛属，是我国重要的森林有害生物，在我国三北地区严重为害杨树、柳树等绿化和防护林树种，是我国重点防治的有害生物。目前，光肩星天牛已成为国际检疫性有害生物，被许多国家或组织列入检疫性有害生物的名单。在中国，它是国内林业植物危险性有害生物。

1. 分布

据资料记载该虫主要分布于亚洲的中国、朝鲜半岛；目前，在美国的纽约、芝加哥、新泽西及加拿大的渥太华等地都有分布。据记载，目前主要的发生区为长江以北的陕西、甘肃、山西、宁夏、内蒙古、河北、山东和辽宁省，江苏和浙江也有少量发生，其他地区极少发生。

2. 生物学特性

（1）寄主与为害　该虫为林木害虫，寄主有苹果、梨、李、樱花、杨、柳、榆、糖槭等。幼虫蛀食树干，为害轻的降低木材质量，严重的引起树木枯梢和风折；成虫咬食树叶或小树枝皮和木质部，飞翔力不强，白天多在树干上交尾。雌虫产卵前先将树皮啃一个小槽，在槽内凿一产卵孔，然后在每一槽内产一粒或两粒卵，一只雌成虫一般产卵约 30 粒。刻槽的部位多在 3～6 cm 粗的树干上，尤其是侧枝集中、分枝很多的部位最多，树越大，刻槽的部位越高。初孵化幼虫先在树皮和木质部之间取食，25～30 d 以后开始蛀入木质部，并且向上方蛀食。虫道一般长 90 mm，最长的达 150 mm。幼虫蛀入木质部以后，还经常回到木质部的外边，取食边材和韧皮部。光肩星天牛在我国华北、西北及东北地区危害十分严重。近年来由于受光肩星天牛等杨树天牛的危害，我国北方防护林第一代林网已几乎毁灭，第二代林网也有 80% 以上的杨树林受害，其中 50% 以上的杨树林由于严重受害而不得已完全砍伐，许多地区重新沙漠化，生态环境遭破坏而恶化。

我国每年因光肩星天牛等杨树天牛的危害造成的损失达 20 亿元。1996 年以来，美国相继在纽约、芝加哥和新泽西发现光肩星天牛为害，引起了美国政府的高度重视，据美国相关部门估计，该种天牛一旦在美国传播开来，对美国 7 000 万 hm² 的城市绿化林、槭糖工业及旅游业将产生直接威胁，直接经济损失将达到 1 380 亿美元。由于美国认为该虫是从中国传入的，并于 1998 年 9 月 11 日签署了针对中国输华货物木质包装的一项临时法令。据统计，该项法令直接影响到我国对美出口商品的 1/3 ~ 1/2，此后，加拿大、欧盟、巴西等国家和地区纷纷对我国出口货物木质包装采取了严格的检疫措施，给我国对外贸易产生了严重影响。

（2）发生特点 光肩星天牛在长江流域大多一年发生 1 代，黄河以北 2 ~ 3 年完成 1 代，卵、卵壳内发育完全的幼虫、蛹均能越冬。成虫羽化后在蛹室内停留 7 d 左右，然后在侵入孔上方咬孔羽化飞出。成虫由 5 月开始出现，7 月上旬为羽化盛期，至 10 月上旬仍有个别成虫活动。成虫飞出后，白天活动，飞行力不强，补充营养 2 ~ 3 d 交尾，成虫一生进行多次交尾和多次产卵。多在枝干上交尾，成虫产卵多选择在 3 ~ 4 年生的枝干树皮上，咬一椭圆形刻槽，然后把卵产于刻槽上方约 10 mm 处的木质部与韧皮部之间。幼虫在枝干内经 2 ~ 3 年的生长发育，于 5—6 月在蛀孔近出口处化蛹，7—8 月羽化为成虫。

（3）传播途径 主要由幼虫和蛹通过寄主树原木和木质包装材料的做远距离传播。

3. 检验与防治

（1）形态鉴别

成虫：雌虫体长 22 ~ 35 mm，宽 8 ~ 12 mm；雄虫体长 20 ~ 29 mm，宽 7 ~ 10 mm。体色黑而有光泽。触角 11 节，鞭状，第一节基部膨大，第二节最小，第三节最长，以后各节逐渐短小，基部均有灰白色毛环。前胸背板两侧各有 1 个尖刺状突起，无毛斑。鞘翅肩部光滑，无瘤状颗粒，表面有刻点和细皱，并具约 20 个大小、形状不一的白色毛斑，排列不很规则，有时不很清楚。雌虫腹部末端稍露出鞘翅，产卵器周围密布棕色毛囊。雄虫腹部末端全部被鞘翅覆盖，生殖器周围毛囊较少（图 6-16）。

图 6-16 光肩星天牛成虫

卵：长 5.5 ~ 7 mm，长椭圆形，乳白色，两端略弯曲，将孵化时变为黄色。

初孵幼虫乳白色，取食后呈淡红色。成熟时体长 50 ~ 60 mm，近圆筒形，乳白至淡黄色。头部呈褐色，头盖 1/2 缩入胸腔中，其前端为黑褐色。触角 3 节，淡褐色，较粗短，第二节长宽几乎相等。唇基及上唇淡黄褐色，唇基呈梯形；上唇呈半圆形，其边缘具黄褐色细毛；上颚前端黑色，基部黑褐色，下颚须 3 节，褐色，下颚页较短，不超过下颚须第二节的顶端；下唇须 2 节，其色与下颚相同。前胸背板后方有一块褐色凸字形斑纹，前胸腹板主腹片两侧无骨化的卵形斑；小腹片骨化程度很弱。中胸最短，其腹面和后胸背腹面各具步泡突 1 个，步泡突中央均有 1 条横沟。腹部背面可见 9 节，第十节变为乳头状突起，第一至第七节背、腹面各有步泡突 1 个，背面的步泡突中央具横沟 2 条，腹面的为 1 条。

蛹：体长 30 ~ 37 mm，乳白至黄白色，宽约 11 mm，附肢颜色较浅。触角前端卷曲呈环形，置于前、中足及翅上。前胸背板两侧各有侧刺突 1 个。背面中央有 1 条压痕，翅之尖端达腹部第四节前缘，第八节背板上有 1 个向上生的棘状突起，腹面呈尾足状，其下面及后面有若干黑褐色小刺。

（2）检疫处理 出口货物木质包装材料均应按照 ISPM 15《国际贸易中木质包装材料管理准则》处理并标识。

（3）防治要点 在成虫大量羽化时，针对成虫活动习性进行人工捕捉，可减少产卵量。对已蛀入木质部为害的天牛幼虫，可用药签或棉球吸敌敌畏、乐果、杀螟松等 5 ~ 10 倍药液后塞孔，然后再用泥封堵虫孔，也可将上述药剂用针管注入孔内毒杀。加强管理，随时清除被害的衰弱、枯死枝，集中处理。

第二节　双翅目害虫

在双翅目害虫中危险性大的主要有实蝇类、斑潜蝇类和瘿蚊类三大类。实蝇是危害多种果树、蔬菜、花卉等植物的一类重要害虫，其幼虫在植物体内为害，极易随果蔬、花卉传播蔓延，因此世界各国对防止实蝇的传入十分重视。为害蔬菜等作物的斑潜蝇属害虫，主要有美洲斑潜蝇（*Liriomyza sativae* Blanchard）、南美斑潜蝇（*L. huidobrensis* Blanchard）和三叶斑潜蝇（*L. trifolii* Burgess）。前两种 10 多年前在我国发现后扩展迅速，为害严重；而第三种则是世界性的危险害虫，目前也在我国局部地区发现。黑森瘿蚊（*Mayetiola destruotor* Say）和高粱瘿蚊（*Cortarinia sorghicola* Coguillet）也是双翅目中的重要害虫，多个国家都将其列为检疫性有害生物。接下来我们以实蝇类为例进行介绍。

在我国 2017 年公布的《中华人民共和国进境植物检疫性有害生物名录》中，实蝇类害虫包括以下的属和种类：按实蝇属（*Anastrepha* Schiner）、果实蝇属（*Bactrocera* Macquart）、小条实蝇属（*Ceratitis* Macleay）、寡鬃实蝇（*Dacus* spp.）、绕实蝇（*Rhagoletis* spp.）、橘实锤腹实蝇（*Monacrostichus citricola* Bezzi）、甜瓜迷实蝇（*Myiopardalis pardalina* Bigot）、番木瓜长尾实蝇（*Toxotrypana curvicauda* Gerstaecker）、欧非枣实蝇（*Carpomya incompleta* Becker）、枣实蝇（*Carpomya vesuviana* Costa）。

在上述属、种中，地中海实蝇（*Ceratitis capitata* Wiedemann）、橘小实蝇（*Bactrocera dorsalis* Hendel）、油橄榄实蝇（*Bactrocera oleae* Gmelin）、蜜柑大实蝇（*Bactrocera* Tetradacus *tsuneonis* Miyake）、柑橘大实蝇（*Bactrocera minax* Enderlein）、苹果实蝇（*Rhagoletis pomonella* Walsh.）、南美按实蝇（*Anasrepha fraterculus* Wiedemann）、墨西哥按实蝇（*A. ludens* Loew）、西印度按实蝇（*A. oblique* Macquart）、加勒比海按实蝇（*A. suspeusa* Loew）都是为害严重的种类。有关检测方法可参阅 ISPM 27《限定有害生物诊断规程》。

一、地中海实蝇

学名：*Ceratitis capitata* Wiedemann。
英文名：Mediterranean fruit fly，Medfly。
地中海实蝇属双翅目实蝇科实蝇亚科小条实蝇属。此虫寄主种类多，适应性广，危害严重，属中国进境植物检疫性有害生物。
（一）分布
地中海实蝇原产非洲热带地区，南纬 35° 至北纬 50° 地区。除远东地区和东南亚各国尚未发现外，已有 90 多个国家和地区发现此虫。

（二）生物学特性

1. 寄主与为害

地中海实蝇寄主广泛，适应性强，繁殖力高，对水果造成毁灭性为害。已记录的寄主多达350余种，几乎包括所有的水果、坚果和蔬菜。主要有柑橘类、核果类、仁果类、番木瓜、番石榴、无花果、番茄、辣椒、茄子等。

据约旦报道，1960—1961年桃被害率达90%，杏达55%。1970年哥斯达黎加、巴拿马和尼加拉瓜的柑橘损失240万美元。不少国家为了防治地中海实蝇花费了大量的人力、物力和财力，美国加利福尼亚州1986—1991年花费1.5亿美元，共进行了10多次大规模的根除行动。目前，地中海实蝇已被大多数国家列入检疫名单。

2. 发生特点

此虫在法国北部每年2代，在阿尔及利亚每年5代，在以色列每年8~9代，在夏威夷每年11~16代。

成虫自土壤中羽化出来后，具有一定飞行能力，可飞1 km以上，但多在附近取食植物渗出液、昆虫蜜露、动物分泌物、果汁等作为补充营养。雌蝇可多次交配产卵，且喜在半熟果实果皮下产卵。产卵前期受温度和日照时数影响很大，短的2 d，长的可达160余d。在26℃左右条件下，4~5 d后产卵。16℃以下停止产卵。每只雌虫每天产卵达22~60余粒，一生可产卵500~800粒。每个卵腔一般容纳卵1~9粒，一个果实上可能有多个卵腔。该虫产卵后，不同寄主的被害症状不一样。例如，番茄受害后果皮上产卵周围变成绿色；桃子受害后刺孔处会流出一种透明的胶状物，甜橙、梨、苹果刺孔部分变硬色暗呈凹陷状，而柑橘上产卵孔周围呈火山喷口状突起。

此虫卵的发育、孵化受温度和湿度影响很大。其发育的最适相对湿度是70%~85%。在相对湿度为30%，温度为25℃条件下，孵化率从98%下降到8%。卵的历期26℃时为2~3 d，冬季低温可达16~18 d；在10~12℃时停止发育。

幼虫孵化后即在果实内取食。其发育最适气温为24~30℃。在24.4~26.1℃时历期6~10 d；在10℃以下或36℃以上则停止发育。老熟幼虫通常离果钻入深5~15 cm的土中化蛹，也可在其他隐蔽场所化蛹，蛹期在24.4~26.1℃时为6~13 d。

成虫羽化需要在气温达12.5℃以上。成虫具趋光性和趋化性。雄蝇对丁苯-6-甲基-3环己烯-1-羧酸异丁酯等具有极强的趋化性，可利用此化合物作为性诱剂，其商品名为诱虫环（Siglure）。

地中海实蝇发育起点温度为12℃，完成一代的有效积温为622日度。如果温度在16~32℃，相对湿度在75%~85%，终年有可用的寄主果实，则可以连续发育下去。若因为气候寒冷，没有连续可用的寄主果实，则可以幼虫、蛹或成虫越冬。

3. 传播途径

此虫主要以卵、幼虫、蛹和成虫随各类水果品、蔬菜等及其包装、苗木、带根植物、土壤等通过交通工具远距离传播。成虫也可顺风做短距离（2~3 km）的飞行扩散。

（三）检疫与防治

1. 形态鉴别（图6-17）

成虫：体长4.5~5.5 mm。翅及中胸背板上的特殊花纹极易辨别。额黄色；头顶略具黄色

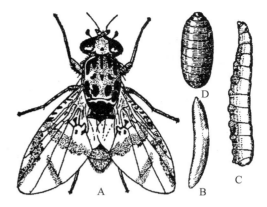

图 6-17　地中海实蝇（仿 Bodenheimer, 1951）
A. 雄虫成虫　B. 卵　C. 幼虫　D. 蛹

光泽。单眼三角区黑褐色；复眼深蓝色。触角 3 节较短，基部 2 节红褐色，第三节常为黄色；触角芒黑色。雄虫具匙形银灰色的额附器，位于触角的外侧，胸部背面黑色有光泽，间有黄白色斑纹。小盾片黑色有光泽。翅透明，长约 5 mm，宽约 2.5 mm；有橙黄色或褐色斑纹和断续的横带（中部横带位于前缘和外缘之间，外侧横带从外缘延伸但不达前缘）；翅的前缘及基部为深灰色。足红褐色；后足胫节有一排较长黄毛。雄蝇前足腿节上的侧毛黑色，雌蝇为黄色。腹部浅黄红色，有 2 条银灰色横带。雌蝇产卵器较短，扁平，伸长时可达 1.2 mm。胸鬃为每侧具中鬃 2 个，背侧鬃 2 个，前翅上鬃 2 个，后翅鬃 1 个，扁鬃和沟前鬃各 1 个。

卵：长约 0.9 mm，宽约 0.19 mm；纺锤形略弯曲，腹面凹，背面凸。

幼虫：初孵幼虫乳白色。1 龄幼虫体长 1.0 ~ 2.5 mm（平均 2.0 mm）；口钩长约 0.04 mm（整个头咽骨长约 0.17 mm）。2 龄幼虫长 2.25 ~ 5.0 mm（平均 4.25 mm）；口钩长 0.10 ~ 0.11 mm，黑褐色至黑色，端片末端为灰色；后气门裂口长约 0.03 mm，宽约 0.02 mm。3 龄幼虫长 6.5 ~ 10.0 mm（老熟幼虫平均长约 9.0 mm）；口钩长约 0.21 mm，无端片，黑色；前气门具指状突 10 ~ 12 个。

蛹：长约 4.38 mm，宽约 2.02 mm，桶形，头部稍尖。体色初为黄色，以后变为褐色。两个前气门间的区域突出，两后气门间也有一凸区，并具有一条黄色带。

2. 检疫措施

（1）禁止从地中海实蝇发生国家和地区进口水果、蔬菜（仅限番茄、茄子、辣椒等）；禁止入境人员携带果蔬入境，违者没收。

（2）严加检疫。批准入境的批量果蔬，应观察表面有无地中海实蝇的产卵孔，有无手按有松软感觉的水渍状斑块或黑化的斑块，剖检有无幼虫。

（3）除害处理。对于来自疫区的水果，可采取下列措施进行除害处理。

① 低温处理：0℃冷藏 10 d 或在 2℃冷藏 16 d，均可杀死幼虫和卵。

② 湿热处理：用 43℃的蒸汽处理 12 ~ 16 h，可杀死水果中的幼虫和卵，但对某些柑橘品种会导致风味降低和贮存期缩短。此外，用 49.5℃热水浸泡 70 min 可杀死水果中的幼虫和卵。

③ 熏蒸：正常大气压下，在温度为 16 ~ 21℃时，1 m³ 用二溴乙烷 12 ~ 16 g 熏蒸 2 h。

（4）综合杀虫处理可采用"热处理 + 冷处理"或"熏蒸 + 低温冷藏处理"两种以上的处理方法。

3. 防治要点

对于侵入新区的地中海实蝇，应进行 TPM 治理，彻底根除，具体方法可采用：①喷施毒饵诱杀成虫。毒饵配方：酵母蛋白 1 kg，25% 马拉硫磷可湿性粉 3 kg，兑水 600 ~ 700 kg。②利用性引诱剂，如诱虫环等环己烯羧酸酯类合成物等诱捕雄蝇。③可用 50% 倍硫磷乳油处理寄主附近土壤，杀死脱果入土的幼虫。

二、橘小实蝇

学名：*Bactrocera dorsalis* Hendel。

英文名：oriental fruit fly。

橘小实蝇属双翅目实蝇科果实蝇属。该虫可为害多种水果，近年发生日趋严重，应加强检疫防止蔓延成灾。在中国，它是国家禁止入境的检疫性有害生物。

（一）分布

原产于我国台湾及日本九州、琉球群岛一带，现已传播到亚洲一些国家以及澳大利亚和美国。在中国主要分布在华南地区。

（二）生物学特性

1. 寄主与为害

据记录，雌虫寄主多达 250 余种。主要有柑橘类、柚子、台湾青枣、芒果、洋桃、枇杷、杏、桃、香果、无花果、李、胡桃、橄榄、柿、番茄、西瓜、番石榴、西番莲、番木瓜、樱桃、香蕉、葡萄、辣椒、茄子、鳄梨等。

雌蝇产卵于各类果皮下，幼虫常群集于果实中取食沙瓤汁液，使沙瓤干瘪收缩，造成果实内部空虚，常常未熟先黄，早期脱落，严重影响水果蔬菜产量。雌蝇产卵后，在果实表面留下不同的产卵痕迹。

2. 生活史和习性

橘小实蝇在中国大陆分布区每年发生 3~6 代，台湾每年发生 7~8 代，而且无严格的越冬过程，各代生活史极为交错，因此其世代常不整齐，同时同地各种虫态并存，以 5—9 月虫口密度最高。在广东 7—8 月发生较多，主要为害洋桃和柑橘等。成虫都集中在午前羽化，并在 8 时前羽化量最多。成虫羽化后需经历一段时期方能交配产卵，产卵前期的长短随季节而有显著差异，夏季世代成虫产卵前期约为 20 d，秋季为 25~60 d，冬季需 3~4 个月。每只雌虫产卵 200~400 粒，分多次产出，产卵时雌成虫在果实上形成产卵孔，卵产于果皮内，每孔 5~10 粒不等。卵期历时 1 昼夜（夏季）、2 昼夜（秋季）至 3~6 d（冬季）。幼虫孵化后即在果内为害，幼虫历期一般夏季需 7~9 d，春秋季需 10~12 d，冬季需 13~20 d。幼虫老熟后即脱果入土化蛹，入土深度通常在 3 cm 左右。蛹期夏季历时 8~9 d，春秋季 10~14 d，冬季 15~20 d。

3. 传播途径

卵和幼虫可随各类被害果品传播。

（三）检疫与防治

1. 形态鉴别（图 6-18）

成虫：体长 6~8 mm；黄褐色至黑色。额

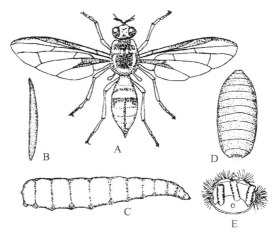

图 6-18 橘小实蝇

A. 成虫 B. 卵 C. 幼虫 D. 蛹 E. 果实被害状

上有 3 对褐色侧纹和 1 个在中央的褐色圆纹。头顶鬃红褐色。触角细长,第三节为第二节长的 2 倍。胸部鬃序为肩鬃 2 对,背侧鬃 2 对,中侧鬃 1 对,前翅上鬃 1 对,后翅上鬃 2 对,小盾前鬃 1 对,小盾鬃 1 对。足黄褐色;中足胫节端部有红棕色距。翅透明,前缘及臀室有褐色带纹。腹部椭圆形,上下扁平。雄虫略小于雌虫。雌虫产卵管大,由 3 节组成,黄色扁平。

卵:梭形,长约 1 mm,宽约 0.1 mm,乳白色。精孔一端稍尖,尾端较钝圆。

幼虫:老熟三龄幼虫长 7 ~ 11 mm(平均约 10 mm),头咽骨黑色;口钩长 0.27 ~ 0.29 mm,稍细。前气门具 9 ~ 10 个指状突。肛门隆起明显突出,全都伸到侧区的下缘,形成一个长椭圆形的后端。臀叶腹面观,两外缘呈弧形。

蛹:椭圆形,长约 5 mm,宽约 2.5 mm;淡黄色。前端有气门残留的突起;后端后气门处稍收缩。

2. 检疫措施

橘小实蝇的幼虫能随果实的运销而传播,所以从为害区调运柑橘类水果时必须经植检机构严格检查,一旦发现虫果必须经有效处理后方可调运,以控制橘小实蝇的蔓延扩展。

3. 防治要点

(1)在果树挂果中后期,每隔 2 天及时清除落果,对树上有虫青果也应经常摘除。有虫果可利用水浸、深埋、焚烧、水烫等简易方法杀死果内幼虫。

(2)对经济价值较高的水果如柚子、芒果、杨桃、番石榴等,在果实膨大软化前(硬度 < 90 度)用塑料袋或纸质套袋。

(3)应用性引诱剂(甲基丁香酚)和毒饵诱杀成虫。

(4)在成虫羽化始盛期喷药防治。

三、油橄榄实蝇

学名:*Bactrocera oleae* Gmelin。
英文名:Olive fruit fly。

(一)分布

油橄榄实蝇原产于地中海地区,在东非、南非的一些国家有分布,1998 年 10 月,在美国的加利福尼亚州首次报道发现油橄榄实蝇为害。油橄榄实蝇属中国进境植物检疫性有害生物。

(二)生物学特性

雌成虫可在产下 50 ~ 400 粒卵,这些卵孵化成幼虫,直到在果内取食一段时间才能被发现。幼虫取食导致果实形成潜道,毁灭果肉并能造成细菌和真菌的二次感染,导致果实腐烂、自由脂肪酸水平升高。幼虫取食导致大量落果,而雌成虫对果实的产卵严重影响果实的经济价值。

1. 形态特征(图 6-19)

成虫体长 4 ~ 5 mm,体色略红至棕褐色头部黄褐色,复眼较大呈淡红色。中胸背板黑褐,有 2 ~ 4 条灰色或黑色的条带,小盾片黄色,胸部背板两侧均有黄白色斑。腹部呈棕褐色,各腹节暗色区存在差异。翅的斑纹简单,仅在靠近翅前缘处有一个小黑点,这是与其他具有多复杂斑纹的实蝇的简易区别特征。雌虫产卵器基节暗褐色到黑色。

幼虫：3 龄幼虫体长 6.5 ~ 7.0 mm，宽 1.2 ~ 1.7 mm。头部口脊有 10 ~ 12 条浅而短的列；口钩强烈骨化，各具一短的细长和弯的端齿。前气门有 8 ~ 12 个短指突，后气门裂 3.5 ~ 4.0 倍长于宽，具粗缘。肛区肛叶小，略突，被若干不连续的小刺列围绕。

2. 生活史

根据当地气候条件的差异，油橄榄实蝇每年可发生 3 ~ 5 代。以成虫和在土壤或落果中的蛹越冬。越冬的成虫种群数量在 2 月或 3 月时下降到最低，而越冬的蛹会在 3—4 月开始羽化，这些雌虫会在前一年留在树上的果实上产卵，幼虫会将整个果实吃光并在果皮下化蛹。

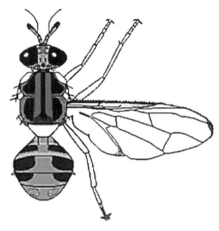

图 6-19 油橄榄实蝇雄虫

第一代成虫出现在春季，此时的橄榄也易受伤害，一年可发生几代并在一些地方全年均可发生羽化。在理想的气温条件下，油橄榄实蝇的种群数量可快速增长。一般来说，在果实趋于变软和变色时（9—11 月）为害最重。

第二代出现在仲夏，在夏季适宜的温度条件下油橄榄实蝇在较短的时间（30 ~ 35 d）内便可完成一个世代。在夏季，卵在 2 ~ 3 d 内孵化，幼虫的发育需要经历 20 d 左右，而蛹的发育历期为 8 ~ 10 d。根据不同的温度和食物条件，油橄榄实蝇的成虫可存活 2 ~ 6 个月。每只雌虫产卵 50 ~ 400 粒。秋末，随着果实的减少，油橄榄实蝇世代数也减少，绝大多数的末代幼虫脱离果实在土壤中化蛹并保持几个月。成虫可在一些气候条件比较温暖的地方越冬，收获后留在树上的果实给越冬虫源提供了良好的食物条件。

油橄榄是唯一的寄主植物，雌虫更喜欢在果实大的品种上产卵，果实小的品种也比较容易受害。在其他植物或作物区域也能诱捕到正在寻找食物和栖息场所的成虫。

较为凉爽的海洋性气候更适合油橄榄实蝇的生存，而在希腊、意大利、西班牙、墨西哥和加利福尼亚州的干热区域也发现这种实蝇。其最适宜的发育温度是 20 ~ 30℃，而 37 ~ 41℃ 的高温对成虫和果实内的幼虫都是致命的。成虫可飞行至 4 km 外的地方去寻找寄主。在降雨的冬季成虫的诱集数量急剧下降，但对果实的为害在持续。

（三）检疫

低温处理：在 0 ~ 1℃ 条件下处理 2 周或在 2 ~ 3℃ 条件下处理 3 周，可杀死 99% 的油橄榄实蝇幼虫；用 1% 乙酸盐水溶液浸泡可阻止果实内幼虫的孵化；另外，要加强对交通运输工具的检疫处理。

防治方法：可采用性诱剂诱杀成虫，也可通过及时销毁落果、及时收果、采果后处理以及生物防治等措施进行综合治理。

四、蜜柑大实蝇

学名：*Bactrocera tsuneonis* Miyake。

英文名：citrus fruit fly，Japanese orange fly，Japanese citrus fly。

蜜柑大实蝇属双翅目实蝇科寡毛实蝇亚科大实蝇属。此虫原产日本，在中国，它既是国家禁止入境的检疫性有害生物，也是国内农业植物检疫性有害生物，要加强检疫防止蔓延扩展。

（一）分布

此虫原产于日本的日向、大隅、萨摩的野生橘林中。国外分布于日本、越南。国内分布于台湾和广西南部。

（二）生物学特性

1. 寄主与为害

寄主主要有蜜柑、温州蜜柑、甜橙、酸橙、金橘和红橘等柑橘类，在日本小蜜柑受害严重。以幼虫蛀食瓤瓣和种子。被害果实到10月上旬逐渐变黄，受害严重的果实常在收获前脱落导致减产。在严重发生区果产一般在20%~35%，甚至失收。

2. 传播途径

主要以卵和幼虫随被害果实传播蔓延。

3. 发生特点

蜜柑大实蝇在日本九州一年发生1代，以蛹在土中越冬。一般于6月上旬开始羽化，成虫发生期为6—8月。卵产在果实的果瓣内，多数产在果皮中，通常每个产卵孔中产1粒卵。幼虫孵化后即在果瓤瓣中蛀食，至3龄后可转移到其他瓤瓣取食。老熟幼虫脱果后，可在地面爬行选择适当场所钻入土表下3~6 cm处化蛹。

（三）检疫与防治

1. 形态鉴别（图6-20）

成虫：体大型，雌虫10.1~12.0 mm，雄虫9.9~11.0 mm，头部黄至黄褐色。具一对椭圆形黑色颜面斑。单眼三角区黑色有光泽，触角第三节深棕黄色；触角芒暗褐色，其基部黄色、端部黑色。胸部黄褐至深黄色。中胸背板中央有人字形赤褐色斑纹，肩胛、背侧板胛、中胸侧板条和小盾片均为黄色；中胸侧板条宽，几乎伸达肩胛后缘；侧后缝色条始于中胸缝并终于后翅上鬃之后，呈内弧形弯曲，具中缝后色条。翅的前缘带宽、黄褐色，斑玟的端部和翅痣常呈褐色，射室区斑纹褐色。腹部黄褐至红褐色。背面中央有1条自腹基伸至腹端的黑色纵带；第三背板基部有一黑色横带，与中央的纵带相交呈十字形；第四

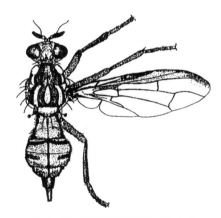

图6-20 蜜柑大实蝇（仿White）

和第五节背板两侧各有1对暗褐色至黑色短带。雄虫第三节背板两侧具横毛，第五腹板后缘略凹。雌虫产卵器的基节瓶形，长度约为腹部1~5节长度之和的1/2，末端三叶形。

卵：长1.33~1.6 mm，椭圆形，白色。

老熟幼虫：乳白色蛆形，体长11~13 mm，前气门扇形，有指突33~35个。

蛹：淡黄至黄褐色，椭圆形，体长8.0~9.8 mm。

2. 检疫措施

禁止从疫区调运柑橘类果品。对可疑的柑橘果实及其包装箱或容器进行严格的检疫。方法参照其他实蝇类。

防治要点：参考地中海实蝇和橘小实蝇的防治方法，及时处理落果，采取吐酒石8 g、糖

40 g 和水 1 800 mL 混合，可供 0.4 hm² 果园诱杀使用。

五、柑橘大实蝇

学名：*Bactrocera minax* Enderlein。

英文名：Chinese citrus fly。

柑橘大实蝇属双翅目实蝇科寡鬃实蝇亚科果实蝇属。柑橘大实蝇严重危害柑橘类果实。近年来，由于我国柑橘种植面积不断扩大和调运等原因，其分布范围和果实受害率均有回升的趋势。

（一）分布

柑橘大实蝇主要分布于西南和华中各省，如四川、云南、贵州、广西、湖南、湖北、陕西。

（二）生物学特性

1. 寄主与为害

柑橘大实蝇能为害柑橘属多种果树的果实，如红橘、甜橙、酸橙和柚子；有时也为害柠檬、香橼和佛手。幼虫在果实内部穿食瓤瓣，常使果实未熟先黄，提前脱落，而且被害果实极易腐烂，完全失去食用价值，严重影响产量和品质。据调查，受害损失一般为 10% ~ 20%，有的产区达 50%，给生产柑橘的省份造成不同程度的损失。

2. 传播途径

该虫主要以卵和幼虫随柑橘类果实种子远距离传播，越冬蛹也可随带土苗木及包装物传播。

3. 发生特点

柑橘大实蝇每年发生 1 代，以蛹在土壤内越冬，在四川越冬蛹于翌年 4 月下旬开始羽化，4 月底至 5 月上、中旬为羽化盛期，成虫活动期可持续到 9 月底。雌成虫产卵期为 6 月上旬至 7 月中旬。幼虫于 7 月中旬开始孵化。9 月上旬为孵化盛期，10 月中、下旬被害果大量脱落，虫果落地后数日幼虫即脱果入土化蛹越冬。

该虫有较强的抗寒能力，在室内 0℃ 条件下，少数幼虫可成活 29 d，多数可成活 20 d 以上；在 3℃ 以上时，幼虫死亡率仅为 3% ~ 7%，93% 以上的幼虫能完成化蛹。蛹的抵抗力较幼虫弱。柑橘大实蝇滞育性强，以蛹为滞育虫态。

（三）检疫与防治

1. 形态鉴别

成虫：体长 10 ~ 13 mm，翅展长约 21 mm，体呈淡黄褐色，触角黄色，由 3 节组成，第三节上着生有长形的触角芒。复眼大，肾形，金绿色。单眼 3 个，排列成三角形，此三角区黑色。胸部背面有稀疏的绒毛，并且具鬃 6 对：肩板鬃 1 对，前背侧鬃 1 对，后背侧鬃 1 对，后翅上鬃 2 对及小盾鬃 1 对，缺前翅上鬃。胸背面中央具深茶褐色人字形斑纹，此纹两旁各有宽的直斑纹 1 条。翅透明，翅脉黄褐色，翅痣和翅端斑棕色，臀区色泽一般较深。腹部长卵圆形，由 5 节组成，基部稍狭窄，第一节方形略扁；第三节最大，此节近前缘有 1 条较宽的黑色横纹相交成十字形；第四、五节的两侧近前缘处及第二至四节侧缘的一部分均有黑色斑纹；雌虫产卵管圆锥形，长约 6.5 mm，由 3 节组成，基部 1 节粗壮，其长度与腹部相等，端部二节细长，其长度与第五腹节约略相等。

卵：长 1.2 ~ 1.5 mm，长椭圆形，一端稍尖，微弯曲，卵中央为乳白色，两端则较透明。

幼虫：老熟幼虫体长 15 ~ 19 mm，乳白色，圆锥状，前端尖细，后端粗壮。体躯由 11 个体节组成。口钩黑色，常缩入前胸内。前气门呈扇形，上有乳状突起 30 多个；后气门位于体末，气门片新月形，上有 3 个长椭圆形气孔，周围具扁平毛群 4 丛。

蛹：体长约 9 mm，宽 4 mm。椭圆形，金黄色，鲜明，羽化前转变为褐色，幼虫时期的前气门乳状突起仍清晰可见。

2. 检疫与防治

检疫措施和防治要点参考其他实蝇类。

六、苹果实蝇

学名：*Rhagoletis pomomella* Walsh.。

英文名：apple maggot。

苹果实蝇属双翅目实蝇科实蝇亚科绕实蝇属。此虫为多种果树的重要害虫，在北美洲为害严重。

（一）分布

原产于美国，现仅分布于美国和加拿大。

（二）生物学特性

1. 寄主与为害

雌蝇产卵于果皮下，幼虫蛀食果肉，形成纵横交错的虫道，引起腐烂，造成落果。被害果实表皮有细小的产卵孔，还有歪曲的凹陷。受害较轻时，果肉内仅有黑色浅虫道，早熟薄皮品种受害重。

2. 发生特点

此虫在北美一年发生 1 代，在美国南部一年可发生 2 代。以蛹在土下 2.5 ~ 15 cm 处越冬。次年 6 月中旬左右羽化为成虫。成虫仅取食叶片、果实上的水滴。雌虫一般在羽化后 8 ~ 10 d 产卵，卵产于苹果果皮下，每孔产卵 1 粒。每只雌虫平均产卵约 400 粒。卵经 5 ~ 10 d 孵化。幼虫在果实内蛀食，经 12 ~ 21 d，随被害果实落地，此后才迅速生长，至老熟脱果入土化蛹。

3. 传播途径

此虫主要以卵和幼虫随被害果实而传播。

（三）检疫与防治

1. 形态鉴别（图 6-21）

成虫：体长 4.5 ~ 6 mm，黑色，有光泽。头部背面淡褐色，腹部柠檬黄色。中胸背板侧缘从肩胛至翅基具白色条纹，背板中部有灰色纵纹 4 条。腹部黑色有白色带纹，雌虫 4 条，雄虫

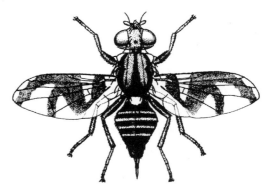

图 6-21　苹果实蝇（仿 Weems）

3 条。翅透明，有 4 条明显的黑色斜行纹带，第一条在后缘和第二条合并，第二至四条在翅的前缘中部合并，因而在翅的中部看不到一个横贯全翅的透明区（这是与其近似种的主要区别）。产卵管角状，腹面有沟，产卵管鞘上有许多几丁质突起。雄虫第六腹节不对称，右边退化。

卵：长椭圆形，前端具刻纹。

幼虫：3 龄成长幼虫体长 7~8 mm，白色。1 龄幼虫口钩具齿片（"爪"状突起），无前气门，后气门裂 2 个，裂口呈卵圆形，周围有 4 个放射状细毛丛。2 龄幼虫口钩齿片小，前气门的指状突小而少，后气门裂有 3 个，裂口呈椭圆形，内缘各有 6~8 个齿状突，周围有 4 个分支的细毛丛。3 龄幼虫口钩无齿片，前气门扇形，具 17~23 个指状突，后气门裂有 3 个，裂口细长，内缘齿状突甚多且相互嵌接，周围 4 个细毛丛分枝更多。

蛹：体长 4~5 mm，宽 1.5~2 mm，褐色。具前气门痕迹。前端原前气门下有一条缝向后延伸至第一腹节，与该节环形缝相接。从后胸腹末端各节两侧都具有 1 对小气门（共 9 对）。

2. 检疫措施

防治要点参考地中海实蝇。但诱饵以"Staley 杀虫剂 2 号"（蛋白水解产物）效果最好，其次为氨水。

七、墨西哥按实蝇

学名：*Anastrepha ludens* Loew。

英文名：Mexican fruit fly，Mexican orange worm，Mexican orange maggot。

墨西哥按实蝇属双翅目实蝇科实蝇亚科按实蝇属。墨西哥按实蝇为多食性种类，可为害多种水果造成严重损失。

（一）分布

该虫分布于墨西哥（原产地）、美国、哥斯达黎加、危地马拉、巴拿马等国家。

（二）生物学

1. 寄主与为害

主要寄主有柑橘、芒果、番石榴、蒲桃、桃、香荔枝、葡萄果、柚、石榴、梨、苹果、甜柠檬、李、番木瓜、柿、枇杷、番茄、辣椒、南瓜、芭蕉、仙人掌等。

雌蝇将卵产于成熟的果皮下（在未成熟的青果内不能生存），幼虫潜食果肉，引起腐烂，造成落果。在危地马拉，墨西哥按实蝇可使橙子减产 70%~80%。

2. 传播途径

此虫以卵和幼虫随被害果而传播。

3. 发生特点

据报道，此虫在墨西哥一年发生 4 代，发生期不整齐，世代重叠。

此虫为热带昆虫，一般不越冬，仅在气温低于 3℃时，个别幼虫在被害虫果中化蛹越冬。一般于 4 月上旬羽化，成虫局限在成熟的果实上活动。每只雌虫平均产卵约 400 粒。幼虫于 1—4 月为害早橘，5—6 月为害芒果，以后又可为害番石榴，11—12 月再转向成熟的柑橘上为害。此虫终年有成熟的果实可供取食。成虫在 3℃左右时可进入休眠，更低温度下则死亡。

（三）检疫与防治

1. 形态鉴别（图 6-22）

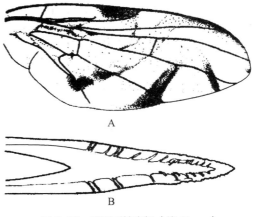

图 6-22 墨西哥按实蝇（仿 Stone）
A. 翅　B. 产卵器梢部

成虫：体长 6 ~ 7 mm，体色淡黄褐色，额多为鲜黄色，额鬃黑色。胸部背板鲜黄褐色、发亮，具 3 条以上的浅黄色纵纹，胸部有很多黄色短毛，鬃通常为黑褐色。小盾片鲜黄色有 4 条黑色鬃。后胸黄褐色。翅不宽，其上有浅黄褐色纹，狭窄而明显，翅外半部下方有一倒 V 形纹，不与端部连接，也不与其他主要斑纹连接，这一特征可以与其他近似种相区别。翅的后部边缘和翅尖均为褐色，色纹之间透明。透明部分如下：①在翅痣下，伸向中室基部和基中室；②在中间有一宽 S 形带，起自翅后缘，通过 2 条横脉之间到达 R_{2+3} 脉，又下达 M_{1+2} 脉端部边缘；③在倒 V 形纹中间有 1 个大的三角形部分。前缘室除基部外，稍带黄色。翅痣相当长，周围稍带黑色。横脉直而坚硬。R_{4+5} 脉有明显的鬃毛。M_{1+2} 脉端向上弯曲，臀室末端延长。足黄色，前足腿节下侧边缘有许多黑褐鬃。雌虫腹部最后一节即产卵管伸得很长，是腹部前面部分的 2 倍，这一特征很容易与近似种南美实蝇（*A. fraterculus*）相区别。雄虫腹部第五背片长于第三、四背片之和。

卵：绿色，馒头形。

幼虫：成熟幼虫白色、灰白色或黄色，体长 9 ~ 11 mm，直径约 1.5 mm，虫体常呈圆柱体。表皮有皱折，其上小刺一般明显可见，小刺基部锥形，端部钩状。头部略尖，其上有黑色口钩，前气门有指状突 13 ~ 17 个。在第一至二节间具有 1 条由小刺组成的完整的带，背部有 1 对小瘤。后气门片与腹线平行，后气门裂长而窄，四周具 4 个分枝的细毛丛。后气门上下各有瘤 2 对。肛门叶分叉。

蛹：浅黄色。

2. 检疫措施

严禁从疫区进口其寄主水果和蔬菜。检疫时观察水果有无被害状，剖果查虫。除害处理措施参考地中海实蝇。

防治要点：在美国等国采取烧毁早橘、清洁落果、摘去青果、除掉绿篱等措施，以切断此虫营养源。再结合其他措施（参考地中海实蝇的防治方法），可以有效地控制其危害。

八、黑森瘿蚊

学名：*Mayetiola destruotor* Say。

英文名：Hessian fly。

黑森瘿蚊属双翅目瘿蚊科喙瘿蚊属。

（一）分布

此虫原产幼发拉底河流域（伊拉克），现已广泛分布于世界各主要产麦区，但在我国仅分布于新疆北部。

（二）生物学特性

1. 寄主与为害

寄主为小麦、大麦、黑麦、匍匐龙牙草、野麦属和冰草属等禾本科植物。该虫对冬小麦、春小麦都能造成严重危害。小麦在不同生长期受害，被害状不同。拔节前受害，植株严重矮化，受害麦叶比未受害叶短宽而直立，叶片变厚，叶色加深呈黑绿色，受害植株因不能拔节而匍伏地面，心叶逐渐变黄甚至不能拔出，严重时分蘖枯黄甚至整株死亡。小麦拔节后，由于幼虫侵害节下的茎，阻碍营养向顶端输送，影响麦穗发育，千粒重减少，一般产量降低25% ~ 30%。受害茎秆脆弱倒伏。严重田块折秆率可达 50% ~ 70%。

美国在 1890—1935 年，密西西比河以东各州多次大发生，局部受灾年年都有，年损失在数百万美元以上。我国新疆博尔塔拉蒙古自治州 1981 年发生面积达 3 万 hm^2，损失产量 700 万 kg。

2. 传播途径

此虫主要以蛹随被害麦秆和麦秸制品（如草垫）、包装物等传播。成虫可随风扩散蔓延数千米距离。

3. 发生特点

此虫以老熟幼虫在形似亚麻籽的褐色围蛹壳内越冬。越冬伪茧多隐藏在自生小麦或早播冬麦下部茎秆与叶鞘间之间，伪茧内幼虫已停止取食，静止不动。次年春季，当环境条件适合时，幼虫在"茧"内化蛹，经 1 ~ 2 周羽化为成虫。在不利的环境条件下，幼虫可滞育 25 年之久。

据报道，此虫一年最多可发生 6 代。在我国新疆一般可发生 4 代，但夏季高温干旱则蛹不羽化，一年只发生 2 代。在加拿大、美国每年发生 1 代。夏季低温高湿，对此虫发生有利。

成虫不取食。遇大风天气则紧贴在叶片上或群集于植株基部。温暖天气则在田间飞行、交尾，交尾后 1 h 即可产卵。秋季世代每只雌虫平均产卵 285 粒，春季世代稍少。成虫寿命 2 ~ 3 d。成虫飞行能力差。卵一般在傍晚孵化，卵期 3 ~ 12 d，初孵幼虫略带红色，不久转为白色。幼虫孵化后随即沿叶脉沟爬到叶鞘内吸食为害而不再移动，不钻入茎内为害。在适宜条件下幼虫历期为 2 ~ 3 周。

（三）检疫与防治

1. 形态鉴别（图 6-23）

成虫：体似小蚊，灰黑色；雌虫体长约 8 mm，雄虫约 2 mm。头部前端扁，后端大部分被眼所占据。触角黄褐色，位于额部中间，基部互相接触；17 节左右，长度超过体长的1/3；触角两节之间被透明的柄分开，称触角间柄，雄虫的柄明显等于节长。下颚须 4 节，黄色，第一节最短，第二节相当长，第四节较细呈圆柱形，但长于前一节的1/3。胸部黑色，背面有 2 条明显的纵纹，平衡棒长，暗灰色。足极细长且脆弱，跗节 5 节，第一节很短，第二节等于末 3 节之和。翅脉简单，亚缘脉很短，几乎与缘脉合并，径脉很发达，纵贯翅的全部，臂脉分成两叉。雌虫腹部肥大，橘红色或红褐色；雌虫腹部纤细，几乎为黑色，末端略带淡红色。雄虫外生殖器上生殖板很短，深深凹入，有很少的刻点。尾铗的端节长近于宽的 4 倍。爪着生于末端。

卵：长圆形，两端尖，长 0.4 ~ 0.5 mm，长约为宽的 6 倍。卵初产时透明，有红色斑点，

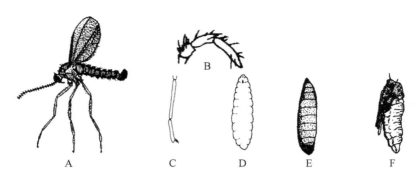

图6-23　黑森瘿蚊（仿Felt，1915）

A. 雄虫侧面观　B. 下颚须　C. 雄虫前足　D. 幼虫　E. 围蛹　F. 蛹

后变成红褐色。卵产于叶正面的沟凹内，密集成串，每串2~15粒卵。

幼虫：初孵时红褐色；3龄幼虫长3.5~5.0 mm，表皮光滑，无刚毛，呈不对称梭形，前端圆，后端较尖，白色至绿色。前胸腹面后缘生有一个瘿科大多数幼虫特有的胸叉（又称剑骨）。

蛹：栗褐色，形似亚麻籽，长约4 mm，前端小而钝圆，后端大具有凹缘。

2. 检疫措施

禁止从疫区调运或进口麦种及麦秆制品、麦秆包装物、禾本科杂草填充物等。特许调运或进口者，必须严格检疫，发现疫情立即处理或销毁。检查时，注意麦根及近根部各节叶鞘内的幼虫及围蛹，种子中也可能混有围蛹（抗旱抗压）。鉴定幼虫死活时，可将幼虫浸入二硝基苯饱和溶液内5~6 h（18~20℃）或3 h（30℃），然后取出幼虫用滤纸吸干多余溶液，再放入浓氨水中浸泡10~15 min，活虫呈现红色（若浸泡超过30 min则幼虫均为褐色）。

防治要点：一旦此虫传入新区，即应划为疫区，并进行IPM治理。可采用药剂防治，包括土壤处理、种子处理、喷施农药等措施；有条件时还可进行性诱剂诱杀。在老疫区除进行化学防治外，更应注意培育抗虫品种和保护天敌。

九、高粱瘿蚊

学名：*Contarinia sorghicola* Coguillet。

英文名：sorghum midge。

高粱瘿蚊属双翅目瘿蚊科康瘿蚊属。此虫是栽培高粱的重大害虫，可造成严重为害。

（一）分布

此虫广泛分布于北纬40°和南纬40°之间，其中包括大部分热带非洲国家、美洲国家、澳大利亚和大洋洲岛国以及法国、意大利、俄罗斯、印度和印度尼西亚。

（二）生物学特性

1. 寄主与为害

寄主主要有高粱、甜高粱、帚高粱、假高粱、苏丹草。成虫产卵于正在抽穗开花的寄主植物的内稃和颖壳之内，幼虫孵化后即取食正在发育的幼胚汁液，严重时半数以上小穗不能结实，形成秕粒。高粱瘿蚊是栽培高粱的重要害虫，对高粱生产造成很大威胁。在美国危害很严重，常年损失达 20%，严重时颗粒无收。在东非地区损失为 25% ~ 50%。

2. 传播途径

此虫以幼虫在种子内休眠，可随寄主种子的运输而传播。尚未脱粒的成束的穗头带虫的可能性更大。

3. 发生特点

此虫一年发生多代，以幼虫的休眠体在寄主小穗内越冬。春季大部分休眠体化蛹，羽化。如环境不适宜，部分休眠体到次年，甚至第三年才化蛹、羽化。如在美国得克萨斯州观察其生活史，以休眠幼虫在寄主植物的小穗颖壳内做一薄茧越冬，春季化蛹不整齐，一部分休眠幼虫连续休眠 2 ~ 3 年；4 月中旬当假高粱和其他野生寄主开花时，首批羽化的成虫在其上产卵，繁殖第一代；当高粱进入开花盛期，正值越冬代成虫大量羽化，假高粱上的第一代成虫也正羽化，大批成虫飞抵开花的高粱上产卵繁殖；平均 14 d 完成一代；在高粱上一年可完成 13 代，只要有寄主就能继续繁殖下去。

雌虫寿命仅 1 d，产卵 30 ~ 100 粒于种子外颖内壁。卵约 2 d 孵化，幼虫吸食发育中种子汁液，使被害种子变成秕粒。一粒种内只要有 1 只就会变秕。一粒种子中往往可有幼虫 8 ~ 10只。幼虫期 9 ~ 11 d，在寄主小穗内化蛹。完成一代需 14 ~ 15 d。

（三）检疫与防治

1. 形态鉴别（图 6-24）

成虫：体长约 2 mm。头部黄色。下颚须 4 节。触角 14 节。触角呈黄褐色，胸部和腹部橘红色，中胸背板中央和穿过侧板在腹板扩大的一个斑点为黑色，翅灰色透明。臀脉显然位于翅中间之前，其长达到前缘脉；中脉 1 几乎平直，终止于翅的端部下方，其基部明显，与臀脉相连；中脉 2 在翅中间的前方分叉，其前叉终止于后叉端部与肘脉 1 端部的中间。

雄虫触角长等于体长，第三至十四节的每一节中间之前非常收缩；部分的端部长度等于每节基部的粗度，每节的变粗部分有鬃一轮。

雌虫体大于雄虫；触角仅为体长的 1/2，第三至十四节的每节中间收缩；除末节外，每节散布不成轮的鬃，其端部非常收缩，以致形成短柄。产卵管呈毛状，很细，其长度（完全伸出时）长于体长。产卵器端尾须和第一胸足上的跗爪形状，可用作鉴定特征。

卵：长约 0.2 mm，浅粉红色或黄色，柔软，长圆柱形。

幼虫：老熟幼虫体长约 1.5 mm，宽 0.5 mm；深红色。圆筒状，两端微尖。末次脱皮后，剑骨才显现出来，并吐丝做薄茧。

蛹：蛹呈椭圆形，常结有茧。茧很扁，泥褐色。

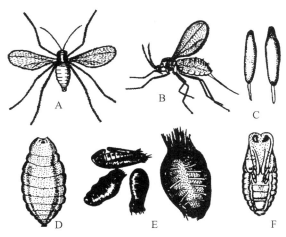

图 6-24　高粱瘿蚊

A. 雄成虫　B. 雌成虫　C. 卵　D. 幼虫　E. 伪蛹　F. 蛹

（A 仿 Harris；B 仿 Walter；C ~ E 仿张从仲）

2. 检疫措施

禁止从疫区各国进口此虫的寄主种子、

不脱粒穗及其包装物等。对特许进口者应严格检疫。检查时应仔细逐粒剖检。有条件时可进行X 光透查（被害粒模糊不清，休眠幼虫清晰可见）。发现疫情立即消毒处理。

防治要点：国外多进行农业防治，如选用抗虫品种和花期一致的品种，适当提早播种；栽培田远离早高粱、帚高粱、假高粱等感染地；春季翻耕野生寄主消灭越冬虫源；收获脱粒后烧毁残秆等。田间药剂防治效果不理想。

第三节 鳞翅目害虫

在检疫性有害生物重要性方面，鳞翅目是仅次于鞘翅目和双翅目的一大类害虫。它们主要以幼虫为害寄主植物及其产品，成虫很少为害植物。重要的种类有美国白蛾、苹果蠹蛾、杨干透翅蛾等。

一、苹果蠹蛾

学名：*Cydia pomonella* L.。

英文名：codling moth。

苹果蠹蛾又名苹果小卷蛾，属鳞翅目小卷蛾科小卷蛾属。此虫是为害严重且较难防治的苹果害虫。在中国，它既是国家禁止入境的检疫性有害生物，也是国内农业和林业植物检疫性有害生物。

（一）简史与分布

苹果蠹蛾原产欧洲大陆，由林奈根据野生苹果上采的标本进行命名和描述，最初仅分布于欧洲泰加林带南部及小亚细亚地区。19 世纪后随着苹果种植面积的扩大，该虫分布范围迅速扩大。现已广泛分布于除东亚以外的所有苹果产地。我国目前仅限于新疆苹果产区和甘肃的酒泉地区有发生。

（二）生物学特性

1. 寄主与为害

苹果蠹蛾寄主范围较窄，主要是蔷薇科的仁果和核果类，主要寄主有苹果、沙果、梨、海棠、胡桃、石榴、李、山楂、桃、杏等。

幼虫早期蛀果能使幼果脱落。果肉蛀食后使苹果品质低劣，严重时不能食用。据新疆疏勒县调查，未防治的老果园苹果被害率为 84.3%～98.4%，喀什地区农科所防治两次的新果园被害率为 4%。因苹果蠹蛾的为害，1898 年美国纽约州损失 50 万美元，1909 年全国损失 1 600 万美元。该虫繁殖力和对环境条件的适应能力均较强，发育历期长且不整齐，是世界上最严重的蛀果害虫之一。

2. 发生特点

苹果蠹蛾在俄罗斯北方一年发生 1～2 代，南方高加索及黑海沿岸一年 2～3 代；美国北方地区一年 2 代，南方地区一年 4 代。我国新疆库尔勒一年 3 代，石河子完成两个完整世代和部分第三代。以老熟幼虫在树皮下做茧越冬。在新疆喀什地区越冬幼虫3月底开始化蛹，4月底至5月上旬为盛期，成虫羽化盛期在5月中下旬。第一代卵期在5月下旬，幼虫孵化盛期在5月底至6月初，6月底至7月初是化蛹盛期，7月上旬为成虫羽化盛期，7月初至中旬为第二代卵期。第三代卵期在9月底至10月初。

成虫有趋光性。黄昏至清晨交尾，卵散产，每只雌虫产卵少者1粒，多者100多粒，平均30多粒，树冠上层卵量多，多于枝条和果实上产卵，而且喜产在背风向阳处。初孵幼虫遇到叶片就咬食叶肉，遇到果实后不久从果实胴部蛀入，食果肉和种籽。幼虫可转果为害，一头幼虫能蛀食几个苹果，从蛀果到脱果一般需1个月左右。幼虫老熟后脱果爬到树干裂缝处或地上隐蔽物以及土缝中结茧化蛹，也能在果内、包装物及贮藏室等做茧化蛹。一部分幼虫有滞育习性，脱果越晚则滞育幼虫越多。

苹果蠹蛾广泛分布在南半球和北半球，对各种气候适应能力很强。发育起点温度为9℃或10℃，适宜温度为15～30℃，最适温度为20～27℃，成虫活动和产卵时需要15.5～16℃以上的温度。苹果蠹蛾抗逆性强，幼虫在-20℃才开始死亡，-27～-25℃大部分冻死。

3. 传播途径

该虫主要以未脱果的幼虫随果品、运输工具及包装物进行远距离传播，也可随杏干传播。

（三）检疫与防治

1. 形态鉴别（图6-25）

成虫体长8 mm，翅展15～22 mm，身体灰褐色，带紫色光泽。前翅臀角处有深褐色椭圆形大斑，内有3条青铜色条纹，其间显出4～5条褐色横纹。翅基部外缘略呈三角形，有较深的波状纹。雄蛾前翅腹面中室后缘有一黑褐色条纹，雌蛾无。雌虫翅僵4根，雄虫仅1根。雄虫外生殖器的抱器中间有凹陷，外侧有一指状突。抱器端圆形，有许多毛。阳茎粗短基部稍弯。雌虫外生殖器产卵瓣外侧弧形，交配孔宽扁。囊导管粗短，囊突2枚，牛角状。卵椭圆形，扁平，中央略突出，长1.1～1.2 mm，宽0.9～1.0 mm。初产似蜡粒，后呈现一红圈，称红圈期，卵面有很细的皱纹。初龄幼虫黄白色。成熟幼虫体长14～18 mm，头黄褐色，体呈红

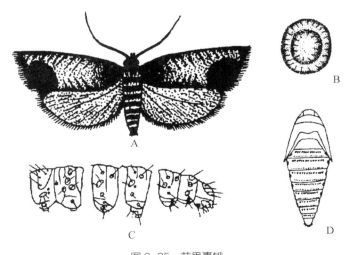

图6-25　苹果蠹蛾

A. 成虫　B. 卵　C. 幼虫　D. 蛹

色，背面色深，腹面色浅，前胸盾淡黄色，并有褐色斑点，臀板上有淡褐斑点。幼虫前胸气门群 3 毛位于同一毛片上，腹足趾钩 19～23 个，单序缺环；臀足趾钩 14～18 个，单序新月形。蛹黄褐色，体长 7～10 mm，肛门两侧各有 2 根臀棘，末端有 6 根，共 10 根臀棘。

2. 检验

凡从苹果蠹蛾发生地区外运的苹果、沙果、梨、桃、杏等果品及其包装物，均需运前在产地进行检验。检验时，可根据苹果蠹蛾的为害状及形态特征进行初步观察和鉴别，发现果实外皮有被害状时，应剖检其中幼虫或蛹，有怀疑时应进一步镜检鉴定。

3. 检疫处理

禁止新疆、甘肃等疫区的苹果和梨等鲜果携带和调运到其他省区。对进口的果品和繁殖材料要严格检疫。在港口、机场、车站周围和果区定期进行疫情调查，用苹果蠹蛾性外激素监测效果很好。发现苹果蠹蛾要进行检疫处理，用溴甲烷熏蒸或熏蒸结合冷藏以及 γ 射线辐照可杀死各虫态。常压条件下，21℃或较高温度，溴甲烷 32 g/m³，熏蒸 2 h；低于 21℃熏蒸，要适当增加剂量。γ 射线 177 Gy 的剂量处理下无正常成虫出现，230 Gy 处理下幼虫不能发育到成虫。

4. 防治要点

（1）果园管理　保持果园清洁，经常捡拾落果，消灭落果中尚未脱果的幼虫。果树落叶后或早春，刮树皮、填树洞，消灭潜伏的越冬幼虫。

（2）诱集幼虫　利用老熟幼虫潜入树皮下化蛹的习性，在主干分枝下束草，诱集老熟幼虫入内化蛹，每隔 10 d 检查处理一次。

（3）生物防治　在新疆，广赤眼蜂（*Trichogramma evanescens* Westwood）对第二代卵寄生率很高，自然寄生率可达 50%，如 5～8 月降水量偏高的年份，寄生率显著降低。松毛虫赤眼蜂（*T. dendrolimi* Mats）经人工繁殖释放，也有显著效果。

将性信息素（反-反-8-10-十二碳二烯-1-醇）装入杯式或瓶水式诱捕器，每亩 2～4 个诱捕雄蛾，效果较好。

用 γ 射线处理成熟后的蛹或羽化后一天的蛾，可使 98% 的雄虫绝育，于田间释放一定数量的雄虫，可获得良好的防治效果。

（4）药剂防治　根据积温推算在第一代卵孵化时喷药，或在大部分卵处于红圈期时喷药。目前防治苹果蠹蛾的有效药剂有 50% 杀螟松 1 000～1 500 倍，2.5% 溴氰菊酯 5～8 ppm，50% 辛硫磷 1 500 倍等。但除虫菊酯类农药使用不当常引起螨类再增猖獗。

二、美国白蛾

学名：*Hyphantria cunea* Drury。

英文名：fall webworm。

美国白蛾属鳞翅目灯蛾科白蛾属。此虫多食性，是林木、果树、花卉和农作物的严重的食叶性害虫。此虫在我国部分地区（辽宁、山东、陕西、河北、天津、上海、北京）发生，危害严重，造成重大的经济损失。在中国，它既是国家禁止入境的检疫性有害生物，也是国内林业植物检疫性有害生物。

（一）简史与分布

美国白蛾原产于北美洲，分布于北纬19°～55°的广大地区，包括墨西哥、美国和加拿大。第二次世界大战期间，该虫随军用物资的运输从美国传入欧洲许多国家和亚洲的日本，1940年首先在匈牙利发现，后逐渐扩散，现已传遍除北欧4个国家以外的几乎所有欧洲国家；1945年传入日本，1958年传入韩国，1961年传入朝鲜，1979年在我国靠近朝鲜的辽宁省丹东地区发现，1981年又扩展到旅顺和大连，后相继传入山东省荣成县（1982年）、陕西省武功县（1984年）、河北省秦皇岛市（1990年）、天津市（1993年）、上海市（1994年）、北京市（2003年）。现分布于加拿大、美国、墨西哥、土耳其、俄罗斯、波兰、捷克、斯洛伐克、匈牙利、罗马尼亚、塞尔维亚、奥地利、意大利、西班牙、希腊、法国、朝鲜、韩国、日本和中国。

（二）生物学特性

1. 寄主与为害

美国白蛾是典型的多食性害虫。据报道，幼虫可为害200多种林木、果树、农作物和野生植物，但主要为害阔叶树。最嗜好的植物有桑、白蜡槭、胡桃、苹果、梧桐、李、柿、榆和柳等。

美国白蛾以幼虫取食树叶，并常群集叶上吐丝做网巢，在其内食害。网巢有时可长达1 m或更大，稀松不规则，把小枝和叶片包进网内，形如天幕，故俗称天幕毛虫。因常出现于仲夏到初秋，又名秋幕毛虫。发生严重时可将全株大部分叶片吃光，造成树木部分或整株死亡；严重受害的果树严重减产，有时导致当年甚至来年不结实。另外，被害树木由于树势变得衰弱，又易遭蠹虫、真菌和细菌病害的侵袭，树木的抗寒力大大削弱。幼虫嗜食桑叶，因此对养蚕业构成了严重的威胁。

美国白蛾适生范围广，繁殖力极强，而且传播途径多，如果不进行有效防治，势必造成迅速蔓延。灾害严重的地方，幼虫大量发生，爬进居民的家里，干扰居民生活。该虫在欧洲和亚洲多个国家都曾大发生，造成了严重危害。

2. 发生特点

在原产地北美洲每年发生1～4代。在欧亚疫区，一年发生2代。以茧内蛹越冬。成虫羽化主要集中在下午或傍晚。刚羽化的成虫对直立物表现出强烈的趋性。成虫在钻出蛹壳后，迅速爬到附近与地面垂直的物体上，如树干、草本植物的茎秆和墙壁等，静伏不动，夜间慢速飞翔，选择寄主植物。成虫有弱的趋光性，白天隐蔽不取食，夜间活动和交尾。每只雌虫一生可产500～900粒卵，多的可达2 000粒，卵排列成块，上覆白色鳞毛，产于叶背。

幼虫孵化后营群居生活，在取食之前就开始吐丝结网。开始缀叶1片，后又扩大到2～3片。随着幼虫生长，越来越多的叶子被包到网幕内。幼虫在网幕内生活的时间占整个幼虫期的60%。1～4龄幼虫生活于网幕内，进入5龄后开始抛弃网幕分散取食。1～2龄幼虫仅在叶背刮食叶肉，保留叶子上表皮及叶子的细脉，被害叶呈纱窗状；3龄幼虫可将叶片咬透；4～5龄幼虫开始由叶缘啃食，造成边缘缺刻；6～7龄幼虫往往将整片叶子甚至连同主脉吃光，仅留叶柄。幼虫1～4龄的取食量约为整个幼虫期总食量的7%，而5龄、6龄、7龄的取食分别占幼虫期总取食量的9%、29%和55%。一般情况下，8月中旬为第二代幼虫危害盛期，是美国白蛾全年危害最为严重的时期，常常出现整株树木叶片被吃光的现象。

幼虫发育至老熟时沿树干下行，寻找隐蔽处化蛹。蛹主要集中在树干老皮下及树周围的表土内或砖瓦土块下。在建筑物附近，相当一部分幼虫聚集在建筑物的缝隙内化蛹。

美国白蛾为喜光性昆虫，多发生在交通沿线，城市、居民区的园林绿化树木及公园、果园等处。平均温度 23～25℃、相对湿度 75%～80% 最适于卵的发育，平均温度 24～26℃、相对湿度 70%～80% 最适于幼虫的发育。

3. 传播途径

该虫主要借助于运输工具随原木、苗木、鲜果、蔬菜及包装物传播。其各个虫态都有可能借助交通工具进行传播，但以 4 龄以上的幼虫和蛹传播的机会最多。此外，也可通过自身的飞翔能力，在一定的范围内进行自然蔓延，扩大其分布区域。

（三）检疫与防治

1. 形态鉴别（图 6-26）

成虫：体白色，翅展 25～45 mm。雄虫触角双栉齿状，雌虫触角锯齿状。翅面无暗色斑或具有或多或少的暗色斑。前翅 R_1 脉由中室单独发出，R_2～R_5 共柄；后翅 S_c+R_1 脉由中室前缘中部发出；前、后翅的 M_1 由中室前角发出，M_1 及 M_2 基部有一短的共柄，由中室后角上方发出，Cu_1 由中室后角发出。前足基节及腿节端部橘黄色，胫节跗节大部分黑色。后足胫节缺中距，仅 1 对端距。

卵：直径 0.4～0.5 mm，圆球形，绿色或黄绿色，表面有多数规则的小凹刻。

幼虫：老熟时体长达 28～35 mm，圆筒状。一般认为，幼虫有两种类型：一种类型幼虫的头和背部毛瘤为黑色，另一种类型幼虫的头和背部为橘红色，即黑头型和红头型。在北美洲，红头型在美国南部占优势，黑头型则在美国北部和加拿大明显占优势。我国的美国白蛾幼虫大多属于黑头型。20 世纪 70—80 年代，Ito 等在加拿大温哥华发现了一种镶嵌型的美国白蛾幼虫，其特点是头部颜色黑红镶嵌，行为与红头型相似。进一步的调查发现，镶嵌型是红头型在北部地区的暗色类型。于是，Ito 等建议将红头型和镶嵌型合并，称之为 Malacosoma 型。因此，美国白蛾幼虫也可分为黑头型和 Malacosoma 型两种类型。

蛹：长 8～15 mm，宽 3～5 mm，暗红褐色有光泽。

2. 检疫处理

限制疫区内的森林植物及其产品流通，未经过林业部门检疫批准，不得擅自运出疫区。要充分发挥道路联合检查站、木材检查站和检疫检查站的作用，加强对从疫区调出的森林植物及其产品和包装材料的检疫检查，发现美国白蛾的必须依法扣留，及时进行除害处理。

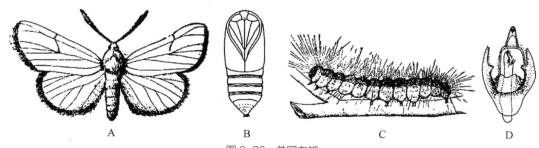

图 6-26　美国白蛾

A. 成虫　B. 幼虫　C. 蛹　D. 雄性外生殖器

对来自疫区的木材、苗木、鲜果、蔬菜、包装材料及运输工具要进行认真检查。对带虫的原木等介体，用溴甲烷 20~30 g/m³ 熏蒸 2 d，或磷化铝 15~20 g/m³ 熏蒸 3 d，或氯化苦 30~40 g/m³ 熏蒸 3 d，均可达到 100% 的杀虫效果。

3. 防治要点

坚持预防和除治并重，切实加强疫情监测、检疫监管和科学防治，根除疫点，压缩疫区范围，全面降低虫口密度，坚决遏制美国白蛾疫情严重发生和扩散蔓延的势头，确保不暴发成灾，确保生态安全。各地要坚持以无公害除治措施为主，大力推行使用生物制剂、施放寄生蜂、剪除网幕、挖蛹、灯光诱杀等生物、物理、人工措施，保护生态环境。其中要着重做好美国白蛾第一代的除治工作，以取得关键成效。要利用此虫第一代虫期整齐、幼虫网幕多分布于树冠下方便作业的特点，在幼虫破网前组织力量集中开展除治。

（1）人工防治　人工剪除网幕，利用幼虫 4 龄前结网为害的习性，及时人工剪除网幕并彻底消灭网幕内的幼虫；利用老熟幼虫下树化蛹的习性，在树干上绑草把诱集下树化蛹的幼虫，并集中销毁，灭杀幼虫。

（2）诱集防治　在成虫发生期点黑光灯可以进行诱杀，诱虫灯应设在上一年此虫发生比较严重、四周空旷的地块，可获得较理想的防治效果。利用性信息素，在轻度发生区成虫期诱杀雄性成虫，能够在一定程度上降低此虫虫口密度。

（3）生物防治　在 3 龄幼虫期以前，喷洒核型多角体病毒（HcNPV）和 Bt 复合制剂；在老熟幼虫期和化蛹初期各放蜂（白蛾周氏啮小蜂）一次，放蜂量为美国白蛾虫量的 3~5 倍。

（4）化学防治　于 2、3 龄幼虫高峰期喷洒化学药剂，每代喷洒 2~3 次，即可收到良好效果。常用药剂有灭幼脲Ⅲ号 2 000 倍液、90% 晶体敌百虫、50% 杀螟松乳剂 1 000 倍液、80% 敌敌畏乳剂 1 000 倍液、25% 西维因可湿性粉剂 300 倍液、75% 辛硫磷乳剂 2 500~3 500 倍液、2.5% 溴氰菊酯 3 000 倍液等。

三、杨干透翅蛾

学名：*Sphecia siningensis* Hsu。

杨干透翅蛾属鳞翅目透翅蛾科蜂形翅蛾属，是杨树的重要蛀干害虫之一，也是我国森林植物检疫性有害生物。

（一）分布

在国外分布于俄罗斯。国内分布于山西、青海、陕西、甘肃、山东、内蒙古、安徽、云南、宁夏、四川。

（二）生物学特性

1. 寄主与为害

该虫寄主植物有小叶杨、青杨、新疆杨、河北杨、加杨、合作杨、箭杆杨、柳属等植物。据山东省报道，还可危害槐树。以幼虫蛀害 8 年生以上中龄杨树的基部，也侵害树干中部直至上部树干分叉处和根部，在树干基部留下孔状洞穴。严重为害时，干基部皮层翘裂，树干木质部直至髓心都被蛀空，致使整个树木枯死或从基部极易风倒、风折，降低了杨树的使用价值和防护性能，给大面积防护林及环境绿化造成了严重危害。

2. 发生特点

该虫在我国两年发生1代，跨3个年度，以当年孵化幼虫在树干皮下或木质部蛀道内越冬。除成虫、卵和初孵幼虫短暂几天在树干外部外，幼虫期约有23个月在树干内隐蔽生活。初孵化的幼虫春季开始蛀侵至7月下旬，多在裂缝的幼嫩组织上潜入皮下及木质部内蛀食，蛀梢中混有小木质纤条。部分幼虫有转移为害习性。翌年在边材中蛀成L形上行蛀道，有黑色的虫粪成串排出，9—10月后，老熟幼虫化蛹，羽化后的蛹壳有1/3~1/2留在羽化孔外。成虫于6月上旬和8月中旬盛发，日间活动，飞翔力强而快，无趋光性，雄蛾嗅觉十分灵敏，雌蛾性诱力强，于当日傍晚进行交尾，并围绕树干飞到树干基部粗皮缝中或受伤处产卵。各虫态有世代重叠现象。该虫对造林密度、郁闭度、树种等生活条件要求严格。

3. 传播途径

该虫除成虫自身可做短距离飞行扩散外，主要靠携带有幼虫和蛹的苗木及木材调运，也可附着于交通工具、货物上做远距离传播。

（三）检疫与防治

1. 形态鉴别（图6-27）

成虫：雌蛾体长25~30 mm，翅展38~50 mm。触角暗红褐色，背面着黑鳞，顶端有褐色小毛束。领片黄色，中胸紫黑色，两侧中后部有黄色长毛，后胸被青黄色长毛。翅基片中部黄色，前缘黑色，杂生红褐色毛，后端具红褐色和灰紫色长毛；腹面第二至六节黄色，有灰黑色边。前后翅均透明，前翅狭长。前足基节黄红褐色，后足胫节外侧有1个白斑，内侧中部着黑色毛。雄蛾体长20~25 mm，翅展29~45 mm。似雌蛾，但头顶复毛灰黑色，于单眼前方之间杂有1列白色短毛；触角栉齿状；翅基片中部带暗红褐色。

图6-27 杨干透翅蛾
A. 成虫 B. 幼虫

幼虫：体长40~50 mm，体圆筒形。体灰白色至黄白色，头暗褐色，体表具稀疏黄褐色细毛。前胸背板两侧各有1条外斜的褐色浅沟，前缘近背中线处有2个并列褐斑。腹足退化，仅留单序二横带式趾钩。臀足为单序中列趾钩；臀节背端具1个黑褐色钩突。

蛹：褐色，纺锤形，长21~35 mm，第二至六腹节背面有细刺2排尾节具粗壮臀刺10根。

2. 检验

根据树木干枯、开裂、木质腐损及有黑色虫粪成串的排泄物等特征，初步可确定该虫的危害，或观察树皮外是否有椭圆形蛀孔，孔外一侧有侵蛀甚浅的宽大蛀廊。用小刀撬开皮层，检查是否有蛀屑及两端截齐的小木质纤条、幼虫、蛹态；或检查边材是否有L形上行蛀道。

3. 检疫与防治

（1）严格进行检疫，禁止有虫苗木及木材运出疫区或疫情发生区。

（2）幼虫期用50%磷胺或50%杀螟松喷杀；或用50%杀螟松乳油加柴油（体积比1：5或1：10）涂孔；或用40%乐果乳油、80%敌敌畏乳油原液醮棉球堵孔。

（3）根据雄蛾嗅觉十分灵敏的特点，成虫发生期采用性信息素，剂量 800～1 600 μg，诱捕成虫。

四、蔗扁蛾

学名：*Opogona sacchari* Bojer。

英文名：banana moth。

蔗扁蛾属鳞翅目辉蛾科扁蛾属，是一种新传入我国的检疫性害虫，具钻蛀性、杂食性、腐生性特点，对观赏、经济植物威胁性很大。在中国，它是国家禁止入境的检疫性有害生物。

（一）简史与分布

该虫于 1856 年在印度洋的马斯克林群岛被发现，后陆续在非洲和欧洲的许多地区发现此虫，较后传入南美洲和西印度，20 世纪 80 年代传入美国。据估计是 20 世纪 80 年代末至 90 年代初，大量引进巴西木时侵入我国。根据现有资料，其具体分布于：非洲的南非、马达加斯加、毛里求斯、卢旺达、塞舌尔、尼日利亚、圣赫勒拿岛、佛得角、加那利群岛、马德拉、亚速尔，欧洲的葡萄牙、法国、希腊、意大利、荷兰、英格兰、西班牙（比利时、丹麦、芬兰、法国、德国、希腊、荷兰、英国等曾大发生，现已除灭），南美的巴西、秘鲁、委内瑞拉、巴巴多斯、洪都拉斯，美国的佛罗里达、英国的百慕大等，以及中国的辽宁、河北、北京、山东、新疆、上海、浙江、江西、福建、广东、广西、海南。

（二）生物学特性

1. 寄主与为害

蔗扁蛾的寄主范围较广，据张古忍等报道，寄主植物共有 23 科 71 种。但主要为害巴西木、发财树等绿化苗木，从国外资料来看，蔗扁蛾为害甘蔗、香蕉、玉米、马铃薯等属偶然现象。

为害时幼虫钻入寄主植物内部取食，轻度危害不易察觉，但重者严重阻碍植物的正常生长发育或全部枯死，使植株失去观赏价值。在巴西木上，蔗扁蛾多在柱桩的中上部取食，幼虫首先取食寄主的韧皮部，植株的韧皮部几乎全部被取食干净，仅留下外皮和木质部，在外皮和木质部间充满幼虫的粪便和碎木屑，外皮上能见到幼虫推出的粪屑等物，用手轻捏柱桩有空的感觉，树皮与木质部极易分开。取食完韧皮部以后，幼虫钻入木质部，在无皮的柱桩上能见到弯弯曲曲、深浅不一的虫道，有些幼虫能深达柱桩的中心髓部，并把髓部蛀空。受害严重的巴西木一般不能正常发芽，即便发芽，也会由于养分供应不上而逐渐枯死或发育不良，失去观赏价值。在发财树上，蔗扁蛾多在树干基部为害，其为害症状与巴西木类似，受害严重的树干基部，内部全部被蛀空腐化，轻轻扳动即能折断。其他观赏植物如旅人蕉，多在嫩的心部受害，造成烂心而影响植株生长。

2. 发生特点

根据张古忍等的研究，蔗扁蛾一年可发生 4 代。完成一个世代需要 60～121 d，平均 90.5 d。卵期 7 d，比较整齐。幼虫脱皮 6 次，7 龄，历期长达 37～75 d，是该虫的为害虫期。一般虫龄越高，历期越长。蛹期最长 24 d，最短 11 d，以 11～17 d 为主，蛹在羽化前，头胸部露出体外，约 1 d 后，成虫羽化。雌、雄成虫寿命有所差异，其中雌性寿命略短，平均

8.5 d，雄性寿命略长，平均 9.4 d。羽化后的成虫喜暗，常隐藏于树皮裂缝或叶片背面。需取食花蜜补充营养。交配多在凌晨 2—3 时，有的在上午 8—10 时进行。成虫在羽化 4～7 d 后产卵，少数在羽化后 1～2 d 内就产卵，产卵量为 145～386 粒。

3. 传播途径

该虫主要通过巴西木、发财树等观赏植物的远距离调运而人为传播。香蕉、椰子等果实传带的可能性很小。

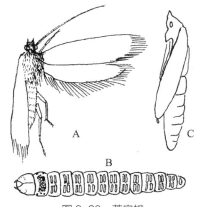

图 6-28 蔗扁蛾

A. 成虫 B. 幼虫 C. 蛹

（三）检疫与防治

1. 形态特征（图 6-28）

成虫：体黄褐色，体长 8～10 mm，前翅深棕色，中室端部和后缘各有 1 个黑色斑点。前翅后缘有毛束，停息时毛束翘起如鸡尾状。雌虫前翅基部有 1 条黑色细线，可达翅中部。后翅黄褐色，后缘有长毛。后足长，超出后翅端部，后足胫节具有长毛。腹部腹面有 2 排灰色点列。停息时，触角前伸；爬行时速度快，形似蜚蠊，并可做短距离跳跃。

卵：淡黄色，卵圆形，长 0.5～0.7 mm，宽 0.3～0.4 mm。

幼虫：乳白色，透明。老熟幼虫长 30 mm，宽 3 mm，头红棕色，每个体节背面有 4 个毛片（黑斑），矩形，前 2 后 2 排成两排，各节侧面也有 4 个小毛片（黑斑）。

蛹：棕色，触角、翅芽、后足相互紧贴，与蛹体分离。

2. 检疫处理

严格产地检疫，在花木进入流通前消灭虫害；做好花卉流通领域的虫源控制，加强调运检疫，由于蔗扁蛾在我国目前仅在少数观叶植物品种如巴西木、发财树等上发现为害，要尽力防止向其他植物扩散，严禁带虫植株往外调运。

3. 防治要点

（1）生物防治 昆虫病原斯底线虫（Steinernema Carpocapsae A24）能有效地防治新侵入害虫蔗扁蛾的幼虫，在大棚条件下，采用喷雾法能达到理想的防治效果，喷雾的最佳浓度约为每毫升含 3 000 条线虫。

（2）化学防治 选用 3% 呋喃丹颗料剂每盆 20 g 埋根处理，有较好的防治效果，基本不污染环境，是家庭、宾馆、大棚、花园中理想的防治药物。用溴甲烷 48 g/m^3 对无根巴西木、发财树等茎段集中进行熏蒸处理，能有效防治害虫传播扩散。

五、云杉色卷蛾

学名：*Choristoneura fumiferana* Clemens。

异名：Tortrix fumiferana Clemens，Harmologa fumiferana Meyrick。

英文名：Spruce budworm。

云杉色卷蛾属于鳞翅目卷蛾科色卷蛾属。该虫为北美重要森林植物有害生物，属中国进境植物检疫性有害生物。

（一）简史与分布

该虫原产北美，在北美洲的分布在北纬 30°～70°。在美国主要分布于新英格兰地区（缅因州、佛蒙特州、新罕布什尔州、马萨诸塞州、罗得岛州、康涅狄格州）、纽约州、宾夕法尼亚州、爱达荷州、蒙大拿州、加利福尼亚州、新墨西哥州、明尼苏达州、威斯康星州、密歇根州及阿拉斯加州。在加拿大主要分布于东部和南部向西到马尼托巴、温哥华岛、不列颠哥伦比亚和育空河。目前分布区域逐渐向西部扩散。

（二）生物学特性

1. 寄主与为害

该虫主要为害冷杉属、云杉属、落叶松属、铁杉属及花旗松、美国五叶松等植物，其中冷杉类，特别是白冷杉、香脂冷杉最为敏感，白云杉、红云杉、黑云杉及挪威云杉也是适宜寄主，也为害西部的其他针叶树。在加拿大，该虫寄主达 25 种针叶树，包括云杉属 8 种、松属 6 种、冷杉属 5 种、铁杉属 3 种、落叶松属 2 种、刺柏属 1 种。

2. 发生特点

一年发生 1 代。成虫出现在 7—8 月。雌性将卵聚产在松针的背面，每只雌蛾可产卵 200 余粒。卵期 8～12 d。幼虫孵出后即吐丝，将虫体包裹起来，在雄花的花托、树皮的裂缝或地衣中越冬。在冬眠前，幼虫不取食。在叶芽开始生长时，越冬幼虫结束冬眠，钻入老的松针或叶芽中为害，有时也取食雄花的花蕊。然后，逐渐长大的幼虫钻入已充分展开的叶芽，并吐丝将自己包裹起来。随着叶芽的生长，幼虫便会转移到其他的新芽上继续为害。幼虫的发育要经过 6 龄，然后结网化蛹。

该虫发育速度直接与温度相关，幼虫低于 10℃就很少取食，26℃左右发育速度最快；暖温天气利于雌虫远距离飞行产卵，产卵数量也受制于平均温度，在 25℃产卵数比 15℃多 50%以上。在北美北方林区，低温延缓幼虫发育，使其不能顺利越冬。温暖、干燥季节及衰老树木的存在利于云杉色卷蛾的发生、流行。低温高湿对种群起到抑制作用，同时抑制因素还有天敌（食肉动物）、寄生虫、病原菌等。

云杉色卷蛾首次为害发生在春末或早夏，一般是群集危害。对于当年生树叶，先为害枝条及顶部，尤其是在树冠的上半部，延缓树木生长，最终导致整株树死亡，远观就像刚发生过一场火灾。幼虫取食新生长的针叶末梢或芽根部，它们咬食针叶基部，从嫩枝上分离叶子，再吐丝缠绕住。到盛夏时，树叶变为红褐色。还可以取食花序和叶芽。经过几年的连续为害后，可以将整株树木致死。云杉 5～6 年，冷杉 3 年就可致死。

云杉色卷蛾及其几个变种是北美最重要的致针叶树落叶的害虫，毁坏东部数百万立方米的白冷杉、冷杉、云杉和西部的花旗松、冷杉。据报道，在北美东部早在 18 世纪 70 年代，云杉色卷蛾就大面积暴发，20 世纪最大规模的暴发发生于 20—30 年代，直到 40 年代，种群数量仍未下降，到 70 年代达到高峰。平均每隔 30 年就有一次大面积暴发。云杉色卷蛾一旦暴发，可扩散蔓延并持续几年。1807 年曾在美国缅因州大面积暴发，20 世纪 60—70 年代在美国大湖地区大面积暴发，20 世纪 80 年代种群数量呈下降趋势。1979—1984 年，大发生面积均在 600 万 hm² 以上，1987 年、1988 年连续下降至 68 万、26.5 万 hm²。美国政府每年都要花大量的人力、物力进行监测、控制、研究和扑灭工作。

在加拿大，严重危害香脂冷杉可追朔到 1704 年。近 20 年来云杉色卷蛾致死大量的树木，可能是已报道的林木害虫中最具危险性的。估计东部为害白冷杉、云杉超过 7.25 亿 m³，这些可与火灾造成的损失相当。有森林工作者统计出近 20 年来在加拿大东部火灾造成白冷杉及云杉的损失近 2.54 亿 m³，而云杉色卷蛾造成的损失相当于这些的 3 倍。

3. 传播途径

在孵化及越冬期间，幼虫可随风扩散而传播，有可能达几千米，因此地域间的传播一般是通过风的被动传播实现，一般发生在夏末时的 1 龄幼虫期。严重时可导致流行区域的延伸。

其成虫则具有很强的飞翔能力，雌蛾能飞行到 600 km 外产卵，可在相当广的区域内扩散蔓延，这可能是云杉色卷蛾最重要的传播途径。

此外，现代交通发达，人员往来、物资运输频繁，大大增加其随原木、木质包装及植株甚至运输工具等传播扩散的可能性。

（三）检疫与检测手段

1. 形态鉴别

卵：卵扁平、椭圆形，长约 1 mm，宽约 0.12 mm。中央略隆起。初产时多呈淡黄色，半透明，孵化前往往颜色变得更深。卵表面光滑，也有的显有网状纹。浅绿色的卵以块状分布，每个卵块大约含 20 粒卵，通常产于松针的背面。

幼虫：为淡绿色，体外有明显的浅黄白色小突起，沿着侧缘有浅黄条纹，接近成熟时逐渐变为黑褐色。共经历 6 龄幼虫，1 龄幼虫长约 2 mm，浅黄绿色，头部显褐色。2 龄幼虫黄色，头部为黑褐色或黑色。后 4 龄幼虫体色从浅黄变至黑褐，沿着背部有亮颜色斑点。成熟幼虫（6 龄幼虫）浅红褐色，带明显的浅白色或浅黄的斑点，头部黑褐色或亮黑色。老熟幼虫体长 20 ~ 25 mm。

蛹：长约 12 mm，头部末端较宽，向尾部急剧变细；起初为浅绿色，后来变为红褐色，逐渐黑化，几乎变为黑色。

成虫：较小，体长大约 10 mm。头部和胸部灰色，极少数雌虫略带红褐色，雌虫前翅灰色，雄虫前翅偶尔有红褐色。全身带有黑褐色条纹，有些则呈褐色或浅红色，带灰色条纹。体表有各种斑点，这些斑点可能是与寄主长期共存而形成的保护色。身体颜色可从浅红褐色向淡黄灰色变化。触角和足茶色。雄虫翅展 21 ~ 26 mm，雌虫翅展 22 ~ 30 mm。头部一般具有相当粗糙的鳞片，偶尔还有长毛；单眼明显；触角长度相当于前翅长的 1/3 ~ 2/3；下颚须退化或消失；下唇须第二节鳞片发达，第三节短小，末端钝。前翅略呈长方形，前翅具条带及浅红褐色斑点，中上部有大的、明显的浅白色斑点，肩区发达，前缘弯曲，外缘较直而且翅顶角凸出，休息时平叠于体背上呈吊钟状。翅脉 12 条，彼此分离，有时 R_4、R_5 脉共柄，M_2、M_3、Cu_1 脉在基部彼此靠近，同出一点或共柄，Cu_2 脉经常出自中室不及 3/4 处。后翅呈亚四边形或宽卵圆形，8 条翅脉中 R_5 和 M_1 靠近或共柄，M_2、M_3、Cu_1 脉彼此分离、同出一点或共柄。

2. 检疫处理

对来自该虫发生区的木材、木包装和种苗，尤其是寄主植物种苗，要注意检查苗木表面有无虫卵、幼虫或虫蛹，一旦发现货物带虫应立即采取以下措施：①退货、销毁；②使用溴甲烷或硫酰氟熏蒸，推荐剂量为 15℃以上，溴甲烷 32 g/m³ 处理 24 h，或硫酰氟 64 g/m³ 处理 24 h。

3. 防治要点

该虫天敌中已知的有几种鸟，最重要的是一种捕食蛹及幼虫的粉红色燕子，它们能取食

80% 以上的云杉色卷蛾幼虫。许多膜翅目及双翅目寄生性天敌可在不同虫龄的云杉色卷蛾幼虫上进行人工饲养。常规的喷药处理防治效果并不好。

第四节　半翅目害虫

在检疫性有害生物重要性方面，半翅目也是一类重要的类群。它们包括属于半翅目的可可褐盲蝽、松突圆蚧、葡萄根瘤蚜、苹果绵蚜和螺旋粉虱等。以成若虫为害寄主植物及其产品，给农作物带来较为严重的损害。

半翅目中危险性大的重要害虫主要有蚧壳虫和蚜虫。这两类害虫对植物的危害十分相似，都是用刺吸式口器从植物组织中吸取汁液，使植物营养发生变化，导致生长衰弱或枯死。蚜虫还可以传播多种病毒病，蚧壳虫一经固定极少再活动。这两类虫都是以各种虫态随寄主苗木、枝条的引进或调运，以人为传播为主。列入《中华人民共和国进境植物检疫性有害生物名录》的半翅目昆虫有螺旋粉虱（*Aleurodicus dispersus* Russell）、梨矮蚜（*Aphanostigma piri* Cholodkovsky）、松唐盾蚧（*Carulaspis juniperi* Bouchè）、无花果蜡蚧（*Ceroplastes rusci* L.）、松针盾蚧（*Chionaspis pinifoliae* Fitch）、香蕉灰粉蚧（*Dysmicoccus grassi* Leonari）、新菠萝灰粉蚧（*Dysmicoccus neobrevipes* Beardsley）、桃白圆盾蚧（*Epidiaspis leperii* Signoret）、苹果绵蚜（*Eriosoma lanigerum* Hausmann）、枣大球蚧（*Eulecanium gigantea* Shinji）、松突圆蚧（*Hemiberlesia pitysophila* Takagi）、黑丝盾蚧（*Ischnaspis longirostris* Signoret）、芒果蛎蚧（*Lepidosaphes tapleyi* Williams）、东京蛎蚧（*Lepidosaphes tokionis* Kuwana）、榆蛎蚧（*Lepidosaphes ulmi* L.）、霍氏长盾蚧（*Mercetaspis halli* Green）、灰白片盾蚧（*Parlatoria crypta* Mckenzie）、南洋臀纹粉蚧（*Planococcus lilacius* Cockerell）、大洋臀纹粉蚧（*Planococcus minor* Maskell）、刺盾蚧（*Selenaspidus articulatus* Morgan），以及葡萄根瘤蚜（*Viteus vitifoliae* Fitch）。

一、可可褐盲蝽

学名：*Sahlbergella singularis* Haglund。

英文名：cacao mirid，mirid bugs，cacao capsid。

可可褐盲蝽，又名可可盲蝽象，属半翅目盲蝽科大盾盲蝽属。此虫目前广泛分布于西非各国，非疫区应加强检疫措施，以防传入为害。在中国，它既是国家禁止入境的检疫性有害生物，也是国内林业植物检疫性有害生物。

（一）分布

可可褐盲蝽分布于塞拉利昂、多哥、加纳、科特迪瓦、尼日利亚、喀麦隆、中非共和国、乌干达、刚果民主共和国和刚果共和国等地。

（二）生物学特性

1. 寄主与为害

此虫寄主有可可、几内亚斑贝、苏丹可乐果、侧生可乐果、半氏大叶可乐果、亮叶可乐果、爪哇木棉、二色可可、臭苹婆、单花苹婆以及罂粟尼索桐（*Nesogordonia papavifera*）、*Berria amonilla* 等植物。但以可可为主。

此虫常在可可树冠分枝和茎的木质部、果荚、果柄背光的一面为害，受害荚最初出现圆形小斑，以后变黑，腐烂或裂开。幼果被害后发生凋萎或形成僵果。被害嫩梢最初出现水渍状梭形斑点，以后变黑，组织干枯、下陷，伤口出现纵折痕。如果一个嫩梢或枝条上有数个被害斑点，就能使被害斑上部全部枝条枯萎。茎干被害后，出现细长卵形下陷斑，表面有裂纹，约20 d 后树皮裂开，可看到死亡的韧皮纤维的网状结构。如受害茎干组织愈合，则在白斑边缘产生梭形突起的痂。

据报道，加纳受可可褐盲蝽为害每年损失可可豆 6 万～8 万 t，占年产量的 25%；尼日利亚损失总产量的约 30%；科特迪瓦在 1968 年有 25% 的可可园受害，其中受可可褐盲蝽为害的占 80%，估计损失干可可豆 10 多万 t；在喀麦隆，可可褐盲蝽和可可狄盲蝽（*Distantiella theobroma* Distant）是可可树危害最严重的害虫，共同造成产量损失 30%～40%。

此虫的刺吸式口器在吸取养分前，先将唾液注入可可的表面组织，引起刺点周围凹伤，这些伤斑于干燥时裂开，容易被真菌等寄生。在树苗和茎上凹伤多时可包围幼枝，引起枯萎。在荚上圆而黑的凹伤群集在隐蔽面，影响品质。

2. 发生特点

成虫喜黑暗，白天常栖息于枝条缝隙、果荚背面、果柄下面和其他隐蔽处，夜间活动取食。对紫外光有趋性。成虫羽化 2～3 d 后开始飞翔，4～5 d 后性成熟，开始交尾。雌虫产卵于寄主植物的直生枝和扇形枝或树冠低处，平均产卵约 57 个，最多为 179 个。卵期平均17.4 d，若虫共 5 龄，各龄若虫龄期平均为 4.5～5 d，完成一代约需 45 d。一般每年 3—7 月虫口密度上升，7 月以后上升迅速，8 月后开始侵害树冠，10—12 月为繁殖高峰期，11—12 月是为害高峰期，生长茂盛的植株受害轻。

高湿对该虫生长有利。成虫最适的相对湿度为 90%～95%，旱季若多雨往往酿成大灾，旱情延长则虫口大量减少。

3. 传播途径

可可褐盲蝽随可可及寄主植物种苗、枝条、果荚传播。

（三）检疫与防治

1. 形态鉴别（图 6-29）

成虫：雌虫体长 8～9 mm，雌虫体长 9～10 mm，宽 3～4.5 mm。褐色至红褐色，散布淡色斑，触角 4 节，褐色至黑褐色，第一节粗短，第二节具有排列不规则的颗瘤，第三节向端部渐膨大，第四节短于第三节，水滴状。喙 4 节，无单眼。前胸背板六角形，盘域具粗大刻点，并散布光滑的小颗瘤；前胸背板的胝多为黑色，或多或少隆起。小盾片大，具强烈拱隆。前翅膜片黄色，密布大型褐斑。腿节有 1 条淡色宽纹，两端黑褐色，两侧黄白色，散步稀疏的褐色碎斑。

卵：长 1.6～1.9 mm，圆筒形，白色，孵化前为玫瑰色。端部稍弯曲，前部有隆线，有 2 个不同长度的附器。

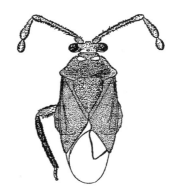

图 6-29　可可褐盲蝽
（仿张生芳，1997）

若虫：玫瑰色或栗色，圆形或小球形，老龄若虫腹节有明显的圆疣，并整齐地横向排列于每个环节。胸及小盾片有皱纹。

2. 检疫措施

禁止从疫区引进寄主植物的繁殖材料。凡从国外进口的寄主植物的初产品须严格检疫，进行灭虫处理。若是科研需要，必须严格灭虫后在隔离苗圃检疫试种 1 年以上。

3. 防治要点

20 世纪 60 年代加纳曾用林丹防治此虫，效果良好，使可可褐盲蝽近乎绝迹。后因它对林丹产生抗性，改用合杀威、异丙威、残杀威等（300 g/hm²）喷杀，也有良好防效。尼日利亚利用二氧威、喹硫磷、毒死蜱和异丙威防治，也取得良好效果。施药最佳时间应掌握在种群密度最小的干旱季节。此外，还可以用一些天敌，如织叶蚁属（*Oecophylla*）和铺道蚁属（*Tetramorium*）的种类进行生物防治。

二、松突圆蚧

学名：*Hemiberlesia pitysophila* Takagi。

英文名：pine armored scale。

松突圆蚧属半翅目蚧总科盾蚧科栉圆盾蚧属。此虫为害松属植物，可造成林木大面积枯死，为害在我国仍在扩展之中。在中国，它既是国家禁止入境的检疫性有害生物，也是国内林业植物检疫性有害生物。

（一）分布

松突圆蚧分布于日本的冲绳群岛、先岛群岛，中国的台湾、广东、澳门、香港。

（二）生物学特性

1. 寄主与为害

松属（*Pinus*）植物，如马尾松、湿地松、黑松、琉球松、南亚松、加勒比松等是松突圆蚧的寄主。

松突圆蚧主要为害树针叶、叶鞘基部，新抽嫩梢基部、新球果（果鳞）和新叶中下部等幼嫩组织。雄虫多在叶鞘上部针叶嫩尖及球果上为害，雌虫多在叶鞘基部为害。由于该虫群集叶鞘基部等处刺吸为害，使被害处缢缩、变黑，针叶上部枯黄。严重时针叶脱落，新抽枝条短而黄，最后全株枯死。

在松属植物中以马尾松受害最重，树苗、成株都可被害致死，一般受害 3～5 年即可造成成片松林枯死，损失严重。近 10 年来广东部分县市受害松林已达十几万公顷，并有继续发展的趋势。

据日本报道，此虫在日本常同金松牡蛎蚧（*Leipidosaphes pitysophia*）混栖在琉球松上严重为害。

2. 发生特点

该蚧虫在广东通常每年可发生 5 代，世代重叠，同一时期可见各虫态的蚧虫，但越冬虫态多以幼虫期为主。影响该蚧虫种群数量和分布范围的因子很多，其中气温条件很重要，气温阻限将对其分布范围起着主要作用。

在广东省惠东县，松突圆蚧一年发生 3 ~ 5 代，以第四代最为严重。各代 1 龄若虫是自然扩散的主要虫态，其发生期分别在 3 月中旬至 4 月中旬，6 月初至 6 月中旬，7 月底至 8 月上旬，9 月底至 11 月中旬。这些是药剂防治的关键时期。

3. 传播途径

此虫主要随种苗、原木等的调运而传播。1 龄若虫爬行或被风、雨及鸟、兽等动物携带也是扩散的一种途径。

（三）检疫与防治

1. 形态鉴别（图 6-30）

雌成虫介壳：育卵前略呈圆形，介壳扁平，心中略高，壳点居中或略偏，介壳有 3 圈明显的轮纹，中心橘黄色，内圈淡褐色，外圈淡黄色至灰白色。育卵

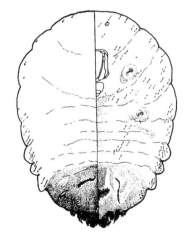

图 6-30　松突圆蚧（仿黄子清等，1997）

后，介壳变厚，壳点偏向一边，整个介壳呈梨状，其形状与为害同类寄主的罗汉松灰圆盾蚧（*Piaspidiotus makii*）相似。

雌成虫：体呈倒梨形，淡色。触角 1 呈小突起状，各具刚毛 1 根。前、后气门附近都无盘腺孔，但两气门间有横排小管腺。体缘也分布有许多小管腺。第二至四腹节侧突明显。臀板后部较宽圆。

背管腺细长，多集中于臀板末端。臀叶 2 对（偶有不明显的第三臀叶）。其第 1 臀叶（L_1）发达，两叶之间有一缘腺开口，第二臀叶（L_2）小而硬化，向内倾斜（罗汉松灰圆盾蚧 L_2 不硬化，微小）。L_1 间的一对臀栉短，不在 L_1 末端。臀缘上在 L_1 和 L_2 间，以及 L_2 和 L_3（很小或无）间分别有 1 对半月形硬化棒。臀板背管腺极细长，尤其在 L_1 之间的 1 根背管腺很长，超过肛门孔。肛门孔大而圆，其直径约与 L_1 的宽度相等，其与臀缘的距离约与肛孔直径相近。肛门周围无阴腺。

雄虫介壳：长卵形，壳点突出在一端，橙黄色，介壳为淡黄褐色至灰白色。

雄成虫：橘黄色。触角 10 节。前翅半透明。后翅为平衡棒，在其端具微毛 1 根。交配器针状，长而稍弯。

1 龄若虫介壳：圆形，边缘透明。

2 龄若虫介壳：性分化前，呈圆形，中央有 1 个橘红色的 1 龄蜕。性分化后，雌性 2 龄介壳只增大，其形状、颜色同分化前。雄性 2 龄介壳变为长卵形，壳点突出于一端，褐色，壳点周围淡褐色。介壳较低的一端（另一端）呈灰白色。

1 龄若虫：初孵时体呈卵圆形，淡黄色，长 0.2 ~ 0.3 mm，头胸部最宽为 0.1 ~ 0.3 mm。复眼发达，着生于触角下方侧面。触角 4 节，第四节最长，其长度约为基部 3 节的 3 倍，整节有轮纹。口器发达。胸足 3 对发达。转节有长毛 1 根，跗节末端有冠球毛 1 对，爪腹面也有冠球毛 1 对。腹面沿体缘有 1 列刚毛。臀叶 2 对，中臀叶（L_1）大而突出，外缘有齿刻，其上有长、短刚毛各 1 对，第二臀叶（L_2）小。

2. 检疫措施

严禁从疫区调运松类种苗、接穗、松盆景、原木、枝杈及其包装物等到非疫区。特需者必

须严格检疫和消毒处理。消毒方法：①用溴甲烷等熏蒸剂进行熏蒸消毒；②用高温干燥法处理原木、包装物等；③用松脂油柴油乳剂喷洒。

3. 防治要点

（1）营造阔叶林隔离林带，可以有效地阻止此虫的自然扩散蔓延。

（2）进行土壤处理，在幼树根部沟施 5% 异丙磷颗粒剂，用药量 60 mg/hm^2，防治效果良好。

（3）在初孵若虫及雄成虫盛发期可喷药防治，可选用 25% 亚胺硫磷乳油 400～500 倍液进行常规喷雾防治，或用松脂柴油乳剂进行飞机超低容量喷雾防治。

对疫区或疫情发生区的马尾松等松属植物的枝条、针叶和球果以及各类松类苗木、盆景、圣诞树等特殊用苗应严格禁止外运。可采用松脂柴油乳剂、40% 久效磷乳油均匀喷洒或销毁处理。对蚧虫危害的松林应适当进行修枝间伐，保持冠高比为 2：5，侧枝保留 6 轮以上，以降低虫口密度，增强树势。还可在林间小片繁殖松突圆蚧花角蚜小蜂（*Coccobius azumai*）种蜂，以人工挂放或用飞机撒施就地繁育的种蜂枝条的办法放蜂。

三、湿地松粉蚧

学名：*Oracella acuta* Lobdell。

英文名：loblolly pine mealbug。

湿地松粉蚧，属半翅目粉蚧总科粉蚧科松粉蚧属。此虫严重为害松属植物，造成重大经济损失。目前具有继续扩展的可能，应采取有效措施加强检疫控制。

（一）分布

该虫原产北美洲，主要分布在美国得克萨斯州到大西洋沿岸，现已扩散到中国广东省。

（二）生物学特性

1. 寄主与为害

温地松粉蚧的寄主是湿地松（*Pinus elliottii*）、火炬松（*Pinus taeda*）、矮松（*P. virginiana*）、萌芽松（*P. echinata*）、长叶松（*P. palustris*）、加勒比松（*P. caribaea*）、马尾松（*P. massoniana*）等松树。主要为害针叶、嫩梢和球果，造成春梢难以抽长，针叶难以伸长，老针叶大量枯死、脱落，严重的会出现枝梢弯曲、萎缩，同伴随煤污病的暴发，影响松树的正常生长。

2. 传播途径

该虫主要随苗木和原木等调运而远距离传播。

3. 发生特点

湿地松粉蚧在美国佐治亚州南部每年 4～5 代，爬虫在针叶束过冬，或在上代老的蜡包下过冬。3 月当新梢开始伸出，爬虫开始活动，转移到新生长的针叶上取食，枝条顶端顶芽下是爬虫最喜欢取食的地方。但有时也定居在针叶束内侧基部。3 月底，雌虫开始分泌白色蜡包，4 月中旬将卵产在蜡包内。

在湿地松林内，初孵若虫孵化后聚集在雌成虫的蜡包中，气候适宜时爬出，低龄若虫在松树上四处爬动，并随气流被动扩散。部分低龄若虫在较隐蔽的嫩梢针叶刺或球果聚集生活，发育至中龄若虫后，大部分向上爬动至松梢顶端，在发育成高龄若虫的同时，分泌的蜡质物逐渐形成蜡包，雌虫在蜡包中产卵。

在广东，该虫一年 4~5 代，以 4 代为主，以中龄若虫越冬。4 月下旬至 5 月中旬是越冬代雌虫大量产卵的时期，一只雌虫可产卵 100~300 粒，非越冬代产卵 60~80 粒。据观察，第一代若虫高峰期出现在 5 月中下旬，此代历期为 40~60 d；第二代历期为 20~30 d，若虫 6 月初出现；第三代若虫 7 月中旬开始出现，第四代的卵于 11 月中下旬孵化，初龄若虫大多数进入越冬状态，少数发育至第五代。湿地松粉蚧出现高峰的时间与初春温度的高低有密切的关系。该虫有世代重叠现象，每年 4 月中旬至 5 月中旬为害最为严重。

（三）检疫与防治

1. 形态鉴别（图 6-31）

雌成虫：梨形，中后胸最宽，（1.52~1.90）mm×（1.02~1.20）mm。浅红色，在蜡包中，虫体上刺突少，有大量具泌蜡功能的多孔腺和少量的孔腺不规则分布在虫体上。多孔腺在各腹节边缘较多，成行排列。触角 7 节，其上有细毛；端节较长，为基节 2 倍，并具数根感觉刺毛。复眼明显，半球状。口针长度为体长的 1.5 倍。足 3 对，不退化，后足基节无透明孔。中、后胸各具 1 对气门。前背裂不明显。腹侧具 5 对刺孔群。第七腹节具 1 对后背裂，较大。臀瓣不突出，其上各具 1 根臀瓣刺，肛环上具 6 根肛环刺和数十个圆盘状孔。

雄成虫：体长 0.88~1.06 mm，翅展 1.50~1.66 mm，粉红色。触角基部和复眼朱红色。中

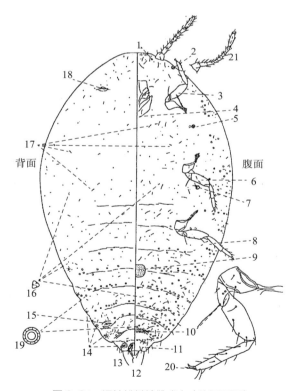

图 6-31　湿地松粉蚧雌成虫（仿杨平澜）

1. 多孔腺　2. 眼　3. 前足　4. 口器（退化）5. 前胸气门　6. 中足　7. 后胸气门　8. 后足
9. 脐斑　10. 阴孔　11. 尾片　12. 肛环　13. 肛孔　14. 腺堆　15. 后背唇裂　16. 三孔腺
17. 刚毛　18. 前背唇裂　19. 多孔腺　20. 爪　21. 触角

胸大，黄色，有 1 对白色翅，翅脉简单，第四腹节两侧各具一条 0.7 mm 长的白色蜡丝。

卵：长椭圆形，（0.32～0.36）mm×（0.17～0.19）mm，浅红色至红褐红。

若虫：椭圆形至不对称椭圆形，（0.44～1.52）mm×（0.18～1.02）mm。浅黄色至粉红色，3 对足。中龄若虫固定生活，分泌出的蜡质物形成蜡包，覆盖虫体。

雄蛹：在雄虫化蛹前有一预蛹期。雄蛹为离蛹，粉红色，（0.89～1.03）mm×（0.34～0.36）mm。触角可活动。复眼圆形，朱红色。足 3 对，浅黄色。在头部、胸部和腹部分泌出白色粒状蜡质物和灰白色长蜡丝（相当于 2～3 倍体长），并逐渐覆盖蛹体。

2. 检疫措施

检疫措施参考松突圆蚧的检疫措施。

防治要点：在广东省抓住两个时期进行药治可减轻为害，在 4 月中旬至下旬，防治在松针上爬动或固定下来的第一代低龄若虫。可用有机磷或松脂柴油乳剂进行喷雾。国内近年开展生物防治方面的研究，如捕食性天敌孟氏隐唇瓢虫（*Cryptolaemus montrouzieri*）在释放点小范围取得一定效果，广东省还对寄生性天敌跳小蜂开展了引进和保护利用研究。

四、扶桑绵粉蚧

学名：*Phenacoccus solenopsis* Tinsley。

英文名：solenopsis mealybug。

扶桑绵粉蚧，又称棉花粉蚧，属半翅目蚧总科粉蚧科绵粉蚧属。该虫原产北美大陆，是一种危害农作物、林木以及杂草等多种寄主植物的刺吸性害虫，尤其是棉花受害最重。在中国，它既是国家禁止入境的检疫性有害生物，也是国内农业植物检疫性有害生物。

（一）简史与分布

原产北美，1991 年在美国发现为害棉花，2002—2005 年侵入智利、阿根廷和巴西。2005 年传入印度和巴基斯坦。2008 年在我国广州首次发现。目前分布于北美洲的墨西哥、美国，南美洲的古巴、牙买加、危地马拉、多米尼加、厄瓜多尔、巴拿马、巴西、智利、阿根廷，非洲的尼日利亚、贝宁、喀麦隆，澳大利亚的新喀里多尼亚，亚洲的巴基斯坦、印度、泰国和中国。在中国主要分布于台湾、广东、海南、江西、广西、湖南、福建、浙江、四川一带。

（二）生物学特性

1. 寄主与为害

据记载，该虫寄主有 57 科 149 属 207 种植物，其中以锦葵科、茄科、菊科、豆科、葫芦科、旋花科、胡麻科、马齿苋科等农作物和花卉苗木受害较重，主要寄主有棉花、扶桑、向日葵、南瓜、茄、蜀葵、豚草、羽扇豆、灰毛滨藜等。

以雌成虫和若虫主要在寄主的嫩枝、叶片、花芽和叶柄等幼嫩部位取食为害。受害棉株生长势衰弱，生长缓慢或停止，失水干枯，也可造成花蕾、花、幼铃脱落；分泌的蜜露诱发的煤污病可导致叶片脱落，被扶桑绵粉蚧为害后的棉花减产 40% 以上，严重时可造成棉株成片死亡。为害番茄可造成茎叶甚至整个植株扭曲变形。

2. 传播途径

主要通过寄主苗木的携带远距离传播。低龄若虫可随风、雨、鸟类、覆盖物、机械等短距离扩散。

3. 发生特点

扶桑绵粉蚧繁殖能力强，种群增长迅速，每年发生世代多且重叠。该虫多营孤雌生殖。在巴基斯坦旁遮普地区一年发生 12 ~ 15 代，完成一个世代需要历期约 6 d；2 龄若虫，大多聚集在寄主的茎、花蕾和叶腋处取食，历期约 8 d；3 龄若虫历期约 10 d，虫体明显被覆白色绵状物。3 龄若虫于 7 d 龄期开始蜕皮，并固定于取食部位。成虫全体被覆白色蜡粉，似白色棉绒状，群居于植物茎部，有时群居寄主叶背。

（三）检疫与防治

1. 形态鉴别（图 6-32）

雌成虫：卵圆形，浅黄色，体长约 4 mm。足红色，腹脐黑色。被薄蜡粉，在胸部可见 0 ~ 2 对、腹部可见 3 对黑色斑点。体缘有蜡突，均短粗，腹部末

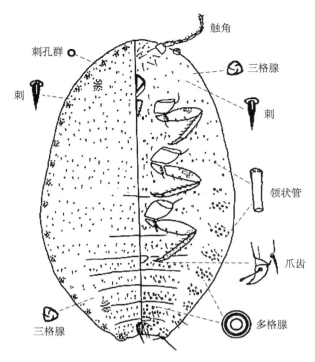

图 6-32　扶桑绵粉蚧雌成虫（仿武三安）

端 4 ~ 5 对较长。除去蜡粉后，在前、中胸背面亚中区可见 2 条黑斑，腹部 1 ~ 4 节背面亚中区有 2 条黑斑。在玻片上体阔卵圆形，长 2.5 ~ 2.9 mm，宽 1.6 ~ 1.95 mm。尾瓣发达。触角 9 节，单眼发达，突出，位于触角后体缘。足粗壮，发达，转节每侧有 2 个感觉孔，腿节和胫节上有许多粗刺，爪下有 1 个不明显小齿。后足胫节后面有透明孔，在腿节端部也有少量透明孔；胫节长为跗节长的 3 倍。腹脐 1 个，横椭圆形或盘形，前缘通常宽于后缘，位于腹部第三节和第四节之间。背孔 2 对。肛环位于背末，具有 5 列环孔和 6 根环毛。刺孔群 18 对，均有 2 根锥刺和 1 群三格腺。末对刺孔群中锥刺较大，且三格腺较多，25 ~ 30 个。背面散布小刺。小刺长约为刺孔群中锥刺长的 1/2，偶尔刺基有 1 或 2 个三格腺。腹面中部有长毛，头部毛最长；小刺较体背小，主要分布于缘区。

雄成虫：体微小，细长，红褐色，长 1.4 ~ 1.5 mm，触角 10 节，长约为体长的 2/3，足细长，发达。腹部末端具有 2 对白色长蜡丝。前翅正常发达，平衡棒顶端有 1 根钩状毛。

卵：长椭圆形，橙黄色，略微透明，长约 0.33 mm，宽约 0.17 mm。产在白色棉絮状卵囊里，初产时橘色，孵化前变粉红色。

若虫：共 3 龄。1 龄若虫初孵时体表平滑，淡黄绿色，头、胸、腹区分明显；足发达，红棕色；单眼半球形，突出呈红褐色；体表逐渐覆盖一层薄蜡粉，呈乳白色，身体也逐渐圆润。2 龄若虫初蜕皮时黄绿色，椭圆形，体缘出现明显齿状突起，尾瓣突出，在体背亚中区隐约可见条状斑纹；取食 1 ~ 2 d 之后，身体明显增大，体表逐渐被蜡粉覆盖，体背的条状斑纹也逐渐加深变黑。在末期可明显区分雌雄，雄虫体表蜡粉层较雌虫厚，几乎看不到体背黑斑。刚蜕皮的 3 龄若虫身体呈椭圆形，明黄色，体缘突起明显，在前、中胸背面亚中区和腹部第一

至四节背面亚中区均清晰可见 2 条黑斑；体长约 1.32 mm，宽 0.63 mm。2～3 d 之后，体表逐渐被蜡粉覆盖，腹部背面的黑斑较胸部背面黑斑颜色深，体缘现粗短蜡突。3 龄末期体长可达 2.0 mm 左右。

蛹：仅限于雄虫，分为预蛹期和蛹期。预蛹初期亮黄棕色，体表光滑，随着时间延长，体色逐渐变深，呈浅棕色或棕绿色（头、胸部颜色较深），此时体表开始分泌柔软的丝状物包裹身体，从而进入蛹期。蛹为离蛹，包裹于松软的白色丝茧中，浅棕褐色。具体见图 6-33。

图 6-33　扶桑绵粉蚧雌成虫和扶桑绵粉蚧危害的茄子（徐志宏摄）　彩

2. 检验检疫与防治

严格禁止从扶桑绵粉蚧发生区进口或调运其寄主植物。必须调出的寄主及其产品植物、包装物品实行严格检疫，检查寄主植物，尤其是嫩枝、花芽、叶柄和花蕾等幼嫩部分，以及运载工具的箱体四壁、缝隙边角以及包装物、铺垫材料上是否有各虫态的扶桑绵粉蚧。对携带有该虫的应检物，可采用溴甲烷熏蒸的方式进行除害处理，若不具备检疫处理条件或无法进行彻底除害处理，应停止调运并就地销毁。溴甲烷在 21～25℃下 38 g/m³ 或 26～30℃条件下 25 g/m³ 熏蒸处理 2 h。

及时铲除并烧毁棉田、果园和林地周边有扶桑绵粉蚧的杂草，清理烧毁棉田虫害株落叶或枯枝。发生严重的地方要向土壤施药，使药剂能够渗入根部，以消灭地下种群。

在 1 龄若虫高峰期，可用毒死蜱、吡虫啉、丙溴磷、灭多威、西维因等喷雾。

五、葡萄根瘤蚜

学名：*Daktulosphaira vitifoliae* Fitch。

异名：*Viteus vitifolii* Fitch。

英文名：grape phylloxera。

葡萄根瘤蚜属半翅目球蚜总科根瘤蚜科葡萄根瘤蚜属。此虫在历史上曾在欧洲对葡萄生产造成毁灭性灾害，是世界上第一个检疫性有害生物，至今仍是多个国家的植物检疫性有害生物，1892 年传入我国烟台，1992 年在国内被根除。近几年，葡萄根瘤蚜在一些地方如湖南、上海等地发生，应该引起重视。在中国，它既是国家禁止入境的检疫性有害生物，也是国内农业和林业植物检疫性有害生物。

（一）简史与分布

原产于美国，后传入欧洲、俄罗斯，目前已广泛分布于六大洲约 40 个国家和地区。

国内的山东、辽宁、陕西、湖南、上海等局部地区曾有过零星发生，后被根除，现较难采到标本。

（二）生物学特性

1. 寄主与为害

葡萄根瘤蚜为单食性，仅为害葡萄及野生葡萄。

主要为害根部，也可为害叶片。欧洲系葡萄只有根部被害，而美洲系葡萄和野生葡萄的根和叶都可被害。须根被害后肿胀形成菱角形或鸟头状根瘤，此虫多在肿瘤缝隙处。由于根部养分被刺吸和受害，肿瘤不久逐渐变色腐烂。因而严重破坏根系吸收、输送水分和养的功能，造成树势衰弱，影响开花结果，严重时可造成植株死亡。叶片被害后，在叶背面形成虫瘿影响叶片正常光合作用，并使叶片菱缩，严重影响植物的正常生长。此虫在 1860 年传入法国后，在 25 年内共毁灭法国葡萄约 100 万 hm²，对欧洲葡萄生产造成毁灭性灾害。

2. 传播途径

此虫随带根葡萄苗木传播。只要根活，该虫便可存活。一般离根 1 d 即亡。

3. 发生特点

葡萄根瘤蚜在我国山东烟台发生的是根瘤型。每年发生 7~8 代，以 1 龄若蚜或少数卵在 1 cm 以下土层中或 2 年生以上的粗根叉及缝隙处越冬。次年 4 月开始活动，5 月上旬无翅成蚜产第一代卵，5 月中旬至 6 月底和 9 月底这两段时期蚜虫发生的数量最多。7 月进入雨季被害根开始腐烂，蚜虫沿根和土壤缝隙迁移到土壤表层的须根上取食为害，形成大量菱角形（或鸟头状）根瘤。据观察，烟台的葡萄根瘤蚜在 7—8 月每只雌蚜产卵 39~86 粒。卵期 3~7 d，若虫期 12~18 d（共 4 龄），成虫寿命 14~26 d，完成一代平均 20 d。有翅蚜从 7 月上旬开始出现，9 月下旬至 10 月下旬为盛期。有翅蚜很少出土。在美洲系葡萄品种枝条上越冬卵孵化为干母，可以存活，并形成叶瘿。在欧洲系葡萄品种枝条上，越冬卵孵出的干母死亡，在叶片上不形成虫瘿。在两系的杂交品种上可形成叶瘿。常在美洲系品种上 2 年一循环，包括有性阶段、形成叶瘿和在根部取食阶段，其生活史是完整的，在欧洲葡萄品种上通常连续在根部生活，孤雌生殖重复进行，其生活史是不完整的。

（三）检疫与防治

1. 形态鉴别（图 6-34）

此虫可分为根瘤型和叶瘿型；无翅蚜、有翅蚜和性蚜；无性卵和有性卵。

根瘤型：成虫体呈卵圆形，长 1.15~1.50 mm，宽 0.75~0.90 mm，污黄色或鲜黄色。无翅，无腹管。国外标本：体背各节具灰黑色瘤，头部 4 个，各胸节 6 个，各腹节 4 个。我国标本（山东烟台），体背有明显的暗色鳞或菱形隆起，体缘（包括头顶）有圆珠笔形微突起，胸、腹各节背面都具 1 个横形深色大瘤状突起。复眼由 3 个小眼面组成。触角 3 节，第三节最长，其端部有 1 个圆形或椭圆形感觉圈，末端有刺毛 3 根（个别的具 4 根）。

叶瘿型：成虫体近于圆形，无翅、无腹管；与根瘤型极相似。但体背无瘤，体表具细微凹凸皱纹，触角末端有刺毛 5 根。

有翅蚜：成虫体呈长椭圆形，长约 0.90 mm，宽约 0.45 mm。翅 2 对，前宽后窄，平叠于

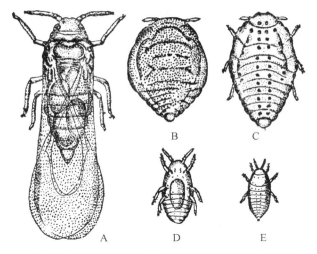

图 6-34　葡萄根瘤蚜（仿农业部植物检疫实验室，1957）

A. 有翅蚜　B. 叶瘿型成蚜　C. 根瘤型成蚜　D. 雌性蚜　E. 雄性蚜

体背（不同于一般有翅蚜的翅呈屋脊状覆于体背）。触角第三节有感觉圈 2 个：一个在基部，另一个在端部。前翅翅痣很大，长形，只有 3 根斜脉（中脉、肘脉和臀脉）。

2. 检疫措施

葡萄根瘤蚜为专食性害虫，只为害葡萄，因此进行根除相对容易，疫区改种其他作物即可根除该害虫。若条件有限，则严禁从葡萄根瘤蚜发生的地区向外调运葡萄苗木和插条，各级植保植检机构对调入的葡萄种苗全面进行严格检查，对无植物检疫证书的葡萄种苗依法处理。特殊需要外运的必须经严格检疫和彻底消毒处理。消毒方法：

（1）将葡萄枝条扎成捆，每捆枝条 10～20 根，用 50% 辛硫磷乳油 1 500 倍液浸泡 1 min。

（2）用 80% 敌敌畏乳油 1 500～2 000 倍液浸渍 2～3 次。

（3）用 45℃温水浸泡 20 min。

（4）熏蒸处理：日本用溴甲烷 24 g/m³，处理 3 h；俄罗斯用溴甲烷 30～60 g/m³ 和二氧化碳 80～150 g/m³，处理 3 h，杀虫率达 100%。

3. 防治要点

（1）在沙地培育无蚜苗。

（2）培育抗蚜葡萄品种［据美国报道，沙地葡萄（*Vitis rupestris*）及 *V. rulpina* 的抗蚜性很强，可做砧木用）。

（3）用 50% 辛硫磷乳油或二硫化碳处理土壤；用六 - 丁二烯或六氯环戊二烯熏蒸。

六、苹果绵蚜

学名：*Eriosoma lanigerum* Hausmann。

英文名：woolly apple aphid，elm rosette aphid。

苹果绵蚜属半翅目瘿绵蚜科绵蚜属。此虫是多种果树的重要害虫，可造成严重损失，在国内只分布于局部地区，应通过检疫防止危害扩散。在中国，它既是国家禁止入境的检疫性有害生物，也是国内农业和林业植物检疫性有害生物。

（一）分布

在国外主要分布于美洲、欧洲等六大洲的广大苹果产区，共约 70 个国家有分布。

在国内主要分布于山东、天津、河北、陕西、河南、辽宁、江苏、云南，以及西藏的拉萨等地。

（二）生物学特性

1. 寄主与为害

寄主有苹果、山荆子、海棠、洋梨、花红、山楂。主要为害枝干和根。在枝干上主要群集在伤口、老树裂缝、新梢叶腋，短果枝果柄和果实的梗洼、萼洼处为害。枝干被害后形成瘤状突起，破裂后形成伤口。在根上刺吸为害可形成根瘤，逐渐腐烂阻碍水分和养分的吸收输导，使树势衰弱影响生长降低产量，幼树甚至会死亡。此外苹果绵蚜为害造成的伤口有利于其他病虫的侵入。

2. 传播途径

主要靠苗木、接穗果实及其包装物的调运传播，近距离主要靠耕作管理中人的活动和有翅蚜的自然迁飞传播。

3. 发生特点

苹果绵蚜在华东地区一年可发生 12 ~ 18 代，西藏每年可发生 7 ~ 23 代，以若蚜在树干伤疤、树裂缝和近地表根部上越冬。5 月上旬，越冬若蚜成长为成蚜，开始胎生第一代若蚜，多在原处为害。5 月下旬至 6 月是全年繁殖盛期，1 龄若蚜四处扩散；7—8 月受高温和寄生蜂影响，蚜虫数量大减。9 月中旬至 10 月，气温下降，适于苹果绵蚜的繁殖，并产生大量有翅蚜迁飞扩散，虫口密度又有回升，出现第二次为害盛期。到 11 月中旬，若蚜进入越冬状态，在根部越冬的苹果绵蚜为无翅的若虫、成虫。越冬期不休眠，继续为害。

（三）检疫与防治

1. 形态鉴别（图 6-35）

有翅胎生雌蚜：体长 1.7 ~ 2.0 mm，暗褐色，头及胸部黑色。身上披有白色绵状物。复眼红黑色，有眼瘤。触角 6 节，第三节特长，有不完全和完全的环状感觉器 24 ~ 28 个，第四节 3 ~ 4 个，第五节 1 ~ 4 个，第六节有 2 个。腹管退化为环状黑色小孔。

无翅胎生雌蚜：体长 1.8 ~ 2.2 mm，近椭圆形，赤褐色，体侧有瘤状突，体被白色蜡质绵状物。触角 6 节，无环状感觉器。复眼红黑色，有眼瘤。腹背有 4 条纵列的泌蜡孔，腹管退化，在第五至六节间，呈半圆形裂口。

有性雌蚜：体长 1 mm，身体淡黄褐色，触角 5 节，口器退化，腹部褐色，稍被绵毛。

有性雄蚜：体长约 0.7 mm，黄绿色，触角 5 节，口器退化。腹部各节中央隆起，有明显沟痕。

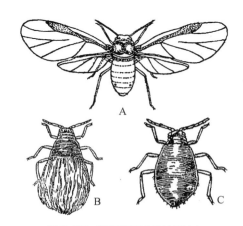

图 6-35 苹果绵蚜（仿徐国淦）

A. 有翅成蚜 B. 无翅雌虫（胸部蜡毛被去掉）

C. 无翅雌虫（蜡毛被去掉）

　　若蚜：体赤褐色，略呈圆筒状。喙细长，触角 5 节。体被白色绵状物。

　　2. 检疫措施

　　（1）对来自疫区的苹果、山荆子等苗木、接穗、果实及包装运输工具进行检疫。

　　（2）产地检疫应于 5 月下旬至 6 月下旬或 9 月下旬至 10 月下旬调查。调查时应注意嫩芽、叶腋、芽接处，嫩鞘基部伤口愈合处，粗皮裂缝等处和根部。果实检验要注意梗洼和萼洼处。在调运时还应注意对包装物的检查。加强检疫，疫区或疫情发生区的苗木、接穗未经处理严禁外运。用 40% 氧化乐果或 40% 乐果乳油、80% 敌敌畏乳油浸泡苗木、接穗；或用溴甲烷熏蒸处理苗木、接穗及包装材料。

　　3. 防治要点

　　（1）结合冬季修剪，彻底刮除老树皮，修剪虫害枝条、树干，避免混栽。秋末或早春用刀和刷子刮刷苹果绵蚜越冬部位以消灭越冬若蚜。对修剪下来的枝条，及时焚烧。切不可原地堆放，也不可深埋。对剪口、伤口进行消毒，并对伤口涂抹除虫药剂，防止苹果绵蚜侵害。清理果树老死皮，消灭苹果绵蚜藏身、越冬场所，残皮也应及时焚烧。

　　（2）人工繁殖释放或引放苹果绵蚜蚜小蜂、瓢虫、草蛉等天敌，控制苹果绵蚜的为害。

　　（3）春季施基肥时，将 10% 吡虫啉可湿性粉剂与 20～30 倍沙土拌后打洞施下。防治苹果绵蚜要在每年的 4 月中旬，若苹果绵蚜刚萌动时进行第一次防治并灌根，则可减少果园危害基数，10 月摘果后进行最后一次防治，并结合灌根，降低越冬虫口密度。对于生长季节的防治，可供选择的药剂很多。

第五节　其他害虫

　　其他害虫包括前面四节里未讲到的一些昆虫以及螨类和软体动物，虽然总体上讲，它们在重要性上不如鞘翅目、鳞翅目、双翅目和半翅目的昆虫，但是有些种类在局部地区或某些寄主上仍然会造成严重的经济损失。

一、红火蚁

学名：*Solenopsis invicta* Buren。

英文名：Red imported fire ant。

（一）简史与分布

　　红火蚁的拉丁名意指"无敌的"蚂蚁，因难以防治而得名。红火蚁分布广泛，为极具破坏力的生物之一。原产于南美洲巴西、巴拉圭、阿根廷等国，属于等翅目昆虫，在 1918—1930 年间入侵美国的阿拉巴马州，随后通过苗木的调运迅速扩散到美国东南部广大地区，现已占据了超过 1 亿 hm² 土地，分布于南部的 19 个州和地区。2001 年澳大利亚和新西兰相继发现红火蚁入侵。2003 年传入马来西亚。至今，已报道发生红火蚁的国家和地区有巴西、秘鲁、阿根廷、玻利维亚、乌拉圭、安提瓜岛、巴布达岛、巴哈马群岛、特立尼达和多巴哥、波多黎各、土耳其斯和凯科斯群岛、英属维尔京群岛、美国、澳大利亚、新西兰、马来西亚等。在中国，据农业农村部门监测，红火蚁已传播至 12 个省（区、市），尤其是近 5 年来新增红火蚁发生县级行政区 191 个，较 2016 年增长了一倍，在城市公园绿地、农田、林地及其他公共地带都有发生。它是国家禁止入境的检疫性有害生物，也是国内农业和林业植物检疫性有害生物。

（二）生物学特性

1. 为害

主要表现为对人体健康的危害，当蚁巢受到干扰时，红火蚁迅速出巢表现出很强的攻击行为，接触人体后一只红火蚁可以连续刺 10 余下。人体被红火蚁叮咬后有如火灼伤般疼痛感，其后会出现如灼伤般的水泡。大多数人仅感觉疼痛、不舒服，而少数人由于对毒液中的毒蛋白过敏，会产生过敏性休克甚至死亡，如水疱或脓包破掉，要注意清洁卫生，否则易被细菌感染。另外，红火蚁还对农业、畜牧业和生态系统构成威胁。

2. 发生特点

红火蚁为完全地栖型的社会性昆虫，根据巢穴中蚁后的数量可分为单蚁后型（巢内仅有 1 只蚁后）和多蚁后型（巢内有蚁后 2 只及以上）两种社会型。红火蚁蚁群具有明显的品级分化，一个成熟的红火蚁种群由 200 000～500 000 只多形态的工蚁、几百只有翅繁殖雄蚁和雌蚁、一只（单蚁后型）或多只（多蚁后型）繁殖蚁后及处于生长发育阶段的幼蚁（卵、幼虫及蛹）组成。

3. 繁殖力和发育历期

蚁后是整个蚁群存在的中心，它通过产卵来控制整个蚁群，还通过释放信息素来影响工蚁和有性生殖蚁的生理及行为。而蚁后的产卵速率则受环境条件、营养状况以及工蚁行为的制约。蚁后的卵巢含有 80～90 条卵巢管，通常一条卵巢管中只有一粒发育成熟的卵。一只蚁后每日可产 1 500～5 000 粒卵，产下的卵有 3 种类型：①营养卵（不育卵），专用于喂饲幼虫；②受精卵，最终发育成不育的雌性工蚁或有繁殖能力的雌蚁；③未受精卵，最后发育成雄蚁。

卵经过 7～10 d 的胚胎发育后孵化成无足蛆状幼虫（Vinson et al.，1986）。幼虫的发育经过 4 个龄期。卵至成虫发育历期 20～45 d（工蚁）、30～60 d（大型工蚁）、80 d（兵蚁、蚁后和雄蚁）。蚁后寿命 6～7 年，工蚁和兵蚁寿命 1～6 个月。

4. 婚飞和营巢

新建的蚁巢经过 4～5 个月的时间成熟并开始产生有翅生殖蚁，进行婚飞活动。成熟的蚁群一年能产生 4 000～6 000 只有翅生殖蚁。这些有性生殖蚁会在巢穴内大量积累直至遇上适宜的环境条件才开始婚飞、交配。只要条件适宜，成熟蚁巢的红火蚁在一年中任何时间都有可能发生婚飞，通常以春秋季节居多，3—5 月是婚飞盛期，但有时因地理区域的不同而有所差异。降雨后 1、2 d 内如气候温暖（高于 24℃）、晴朗，风不大，上午 10 时前后有翅生殖蚁开始婚飞。

5. 传播途径

红火蚁的入侵、传播包括自然扩散和人为传播。自然扩散主要是生殖蚁飞行或随洪水流动扩散，也可随搬巢而做短距离移动；人为传播主要因园艺植物、草皮、土壤移动、堆肥，园艺农耕机具设备、空货柜、车辆等运输工具污染等做长距离传播。

（三）检疫与防治

1. 形态鉴别（图 6-36）

小型工蚁（工蚁）：体长 2.5 ~ 4.0 mm。头、胸、触角及各足均为棕红色，腹部常棕褐色，腹节间色略淡，腹部第二、三节腹背面中央常具有近圆形的淡色斑纹。头部略呈方形，复眼细小，由数十个小眼组成，黑色，位于头部两侧上方。触角共 10 节，柄节（第一节）最长，但不达头顶，鞭节端部两节膨

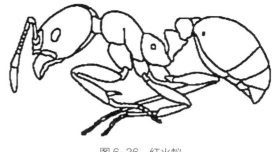

图 6-36　红火蚁

大呈棒状。额下方连接的唇基明显，两侧各有齿 1 个，唇基内缘中央具三角形小齿 1 个，齿基部上方着生刚毛 1 根。上唇退化。上颚发达，内缘有数个小齿，上述口器的特征是与近似种热带火蚁（S. geminata）的主要区别。

前胸背板前端隆起，前、中胸背板的节间缝不明显，中、后胸背板的节间缝则明显；工蚁胸腹连接处有 2 个腹柄结，第一结节呈扁锥状，第二结节呈圆锥状。腹部卵圆形，可见 4 节，腹部末端有螯刺伸出。

大型工蚁（兵蚁）：体长 6 ~ 7 mm，形态与小型工蚁相似，体橘红色，腹部背板色呈深褐。上颚发达，黑褐色。体表略有光泽。

雄蚁：体长 7 ~ 8 mm，体黑色，着生翅 2 对，头部细小，触角呈丝状，胸部发达，前胸背板显著隆起。

生殖型雌蚁：有翅型雌蚁体长 8 ~ 10 mm，头及胸部棕褐色，腹部黑褐色，着生翅 2 对，头部细小，触角呈膝状，胸部发达，前胸背板显著隆起。雌蚁和雄蚁有单眼，雌蚁触角一般 11 节，雄蚁触角一般 12 节，并胸腹节不具刺或齿。

卵、幼虫及蛹：卵为卵圆形，大小为 0.23 ~ 0.30 mm，乳白色。幼虫共 4 龄，各龄均乳白色，1 龄长度 0.27 ~ 0.42 mm；2 龄长度 0.42 mm；3 龄长度 0.59 ~ 0.76 mm；发育为工蚁的 4 龄幼虫 0.79 ~ 1.20 mm，而将发育为有性生殖蚁的 4 龄幼虫体长可达 4 ~ 5 mm。1 ~ 2 龄体表较光滑，3 ~ 4 龄体表披有短毛，4 龄上颚骨化较深，略呈褐色。蛹为裸蛹，乳白色，工蚁蛹体长 0.70 ~ 0.80 mm，有性生殖蚁蛹体长 5 ~ 7 mm，触角、足均外露。

2. 鉴别

红火蚁的品级除雌、雄生殖蚁外，工蚁（非生殖型）分为大型工蚁（兵蚁）和小型工蚁（工蚁），其体型大小呈连续性多态型。鉴别红火蚁目前主要以形态特征为基础，参考其野外结巢的特点及攻击干扰者的行为特征，可准确加以鉴别。

3. 检疫处理

从疫区运出的物品要进行严格检疫，主要包括土壤及介质土、草皮、带有土壤的其他植物、用过的运土器具 / 机械、废纸、集装箱、木材、木包装、木材加工厂的木屑、废料等，以及在存放时曾与土壤接触的草捆和农作物秸秆、农家肥料、废品、垃圾等。种植器皿中的土壤或介质可使用联苯菊酯、毒死蜱或二嗪农药液喷淋处理至饱和一次。用于处理的药液量应少于盛装植物的容器体积的 1/5。目前商品化的 0.3% 锐劲特颗粒剂、1.5% 和 3% 七氟菊酯颗粒剂可用于处理盆栽土壤和介质。带土并包有塑料布、塑料编织布、麻布的植株可施用苯氧威、氟

蚁腙、烯虫酯或蚊蝇醚等饵剂后撒施毒死蜱颗粒剂进行田间处理。

4. 防治要点

红火蚁化学防治主要包括毒饵法、单个蚁巢处理法以及二阶段处理法（两步法）等。

（1）毒饵法　使用毒饵通常有两种方法：单个蚁巢处理和一定面积撒施。

单个蚁巢处理：适用于蚁丘零星出现的地区，使用时将饵剂点状或均匀撒布于蚁丘周围0.3～1 m的范围内。一定面积撒施：在蚁丘普遍出现的地区应均匀施撒饵剂。小面积撒施饵剂可以用手摇式专用撒播器；大面积撒施饵剂则可选用地面机械式撒播机或飞机载撒播机。

（2）单个蚁巢处理法　单个蚁巢处理法是指使用触杀性或接触性慢性药剂处理单个可见红火蚁蚁巢的方法，此外还可以使用物理方法等。其核心目标是杀灭蚁后，明显抑制蚁巢发展。

化学药剂使用方法包括浇灌、颗粒剂处理、粉剂处理和可渗透的气雾剂处理等。目前使用的药剂主要有拟除虫菊酯类、西维因、毒死蜱、乙酰甲胺磷等液剂或粉剂。

（3）二阶段处理法（两步法）　二阶段处理法是指先在红火蚁觅食区域撒布毒饵，7～10 d后再以触杀性杀虫剂或其他方法采用单个蚁巢处理法处理单个蚁丘。大面积撒施饵剂防治效率较高，而单个蚁巢处理法速效性较强，将两者结合起来使用，发挥各自长处，会得到很好的防治效果。建议每年4—5月、9—10月使用二阶段处理法处理2～4次，可达到80%以上防效，连续处理直到连续9个月诱不到红火蚁为止。

二、西花蓟马

学名：*Frankliniella occidentalis* Pergande。

英文名：western flowerthrips，alfalfa thrips。

西花蓟马也称苜蓿蓟马，属缨翅目蓟马科花蓟马属。它是为害蔬菜、花卉、果树的重要害虫，也是国际上重要的检疫性有害生物。在中国，它是国家禁止入境的检疫性有害生物。

（一）简史与分布

西花蓟马起源于美国西部，最早于1895年由Pergande发现并命名和描述。1955年首次发现传入夏威夷考艾岛（Kauai Island），之后很快在夏威夷全岛发生。20世纪70年代末和80年代初已遍及整个北美洲，特别是自1983年在荷兰温室发现后迅速向世界各地扩散。1986年侵入法国，1987年在意大利和比利时发现并引起严重危害，1990年后扩展至亚洲。2000年，中国台湾、云南分别从进境切花和盆景上截获西花蓟马。2003年再次在北京市郊的辣椒上发现侵入。目前广泛分布于北美洲、欧洲、亚洲、非洲、中南美洲和大洋洲的69个国家和地区。我国台湾、北京、浙江、云南等地有分布。

（二）生物学特性

1. 寄主与为害

西花蓟马的寄主范围广，已知寄主植物达66科200余种。在温室中主要为害菊科、葫芦科、豆科和十字花科蔬菜、花卉，在露地还可为害苜蓿、杏、桃、洋桃、李、葡萄、烟草、棉花、玫瑰等作物和花卉。除了取食植物组织外，还能取食寄主叶片上附着的螨卵。

成虫和若虫均可取食寄主的花、叶、茎和果实，成虫产卵也可造成危害。寄主受害花瓣和叶片产生斑点、畸形、扭曲或褐色肿块，可引起雄蕊畸变、花不育、花瓣碎色等；受害幼枝发育畸形；受害果实表面出现伤疤，严重影响商品价值，幼果受害后甚至直接引起脱落。为害严重时可导致植株生长不良，甚至死亡。取食时传播花粉导致授粉和早熟，对一些观赏植物如非洲堇（*Saintpaulia*）属植物不利。此外，还可传播番茄斑萎病毒（Tomato Spotted Wilt Virus，TSWV）和凤仙花坏死斑病毒（Impatiens Necrotic Spot Virus，INSV）。1985 年在哥伦比亚温室引起黄瓜减产 20%；在夏威夷，因西花蓟马传播 TSWV 造成莴苣的产量损失达 50%～90%。

2. 发生特点

在美国温室中，全年都可繁殖，每年发生 12～15 代。在温暖地区，以成虫和若虫在作物和周年生杂草上越冬，在冷凉地区多在苜蓿和冬小麦上越冬，也能在枯枝落叶和土壤中存活。每年 3 月平均温度达 10℃以上时越冬种群数量开始回升；4 月平均温度达 15℃时数量大幅增加。在以色列，全年种群数量分别在 2—4 月和 10—12 月各出现一次高峰。

雌虫羽化后即可交配，72 h 后开始产卵。有多次交配习性。卵产于叶、花和果实的薄壁组织中，卵期 5～15 d。成虫产卵期长，每只雌虫一生可产卵 20～40 粒。若虫共 4 龄，1、2 龄期很活跃，为取食期；3、4 龄若虫均不取食，也极少活动，只在受惊扰后会缓慢挪动，此期也称假蛹期。若虫孵出后即开始取食，2 龄若虫属贪食阶段，常在隐蔽处取食为害。2 龄若虫通常潜入地表下 1～5 cm 处，有时也在花内、土表面、枯枝落叶或在 7～10 cm 深的裂缝中蜕皮，进入假蛹期。1、2 龄历期 9～12 d，冬季可延长至 60 d，3 龄期 1～3 d，4 龄期 3～10 d。在 25℃恒温条件下，平均卵期 2.6 d，若虫期 9.8 d，雌虫寿命约 40 d，最长可达 90 d，雄虫寿命为雌虫的 1/2。

西花蓟马可营孤雌生殖和有性生殖，未交配雌虫仅产生雄虫。成虫对蓝色、粉红色、白色和天蓝色具有较强趋性，无滞育习性。成虫、若虫常小群集取食，种群密度高且食物缺乏时若虫会自相残杀。最适发育温度为 25～30℃。各虫态对高温敏感，卵在 40℃条件下暴露 20 min 以上不能孵化，成虫、若虫在 45℃条件下 1 h 后全部死亡。高湿条件下死亡率较高，降水不利于种群发展。紫外线对其繁殖有促进作用。

3. 传播途径

主要以成、若虫和卵随寄主植物材料远距离传播，成虫也可随气流长距离扩散。此外，成、若虫易随衣服、毛发、器械、容器等短距离传播扩散。

（三）检疫与防治

1. 形态鉴别（图 6-37）

成虫：体形狭小，较取食植物花朵的其他蓟马种类略大，平均体长 1.5 mm。雌虫体色变化大，从黄色到深灰褐色。黄色型个体通常在腹节具有灰色斑带，头部和前胸常具有灰色影区。雄虫小于雌虫，灰色。触角 8 节，第二节端部和第三节基部简单；单眼间具有单眼鬃 2

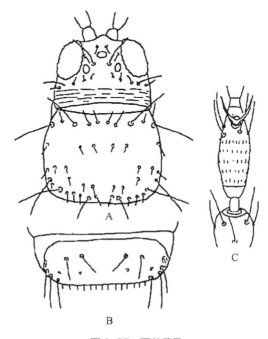

图 6-37 西花蓟马

A. 头部和前胸　B. 第八腹节　C. 触角第二、三节

根，每个复眼后具眼后鬃 1 根，眼后鬃与单眼间鬃的长度近相等。前胸背板的前缘鬃和前角鬃发达，几乎等长。翅发达，具有黑灰色至黑色缨毛，当翅折叠时，缨毛在腹部中间之后可形成 1 条黑色条纹。腹部第八腹节背面的栉节完整。

卵：白色，肾形，长约 0.55 mm、宽约 0.25 mm。

若虫：初孵若虫体白色，蜕皮前变为黄色；2 龄若虫淡黄色。包括头、3 个胸节、11 个腹节；在胸部有 3 对结构相似的胸足，但无翅芽；3 龄若虫（前假蛹）白色，体变短，出现翅芽，触角竖起；4 龄若虫（后假蛹）白色，与成虫大小相似，出现成虫的刚毛列。

2. 检验

根据寄主花瓣、叶片出现斑点、畸形、扭曲或褐色肿块，果实表面存在伤疤，幼嫩枝条发育畸形等为害症状，判断是否带虫；之后进一步查找虫体，进行形态鉴定。由于卵藏在植物组织中不易判断，对于为害症状不明显的，可将寄主材料带回实验室内在 25℃下饲养 2～3 d 进行判断。

3. 检疫措施

（1）严格禁止从疫情发生区调运寄主苗木、蔬菜及其产品、花卉、盆景等，进境园艺产品在 25℃下隔离检疫 2～3 d，确保无虫后方可放行。调运中发现疫情时，常压条件下，20℃溴甲烷 20 g/m³ 熏蒸处理 2 h，可彻底杀死成虫和若虫。

（2）疫情监测。根据西花蓟马借助植物气味寻找寄主的特点，将烟碱乙酸酯和苯甲醛混合制成诱芯，在田间可准确监测疫情动态，或用蓝板监测并诱集灭虫。

4. 防治

（1）农业防治。闷棚处理，将温度加热到 40℃保持 6 h，卵与雌成虫即全部死亡。利用气调措施，将棚室中二氧化碳含量提高到 45%，可有效控制西花蓟马。

（2）生物防治。用球孢白僵菌（*Beauveriana bassisna*）喷雾，或在温室中释放捕植螨（*Neoseiulus cucumeris*），按 1 000～2 000 头 /m² 的释放量，每 2 周释放一次。

（3）药剂防治。用溴甲烷熏蒸处理温室大棚，剂量参照检疫处理；甲胺磷、克百威按 100 mg/L 的浓度加入灌溉水中灌根处理。也可用毒死蜱、甲基毒死蜱、马拉硫磷或喹硫磷进行喷雾防治。

三、大家白蚁

学名：*Coptotermes curvignathus* Holmgren。

英文名：rubber tree termites。

大家白蚁又称曲颚乳白蚁，属等翅目鼻白蚁科乳白蚁属。此蚁在东南亚危害多种活树木，寄主多，随木材运输做远距离传播。乳白蚁属非中国种［*Coptotermes* spp.（non-Chinese）］被列入《中华人民共和国进境植物检疫性有害生物名录》。此外，麻头砂白蚁（*Cryptotermes brevis* Walker）、小楹白蚁（*Incisitermes minor* Hagen）以及欧洲散白蚁（*Reticulitermes lucifugus* Rossi）为新增检疫性白蚁种类。

（一）分布

大家白蚁主要分布于马来西亚、新加坡、文莱、印度尼西亚、越南、柬埔寨、缅甸、泰国和印度等。

（二）生物学特性

1. 寄主与为害

寄主有合欢属植物、黄豆树、腰果属植物、南洋杉、菠萝蜜属植物、木棉、橄榄属植物、美洲木棉、椰子、咖啡、黄檀、龙脑香属植物、薄壳油棕、桉属植物、三叶橡胶、李叶豆、野桐、芒果、加勒比松、岛松、柳属植物、安息香属植物、红柳桉属植物、桃花心木、柚木、木蝴蝶等。

大家白蚁在东南亚地区对许多珍贵林木造成严重危害和损失。据报道，当森林砍伐后，许多巢群残留在地下的树根中，一旦新种上热带林木，即可能受到严重为害。主要从地下直根分叉处侵入，新种的芽接树和实生树在 3~4 周内可被蛀断而致死，大树受害后，茎干被蛀空，常为大风折断。一般为害迹象是在树茎部位出现泥被和泥线，但有时不易被发现。在马来西亚，还发现外来树种比本地树种更容易遭受大家白蚁的危害。

2. 传播途径

大家白蚁主要随进口原木和锯材传播。

据国家质量监督检验检疫总局统计，我国在从马来西亚等东南亚国家进口的木材中多次截获大家白蚁，如 2000 年和 2001 年全国分别截获大家白蚁 102 批次和 155 批次；2001 年和 2002 年海南检验检疫局从马来西亚进口梢原木和杂原木中发现大量的大家白蚁。在进口原木中经常截获各种白蚁，江苏省张家港检验检疫局作为我国海运进口原木的主要集散地，多次截获白蚁，2000 年截获白蚁 8 种 70 批；2001 年截获白蚁 15 种 89 批；2002 年截获白蚁 5 种 120 批。

（三）检疫与防治

1. 形态鉴别（图 6-38）

兵蚁：体长 5.10~6.80 mm，头壳黄色，上颚紫褐色，胸、腹部及足淡黄色。头壳具分散的长、短刚毛，乳孔每侧具毛 1 根。前胸背板中区具短毛近 20 根。头壳宽卵形，最宽处近头后段 1/3 处。乳孔似圆形，侧观孔口倾斜。触角 15~16 节，第二节稍长于第四节或近等长。上唇钝矛状，长稍大于宽，唇端半透明近平直。上颚军刀状，颚端强弯曲，左上颚基具齿刻，后颏腰区最狭处近后端。前胸背板前后缘中央浅凹，前侧角狭圆，两侧缘直斜向后缘。

工蚁：体长 4.10~5.05 mm，头近圆形，淡黄褐色。触角 14~15 节。

有翅成虫：体长（含翅）16~17 mm。触角 21 节。翅长 13~14 mm，翅面密生细短淡褐色毛。

2. 检疫措施

对来自疫区的木材要采取严格的检疫措施，要特别注意随木材携带蚁巢和有翅成虫的可能性，要检查

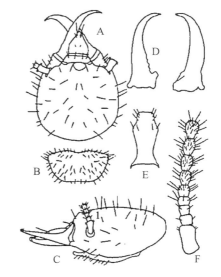

图 6-38 大家白蚁兵蚁（仿齐桂臣，1997）

A. 头部正面 B. 前胸背板 C. 头部侧面
D. 上颚 E. 后颏 F. 触角

木材有无被害的蛀孔、泥线、泥被等污染物。对受害木材最好在船内进行熏蒸处理，可使用硫酰氟、磷化铝等进行熏蒸处理。一旦发现有翅成虫飞出或在木材上爬行，应迅速喷洒各类杀虫剂，立即杀死有翅成虫，防止飞出扩散。几乎所有的具有触杀作用的杀虫剂都可立即杀死有翅成虫。如木材已上岸，一时不易采取熏蒸措施，可将粉剂或具胃毒作用的药剂注入木材受害部位，由白蚁携带药物，杀死木材内的白蚁。在原木堆放场地，如果堆放时间较长，则诱杀是首选方法，既可诱杀白蚁，还可以起到监测的作用。

白蚁的有翅成虫具有很强的趋光性，而且光源的功率越大，诱虫力就越强。所以，可在堆放进口木材的地方用光诱法进行监测。

四、木薯单爪螨

学名：*Mononychellus tanajoa* Bondar。

英文名：green cassava mite，cassava green spider mite。

木薯单爪螨属蛛形纲蜱螨亚纲真螨总目绒螨目叶螨科单爪螨属。此螨原来在中国属于限制进境的二类检疫性害虫（1992 年），后来在农业部 2007 年公布的《中华人民共和国进境植物检疫性有害生物名单》中没有此螨。考虑到该螨是非洲和中南美洲的重要害螨，而且在中国目前没有分布，有必要在本教材里介绍，供将来检疫时参考。

（一）分布

木薯单爪螨主要分布在非洲和中南美洲诸国。

（二）生物学特性

1. 寄主与为害

寄主为木薯及木薯属的植物，以木薯为主。

木薯是块根作物，原产南美洲，后被引到非洲和亚洲各国。木薯单爪螨以口针刺吸植株冠部的芽、新叶和幼茎汁液。成熟叶较新叶被害的可能性小。叶被害后出现大量黄色斑点，褪绿，呈斑驳状；叶的发育受阻，变形、变黑，甚至枯死，幼茎也可能坏死，但整株致死者少见。

2. 发生特点

多发生于高温干旱季节，最适温度为 28～32℃，最适相对湿度为 60%，逢雨种群数量急剧下降；但由于其发生频率与传播速度给木薯种植带来严重问题，可造成减产 20%～40%，甚至更多。

在温度 27℃和 55%～82% 的相对湿度下，卵、幼螨、第一若螨和第二若螨的发育历期分别为 3～4 d、1～2 d、1～2 d 和 2～3 d。雄螨存活数天，而雌螨可存活 2～3 周。

3. 传播途径

可以随风进行短距离传播，也可随木薯种植材料，如插条等进行远距离传播。

（三）检疫与防治

1. 形态鉴别

成螨体长约 350 μm，绿色，须肢端感器粗，长度不到宽度的 1.5 倍。口针鞘前端钝圆。气门沟末端球状。肤纹突明显，前足体后端肤纹轻微网状。前足体背毛、后半体背侧毛和肩毛的长度与它们基部间距相当。后半体背中毛长度约为它们基部间距的 1/2。足第一跗节有 5 根触毛和 1 根纤细感毛，胫节有 9 根触毛和 1 根纤细感毛；足第二跗节有 3 根触毛和 1 根纤细感毛，胫节有 7 根触毛。

2. 检疫措施

从疫区引进木薯插条，输出国必须出具灭害处理证书，确认无害螨存在。木薯插条入境还应仔细检查，为保证安全，入境后可再用药进行灭害处理，并在隔离苗圃种植 1 年。检查时，应手持放大镜在芽、叶及茎的表面观察是否有螨体，如果有，可用小毛笔将其挑出，置于保存液中，做成玻片标本进行鉴定。

3. 防治要点

选育抗螨品种；保护利用木薯单爪螨的天敌，包括捕食性螨、蜘蛛、瓢虫、草蛉、蝽类、蓟马和瘿蚊等；也可喷洒杀螨剂进行防治。

五、非洲大蜗牛

学名：*Achatina fulica* Bowdich。

英文名：African giant snail。

非洲大蜗牛属软体动物门腹足纲柄眼目玛瑙螺科玛瑙螺属。俗名为褐云玛瑙螺、非洲巨螺、菜螺、花螺、东风螺。此蜗牛食性杂，适应性强，危害严重且难以控制，属于中国进境植物检疫性有害生物。

（一）简史与分布

非洲大蜗牛原产非洲的马达加斯加，现广泛分布于世界各地的温暖地区，如非洲的坦桑尼亚、毛里求斯、马达加斯加、科特迪瓦、摩洛哥、塞舌尔和加纳等国，亚洲的印度、斯里兰卡、越南、老挝、柬埔寨、新加坡、马来西亚、泰国、菲律宾、印度尼西亚、日本和中国等国，美洲的巴西和危地马拉，太平洋地区的巴布亚新几内亚、新西兰、夏威夷群岛、关岛、萨摩亚群岛、新喀里多尼亚、社会群岛、波尼西亚群岛、马里亚纳群岛以及马绍尔群岛等地。

非洲大蜗牛是于 1932 年引进中国台湾饲养，供家禽、畜类或人类食用，仅两三年就遍及台湾各地，后发现味道不如法国蜗牛（*Helix pomatia* Linne；*H. aspersa* Muller）而被抛弃至野外，弃养后的非洲大蜗牛很快就造成农作物损害，在 20 世纪 50 年代导致台湾地区农业损失严重，被农民称为"破坏田园的凶手"。目前在中国已经分布于台湾、海南、福建、广东、香港、广西和云南。在中国，它是国家禁止进境的检疫性有害生物。

（二）生物学特性

1. 寄主与为害

非洲大蜗牛的食性杂，各种绿色植物均可受害，尤其是木瓜、香蕉、木薯、橡胶、菠萝、椰子苗、茶树、可可幼苗、多种蔬菜和花卉，为害十分凶猛，是重要的农业有害生物。刚孵化的幼螺多为腐食性，摄取腐败落叶为主。

非洲大蜗牛也是重要寄生虫和植物病菌的传播媒介，如可传播棕榈疫霉，造成可可黑荚病的扩散，传播芋疫霉菌及烟草疫霉，造成胡椒根腐病害。同时可传播肝吸虫及人畜共患的广眼吸虫。

2. 发生特点

此虫主要在夜间活动，白天害怕直射阳光，喜欢栖息在杂草丛生、树木葱郁、农作物繁茂、阴暗潮湿的环境，以及多腐殖质而疏松的土壤、枯草堆、洞穴中和石块下。遇地面干燥或潮湿等不良条件时，往往会爬到树干、叶腋或叶子背面躲藏而休眠。常生活在气温为 17～24℃，湿度为 15%～27%，pH 5～7 的表土层。一般寿命为 5～6 年，有的可达 9 年以上。

此虫为杂食性，但以绿色植物和真菌为主，幼螺多食取腐殖质，成螺一般以绿色植物和真菌为主，摄食量很大，日食量一般为其体重的 40% 左右。有时也会食取腐肉和同伴尸体。每次可产卵 150～250 粒，一年可产 600～1 200 粒卵。生长速度快，繁殖力强，抗逆性强。

3. 传播途径

非洲大蜗牛自然传播能力较弱，远距离传播主要通过人为方式，如引种养殖传播或随苗木、观赏植物、花卉盆景、木板、厚木、车辆、集装箱和包装材料传播。卵也可混入土壤中传播。

（三）检疫与防治

1. 形态鉴别（图 6-39）

成螺：贝壳大型，壳质稍厚，有光泽，呈长卵圆形。壳高 130 mm、宽 54 mm，有 6.5～8 个螺层，各螺层增长缓慢，螺旋部呈圆锥形，壳顶尖，缝合线深，体螺层膨大，其高度为壳高的 3/4，带有云彩状花纹，其色彩和形状变化复杂。胚壳一般为玉白色，其他各螺层有断续的棕色花纹，生长线粗而明显，壳内为淡紫色或蓝白色，壳口卵圆形，口缘简单、完整，外唇薄而锋利，内唇贴覆于体螺层上，形成 S 形的蓝白色胼胝部，轴缘外折，无脐孔。螺体爬行时，伸出头部和腹足，头部有 2 对棒状触角，后触角的顶部有眼。螺体的头、颈、触角部有许多网状皱纹，足部肌肉发达，背面呈棕黑色，趾面呈灰黄色，黏液无色。卵椭圆形，色泽乳白或淡青黄色，外壳石灰质。

卵：粒圆形或椭圆形，有石灰质的外壳，色泽乳白色或淡青黄色，长 4.5～7 mm，宽 4～5 mm。

刚孵化的幼螺有 2.5 个螺层。各螺层增长缓慢。壳面为黄或深黄底色，似成螺。

2. 检疫措施

从疫区调运苗木、花卉等植物以及集装箱、包装箱等要仔细检查，一经发现，需进行灭害

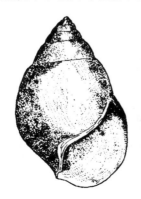

图 6-39　非洲大蜗牛成螺（左图仿陈德牛，1997）彩

处理，可用浓度为 130 g/m³ 的溴乙烷熏蒸 72 h，或者用杀贝剂等喷杀。对一些运输工具底部可用低温处理，如在 −17.8 ~ −12.2℃ 温度下处理 1 ~ 2 h，效果较好。

3. 防治要点

（1）农业防治　可利用其白天喜欢躲藏在草丛中的习性，铲除田边、沟边、坡地、塘边杂草，以消除蜗牛的孳生地，同时可使卵暴露在土表而爆裂，可减少蜗牛的密度，减轻为害。

（2）药剂防治　比较好的杀灭非洲大蜗牛的药物有 8% 灭蜗灵颗粒剂、10% 多聚乙醛颗粒剂和 45% 薯瘟锡可湿性粉剂。一般应在晴朗无雨的天气进行。傍晚施药效果好。

（3）生物防治　积极保护利用蟾蜍、青蛙、蚂蚁、鸟类，饲养鸡、鸭来控制非洲大蜗牛也有明显的效果。

思考题

1. 马铃薯甲虫是茄科植物上的重要检疫性害虫，它是如何传播的？应采取怎样的检疫措施？

2. 说明稻水象甲在我国的分布、发生规律和危害情况。

3. 简述谷斑皮蠹的传播和危害情况，其检疫处理有什么样的方法？

4. 如何识别咖啡果小蠹和欧洲榆小蠹？

5. 双钩异翅长蠹是木材上的重要检疫性害虫，它是如何传播的？在检疫上应采取什么样的措施？

6. 如何控制苹果蠹蛾在中国的扩散？如何做好检疫工作？

7. 美国白蛾最近几年在华北地区发生比较严重，如何防止扩散？

8. 简述葡萄根瘤蚜和苹果绵蚜的检疫处理和防治方法。

9. 西花蓟马是温室蔬菜和花卉的重要检疫性害虫，它如何传播？检疫上应该采取什么措施？

10. 如何鉴定红火蚁？其检疫处理采取什么样的措施？

11. 简述非洲大蜗牛的危害和防治。

12. 蔬菜上的斑潜蝇很常见，是否都要采取检疫措施？

数字课程学习

⬇ 教学课件　　✎ 自测题　　🖼 彩图

第七章
有害植物及危险性杂草

　　杂草是指在特定生态范围内一类夹杂生长在人为种植植物中的草本植物，偶有木本。或者，把侵入人类活动区域危害农作物及其他栽培植物、影响人类生活环境的野生草本植物称为杂草。杂草通常有顽强的生活力，生长速度快，繁殖快，可与作物争肥、争水、争光，影响目标植物的生长和收获。所以，在农田或林间的自然生长在主栽植物间的非目标植物常被看作杂草，杂草可以是陆生的，也可以是水生的；可以是草本的，也可以是木本的；可以是一年生的，也可以是多年生的。

　　在国际植物检疫措施的专门术语中定义的"有害植物"（plant as pest），不仅是传统意义上的杂草，还包括威胁作物、家畜、本土植物生长的植物，它们就变成非一般意义上的"杂草"，通常被称为"有害植物""有害杂草"或"外来有害植物"等，是国际贸易中最易受到关注的目标生物之一。

　　检疫性杂草是众多杂草中的一小部分，是指在特定阶段、特定范围内对当地的农林业生产带来严重危险，甚至对人类的生态环境带来严重影响的，人们不需要或不希望出现的植物，需要通过植物检疫措施来预防或控制它们。人们常常把一些有毒植物（如毒麦、曼陀罗）、寄生性植物（如菟丝子、列当）和恶性杂草（如葎草、豚草）统称为有害植物，尽管这3类植物是农田林地中不希望出现的植物，但是并不是所有的有害植物都要作为检疫性有害生物来对待，只有经过风险评估后确定是国内没有或仅在局部地区严重发生的危险性杂草或是某些危险病虫害中间寄主的植物，才会作为危险性杂草列入植物检疫名录。

　　外来植物，按照 Pyšek 等（2004）的定义，是指那些出现在其过去或现在的自然分布范围及扩散潜力以外（在没有直接、间接引入或人类照顾之下而不能分布）的物种、亚种或以下的分类单元，包括其所有可能存活、继而繁殖的部分、配子或繁殖体。

　　一种外来植物如果在没有人类直接干扰，能够长期维持（通常在 10 年以上）种群自我更替的应称为归化植物。许光耀等（2019）根据 1 000 余篇国内文献、50 余万份数字标本及图像数据，统计发现国内有 112 科 578 属 1 099 种归化植物，归化植物以原产于南美洲的物种最多，占30.6%，其后依次为北美洲（约占15.76%）、欧洲（约占14.31%）、热带亚洲（约占11.32%）、非洲（约占11.17%）、温带亚洲（约占8.03%），还有地中海、大洋洲等。归化植物引入途径，以人为引种传入最多，占总数的72%，无意传带进入的占34.5%；自然扩散传入的最少，仅占总数的3.5%。我国存在归化植物种数最多的是台湾、广东、广西和云南。从归化植物种类在中国的累积分布来看，菊科、豆科、禾本科累积最多。自美洲大陆被发现（15世纪末）至19世纪初，中国对外交流较少，传入植物只有百余种，如汉朝张骞出使西域带回蚕豆、香料、大麦等植物10余种。19世纪至21世纪初，中国归化植物种数呈爆炸式增长，短短百余年增加800余种，累计达到上千种。目前正处在快速增长阶段并可能持续，如果不控制，未来的20～30年外来植物可能达到1 600种。在空间尺度上，物种多样性及密度均呈自东南沿海向西北内陆递减的趋势，国家级植物园保存的物种大多数在3 000种以上，西双版纳热带植物园、广州华南植物园、北京植物园的植物种类更是超过5 000种。2021年，以北京植物园为基础的国家植物园正式揭牌，它保存有3.7万种植物，是国内保存最多植物种的植物园。

根据外来植物的生物学与生态学特性、自然地理分布、所产生的生态效益利弊，将其划分为3类：一是有益植物类，包括种质资源、观赏园艺、经济药用等；二是有害植物类，包括寄生植物、争夺营养水分、挤占生态空间的植物，如列当、菟丝子、薇甘菊、紫茎泽兰、大米草、水葫芦等；三是有毒植物类，包括毒麦、曼陀罗、商陆和豚草等。

一些媒体报道把外来植物说成是入侵物种是不妥的，外来物种并非全部有害，有益的要利用，有害的要控制，严重为害的要采取检疫措施消灭。

第一节　杂草与害草

一、杂草及其危害

杂草的危害是多方面的，它不仅直接危害农田、果园、林园的各种作物，造成减产，还使农林产品品质变劣，传播病虫害，或作为桥梁寄主诱发作物的病虫害；有些杂草在水域里泛滥成灾，堵塞河道、沟渠，影响灌溉，阻碍水路交通；有些杂草是有毒植物，人、畜接触或误食后引起中毒甚至死亡；还有些非本土杂草，定殖后严重影响了本土植物的生长，破坏了生物系统的多样性。

（一）杂草对农作物产量和质量的影响

杂草作为一类非栽培植物，通常都有发达的根系，比一般栽培作物有更强的适应环境的能力，耐旱、耐涝、耐瘠，因此，与农作物的竞争特别强。与农作物争水、光、肥，致使主栽农作物生长发育不良；有许多杂草还能直接寄生在作物上，导致作物生长异常或死亡。

有些植物本身就是一种寄生物。一些双子叶植物在进化过程中逐渐失去了光合作用的自养能力而适应了从半寄生到全寄生的寄生生活。营半寄生的大多数是槲寄生科和桑寄生科的植物，营全寄生的主要是列当科、菟丝子科的植物，它们的种子可以随农作物的种子、种苗或土壤一起传播扩散，具有检疫重要性。

（二）助长病虫害的发生，加剧病虫灾害

许多杂草是病原生物或害虫的寄主或宿主，传播病虫，导致农作物遭受更大的损失。

1. 病原物的杂草寄主

病原菌在危害作物之前，能够以菌核、菌丝体或各种孢子等在杂草的种子、残株等组织内越冬，或先在杂草上滋生蔓延，等到有作物生长时再侵染作物。如野生大豆为大豆霜霉病及大豆锈菌的寄主，该病原菌以菌丝和孢子在植物的残株和种子上越冬，等到第二年大豆播种之后，先危害幼苗再侵染叶片。有的杂草可以是数种病原菌的寄主，有的病原菌可以寄生在多种杂草上。由于作物的病害种类较多，下面简单介绍几种危险性病害的寄主杂草种类：

（1）杂草是许多病原真菌和多种病毒的野生寄主。小麦矮腥黑穗病菌的杂草寄主有山羊草属、冰草属、绒毛草属、雀麦草属、鸭茅属、早熟禾属等。烟草霜霉病菌的杂草寄主有颠茄、酸浆、假酸浆、矮牵牛。甘蔗霜霉病菌和高粱霜霉病菌的杂草寄主有稗属、蟋蟀草属、假蜀黍属、棒头草属、狼尾草属、狗尾草属、摩擦草属、须芒草属、孔颖草属、裂稃草属、金茅属、芒属、黍属和高粱属。

马铃薯帚顶病毒的杂草寄主有颠茄、曼陀罗、天仙子、洋酸浆、龙葵、苋色藜、昆诺藜。蚕豆染色病毒的杂草寄主有美丽猪屎豆、白香草木樨、红三叶草、百日菊、万寿菊。烟草花叶病毒和黄瓜花叶病毒的寄主更是多达几百种。

（2）杂草是许多原核生物病菌的野生寄主。梨火疫病菌可以在许多种蔷薇科植物上寄生，玉米细菌性枯萎病菌的杂草寄主有鸭茅状摩擦禾、苏丹草、金色狗尾草、薏苡、马唐、小糠草、洋野黍、黍、草地早熟禾、假蜀黍、鸭茅等。甘蔗流胶病菌的杂草寄主有危地马拉草、薏苡、假高粱、苏丹草、紫狼尾草、黍。杂草也是许多植原体和螺原体的自然寄主。

（3）杂草是许多植物寄生线虫的野生寄主，如甜菜胞囊线虫的杂草寄主有藜、龙葵、马齿苋、荠菜、繁缕、野萝卜、反枝苋、白芥等。

2. 害虫的杂草寄主

害虫以杂草为寄主主要有 3 种类型：一是桥梁寄主，害虫在作物未生长之前先危害杂草，等到作物生长之后，再危害作物；二是产卵寄主，先在杂草上产卵，孵化后再危害作物；三是越冬寄主，害虫在作物收获之后，栖息于杂草上越冬，等到来年再危害新的作物。几种危险性害虫的杂草寄主如下：

（1）稻水象甲的杂草寄主极广。禾本科的稗、马唐、狗尾草、金狗尾草、狼尾草、虎尾草、苞草白茅、蟋蟀草、早熟禾、看麦娘等 34 个种，莎草科的水莎草、异型莎草等 8 个种，泽泻科的泽泻，香蒲科的小香蒲、东方香蒲、长包香蒲，天南星科的菖蒲，鸢尾科的马蔺等。

（2）黑森瘿蚊的杂草寄主有冰草属、匍匐龙牙草等。高粱瘿蚊的杂草寄主是假高粱、苏丹草、帚高粱等。

有的杂草不仅是病原菌的寄主，还是害虫的寄主。如野苋、马齿苋既是棉蚜的寄主，又是甘薯线虫的寄主。马唐则不仅是多种害虫的寄主，还是稻纹枯病菌和稻瘟病菌的寄主。

（三）影响人、畜和家禽的安全

全世界的有毒植物约有 2 400 种，这些植物，有的全株有毒；有的是植物的花粉有毒，引起部分人群的过敏性反应，如豚草的花粉等；有的果实和种子有毒；有的茎、叶有毒；有的根部有毒。有毒植物导致的中毒事件很多，如毒麦，不了解或检验不仔细，极易引起中毒。有许多杂草的茎叶、果实或种子带有坚硬的刺或钩等，在家畜饲养或放牧期间往往刺伤其口腔和肠胃而引起病菌感染；有的杂草含一种特殊的气味，影响奶制品质量。

（四）对环境的影响

有毒植物导致生态系统多样性、物种多样性、生物遗传资源多样性的丧失和破坏。特别是外来杂草在入侵地往往导致植物区系的多样性变得单一，并破坏农田系统和水域系统，如紫茎泽兰、薇甘菊和凤眼莲等。杂草，尤其是恶性杂草往往结实率高且有发达的地下根茎易扩散蔓延，防除难度高，如假高粱和喜旱莲子草等。

二、检疫性杂草

检疫性杂草是杂草中的一小部分。在国际贸易和国内农产品调运过程中经常有截获野生植物的例子，有些是国内未发生的种类，它们对国内农林生产的危害性大小要通过风险评估后才能确定。只有受到植物检疫机构重视的，主要是以种子混杂在农林产品中传播，且对农业和林业生产会造成重大损害，或对人类的生态环境带来严重影响的植物，才被作为限定的对象加以限制。有些是有毒植物，人、畜误食后引起中毒甚至死亡，故需要限制；有些是寄生植物，大多数国家都有限制；还有些是非本土杂草，在本土定殖后可能会严重影响本土植物的生长和生物多样性，因此要禁止其进境。这些被限制入境的植物就是检疫性有害植物。由于各国所处的环境不同，限制的植物种类也有所不同，我国一直把毒麦作为有害植物加以限制，菟丝子在许多国家也都被限制，但是菟丝子晒干后也是一味重要的中药材，有人专门种植与加工制成药材。

成为害草的重要原因大多是由于这些植物生长快速，繁殖速度快，传播方式多样，防治难度大，特别是可以通过人为调运来传播，促使害草传播更快、更远，蔓延更广、危害更重，因此若不通过检疫措施来加以控制，其所造成的损失是严重的。中国每年因为凤眼莲造成的经济损失达 100 亿元，其中用于打捞的费用就超过 5 亿元。

第二节 杂草与植物检疫

世界各国采取多种方式加强对有害植物的检疫，其中制定检疫性杂草名单是做好杂草检疫的重要一环，我国也沿用了这一做法。我国的检疫性杂草名单经过了多次修改和变动。我国第一份检疫性杂草名单制定于 1964 年，只有毒麦 1 种。1992 年 4 月《中华人民共和国进出境动植物检疫法》正式实施，公布应检疫的杂草有 4 种，2007 年的检疫性杂草名单中有 41 种，2021 年 4 月，我国公布的《中华人民共和国进境植物检疫性有害生物名录》中有 446 种（属），其中包括毒麦、菟丝子属、列当属、假高粱等杂草 42 个种（属）（表 7-1）。

杂草，由于种子形态容易辨认，是我国口岸检验检疫中截获率仅次于害虫的有害生物。在

表 7–1　我国禁止进境的检疫性杂草（部分名单）

分类地位	中文名称	杂草学名
单子叶植物		
杂草、害草	具节山羊草	*Aegilops cylindrica* Horst
	节节麦	*Aegilops squarrosa* L.
	不实野燕麦	*Avena sterilis* L.
	黑高粱	*Sorghum almum* Parodi.
	假高粱（及其杂交种）	*Sorghum halepense*（L.）Pers.
	大米草、互花米草	*Spartina anglica* Hubb.
有毒植物	毒麦	*Lolium temulentum* L.
双子叶植物		
杂草、害草	匍匐矢车菊	*Centaurea repens* L.
	飞机草	*Eupatorium odoratum* L
	紫茎泽兰	*Eupatorium adenophorum* Spreng.
	黄顶菊	*Flaveria bidentis*（L.）Kuntze
	假苍耳	*Iva xanthifolia* Nutt.
	薇甘菊	*Mikania micrantha* Kunth
	异株苋亚属	*Subgen acnida* L.
	苍耳（属）（非中国种）	*Xanthium* spp.（non-Chinese species）
寄生植物	菟丝子（属）	*Cuscuta* spp.
	列当（属）	*Orobanche* spp.
	独脚金（属）（非中国种）	*Striga* spp.（non-Chinese species）
有毒植物	豚草（属）	*Ambrosia* spp.

过去的 50 年内，我国各口岸检疫机构在检疫工作中截获的杂草种类有 600 余种，其中有不少是国内没有或仅在局部地区发生的危险性杂草或检疫性杂草。随着进出口贸易的扩大，杂草传入我国的风险也大大增加。2009—2011 年，全国口岸进境货物共截获杂草 74 科 359 属 803 种，其中检疫性杂草 12 科 27 属 63 种。在截获的进境检疫性杂草中，有不少是危险性杂草或检疫性杂草。

一、毒麦

学名：*Lolium temulentum* L.。

英文名：poison rye-grass。

毒麦属于禾本科大麦族黑麦草属，人误食含毒麦的面粉易发生中毒现象，严重的可导致因中枢神经系统麻痹而死。毒麦在世界各国均有发生。除台湾和西藏外，国内各个省区目前均有发生。在中国，它既是国家禁止入境的检疫性有害生物，也是国内农业植物检疫性有害生物。

（一）简史与分布

黑麦草属的绝大多数种是很好的牧草，分蘖力和适生能力都很强，可多次刈割和放牧。但毒麦的种子常因遭受一种有毒内生真菌侵染，而使籽粒内含有真菌毒素，人畜食后即发生中毒事故，其茎叶一般无毒。我国是 1954 年在从保加利亚进口的小麦中发现毒麦的，首先在黑龙江等东北地区发生，后随种子调运扩散到长江流域。1962 年，在湖北江陵县发现 10 吨小麦种子内，毒麦的混杂率达 37.5%。

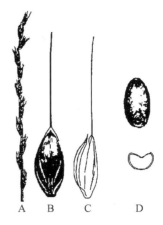

图 7-1　毒麦形态
A. 穗部外形　B ~ C. 带稃颖果
D. 种子及横切面

（二）生物学特性

1. 形态特征

一年生草本。幼苗叶鞘基部常紫色，叶片比小麦狭窄，叶色碧绿，下面平滑光亮。茎直立丛生，高 50 ~ 110 cm，光滑。叶鞘疏松，长于节间；叶片长 10 ~ 15 cm，宽 4 ~ 6 mm，叶脉明显，叶舌长约 1 mm。穗状花序长 10 ~ 25 cm，穗轴节间长 5 ~ 15 mm；每穗有 8 ~ 19 个小穗，小穗单生，无柄，互生于穗轴上，以背腹面对向穗轴，长 9 ~ 12 mm（芒除外），宽 3 ~ 5 mm，每小穗含 4 ~ 7 个小花，排成 2 列；第一颖（除顶生小穗外）退化，第二颖位于背轴的一侧，质地较硬，有 5 ~ 9 脉，长于或等长于小穗；外稃椭圆形，长 6 ~ 8 mm，芒自顶端稍下方伸出，芒长 7 ~ 10 mm；内稃与外稃等长。颖果长椭圆形，灰褐色，无光泽，长 5 ~ 6 mm，宽 2 ~ 2.5 mm，厚约 2 mm，腹沟宽，与内稃紧贴，不易分离（图 7-1，表 7-2）。

表 7-2　黑麦草属主要种检索表

1. 多年生草本；小穗含 7 ~ 20 个小花；颖短于小穗
　2. 外稃无芒；小穗含 7 ~ 11 个小花；带稃颖果长 3.5 ~ 4.5 mm，宽 1 ~ 1.25 mm，厚 0.5 mm
　　………………………………………………………………………………黑麦草

　2. 外稃具长约 5 mm 的芒；小穗含 10 ~ 20 个小花；带稃颖果长 4 mm，宽约 1 mm，厚 0.5 mm
　　………………………………………………………………………………多花黑麦草

1. 一年生草本；小穗含 4 ~ 6（9）个小花；颖等长或长于或短于小穗
　3. 略短于小穗；外稃无芒；带稃颖果长 3 ~ 4.5 mm，宽 1.2 ~ 2 mm，厚 0.75 ~ 1 mm ………细穗毒麦
　3. 颖等长或长于或略短于小穗；外稃具芒
　　4. 颖具 6 ~ 9 脉；芒自外稃顶端稍下方伸出；带稃颖果长 5 ~ 6 mm，宽 2 ~ 2.5 mm，厚约 2 mm
　　　………………………………………………………………………………毒麦

　　4. 颖具 5 脉；芒自外稃顶端伸出；带稃颖果长 5 ~ 6 mm，宽 1.5 ~ 2 mm，厚 1 ~ 1.25 mm
　　　………………………………………………………………………………波斯毒麦（欧毒麦）

2. 生长习性

毒麦是生长在小麦、大麦和燕麦等麦田里的一种恶性杂草。毒麦的生活力很强，种子在土内 10 cm 深处仍能出土，室内贮藏 2 ~ 3 年仍有萌发力，从播种到萌芽需 5 d。在东北地区，毒麦在 4 月末、5 月初出苗，比小麦迟 2 ~ 3 d，出土后生长迅速，5 月下旬抽穗，比小麦迟熟 7 ~ 10 d。在南方，一般在 5 月上旬抽穗，比小麦迟熟 5 ~ 7 d。毒麦分蘖力较强，一般有 4 ~ 9

个分蘖，繁殖力是小麦的 3～4 倍。据黑龙江省 1962 年调查，在小麦地里，毒麦的每穗平均籽粒数为 66.8 粒，小麦为 20 粒。因此，毒麦侵入麦田后，如不及时防除，几年之内混杂率可达 60%～70%，使小麦产量锐减。毒麦籽粒中，在种皮与糊粉层之间，常因"有毒真菌"侵染，能产生毒麦碱、毒麦灵、黑麦草碱及印防己毒素。毒麦碱对脑、脊髓、心脏有较强麻痹作用。

3. 传播途径

毒麦原产欧洲，早期传入非洲，在 20 世纪 50 年代由国外引种或进口粮食中混杂毒麦而传入我国。最初在黑龙江、江苏、湖北 3 省蔓延为害，之后由于各地调种，因缺乏严格的检疫措施而传播，现已扩散到 32 个省市区。我国各口岸从美国、阿根廷、澳大利亚、法国、德国、土耳其、希腊、芬兰、埃及等国的进口小麦中，也经常检出毒麦。

（三）检验与防治

1. 产地调查

在小麦和毒麦的抽穗期，根据毒麦的穗部特征进行鉴别，记载有无毒麦发生和毒麦的混杂率。

2. 室内检验

对仓库贮藏的或调运的小麦进行抽样检查，每个样品不少于 1 kg，按照毒麦籽粒特征鉴别，计算混杂率。

3. 近似种的区别

毒麦是受一种产毒素的内生真菌侵染后才产生毒性，这种内生真菌是子囊菌中的座盘菌（*Endoconidium temutentum*），可受座盘菌侵害的还有长芒毒麦、田毒麦、波斯毒麦和细穗毒麦等。目前这种内生真菌对寄主的影响还需进一步研究。

4. 防治

大量的毒麦种子常随小麦种子一起收获而进入粮仓，随小麦种子一起调运而传播，机械筛选可使种子中的混杂率从 23% 降低到 0.07%，但少量的毒麦种子一旦进入麦田就可能很快繁殖起来，难以根除。

二、假高粱

别名：石茅、宿根高粱。

学名：*Sorghum halepense*。

英文名：johnsongrass，Egyptian-grass。

假高粱是禾本科高粱属的一种恶性杂草。

（一）简史与分布

假高粱原产于地中海地区，现已广泛传播到从北纬 55° 到南纬 45° 的 60 多个国家和地区。国内的 16 个省市已有分布，由于它的繁殖力和适应能力特强，常混杂在种子、粮食和饲料中，随装卸调运而扩散蔓延。在中国，它既是国家禁止入境的检疫性有害生物，也是国内农业和林业植物检疫性有害植物。

（二）生物学特性

1. 形态特征

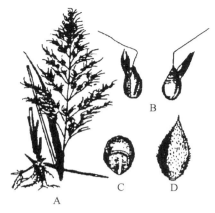

多年生草本，有发达的根状茎。茎秆直立，高
1～3 m，直径约 5 mm。叶片阔线形至线状披针形，长
25～80 cm，宽 1～4 cm；基部有白色绢状疏柔毛，中脉
白色而厚；叶舌长约 1.8 mm，具缘毛。圆锥花序，长
20～50 cm，淡紫色紫黑色，主轴粗糙，分枝轮生，基
部有白色柔毛，上部分出小枝，小枝顶端着生总状花
序；穗轴具关节，易断，小穗柄纤细，具纤毛；小穗成
对，一个具柄，另一个无柄；在顶端的一节有 3 小穗，
一个无柄，另两个具柄；有柄小穗较狭，长约 4 mm，
颖片草质，无芒；无柄小穗椭圆形，长 3.5～4 mm，宽
1.8～2.2 mm；二颖片革质，近等长，被柔毛；第一颖

图 7-2　假高粱形态
A. 植株 B. 无柄小穗 C. 种子 D. 颖果

的顶端具 3 齿，第二颖的上部 1/3 处具脊；第一外稃膜透明，被纤毛；第二外稃长约为颖的
1/3，顶端微 2 裂，主脉由齿间伸出呈小尖头或芒。带颖片的果实椭圆形，长约 5 mm，宽约
2 mm，厚约 1.4 mm，暗紫色（未成熟的呈麦秆黄色或带紫色），光亮，被柔毛；第二颖基部带
有 1 枚小穗轴节段和 1 枚有柄小穗的小穗柄，二者均具纤毛；去颖颖果倒卵形至椭圆形，长
2.6～3.2 mm，宽 1.5～2 mm，棕褐色，顶端圆，具 2 枚宿存花柱（图 7-2，表 7-3）。

表 7-3　高粱属主要种检索表

1. 植株较纤细；叶片狭，宽 2～5 mm；圆锥花序分枝单纯，小穗之毛棕色 ·················· 光高粱
1. 植株粗壮；叶片阔，宽 1～7 cm；圆锥花序分枝可再分枝；小穗之毛白色
2. 多年生杂草，具发达的根茎
3. 圆锥花序淡紫色至紫黑色；第一颖顶端具 3 齿；外稃无芒或有芒 ·················· 假高粱
3. 圆锥花序麦秆黄色；第一颖顶端无齿或齿不明显；外稃无芒 ·················· 拟高粱
2. 一年生栽培植物
4. 粮食作物；无柄小穗卵椭圆形，长 5～6 mm，宽约 3 mm，成熟时宿存 ·················· 高粱
4. 引种牧草；无柄小穗长圆形至长圆状披针形，长 6～7 mm，宽约 2 mm，成熟时连同穗轴节间与有柄小穗一起脱落；带颖片的果实黑紫色，长约 5 mm，宽 3 mm ·················· 苏丹草

2. 生长习性及为害

假高粱常生长在热带和亚热带地区的农田或荒地上，以种子和根茎繁殖蔓延。在亚热带
地区，于 4—5 月开始出苗，从根茎上发生的芽苗出现较早，叶鞘呈紫红色，生长比籽苗快。
出苗后 20 d，地下茎形成短枝，开始分蘖，随着气温上升，地上茎叶生长加快。6 月上旬开
始抽穗开花，一直延续到 9 月。7 月上旬颖果开始成熟，随熟随落。种子经过休眠，到第二
年温度上升到 18℃时，即可萌发。每个花序能结籽 500～2 000 粒。在开花期，地下根茎迅速
生长，在壤土中，4 d 就能增长鲜重 2 倍以上，在黏土中生长较慢。根茎形成的最低温度是
15～20℃，到秋季进入休眠，在杭州地区可露地越冬。假高粱是谷类、甘蔗、棉花、麻类、苜
蓿、大豆等 30 多种作物地的最危险的杂草之一，它不仅通过生态竞争和化感作用使作物的产

量下降，而且其花粉容易与高粱属作物杂交，致使品种不纯。假高粱生长速度快，植株高大，一个生长季每株能生长 8 kg 鲜草和 70 m 长的地下茎，结籽 28 000 粒。一小段根茎就能繁殖形成新植株。因此，它具有很强的繁殖力和竞争力。假高粱还是多种病毒和细菌病害的桥梁寄主和越冬寄主。假高粱的幼苗和嫩芽含有氰苷酸，家畜误食会中毒。

3. 适应范围

假高粱的适生能力极强，可在国内大部分农业区生长。从国外进境的农产品中也经常混杂有大量的假高粱种子，威胁很大，一旦定殖，可在土中长期生存，很难彻底杀灭。

（三）检疫与防治

高粱属植物中，除假高粱外，在我国还有粮食作物高粱、引种栽培的牧草苏丹草、野生杂草光高粱和拟高粱，后者植株形态与假高粱相似。

防治：假高粱的根茎耐高温、低温和干旱，可配合田间管理进行伏耕和秋耕，使其根茎暴露而死。禁止种植混杂有假高粱的作物种子或原粮，并用风车或选种机过筛彻底清除，将筛下物粉碎以杜绝传播。化学防治曾用草甘膦、四氟丙酸钠、喹禾灵等除草剂。近年来在世界主要甘蔗种植区广泛使用磺草灵，每公顷用 4 kg 防治有特效。

三、菟丝子

学名：*Cuscuta chinensis* Lam。

英文名：dodder。

菟丝子属菟丝子科菟丝子属，是世界性的恶性杂草，寄主范围很广，危害严重。其种子多而小，容易随土壤、肥料及作物种子广泛传播。种子在土壤中能保持发芽力 5 年以上。缠绕在寄主上的一段菟丝子茎也能继续生长繁殖，给防除造成很大困难。在中国，它既是国家禁止入境的检疫性有害生物，也是国内农业和林业植物检疫性有害生物。

（一）分布

已知分布的国家很多，以亚洲为主，俄罗斯和澳大利亚也有发生，国内分布较为普遍，大部分都是在草本植物上寄生，但在广西海南一带的木本植物上常见有日本菟丝子寄生为害。

（二）生物学特性

1. 形态特征

一年生寄生性缠绕草本。茎的直径 1 ~ 2 mm，黄色至橙黄色，左旋缠绕，无叶。花簇生，外有膜质苞片；花萼杯状，5 裂，外部具脊；花冠白色，长为花萼的 2 倍，顶端 5 裂，裂片三角状卵形，向外反折；雄蕊 5 个，花丝短，着生于花冠裂片弯缺微下处；鳞片 5 个，近长圆形，边缘细裂成长流苏状；子房 2 室，每室有 2 个胚珠，花柱 2 个，柱头头状。蒴果近球形，直径约 3 mm，成熟时全被宿存的花冠包住，盖裂；种子 2 ~ 4 个，卵形，淡褐色，长 1 ~ 1.5 mm，宽 1 ~ 1.2 mm，背面圆，腹面有棱呈屋脊形，表面粗糙，有头屑状附属物，种脐线形，位于腹面的一端（图 7-3）。全世界菟丝子种类很多，约有 170 种，常见的约 20 种，区别如表 7-4 所示。

2. 生长习性及为害

菟丝子种子的休眠期较长，种子萌发不整齐，土壤中的种子每年只有百分之几萌发。当气

图 7-3 菟丝子形态及为害状 彩

A~C. 菟丝子形态；1. 为害状 2. 为害状局部放大 3. 蒴果 4. 种子

表 7-4 菟丝子属重要种检索表

1. 茎纤细，线形，常寄生在草本植物上；花柱 2 个；花常簇生成小伞形或小团伞花序；种子小，长 0.8~1.5 mm，表面粗糙

　2. 柱头头状 …………………………………………………………………… 线茎亚属

　　3. 萼片具脊，使萼片呈现棱角 ……………………………… 中华菟丝子（*C. chinensis*）

　　3. 萼片背面无脊

　　　4. 花冠裂片顶端圆，直立；鳞片很小，边缘的流苏短而少或成小齿 …… 南方菟丝子（*C. australis*）

　　　4. 花冠裂片顶端尖，常反折；鳞片大

　　　　5. 花长 1.5 mm，花冠裂片三角状卵形；鳞片边缘的流苏长为鳞片的 1/5

　　　　　………………………………………………………… 五角菟丝子（*C. pantago*）

　　　　5. 花长 2~3 mm，花冠裂片宽三角形；鳞片边缘的流苏长约为鳞片的 1/2

　　　　　………………………………………………………… 田野菟丝子（*C. campestris*）

　2. 柱头伸长成棒状或圆锥状 ………………………………………………… 欧菟丝子亚属

　　6. 花柱和柱头比子房短

　　　7. 花白色；种子常成对并连在一起 ……………………… 亚麻菟丝子（*C. epilinum*）

　　　7. 花淡红色；种子不成对并连 ……………………… 欧洲菟丝子（*C. europaea*）

　　6. 花柱和柱头不短于子房

　　　8. 萼片增厚或具脊

　　　　9. 萼片宽，背面至顶端肉质增厚；鳞片很大 …………… 杯花菟丝子（*C. cupulata*）

　　　　9. 萼片较窄，背面具脊；鳞片较小 …………… 苜蓿菟丝子（*C. approximata*）

　　　8. 萼片不增厚，无脊；种子小，长 0.8~1 mm ……… 百里香菟丝子（*C. epithymum*）

1. 茎较粗，细绳状，常寄生在木本植物上，花柱 1 个，总状或圆锥花序，种子较大，长 2~4 mm，表面光滑 ………………………………………………………………… 单柱亚属

　　10. 花冠长 3 ~ 4 mm，花较小，花柱比柱头长，柱头 2 裂
　　　11. 柱头有明显 2 裂；种子不具喙 ···················· 日本菟丝子（*C. japonica*）
　　　11. 柱头头状，微 2 裂；种子具喙 ·············· 啤酒花菟丝子（*C. lupuliformis*）
　　10. 花冠长 5 ~ 9 mm，花较大
　　　12. 花白色或乳黄色，芳香；花柱极短，柱头 2 个，舌状长卵形
　　　　·· 大花菟丝子（*C. reflexa*）
　　　12. 深蔷薇色；花柱与柱头近等长 ·············· 列孟菟丝子（*C. lelimanoiana*）

温达 15℃时，种子开始萌发。幼苗为浅黄色的线状体，其先端向四周旋转，缠上寄主后即在接触部分产生吸器穿入寄主组织，其下部逐渐枯萎与土壤分离，如 7 ~ 10 d 未遇上寄主，即会死亡。到 7—11 月陆续开花结果，花小而多，每株结种子 3 000 ~ 5 000 粒。

　　菟丝子常寄生在豆科、菊科、蓼科、苋科、藜科等多种植物上，它是大豆产区的恶性杂草，对胡麻、苎麻、花生、马铃薯和豆科牧草危害也很大。菟丝子种子在大豆幼苗出土后陆续萌发，缠绕到大豆等寄主上，不断生长并反复分枝，在一个生长季节内，能形成巨大的群体，使大豆成片枯黄。据江苏省淮阴农业科学研究所 1984 年调查估计，江苏全省大豆受菟丝子为害面积约 3 万 hm²，一般使大豆减产 20% ~ 50%，严重的甚至颗粒无收。

（三）检疫与防治

1. 抽样检查

按规定取样品进行过筛，若检查材料与菟丝子种子大小相似，则可采取比重法、滑动法或磁吸法检验，并用解剖镜按其种子的特征进行鉴别，计算混杂率。对苗木等带茎叶的材料，可用肉眼或放大镜直接检查。

2. 隔离种植检查

如不能鉴定到种，可以通过隔离种植，根据花果特征进行鉴定。

3. 防治

禁止种植混杂有菟丝子的作物种子，并用风车或选种机过筛彻底清除，将筛下物粉碎以杜绝传播。菟丝子很少寄生于禾本科作物，因此与禾本科作物轮作可以减轻危害。

（1）园艺防治　受害严重的地块，每年深翻，凡种子埋于 3 cm 以下便不易出土。春末夏初及时检查，发现菟丝子连同杂草及寄主受害部位一起销毁，清除起桥梁作用的萌蘖枝条和杂草。

（2）药剂防治　作物出苗前用 48% 地乐胺土壤处理，在作物出苗、菟丝子缠绕初期，用 41% 农达 400 倍液或 48% 地乐胺对准被害植株喷施。种子萌发高峰期地面喷 1.5% 五氯酚钠和 2% 扑草净液，以后每隔 25 d 喷 1 次药，共喷 3 ~ 4 次，以杀死菟丝子幼苗。

四、列当

学名：*Orobanche* spp.。

英文名：broomrape。

列当是列当科列当属植物的总称，约有 100 种，能寄生在 70 余种草本植物上，广泛分布于温带地区。种子小，数量多，每株能结种子 10 万粒以上，种子在土中的发芽力可保持 10 年之久。典型的根寄生，严重影响寄主生长发育，对农作物危害极大，造成减产甚至绝收。在中国，它既是国家禁止入境的检疫性有害生物，也是国内农业和林业植物检疫性有害植物。

（一）分布

目前已知分布的国家和地区有北纬 30° 以北地区，如印度、缅甸、地中海沿岸各国，希腊、意大利、匈牙利、捷克、斯洛伐克、保加利亚、俄罗斯等。我国已知有 23 种列当，主要分布于黄河以北的干旱半干旱生态大区各省区。

（二）生物学特性

1. 形态特征

一年生寄生草本，茎直立，单生，高 15～50 cm，黄褐色或带紫色，有毛。叶片状。穗状花序有花 20～40（80）朵；苞片披针形；花萼 5 裂，贴茎的一个裂片不显著，基部合生；花冠二唇形，长 15～18 mm，上唇 2 裂，下唇 3 裂，蓝紫色；雄蕊 4 个，2 强，插生于花冠筒内；花冠在雄蕊着生以下部分膨大，花柱下弯，子房卵形，由 4 个心皮合生，侧膜胎座。蒴果卵形，熟后 2 纵裂，散出大量粉状种子。种子形状不规则，略成卵形，黑褐色，坚硬，表面有网纹，长 0.2～0.5 mm，宽与厚各约 0.2 mm（图 7-4）。

图 7-4　向日葵列当危害状　彩

A. 地上部　B. 列当形态

1. 列当植株　2. 列当种子　3. 列当根部寄生在向日葵的根部

2. 生长习性及为害

列当种子在土壤中接触寄主根部分泌物时，便开始萌发。若无寄主刺激，种子在土中可存活 5～10 年。幼苗以吸器侵入寄主根内，吸器的部分细胞分化成筛管与导管状分支，通过筛孔和纹孔与寄主的筛管和导管相连，吸取水分和养料，逐渐长大，植株花序由下而上开花结实。幼苗出土盛期为 8—9 月，多寄生在土中 5～10 cm 深处的寄主侧根上。一株向日葵最多寄生列当 143 株，寄生率高达 91%。受害植株细弱，花盘小，秕粒多，含油率下降，严重的不能开花结实，甚至干枯死亡。1952 年河北怀来县因向日葵列当为害严重，被迫改种其他作物。1985 年在吉林省乾安县才字乡的向日葵连作区，列当寄生率高达 80%。瓜列当的寄生每年造成新疆 1 500～2 000 hm² 的甜瓜绝产，3 500～5 500 hm² 的甜瓜严重减产。在新疆受列当危害的农田面积为 5.3 万 ~ 6.7 万 hm², 每年给新疆农业生产造成的经济损失超过 5 亿元, 且发生面积还有进一步扩大的趋势。

向日葵列当也能寄生在烟草、番茄、茄子、红花属、艾属等植物上。每株列当能结籽 10 万粒以上, 种子寿命长, 在土中可存活 10 年以上, 每年发芽不整齐, 如此在疫区内的土壤中逐年积累了大量种子。种子微小, 易黏附在向日葵籽上或根茬上传播, 也能借风力、水流、人畜及农机具传播。

（三）检疫与防治

列当种子很小, 易随风飘浮而传播扩散到较大范围, 混杂在农作物种子中, 又不易被发现。按规定取样品重复过筛, 收集筛下的杂屑在双筒解剖镜下仔细检查, 可计算混杂率。列当种子的繁殖率极高, 寿命又很长, 落入土中发芽很不整齐, 因此, 一旦定殖在田间, 很难根除。由于发芽很不整齐, 使用除草剂的效果也受到影响。

列当属种子常与列当科的野菰（*Aeginetia* spp.）和独脚金（*Striga* spp.）的种子相似, 其种子形态的比较如表 7–5 所示。

表 7–5　常见列当与野菰种子形态在电镜下的区别检索表

1. 种子表面的网眼方形、矩形、多边形或近圆形, 长宽比小于 4：1, 网纹不扭转, 网脊上无突起
  2. 种子多倒卵形, 少数椭圆形、圆柱形或近球, 网眼形, 网壁平滑, 网眼底部网状或小凹坑状
    3. 网眼底部网状
      4. 种子倒卵形至椭圆形, 长 0.3 ~ 0.5 mm ·················· 埃及列当（*O. aegyptiaca*）
      4. 种子椭圆形至宽倒圆形, 长 0.26 ~ 0.34 mm ·············· 向日葵列当（*O. ramosa*）
    3. 网眼底部小凹坑状
      5. 种子黑色至红褐色, 油漆光泽,（0.3 ~ 0.5）mm × 0.25 mm ········ 锯齿列当（*O. crenata*）
      5. 种子黄褐色, 无光泽,（0.2 ~ 0.3）mm ×（0.1 ~ 0.16）mm ········ 弯管列当（*O. cernua*）
  2. 种子近球形或宽椭圆形, 网眼深, 方形至多边形, 网壁上具多层环形棱, 网眼底部为网状
··野菰（*Aeginetia indica*）

五、豚草

豚草, 又名艾叶破布草, 学名：*Ambrosia artemisiifolia* L.。

英文名：biterweede, blackweed, common regweed, Hayfeverweed。

豚草是菊科豚草属植物。开花时, 产生大量花粉和短毛飞散空中, 能引起人类过敏性哮喘及过敏性皮炎等症, 即枯草热病。其发生量大, 危害重, 是区域性恶性杂草, 也是检疫性杂草之一。

（一）分布

豚草的适应性很强, 在庭院、路边、公园及菜园等处均能生长, 尤其能耐瘠薄, 于沙砾土壤上生长旺盛; 生育期内消耗水分为禾本科作物耗水量的 2 倍, 并能吸收大量磷、钾; 原产于北美, 今欧洲和日本也有分布。我国有两种, 即豚草和三裂叶豚草, 均是外来杂草, 分布于东北、内蒙古、河北、安徽、江苏、浙江、江西、湖南、湖北、四川、贵州及西藏等省区。

（二）生物学特性

1. 形态特征

成株茎高 40～100 cm，直立，具细棱，常于上方分枝，被有开展或贴附糙毛状的柔毛。叶下部对生，上部互生，2～3 回羽状深裂，裂片线形，两面均被细伏毛，或表面无毛。雄性花序复总状，生于茎秆顶端，长 15～25 cm，由许多总苞组成，每个总苞内有雄花 15～20 个，呈头状排列；雌花位于雄性花序的下方。雄蕊 5 个，微有联合，药隔向顶端延伸成距状。雄花序腋生于苞腋，常生于雄花序之下方；总苞略呈纺锤形，顶端尖锐，上方周围具 5～8 个细齿，内包 1 个雌花，雌花仅具 1 个雌蕊，花柱 2 裂，伸出总苞外方约 2 mm。

果实瘦果，倒卵形，长 2.5 mm，宽 2 mm，褐色有光泽，果皮坚硬、骨质，全部包被于倒卵形的总苞内。总苞浅灰褐色；有时具黑褐色的斑纹。苞顶具 1 个短粗的锥状喙，于其下方有 5～8 个直立的尖刺；苞体具稀疏的网状脉，且常有疏柔毛。

子叶近圆形，稍肥厚，长 5～6 mm，宽 4.5～5 mm，无毛，表面无脉纹，基部下延成长约 3 mm 的子叶；下胚轴光滑，于干燥土壤上呈紫红色；上胚轴被细伏毛；第一对真叶对生，下具长柄，略具翅，叶片常为掌状 3 裂，顶端裂片两侧具 2 个粗齿，有时侧裂片外侧各具 1 个小裂片，在叶片及叶柄上下均具伏毛，叶柄边缘具疏柔毛；第二对真叶也对生，2 回羽状深裂，叶片及叶柄上下均具细伏毛，叶柄边缘有长柔毛。

2. 生长习性及为害

一年生草本。生育期 5～6 个月，于北方于 5 月出苗，7—8 月开花，8—9 月结实，平均每株产生种子 2 000～8 000 粒。由于植株上种子不断成熟而脱落，在秋季作物成熟收割前，大部分落入土中。种子于春季萌发，新成熟的种子要经 5～6 个月的休眠期，第二年春季发芽。在土壤温度达 20～30℃、土壤湿度不小于 52% 的条件下，种子发芽率可达 70%。三裂叶豚草在花期能散发大量花粉，可引起部分人的过敏性哮喘及过敏性皮炎等症。

豚草的适生能力很强，庭院、路边、公园等均能生长，能耐瘠薄，以种子繁殖，可在全国大多数地区生长。豚草繁殖快，一旦定殖可长期生存，很难彻底铲除。

3. 近似种比较

豚草的头状花序总苞无肋，茎中部叶常为 2 回羽状深裂。三裂叶豚草的头状花序总苞有 3 肋；茎中部叶常为掌状 3～5 裂，稀部裂，仅具锯齿缘。

（三）防治

化学防治用草甘膦或克无踪在苗期喷药，生物防治以广聚萤叶甲的效果最好。

六、薇甘菊

学名：*Mikania micrantha* H.B.K.，属菊科假泽兰属（*Mikania* Wild）植物，俗称米甘草，其实是不同的种。

英文名：mile a minute weed。

薇甘菊是世界重要的恶性杂草之一，生长速度快，可将灌木、乔木严密覆盖致使植物死亡，造成极大的危害。目前仍缺乏有效的防治方法，而我国的气候条件适合其生长，对多种类型的树木和灌木造成极大的威胁。在中国，它既是国家禁止入境的检疫性有害生物，也是国内农业和林业植物检疫性有害植物。

（一）分布

薇甘菊原产中、南美洲，现已扩散到整个东南亚、南亚、太平洋地区，如印度、斯里兰卡、孟加拉国、泰国、斐济、库克群岛、所罗门群岛、巴布亚新几内亚、澳大利亚等国家。中国的华南沿海地区也有分布。

（二）生物学特性

1. 生长习性及为害

薇甘菊生长速度极迅速，正如它的英文名"mile a minute weed"有"一分钟一英里"之称，可攀缘缠绕于其他乔木植物到达树冠房顶部，厚厚的茎叶和花，形成严密覆盖和重压，使主栽植物缺少阳光、水分和养分，阻碍其生长甚至导致死亡。在薇甘菊蔓延扩展地带，对生物多样性造成严重的威胁。

2. 发生特点

薇甘菊可进行有性繁殖和无性繁殖。在广东南部，薇甘菊3—10月为生长旺盛期，9—10月为花期，11月至翌年2月为结实期。开花期，小花从现蕾至盛花期限时间为5 d，开花后5 d完成受精过程，经过5~7 d种子成熟，7~10 d后冠毛完全舒展，种子即可飞散。薇甘菊开花数量很大，花的生物量占地上部分总生物量的38%~42.8%。其种子细小，千粒重为0.089 g，可借风力传播到较远的距离。薇甘菊营养体的茎节处可以随时生根，伸入土壤吸取养分，因此其无性繁殖比有性繁殖要快。薇甘菊在南美洲生长分布在潮湿的森林和淡水沼泽森林。在广东内伶仃岛、深圳、东莞等地常见于被破坏的林地边缘、荒弃农田、路边、疏于管理的果园、水库、水沟边缘、湿地边缘，对灌草丛、新植林地和森林边缘危害较大。薇甘菊喜光好湿，不耐阴和土壤干瘠，在海拔较高的地方生长不良。

3. 传播途径

薇甘菊的种子可借风力进行较远距离的传播，但更远距离的传播则主要通过人类的引种。如1949年印度尼西亚从巴拉圭引入薇甘菊作为橡胶园的土壤覆盖植物，后又被用作垃圾填埋场的土壤覆盖植物，很快地传播到整个印度尼西亚。

（三）检疫与防治措施

1. 形态鉴别

薇甘菊为多年生草质或稍木质的藤本植物，茎细长，匍匐或攀缘，多分枝，被短柔毛或近无毛，幼时绿色，近圆柱形，老茎淡褐色，具多条肋纹。茎中部叶三角状卵形至卵形，长4~13 cm，宽2~9 cm，基部心形，偶为戟形，先端渐尖，边缘具数个粗齿或浅波状圆锯齿，两面无毛，基出3~7脉；叶柄长2~8 cm；上部的叶渐小，叶柄也短，头状花序多数，在枝端常排成复伞房花序状，花序梗纤细，头状花序长4.5~6 mm，含小花4朵，全为结实的两性花。总苞片4片，狭长椭圆形，顶端渐尖，绿色，长2~4.5 mm，总苞基部有一线状椭圆形的小外苞叶，长1~2 mm。花有香气；花冠白色，管状，3~3.5 mm，檐部钟状，5齿裂。瘦果长1.5~2 mm，黑色，被毛，具5棱，被腺体，冠毛由32~38条刺毛组成，白色，长2~3.5 mm（图7–5）。

2. 检疫措施

严禁从疫区引种薇甘菊作为覆盖或绿化植物，在调运植物苗木或产品时，应注意检查是否

图 7-5 薇甘菊形态图（仿孔国辉等，2000）

1. 植株一部分 2. 头状花序 3. 小苞叶 4. 总苞片 5. 两性花 6. 花冠展开显示雄蕊着生
7. 展开的雄蕊群 8. 顶生冠毛的瘦果 9. 冠毛及局部放大 10. 瘦果横切面示棱

夹带薇甘菊的种子、茎、叶等，一旦发现要严格处理。

对薇甘菊的防除应采取多种控制措施相配合。每年 10 月底之前薇甘菊种子尚未成熟，或在 3 月生长旺季和雨季来临之前，利用人工机械进行地毯式砍伐和拔除。消除后应及时种植一些生长迅速、适应性强、耐旱易成密丛的经济作物或观赏植物，以阻止薇甘菊及其他杂草的生长。要将被消除的薇甘菊残体就地烧毁。需要进行化学防除时，可采用 25% 森泰（环嗪酮）水溶性粉剂 0.1 ~ 3 mL/ 株注射薇甘菊主根，可在 5 ~ 6 个月内彻底杀死；使用森草净水溶性粉剂配成的溶液（1 ~ 1 000 g/hm²），可在 2 ~ 3 个月彻底杀死薇甘菊；使用 0.4% 苯达松和 0.2% 毒莠定（toldon）都对薇甘菊的幼苗有杀灭作用。

七、大米草和互花米草

米草是禾本科米草属（*Spartina* Schreb.）几种植物的总称，包括大米草（*Spartina anglica* Hubb.）和互花米草（*Spartina alterniflora* Loisel.）等。

（一）引种历史

互花米草是多年生直立草本植物，原产于英国南部海岸，是欧洲海岸米草和美洲米草的天然杂交种。具有耐盐、耐渍、生长繁殖快、生态幅度宽等特点，在促淤、护堤、保岸等方面有作用。1963 南京大学仲崇信教授率先从荷兰引种大米草在江苏省海涂试种并获成功，1964 年引种于浙江沿海各县，后在山东试种并逐渐在沿海省市推广繁殖并取得成功。互花米草于

1979 年被再次引入中国，旨在弥补先前引进的大米草植株较矮、产量低、不便收割等缺点。1980 年试种成功，随之广泛推广到广东、福建等沿海滩涂种植。

（二）生物学特性

1. 生长习性

米草是多年生草本，地下部分通常由短而细的须根和长而粗的地下茎（根状茎）组成。根系发达，常密布于地下 30 cm 深的土层内，有时可深达 50～100 cm。植株茎秆坚韧、直立，高可达 1～3 m，直径在 1 cm 以上。茎节具叶鞘，叶腋有腋芽。叶互生，呈长披针形，长可达 90 cm，宽 1.5～2 cm，表皮细胞具有大量乳状突起，使水分不易透入；叶背面有盐腺，根吸收的盐分大都由盐腺排出体外，因而叶表面往往有白色粉状的盐霜出现。它的基部芽可萌发新蘖和生出地下茎，在土层中横向生长，然后弯曲向上生长，形成新株。圆锥花序长 20～45 cm，具 10～20 个穗形总状花序，有 16～24 个小穗，小穗侧扁，长约 1 cm；两性花，5—11 月陆续开花，种子通常 8—12 月成熟，结实率低。成熟种子易脱落，无休眠期，可随潮水漂流扩散至远近各处。互花米草具有极高的繁殖系数，互花米草穗粒数最多可达 665 粒，每平方米互花米草可结种子几百万粒。种子秋末成熟脱落后保持休眠状态至翌年春天，而且成熟的种子能随风浪、海潮四处漂流，遇合适的海滩位置和较好的立地条件就能自行萌芽。除有性繁殖外，互花米草还可利用根状茎扩散来扩大种群。

2. 生态效益的利与弊

米草是优良的海滨先锋植物，耐淹、耐盐、耐淤，在海滩上形成稠密的群落，有较好的促淤、消浪、保滩、护堤等作用。具有生长繁殖快、生态幅度宽等特点，在促淤、护堤、保岸等方面有较大作用。秆叶可饲养牲畜，做绿肥、燃料或造纸原料等。大米草的繁殖能力极强，草籽随潮漂流，见土扎根，根系又极其发达，每年以五六倍的速度自然繁殖扩散。互花米草对气候、环境的适应性和耐受能力很强，从亚热带到温带均有广泛分布，对基质条件也无特殊要求，在黏土、壤土和粉砂土中都能生长，并以河口地区的淤泥质海滩上生长最好。互花米草可以消化污染，能够很好地改善滩涂生态环境，还能保港减淤，并改善挡潮闸下游港道排水。其高度发达的通气组织可为地下部分输送氧气以缓解水淹所导致的缺氧，而且这种作用存在群体效应，每天二潮及每潮浸淹时间 6 h 以内的条件下仍能正常生长。互花米草通常生长在河口、海湾等沿海滩涂的潮间带及受潮汐影响的河滩上，并形成密集的单物种群落。互花米草的适生纬度跨度相当大，记录到的最低纬度为赤道附近的巴西亚马孙河口，最高分布纬度为英国北部的 Udale 海湾。同时，互花米草是一种典型的盐生植物，从淡水到海水具有广适盐性，适盐范围是 0～3%。为沿海地区积蓄后备土地资源，我国于 1963 年从荷兰、英国引种大米草，旨在利用它"保滩护堤、保淤造陆"的两大功效，当时大米草的身份是"一种有开发价值的经济盐生草种"。但种植证明，它在发挥上述功效的同时，也破坏了近海生物栖息环境，堵塞航道，影响海水交换能力，导致水质下降并诱发赤潮。大米草疯长，不但侵占沿海滩涂植物的生长空间，致使大片红树林消亡，而且导致贝类、蟹类、藻类、鱼类等多种生物窒息死亡，并与海带、紫菜等争夺营养，水产养殖受到毁灭性打击。快速生长的米草堵塞航道，也影响船只出港，造成了严重的生态灾难。目前大米草已经传播到我国南北 100 多个县市的沿海滩涂，海岸生态安全正遭受严重威胁。大米草在滩涂的疯狂生长，致使其中的鱼类、蟹类、贝类、藻类等大量生物丧失生长繁殖场所，导致沿海水产资源锐减。同时，由于一年一度大量根系生理性枯烂和大量种子枯死于海水中，致使滩泥受到污染，海水水质变劣，助发赤潮而成为害草。

互花米草被列入世界最危险的 100 种有害物种名单。互花米草变成害草，主要表现在：

（1）破坏近海生物栖息环境，影响滩涂养殖（图 7-6）。

（2）堵塞航道，影响船只出港。

（3）影响海水交换能力，导致水质下降，并诱发赤潮。

（4）威胁本土海岸生态系统，致使大片红树林消失。

图 7-6　沿海滩涂上的大米草　彩

（三）防治方法

其防治方法，一是人工及机械清除，但效率很低。二是施用除草剂，通常只能清除地表以上部分，更易造成农药污染的恶果。目前最好的办法是除草还林，种植红树林既能防止大米草"死灰复燃"，又能促进海洋环境的改善。由于红树林区内潮沟发达，吸引深水区的动物来到红树林区内觅食栖息，生产繁殖，且红树林拥有丰富的鸟类食物资源，红树林区也被称为候鸟的越冬场。"让生态修复、滩涂得以改善，海洋贝类生物量明显增长，贝、蛤、螺、蛏、鱼、虾、蟹也多了，滩涂的生态才能恢复。"

（四）教训：引进任何外来物种都必须经过严格的风险分析和多方专家论证

1963 年，为了增加生物资源来改变沿海滩涂，有人提出引进大米草，因为它是"一种有开发价值的经济盐生草种"，但是对于引进大米草的生物学特性及其生态学效果并不了解，也没有进行风险评估，引进后没有继续跟踪调查研究，从最初看到一些表象改变就认为有效益，到 1979 年又再次引进繁殖更快的互花米草，导致成为今日沿海滩涂生态环境的害草，成为外来的"有害物种"，所以当年引进是不合适的。

思考题

1. 是否所有的外来植物都要检疫？为什么？

2. 杂草与害草有何区别？

3. 你认为哪些植物不需检疫？哪些植物必须检疫？为什么？

4. 你认为我国引进互花米草存在什么问题？

5. 请分别解释外来有害生物、检疫性杂草的含义。

6. 你认为我国水葫芦成灾的原因是什么？

7. 为什么要将加拿大一枝黄花列入检疫性植物？

数字课程学习

📥 教学课件　　　✍ 自测题　　　🖼 彩图

第八章

植物检疫处理

检疫处理是植物检疫工作的重要环节。经现场检疫、实验室检验合格的植物、植物产品和其他应检物，检疫机构将签署有关单证予以出证放行。经检疫不合格的植物、植物产品或其他应检物，植物检疫机关依法对其采取强制性处理措施。

有效的检疫处理措施既可以使农业生产免受各种外来有害生物的侵害，超前预警和及时扑杀防控，大大减少和降低生物灾害的发生，也为农业生产安全提供强有力的技术保障，提高农产品的质量，保证国内外农产品贸易的正常进行，因而是一项积极的防疫措施。

对检疫不合格的植物和植物产品依法实施检疫处理，也是世界各国公认的一项国际规则。如果在进境货物中发现有检疫性有害生物存在，按照 ISPM 28《限定有害生物的植物检疫处理》，"缔约方有权按照国际协定来管理植物、植物产品和其他限定物的进入，为此目的，它们可以对植物、植物产品及其他限定物的输入采取植物检疫措施，如检验、禁止输入和处理"。处理包括但不限于机械、化学、辐射、物理（热、冷）和受控环境的处理。

检疫处理往往还作为进境的限制条件，有时成为一种技术性贸易措施，直接影响外贸能否顺利进行。当运输的物品有可能传播有害生物时，许多国家的法规把对一些产品的强制处理作为是否允许进口的一个条件，例如，所有的木质包装都必须经过加热或熏蒸处理才能放行。

植物检疫的质量和效能直接关系到出入境检疫把关的有效性，关系到国内农林业生产的安全、生态环境安全和国内外贸易的健康发展。

第一节　检疫处理原则

检疫处理是旨在杀灭、灭活或消除有害生物，或使有害生物不育或丧失活力的官方程序。处理的目的是防止有害生物的传入传出、定殖或扩散，或对这些有害生物实施官方控制。

　　检疫处理有广义和狭义两种概念。广义的检疫处理是指对发现检疫不合格的应检物实施的一切处理方式，包括禁止入境、除害、转港、退回、销毁、限制使用、改变用途等措施。狭义的检疫处理仅指检疫除害处理，即依照法律法规，通过采用化学、物理、生物技术或方法，遵循相关技术标准，对带疫情货物进行杀灭或阻断的官方控制措施。一般情况下，在检疫工作程序中，检疫处理是广义概念；在具体的检疫处理时，检疫处理是狭义概念，即检疫除害处理。

　　在应检物中发现一般的有害生物并无必要去处理，只有发现检疫法规定的检疫性有害生物或经过风险分析确认是危险性大、关系到国家农林业生产安全或社会生态安全的危险性生物种类时才有必要。许多国家的法规对一些产品的强制处理作为是否允许进口的一个条件，例如，所有的木质包装都必须经过加热或化学杀虫处理，因为在这些产品中有时很难查出是否带有一些危险性有害生物，或者这种物品在产地国家或地区可能是一种特定有害生物的寄主。对于极易遭受侵袭的物品，为了避免在目的地进行详细而费时的检查，作为预防性处理可规定某物品不应携带有危险性有害生物作为进口的一个条件，或直接进行产地检疫或产地预检来处理。

一、检疫处理措施

　　植物检疫处理有两个基本特性，一是强制性，二是技术性。强制性是指检疫人员检测到检疫性有害生物以后，采取的处理措施是强制性的官方行动。技术性是指检疫处理的方法首选ISPM 推荐的方法，要确保除害灭杀的效果，其次要保证货物的安全。为防止检疫性有害生物随着国际国内贸易的活动而让危险性有害生物传播扩散，政府根据生物安全法和植物检疫法授予检疫官员对所调运的植物和植物产品以及附属限定物实施检验检疫，在必要时采取除害处理的权力，授予检疫官员对疫区采取封锁、除害等应急处理的权力。

　　检疫处理的措施大体上有 4 项，即退回、销毁、无害化处理和除害处理。

　　（1）退回　将货主不愿意销毁的检疫物退回原址，不准进境或不准出境。

　　（2）销毁　即用焚烧、深埋和其他方法消灭带有有害生物的检疫物。

　　（3）无害化处理　如异地卸货、异地加工、改变用途等。

　　（4）除害处理　即通过物理、化学和其他方法杀灭有害生物的处理方式，包括熏蒸、辐射、消毒和控温处理等。

　　1. 退回或销毁处理

　　我国植物检疫法规规定，有下列情况之一的，做退回或销毁处理：①事先并未办理检疫许可审批手续的、输入的植物、植物产品中带有危险性有害生物的；②输入植物、植物产品及应检物中经检验发现有《中华人民共和国进境植物检疫性有害生物名录》中所规定的限定的有害生物，且无有效除害处理方法的；③经检验发现植物种子、种苗等繁殖材料感染有限定的非检疫性有害生物，且无有效除害处理方法的；④输入植物、植物产品经检疫发现有害生物，危害严重并已失去使用价值的。

　　2. 禁止出口处理

　　我国植物检疫法规规定，有下列情况之一的，做禁止出口或调运处理：①输出的植物、植物产品经检验发现有入境国检疫要求中所规定不能带有的有害生物，并无有效除害处理方法的；②输出植物、植物产品经检验发现病虫危害严重，并已失去使用价值的。

3. 改变用途

如果调运的植物种子样品中发现或检出有限定的非检疫性有害生物，或非检疫性有害生物较多，已不适宜再做繁殖用的，就应建议改变用途，如改做工业商业原料或饲料。

4. 除害处理

在检疫查验中，一旦发现疫情需做检疫处理的要立即发出货物不合格通知，让货主知晓，同时签发处理通知单，进行检疫处理。

植物检疫处理应达到下述要求：能够有效地杀灭、灭活和消除有害生物，使有害生物丧失繁育能力或者丧失活力。保持植物种苗的活性活力，保持植物产品（水果、蔬菜）的风味和品质，但没有植物性毒素或其他不利影响，并有检验报告。

二、检疫处理原则

检疫除害处理是指为防止植物有害生物或外来物种传播扩散，利用物理、化学方法，对有疫情的货物、交通工具、集装箱或其他检疫对象采取的消杀除害的措施。检疫除害处理是植物检疫处理的主体，也是植物检疫中应用最为广泛的处理措施。

经现场检疫或实验室检验发现有限定的有害生物存在，或存在量超过国家规定的风险允许量，可立即签发植物检疫处理通知单通知用户，决定是否进行检疫处理或进行何种类型的检疫行动，检疫处理由官方根据检验结果确认，并同用户商量决定处理方法，检疫处理的费用由货主承担。

对应检物进行检查时，如发现有检疫性有害生物存在，则必须做检疫除害处理。为保证除害处理达到预期目的，实施除害处理应遵循一些基本原则：

（1）除害处理的合法性与强制性　除害处理的措施必须符合国际、国家检疫法规的有关规定，有充分的法律依据，并为贸易双方所接受。除害处理的措施必然是强制性的，由输入方强制执行。

（2）除害处理的有效性　除害处理的方法必须完全有效，能彻底消灭病虫，或完全杜绝有害生物的定殖、传播、扩散。

（3）除害处理的安全性　除害处理措施必须是安全的，处理方法应在保证杀灭病虫的前提下尽量保证植物和植物繁殖材料的存活能力和繁殖能力，尽量不降低植物产品的品质、风味、营养价值，不污损其外观等。应设法使处理所造成的损失降低到最小。处理方法应当安全可靠，保证在特定货物中无残毒，也不污染环境。

（4）除害处理的环保性　除害处理措施应当符合环保标准、食品卫生标准、农药管理标准、商品检验以及其他行政管理部门的标准，应征得有关部门的认可并符合各项管理办法、规定和标准。除害处理后的废弃物排放处置要符合标准与要求。

三、除害处理的方法

除害处理是指采用物理、化学或生物方法杀灭货物或容器中的有害生物，检疫除害处理的方法很多，不同的除害方法具有各自的优缺点，需要根据不同的被处理物和处理要求来选择适合的处理手段。除害处理常用的方法有物理除害和化学除害两大类，目前在除害处理中采用的技术手段有熏蒸、辐射、冷热处理、窑内烘干、微波处理等。其中，化学方法是目前应用最为广泛的处理方法之一。IPPC 已经公布了 4 个标准：ISPM 18《辐射用作植物检疫措施的准则》、ISPM 28《限定有害生物的植物检疫处理》（内含 32 个处理方法的附件）、ISPM 42《使用温控处理作为植物检疫措施的要求》、ISPM 43《使用熏蒸处理作为植物检疫措施的要求》。不同的除害方法具有各自的优缺点，需要根据不同的被处理物和处理要求来选择适合的处理手段，有时把化学方法与物理方法结合，以便提高灭杀、灭活或不育效果，如气调与熏蒸相结合等。

四、检疫除害处理的主要风险

除害处理的目的是彻底杀灭在调运物品中带有的危险性有害生物，使得处理后的物品能够安全地调运。当运输的物品有可能传播有害生物时，检疫法规可能要求将除害处理作为输入的一个条件。尽管各国或各地检疫机关认为它们采用的处理是有效的，但由于条件的变化，不可能经常获得满意的效果。降低处理效果的因素包括有害生物对药剂的抗性、不利的处理条件和错误的处理方法。除害处理效果的降低可导致有害生物生存下来，处理失败几乎总是由疏忽或采用不正确的方法。

在检疫处理过程中，各种环境条件、有害生物状态、被处理货物的种类及状态、检疫处理设施设备的状况、操作人员的技术水平及监督管理技术水平等，都有可能导致有害生物杀灭失效、对植物及植物产品造成损失、对操作人员安全带来危险、对环境造成不利影响等。

1. 未达到除害效果

除害处理的根本目的是防止目标有害生物的传播扩散，因此，对目标有害生物的杀灭是核心目标。技术标准选择错误、环境条件不适当、设施设备失效、操作不规范等，都可能导致除害处理失效，不能达到最终彻底杀灭的效果。

2. 对货物造成损害

不同的检疫处理方法对不同的货物造成的影响是不相同的。在处理过程中，如果某种货物对于某些检疫处理的剂量或浓度的响应超过了货物的忍耐程度，就会对货物造成直接的损害。例如，不能用硫酰氟熏蒸活体植物、蔬菜、果实和块茎等；不能用溴甲烷熏蒸动物羽毛及其制品（如毛皮、毡、毛毯等）、硫含量高的纸张、橡胶制品、黄豆粉、面粉等。有的虽然可以使用，但对剂量和时间要求非常严格，例如，溴甲烷熏蒸大蒜，若剂量和时间控制不当，则很容易造成大蒜糖化现象；对水果的冷热处理，必须严格控制温湿度和处理时间，否则被处理水果极易受到损害等。

3. 影响人员生命安全

在实施除害处理过程中，由于处理设施残损或操作不当，容易出现熏蒸剂泄漏、操作人员受药剂污染、辐射、中毒等事故，对操作人员人身安全构成威胁，出现安全事故。有的药剂如溴甲烷等，通常情况下无色无味，如果不严格按照规程开展泄漏监测，容易造成人员中毒，极端情况下可能因熏蒸剂泄漏危及人员生命。磷化铝吸湿生成磷化氢的过程中，如果湿度过大，容易发生剧烈反应，当浓度（25℃）达 26 g/m³ 时，会引起燃烧或爆炸。

4. 对环境造成污染

除害处理的技术方法中，物理处理技术对环境的负面影响较小，对环境造成污染主要来自化学处理特别是熏蒸处理。在熏蒸处理过程中，绝大部分的熏蒸剂都未经回收或无害化处理而直接排放到大气中从而对环境造成污染。例如，溴甲烷对大气臭氧层具有较强的破坏作用，1992 年 11 月在哥本哈根召开的《关于消耗臭氧层物质的蒙特利尔议定书》第四次缔约方大会上，溴甲烷被正式列入受控物质名单，要求逐步淘汰。硫酰氟是一种温室气体，其温室效应比二氧化碳强 4 000 倍。在应用农药浸泡、喷雾时，农药一般都直接分布或排放于环境中，构成环境污染。

为了保护人类赖以生存的大气、水和土壤，必须规范操作，尽量采用安全有效的新技术、新方法，以降低熏蒸剂和其他化学药剂的使用和排放。

第二节　物理处理法

在植物保护中，物理处理的方法很多，常用的除风选、过筛、水浸、水漂洗和人工切除病部等机械处理外，还有低（高）温处理、电磁、辐射处理等，其中以加热处理为主。但在植物检疫处理中，以低温与加热处理为常用，近年来辐射和微波处理技术也越来越多。

热处理的目的和要求是消灭有害生物而不伤害寄主植物，处理的基本要素有温度、热传导率和持续时间。由于杀死害虫所需的温度与寄主可忍耐的温度之间的差异较小，处理一定要准确无误。这里介绍的物理处理原理和方法，主要来自国家进出境检疫部门网站，大多数内容属于官方推荐，可直接引用。

一、低温处理

低温处理可分为速冻处理和冷处理两种。

（一）速冻

速冻指在 −17℃ 或更低的温度下急速冰冻植物产品，是控制害虫的一种处理方法。这种方法对防治许多害虫都有效果，因此常常被用来处理由于害虫的原因而不能进口的植物产品，特别是用于处理某些水果和蔬菜。速冻处理的过程包括：在 −17℃ 或更低的温度下预冻，随后按规定在 −17℃ 或更低的温度下保持一定的时间，然后在不能高于 −6℃ 的温度下保藏。速冻处理需具备满足上述温度处理的冷冻仓和贮藏库，在冷冻仓内必须设置自动温度记录仪，记录速冻过程中温度的变化。

（二）冷处理

冷处理是指应用持续的不低于冰点的低温控制害虫的一种处理方法，即货物在 −2.2 ~ 0℃ 中处理 21 d，在国际贸易中广泛使用，效果很好。这种方法对处理携带实蝇的热带水果特别有效，并已在实践中应用。处理的时间常取决于冷藏的温度。冷处理通常是在冷藏库（包括陆地冷藏库和船舱冷藏库）内进行。近年来提出的在 3℃ 下长时间冷处理，也逐步得到广泛认可。

冷处理的要求包括严格控制处理的温度和处理的时间，这是冷处理有效性的根本保证。冷处理包括：

（1）冷藏库处理 陆地冷藏库和船舱冷藏库必须符合如下条件：制冷设备能力应符合处理温度的稳定性；冷藏库应配备足够数量的温度传感器，每 300 m³ 的堆垛应配备 3 个传感器，一个用于检测空气温度，两个用于监测堆垛内水果或蔬菜的温度；使用的自动温度记录仪应精密准确，需获得检疫官员认可；冷藏库内应有空气循环系统，使库内各部温度一致。

（2）集装箱冷处理 具备制冷设备并能自动控制箱内温度的集装箱，可以在运载过程对某些检疫物进行冷处理。为保证监测处理的有效性，在进行低温处理时，于水果或蔬菜间放置自动温度记录仪，记录运输期间集装箱内水果或蔬菜的温度动态，一个 12.2 m³ 集装箱放置 3 个自动温度记录仪。集装箱运抵口岸时，由检疫官员开启自动温度记录仪的铅封，检查处理时间和处理温度是否符合规定的要求。

蔬菜、水果等大多适于冷库贮藏，冷库的温度和贮存时间则视目的而变。一般以保鲜为目的的冷贮不能杀死害虫，以杀灭害虫为目的的冷贮则有特定的要求。害虫、线虫和动物的活动受制于温度。在正常温度下，随着温度下降，活动能力也相应减低，并逐渐进入冷昏迷状态，代谢速度变慢，进而生理功能失调和新陈代谢遭到破坏。长期处于冷昏迷状态，在温度和时间的综合作用下，就会死亡。这是一种防治热带实蝇等害虫的有效处理方法，已用于处理来自许多国家的多种水果，处理时间由处理期间的最高温度决定。在处理时间要求较短的情况下，冷冻处理可结合溴甲烷熏蒸进行，这样可使冷冻时间缩短 4 ~ 11 d，经熏蒸后的水果在低温下保存可提高耐药性。部分国家对进口水果冷处理的要求参见表 8-1。

表 8-1 部分国家对进口水果冷处理的要求

国家	水果种类	冷处理要求
南非	柑橘	–0.6℃或以下，并连续处理 24 d 或以上
	葡萄	–0.5℃或以下持续 22 d 以上
阿根廷	葡萄柚 橙橘	2.3℃连续处理 19 d；2.2℃连续处理 21 d；1.1℃连续处理 15 d；1.67℃连续处理 17 d
秘鲁	柑橘	1.11℃或以下至少连续处理 15 d；1.67℃或以下至少连续处理 17 d
	葡萄	1.5℃或以下连续处理 19 d
巴基斯坦	柑橘	1.67℃或以下至少连续处理 17 d；2.2℃或以下至少连续处理 21 d
澳大利亚	柑橘	1℃或以下持续 16 d 以上；2.1℃或以下持续 21 d
西班牙	柑橘	1.1℃持续 15 d；1.7℃持续 17 d；2.1℃持续 21 d
埃及	柑橘	0℃或以下 10 d；0.55℃或以下 11 d；1.11℃或以下 12 d；1.66℃或以下 14 d
以色列	柑橘	1.1℃持续 15 d 以上；1.7℃持续 17 d 以上；2.1℃持续 21 d 以上

冷处理通常在冷藏库或冷藏室中进行。但我国北方（东北和西北等地）冬季的气温常在 –20℃以下，可以将粮食及植物产品放在自然条件下冷冻一段时间，同样可取得杀虫效果。一般情况下，在 –10 ~ –4℃条件下，经过 20 ~ 30 d 的冷冻，害虫均可冻死。处理时必须严格遵

循规定的温度和时限，这是处理成功所不可少的。在果实或植物产品上的病原菌，其活动与危害受温度的影响很大，为减少病菌活动所造成的损失，通常采取低温贮藏的方法。但低温通常不能杀死病菌，只能延迟发病。

绕实蝇、地中海实蝇等在 0℃ 及以下 10~13 d 即死亡，在蔬菜和水果中的实蝇幼虫，放在 2℃ 以下环境中经过 16~23 d 就全部冻死。梅干象在 0℃ 以下需 14 d 才可死亡；在 1.7~1.9℃ 的低温下处理 12 d，接入芦柑的柑橘小实蝇的死亡率达 100%；巴西豆象经 –22℃ 处理 2 h，各虫态的校正死亡率达 100%；谷象各虫态对低温的耐受力不同，以成虫最强（表 8-2）。

表 8-2　谷象各虫态的耐低温能力（致死时间）（徐国淦，1995）

温度 /℃	耐低温能力（致死时间）			
	成虫	卵	幼虫	蛹
5	152 d	32 d	138 d	147 d
0	67 d	19 d	29 d	47 d
–5	26 d	9 d	23 d	25 d
–10	14 d	2 d	6 d	6 d
–15	19 h	11 h	16 h	16 h

低温结合熏蒸处理，可提高杀虫效果。在低温下熏蒸也比较安全。低温处理前，通风解吸 2 h，熏蒸结束和低温开始，彼此间隔不超过 24 h。对于有些水果品种，熏蒸 3 h 会引起损害。

二、热处理

利用热力杀死有害生物的方法很多，常用的有干热处理、蒸汽热处理、热水处理和电磁波加热处理等。热处理也常用来处理木质包装材料，2002 年 IPPC 颁布了 ISPM 15《国际贸易中木质包装材料的管理准则》，要求木质材料内部的处理温度不低于 56℃，时间不少于 30 min。窑内烘干法、加压化学浸渍法或其他方法可能被认为是达到了热处理的标准。例如，加压化学浸渍法通过使用蒸汽、热水、干热来达到热处理的标准。

热处理在进口原木的处理上也常用到，可采用蒸汽、热水、干燥、微波等方式。处理时原木的中心温度至少要达到 71.1℃ 并保持 75 min 以上。

（一）干热处理

干热处理一般在烤炉或烤箱里进行，将被处理的物品置于 100℃ 下 1 h。这种方法的关键是使受处理的材料内部达到特定的温度，并保持到需要的处理时间。当被处理物内部温度达到处理温度时，开始计算处理时间。干热处理主要用于处理蔬菜种子，对多种种传病毒、细菌和真菌都有除害效果，但处理不当可能降低种子萌发率。不同作物的种子耐热性有明显差异，耐热性强的有番茄、辣椒、茄子、黄瓜、西瓜、甘蓝等，耐热性较弱的有菜豆、花生、蚕豆和大豆等。

干热处理还用于处理原粮、饲料、面粉、包装袋、干花、草制品和土壤等，以杀死害虫、病菌以及其他有害生物。譬如，巴西豆象经 55℃ 处理 1 h，或 60℃ 处理 0.5 h，各虫态的校正死亡率达 100%。郑保有等（2000）试验表明，50℃ 处理 24 h 或 60℃ 处理 12 h，虫木内的松墨天牛幼虫全部被杀死。干热处理的应用有其局限性，它可以杀死引起植物病害的病原生物，但受害植物材料要能承受较高温度的处理。干热处理还没有成功用于鲜活的植物材料，因为由于水分的损耗可使其受到损害。但甘薯是例外，据报道，将甘薯加热到 39.4℃ 维持 30 h，对于清除根结线虫是一个成功的方法。

（二）蒸汽热处理

蒸汽热处理主要用于控制水果中的实蝇，它是利用热饱和水蒸气使农产品的温度提高到规定的要求，并在规定的时间内使温度维持在稳定状态，通过水蒸气冷凝作用释放出来的潜热，均匀而迅速地使被处理的水果升温，使可能存在于果实内的实蝇死亡。

水果蒸汽热处理设施包括 3 个部分：产品处理前的分级、清洁、整理车间；产品蒸汽热处理室；产品热处理后的降温、去湿、包装车间，这个车间应有防止产品再次遭到感染的设施。蒸汽热处理的主要设施包括：①热饱和蒸汽发生装置，按规定自动控制输出的蒸汽温度，蒸汽的输出量应能使室内的水果在规定的时间内达到规定的温度；②蒸汽分配管和气体循环风扇，蒸汽分配管将蒸汽均匀分配到室内任何一个果品的货位，循环风扇使热量均匀地被每个水果吸收；③温度监测系统，包括多个温度传感器，它们均匀分布在室内空间各个点，传感器的探头插入水果的内部，通过温度显示仪，可以了解处理过程中各点水果果肉的温度动态。根据货物和害虫种类来决定温度和处理时间，一般经 6~8 h，处理物品的温度借饱和水蒸气升高到 44.2~44.4℃ 并保持 6~8 h。蒸汽热处理后立即冷却，并将空气干燥。44.3℃ 饱和蒸汽处理 6 h 可杀灭葡萄柚、柑橘、红橘和芒果内的墨西哥实蝇；44.4℃ 饱和蒸汽处理 8 h 45 min 能杀灭地中海实蝇、柑橘小实蝇和瓜实蝇。45~46℃ 饱和蒸汽处理 3~5 h 可杀死网纹甜瓜中的瓜实蝇。48℃ 饱和蒸汽处理 90 min，再在 48℃、相对湿度 95% 条件下保持 15 min，可杀死芒果中的地中海实蝇。对于番木瓜中的橘小实蝇，在相对湿度 80% 下在 3 h 内将室温升至 47℃ 处理 70 min，再自然降温，可全部杀死。

蒸汽灭菌是利用热和湿的综合作用实现的。100℃ 蒸汽处理下可杀死害虫和大多数病菌。115.5~120℃、0.7~1 kg/cm² 蒸汽压的饱和蒸汽，在短时间内能杀死最有抗性的孢子，处理时间的长短应根据物质的种类、数量和穿透情况不同而定。彭金火等研究发现，85℃、相对湿度 80% 条件下处理 5~6 min 能比较可靠地杀死疫麦中的小麦印度腥黑穗病菌。

（三）热水处理

热水处理能够除治各种有害生物，主要针对线虫和病菌以及某些螨类和昆虫。此方法主要用于处理球茎上的线虫、其他有害生物以及种传病害。处理采用的温度与时间的组合必须既要杀死病原生物和害虫，又不超出处理材料的忍受范围。当温度接近有害生物致死点与寄主受损开始点之间时，必须控制水温。在大部分情况下，需留有使所有材料升至处理温度的时间，并确保每一植物材料内部达到所要求的温度。采用热水浸泡处理巴西豆象（50℃ 处理 1 h 或 52℃ 处理 30 min），各虫态的校正死亡率均达 100%。植物病虫用热水处理的时间和温度见表 8-3。

有些处理明细表要求在水浴器内另加杀菌剂或湿润剂。在鳞茎的热水处理中，甲醛作为一种杀菌剂使用［40% 甲醛：水（体积比）=1：200］。使用甲醛还有一个好处，即它可作为杀

表 8-3 不同植物病虫用热水处理的时间和温度

植物材料	有害生物	处理温度和时间
水稻（种子）	条斑病细菌	55℃，3 min
	茎线虫	58℃，10 min
	干尖线虫	53℃，15 min
小麦（种子）	散黑穗病菌	51～53℃，15 min
	粒瘿线虫	44～46℃，180 min
十字花科蔬菜（种子）	黑腐病菌	52℃，10 min；
番茄	溃疡病菌	53～54℃，5 min
葱属	起绒草茎线虫	45℃，240 min
报春属	根结线虫	47.3℃，30 min
葡萄属	根结线虫	48℃，25 min
柑橘属	相似穿孔线虫	50℃，10 min
花卉球茎	相似穿孔线虫	44℃，240 min
百合属	草莓滑刃线虫	39℃，120 min
水稻（种子）	稻滑刃线虫	53℃，5 min
马铃薯	马铃薯金线虫	55℃，5 min
草莓属	滑刃线虫	50℃，7 min
郁金香属	马铃薯茎线虫	43.5℃，4 min
甘薯	根结线虫	51℃，30 min
球茎	根蛆、根螨	46℃，25 min

线虫剂杀死游离在水槽中的自由线虫。处理结束后，立即将处理材料从容器中取出，使其排水冷却、干燥。鳞茎和其他植物材料在处理后应立即移出容器然后摊成单层进行冷却、干燥。植物材料在处理后如不迅速冷却，会受到有害影响，尤其是葡萄插条。但干燥时间不能延长。处理后的植物材料常施一些杀菌剂，方法是在滴干水后施用药液，或者在干燥后施用药粉。

为了防止真菌和细菌的传播，荷兰学者建议在热水处理期间或处理后使用一些杀菌剂，如苯并咪唑类杀菌剂、多菌灵、噻菌灵、敌菌特、甲醛、三氯苯酚、代森锌或代森锰。

用热水处理种子，即温汤浸种是铲除种子内部病菌的主要方法。我国在清朝乾隆年间已广泛使用热水处理棉花种子。温汤浸种的程序是选种、预浸、预热、浸种和冷却干燥。它能防治小麦种子内部的黑穗病，水稻的干尖线虫，棉花的炭疽病、立枯病及甘薯黑斑病等。

（四）电磁波加热处理

电磁波加热处理又称介电加热处理，是将货物置于通过极性分子的分子偶极旋转而引起加热的高频电磁波中以提高其温度。电磁波加热可通过应用一定频率范围的电磁射线来提供，包括微波、电磁波。

电磁波防治害虫的研究始于 20 世纪初，主要用微波加热灭虫。微波加热属于电磁场加热，加热对象都是电解质。粮食、食品、植物与昆虫均是含水的介质，当它们同处于电场中时，都因本身的上述分子运动而迅速自身加热。昆虫的内容物可因迅速加热和剧烈振荡而破坏，最后导致死亡。植物、种子和食品也会因过热导致死亡或质量的变化。微波加热的主要优点是升温快，介质内部的温度往往较外表高，不像一般热处理，温度由外及里需时长；处理后的介质无残毒问题。主要缺点是介质的内容物的组成不一样和磁场不均匀，导致介质的升温不均匀。

当前市场上供应的微波炉（家庭用），可用于植物检疫中少量农副产品的处理。张从仲等用 1.5 kW 微波炉处理 0.75 ~ 1 kg 粮食，约需 1 min。粮食各部位最低点温度达 65℃，对谷斑皮蠹和四纹豆象等检疫对象及其他仓库害虫均获得了 100% 的杀灭效果。如果处理量增加，可相应延长处理时间。当输出功率和时间的乘积（WT 值）为 2 100 左右，处理的粮温在 62.6 ~ 65℃时，杀灭效果为 100%。

微波对作物种子发芽的影响，因种子不同而异。60 ~ 65℃对小麦、水稻和绿豆等影响不大，对花生影响稍大些。70℃以上对种子则有明显的影响。微波处理快速、安全、效果可靠，处理费用较低，尤适于旅检、邮检部门处理旅客携带或邮寄的少量非种用材料。

三、^{60}Co-γ 射线辐射灭虫

电离辐射防治害虫的研究工作已有半个多世纪的历史。辐射处理具有安全、快速、不污染环境的优点，ISPM 18《辐射用作植物检疫措施的准则》的公布使禁用溴甲烷面临的挑战有了良好的发展机遇。辐射处理最多的是针对水果中的实蝇，还较少应用在一般钻蛀类害虫的研究。在美国、加拿大、荷兰、土耳其等国的辐射杀灭贮粮害虫的研究进展很快，有的结合红外线或低剂量农药进行综合防治。谷物受规定剂量 ^{60}Co-γ 射线照射处理后，能使其中的仓虫死亡或后代不孕。ISPM 28《限定有害生物的植物检疫处理》说明植物检疫处理能够杀灭、灭活或消除有害生物的效率，使有害生物丧失繁殖能力或丧失活力提供一个手段，主要同国际贸易相关。说明每项处理的效率水平、特异性和适用性。国家植物保护机构可采用这些标准选择适合相关条件的处理或处理组合。因此，辐射用于处理谷物及其他农副产品，在严格控制允许剂量的情况下，是一种最受欢迎、最有前途的防虫技术措施。FAO 推荐使用的辐射剂量处理多种害虫的标准可供各地参考（表 8-4）。

表 8-4　辐射处理害虫的剂量标准（FAO，2003）

害虫种类	虫态及反应	处理剂量 /Gy
蚜虫、粉虱	成虫不育	50 ~ 100
种子内象虫	成虫不育	70 ~ 300
甲虫类	成虫不育	50 ~ 150
象虫类	成虫不育	80 ~ 200
实蝇	3 龄幼虫失活	50 ~ 250
钻蛀性害虫	幼虫失活	100 ~ 280
叶螨	成螨不育	200 ~ 350
粉蚧	成虫不育	231 ~ 350
仓贮害虫（甲虫）	成虫不育、幼虫	50 ~ 400
线虫	所有虫态不育	~ 4 000

需要特别注意的是，辐射处理的目标是使害虫灭活而不是致死，所以剂量较低。经过辐射处理后的害虫，大多数并未死亡，而是失去活力或不能再进一步生长发育、不能羽化或不能产卵等。

我国辐射防治仓虫的研究工作始于 20 世纪 50 年代。1962 年我国用 $^{60}Co-\gamma$ 射线 126 Gy 左右即可在 12~25 d 内使玉米象死亡，67.2 Gy 即可使玉米象不孕。照射后，玉米象的食量比正常的低 4~9 倍，甚至完全不取食，粮食品质不受影响。

国内用钴射线辐射谷斑皮蠹的试验表明，照射量为 103.2 C/kg 时，幼虫、蛹和成虫在 2~4 d 内全部死亡；51.6~77.4 C/kg 时，成虫和蛹在 3~5 d 内全部死亡；51.6~92.8 C/kg 时幼虫在 7~15 d 内全部死亡；12.9~25.8 C/kg 时，幼虫在 53 d 之内全部死亡。129 C/kg 辐照后的幼虫、蛹和成虫从钴源室拿出后立即检查，显示全部死亡。辐射不仅能致使仓虫死亡或后代不孕，而且能够灭菌。上海市植保植检站用钴射线辐射带有玉米枯萎病菌的玉米籽粒，也取得了良好的杀菌效果。当辐射线剂量为 1 250 Gy 以下时，仍有细菌存活；当辐射剂量为 1 300 Gy 时，所有细菌都不能存活。彭金火用 4 000 Gy 照射小麦矮腥黑穗病菌冬孢子也有较好的灭活效应。

辐射处理在水果除害处理中的应用始于 20 世纪 30 年代，1930 年，Koidsumis 首先提出利用辐射对水果做检疫处理。目前，辐射处理对鳞翅目、双翅目和蜱螨亚纲的应用研究较为广泛和深入。我国辐射处理在水果检疫处理方面始于 20 世纪 80 年代，也取得了一定的成绩。1998 年，我国开展了进口水果辐射检疫处理的研究，以 300 Gy 剂量辐射进口的菲律宾芒果，柑橘小实蝇和芒果实蝇幼虫的死亡率、蛹的不羽化率均达到死亡概率值为 9 的水平。1999 年，高美须等在柑橘大实蝇、柑橘小实蝇和栗象辐射处理上取得了成功。辐射处理作为新鲜水果的检疫处理方法，其有效性已被北美植物保护组织承认，该组织分别于 1992 年、1994 年和 1997 年制定了辐射用于检疫处理的有关条款和技术标准。随着研究的深入、法律上的承认以及其对环境卫生无不良影响的特点，加之溴甲烷逐渐被淘汰，辐射处理在检疫上的应用前景广阔。

四、气调处理

气调处理就是通过调节处理容器中的气体成分，创造不利于有害生物生存的气体环境，从而达到检疫处理的目的。气调处理在农产品贮藏保鲜方面的应用历史悠久，在控制贮藏害虫方面也有一些研究，作为除灭害虫害螨的检疫处理的一种措施已引起人们的兴趣。

气调中所涉及的气体主要是二氧化碳、氧气及氮气，而氮气的作用是控制氧气的含量。一定比例的二氧化碳对目标害虫有致死作用，但当二氧化碳含量超过一定比例时，对所处理的农产品有负面影响，不同目标害虫及处理不同农产品所需的二氧化碳含量不同。

用二氧化碳含量大于 45% 的气调对葡萄上荷兰石竹小卷蛾、苜蓿蓟马和太平洋叶螨 3 种检疫性害虫进行处理，取得了很好的杀虫效果，但当二氧化碳的含量超过 55% 时，处理的葡萄品质将受影响。新西兰应用气调技术对检疫性害虫进行防除，其防治的对象有卷蛾类、苹淡褐卷蛾、苹果蠹蛾等。实蝇类是世界水果的重要检疫性害虫，应用气调的方法对实蝇的防除是可能的，纯氮气与不同浓度的二氧化碳的混合气体，可杀死加勒比实蝇的卵和幼虫；将苹果实蝇的卵和幼虫置于含氮量 100%、20℃ 的气体条件下贮藏 7~8 d，其死亡率可达到 100%。低含氧量与高含量的二氧化碳一样对目标害虫有致死作用。然而，对多数贮藏害虫，氧的含量必须低于2%才可以达到致死水平，而低氧又会影响品质。因此，高含量二氧化碳条件下的气调更容易满足实验和应用的要求。

温度、相对湿度、目标害虫和农产品都会影响气调杀虫效果。温度一直被认为是影响气调的一个重要因素，随温度的变化气调杀虫效果经历两个阶段：先是随温度的降低，气调杀虫效果下降，而当温度接近0℃时，气调效果又增加。相对湿度与害虫的存活关系密切，低湿度的环境会导致害虫水分散失，但同时又会使新鲜果蔬水分散失从而影响其品质，通常都要求在高的相对湿度（90%~95%）中进行气调处理。不同的目标害虫对气调处理的因子的反应不同，这主要与害虫的生物学特性有关，在实际应用中，应针对耐力最强的虫态设计气调方法。另外，不同的农产品对气体的忍受程度各异，因此，要根据不同类型的商品货物来设计气调，如梁广勤等结合应用气调和低温综合处理技术对荔枝果实的保鲜研究，应用氧含量为1%~5%、二氧化碳含量为5%~6%的气体，在2℃下低温处理13 d，可完全杀死人工接种在荔枝鲜果中的柑橘小实蝇卵及幼虫，且不影响荔枝鲜果的品质，这项"绿色"杀虫保鲜技术在中国荔枝出口美国和加拿大市场中得到应用。

气调检疫处理对人及动物等非目标生物无毒害，对处理的商品货物无残留，且不会污染环境，符合环保要求，在检疫处理中具有一定的应用前景。

第三节　化学处理法

化学处理法是检疫除害处理中最常用的方法，主要有熏蒸、农药处理以及运输工具的化学除害处理等，而熏蒸又是化学除害处理法中最常用的处理方法。

一、熏蒸

熏蒸技术是20世纪最普遍使用的化学除害方法，具有操作简单、适用面广、经济高效等特点，广泛应用于木材、粮食、水果、种子、苗木、花卉、药材、土壤、文物、资料、标本上各类害虫、真菌、线虫、螨类及软体动物的除害处理。熏蒸技术被广泛地应用于植物检疫中各种病虫的处理，也常用于防治仓贮害虫、原木上的蛀干害虫，以及文史档案、工艺美术品和土壤中的病虫防治，还是防治白蚁、蜗牛等的重要方法。目前植物检疫处理中广泛应用的熏蒸剂主要是溴甲烷、磷化铝和硫酰氟以及环氧乙烷。

（一）熏蒸原理

熏蒸技术是采用熏蒸剂在密闭的场合杀死害虫、病菌或其他有害生物的技术措施。熏蒸剂是以其气体分子起作用的，不包含呈液态或固态的颗粒悬浮在空气中的烟、雾或霾等气雾剂。熏蒸剂是指在所要求的温度和压力下能产生对有害生物致死的气体浓度的一种化学药剂。这种分子状态的气体能穿透到被熏蒸的物质中去，熏蒸后通风散气能扩散出去。熏蒸剂的蒸气主要通过昆虫的气门进入昆虫体内。某些熏蒸剂可能是通过昆虫节间膜渗透，但其重要性尚不清楚。Philips（1949）提出环氧乙烷灭菌的机制是环氧乙烷能与蛋白质上的羧基、氨基、巯基和羟基产生烷化作用，代替上述各基团上不稳定的氢原子，而构成一个带有羟乙基根的化合物，阻碍了蛋白质的正常化学反应和新陈代谢，从而达到杀死微生物的目的。

1. CT 值的定义

熏蒸是目前检疫处理中使用最广泛的方法，判断熏蒸处理效果的主要依据为 CT 值。常压下，在一定的温湿度条件下和一定的熏蒸剂气体浓度及熏蒸处理时间变化范围内，使得某种有害生物达到一定死亡率所需的浓度和时间的乘积是一个常数，即 $C \times T = K$，这里 C 指熏蒸剂气体浓度，T 指熏蒸时间，K 是一个常数。从 CT 值的定义可以看出，只要能满足一定的 CT 值要求，那么熏蒸杀虫效果就是一定的，而且熏蒸剂气体浓度和处理时间也可以根据实际情况在一定范围内进行调整。了解 CT 值中浓度和熏蒸时间之间的关系及 CT 值的含义，在熏蒸实践中具有十分重要的意义。因为使某一有害生物达到一定死亡率所需的 CT 值是一定的，所以用 CT 值来判断熏蒸效果是最科学的。

但 CT 值的这一定义和上述的关系表达式应该只是一种近似值，而真正具有普遍意义的关系式应是：$C_n \times T = K$，这里指数 n 可作为毒性指标，它是一个特殊值，代表了熏蒸剂与虫种，更确切地说包含了不同的发育阶段之间的毒性关系。熏蒸工作的重点在于知道使用熏蒸剂和害虫的 n 值。n 值越接近 1，说明浓度越重要；实际熏蒸中可以通过提高熏蒸浓度来缩短熏蒸时间。

2. CT 值的计算方法

只有达到或超过了所建议的 CT 值才能保证熏蒸的有效。CT 值的计算是用熏蒸剂浓度保持的时间（h）乘以所检测到的熏蒸剂的浓度（g/m^3），表示单位为 $g \cdot h/m^3$。如熏蒸环境内气体的浓度保持不变的话，CT 值只要用熏蒸时间乘以浓度就可以估算出来。然而，在实际的熏蒸中气体浓度总是随时间变化的。这样 CT 值就要从连续检测到的平均浓度乘以它们之间的间隔时间所得的各 CT 分值相加。总 CT 值的最精确的近似值是在一次熏蒸中进行大量的浓度检测中取得的。然而，实际工作中条件的限制常常制约可以进行检测的次数，浓度检测应在施药后约 2 h、4 h、12 h 和 24 h 后进行。如果采用 48 h 的熏蒸时间，则也应检测 36 h、48 h 后的结果。如果测定浓度的次数少于 2 次，则 CT 值就计算不出来。如果只能测出 2 次读数，则第一次读数必须在气体混合完成后测出，而第二次必须为一个可以用数量表示的浓度（即大于 0 或微量）。

用气密性不太好的帐幕进行熏蒸，气体的损失率很高，在这种情况下 CT 值的计算最好用几何平均方法。其方法是用 2 次先后检测到的气体浓度相乘（g/m^3）所得结果的平方根被 2 次读数的间隔时间乘，可以用下式表示：

$$CT_{n, n+1} = (T_{n+1} - T_n) \times \sqrt{C_n \times C_{n+1}}$$

式中，T_n 是第一次测定读数的时间（h）；T_{n+1} 是第二次测定读数的时间（h）；C_n 是 T_n 时的浓度读数（g/m^3）；C_{n+1} 是 T_{n+1} 时的浓度读数（g/m^3）；$CT_{n, n+1}$ 是 T_n 与 T_{n+1} 之间的 CT 值（$g \cdot h/m^3$）。

从一系列读数中所得的 CT 值相加可计算出熏蒸的累计 CT 值，并由其表示熏蒸的成败。在熏蒸过程中有可能要补充气体，以保持最低的气体有效浓度，这样就可取得由本法所确定的 CT 值。

（二）熏蒸容体

熏蒸必须在能保留住熏蒸剂并使处理期间毒气损失最少的容体中进行。固定式熏蒸室可达到相当的气密程度，最适用于植物检疫处理。帐幕和有些临时性容体在熏蒸期间可能会损失一些毒气，因而必须尽可能密封。损失熏蒸剂不仅会降低处理效果，而且可能发生中毒的危险。当容体中的货堆形状不规则时即可预料出现循环问题，特别是在帐幕熏蒸中尤为突出。

设计和建造熏蒸室必须要满足以下条件：①必须按规定保证一定的气密程度，并在每次使用中都应有良好密闭状态；②必须配备有效的气体循环和排放系统；③必须备有分散熏蒸剂的有效系统；④必须提供合适的固定装置，以便进行压力渗透检测和气体浓度取样；⑤应备有自动记录温度计；⑥为了保证熏蒸的有效性或避免农产品受害，应尽可能备有加热和制冷装置。因此，熏蒸室主要设备包括密闭结构、循环与排气系统、熏蒸剂的气化系统、压力渗漏检测及药剂取样设备；附属设备包括电力系统、气体输入系统、环流系统、排气系统、加热和制冷系统。

真空熏蒸是在减压条件下应用熏蒸剂的过程。它包括将物品放于熏蒸室内，抽掉大部分空气并用一小部分含有毒气的空气取代等过程。真空熏蒸与常压熏蒸相比，其主要优点是对被处理物品的渗透很快，从而使熏蒸时间大大缩短，效果提高。真空熏蒸只能在足以承受住减压影响的坚固气密室内进行。大部分要求将 660 mm 或 380 mm 的初始真空持续到结束。真空度降低至要求的水平以下是导致处理失败的原因。可用于真空处理的熏蒸剂只有有限的几种，植物检疫使用的包括环氧乙烷、氢氰酸、溴甲烷和丙烯腈。在真空条件下，无论以何种形式都不能使用磷化铝制剂。磷化铝在减压条件下不稳定，可能发生爆炸。

真空室不仅能用于真空处理，而且可用于常压熏蒸。

（三）熏蒸剂

经常使用的熏蒸剂有 10 多种，可以按其理化性质或使用类型分为不同类型。按物理性质分为：固态，如磷化铝、氰化钠、氰化钾；液态（常温下呈液态），如四氯化碳、二溴乙烷、氯化苦、二硫化碳等；气体（常温下呈气态），如硫酰氟、溴甲烷、环氧乙烷等，经压缩液化，贮存在耐压钢瓶内。按化学性质分为：卤代烃类，如溴甲烷、四氯化碳、二氯乙烷、二溴乙烷等；氰化物类，如氢氰酸、丙烯腈等；硝基化合物类，如氯化苦、硝基乙烷等；有机化合物类，如环氧乙烷、环氧丙烷等；硫化物类，如二硫化碳、二氧化硫等；磷化合物类，如磷化铝、磷化钙等；其他类，如甲酸甲酯、甲酸乙酯等；一般以卤化烃的衍生物为最多。从应用观点可分为：低分子质量高蒸气压类，如溴甲烷、硫酰氟、氢氰酸、磷化铝、环氧乙烷等；高分子质量低蒸气压类，如氯化苦、二溴乙烷、二氯乙烷等。

任何类型的熏蒸剂均可杀死隐藏在动植物产品中以及羽毛、纸张、衣服、家具、土壤等物体内的害虫和病菌，其熏蒸效果除受药剂本身理化性能影响外，也受密闭状况、温度、压力以及货物、害虫、病菌种类等多种因子的综合影响，使用不当也会损害活体植物，如苗木、果树、插条、块茎、鳞茎等，甚至影响被熏货物的质量。因此，需要周密地选择熏蒸剂。理想的熏蒸剂应具有的特点包括：①杀虫、杀菌效果好；②对动植物和人畜毒性最低；③生产和使用都较安全；④人的感觉器官易发觉；⑤对货物的不利影响小；⑥对金属不腐蚀，对纤维和建筑物不损害；⑦有效渗透和扩散能力强；⑧不容易凝结成块状或液体等。事实上，能完全符合上述特点的熏蒸剂几乎不存在，能具有大部分特点的就是较好的熏蒸剂。选择熏蒸剂时，除考虑药剂本身的理化性能外，还要考虑熏蒸货物类别、害虫或病害的种类以及当时的气温条件，经综合研究分析后决定。其中最重要的是对有害生物的杀灭效果好而不影响货物的质量。ISPM 43《使用熏蒸处理作为植物检疫措施的要求》推荐的常用熏蒸剂及其化学特性见表 8-5。

表 8-5　常用熏蒸剂及其化学特性（25℃时）

熏蒸剂（有效物质）	化学式	分子量/（g·mol⁻¹）	沸点/℃	相对密度	空气中可燃限度（体积百分数）	水中溶解度
碳酰硫	COS	60	-50.2	2.07	12~29	0.125 g/100 mL
乙二腈	C₂N₂	52	-21.2	1.82	6~32	高度溶解
甲酸乙酯	CH₃CH₂COOH	74.08	54.5	2.55	2.7~13.5	11.8 g/100 mL
氰化氢	HCN	27	26	0.9	5.6~40	混相溶解
溴甲烷	CH₃Br	95	3.6	3.3	10~15	3.4%（体积百分数）
碘甲烷	CH₃I	141.94	42.6	4.89	无	1.4 g/100 mL
氯化苦	CCl₃NO₂		112	5.676	无	0.227 g/100 mL
异硫氰酸甲酯	C₂H₃NS	73.12	119	2.53	无	0.82 g/100 mL
磷化氢	PH₃	34	-87.7	1.2	>1.7	0.26%（体积百分数）
二氧化硫	SO₂	64.066	-10	2.26	—	9.4 g/100 mL
硫酰氟	SO₂F₂	102	-55.2	3.72	—	少量溶解

1. 溴甲烷（methal bromide，CH₃Br）

（1）理化特性　在常温下是无色、无味的气体，相对密度为 3.27（0℃），沸点 3.6℃，熔点 -93℃。难溶于水，易溶于有机溶剂。化学性质比较稳定，不易被酸碱物质所分解，但在碱性的乙醇溶液中能分解。在一般浓度下不燃烧，不爆炸，但空气中含溴甲烷体积百分数达 13.5%~14.5% 时，遇火花可以燃烧。溴甲烷气体对金属、棉、丝、毛织品和木材等无不良影响，液体则可溶解脂肪、橡胶、颜料和亮漆等。

（2）应用范围　溴甲烷在常压或真空减压下广泛应用于各种植物、植物材料和植物产品，仓库、面粉厂，船只、车辆等运输工具以及包装材料、木材、建筑物、衣服、文史档案资料等，也可用作土壤熏蒸和新鲜蔬菜、水果的熏蒸。溴甲烷是一种卤代烃类熏蒸剂，在常温下蒸发成比空气重的气体，同时具有强大的扩散性和渗透性，可有效杀灭土壤中的真菌、细菌、土传病毒、昆虫、螨类、线虫、寄生性种子植物、啮齿动物等。溴甲烷作为熏蒸剂具有显著的优点：①活性高、作用迅速，很低浓度可快速杀死绝大多数生物；②沸点低，低温下即可气化，使用不受环境温度限制；③化学性质稳定、水溶性小，应用范围广，可熏蒸含水量较高的物品；④穿透能力强，能穿透土壤、农产品、木器等，杀灭位于深处的有害生物，减少地上部病虫害。

溴甲烷也可与其他熏蒸剂混合使用。国产溴甲烷贮存在Ⅰ型和Ⅱ型的钢瓶内，使用时打开钢瓶阀门，溴甲烷就能自动喷出并气化，气体侧向和向下方扩散快，向上方扩散慢。溴甲烷熏蒸方法参见表 8-6。

表 8-6 溴甲烷熏蒸实例（引自国家质量监督检验检疫总局网站）

熏蒸对象	温度 /℃	剂量 /（g·m⁻³）	密闭时间 /h
苹果（苹果蠹蛾）	26.5 ~ 31	24	20
	21 ~ 26	32	20
	15.5 ~ 20.5	40	20
	10 ~ 15	48	20
	4.5 ~ 9.5	64	20
番茄（柑橘小实蝇、瓜实蝇）	21	32	3.5
鳞球茎、块根块茎等繁殖材料（短喙象属害虫）	32 ~ 36	32	25
	27 ~ 31	40	25
	21 ~ 26	48	25
	16 ~ 20	48	3
	10 ~ 15	48	35
	4 ~ 9	48	40
原木（木材害虫）	≥21	48	48
	4.5 ~ 20.5	80	48
棉籽（棉红铃虫等一般仓贮害虫）	≥15.5	24	12
	≤15	40	12
粮谷类种子（一般害虫）	≥21	16	24
	15 ~ 120	24	24
船舶食品舱（谷斑皮蠹）	≥3	40	12
	6.5 ~ 31.5	56	12
	15.5 ~ 26	72	12
	10 ~ 15	120	12
	4.5 ~ 9.5	144	12
空集装箱（谷斑皮蠹）	21	80	24
	11 ~ 120	80	24
	5 ~ 110	104	24
木质包装（输往中国前）	≥21	48	24
	11 ~ 20	56	24
	5 ~ 10	80	24

溴甲烷可广泛应用于有生命的植物而不产生有害影响。大麦、小麦、玉米、甜玉米、高粱、水稻等禾谷类种子，在含水量低的情况下，对溴甲烷表现安全。稻谷含水量高时，则对溴甲烷敏感，50 g/m³ 处理 24 h 会严重影响发芽率。豆类和蔬菜的种子除番茄外，对溴甲烷均表现安全。棉花耐溴甲烷处理，各处理对其发芽均无影响。绝大多数生长的植物经溴甲烷处理后不表现出伤害。溴甲烷还广泛用于新鲜水果和新鲜蔬菜的熏蒸，但菠萝、香蕉、库尔勒香梨例外。

溴甲烷也常用于熏蒸木质包装材料，熏蒸的最低标准见表 8-7。溴甲烷常压熏蒸进口原木的要求是：环境温度在 5 ~ 15℃时，溴甲烷的剂量起始浓度达到 120 g/m³，密闭时间至少 16 h；环境温度在 15℃以上时，溴甲烷的剂量起始浓度达到 80 g/m³，密闭时间至少 16 h。

表 8-7　用溴甲烷熏蒸木质包装材料的最低标准

温度 /℃	剂量 / (g·m⁻³)	最低浓度 / (g·m⁻³)			
		0.5 h	2 h	4 h	16 h
≥21	48	36	24	17	14
≥16	566	42	28	20	17
≥11	64	48	32	22	19

（3）毒性与安全　溴甲烷是广谱性的神经毒剂。对仓贮害虫、蛀果性害虫、蛀干害虫、蚧虫、粉虱、蓟马、蚜虫以及螨类、蜗牛、鼠和某些真菌有效。溴甲烷对人及其他高等动物的影响，主要表现缓滞的神经麻醉性。中毒症状要在数小时到 2 ~ 3 d 内出现，慢者数星期至数月，恢复健康更慢。高浓度溴甲烷会损伤肺部，引起有关的循环衰竭。

（4）禁用替代　该熏蒸剂具有操作简单、价格低廉、对环境安全、对使用者安全、药效可持续、不易燃烧、熏蒸后无残渣、无未挥发分解的问题、容易达到和控制浓度、能有效杀灭各种虫态等优点。平流层中的溴甲烷能够在短时间内耗减臭氧，使臭氧浓度迅速降低。熏蒸消毒过程中散发的溴甲烷占目前大气平流层中溴甲烷总量的 15% ~ 35%，且有逐年递增的趋势。鉴于溴甲烷对大气臭氧层有破坏作用，ODP（消耗臭氧潜能值）为 0.6，仅次于四氯化碳（ODP = 1.1），而氟利昂的 ODP 为 0.055，碘甲烷的 ODP 仅为 0.016，1997 年 9 月 17 日，在加拿大蒙特利尔召开的第九次《关于消耗臭氧层物质的蒙特利尔议定书》缔约方大会上对溴甲烷的限制做出了规定：发达国家 2005 年停用，发展中国家 2015 年停用。可是，因其在检疫处理中具有杀虫彻底、适用温度范围广、操作相对简便、穿透力强、有灭菌特性等优点，至今尚未有完全替代其使用的药剂和方法用于木材及其制品、粮食、水果、蔬菜等熏蒸处理，因此，溴甲烷在检疫处理用途上目前仍然属于豁免使用。已经筛选出几种替代品，如 ECO₂ Fume 是第一个通过美国国家环境保护局（EPA）注册的溴甲烷的替代剂，它是由 2% 磷化氢和 98% 二氧化碳混合而成的熏蒸剂。新一代的广谱熏蒸剂——硫酰氟（其 ODP 值为 0）和二氯丙烯的应用前景广阔。

2. 磷化铝（AlP）

（1）理化特性　磷化铝原药为浅黄色或灰绿色松散固体，吸潮后缓慢地释放出磷化氢。磷化铝片剂或丸剂中含有白蜡、硬脂酸镁和氨基甲酸铵，能同时放出二氧化碳和氨。这两种气体有助于在片剂或丸剂释放磷化氢时将其稀释，以降低燃烧的风险。

磷化氢为无色气体，具大蒜气味，气体相对密度为 1.183（0℃），沸点 -87.4℃，熔点 -133.5℃，自燃点 37.7℃。冷水中溶解度 26 mg/100 mL（17℃），不溶于热水。稍溶于乙醇，溶于乙醚和氯化亚铜溶液。能和所有金属反应，特别对铜或铜合金有严重腐蚀作用，电机、电线、电子装置可能受其损坏。

（2）应用范围　磷化铝应用于谷物、油料、饲料、种子、药材、坚果、干果、茶叶、面粉、香料、糖果、可可豆、咖啡豆、麻袋等的熏蒸，以防治玉米象、米象、豆象、谷蛾、谷螟、麦蛾、粉螟、赤拟谷盗、锯谷盗、长角谷盗、谷蠹等。熏蒸原木对小蠹类、天牛类害虫也有效。对于林荫道树的蛀干害虫，将药粉塞入蛀孔，用淤泥将蛀孔封严，杀虫效果好，且对活树安全。

用磷化氢熏蒸干燥贮存的植物种子，在应用有效杀虫的剂量内，对发芽无不良影响。对生长中的植物如苗木、花卉等的影响较大。

（3）毒性与安全　磷化氢对昆虫的毒性表现在引起昆虫组织腺苷三磷酸衰竭，终止了对氧的利用和能量的产生。磷化氢处理昆虫时存在某段时间里可能死亡也可能恢复的现象，死亡率要经历一段时间才能固定下来，这所需的时期称为死亡率终点。死亡率终点因虫种、品系和虫期而异。FAO 1980 年曾规定，对于磷化氢处理的供试验害虫的死亡率的检查，应在适宜条件下饲养 14 d 后进行。磷化氢对高等动物有剧毒。它经呼吸系统进入肺部，主要损害神经系统、心脏、肝、肾和呼吸器官，与细胞内酶起作用，影响细胞代谢，引起窒息。空气中含磷化氢 7 mg/kg 时，人停留 6 h 就会出现中毒症状；含 400 mg/kg 时，停留 30 min 以上有生命危险。操作时必须戴上防毒面具和胶皮手套，做好安全防护。

3. 硫酰氟（SO_2F_2）

（1）理化特性　无色、无味气体，常压下沸点 –55.2℃，熔点 –120℃，相对分子质量为 102.6。气体相对密度为 2.88，液体相对密度为 1.342（4℃），可燃烧，化学性质稳定。难溶于水。与金属、橡胶、塑料、纸张、皮革、布匹、摄影器材和其他许多材料不发生反应。蒸气压力高，渗透力强。商品名为熏灭净，是目前使用最广的熏蒸剂。

（2）应用范围　硫酰氟在常压下熏蒸玉米、小麦、高粱、水稻、谷子、白菜、甘蓝、胡萝卜、黄瓜、番茄、大豆、花生等种子，防治皮蠹类害虫、玉米象、谷象、米象、谷蠹、豆象类、谷盗类和谷蛾类等，温度为 25 ~ 30℃、20 ~ 24℃、15 ~ 19℃ 和 11 ~ 14℃ 时，用药量分别为 30 g/m³、35 g/m³、340 g/m³ 和 50 g/m³，皆熏蒸 24 h，防治谷斑皮蠹则需延长 12 h。真空熏蒸豆类、文史档案防治皮蠹、豆象类和其他害虫时，在真空度 99 750 ~ 94 430 Pa、温度 11 ~ 12℃ 条件下，用药量为 70 ~ 90 g/m³，熏蒸 3 h。常压熏蒸进口原木的要求是：环境温度在 5 ~ 10℃，硫酰氟的剂量起始浓度达到 104 g/m³，密闭时间至少 24 h；环境温度在 10℃ 以上，硫酰氟的剂量起始浓度达到 80 g/m³，密闭时间至少 24 h。

徐国淦等报道，将正常含水量贮藏的水稻、小麦、大麦、玉米、高粱、棉籽、花生、芝麻、向日葵、大豆、绿豆、萝卜、大白菜、黄瓜、西葫芦、番茄、茄子等分别用熏灭净和溴甲烷处理 24 h、48 h 或 72 h，结果显示熏灭净比溴甲烷对作物种子安全，对禾本科粮食作物种子表现尤为明显。国外也有报道称，在温度 26.7℃ 条件下，用 80 g/m³、40 g/m³、16 g/m³ 的硫酰氟处理水稻（含水量 13.6%）、小麦（含水量 12.6%）、燕麦（含水量 15.7%）、玉米（含水量 12.3%）、高粱（含水量 12.5% ~ 14.5%）、菜豆（含水量 16% ~ 18%）等，发芽均无不良影响。但硫酰氟对植物有药害，不能熏蒸活体植物、水果和蔬菜等。ISPM 28《限定有害生物的植物检疫处理》（PT22、PT23）推荐对去皮木板（厚度 20 cm，含水量 75%）熏蒸处理的剂量见表 8–8。

表 8-8 对带虫的去皮木板使用熏蒸处理的剂量

有害生物	剂量	15℃以上	20℃以上	25℃以上	30℃以上
星天牛、窃蠹	最低 CT 值（g·h·m^{-3}）	3 200	2 300	1 500	1 400
	最低浓度（g·m^{-3}）	93	67	44	41
松材线虫、窃蠹	最低 CT 值（g·h·m^{-3}）		3 000/48 h		1 400/24 h
	最低浓度（g·m^{-3}）		29		41

硫酰氟以其蒸气状态对生物起作用。杀虫灭菌主要是对酶起化学作用，是一种神经毒剂。它是一种广谱性的熏蒸杀虫剂，在较低的温度（0～6℃）下仍能发挥良好的杀虫作用。

（3）毒性与安全 硫酰氟对高等动物的毒性属中等，为常用熏蒸剂溴甲烷的 1/3。操作时要注意防护，一般防护用具为防毒面具，配备合适的滤毒罐。发生头昏、恶心等中毒现象，应立即离开熏蒸场所，呼吸新鲜空气。硫喷妥钠或苯巴比妥钠，可控制惊厥的发作，对中毒的疗效显著。

4. 环氧乙烷（ethylene oxide，C$_2$H$_4$O）

（1）理化特性 环氧乙烷是低黏度的无色液体，沸点 10.7℃，熔点 –111.3℃，相对密度为 0.887（7℃）。除溶于水和绝大多数有机溶剂外，高度溶于油脂、奶油、蜡中，尤其是橡皮。有高度的化学活性和燃烧性，较无腐蚀性。为防止使用时着火，国外商品将其与二氧化碳或氟利昂混合在一起（环氧乙烷与二氧化碳按 1：9 比例混合，或环氧乙烷与氟利昂按 11%：89% 比例混合），国内在 1985 年后已有与二氧化碳或氟利昂混合的商品。

（2）应用范围 环氧乙烷对昆虫、细菌、真菌毒性高，渗透力强，效果显著，适用于熏蒸原粮、成品粮、烟草、衣服、皮革、纸张等，一般用药量为 15% 或 30 g/m^3，密闭 48 h。上海出入境检验检疫局将溴甲烷和环氧乙烷混用熏蒸沙门氏菌、金黄葡萄球菌、蜡状芽孢杆菌和新城疫病毒，大部分剂量组合都能达到 100% 的效果。环氧乙烷对活植物有严重影响，也严重影响种子发芽。因此，不可用于熏蒸活的植物、苗木及种子。

（3）毒性与安全 环氧乙烷对高等动物的毒性为中等毒性，它是一种神经系统抑制剂。人体反复吸入较低浓度蒸气时，出现生长抑制、腹泻、肝、肾营养障碍和呼吸道刺激症状；吸入高浓度蒸气时有流泪、流涕、呼吸困难、恶心、呕吐、腹泻、肺水肿、瘫痪（尤其是下肢）、惊厥等症状，严重者引起死亡，死因主要是肺水肿。发现有中毒现象立即离开熏蒸场所，呼吸新鲜空气，并去医院治疗。由于环氧乙烷易燃烧和爆炸，在熏蒸过程中，应采取专门的防护措施或使所有的设备接地以防可能产生静电火花从而引起爆炸。

5. 氢氰酸（HCN）

（1）理化特性 氢氰酸有 3 种物理常态：固态为白色结晶，熔点 –13.5℃；液态为无色液体，沸点 26.5℃，相对密度为 0.715 6（0℃）、0.688（20℃）；气态为无色带杏仁气味，易溶于水和乙醇，相对密度为 0.9，沸点 26℃。液态贮存时，如无化学稳定剂存在，在容器内可分解爆炸。

（2）应用范围 氢氰酸用于防治原粮、种子粮的仓贮害虫，苗木、砧木、花卉鳞茎、球茎上的介壳虫、蚜虫、蓟马等，房屋或建筑物内的白蚁或其他木材害虫，也可以防治仓库、船舱内的鼠类。

氢氰酸蒸气不腐蚀金属，不影响棉、麻、丝织物的品质。一般认为氢氰酸是安全的种子熏蒸剂。在正常条件下对谷物种子尤其如此。但熏蒸花草和蔬菜种子，最好对当地品种预先进行试验。它对植物有药害，不可用于熏蒸生长期植物、新鲜水果和蔬菜。氢氰酸还能污染某些食品，不用于熏蒸成品粮。

氢氰酸主要熏蒸表面害虫，对植物内部和土壤内害虫的杀灭效果差，卵和休眠期昆虫的抗药性较强。

（3）毒性与安全　氢氰酸、氰化氢对高等动物属剧毒，它们能抑制细胞呼吸，造成组织的呼吸障碍，使呼吸及血管中枢缺氧受损，出现呼吸先快后慢、瘫痪、痉挛、窒息、呼吸停止直至死亡。

氢氰酸除了可以从呼吸器官进入人体外，还可以经皮肤吸收而中毒。因此，在任何浓度下的一切操作，工作人员必须戴防毒面具。发现中毒患者，应迅速转移到空气新鲜的温暖场所；脱去被污染的衣服，随即进行急救处理，并请医生治疗。

6. 氯化苦（Chloropicrin，CP，CCl_3NO_2）

氯化苦被应用于作物种植前的土壤熏蒸，至今已有80多年的历史。与溴甲烷相比，氯化苦不会破坏臭氧层，且在光照条件下降解速度很快，对环境污染的压力小。氯化苦能有效控制土传病原真菌，如镰孢霉属、疫霉属、腐霉属、丝核菌属、轮枝菌属、咏担子菌属、刺盘孢属、柱果霉属等，防治土壤真菌的效果比溴甲烷高近20倍。氯化苦处理杂拟谷盗各虫态的敏感性为幼虫＞成虫＞蛹＞卵，卵表现得最耐药。对土壤杆菌属的细菌防治效果也较好，但对线虫和杂草的防治效果较差，在生产上常与其他药剂混用来兼治根结线虫和杂草。

氯化苦是一种对眼膜刺激特别强的催泪气体，对人的毒性较大，尤其是对眼结膜有很强的刺激性。沸点112℃，熔点 −64℃。氯化苦乳油已在日本、意大利、美国通过登记，该剂型对人畜安全。

7. 碘甲烷（CH_3I）

碘甲烷在对流层中能被光分解，在大气层中的持续时间为 2 ~ 8 d，不可能到达平流层参与破坏臭氧层，碘甲烷对臭氧的破坏力小于 0.016 ODP，大大低于溴甲烷。此外碘甲烷在 43℃ 以下是液体，而溴甲烷在 4℃ 以上即为气体，所以使用碘甲烷要比溴甲烷操作更安全。不同的实验室和田间试验证明，碘甲烷在同样条件下比溴甲烷防治土壤传播的植物病原菌、植物寄生线虫和杂草的效果更好。科研人员研究了碘甲烷在不同的土壤湿度、温度、土质和熏蒸时间下对两种常见杂草苘麻和黑麦草的防效，并与溴甲烷做了比较，碘甲烷杀死两种杂草的最佳土壤湿度为 14%，当温度在 20℃ 以上碘甲烷的熏蒸效果很好。与溴甲烷相比，碘甲烷在不同土壤中的药效更趋稳定。在 200 μmol/L 浓度下溴甲烷和碘甲烷 100% 防除杂草，前者需要 36 h，后者只需要 24 h。初步的实验表明：碘甲烷是一种可以完全替代溴甲烷的化合物，其效果比溴甲烷更好。但因其价格昂贵，毒性更高，作为土壤消毒剂尚未获得批准和登记。

（四）熏蒸方式

熏蒸方式一般可分为常压熏蒸、气调熏蒸和真空熏蒸（减压熏蒸）。

1. 常压熏蒸

使用单一熏蒸剂的常压熏蒸方法最为常用。常压熏蒸常用于帐幕、仓库、车厢、船舱、筒仓等可密闭容器内或土壤覆盖塑料布内的熏蒸。常压熏蒸的主要程序包括：①选择合适的熏蒸场所，要求在空旷偏僻、距离人们居住活动场所 50 m 以外的干燥地点进行；仓库应具备良好的密闭条件；②根据货物种类、熏蒸病虫对象来确定熏蒸剂种类；③计算容积，确定用药量；④安放施药设备及虫样管；⑤测毒查漏；⑥散毒和效果检查。

　　大船熏蒸时，主要程序同常压熏蒸，但应根据海上作业的特殊要求，注意船体结构、封糊密闭、船上升挂有毒作业的信号旗和信号灯以及船员和其他人员的安置等。

　　集装箱熏蒸时，箱体要结实，四周不得有洞及开口，地板、顶篷上下不能有裂缝，门关上时胶片必须紧密；货物占箱体体积的 60%~80%，货物与顶篷的距离在 60 cm 以上；严格掌握处理时间，禁止提前开箱放毒。

　　常规使用的熏蒸剂依靠对所有或特定有害生物种群（例如节肢动物、真菌、线虫）的全部或者大多数生活阶段都普遍有效的作用方式。单一熏蒸剂的处理方案通常很简单，要求单个应用程序在规定的时间内达到所需的最低浓度，从而达到规定效能。若使用单一熏蒸剂达到规定效能可能导致商品无法销售，或出于经济、物流原因，可以在处理方案中纳入另一种熏蒸剂或处理方式。为了提高组合处理的效能，可在熏蒸前或熏蒸后立即实施另一种处理方式。例如，对于单独使用熏蒸或温度处理时商品易因处理程度增加而受到损害的情况，或者目标有害生物对两种处理的最耐受生长阶段不同的情况，有序使用两种处理方式可能是必要的。

　　循环熏蒸方法中较先进的包括筒仓循环熏蒸和循环熏蒸库。前者的原理是借鼓风机将经加热气化的熏蒸剂蒸气由管道通入筒仓底部粮食里，筒仓上部在循环时形成负压，这样使熏蒸剂（如溴甲烷）的蒸气在筒仓内循环均匀，经 12~24 h 熏蒸或 48 h 熏蒸，鼓风机循环进新鲜空气，冲洗掉筒仓内或熏蒸库内的熏蒸剂蒸气。后者主要是针对水果、蔬菜、散装粮食及杂货的熏蒸，水果和蔬菜的熏蒸处理要在有温控设备的循环熏蒸库内进行，散装粮食及杂货的熏蒸只需一般的循环熏蒸库，循环原理同筒仓循环熏蒸，通过机械引力穿透的方法，将熏蒸剂蒸气通入熏蒸物内，借鼓风机使其在短时间内分布均匀，达到有效杀虫的目的。循环熏蒸库要求能够密封、隔热保温、机械通风、机械熏蒸或利用惰性气体保粮除虫。

　　熏蒸也可以在下述特定条件下实施。

　　2. 气调熏蒸

　　增加熏蒸密闭设施内大气中二氧化碳的浓度，单独或组合使用增加氮气与增减氧气浓度的方法，可提高熏蒸效能。这种调节大气气体浓度的方式可直接提高目标有害生物的死亡率或者增强目标有害生物的呼吸作用，从而提高如磷化氢等熏蒸剂的效力。当熏蒸剂可燃时，如甲酸乙酯，降低密闭设施内的氧气浓度（用非可燃气体如二氧化碳或氮气替代）是必要的。

　　3. 真空熏蒸

　　真空是指在一定的气密容器内低于 101 kPa 的气体状态。真空技术在熏蒸工作上的应用是指在一定的容器内抽出空气达到所需的真空度，导入定量的熏蒸杀虫剂或杀菌剂，以利于熏蒸剂蒸气分子迅速地扩散并渗透到熏蒸物体内，可大大缩短熏蒸杀虫灭菌的时间，在常压下熏蒸杀虫一般需要 12~24 h，在真空减压情况下只需 1~2 h。由于真空熏蒸时间短，一般不适于常压熏蒸灭虫的种子、苗木、水果、蔬菜在真空情况都可使用。另外，整个操作过程如施药、熏蒸和有毒气体的排出，均在密闭条件下进行，容器内的熏蒸剂蒸气分子可引进定量空气反复冲洗抽出，直至达到安全程度。

真空熏蒸需要真空熏蒸库。一个标准的大型真空熏蒸库在设计上应包括熏蒸室、真空泵、施药系统、循环和排出系统，真空室必须符合或超过真空测试标准。2002 年 12 月，由北京出入境检验检疫局主持的研究项目"我国最大的真空循环熏蒸设备"通过专家鉴定，填补了我国大型真空熏蒸设备和药剂重复使用技术的空白。设备的主要特点是：第一，容积大，单箱体容积 65 m³，总容积 130 m³，是目前国内最大的真空熏蒸设备；第二，创新地采用了双仓倒药设计，解决了真空条件下药剂浓度的检测，实现了真空条件下对药剂的重复使用，重复使用率可达 70% 以上，极大地降低了熏蒸药剂对环境的污染；第三，使用该设备可以达到快速杀虫的目的。对供试的谷蠹、米象等仓贮害虫和光肩星天牛等林木蛀干害虫，在真空度为 5 000 ~ 10 000 Pa、溴甲烷剂量 40 ~ 60 g/m³ 的条件，处理时间 1.5 ~ 2 h 均可达到 100% 的杀灭效果。

（五）影响熏蒸效果的主要因素

熏蒸效果受药剂的物理性质、熏蒸的环境条件、熏蒸物品与有害生物种类、生理状态等多种因素影响。

（1）温度 温度直接影响有害生物的活动。多数昆虫在 1 ~ 6℃时心搏停止，温度升到 45 ~ 50℃时心脏不再收缩。10℃以上时，随温度增高，药剂的挥发性增强，气体分子的活动性和化学作用加快，昆虫的活动、呼吸量增大，单位时间内进入虫体的熏蒸剂蒸气浓度相对提高。

温度在 10℃以下称之为低温熏蒸。较低温度下，货物对熏蒸剂的吸收增加，熏蒸剂扩散穿透能力降低，昆虫呼吸率降低，抗药能力增强。因此，不提倡低温熏蒸。有的熏蒸剂如氢氰酸等在低温下虽能气化发挥杀虫作用，但其杀虫效果仍受低温的影响。对于谷物，一般在温度 21 ~ 25℃使用有效的杀虫剂量，当温度下降时，要适当增加剂量：10 ~ 15℃，药量增加到 1.5 倍；16 ~ 20℃，药量增加到 1.25 倍；25℃以上，用 3/4 的药量。

此外，害虫在熏蒸前和熏蒸后所处的温度状况也影响杀虫效果。熏蒸前害虫如处于低温环境，新陈代谢低，即使移入较高温度下，熏蒸害虫的生理状态仍受前期低温的影响，抗药能力也较高。

（2）湿度 空气湿度对熏蒸效果的影响不如温度大，但对某些熏蒸剂影响较大。例如，相对湿度大或谷物含水量较高时，可促使磷化铝分解。Kaye（1949）用环氧乙烷蒸气杀灭空气中枯草杆菌黑色变种芽孢，相对湿度在 26% 时，杀菌效果最理想；相对湿度提高到 65% 时，灭菌时间需延长 4 倍；相对湿度提高到 97% 时，灭菌时间要延长 10 倍。

（3）密闭程度 熏蒸时密闭程度直接影响效果。毒气泄漏会降低熏蒸剂蒸气浓度和渗透能力，降低熏蒸效果，还可能发生中毒。

（4）货物的类别和堆放形式 货物对熏蒸剂的吸附量的高低和货物间隙的大小，直接关系到熏蒸剂蒸气的穿透。杂货或袋装粮，对熏蒸剂穿透的阻力小，散装粮阻力大，尤其是海运粮船，经远洋航行，粮食致密，船舱深，需打渗药管，辅助熏蒸剂渗透。

（5）药剂的物理性能 熏蒸剂的挥发性和渗透性强，能迅速、均匀地扩散，使熏蒸物品各部位都接受足够的药量，熏蒸效果较好，所需熏蒸时间较短。溴甲烷、环氧乙烷和氢氰酸等低沸点的熏蒸剂扩散较快；二溴乙烷等高沸点的熏蒸剂，在常温下为液体，加热蒸散后，借助风扇或鼓风机的作用，方能迅速扩散。

与熏蒸剂扩散和穿透能力有关的因子有相对分子质量、气体浓度和熏蒸物体的吸收力。一般来说，密度大的气体扩散慢；气体浓度越大则弥散作用越强，渗透性也越强。吸附性高可能影响被熏蒸物品的质量，如降低发芽率、使植物产生药害、使面粉或其他食物中营养成分变质，有时甚至由于熏蒸剂的被吸收而引起食用者的间接中毒。

（6）昆虫的虫态和营养生理状况　同种昆虫对熏蒸剂的抵抗力是卵＞蛹＞幼虫＞成虫，雄虫强于雌虫。饲养条件不好、活动性较低的个体呼吸速率低，较耐熏蒸。近年发现昆虫对某些熏蒸剂产生了抗药性。据报道，谷斑皮蠹在斐济只有 5 年历史。每年用磷化铝熏蒸，1 龄幼虫出现了抗磷化氢的能力增加 40 倍的品系，其他龄期也出现较高的抗性。少数虫种对溴甲烷产生了抗性，多数虫种已处于边缘抗性的程度，应引起高度重视。

二、苗木和植株的其他农药处理

1. 植物上的蜗牛和蛞蝓

（1）毒饵用 7.5% 蜗牛敌（多聚乙醛）颗粒剂、贝杀得或敌百虫饵料，也可用特种西维因饵料。按照包装上的说明撒播毒饵。

（2）用西维因药液浸渍植物，可毒杀蜗牛，配方为在 3.785 L 水中加入 30 mL 50% 西维因可湿性粉剂。

2. 苗木上携带的病虫害

（1）葡萄插条上的葡萄根瘤蚜　在 5.578 L 中性油中，加入 40% 尼古丁硫酸盐 237 mL、磺化乙醇液扩散剂 473.2 mL 和水 3.785 L，浸渍葡萄插条 10 min。每次新配液体，使用不超过 4次。浸渍前需充分搅动液体。

（2）柑橘属苗木的绵粉虱　于 3.785 L 中性轻油乳剂或中性可乳化的轻油中，加入 907.2 g杀螟硫磷，加水稀释至 378.5 L，浸渍植株。

（3）松属类苗木的松梢小卷蛾　在每 378.5 L 水加入地亚农 0.45 kg，将苗木浸入药液中，立即取出，直立放置于避光、避风处 48 h。

（4）盆景和苗木的各种植物寄生线虫　盆景和苗木浸于 10% 二硫氰基甲烷乳油 500 倍液、溴甲烷帐幕熏蒸（280、320 g/m³，24 h）以及根围使用杀线虫剂（克线磷 10% 颗粒剂，1 ~2 g/kg）。对发生在红花木莲苗上的南方根结线虫和牡丹苗上的茎线虫，用几种农药混配（乐果和敌杀死）的处理液加热后处理植物的根部，可以有效地杀死线虫，保证货物安全出口。

（5）苗圃和花卉上的蔗扁蛾　种植前喷洒 80% 敌敌畏乳油 500 倍液并用塑料布盖上密闭5 h，杀死潜伏在表皮的幼虫或蛹；对已上盆种植的用 40% 乐果乳油混合 90% 敌百虫 800 倍液喷施，或将巴西木等木桩搬至室外阴凉处，用 40% 氧化乐果乳油 1 000 倍液喷洒，每周 1 次，连续 3 次；在大规模生产温室内，可挂敌敌畏布条熏蒸，30 m³ 放 1 块，持续 3 个月，并对土壤进行灭蛹处理。

（6）水仙花上的病虫害　水仙花球茎上常发现有茎线虫和刺足根螨，在装箱前采用 40%敌敌畏乳油 800 倍喷洒，覆盖塑料薄膜熏蒸消毒 12 h，或装箱时用防治生活害虫的气喷剂（如必扑等）进行表面消毒，可起到良好的效果。

（7）表面喷洒处理谷斑皮蠹　每 100 m² 喷洒约 5 L 2.5% 杀螟松溶液。金属和木材表面喷洒 3% 杀螟松溶液。

（8）不能采用溴甲烷等熏蒸的植物上表面害虫的药剂处理　一般将植物苗木（包括根部）浸入杀螟松可湿性粉剂和西维因可湿性粉剂的混合药液中（在每 3.875 L 水中加入 15 mL 25% 杀螟松可湿性粉剂和 15 mL 50% 西维因可湿性粉剂），浸渍 30 s。为了防除螨类，每 3.875 L 的液体中可加入 7.5 mL 的 35% 三氯杀螨醇可湿性粉剂喷雾。

三、运输工具的化学除害处理

（一）运输工具和集装箱检疫处理的必要性

国际货物贸易是通过运输工具的装载从一个国家或地区向另外一个国家或地区转运。运输工具流动性大，因而成为病虫害和动物疫病病原的比较重要的携带媒介，在它们的传播扩散方面起着重要作用。来自动植物疫区的运输工具，包括船舶、飞机、火车、装载容器（笼、箱、桶、筐）、包装物和铺垫材料以及集装箱等经常携带检疫性有害生物，这些生物能够给农业生产带来严重的危害；有些媒介昆虫（蚊虫和蚤类）和啮齿动物甚至能传播人类疾病，如登革热、登革出血热、霍乱、黄热病、肺鼠疫和腺鼠疫。

因此，依据《中华人民共和国动植物检疫法》的规定，对来自动植物疫区的船舶、飞机、火车、集装箱等实施检疫，是防止动植物病虫害通过入境运输工具传入我国的重要措施。

最容易通过运输工具传播的危险性害虫有美国白蛾、谷斑皮蠹、地中海实蝇、马铃薯金线虫、非洲大蜗牛、马铃薯甲虫等。对来自日本的运输工具进行植物检疫，以防止谷斑皮蠹、美国白蛾、马铃薯金线虫和非洲大蜗牛的传入；对来自美国的运输工具进行检疫，以防止地中海实蝇、美国白蛾、谷斑皮蠹、马铃薯金线虫和马铃薯甲虫的传入；对来自朝鲜的运输工具（陆路、空港和海港）进行检疫，防止谷斑皮蠹、美国白蛾和非洲大蜗牛的传入。

（二）口岸对运输工具的检疫

1. 职责

根据《中华人民共和国动植物检疫法》的规定，出入境的运输工具，如船舶、飞机、火车、汽车应依法接受检疫。出入境检验检疫机构对运输工具实施检疫时有权登船、登机、登车查验，任何单位或个人不得以任何形式阻止检验检疫人员实施检疫。

2. 出口运输工具的检疫流程

对装载货物出口的运输工具进行检验检疫在最后离境口岸实施。但装载货物出口的运输工具在装货前由检验检疫机构做适装性检查：①装载出境动物的运输工具，装载前必须事先清洗干净，并做有效的消毒，由监督消毒的检验检疫机构签发运输工具消毒证书；②装载植物、植物产品出境的运输工具，经检查发现带有泥土的必须清扫干净，发现危险性有害生物或一般生活害虫超标的应当做熏蒸除虫处理，处理合格后方可进行装货作业；③装载冷藏动物产品或其他易腐食品出口的运输工具，例如冷藏集装箱和冷藏舱等，装载前应事先清洁和消毒，并经检查冷藏设备和冷冻温度符合国家标准；④出口货物的集装箱，装载前应当事先清扫干净，并使用已经熏蒸消毒的或其他符合输入国要求的木质包装或铺垫材料。

3. 进口运输工具的检疫流程

对来自疫区的飞机、船舶、列车、汽车的检疫，检疫人员要做好准备工作。根据检疫传染病的特点，对来自不同疫区的运输工具准备相应的查验器械、药品及自身防护用品（隔离衣、手套、口罩）等。

登机、船或车检疫：检疫人员登机、船或车后，向负责人或代理人索取总申报单、旅客名单、货物舱单及其他有关证书。并向乘务人员详细询问旅客的健康状况，是否存在染疫或疑似染疫者。对染疫人或染疫嫌疑人的行李、使用过的其他物品及有污染嫌疑的物品实施消毒处理，并将情况及时向上级领导和有关当局报告。客舱（车）内是否携带病媒昆虫或啮齿动物，经检查确认无啮齿动物、病媒昆虫和病例，未发现染疫患者，在排除染疫或染疫嫌疑后，准许旅客离开，并通知通道的检疫人员对旅客进行查验。

旅客离开后的舱（车）内检查：检疫人员对食品舱（车）、客舱（车）、行李车、货舱（车）和厕所等进行全面检查。重点检查客舱环境卫生，检疫监督处理航班需要继续使用的动植物产品、截留销毁处理终停航班配餐所用的茄类蔬菜、水果以及动植物产品。检查货舱舱壁、缝隙、边角以及货舱内的铺垫物、残留物、遗弃物等，如发现虫体、杂草等，应送实验室检疫、鉴定；检查有无病媒昆虫及啮齿动物。

（三）运输工具和集装箱检疫处理技术

运输工具动植物检疫的重点部位是在可能隐藏病虫害的餐车、配餐间、厨房、储藏室、食品舱、货舱等动植物产品存放、使用场所，泔水、动植物性废弃物的存放场所以及集装箱箱体。检疫人员对运输工具检疫，不仅限于上述重点场所，对其他部位区域应根据需要进行检疫，如货舱壁、夹缝、船缘板、车厢壁等。

1. 熏蒸处理

对于船舶食品舱、货舱、空舱及铺垫材料、进境火车车厢、航机、集装箱、入境空集装箱等运输工具里发现的谷斑皮蠹、非洲大蜗牛等其他危险性害虫，以及蜗牛和蛞蝓等有害生物，通常用溴甲烷进行常压熏蒸。入境集装箱黏附有土壤和动植物残余物的，喷洒福尔马林（1%水溶液）、过氧乙酸或除虫菊酯类药剂，进行杀虫处理。在箱内发现危险性检疫病虫时，须采用帐幕熏蒸处理。

2. 烟雾剂处理

烟雾剂是一种溶剂或推进剂与杀虫剂的混合物，适用于杀灭火车、汽车、集装箱等运输工具及货运交通工具内暴露的或隐蔽性昆虫。使用前，用烟雾剂处理的空间应予以密封；食物及活动物应转移到其他安全地方；所选用雾剂的粒子80%应小于30 μm，最大不超过50 μm；计算出处理空间的容积，并按所处理害虫的种类算出剂量；备好防尘面具及防护手套等。

烟雾剂使用有两种方法：

（1）烟雾器喷雾操作　①操作者进入所处理的空间后，持喷雾器以正常步伐倒退走遍整个空间，连续不断地喷放烟雾；②对于操作者不便进入的较小空间，可用聚氯乙烯塑料布暂封后设喷雾口喷雾；③喷雾时，喷嘴要以45°角朝上喷雾，使弥雾向上排放，便于操作者观察喷射状态，以使气体均匀扩散；④操作结束后，封堵操作者进入口或喷雾口。

（2）烟幕弹发烟操作　①对所处理的空间封糊，留出投弹口；②点燃烟幕弹后，直接投入所处理空间，封糊投弹口。

烟雾剂使用时要注意以下事项：①严禁将烟雾对人喷放；②储有烟雾剂的烟雾器应避免阳光直射，严禁置于加热物体的表面；③操作期间严禁入食；④眼睛接触烟雾剂后，应及时用清水冲洗；⑤操作者应戴适宜的橡胶手套；⑥气管炎、孕妇及有严重疾病人员不能接触烟雾剂及使用操作。

思考题

1. 简述主要熏蒸剂的使用范围以及它们对人和其他生物的不利影响。
2. 何为低温处理和高温处理？试分析它们在植物检疫处理中的作用。
3. 试分析运输工具和集装箱检疫处理的必要性。
4. 试阐述微波处理、辐射处理和气调处理在植物检疫中的应用前景。
5. 简述木质包装材料检疫处理的国际标准。
6. 简述检疫处理技术及新型熏蒸剂的发展动态。
7. 何谓检疫处理的"零风险"？是否可能达到"零风险"？
8. 可接受的风险水平、经济阈值等概念与检疫处理的彻底性是否矛盾？

数字课程学习

⬇ 教学课件　　✍ 自测题